The Principle of Acoustic Radiation Force and Torque and Its Applications in Acoustic Levitation

# 声辐射力与力矩原理及其声悬浮应用

臧雨宸 / 著

U0396016

东南大学出版社
SOUTHEAST UNIVERSITY PRESS
· 南京 ·

# 内 容 提 要

声辐射力与力矩是实现粒子精准操控的重要物理基础,在生物医学、航天工程、材料科学等领域受到广泛关注。本书首先介绍声辐射力与力矩的主要应用和研究方法,分析声辐射力与力矩、声悬浮与物性参数反演等方面的国内外研究历史与现状,阐述声辐射力与力矩的基本原理和计算方法。在此基础上,利用部分波展开法研究自由空间和边界附近各类粒子在各类声场作用下的声辐射力与力矩,并从多角度系统分析负向声辐射力的产生机理。声悬浮是声辐射力和力矩的重要应用场景。为此,本书基于势函数方法讨论驻波场中单悬浮粒子的声辐射力和动力学特性,通过实验观测验证本征振动频率的计算结果,并推广到驻波场中双悬浮粒子的情形。最后,本书还对声辐射力和电磁辐射力这两种物理现象进行适当的类比研究,并简要介绍电磁辐射力和力矩的基本理论和计算方法。

本书可作为高等院校声学等相关专业高年级本科生和研究生的教材,也可供相关专业领域的科研和技术人员参考。

## 图书在版编目(CIP)数据

声辐射力与力矩原理及其声悬浮应用 / 臧雨宸著.
南京:东南大学出版社,2024.12. -- ISBN 978-7
-5766-1785-6

Ⅰ. O422.6

中国国家版本馆 CIP 数据核字第 2024DA8773 号

责任编辑:史 静　　责任校对:韩小亮　　封面设计:余武莉　　责任印制:周荣虎

**声辐射力与力矩原理及其声悬浮应用**

Shengfusheli Yu Liju Yuanli Jiqi Shengxuanfu Yingyong

| | |
|---|---|
| 著　　者 | 臧雨宸 |
| 出版发行 | 东南大学出版社 |
| 出 版 人 | 白云飞 |
| 社　　址 | 南京市四牌楼 2 号(邮编:210096　电话:025 - 83793330) |
| 网　　址 | http://www. seupress. com |
| 电子邮箱 | press@seupress. com |
| 经　　销 | 全国各地新华书店 |
| 印　　刷 | 广东虎彩云印刷有限公司 |
| 开　　本 | 700 mm×1 000 mm　1/16 |
| 印　　张 | 32.25 |
| 字　　数 | 557 千字 |
| 版　　次 | 2024 年 12 月第 1 版 |
| 印　　次 | 2024 年 12 月第 1 次印刷 |
| 书　　号 | ISBN 978-7-5766-1785-6 |
| 定　　价 | 99.00 元 |

本社图书若有印装质量问题,请直接与营销部联系,电话:025 - 83791830。

# 前言

　　声波可以携带一定的动量和能量。当声波在传播过程遇到散射物体时，物体会对声波产生反射、吸收和散射等效应，导致其与声波发生动量和能量的交换。在这一过程中，物体会受到声波的作用力，该作用力称为声辐射力。利用声辐射力可以实现对声场中微小粒子的非接触精准操控，称为声操控技术。与传统的光操控相比，声操控对介质的导电性、透光性等无特殊要求，且声操控设备装置简单、成本较低、生物兼容性好，更有利于实现对单个细胞或颗粒的精准操控，因而在生物医学、材料科学等领域逐渐崭露头角。此外，声波在特定情况下还可以携带一定的角动量，从而对物体产生力矩的作用，该力矩称为声辐射力矩。与基于声辐射力原理的传统声操控相比，声辐射力矩大大扩充了粒子操控的自由度，近年来亦受到广泛重视。

　　在航天工程和材料科学等领域，无容器技术是非常重要的实验条件。该技术避免了容器壁污染和材料对容器的作用，因而无须考虑容器的耐温、耐蚀、化学活性、表面状态等性能，可用于处理高纯、高活性、放射性和高熔点材料。目前模拟空间无容器环境的方法主要有自由落体方法和悬浮方法，其中悬浮方法可以获得持续的微重力和无容器状态。常见的悬浮方法主要包括气动悬浮、电磁悬浮和声悬浮等，其中声悬浮方法是利用高强度声场产生声辐射力克服物体自身重力的方法。与其他悬浮技术相比，声悬浮对材料的限制要求更少，且悬浮的稳定性更强。在声辐射力和重力等因素的作用下，悬浮粒子往往会在声场中表现出平动、转动和振动等复杂的动力学行为，它们既反映了声场信息,也取决于粒子本身的物理特性,如密度、黏度和表面张力系数等。因此,通过观测粒子在声场中的动力学行为原则上可以提供非接触物性参数反演的新思路。

本书主要从以下几个方面来介绍声辐射力与力矩、声悬浮与物性参数反演的原理和应用:

第 1 章从波动的普遍特性着手,引入声辐射力和力矩的基本概念,详细介绍了声辐射力和力矩的主要应用和基本研究方法,阐述了声辐射力和力矩、声悬浮与物性参数反演等方面的国内外研究历史与现状。

第 2 章从理想流体中的声波方程出发,分别推导了基于二阶声压和基于声辐射应力张量的声辐射力和力矩计算公式,其中后者是更普遍应用的公式,也是后续章节的计算和研究基础。基于声波动量发生变化的不同原因,还对声辐射力进行了简单的分类。

第 3 章利用部分波级数展开法推导了自由空间中任意粒子在任意声场的作用下受到的三维声辐射力和声辐射力函数表达式。基于入射声场的波形系数和粒子的散射系数,对无限长圆柱形粒子、球形粒子、无限长弹性圆柱壳、弹性球壳、无限长椭圆柱形粒子和椭球形粒子的声辐射力进行了详细的理论计算和数值仿真。对于每类粒子,均首先从最基本的平面波入射开始讨论,并拓展至 Gauss 波、Bessel 波等各类常见声场的情形,详细分析了各类声场作用下各类粒子的声辐射力特性。

第 4 章利用部分波级数展开法推导了自由空间中任意粒子在任意声场的作用下受到的三维声辐射力矩和声辐射力矩函数表达式。基于入射声场的波形系数和粒子的散射系数,对无限长圆柱形粒子、球形粒子、无限长弹性圆柱壳、弹性球壳、无限长椭圆柱形粒子和椭球形粒子的声辐射力矩进行了详细的理论计算和数值仿真,并考虑了平面波、Gauss 波、Bessel 波等常见声场作用时的情形。在此基础上,进一步分析了涡旋声场的声辐射力矩和声吸收之间的密切关系,并基于声场角动量传递的原因对声辐射力矩作了基本分类。

第 5 章在第 3 章的基础上引入阻抗边界,利用部分波级数展开法和镜像原理推导了阻抗边界附近任意粒子在任意声场作用下受到的三维声辐射力和声辐射力函数表达式。基于入射声场的波形系数和粒子的散射系数,对阻抗边界附近无限长圆柱形粒子、球形粒子、无限长弹性圆柱壳、弹性球壳的声辐射力进行了详细的理论计算和数值仿真,并考虑了平面波、Gauss 波、Bessel 波等常见声场作用时的情形,特别关注了边界声压反射系数和粒子与边界距离对声辐射力特性的影响。

第 6 章在第 4 章的基础上引入阻抗边界,利用部分波级数展开法和镜像原理推导了阻抗边界附近任意粒子在任意声场作用下受到的三维声辐射力矩和声辐射力矩函数表达式。基于入射声场的波形系数和粒子的散射系数,对阻抗边界附近无限长圆柱形粒子、球形粒子、无限长弹性圆柱壳、弹性球壳的声辐射力矩进行了详细的理论计算和数值仿真,并考虑了 Gauss 波、Bessel 波等常见声场作用时的情形,特别关注了边界声压反射系数和粒子与边界距离对声辐射力矩特性的影响。在此基础上,揭示了波束倾斜于界面入射时所产生的非零声辐射力矩现象。

第 7 章在前述章节大量算例的基础上,针对实际声操控中颇受关注的负向声辐射力现象,分别从声功率、部分波和声能流密度矢量角度对其产生机制进行了详细讨论。推导了基于声能流密度矢量的声辐射力表达式和非衍射声场的轴向声辐射力表达式,揭示了负向声辐射力与半锥角、散射能量分布、损失声功率和散射声功率间的内在关联。在分析过程中,特别关注了粒子本身的声吸收特性、流体的黏滞效应和粒子的偏心特性对负向声辐射力的影响,并给出了负向声辐射力与声参数和半锥角之间的密切关系,为预测负向声辐射力的产生提供了理论基础。此外,以 Bessel 波为例对声能流密度矢量进行了详细分析,揭示了特定区域内的负向声能流现象。

第 8 章主要以驻波场中的悬浮小球为例,探索根据驻波场中粒子的动力学特性进行物性参数反演的思路。首先利用声辐射力势函数计算其在驻波场中的三维声辐射力,并进一步分析其在轴向与横向的本征振动频率。在此基础上,搭建了相应的驻波场声悬浮实验平台,并通过高速摄影设备对小球的振动特性进行实验观测,验证了利用横向本征振动频率反演悬浮小球密度的可行性。

第 9 章在第 8 章的基础上进一步研究驻波场多粒子声悬浮的基本模型,此时不仅需要考虑外界入射声场对各个粒子的初级声辐射力作用,还需要考虑粒子之间由于散射声场而导致的次级声辐射力作用。基于声辐射力势函数和相互作用势函数,分别推导了 Gauss 驻波场中任意位置处悬浮小球的初级声辐射力表达式,以及 Gauss 驻波场中波节或波腹平面内双悬浮小球间的次级声辐射力表达式。在此基础上,分别对空气中的双悬浮刚性球和水中的双悬浮气泡进行了详细的动力学分析。

第 10 章首先从电磁场和声场的基本方程出发,对这两种物理场进行详细的物质性类比研究,包括能量与能流、动量与动量流、“波函数”与自旋等。在此基础上根据电磁场动量守恒定律推导了基于电磁场应力张量的电磁辐射力和力矩计算公式，并与相应的声辐射力和力矩计算公式进行类比。此外，基于部分波级数展开法成功推导了无限大平面附近无限长电介质柱的电磁辐射力和力矩表达式，并以平面波和 Gauss 波入射为算例进行了详细分析。

为便于读者理解内容，本书还提供了大量示意图，读者可扫描二维码，查看彩色版。

本书得到国家自然科学基金项目（12404507）和江苏省高等学校基础科学（自然科学）研究面上项目（24KJB140013）的支持。

在本书的撰写过程中，妻子一直给予我莫大的支持和鼓励，在此向她表示深深的感谢！

由于作者的水平有限，书中不妥之处在所难免，敬请读者提出批评和建议。

臧雨宸

2024 年 12 月于南京

# 目录

# 第 1 章

## 绪　论

## 1.1 引言

19 世纪 60 年代,电磁学的集大成者 Maxwell 完善了经典电磁场理论,并在此基础上做出重要预言:光是一种电磁波,会对物体产生压力的作用,该压力称为光压[1]。1901 年,俄国物理学家 Lebedev 首次在实验上测得了光压的存在,为电磁场的物质性提供了有力的证据[2]。值得一提的是,Lebedev 测得的光压数值与 Maxwell 的预测数值相比有 20% 的误差,其原因在于 Maxwell 在计算时仅仅考虑了电磁波所携带的能量而忽略了其动量。在此基础上,科学家们指出彗星彗尾的出现正是太阳光线所产生光压的作用结果,首次为该现象提供了可靠的理论解释。事实上,物质性是波动的普遍属性,而辐射力亦是波动的普遍效应。与其他形式的波动一样,声波也能携带动量与能量。当声波在传播过程中产生吸收、反射、折射、散射等物理效应时,会与物体发生动量与能量的传递,这会在宏观上表现为力的作用,称为声辐射力。

1868 年,德国物理学家 Kundt 在利用谐振管进行声速测量实验时偶然发现,谐振管中所激励的声波能够让微小的尘埃颗粒聚集在声压波节处,并在附近"愉快"地悬浮和舞动,其实验装置如图 1-1 所示[3]。Kundt 用于测量声速的管子被后人称为"Kundt 管",这些微粒在声波作用下的悬浮跳动正是声悬浮现象,而声辐射力无疑是驱动微粒悬浮和运动的那只看不见的"手"。对于均匀理想流体中的声波而言,若仅考虑声波方程的线性项,则一个周期内声压的正负值刚好能够相互抵消,任意位置处的声辐射力恒为零。事实上,均匀理想流体中任何封闭区域内的声场是严格满足动量守恒的,该封闭区域所受的合外力自然恒为零。尽管如此,若声场中存在吸收衰减、散射衰减等使动量发生损耗的因素,则会产生不为零的声辐射力。更进一步地,当考虑声波方程的非线性项时,声压的正负值便不会恰好抵消,此时即使忽略各种衰减因素,声场中亦可能存在不为零的声辐射力。一般情况下,声波的非线性效应是较微弱的,因此产生的声辐射力数值也是很小的,例如对于 130 dB 的声波而言,其产生的声辐射力所对应的压强还不到 0.1 Pa。但是当声压级增大至 174 dB 时,产生的声辐射力所对应的压强可以达到 1 000 Pa[4]。

声波不仅可以携带动量,在特定的情况下还可以携带一定的角动量,从而对物体产生力矩的作用,称为声辐射力矩。与声辐射力有所不同,对于位于声轴上的球对称粒子而言,声辐射力矩的产生通常需要声场具有涡旋特性,并且粒子能够产生一定的声吸收。当粒子或声场本身具备非对称性时,声场的涡旋特性以及粒子的声吸收不再是产生声辐射力矩的必备条件。利用声辐射力矩可以操控粒子在声场中的旋转,因而声辐射力矩又称为声辐射转矩。与基于声辐射力原理的传统声操控相比,声辐射力矩大大扩充了粒子操控的自由度,应用前景十分广阔。

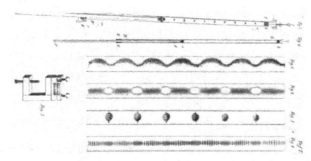

图 1 - 1　声波使 Kundt 管中的尘埃微粒有序悬浮跳动

## 1.2　声辐射力和力矩的主要应用

声辐射力和力矩自受到人们的普遍关注以来,在生物医学超声、航天工业、材料科学、纳米技术等领域得到了越来越多的应用,这里对此作一简单介绍。

(1) 声悬浮

自古以来,人们一直渴望可以脱离地面重力的束缚。1901 年,著名科幻小说《月球上最早的人类》一书中最早提出了反重力装置,书中作者进行了大胆的设想:有一种能够屏蔽引力的特殊金属叫"卡弗质",只要把"卡弗质"放在飞船下面,就可以屏蔽掉地球引力,从而帮助人类实现伟大的飞天梦想。遗憾的是,迄今为止人们还未实现这种梦幻式的宇宙航行,依然需要通过不断消耗能源来实现"反重力",从而让自己飞向浩瀚的太空。短期来看类似"卡弗质"这样的材料还不会在现实中诞生,但克服重力的悬浮技术已经不再是遥不可及的梦想。在航天工程和材料科学等领域,无容器环境是至关重要的实验条件。目前模拟空间无容器环境的方法主要有自由落体方法和悬浮方法,其中悬浮方法可以获得持续的微重力和无容器状态。常见的悬浮方法主要包括气动悬浮、电磁悬浮和声悬浮等。气动悬浮的悬浮力来源于气体掠过表面时的动量减少,该悬浮方式的稳定性较差。电磁悬浮的稳定性很好,但需要样品具有一定的导电性或导磁性,适用范围受到了局限。综合来看,与其他悬浮方法相比,声悬浮对材料的限制要求更少,且悬浮稳定性更强。

物体的悬浮位置和系统的悬浮能力是声悬浮技术的关键,这里以单轴式声悬浮系统为例对此进行说明,单轴式声悬浮系统是声悬浮技术中最简单的一种系统,但可以反映声悬浮系统的诸多共性。在一维稳定驻波场中,声压的波节位置对应着声辐射力势函数的极小值点,亦为粒子的稳定平衡点。当重力可以忽略时,粒子将稳定悬浮于驻波场的波节处。在考虑粒子重力的情况下,必须借助一定的声辐射力来抵消自身的重力,此时的稳定平衡点将会稍稍偏离驻波场的波节,如图1-2所示[5]。应当强调,声场对粒子的作用力是一个随时间快速变化的物理量,这里所谓的声辐射力取零是时间平均后的效果。声波的一个周期非常短暂,仅凭肉眼根本观察不到小球的瞬时振动,我们所看见的只是小球运动的平均效应。悬浮能力则主要用某一特定系统可以悬浮物体的最大密度来衡量。为了提升悬浮能力,往往需要增加发射换能器的声压振幅,并对发射端和反射端的尺寸和形状进行必要的优化设计。此外,若降低谐振模式,减少声压波节的个数,整个系统的悬浮能力也会增强。2002年,西北工业大学解文军等人对声悬浮系统进行了系统的优化设计,成功实现了对地面上密度最大的固体铱和密度最大的液体汞的稳定声悬浮(图1-3),该实验证明了利用声悬浮技术理论上可以悬浮起地面上的任何物质[6]。关于声悬浮的研究历史将在1.5节进行详细介绍。

**图1-2 小球稳定悬浮在驻波场的波节下方**

声悬浮对于材料工程中物性参数的反演与测量也有着重要价值。从工程应用的角度来看,密度、黏度、表面张力等物性参数的准确测量在航天工业、材料工程等领域至关重要。从理论研究的角度来看,这些物性参数的反演和测量也有助于加深对相关学科的深入理解。传统的测量方法几乎都需要借助容器来实现,并且无

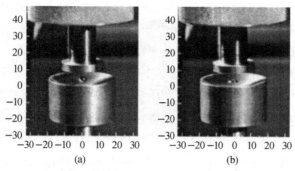

图 1 - 3　地面上密度最大的固体铱和密度最大的液体汞的声悬浮（单位：mm）

法避免待测样品和测量仪器的直接接触，这对通常状况下的普通液体是适用的。然而，在国防工业等某些特殊而重要的应用场景中，待测样品可能为高活性、放射性或高温熔融态物质，这些物质难以在有容器的条件下通过传统的办法进行测量。在无容器技术下，悬浮力场的存在使得待处理材料不与容器壁接触，避免了容器壁受到污染和材料与容器之间可能发生的理化反应，因此可用于高纯度、高活性、放射性和高熔点材料的测量和处理。另外，利用液滴在声辐射力作用下的振荡和变形还可以对液体样品的物性参数进行测量。这些优势使其在生物医学工程、材料科学与工程、先进制造与加工技术等多个领域展现出巨大的发展前景。前述解文军等人还利用声悬浮装置对悬浮液滴的动力学特性进行了观测，并在此基础上进行了液滴物性参数的非接触反演测量的初步研究，包括密度、黏性系数、表面张力和比热容等。1.5 节同样会对该部分的研究历史进行介绍。

（2）声镊子

镊子是用来抓取那些肉眼可见的小物体的常见工具，但对于细胞、分子等极其微小的粒子而言，普通镊子是无能为力的。20 世纪 70 年代，美国物理学家 Ashkin 等人最早提出可以利用光压操控微小粒子[7-9]。1986 年，他在这一设想的基础上制成了世界上第一台用激光来实现粒子操控的设备，称为光镊子。现如今，光镊子已经被广泛运用到病毒、细菌、细胞等微粒的无创操控中，成为生物医学等领域的重要技术手段，Ashkin 教授本人也因此荣获 2018 年诺贝尔物理学奖。

尽管如此，光镊子本身仍然具有一定的局限性。一方面，光镊子对操控对象的透明性要求很高，若样本的透明性较差，则操控效率亦会下降；另一方面，聚焦激光所携带的高能量往往会引起温升效应，容易对样品造成不可逆的损伤。在 Ashkin 制成光镊子不久后，吴君汝教授成功进行了声镊子的设想与实验，他采用两个平行对立放置的 3.5 MHz 聚焦超声换能器形成驻波场,并用此实现了对直径为 270 μm 的乳胶微粒和蛙卵的捕获和操控,首次从实验角度证实了声镊子的可行性[10]。诚然,从操控效率的角度来看,声波的能量远不能与激光相比拟。尽管如此,声波可以在固体、流体等任意介质中传播,且不受介质电磁特性和透明性的影响。另外,声镊子的能量与工作频率和医学超声成像系统的参数相当,这一特性有利于实现对单个细胞或颗粒的操控,并确保生物组织具有足够的安全性。

与行波场相比,驻波场的声能量密度梯度更强,因而更容易产生明显的声辐射力。当微粒位于这样的声场中时,其所受到的声辐射力作用总是促使微粒向声场势能极小的位置聚集。在此基础上,可以通过调节声场波腹和波节的分布实现微粒在空间中的定向移动。从操控粒子的维度来看,声镊子既可以实现粒子在一维和二维尺度上的空间排列,也可以实现粒子在三维空间中的移动变换。此外,与光波的波长范围相比,声波波长的尺度范围是比较宽泛的,这一性质使得声镊子可以操控从纳米到厘米尺寸的所有微粒,甚至还可以操控特定的流体介质。2009 年,美国宾夕法尼亚州立大学的 Shi 等人利用两个相对放置的叉指换能器产生声表面驻波场,实现了对微小粒子的一维和二维排列和操控,如图 1-4 所示[11]。随后,该团队又根据声辐射力原理,通过调节声表面驻波的声压波节分布,利用单层微流控通道在芯片上实现了液滴的分类与排序[12]。

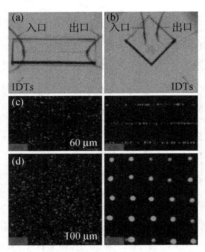

**图 1-4 利用声表面波实现对微粒的排列和操控**

尽管驻波场具有良好的声辐射力特性,但驻波场的激发需要一组换能器或换能器和反射面的组合,这在实际的声操控中往往很难得到满足。与驻波场声操控相比,单波束声镊子的设备与操作均更加简单,因此受到了研究人员的广泛关注。2009 年,美国南加州大学 Lee 等人将正弦信号反馈给中心频率为 30 MHz 的铌酸锂压电换能器,发现当水中的球形微粒偏离声轴时,声辐射力会将其拉回到轴线上,由此成功实现了微粒的声捕获[13]。该现象为单波束声镊子的制备提供了充分的理论依据。随后,他们在声线理论的基础上,使用 30 MHz 的高频聚焦超声成功捕获了直径为 126 $\mu$m 的油酸微粒[14],又利用 100 MHz 的高频超声成功操控了细胞尺度量级的微粒[15],如图 1-5 所示。2016 年,Ma 等人基于微粒在行波场中的共振特性,在声表面波微流控腔体内实现了对粒子的精确筛选[16]。2017 年,Chen 等人通过改变声源的激励频率制成所谓“变尺度”声镊子,扩大了粒子声操控的尺度范围[17]。2018 年,Zhao 等人通过控制 PZT 压电圆片上不同扇区的相位,借助声波的干涉效应产生了近似的 Bessel 涡旋声场,通过负向声辐射力作用实现了亚毫米尺度微粒在势阱处的声捕获[18]。2019 年,西班牙纳瓦拉公立大学 Marzo 博士和英国布里斯托大学 Drinkwater 教授在美国国家科学院院刊(PNAS)上首次公开了多粒子的独立悬浮与操控成果,与全息光镊子(HOT)相对应,他们将该设备称为全息声镊子(HAT)[19]。HAT 包含 256 个直径均为 1 cm 的扬声器组成的阵列,阵列单元之间有约 23 cm 的间隔,并且工作在 40 kHz 的超声频段。研究人员借助反向传播算法对阵列单元的发射相位进行设计,让 25 颗毫米量级的聚苯乙烯泡沫塑料小球做出了一系列复杂的空中动作,成功实现了二维和三维空间的声波牵引技术(图 1-6)。Marzo 博士在接受采访时表示,他希望未来能将全息声镊子与结构生物学相结合,通过全息声镊子在微观尺度上操纵三维细胞并搭建出二维培养皿中无法培育的立体生物学结构。

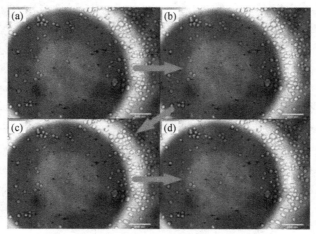

图 1-5　利用高频超声实现对细胞的捕获

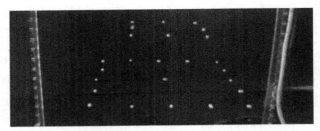

图 1-6　利用全息声镊子实现三维空间的声波牵引

　　综合来看,与发展相对成熟的光镊子相比,声镊子在操控灵敏度等方面还存在一定的不足。随着科学家们从设计原理和装置等多方面对声镊子技术进行改良与拓展,声镊子必将朝着更高精度、更成熟、实用性更强的方向发展。

　　(3) 声马达

　　声波不仅可以携带动量,在一定条件下还可能携带角动量,我们将这种声场称为涡旋声场。与普通的声场相比,涡旋声场的波阵面在传播过程中会产生环绕声轴的扭转现象,从而使其传播相位关于波束中心呈现螺旋变化的关系,这也是"涡旋声场"这一名称的由来。一般而言,我们定义拓扑荷数或声场阶数 $m$ 为波阵面在一个波长的传播距离内发生扭转的次数。图 1-7 显示了拓扑荷数取不同值时声场的波阵面形态图[20]。显然,当 $m=0$ 时,涡旋声场将退化为普通的平面行波场。此外,拓扑荷数的正负还表示了波阵面的扭转方向。当拓扑荷数非零时,我们称声场携带一定的轨道角动量,且该轨道角动量与拓扑荷数的大小成正比。

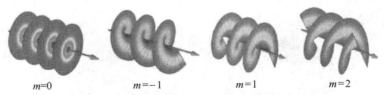

$m=0$　　　$m=-1$　　　$m=1$　　　$m=2$

图 1-7　拓扑荷数取不同值时声场的波阵面形态

　　如前所述,声辐射力来源于声波和物体之间动量的传递。我们自然想到,声波是否会与物体之间发生角动量的传递,从而表现为力矩的作用? 答案当然是肯定的,这种力矩正是前文所提到的声辐射力矩,最早由美国学者 Maidanik 于 1958 年提出[21]。利用声辐射力来操控微粒运动的技术称为声镊子,利用声辐射力矩来驱动微粒转动的技术则被形象地称为声马达。声马达的出现无疑扩充了实际中声操控的自由度。与声镊子相比,声马达技术的核心是如何激发出特定的涡旋声场,目前来看主要有三种实现方式。第一种方式是通过具有表面螺旋结构的声源来实现。2016 年,Wang 等人基于声波的折射规律,通过在铜板上刻蚀阿基米德螺旋线成功获得了 Bessel 涡旋声场(图 1-8),并利用该涡旋声场驱动水中的聚苯乙烯颗粒呈环状分布[22]。2020 年,该课题组基于同样的原理利用硅基片制作了声涡旋透镜,成功操控了虾卵的转动,并验证了驱动电压、虾卵尺寸与转动角频率之间的关系[23]。该方式技术简单,但难以调节声场的特定参数,且在低频时结构尺寸较为庞大。第二种方式是通过有源相控阵技术来实现。2015 年,西北工业大学洪振宇等人利用多换能器阵列产生 Bessel 涡旋声场,实现了对两相混合物的声操控(图 1-9),该两相混合物由聚苯乙烯颗粒和水组成[24]。当颗粒的尺寸较小时,会随流体一起产生旋转,从而实现了声涡旋这一物理现象的可视化。利用相控阵技术可以通过控制电路来灵活地调节声场参数,但系统设计的复杂度和成本均大大增加。第三种方式是通过声人工结构和超材料来实现。2016 年,Jiang 等人利用声学杂化共振原理,通过在尺寸远小于声波波长的平面状共振超表面中调控由声学杂化共振所引起的等效声波数分布,成功将入射平面波转化为携带轨道角动量的涡旋声场(图 1-10)[25]。该方法基于声学超材料的独特声学性质,且整体尺寸较小,有利于产生稳定性更可靠、频带更宽且可灵活调控的涡旋声场。

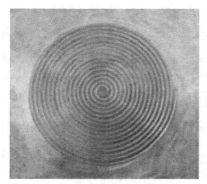

图 1-8　在铜板上刻蚀阿基米德螺旋线实现声涡旋

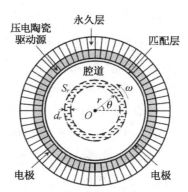

图 1-9　利用 64 阵元换能器阵列产生 Bessel 涡旋声场实现微流控的精确操控

有必要指出,声涡旋除了具备操控物体转动的力学特性外,在声学通信领域也具有潜在的应用价值。携带不同轨道角动量的涡旋声场之间存在彼此正交的关系,根据通信原理的有关知识可知,它们恰好对应着通信中不会发生混叠的多个信

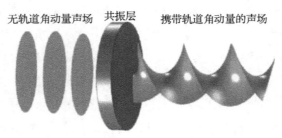

无轨道角动量声场　　共振层　　携带轨道角动量的声场

图 1-10　利用声学共振结构产生声涡旋

道。倘若轨道角动量能够与传统的多路复用传输系统兼容，无疑有望实现水下通信技术的巨大变革。

（4）声辐射力弹性成像

从生物组织的弹性信息往往可以推知其病理状况。汉代医圣张仲景的《伤寒杂病论》中就有对胸腹部按诊的详细论述，后来成为临床诊断和治疗的重要依据。然而，单纯依靠触摸去定性地感知组织的弹性无疑带有较强的主观色彩。此外，对于人体内部较深部位的器官，人工按诊也是无能为力的。为了弥补传统按诊法的诸多缺陷，人们致力于发展多种能够精确反演组织弹性信息的成像方法，超声弹性成像方法在这一强烈的需求背景下应运而生。

根据激励声源的不同，可以将目前临床广泛使用的超声弹性成像技术分为两大类。第一类是准静态压缩弹性成像，最早由美国教授 Ophir 和日本学者 Yamakoshi 于 20 世纪 90 年代提出[26]。该技术通过在组织外表面施加一定的压力使人体组织发生形变，再利用 B 超波束对其进行扫描监测，从而产生组织的应变图。这种方法的局限性在于只能探测到浅表的组织信息，且容易受到特定边界条件的影响。此外，它无法给出组织硬度的具体数值，只能给出和背景组织相对比的一个相对量大小。第二类是基于声辐射力的动态弹性成像技术，该技术使用超声波对组织施加压力，与传统准静态压缩弹性成像相比，有利于实现对深部的组织成像，且不易受到边界条件的影响，受到了国内外同行的广泛关注。声辐射力弹性成像主要可以细分为谐波运动成像（HMI）、剪切波弹性成像（SWEI）和声辐射力脉冲成像（ARFI）等，这里将分别对它们的原理进行简要介绍。

谐波运动成像最早由 Maleke 等人[27]提出。该技术通过探头产生的超声波对组织施加声辐射力，通过获取激发前后的 B 超图像并对之进行谐波运动估计，可以间接地推测组织的弹性状况。由于需要在激发信号的同时监测组织的运动，采集到的 B 超信号容易受到激发信号的严重干扰,这也是该技术至今仍存在的重要问题。当声辐射力作用在组织上时会激发出特定的剪切波,剪切波弹性成像正是通过检测这一剪切波的传播来达到成像的目的,该技术最早由美国学者 Sarvazyan 和 Emelianov 提出[28]。他们利用高强度聚焦超声探头产生声辐射力,在人体组织中激发出了明显的剪切波,并运用磁共振(MR)成像手段探测该剪切波的传播情况。由于剪切波速与人体组织的黏弹特性紧密相关,通过测量剪切波的传播速度等参数可以获取组织的弹性信息。图 1-11 显示了某一慢性肝病患者的肝脏弹性成像图[29]。声辐射力脉冲成像技术最早由美国杜克大学的学者 Nightingale 等人提出,该技术通过高能聚焦超声探头在局部组织中产生短暂的高强度声辐射力,从而推动器官组织产生特定的应变,再通过追踪这些微小应变和剪切波的传播来判断组织的黏弹特性[30]。研究人员发现,组织对于脉冲声辐射力的瞬态响应与局部区域的硬度大小直接相关,通过求解波动方程的反演模型可以定量地获取组织中剪切波的传播速度。Nightingale 等人通过详细的数值仿真和体模研究证实了声辐射力脉冲成像在临床上的可行性,且所得结果的对比度和分辨力均明显超过传统 B 超图像。现如今,声辐射力脉冲成像已在临床上具备检查多种人体器官的能力,图 1-12 显示了某一乳腺良性纤维瘤患者的声辐射力脉冲成像图[31]。

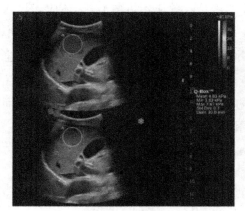

图 1-11　慢性肝病患者的肝脏剪切波
弹性成像图

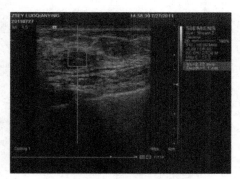

图 1-12　乳腺良性纤维瘤患者的声辐
射力脉冲成像图

　　基于声辐射力的弹性成像技术是对传统准静态弹性成像技术的重大突破。对于人体较深部位的组织器官而言,该技术也可以获取较为准确的弹性信息,从而为临床诊断和治疗提供必要的指导。当然,目前的声辐射力弹性成像技术还远未堪称完美,如何提升成像速度、改善成像质量、确保足够的安全性均是亟待解决的重要问题。

（5）声辐射力天平

声功率是声学中的一个重要物理量,其在物理上表示声源在单位时间内辐射的声波能量。超声波声功率的测量对超声设备的安全风险评估和超声设备的辐射剂量控制有着重要意义,是目前声学领域的前沿问题。迄今为止,关于声功率的测量方法主要有声辐射力法、声光法、量热法等,其中声辐射力法不存在近场和远场的限制,且操作简单,易于校准,因而是国际电工委员会(IEC)推荐的兆赫频率范围内声功率的首选测量方法。早在 20 世纪 70 年代,波兰科学院的 Zieniuk 和英国萨里大学的 Chivers 就对声辐射力法和量热法进行了比较分析,他们认为声辐射力测量方法具有更加广泛的适用范围,且更加简洁高效[32]。

声辐射力天平正是利用声辐射力测量声功率的装置。最早的声辐射力天平是由 Wood 和 Loomis 于 1927 年制成的[33]。对于小振幅的声波而言,由于声能流的存在,两种介质的分界面处存在单向的稳态声辐射力,该声辐射力所对应的压强在数值上等于界面两边声能量密度的差值。具体测量时,需要将全反射靶或吸收靶放置于水中的声场,并利用高精度微量天平来精确测量此时靶受到的声辐射力,最后将声辐射力换算成声功率。若周围流体的声吸收效应不可忽略,则还应当计入声衰减对测量结果的影响。图 1-13 给出了利用全吸收靶和全反射靶测量声功率的装置示意图[34]。全反射靶和全吸收靶的主要区别在于靶的结构特性不同。全反射靶通常是用薄金属皮制成的锥角为直角的中空凸圆锥体,它能将接收到的超声波能量几乎完全反射回去。全吸收靶的表面则由许多锯齿形吸声尖劈排列而成,从而能够吸收绝大部分的声波能量。图 1-14 显示了两种靶的实物照片[34]。

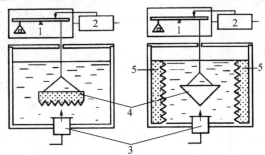

1—天平;2—计算机;3—换能器;4—全吸收靶和全反射靶;5—声吸收垫。

**图 1-13　利用全吸收靶和全反射靶测量声功率的实验装置**

图 1 - 14　全吸收靶和全反射靶

国内也有不少研究团队利用声辐射力天平开展了相应的研究工作。2012 年，上海交通大学寿文德等人利用声辐射力天平成功测量了平面活塞型、球面聚焦型和圆柱面聚焦型换能器的若干电声参数[35]。2019 年，该课题组又提出了一种基于凸球面吸收靶的声辐射力天平测量方法，并利用该方法测量了相控阵换能器的发射声功率[36]。2013 年，北京理工大学沈洋等人首次指出，利用平板倾斜放置时的声辐射力天平测量高强度聚焦超声的声功率会更加易于操作[37]。2014 年，黄鸿鑫等人利用声辐射力天平成功制成了高精度且性能稳定的声功率测量仪[38]。

## 1.3　声辐射力和力矩的主要研究方法

目前来看，声辐射力和力矩的计算大体可以分为部分波级数展开法、声线法、势函数法、数值计算法、Born 近似法等，其中部分波级数展开法和势函数法是本书的主要计算方法。这里先对各种方法作一简单介绍。

（1）部分波级数展开法

部分波级数展开法是一种精确求解声辐射力的方法。该方法从严格的波动方程出发，将入射声场进行部分波级数展开，利用物体表面的声学边界条件求解散射系数，最后通过对声辐射应力张量进行面积分运算得到此时的声辐射力。进一步地，利用径矢坐标和声辐射应力张量作矢量积运算，再对其进行面积分还可以得到声辐射力矩。由于部分波级数展开法的基础是严格的波动理论，结果精度最高，计算最为稳定，且原则上适用于任意声波作用下的任意物体。有必要指出，正因为如此，部分波级数展开法的计算最为复杂，其计算中的困难主要来源于两点：一是当声场较为复杂时不太容易展开成部分波级数的形式；二是对于具有不规则形状和声参数非均匀分布的物体，散射系数的求解较为困难。目前，部分波级数展开法主要用于 Gauss 波束、Bessel 波束等作用下圆柱、球等规则物体的声辐射力计算。近年来,部分学者还将这一方法成功运用到稍复杂的椭圆柱形粒子和椭球形粒子上。1.4 节将对该部分研究进行详细的讨论。部分波级数展开法的理论推导较为繁复,但由于得到的是精确解析解,有利于实际声操控中的参数化分析。本书针对声辐射力和力矩的大部分计算都基于部分波级数展开法。

（2）声线法

当物体的尺寸远大于声波波长时,可以借助海洋声学和建筑声学中广泛运用的几何声学的方法来处理声波的散射问题。根据射线声学的基本理论,此时可以忽略声场的波动性,而用所谓声线模型来对声传播问题进行近似的描述,声线的疏密则表征了某处声能量的大小。在声线法中,声辐射力由两部分贡献:一是沿着声波传播方向的散射力,它由声波的反射引起,大小正比于声强;二是沿声强梯度方向的梯度力,指向声能量最大的位置。2005 年,Lee 等人最早利用声线理论研究了流体介质中任意位置粒子的声辐射力特性,从理论上证实了声捕获的可能[39]。2014 年,Wu 等人利用声线法计算了球形粒子在 Gauss 波束和球面聚焦波束作用下的轴向声辐射力,并详细分析了粒子和流体的声吸收特性对声辐射力的影响[40-41]。声线法的理论直观,计算简便但精度有限,仅适用于高频近似的情况。本书的论述中并不涉及声线法的计算。

（3）势函数法

当物体的尺寸远小于声波波长时,可以忽略物体的散射波对声场的影响,此时声辐射力可以通过直接对声能量密度求梯度得到。若考虑单极和偶极散射项的贡献,则此时低频驻波场中的声辐射力仍然是保守力,存在对应的声辐射力势函数,苏联科学家 Gor'kov 最早对此进行了严格论证[42]。第 8 章和第 9 章中将详细介绍势函数法的计算过程,这里不再赘述。根据势函数法的计算结果,驻波场中的声辐射力随空间距离呈现周期性变化的规律,且变化的周期正好等于半个波长。若考虑粒子的声速远大于周围介质的声速,当物体密度大于周围流体密度的 $\frac{2}{5}$ 时,声压波节处的声辐射力势函数极小,粒子将聚集在波节附近,这也是绝大多数声悬浮实验中所遇到的情况[4]。当然,实际中的粒子总存在一定的重力,因此严格来讲粒子真正的聚集点应当在声压波节的下方。图 1-15 显示了小球稳定悬浮于驻波场声压波节附近的情形[43]。反之,则声压波腹处的声辐射力势函数极小,粒子将聚集在波腹附近。势函数法的原理和计算都比较简单,精度也有限,仅适用于低频近似的情况。第 8 章和第 9 章将运用势函数法分析驻波场中悬浮粒子的动力学问题。

图 1-15　药物小球悬浮在空气中驻波场的声压波节附近

（4）数值计算法

当模型较为复杂时,利用部分波级数展开法推导声辐射力的解析解往往是很困难的,此时可以考虑借助纯数值的方法来计算,如有限差分法、有限元方法、边界元方法、离散格子玻尔兹曼法等,其中运用最广泛的是有限差分法。该方法将计算区域进行"蛙跳型"网格划分,对波动方程在时间和空间上分别进行差分离散,利用边界条件对声压场和速度场进行更新迭代,结合应力张量计算最终的声辐射力。该方法直接从声波的基本方程出发,不需要任何形式的衍生方程,因而对复杂模型下的声辐射力计算十分有用。2010 年,中国科学院深圳先进技术研究员蔡飞燕等人首次运用有限差分法计算了弹性柱的声辐射力特性[44]。2013 年,Glynne-Jones等人借助有限元方法分析了任意形状的弹性和流体微粒的声辐射力[45]。2015 年,Wijaya 和 Lim 利用边界元方法成功研究了非球形粒子在驻波场中的声辐射力和力矩,并以椭球体等形状为例进行了详细计算[46]。陕西师范大学孙秀娜等人运用有限差分法分析了离轴情况下刚性柱的声辐射力[47]。综合来看,数值计算法对所研究物体的形状、尺寸和声场的类型没有限制,但计算所耗用的资源较多。本书中亦不涉及数值法的计算。

（5）Born 近似法

数值计算法的运用无疑扩充了声辐射力研究的模型,然而与解析方法相比,数值方法的计算量较为庞大,并且很难进行具体模型中的参数化分析。近年来,Jerome 等人借鉴量子力学粒子散射问题中的 Born 近似法,回避了声散射系数求解的复杂过程,直接利用曲面积分推导了平面驻波场作用下任意粒子的声辐射力和力矩,并将其与精确解进行比较,结果显示在低频范围内两者符合得很好[48-50]。有必要指出,Born 近似法是一种"半解析"的近似计算方法,其使用存在两个前提条件,其一是粒子的密度和声速与周围流体相差不能太大,其二是粒子处在低频驻波场中。

## 1.4 声辐射力和力矩的研究历史与现状

### 1.4.1 声辐射力及其计算

早在 20 世纪初,经典声学的两位集大成者 Rayleigh 和 Langevin 就分别提出了声辐射力的理论[51-52]。有趣的是,Rayleigh 对声辐射力的研究正是受到 Lebedev 对光辐射力所作研究的启发。Rayleigh 对声辐射力的描述可以总结为:在平面波传播的情况下,随流体质点一起运动的表面上受到一个不为零的平均压力;假设该流体具有相同的平均密度但处于静止状态,后者也将承受一个平均压力,前者与后者之差定义为 Rayleigh 声辐射力[51]。可以看出,Rayleigh 声辐射力是针对一维平面行波而言的,实际状态下,这样的条件过于苛刻,很难得到满足。但从声波导的角度出发,对于存在理想刚性壁的管道而言,若声波的频率低于波导的截止频率,则管中将只有平面波模式,从而为 Rayleigh 声辐射力提供切实可行的物理图像。巧合的是,在 Rayleigh 提出声辐射力概念后不久,Lebedev 及其助手 Altberg 就使用该理论成功测量了 Kundt 管端的辐射声强[53]。1907 年,Altberg 同样借助 Rayleigh 声辐射理论测量了冷凝器的声波频谱。迄今为止,该方法仍然是声源测量的基本手段之一。如前所述,Rayleigh 声辐射力的讨论完全基于封闭管道的假定。然而,实际情况下的声辐射力往往是在开放空间中产生的,需要考虑各种边界条件的影响。基于这一考虑,Langevin 取消了 Rayleigh 声辐射力所作的限制,重新定义了声辐射力:声场中随流体质点一起运动的物体表面上受到的时间平均力与该物体后面未被扰动流体中的压力之差称为 Langevin 声辐射力[52]。与 Rayleigh 声辐射力相比,Langevin 声辐射力能给出更贴合实际的物理图像。本书所指的声辐射力均为 Langevin 声辐射力。

1909 年,挪威物理学家 Bjerknes 首次指出对于流体中的两个气泡而言,除了受到外界声场的声辐射力,气泡之间也会存在相互作用力,前者称为初级声辐射力,后者称为次级声辐射力,或称为 Bjerknes 力[54]。1934 年,加拿大物理学家 King 首先提出了粒子的声辐射力概念,给出了刚性球在理想流体中所受声辐射力的解析表达式,该研究第一次成功地运用声散射理论解决了粒子的声辐射力问题[55]。1939 年,Hertz 和 Mende 指出声辐射力可以利用声波能量梯度表示,并以此为基础分析了两流体界面间的作用力[56]。1953 年,Awatani 计算了理想流体中无限长刚性圆柱的声辐射力,发现随着频率的升高,刚性柱受到的声辐射力趋于一个定值[57]。随后,Yosioka 等人将研究对象拓展到了可压缩球,计算得到了其在平面波声场中的声辐射力,并与液体球的结果进行比较[58]。1964 年,Brillouin 进一步完善了声辐射力的基本理论,提出了声辐射应力张量的概念[59]。1969 年,Hasegawa 等人计算得到了弹性固体小球在声场中的辐射力,指出弹性球的声辐射力峰值与本征振动频率之间的密切关系[60],随后又考虑了黏弹性材料声吸收特性对辐射力的影响[61]。1973 年,Averbuch 等人提出通过弹性固体球的声辐射力来测量声场强度的方法[62],随后 Hasegawa 等人于 1975 年也提出了相同的设想[63]。1979—1981 年,Hasegawa 等人又成功计算出了平面准驻波场和球面波场中弹性球的声辐射力并进行了实验验证[64-68]。1983 年,Alekseev 计算了球形粒子的声辐射力[69]。1984 年,Lee 和 Wang 在考虑温度影响的基础上,对加热刚性球和制冷刚性球的声辐射力分别进行分析[70],随后还计入了热导效应和声流效应对声辐射力的影响[71]。1988 年,Hasegawa 等人又给出了固体柱的声辐射力公式,使平面波的声辐射力理论进一步完善[72]。进入 20 世纪 90 年代,超声换能器技术的不断发展使得利用各种新型声场进行微粒的操控已经成为可能。于是,以 Gauss 波等波束为典型的聚焦超声作用下的声辐射力成为新的研究热点。1990 年,吴君汝教授等人计算了聚焦波束作用下粒子的声辐射力并进行了实验验证,为后续提出声镊子的模型奠定了理论基础[73]。Hasegawa 等人则计算了位于活塞声场近场的刚性球受到的声辐射力[74]。1996 年,Wang 等人完成了平面换能器声场中小球的声辐射力计算[75]。1997 年,Doinikov 以平面波和球面波为例讨论了流体的黏滞和热导效应对声辐射力的影响,并以刚性球和液滴为算例进行了详细分析[76-78]。2004 年和 2005 年,Wei 等人、Mitri 分别用远场散射和近场散射理论独立计算了平面驻波场对无限长可压缩柱的声辐射力[79-82],而后 Wei 等人证实了这两种方法的等价性[83]。2006 年,Lee 等人计算了声镊子对声场中任意位置处球形粒子的横向声辐射力作用,并指出横向声镊子的制备要更加容易[84]。Marston、Mitri 等人将声辐射力的研究拓展到 Bessel 波束领域,从而能够较好地利用 Bessel 波束的非衍射特性,其中对于刚性球、流体球在零阶和高阶 Bessel 波作用下的声辐射力均给出了详细的计算结果,并同时考虑了粒子在轴和偏轴的情况[85-103]。研究发现,Bessel 波在一定条件下可以产生负向声辐射力现象,这从理论上证实了可以利用单波束声镊子进行粒子捕获。2010 年,Mitri 对圆柱形粒子在轴对称入射声场作用下的声辐射力计算方法进行了系统总结[104-105]。2011 年,Mitri 等人首次将柱面波引入声辐射力的研究问题中,计算了刚性球和柔性球在柱面扩散波作用下的轴向声辐射力,并预测了负向声辐射力的出现[106]。2012 年,Zhang 等人基于部分波级数展开法计算了 Gauss 波对水中球形粒子的声辐射力,其中球形粒子中心恰好位于波束中心[107]。2013 年,Baresch 等人给出了球坐标系中任意球形散射体在任意声场作用下的三维声辐射力表达式,并以高阶 Bessel 涡旋声场为算例进行了讨论分析[108]。Sapozhnikov 等人则基于经典的角谱分解理论计算了任意声场对流体介质中弹性球的声辐射力[109]。Silva 等人基于部分波级数展开法求解了 Bessel 波对离轴球形粒子的轴向与横向声辐射力作用[110]。Azarpeyvand 给出了 Gauss 波作用下柱形粒子的声辐射力解析解,并详细分析了波束的束腰半径对声辐射力特性的影响[111-112]。2015—2016 年,Wu 等人则完成了 Gauss 波束和类 Gauss 波束的作用下球形粒子的声辐射力研究工作,提出可以利用 Gauss 波束进行粒子的筛选与分离[113-114]。2015 年,Silva 等人又借助球函数的加法公式探究了任意波束作用下球形粒子的声辐射力,并以球面聚焦声场为算例进行了分析[115]。Sepehrirahnama 等人基于多级展开的 Stokeslet 方法计算了黏性流体中球形粒子的声辐射力并考虑了声流效应的影响[116-117],随后该课题组还将该理论扩展到多粒子模型[118]。Zhang 等人则计算了 Gauss 波束对在轴和离轴刚性柱的声辐射力,其中用到了柱函数的加法公式[119-120]。2016 年,Johnson 等人利用同焦点的光学和声学系统测量行波场作用下可压缩球的声辐射力大小并将其与理想流体中的结果进行对比,结果显示即使流体的黏度很小,其黏滞效应也会使声辐射力增强数倍[121]。此外,部分学者试图将 Gauss 波束与 Bessel 波束、Airy 波束的优点相结合,计算得到了 Bessel-Gauss 波束和 Airy-Gauss 波束作用下的球形粒子和柱形粒子的辐射力[122-123]。2018 年,Shen 等人分析了声表面波对球形粒子和柱形粒子的声辐射力作用,并详细阐释了 Rayleigh 角效应的影响[124]。Ilinskii 等人利用 Lagrange 描述方法研究了软弹性介质中弹性球的声辐射力作用,并考虑了横纵波吸声系数的影响[125]。2019 年,Li 等人计算了零阶 Mathieu 波束作用下位于声轴上的球形粒子受到的声辐射力,其中同时考虑了刚性球、流体球和弹性球的情况[126-127]。2021 年,Li 等人建立了一种迭代算法,顺利计算了涡旋声场焦点附近刚性球的声辐射力[128]。Qiao 等人计算了黏性流体中平面波对自由弹性球的声辐射力,并通过观测弹性球的运动状态对理论结果进行了充分验证[129]。2022 年，Li 等人利用球面波函数的加法公式和局部近似理论成功推导了 Gauss 波相对于任意位置球形粒子的波形系数表达式，并以此计算得到了横向和轴向声辐射力[130]。Weekers 等人对活塞换能器声场作用下任意尺寸小球的声辐射力进行了理论计算，揭示了在特定位置处负向声辐射力的产生，并借助有限元方法进行了验证[131]。

由此不难看出，自由空间中简单粒子模型的声辐射力研究已经较为成熟，并且有了大量可靠的理论结果。然而，在实际的声操控中，粒子通常都位于一定的边界附近，而这些边界的存在必然会对声辐射力特性造成影响，直接将无限大空间内的结果运用到实际中必然会造成很大的误差。例如，在药物输送的过程中，往往需要考虑血管壁的存在对药物所受作用力的影响。因而，近十年来边界附近粒子的声辐射力研究成为新的热点，得到了不少学者的关注。早在 20 世纪 90 年代，Gaunaurd 等人就分析了界面附近球形粒子的声散射问题，其中利用了球函数的加法公式得到了散射系数的解析解[132]。2011 年，Miri 等人在这一基础上给出了阻抗边界旁弹性球壳的声辐射力表达式并进行了详细的数值模拟，为血管壁附近的药物输送提供了理论依据[133]。2012 年，Wang 和 Dual 研究了理想流体中驻波激励下平面附近刚性圆柱形粒子声辐射力的理论与数值计算[134]。2017 年，Qiao 等人利用柱函数的加法公式成功解决了界面附近无限长流体圆柱的辐射力问题，分析了边界反射系数和粒子位置对粒子受力的影响[135]。随后，该课题组又将结果拓展到 Gauss 波束入射时的情形，给出了粒子在轴和离轴两种情况下声辐射力的计算结果[136-138]。2018 年，Mitri 同样计算了平面附近无限长刚性圆柱的声辐射力，并详细分析了声波入射角度对结果的影响[139]。Zhuk 等人研究了自由液体表面刚性球的声辐射力特性，结果表明粒子将聚集在声压波节的位置处[140]。2019 年，Zang 等人计算了 Gauss 波作用下双阻抗边界附近球形粒子的声辐射力，特别考虑了双边界间距离对结果的影响[141]。2020 年，Qiao 等人研究了黏性流体中任意角度入射的平面波对无限大边界附近刚性圆柱的声辐射力特性，并讨论了声辐射力作用下刚性圆柱的运动轨迹[142]。臧雨宸计算了 Gauss 波对阻抗边界附近离轴球形粒子的轴向声辐射力，并详细分析了球形粒子的离轴距离和离轴角度对结果的影响[143]。此外，我们还考虑了边界附近三维弹性球壳的声辐射力问题[144]，这一模型更接近于实际血管中的药物输送，其具体内容将在第 5 章中详细介绍。Baasch 和 Dual 利用有限元方法求解了无限大半空间边界附近流体球和固体弹性球的声辐射力，并指出对于特定的材料而言，此时的次级声辐射力可能会大于初级声辐射力[145]。2022年,Chang等人进一步探究了刚性角落附近刚性球的声辐射力特性,并利用有限元方法验证了理论解的正确性[146]。Liu等人研究了黏性流体中双阻抗边界附近刚性圆柱的声辐射力特性,发现流体的黏滞效应会对边界附近粒子的声辐射力有明显的削弱作用[147]。

另外,传统的声辐射力研究往往集中于球形粒子、无限长圆柱形粒子等较为简单的模型,这固然为计算带来了方便,但也存在应用方面的局限性。例如声场中的悬浮液滴在表面张力的作用下,往往呈现出扁椭球的形状,若直接将其近似为球形粒子必然会带来较大误差。因此,对于其他形状与结构粒子的声辐射力研究也成为有关学者关注的问题,其中最具有代表性的是对于球壳、柱壳和椭圆柱、椭球这几类粒子模型的研究。1993年,Hasegawa[148]第一次系统地给出了弹性球壳和无限长柱壳在平面波场中受到的声辐射力,重点关注了壳层厚度和腔内注入的流体对声辐射力的影响。2005—2008年,Mitri等人给出了平面行波对弹性圆柱壳和弹性球壳的声辐射力计算结果,并进一步考虑了柱壳和球壳的声吸收效应对声辐射力的影响[149-159]。此后,他又完成了前述血管壁附近弹性球壳的声辐射力研究[133]。2011年,Jamali等人利用传递矩阵方法研究了充液柱壳的散射问题和声辐射力函数的近似解[160]。2014年,Rajabi等人利用共振散射理论将平面波作用下流体圆柱壳的散射声场分解为背景声场和共振声场,在此基础上指出最终的声辐射力由三部分组成,分别是来自背景声场和共振声场的贡献,以及来自这两种声场的相互作用[161-162]。Wu等人则利用声线法计算了聚焦Gauss声场作用下双层球的声辐射力[41]。2016年,Leao-Neto等人针对低频近似下的球壳进行研究,发现当球壳厚度设计合理时可以完全屏蔽声辐射力的作用,即达到所谓“声隐身”的效果[163]。2017—2019年,部分学者将球壳模型拓展至三层球模型,从而为生物医学超声中细胞、药物等微粒的声操控提供理论指导[164-167],Zang等人亦对Bessel驻波场作用下三层球的声辐射力特性进行了系统研究,详细分析了各层介质的厚度和材料种类对结果的影响[168]。2020年,Mo等人首次考虑了两个相邻薄球壳位于声场中时受到的声辐射力,其中既考虑了单个球壳的声散射,也考虑了两个球壳之间的相互声散射[169]。Leao-Neto等人重新计算了平面波作用下球壳的声辐射力,发现Mitri的计算结果中漏掉了与球壳声吸收有关的一项,从而出现了非物理的结果[170]。Zang和Gao首次将壳层结构声辐射力的研究拓展至扩散波场,计算了柱面波对多层球的声辐射力[171]。2023年,Wang等人详细探究了弹性球壳的有效密度、弹性模量等因素对其在驻波场中的声辐射力的影响[172]。

2006 年,Marston 等人基于部分波系数成功求解了低频近似下平面行波场中各类轴对称粒子的声辐射力,包括椭圆柱和椭球等[173]。至于任意频率声波入射时的结果,最早由 Hasheminejad 等人于 2007 年给出,其中引入了椭圆柱坐标系和 Mathieu 函数,计算颇为复杂[174]。Xu 等人给出了任意形状波束作用下椭球形粒子的声辐射力计算结果,且粒子的放置方式和位置可以是任意的[175]。2012 年,Zhang 等人借助光学中的有关理论,分析了一般非衍射声场作用下任意形状粒子的声辐射力特性,其中同时包含了粒子在轴和离轴的情形[176]。2015—2016 年,Mitri 仍然采用圆柱坐标系中的部分波级数展开法,成功完成了平面行波场和驻波场中椭圆柱的声辐射力计算,且与使用椭圆柱坐标系相比其计算复杂度大大降低[177-178]。2015—2017 年,Mitri 针对 Bessel 声场中刚性椭球体的声辐射力问题进行了系统研究,给出了相应的理论结果,其结果适用于长短轴比不大于 3∶1 的情形[179-181]。2017—2019 年,Gong 等人则利用传递矩阵法计算了任意阶数 Bessel 波对任意放置的非球形粒子的声辐射力,解释了声辐射力反转现象的物理机制[182-183]。2020 年,王明升等人将刚性椭球形粒子的研究拓展到液体椭球形粒子的情形,并讨论了负向力的产生条件[184]。Jerome 等人则利用球面波函数和椭球面波函数计算了可压缩椭球体的声辐射力,该结果适用于任意尺寸和任意放置的椭球形粒子[185]。

总体来看,关于声辐射力的计算已经形成了一套较为成熟的理论体系,即以部分波级数展开法为主,并辅之以数值计算法、传递矩阵法、Born 近似法等,其研究对象也从自由空间中的粒子扩展到了各种复杂边界下的粒子。尽管如此,该理论体系尚不完善,尤其是关于阻抗边界附近各种粒子的声辐射力研究还处于起步阶段。为实现血管壁等边界附近粒子的精准声操控,有必要对阻抗边界附近在轴和离轴粒子的声辐射力进行详细的计算与分析。此外,关于椭圆柱形粒子、椭球形粒子等非球对称粒子和声参数非均匀分布粒子的声辐射力研究仍大多基于低频近似的前提或局限于模型较为特殊的情况,尚需探索一般性的结果来指导实际的声操控实践。

## 1.4.2　声辐射力矩及其计算

声辐射力矩的研究要晚于声辐射力,其基本理论最早由学者 Maidanik 于 1958 年提出[21]。1972 年,Smith 研究了弹性散射引起的声辐射力和力矩[186]。2008 年,Fan 等人从角动量守恒定律出发,讨论了一般情况下粒子声辐射力矩的计算方法[187]。在声操控的实际应用中,为了实现对靶向粒子的精确操控,往往需要对各种情况下的声辐射力矩进行理论与数值计算。在此基础上,Zhang 和 Marston 系统地总结了声辐射力矩的理论框架,并对悬浮固体和液滴的声辐射力矩进行了分析[188-189]。2012 年,Mitri 等人利用部分波级数展开法计算了 Bessel 涡旋声场对在轴黏弹性球壳的声辐射力矩[190-191]。Silva 等人成功推导出了任意声场对任意形状粒子的声辐射力矩表达式,并以 Bessel 波束入射为例进行了算例分析,其中同时考虑了粒子在轴和离轴两种情况[192]。2013 年,Zhang 和 Marston 将光学中的理论拓展到声学中,揭示了非衍射声场作用下的声辐射力矩和散射声功率、损失声功率之间的关系[193-194]。2014 年,Silva 等人又研究了黏性流体中具备声吸收特性的可压缩球受到的声辐射力矩,其中可压缩球的尺寸远小于声波波长,计算结果显示声能量梯度、声散射和声吸收均会对粒子的声辐射力和力矩有所贡献[195]。Zhang 等人分析了黏性流体中涡旋声场和正交驻波场中小尺寸可压缩固体球的声辐射力矩,揭示了该力矩和黏滞吸收效应之间的密切关联[196]。如前所述,Wijaya 等人于 2015 年利用边界元方法计算了任意非球形粒子的声辐射力矩,其结果对粒子尺寸、形状和放置方式没有任何限制,在此基础上以椭球形粒子等模型为例进行了详细分析[46]。2016 年,Leao-Neto 和 Silva 计算了低频近似下,任意波束作用时各向同性的黏弹性小球的声辐射力和力矩作用[197]。2018—2019 年,Zhang 和 Gong 等人详细分析了影响 Bessel 波束的声辐射力和力矩方向的诸多因素,其结果对分析粒子在涡旋声场中的转动特性具有指导意义[198-199]。2020 年,Leao-Neto 等人基于椭球坐标系,计算了平面行波场和驻波场对偶极近似下椭球形粒子的声辐射力矩,且椭球形粒子的对称轴可以沿任意方向[200-201]。2020—2021 年,Gong 等人建立了基于角谱方法直接求解声辐射力矩的基本模型,并从理论上证明了基于平面波角谱理论和基于部分波级数展开法的等价性[202-203]。Sepehrirahnama 等人建立了基于极化率张量的基本模型,成功计算了非对称粒子的声辐射力和力矩,结果表明粒子非对称性对声辐射力矩的影响要显著大于声辐射力[204-206]。Jerome 等人利用球面波和椭球面波函数将声场展开,计算得到了可压缩椭球形粒子的声辐射力矩,其结果不受粒子阻抗与尺寸、声场特性等的限制[207]。此外,Jerome 等人还建立了 Born 近似法求解声辐射力和力矩的基本理论模型[48-50]。2022 年,Tang 等人提出了一种基于保角变换的算法,顺利计算了时谐平面波作用下不规则粒子的声辐射力和力矩,与有限元方法相比,其计算结果精确度更高[208]。

除了三维球形粒子和椭球形粒子外,二维无限长柱形粒子在实际的声操控应用中也很常见。2007 年,Hasheminejad 等人最早利用椭圆柱坐标系求解得到了固体椭圆柱的声辐射力矩[174]。2011 年,Wang 等人从理论上给出了黏性流体中任意刚性圆柱的声辐射力矩大小,并用数值计算方法进行了验证[209]。2016 年,Mitri 利用部分波级数展开法避开了椭圆坐标系中 Mathieu 函数的烦琐运算,成功求解得到了平面波以任意角度入射时刚性椭圆柱的声辐射力矩[210]。随后,Mitri 又将研究范围拓展到 Gauss 聚焦波束,对黏性流体中圆柱形粒子受到的声辐射力矩进行了详细分析,特别关注了力矩随离轴距离和入射角度的变化规律[211]。2017 年,Mitri 分析了一对黏性柱体的声辐射力矩,并考虑了柱体间多次散射对结果的影响[212],而后 Wang 等人考虑了 Airy 波入射情形下的同样问题[213]。为了更精确地模拟实际边界附近的声操控问题,Mitri 在已有模型中引入刚性边界,利用加法公式推导了此时无限长圆柱的声辐射力矩[214]。2020—2021 年,Mitri 又借助加法公式成功计算了平面行波场和驻波场中无限长偏心柱的声辐射力和力矩[215-216]。

与声辐射力类似,关于声辐射力矩的计算也已形成了一套以部分波级数展开法为主、其余方法为辅的理论体系,但关于各类非球对称粒子和非均匀粒子等复杂模型下的声辐射力矩研究还不甚完善,至于边界附近粒子的声辐射力矩研究则更缺乏相应的理论结果。鉴于此,臧雨宸等人也对声辐射力矩开展了部分研究。基于椭球形液滴在声悬浮等实际场景中的普遍性,他们在 2021 年利用部分波级数展开法成功计算了椭球形液滴在 Bessel 驻波场中的声辐射力矩,并将可压缩液滴与不可压缩液滴两种情形下的结果进行了比较,其结果为驻波场悬浮液滴的声操控提供了必要的理论指导[217-218]。2021 年,针对二维 Gauss 波束作用下的无限长椭圆柱,利用部分波级数展开法计算得到了其受到的声辐射力矩,并详细讨论了离轴距离和波束入射角度对结果的影响[219]。此外,臧雨宸等人首次在三维声辐射力矩的问题中引入阻抗边界,分析了 Bessel 涡旋声场对边界附近黏弹性球壳的力矩[220]。2022 年,臧雨宸等人又成功计算了斜入射 Gauss 波作用下阻抗边界附近黏弹性圆柱壳的声辐射力矩[221]。在声辐射力矩的算法方面,臧雨宸等人亦取得一些成果,首次将 Born 近似法推广到平面波以外的任意波束入射的情形,并以零阶 Bessel 驻波场中的各类粒子为算例进行了系统分析[222]。

## 1.5　声悬浮与物性参数反演

1.2 节曾对声悬浮技术进行了简单的介绍。声悬浮是利用声辐射力克服重力从而使物体悬浮的方法,最早可以追溯到 Kundt 管的实验。1933 年,Bucks 和 Muller 首次使用驻波场施加的声辐射力成功悬浮起了直径 1~2 mm 的酒精液滴,其所用的驻波场是通过石英棒和反射面产生的[223]。此后,科学家们设计了大量的驻波场声悬浮系统[224-248]。1941 年,Clair 等人利用高强驻波场成功悬浮起了硬币和铅弹[224]。1947 年,Allen 和 Rudnick 使用高频超声和反射面来实现若干硬币、小球和其他轻小物体的声悬浮[225]。1964 年,美国明尼苏达州立大学的 Hanson 等人基于 King 的理论制造了第一台用于分析单液滴动力学特性的声悬浮装置[226]。1975 年,美国科学家 Whymark 利用声悬浮实验研究了无容器条件下铝、玻璃等聚合物的熔化和凝固过程[227]。20 世纪七八十年代,美国国家航空航天局和欧洲航天局相继开展了利用声悬浮技术模拟微重力环境进行物质非接触操控的研究[227,230-232],而德国科学家 Lierke 对声悬浮的理论和实验研究做出了重要贡献[236,249-250],他成功设计了大量固体和液滴悬浮系统并在诸多领域得到了广泛应用[251-252]。

根据所使用声源的不同,可以将声悬浮分为驻波场声悬浮和近场声悬浮两类[252],其中驻波场声悬浮可以产生较大的空间能量梯度,从而产生更强的悬浮能力。这里仅针对最常见的驻波场声悬浮作详细介绍。驻波场声悬浮系统还可以进一步细分为两类。第一类是单轴声悬浮系统[228-229,231,234,236,239,240-241,243-245,246-249,253-256],该系统可以由单换能器和反射面组成,亦或由双换能器组成。具体地,单轴声悬浮系统又可以分为共振式和非共振式,对于共振式系统而言,需要调节换能器与反射面或两换能器间的距离,激发出特定的共振模式,从而将物体悬浮在驻波场的波节处,其最大的优点是悬浮能力更强。前文所述西北工业大学解文军等人用来悬浮汞和铱的设备正是共振式单轴声悬浮系统。该课题组还利用中心频率为 16.7 kHz 的换能器和凹面反射面产生的驻波场成功悬浮了小动物,并在一定程度上保持了其生命活性[257]。大量学者的理论和实验研究表明,将换能器发射面及反射面做成凹面可以在一定程度上增强声辐射力的大小,从而提升系统的悬浮能力[231,240-241,245,248-249,253]。2010—2011 年,Hong 等人首次利用液体反射面取代固体反射面,获得了颇为独特的悬浮特性[258]。2013 年,Foresti 等人使用类似的设备对高密度材料进行了悬浮和输运[259]。2016 年,Melde 等人利用全息技术和 3D 打印技术设计了特殊形状的反射面,当与 100 kHz 的超声换能器配合工作时,成功在距离声轴 3 mm 且位于同一高度的两位置悬浮起两水滴[260]。对于非共振式系统而言,换能器间的距离或换能器与反射面间的距离可以进行自由调节。例如,Andrade 等人就用发射频率为

23.7 kHz、半径为 10 mm 的换能器和半径为 40 mm、曲率半径为 33 mm 的反射面将泡沫球悬浮于声场中,其中换能器的位置始终固定,而反射面的位置可以在水平方向和竖直方向任意调节[253]。第二类则是利用封闭的共振腔激发本征模式来产生高强驻波场[261-262],迄今为止关于这方面也有不少实验结果,但本书不涉及该类声悬浮的讨论,故不再予以详细介绍。

在实际的声悬浮中,声场中的悬浮粒子特别是悬浮液滴往往会发生形变或振荡[263-272],其平衡状态及动力学行为同时反映了声场信息和悬浮粒子本身的属性,为非接触的物性参数反演提供了新思路。1986 年,Trinh 等人在实验观测的基础上,基于小形变和小尺度前提建立了关于声强和液滴形状的理论模型[263]。1995 年,Tian 等人首次推导得到了液滴表面张力和平衡形状之间的关系,并通过相关实验进行了验证[265]。随后,Yarin 等人利用边界元方法对悬浮液滴平衡状态下的形状进行预测,其结果与实验观测值符合较好[273]。2011 年,西北工业大学 Yan 等人首次通过实验发现了悬浮液滴内部的涡旋流动现象[274]。2014 年,Sanyal 等人进一步利用 Legendre 函数近似描绘液滴在声场中的形态变化,其中占据主导地位的两阶振动模式分别导致液滴的汽化缩小和液滴在平衡形状附近的形变。该类方法可以称为静态平衡法,其操作简单,但观测误差较大[268]。另一种方法是利用附加声场激发出液滴的特定本征振动模式,其本征振动频率是液滴大小、模式阶数、表面张力和液滴密度的函数,根据表面振动的衰减快慢还可以反推出液滴的黏度[266-267,269-271,275-276]。该方法可以称为动态法,或称为模态分析法,最早由西北工业大学相关团队进行研究。与静态平衡法相比,动态法所得的结果更加精确,但需要附加额外的激励声场,且仅仅适用于球形液滴,严格而言并不能算作直接利用声辐射力和力矩进行参数反演的方法。

为了探索通过声辐射力进行物性参数反演的新思路,需要研究驻波场中的悬浮粒子在声辐射力、重力和表面张力等物理场耦合作用下的平动、振动和转动等复杂的动力学特性,并尝试以此为基础给出基于声辐射力直接进行物性参数反演的方法。Zang 等人在该方面进行了初步研究,利用悬浮小球在驻波场中的本征振动频率成功实现了对小球密度的反演[277],相关内容将在第 8 章中详细介绍。

## 1.6 本章小结

本章首先介绍了电磁辐射力的发现历史,并通过 Kundt 管的实验引入声辐射力和力矩的基本概念。在此基础上,本章详细介绍了声辐射力和力矩在生物医学和材料科学等领域的诸多应用,包括声悬浮、声镊子、声马达、声辐射力弹性成像和声辐射力天平等。目前声辐射力和力矩的主要研究方法分为部分波级数展开法、声线法、势函数法、数值计算法、Born 近似法等,其中部分波级数展开法和势函数法是本书后续的主要计算方法。此外,本章还详细阐述了在声辐射力和力矩的理论计算、声悬浮及物性参数反演等方面的国内外研究历史与发展动态。

## 参考文献

[1] MAXWELL J C. XXV. On physical lines of force[J]. The London, Edinburgh and Dublin Philosophical Magazine and Journal of Science, 1861, 21(139): 161 - 175.

[2] LEBEDEV P. Untersuchungen über die Druckkräfte des Lichtes[J]. Annalen Der Physik (Leipzig), 1901, 311(11): 433 - 458.

[3] KUNDT A. Acoustic experiments[J]. The London, Edinburgh and Dublin Philosophical Magazine and Journal of Science, 1868, 35(234): 41 - 48.

[4] 程建春. 声学原理[M]. 北京:科学出版社, 2012: 792.

[5] JACKSON D P, CHANG M H. Acoustic levitation and the acoustic radiation force[J]. American Journal of Physics, 2021, 89(4): 383 - 392.

[6] XIE W J, CAO C D, LU Y J, et al. Levitation of iridium and liquid mercury by ultrasound[J]. Physical Review Letters, 2002, 89(10): 104304.

[7] ASHKIN A. Acceleration and trapping of particles by radiation pressure[J]. Physical Review Letters, 1970, 24(4): 156 - 159.

[8] ASHKIN A, DZIEDZIC J M. Optical levitation by radiation pressure[J]. Applied Physics Letters, 1971, 19(8): 283 - 285.

[9] ASHKIN A, DZIEDZIC J M. Optical levitation of liquid drops by radiation pressure[J]. Science, 1975, 187(4181): 1073 - 1075.

[10] WU J R. Acoustical tweezers[J]. The Journal of the Acoustical Society of America, 1991, 89(5): 2140 - 2143.

[11] SHI J J, AHMED D, MAO X L, et al. Acoustic tweezers: patterning cells and microparticles using standing surface acoustic waves (SSAW)[J]. Lab

on a Chip，2009，9(20)：2890－2895.

[12] LI S X，DING X Y，GUO F，et al. An on-chip，multichannel droplet sorter using standing surface acoustic waves[J]. Analytical Chemistry，2013，85(11)：5468－5474.

[13] LEE J，TEH S Y，LEE A，et al. Single beam acoustic trapping[J]. Applied Physics Letters，2009，95(7)：73701.

[14] LEE J，LEE C Y，SHUNG K K. Calibration of sound forces in acoustic traps[J]. IEEE Transactions on Ultrasonics，Ferroelectrics，and Frequency Control，2010，57(10)：2305－2310.

[15] LEE J，LEE C Y，KIM H H，et al. Targeted cell immobilization by ultrasound microbeam[J]. Biotechnology and Bioengineering，2011，108(7)：1643－1650.

[16] MA Z C，COLLINS D J，GUO J H，et al. Mechanical properties based particle separation via traveling surface acoustic wave[J]. Analytical Chemistry，2016，88(23)：11844－11851.

[17] CHEN X Y，LAM K H，CHEN R M，et al. An adjustable multi-scale single beam acoustic tweezers based on ultrahigh frequency ultrasonic transducer[J]. Biotechnolgy and Bioengineering，2017，114(11)：2637－2647.

[18] ZHAO L R，KIM E S. Focused ultrasound transducer with electrically controllable focal length[C]//2018 IEEE Micro Electro Mechanical Systems (MEMS). Belfast，UK：IEEE，2018：245－248.

[19] MARZO A，DRINKWATER B W. Holographic acoustic tweezers[J]. Proceedings of the National Academy of Sciences of the United States of America，2019，116(1)：84－89.

[20] 梁彬，程建春. 声波的"漩涡"：声学轨道角动量的产生、操控与应用[J]. 物理，2017，46(10)：658－668.

[21] MAIDANIK G. Torques due to acoustical radiation pressure[J]. The Journal of the Acoustical Society of America，1958，30(7)：620－623.

[22] WANG T，KE M Z，LI W P，et al. Particle manipulation with acoustic vortex beam induced by a brass plate with spiral shape structure[J]. Applied Physics Letters，2016，109(12)：123506.

[23] ZHANG R Q, GUO H L, DENG W Y, et al. Acoustic tweezers and motor for living cells[J]. Applied Physics Letters, 2020, 116(12): 123503.

[24] HONG Z Y, ZHANG J, DRINKWATER B W. Observation of orbital angular momentum transfer from Bessel-shaped acoustic vortices to diphasic liquid-microparticle mixtures [J]. Physical Review Letters, 2015, 114 (21): 214301.

[25] JIANG X, LI Y, LIANG B, et al. Convert acoustic resonances to orbital angular momentum[J]. Physical Review Letters, 2016, 117(3): 034301.

[26] OPHIR J, CESPEDES I, PONNEKANTI H, et al. Elastography: a quantitative method for imaging the elasticity of biological tissues[J]. Ultrasonic Imaging, 1991, 13(2): 111 – 134.

[27] MALEKE C, KONOFAGOU E E. Harmonic motion imaging for focused ultrasound (HMIFU): a fully integrated technique for sonication and monitoring of thermal ablation in tissues[J]. Physics in Medicine and Biology, 2008, 53(6): 1773 – 1793.

[28] SARVAZYAN A P, RUDENKO O V, SWANSON S D, et al. Shear wave elasticity imaging: A new ultrasonic technology of medical diagnostics[J]. Ultrasound in Medicine & Biology, 1998, 24(9): 1419 – 1435.

[29] 曾婕, 吴莉莉, 郑荣琴, 等. 实时剪切波弹性成像检测肝脏弹性模量与肝纤维化分期的相关性研究[J]. 中华医学超声杂志(电子版), 2012, 9(9): 781 – 784.

[30] NIGHTINGALE K, SOO M S, NIGHTINGALE R, et al. Acoustic radiation force impulse imaging: In vivo demonstration of clinical feasibility[J]. Ultrasound in Medicine & Biology, 2002, 28(2): 227 – 235.

[31] 欧冰, 罗葆明, 智慧, 等. 声辐射力脉冲成像对乳腺癌诊断价值的初步探讨 [J]. 中国医疗器械信息, 2012, 18(6): 18 – 20.

[32] ZIENIUK J, CHIVERS R C. Measurement of ultrasonic exposure with radiation force and thermal methods[J]. Ultrasonics, 1976, 14(4): 161 – 172.

[33] WOOD R W, LOOMIS A L. The physical and biological effects of high frequency sound waves of great intensity[J]. Philosophical Magazine, 1927, 4 (22): 417 – 436.

[34] 杨德俊，陈沈理，何卓斌，等. 辐射力天平超声功率吸收靶测量方法探讨 [J]. 电子质量，2018(7)：90-92.

[35] 寿文德，余立立，胡济民，等. 使用辐射力天平的超声治疗换能器的电声特性测量方法研究[J]. 声学技术，2012，31(2)：107-116.

[36] SHOU W D, JIA L Y, JI X, et al. A new radiation force balance for acoustic power measurement of ultrasonic phased array[J]. Technical Acoustics, 2019, 38(6)：629-631.

[37] 沈洋，郑亚琴，胡毅. 倾斜平板式声辐射力天平对高强度聚焦超声功率的测量[J]. 科协论坛(下半月)，2013(12)：201-202.

[38] 黄鸿新，徐红蕾，胡昌明，等. 超声功率测量仪设计与研制[J]. 实验技术与管理，2014，31(7)：79-80.

[39] LEE J, HA K, SHUNG K K. A theoretical study of the feasibility of acoustical tweezers：Ray acoustics approach[J]. The Journal of the Acoustical Society of America, 2005, 117(5)：3273-3280.

[40] WU R R, LIU X Z, LIU J H, et al. Calculation of acoustical radiation force on microsphere by spherically-focused source[J]. Ultrasonics, 2014, 54(7)：1977-1983.

[41] WU R R, CHENG K X, LIU X Z, et al. Acoustic radiation force on a double-layer microsphere by a Gaussian focused beam[J]. Journal of Applied Physics, 2014, 116(14)：144903.

[42] GOR'KOV L P. On the forces acting on a small particle in an acoustical field in an ideal fluid[J]. Soviet Physics Doklady, 1962, 6(9)：773-775.

[43] BOWEN L. Acoustic levitation puts a pure spin on medicine fabrication [EB/OL]. [2014-07-16]. https://www.comsol.com/blogs/acoustic-levitation-puts-pure-spin-medicine-fabrication/.

[44] CAI F Y, MENG L, JIANG C X, et al. Computation of the acoustic radiation force using the finite-difference time-domain method[J]. The Journal of the Acoustical Society of America, 2010, 128(4)：1617-1622.

[45] GLYNNE-JONES P, MISHRA P P, BOLTRYK, R J, et al. Efficient finite element modeling of radiation forces on elastic particles of arbitrary size and geometry[J]. The Journal of the Acoustical Society of America, 2013,

133(4): 1885 - 1893.

[46] WIJAYA F B, LIM K M. Numerical calculation of acoustic radiation force and torque acting on rigid non-spherical particles[J]. Acta Acustica United with Acustica, 2015, 101(3): 531 - 542.

[47] 孙秀娜, 张小凤, 张光斌, 等. FDTD 法计算刚性球形粒子离轴声辐射力[J]. 陕西师范大学学报(自然科学版), 2015, 43(4): 28 - 33.

[48] JEROME T S, ILINSKII Y A, ZABOLOTSKAYA E A, et al. Born approximation of acoustic radiation force and torque on soft objects of arbitrary shape[J]. The Journal of the Acoustical Society of America, 2019, 145(1): 36 - 44.

[49] JEROME T S, HAMILTON M F. Acoustic radiation force and torque on inhomogeneous particles in the Born approximation[C]//Proceedings of Meetings on Acoustics, 178th Meeting of the Acoustical Society of America. San Diego, California: ASA, 2019, 39: 045007.

[50] JEROME T S, HAMILTON M F. Born approximation of acoustic radiation force and torque on inhomogeneous objects[J]. The Journal of the Acoustical Society of America, 2021, 150(5): 3417 - 3427.

[51] RAYLEIGH. On the pressure of vibrations[J]. The London, Edinburgh and Dublin Philosophical Magazine and Journal of Science, 1902, 3(15): 338 - 346.

[52] LANGEVIN P. See: Biquard P. Les ondes ultrasonores[J]. Revue d'Acoustique, 1932, 93: 315.

[53] ALTBERG W. Über die Druckkräfte der Schallwellen und die absolute Messung der Schallintensität[J]. Annalen Der Physik, 1903, 316(6): 405 - 420.

[54] BJERKNES V F K. Die Kraftfelder[M]. Braunschweig: Vieweg und Sohn, 1909.

[55] KING L V. On the acoustic radiation pressure on spheres[J]. Proceedings of the Royal Society of London Series A: Mathematical and Physical Sciences, 1934, 147(861): 212 - 240.

[56] HERTZ G, MENDE H. Der Schallstrahlungsdruck in Flussigkeiten[J]. Zeitschrift Für Physik, 1939, 114(5): 354 - 367.

[57] AWATANI J. Study on acoustic radiation pressure (Ⅵ): Radiation pressure on a cylinder[J]. Journal of the Acoustical Society of Japan, 1953, 9: 140 - 146.

[58] YOSIOKA K, KAWASIMA Y. Acoustic radiation pressure on a compressible sphere[J]. Acta Acustica United with Acustica, 1955, 5(3): 167 - 173.

[59] BRILLOUIN L. Tensors in mechanics and elasticity[M]. New York: Academic Press, 1964.

[60] HASEGAWA T, YOSIOKA K. Acoustic-radiation force on a solid elastic sphere[J]. The Journal of the Acoustical Society of America, 1969, 46 (5B): 1139 - 1143.

[61] HASEGAWA T, WATANABE Y. Acoustic radiation pressure on an absorbing sphere[J]. The Journal of the Acoustical Society of America, 1978, 63(6): 1733 - 1737.

[62] AVERBUCH A J, FRY F J, DUNN F. Absolute determination of acoustic intensity by the method of radiation force on a solid elastic sphere[J]. The Journal of the Acoustical Society of America, 1973, 53(1): 340 - 341.

[63] HASEGAWA T, YOSIOKA K. Acoustic radiation force on fused silica spheres and intensity determination[J]. The Journal of the Acoustical Society of America, 1975, 58(3): 581 - 585.

[64] HASEGAWA T. Acoustic radiation force on a sphere in a quasistationary wave field-theory[J]. The Journal of the Acoustical Society of America, 1979, 65(1): 32 - 40.

[65] HASEGAWA T. Acoustic radiation force on a sphere in a quasistationary wave field-experiment[J]. The Journal of the Acoustical Society of America, 1979, 65(1): 41 - 44.

[66] HASEGAWA T, OCHI M, MATSUZAWA K. Acoustic radiation pressure on a rigid sphere in a spherical wave field[J]. The Journal of the Acoustical Society of America, 1980, 67(3): 770 - 773.

[67] HASEGAWA T, OCHI M, MATSUZAWA K. Acoustic radiation force on a fused-silica sphere of large ka[J]. The Journal of the Acoustical Society of America, 1981, 70(1): 242 - 244.

[68] HASEGAWA T, OCHI M, MATSUZAWA K. Acoustic radiation force on a solid elastic sphere in a spherical wave field[J]. The Journal of the Acoustical Society of America, 1981, 69(4): 937 - 942.

[69] ALEKSEEV V N. Force produced by the acoustic radiation pressure on a sphere[J]. Soviet Physics Acoustics-USSR, 1983, 29(2): 77 - 81.

[70] LEE C P, WANG T G. The acoustic radiation force on a heated (or cooled) rigid sphere-theory[J]. The Journal of the Acoustical Society of America, 1984, 75(1): 88 - 96.

[71] LEE C P, WANG T G. Acoustic radiation force on a heated sphere including effects of heat-transfer and acoustic streaming[J]. The Journal of the Acoustical Society of America, 1988, 83(4): 1324 - 1331.

[72] HASEGAWA T, SAKA K, INOUE N, et al. Acoustic radiation force experienced by a solid cylinder in a plane progressive sound field[J]. The Journal of the Acoustical Society of America, 1988, 83(5): 1770 - 1775.

[73] WU J R, DU G H. Acoustic radiation force on a small compressible sphere in a focused beam[J]. The Journal of the Acoustical Society of America, 1990, 87(3): 997 - 1003.

[74] HASEGAWA T, KIDO T, TAKEDA S, et al. Acoustic radiation force on a rigid sphere in the near-field of a circular piston vibrator[J]. The Journal of the Acoustical Society of America, 1990, 88(3): 1578 - 1583.

[75] WANG Z Q, ZHANG S Y. Radiation force on a sphere in the acoustic field of a plane transducer[J]. Acustica, 1996, 82: S200.

[76] DOINIKOV A A. Acoustic radiation force on a spherical particle in a viscous heat-conducting fluid. I. General formula[J]. The Journal of the Acoustical Society of America, 1997, 101(2): 713 - 721.

[77] DOINIKOV A A. Acoustic radiation force on a spherical particle in a viscous heat-conducting fluid. II. Force on a rigid sphere[J]. The Journal of the Acoustical Society of America, 1997, 101(2): 722 - 730.

[78] DOINIKOV A A. Acoustic radiation force on a spherical particle in a viscous heat-conducting fluid. III. Force on a liquid drop sphere[J]. The Journal of the Acoustical Society of America, 1997, 101(2): 731 - 740.

[79] WEI W, THIESSEN D B, MARSTON P L. Acoustic radiation force on a compressible cylinder in a standing wave[J]. The Journal of the Acoustical Society of America, 2004, 116(1): 201 – 208.

[80] WEI W, THIESSEN D B, MARSTON P L. Erratum to "Acoustic radiation force on a compressible cylinder in a standing wave" [The Joural of the Acoustical Society of Americal 116 (2004) 201 – 208] [J]. The Journal of the Acoustical Society of America, 2005, 118(1): 551.

[81] MITRI F G. Theoretical calculation of the acoustic radiation force acting on elastic and viscoelastic cylinders placed in a plane standing or quasistanding wave field[J]. The European Physical Journal B: Condensed Matter and Complex Systems, 2005, 44(1): 71 – 78.

[82] MITRI F G. Radiation force acting on an absorbing cylinder placed in an incident plane progressive acoustic field[J]. Journal of Sound and Vibration, 2005, 284(1/2): 494 – 502.

[83] WEI W, MARSTON P L. Equivalence of expressions for the acoustic radiation force on cylinders [J]. The Journal of the Acoustical Society of America, 2005, 118(6): 3397 – 3399.

[84] LEE J, SHUNG K K. Radiation forces exerted on arbitrarily located sphere by acoustic tweezer[J]. The Journal of the Acoustical Society of America, 2006, 120(2): 1084 – 1094.

[85] MARSTON P L. Axial radiation force of a Bessel beam on a sphere and direction reversal of the force[J]. The Journal of the Acoustical Society of America, 2006, 120(6): 3518 – 3524.

[86] MITRI F G, ENFLO B, HEDBERG C M, et al. Acoustic radiation force on a fluid sphere in standing zero-order Bessel beam tweezers[C]//AIP Conference Proceedings. Stockholm (Sweden): AIP, 2008, 1022: 135 – 138.

[87] MITRI F G. Acoustic radiation force on a sphere in standing and quasi-standing zero-order Bessel beam tweezers[J]. Annals of Physics, 2008, 323(7): 1604 – 1620.

[88] MITRI F G. Erratum to "Acoustic radiation force on a sphere in standing and quasi-standing zero-order Bessel beam tweezers" [Ann. Phys. 323 (2008) 1604 – 1620] [J]. Annals of Physics, 2009, 324(2): 497.

[89] MITRI F G, FELLAH Z E A. Theory of the acoustic radiation force exerted on a sphere by standing and quasistanding zero-order Bessel beam tweezers of variable half-cone angles[J]. IEEE Transactions on Ultrasonics, Ferroelectrics, and Frequency Control, 2008, 55(11): 2469 - 2478.

[90] MITRI F G. Langevin acoustic radiation force of a high-order Bessel beam on a rigid sphere[J]. IEEE Transactions on Ultrasonics, Ferroelectrics, and Frequency Control, 2009, 56(5): 1059 - 1064.

[91] MARSTON P L. Radiation force of a helicoidal Bessel beam on a sphere[J]. The Journal of the Acoustical Society of America, 2009, 125(6): 3539 - 3547.

[92] MITRI F G. Acoustic radiation force of high-order Bessel beam standing wave tweezers on a rigid sphere[J]. Ultrasonics, 2009, 49(8): 794 - 798.

[93] MITRI F G. Erratum to "Acoustic radiation force of high-order Bessel beam standing wave tweezers on a rigid sphere" [Ultrasonics 49 (2009) 794 - 798] [J]. Ultrasonics, 2014, 54(1): 419 - 420.

[94] MITRI F G. Negative axial radiation force on a fluid and elastic spheres illuminated by a high-order Bessel beam of progressive waves[J]. Journal of Physics A: Mathematical and Theoretical, 2009, 42(24): 245202.

[95] MITRI F G. Acoustic radiation force on an air bubble and soft fluid spheres in ideal liquids: Example of a high-order Bessel beam of quasi-standing waves[J]. The European Physical Journal E, 2009, 28(4): 469 - 478.

[96] MITRI F G. Erratum to "Acoustic radiation force on an air bubble and soft fluid spheres in ideal liquids: Example of a high-order Bessel beam of quasi-standing waves" [The European Physical Journal E 28 (2009) 469 - 478] [J]. The European Physical Journal E, 2012, 35(12): 137.

[97] MITRI F G. Radiation force of acoustical tweezers on a sphere: The case of a high-order Bessel beam of quasi-standing waves of variable half-cone angles[J]. Applied Acoustics, 2010, 71(5): 470 - 472.

[98] MITRI F G. Erratum to "Radiation force of acoustical tweezers on a sphere: The case of a high-order Bessel beam of quasi-standing waves of variable half-cone angles" [Applied Acoustics 71 (2010) 470 - 472] [J]. Applied Acoustics, 2013, 74(4): 628.

[99] MITRI F G. Transition from progressive to quasi-standing waves behavior of the

radiation force of acoustic waves: Example of a high-order Bessel beam on a rigid sphere[J]. Journal of Sound and Vibration, 2010, 329(16): 3319 – 3324.

[100] MITRI F G. Erratum to "Transition from progressive to quasi-standing waves behavior of the radiation force of acoustic waves: Example of a high-order Bessel beam on a rigid sphere" [Journal of Sound and Vibration 329 (2010) 3319 – 3324][J]. Journal of Sound and Vibration, 2016, 362: 327 – 328.

[101] MITRI F G. Axial and transverse acoustic radiation forces on a fluid sphere placed arbitrarily in Bessel beam standing wave tweezers[J]. Annals of Physics, 2014, 342: 158 – 170.

[102] MITRI F G. Erratum to "Axial and transverse acoustic radiation forces on a fluid sphere placed arbitrarily in Bessel beam standing wave tweezers" [Annals of Physics 342 (2014) 158 – 170] [J]. Annals of Physics, 2014, 348: 362 – 363.

[103] AZARPEYVAND M. Acoustic radiation force of a Bessel beam on a porous sphere[J]. The Journal of the Acoustical Society of America, 2012, 131(6): 4337 – 4348.

[104] MITRI F G. Axial time-averaged acoustic radiation force on a cylinder in a nonviscous fluid revisited[J]. Ultrasonics, 2010, 50(6): 620 – 627.

[105] MITRI F G. Erratum to "Axial time-averaged acoustic radiation force on a cylinder in a nonviscous fluid revisited" [Ultrasonics 50 (2010) 620 – 627] [J]. Ultrasonics, 2011, 51(5): 645.

[106] MITRI F G, FELLAH Z E A. Axial acoustic radiation force of progressive cylindrical diverging waves on a rigid and a soft cylinder immersed in an ideal compressible fluid[J]. Ultrasonics, 2011, 51(5): 523 – 526.

[107] ZHANG X F, ZHANG G B. Acoustic radiation force of a Gaussian beam incident on spherical particles in water[J]. Ultrasound in Medicine & Biology, 2012, 38(11): 2007 – 2017.

[108] BARESCH D, THOMAS J L, MARCHIANO R. Three-dimensional acoustic radiation force on an arbitrarily located elastic sphere[J]. The Journal of the Acoustical Society of America, 2013, 133(1): 25 – 36.

[109] SAPOZHNIKOV O A, BAILEY M R. Radiation force of an arbitrary acoustic beam on an elastic sphere in a fluid[J]. The Journal of the Acous-

tical Society of America，2013，133(2)：661－676.

[110] SILVA G T, LOPES J H, MITRI F G. Off-axial acoustic radiation force of re-pulsor and tractor Bessel beams on a sphere[J]. IEEE Transactions on Ultrason-ics, Ferroelectrics, and Frequency Control, 2013, 60(6): 1207－1212.

[111] AZARPEYVAND, M, AZARPEYVAND M. Acoustic radiation force on a rigid cylinder in a focused Gaussian beam[J]. Journal of Sound and Vibra-tion, 2013, 332(9): 2338－2349.

[112] AZARPEYVAND, M, AZARPEYVAND M. Erratum to "Acoustic radia-tion force on a rigid cylinder in a focused Gaussian beam" [Journal of Sound and Vibration 332 (2013) 2338－2349] [J]. Journal of Sound and Vibration, 2014, 333(2): 621－622.

[113] WU R R, LIU X Z, GONG X F. xial acoustic radiation force on a sphere in Gaussian field[C]//AIP Conference Proceedings. Écully, France: AIP Publishing LLC, 2015, 1685: 040010.

[114] WU R R, CHENG K X, LIU X Z, et al. Study of axial acoustic radiation force on a sphere in a Gaussian quasi-standing field[J]. Wave Motion, 2016, 62: 63－74.

[115] SILVA G T, BAGGIO A L, LOPES J H, et al. Computing the acoustic radiation force exerted on a sphere using the translational addition theorem [J]. IEEE Transactions on Ultrasonics, Ferroelectrics, and Frequency Control, 2015, 62(3): 576－583.

[116] SEPEHRIRAHNAMA S, LIM K M, CHAU F S. Numerical analysis of the acoustic radiation force and acoustic streaming around a sphere in an a-coustic standing wave[J]. Physics Procedia, 2015, 70: 80－84.

[117] SEPEHRIRAHNAMA S, CHAU F S, LIM K M. Numerical calculation of a-coustic radiation forces acting on a sphere in a viscous fluid[J]. Physical Review E, Statistical, Nonlinear, and Soft Matter Physics, 2015, 92(6): 063309.

[118] SEPEHRIRAHNAMA S, CHAU F S, LIM K M. Effects of viscosity and acoustic streaming on the interparticle radiation force between rigid spheres in a standing wave[J]. Physical Review E, 2016, 93(2): 023307.

[119] ZHANG X F, SONG Z G, CHEN D M, et al. Finite series expansion of a

Gaussian beam for the acoustic radiation force calculation of cylindrical particles in water[J]. The Journal of the Acoustical Society of America, 2015, 137(4): 1826 – 1833.

[120] ZHANG X F, YUN Q, ZHANG G B, et al. Computation of the acoustic radiation force on a rigid cylinder in off-axial Gaussian beam using the translational addition theorem[J]. Acta Acustica United with Acustica, 2016, 102(2): 334 – 340.

[121] JOHNSON K A, VORMOHR H R, DOINIKOV A A, et al. Experimental verification of theoretical equations for acoustic radiation force on compressible spherical particles in traveling waves[J]. Physical Review E, 2016, 93(5): 053109.

[122] JIANG C, LIU X Z, LIU J H, et al. Acoustic radiation force on a sphere in a progressive and standing zero-order quasi-Bessel-Gauss beam[J]. Ultrasonics, 2017, 76: 1 – 9.

[123] GAO S, MAO Y W, LIU J H, et al. Acoustic radiation force induced by two Airy-Gaussian beams on a cylindrical particle[J]. Chinese Physics B, 2018, 27(1): 014302.

[124] SHEN L, WANG C H, HU Q. The radiation force on a rigid sphere in standing surface acoustic waves[J]. Journal of Applied Physics, 2018, 124(10): 104503.

[125] ILINSKII Y A, ZABOLOTSKAYA E A, TREWEEK B C, et al. Acoustic radiation force on an elastic sphere in a soft elastic medium[J]. The Journal of the Acoustical Society of America, 2018, 144(2): 568 – 576.

[126] LI S Y, SHI J Y, ZHANG X F, et al. Axial acoustic radiation force on a spherical particle in a zero-order Mathieu beam[J]. The Journal of the Acoustical Society of America, 2019, 145(5): 3233 – 3241.

[127] LI S Y, SHI J Y, ZHANG X F, et al. Erratum to "Axial acoustic radiation force on a spherical particle in a zero-order Mathieu beam" [The Journal of the Acoustical Society of Americal 145 (2019) 3233 – 3241] [J]. The Journal of the Acoustical Society of America, 2022, 152(2): 888 – 889.

[128] LI J, DING N, MA Q Y, et al. Recursive algorithm for solving the axial acoustic radiation force exerted on rigid spheres at the focus of acoustic

vortex beams[J]. Journal of Applied Physics, 2021, 130(6): 064901.

[129] QIAO Y P, GONG M Y, WANG H B, et al. Acoustic radiation force on a free elastic sphere in a viscous fluid: Theory and experiments[J]. Physics of Fluids, 2021, 33(4): 047107.

[130] LI S Y, SHI J Y, ZHANG X F. Study on acoustic radiation force of an elastic sphere in an off-axial Gaussian beam using localized approximation[J]. The Journal of the Acoustical Society of America, 2022, 151(4): 2602 – 2612.

[131] WEEKERS B P, ROTTENBERG X, LAGAE L, et al. Rigorous analysis of the axial acoustic radiation force on a spherical object for single-beam acoustic tweezing applications[J]. The Journal of the Acoustical Society of America, 2022, 151(6): 3615 – 3625.

[132] HUANG H, GAUNAURD G C. Scattering of a plane acoustic wave by a spherical elastic shell near a free surface[J]. International Journal of Solids and Structures, 1997, 34(5): 591 – 602.

[133] MIRI A K, MITRI F G. Acoustic radiation force on a spherical contrast agent shell near a vessel porous wall-theory[J]. Ultrasound in Medicine & Biology, 2011, 37(2): 301 – 311.

[134] WANG J T, DUAL J. Theoretical and numerical calculation of the acoustic radiation force acting on a circular rigid cylinder near a flat wall in a standing wave excitation in an ideal fluid[J]. Ultrasonics, 2012, 52(2): 325 – 332.

[135] QIAO Y P, ZHANG X F, ZHANG G B. Acoustic radiation force on a fluid cylindrical particle immersed in water near an impedance boundary[J]. The Journal of the Acoustical Society of America, 2017, 141(6): 4633 – 4641.

[136] QIAO Y P, ZHANG X F, ZHANG G B. Axial acoustic radiation force on a rigid cylinder near an impedance boundary for on-axis Gaussian beam[J]. Wave Motion, 2017, 74: 182 – 190.

[137] QIAO Y P, SHI J Y, ZHANG X F, et al. Acoustic radiation force on a rigid cylinder in an off-axis Gaussian beam near an impedance boundary[J]. Wave Motion, 2018, 83: 111 – 120.

[138] QIAO Y P, WANG H B, LIU X Z, et al. Acoustic radiation force on an elastic cylinder in a Gaussian beam near an impedance boundary[J]. Wave

Motion，2020，93：102478.

[139] MITRI F G. Acoustic radiation force on a cylindrical particle near a planar rigid boundary［J］. Journal of Physics Communications，2018，2(4)：045019.

[140] ZHUK A P，ZHUK Y A. On the acoustic radiation force acting upon a rigid spherical particle near the free liquid surface［J］. International Applied Mechanics，2018，54(5)：544－551.

[141] ZANG Y C，QIAO Y P，LIU J H，et al. Axial acoustic radiation force on a fluid sphere between two impedance boundaries for Gaussian beam［J］. Chinese Physics B，2019，28(3)：034301.

[142] QIAO Y P，ZHANG X W，GONG M Y，et al. Acoustic radiation force and motion of a free cylinder in a viscous fluid with a boundary defined by a plane wave incident at an arbitrary angle［J］. Journal of Applied Physics，2020，128(4)：044902.

[143] 臧雨宸. 高斯波束对界面附近离轴球形粒子的轴向声辐射力［J］. 计算物理，2020，37(4)：459－466.

[144] ZANG Y C，LIN W J，SU C，et al. Axial acoustic radiation force on an elastic spherical shell near an impedance boundary for zero-order quasi-Bessel-Gauss beam［J］. Chinese Physics B，2021，30(4)：044301.

[145] BAASCH T，DUAL J. Acoustic radiation force on a spherical fluid or solid elastic particle placed close to a fluid or solid elastic half-space［J］. Physical Review Applied，2020，14(2)：024052.

[146] CHANG Q，ZANG Y C，LIN W J，et al. Acoustic radiation force on a rigid cylinder near rigid corner boundaries exerted by a Gaussian beam field［J］. Chinese Physics B，2022，31(4)：044302.

[147] LIU X L，DENG Z Y，MA L，et al. Acoustic radiation force on a rigid cylinder between two impedance boundaries in a viscous fluid［J］. Nanotechnology and Precision Engineering，2022，5(3)：033003.

[148] HASEGAWA T，HINO Y，ANNOU A，et al. Acoustic radiation pressure acting on spherical and cylindrical shells［J］. The Journal of the Acoustical Society of America，1993，93(1)：154－161.

[149] MITRI F G. Acoustic radiation force due to incident plane-progressive waves on coated spheres immersed in ideal fluids[J]. The European Physical Journal B: Condensed Matter and Complex Systems, 2005, 43(3): 379 - 386.

[150] MITRI F G. Erratum to "Acoustic radiation force due to incident plane-progressive waves on coated spheres immersed in ideal fluids" [The European Physical Journal B 43 (2005) 379 - 386] [J]. The European Physical Journal B: Condensed Matter and Complex Systems, 2010, 76(1): 185.

[151] MITRI F G. Frequency dependence of the acoustic radiation force acting on absorbing cylindrical shells[J]. Ultrasonics, 2005, 43(4): 271 - 277.

[152] MITRI F G. Acoustic radiation force acting on elastic and viscoelastic spherical shells placed in a plane standing wave field[J]. Ultrasonics, 2005, 43(8): 681 - 691.

[153] MITRI F G. Acoustic radiation force on cylindrical shells in a plane standing wave[J]. Journal of Physics A: Mathematical and General, 2005, 38 (42): 9395 - 9404.

[154] MITRI F G. Acoustic radiation force acting on absorbing spherical shells [J]. Wave Motion, 2005, 43(1): 12 - 19.

[155] MITRI F G, FELLAH Z E A. Theoretical calculation of the acoustic radiation force on layered cylinders in a plane standing wave-comparison of near-and far-field solutions[J]. Journal of Physics A: Mathematical and General, 2006, 39(20): 6085 - 6096.

[156] MITRI F G. Acoustic radiation force due to incident plane-progressive waves on coated cylindrical shells immersed in ideal compressible fluids [J]. Wave Motion, 2006, 43(6): 445 - 457.

[157] MITRI F G. Calculation of the acoustic radiation force on coated spherical shells in progressive and standing plane waves[J]. Ultrasonics 2006, 44 (3): 244 - 258.

[158] MITRI F G, FELLAH Z E A. Acoustic radiation force on coated cylinders in plane progressive waves[J]. Journal of Sound and Vibration, 2007, 308 (1/2): 190 - 200.

[159] MITRI F G, FELLAH Z E A. The mechanism of the attracting acoustic

radiation force on a polymer-coated gold sphere in plane progressive waves [J]. The European Physical Journal E, 2008, 26(4): 337 - 343.

[160] JAMALI J, NAEI M H, HONARVAR F, et al. Acoustic scattering and radiation force function experienced by functionally graded cylindrical shells[J]. Journal of Mechanics, 2011, 27(2): 227 - 243.

[161] RAJABI M, BEHZAD M. An exploration in acoustic radiation force experienced by cylindrical shells via resonance scattering theory[J]. Ultrasonics, 2014, 54(4): 971 - 980.

[162] RAJABI M, BEHZAD M. On the contribution of circumferential resonance modes in acoustic radiation force experienced by cylindrical shells [J]. Journal of Sound and Vibration, 2014, 333(22): 5746 - 5761.

[163] LEAO-NETO J P, LOPES J, SILVA G. Core-shell particles that are unresponsive to acoustic radiation force[J]. Physical Review Applied, 2016, 6(2): 024025.

[164] WANG Y Y, YAO J, WU X W, et al. Influences of the geometry and acoustic parameter on acoustic radiation forces on three-layered nucleate cells[J]. Journal of Applied Physics, 2017, 122(9): 094902.

[165] WANG Y Y, YAO J, WU D J, et al. Modulation of acoustic radiation forces on three-layered nucleate cells in a focused Gaussian beam[J]. EPL, 2018, 124(2): 24004.

[166] JIANG Z Q, WANG Y Y, YAO J, et al. Acoustic radiation forces on three-layered drug particles in focused Gaussian beams[J]. The Journal of the Acoustical Society of America, 2019, 145(3): 1331 - 1340.

[167] WANG H B, LIU X Z, GAO S, et al. Acoustic radiation force on a multilayered sphere in a Gaussian standing field[J]. Chinese Physics B, 2018, 27(3): 034302.

[168] ZANG Y C, LIN W J. Acoustic radiation force in standing and quasi-standing high-order Bessel beams on a multilayered sphere[J]. Results in Physics, 2020, 16: 102847.

[169] MO R Y, HU J, CHEN S, et al. Acoustic radiation force on thin elastic shells in liquid[J]. Chinese Physics B, 2020, 29(9): 094301.

[170] LEAO-NETO J P, LOPES J H, SILVA G T. Acoustic radiation force due to incident plane-progressive waves on coated spheres [J]. The Journal of the Acoustical Society of America, 2020, 147(4): 2345 - 2346.

[171] ZANG Y C, GAO J B. Axial acoustic radiation force of cylindrical diverging waves on a multilayered sphere[J]. Chinese Journal of Computational Physics, 2020, 37(6): 700 - 708.

[172] WANG J P, CAI F Y, LIN Q, et al. Acoustic radiation force dependence on properties of elastic spherical shells in standing waves[J]. Ultrasonics, 2023, 127: 106836.

[173] MARSTON P L, WEI W, THIESSEN D B. Acoustic radiation force on elliptical cylinders and spheroidal objects in low frequency standing waves[C]. State Coll, PA: Innovations in Nonlinear Acoustics, 2006, 838: 495.

[174] HASHEMINEJAD S M, SANAEI R. Acoustic radiation force and torque on a solid elliptic cylinder[J]. Journal of Computational Acoustics, 2007, 15(3): 377 - 399.

[175] XU F, REN K F, GOUESBET G, et al. Theoretical prediction of radiation pressure force exerted on a spheroid by an arbitrarily shaped beam[J]. Physical Review E, Statistical, Nonlinear, and Soft Matter Physics, 2007, 75(2): 026613.

[176] ZHANG L K, MARSTON P L. Axial radiation force exerted by general non-diffracting beams[J]. The Journal of the Acoustical Society of America, 2012, 131(4): EL329 - EL335.

[177] MITRI F G. Acoustic radiation force on a rigid elliptical cylinder in plane (quasi) standing waves[J]. Journal of Applied Physics, 2015, 118(21): 214903.

[178] MITRI F G. Acoustic backscattering and radiation force on a rigid elliptical cylinder in plane progressive waves[J]. Ultrasonics, 2016, 66: 27 - 33.

[179] MITRI F G. Acoustic radiation force on oblate and prolate spheroids in Bessel beams[J]. Wave Motion, 2015, 57: 231 - 238.

[180] MITRI F G. Acoustical pulling force on rigid spheroids in single Bessel vortex tractor beams[J]. EPL, 2015, 112(3): 34002.

[181] MITRI F G. Axial acoustic radiation force on rigid oblate and prolate sphe-

roids in Bessel vortex beams of progressive, standing and quasi-standing waves[J]. Ultrasonics, 2017, 74: 62 - 71.

[182] GONG Z X, LI W, CHAI Y B, et al. T-matrix method for acoustical Bessel beam scattering from a rigid finite cylinder with spheroidal endcaps[J]. Ocean Engineering, 2017, 129: 507 - 519.

[183] GONG Z X, MARSTON P L, LI W. T-matrix evaluation of three-dimensional acoustic radiation forces on nonspherical objects in Bessel beams with arbitrary order and location[J]. Physical Review E, Statistical, Nonlinear, and Soft Matter Physics, 2019, 99(6): 063004.

[184] 王明升, 欧阳杰, 刘浩等. 椭球粒子声辐射力计算及分析[J]. 应用声学, 2020, 39(4): 550 - 557.

[185] JEROME T S, ILINSKII Y A, ZABOLOTSKAYA E A, et al. Acoustic radiation force on a compressible spheroid[J]. The Journal of the Acoustical Society of America, 2020, 148(4): 2403 - 2415.

[186] SMITH W E. Acoustic radiation pressure forces and torques from elastic-scattering[J]. Australian Journal of Physics, 1972, 25(3): 275 - 282.

[187] FAN Z W, MEI D Q, YANG K J, et al. Acoustic radiation torque on an irregularly shaped scatterer in an arbitrary sound field[J]. The Journal of the Acoustical Society of America, 2008, 124(5): 2727 - 2732.

[188] ZHANG L K, MARSTON P L. Acoustic radiation torque and the conservation of angular momentum[J]. The Journal of the Acoustical Society of America, 2011, 129(4): 1679 - 1680.

[189] ZHANG L K, MARSTON P L. Angular momentum flux of nonparaxial acoustic vortex beams and torques on axisymmetric objects[J]. Physical Review E: Statistical, Nonlinear, and Soft Matter Physics, 2011, 84(6): 065601.

[190] MITRI F G, LOBO T P, SILVA G T. Axial acoustic radiation torque of a Bessel vortex beam on spherical shells[J]. Physical Review E: Statistical, Nonlinear, and Soft Matter Physics, 2012, 85(2): 026602.

[191] MITRI F G, LOBO T P, SILVA G T. Erratum to "Axial acoustic radiation torque of a Bessel vortex beam on spherical shells" [Physical Review E

85（2012）026602］［J］. Physical Review E，2012，86（5）：059902.

［192］ SILVA G T，LOBO T P，MITRI F G. Radiation torque produced by an arbitrary acoustic wave［J］. EPL，2012，97（5）：54003.

［193］ ZHANG L K，MARSTON P L. Optical theorem for acoustic non-diffracting beams and application to radiation force and torque［J］. Biomedical Optics Express，2013，4（9）：1610－1617.

［194］ ZHANG L K，MARSTON P L. Erratum to "Optical theorem for acoustic non-diffracting beams and application to radiation force and torque" ［Biomedical Optics Express 4（2013）1610－1617］［J］. Biomedical Optics Express，2013，4（12）：2988.

［195］ SILVA G T. Acoustic radiation force and torque on an absorbing compressible particle in an inviscid fluid［J］. The Journal of the Acoustical Society of America，2014，136（5）：2405－2413.

［196］ ZHANG L K，MARSTON P L. Acoustic radiation torque on small objects in viscous fluids and connection with viscous dissipation ［J］. The Journal of the Acoustical Society of America，2014，136（6）：2917－2921.

［197］ LEAO-NETO J P，SILVA G T. Acoustic radiation force and torque exerted on a small viscoelastic particle in an ideal fluid［J］. Ultrasonics，2016，71：1－11.

［198］ ZHANG L K. Reversals of orbital angular momentum transfer and radiation torque［J］. Physical Review Applied，2018，10（3）：034039.

［199］ GONG Z X，MARSTON P L，LI W. Reversals of acoustic radiation torque in Bessel beams using theoretical and numerical implementations in three dimensions［J］. Physical Review Applied，2019，11（6）：064022.

［200］ LEAO-NETO J P，LOPES J H，SILVA G T. Acoustic radiation torque exerted on a subwavelength spheroidal particle by a traveling and standing plane wave［J］. The Journal of the Acoustical Society of America，2020，147（4）：2177－2183.

［201］ LIMA E B，LEAO-NETO J P，MARQUES A S，et al. Nonlinear interaction of acoustic waves with a spheroidal particle：Radiation force and torque effects［J］. Physical Review Applied，2020，13（6）：064048.

[202] GONG Z X, BAUDOIN M. Acoustic radiation torque on a particle in a fluid: An angular spectrum based compact expression[J]. The Journal of the Acoustical Society of America, 2020, 148(5): 3131-3140.

[203] GONG Z X, BAUDOIN M. Equivalence between angular spectrum-based and multipole expansion-based formulas of the acoustic radiation force and torque[J]. The Journal of the Acoustical Society of America, 2021, 149(5): 3469-3482.

[204] SEPEHRIRAHNAMA S, OBERST S, CHIANG Y K, et al. Acoustic radiation force and radiation torque beyond particles: Effects of nonspherical shape and Willis coupling[J]. Physical Review E, 2021, 104(6): 065003.

[205] SEPEHRIRAHNAMA S, OBERST S. Acoustic radiation force and torque acting on asymmetric objects in acoustic Bessel beam of zeroth order within Rayleigh scattering limit[J]. Frontiers in Physics, 2022, 10: 897648.

[206] SEPEHRIRAHNAMA S, OBERST S, CHIANG Y K, et al. Willis coupling-induced acoustic radiation force and torque reversal[J]. Physical Review Letters, 2022, 129(17): 174501.

[207] JEROME T S, ILINSKII Y A, ZABOLOTSKAYA E A, et al. Acoustic radiation torque on a compressible spheroid[J]. The Journal of the Acoustical Society of America, 2021, 149(3): 2081-2088.

[208] TANG T Q, HUANG L X. An efficient semi-analytical procedure to calculate acoustic radiation force and torque for axisymmetric irregular bodies[J]. Journal of Sound and Vibration, 2022, 532: 117012.

[209] WANG J T, DUAL J. Theoretical and numerical calculations for the time-averaged acoustic force and torque acting on a rigid cylinder of arbitrary size in a low viscosity fluid[J]. The Journal of the Acoustical Society of America, 2011, 129(6): 3490-3501.

[210] MITRI F G. Radiation forces and torque on a rigid elliptical cylinder in acoustical plane progressive and (quasi) standing waves with arbitrary incidence[J]. Physics of Fluids, 2016, 28(7): 077104.

[211] MITRI F G. Acoustic radiation force and spin torque on a viscoelastic cylinder in a quasi-Gaussian cylindrically-focused beam with arbitrary inci-

dence in a non-viscous fluid[J]. Wave Motion, 2016, 66: 31－44.

[212] MITRI F G. Acoustic radiation torques on a pair of fluid viscous cylindrical particles with arbitrary cross-sections: Circular cylinders example[J]. Journal of Applied Physics, 2017, 121(14): 144901.

[213] WANG H B, GAO S, QIAO Y P, et al. Theoretical study of acoustic radiation force and torque on a pair of polymer cylindrical particles in two Airy beams fields[J]. Physics of Fluids, 2019, 31(4): 047103.

[214] MITRI F G. Acoustic radiation force on a cylindrical particle near a planar rigid boundary Ⅱ: Viscous fluid cylinder example and inherent radiation torque[J]. Physics Open, 2020, 4: 100029.

[215] MITRI F G. Acoustic radiation force and torque on a lossless eccentric layered fluid cylinder[J]. Chinese Physics B, 2020, 29(11): 114302.

[216] MITRI F G. Radiation force and torque on a two-dimensional circular cross-section of a non-viscous eccentric layered compressible cylinder in acoustical standing waves[J]. Chinese Physics B, 2021, 30(2): 024302.

[217] 臧雨宸, 林伟军, 苏畅, 等. Bessel 驻波对椭球形液滴的声辐射转矩[J]. 声学学报, 2021, 46(1): 92－102.

[218] ZANG Y C, LIN W J, SU C, et al. Acoustic radiation torque on a spheroidal droplet in standing Bessel beams[J]. Chinese Journal of Acoustics, 2021, 40(4): 566－582.

[219] 臧雨宸, 林伟军, 苏畅, 等. Gauss 声束对离轴椭圆柱的声辐射力矩[J]. 物理学报, 2021, 70(8): 084301.

[220] ZANG Y C, LIN W J, ZHENG Y F, et al. Acoustic radiation torque of a Bessel vortex wave on a viscoelastic spherical shell nearby an impedance boundary[J]. Journal of Sound and Vibration, 2021, 509: 116261.

[221] ZANG Y C, WANG X D, ZHENG Y F, et al. Acoustic radiation torque of a cylindrical quasi-Gauss beam on a viscoelastic cylindrical shell near an impedance boundary[J]. Wave Motion, 2022, 112: 102954.

[222] 臧雨宸, 苏畅, 吴鹏飞, 等. 零阶 Bessel 驻波场中任意粒子声辐射力和力矩的 Born 近似[J]. 物理学报, 2022, 71(10): 104302.

[223] BUCKS K, MULLER H. About some observations on oscillating piezoe-

lectric quartz crystals and its sound field[J]. Zeitschrift für Physik, 1933, 84(1 - 2): 75 - 86.

[224] CLAIR S, Hillary W. An electromagnetic sound generator for producing intense high frequency sound[J]. Review of Scientific Instruments, 1941, 12(5): 250 - 256.

[225] ALLEN C H, RUDNICK I. A powerful high frequency siren[J]. The Journal of the Acoustical Society of America, 1947, 19(5): 857 - 865.

[226] HANSON A R, DOMICH E G, ADAMS H S. Acoustical liquid drop holder[J]. Review of Scientific Instruments, 1964, 35(8): 1031 - 1034.

[227] WHYMARK R R. Acoustic field positioning for containerless processing [J]. Ultrasonics, 1975, 13(6): 251 - 261.

[228] WANG T G. Acoustic levitation and manipulation for space application [J]. The Journal of the Acoustical Society of America, 1976, 60 (S1): S21.

[229] ORAN W A, BERGE L H, PARKER H W. Parametric study of an acoustic levitation system[J]. Review of Scientific Instruments, 1980, 51(5): 626 - 631.

[230] WANG T G, TRINH E, RHIM W K, et al. Ccontainerless processing technologies at the jet-propulsion-laboratory[J]. Acta Astronautica, 1984, 11(3/4): 233 - 237.

[231] TRINH E H. Compact acoustic levitation device for studies in fluid dynamics and material science in the laboratory and microgravity[J]. Review of Scientific Instruments, 1985, 56(11): 2059 - 2065.

[232] WANG T G, TRINH E H, CROONQUIST A P, et al. Shapes of rotating free drops: spacelab experimental results[J]. Physical Review Letters, 1986, 56(5): 452 - 455.

[233] GAMMEL P M, CROONQUIST A P, WANG T G. A high-powered siren for stable acoustic levitation of dense materials in the Earth's gravity[J]. The Journal of the Acoustical Society of America, 1988, 83(2): 496 - 501.

[234] REY C A, MERKLEY D R, HAMMARLUND G R, et al. Acoustic levitation technique for containerless processing at high-temperatures in space

[J]. Metallurgical and Materials Transactions A：Physical Metallurgy and Materials Science，1988，19(11)：2619 – 2623.

[235] OTSUKA T，HIGUCHI K，SEYA K. Ultrasonic levitation by stepped circular vibrating plate[J]. Japanese Journal of Applied Physics，1990，29 (S1)：170 – 172.

[236] LIERKE E G. Acoustic levitation-A comprehensive survey of principles and applications[J]. Acustica，1996，82(2)：220 – 237.

[237] GAO J R，CAO C D，WEI B. Containerless processing of materials by acoustic levitation[J]. Advances in Space Research，1999，24(10)：1293 – 1297.

[238] XIE W J，WEI B. Parametric study of single-axis acoustic levitation[J]. Applied Physics Letters，2001，79(6)：881 – 883.

[239] XIE W J，WEI B. Dependence of acoustic levitation capabilities on geometric parameters[J]. Physical Review E，Statistical，Nonlinear，and Soft Matter Physics，2002，66(2)：026605.

[240] STEPHENS T L，BUDWIG R S. Three-axis acoustic device for levitation of droplets in an open gas stream and its application to examine sulfur dioxide absorption by water droplets[J]. The Review of Scientific Instruments，2007，78(1)：014901.

[241] KOZUKA T，YASUI K，TUZIUTI T，et al. Acoustic standing-wave field for manipulation in air[J]. Japanese Journal of Applied Physics，2008，47 (5)：4336 – 4338.

[242] WEBER J K R，REY C A，NEUEFEIND J，et al. Acoustic levitator for structure measurements on low temperature liquid droplets[J]. The Review of Scientific Instruments，2009，80(8)：083904.

[243] ANDRADE M A B，BUIOCHI F，ADAMOWSKI J C. Finite element analysis and optimization of a single-axis acoustic levitator[J]. IEEE Transactions on Ultrasonics，Ferroelectrics，and Frequency Control，2010，57 (2)：469 – 479.

[244] HONG Z Y，XIE W J，WEI B. Acoustic levitation with self-adaptive flexible reflectors [J]. The Review of Scientific Instruments，2011，82 (7)：074904.

[245] VANDAELE V, DELCHAMBRE A, LAMBERT P. Acoustic wave levitation: Handling of components[J]. Journal of Applied Physics, 2011, 109(12): 124901.

[246] BAER S, ANDRADE M A B, ESEN C, et al. Analysis of the particle stability in a new designed ultrasonic levitation device[J]. The Review of Scientific Instruments, 2011, 82(10): 105111.

[247] BOULLOSA R R, PEREZ-LOPEZ A, DORANTES-ESCAMILLA R. An ultrasonic levitator[J]. Journal of Applied Research and Technology, 2013, 11(6): 857 – 865.

[248] STINDT A, ANDRADE M A B, ALBRECHT M, et al. Experimental and numerical characterization of the sound pressure in standing wave acoustic levitators[J]. The Review of Scientific Instruments, 2014, 85(1): 015110.

[249] LIERKE E G. Deformation and displacement of liquid drops in an optimized acoustic standing wave levitator[J]. Acta Acustica United with Acustica, 2002, 88(2): 206 – 217.

[250] LIERKE E G, HOLITZNER L. Positioning of drops, particles and bubbles in ultrasonic standing-waves levitators. A final round up[J]. Acta Acustica United with Acustica, 2013, 99(2): 302 – 316.

[251] LEITERER J, DELISSEN F, EMMERLING F, et al. Structure analysis using acoustically levitated droplets [J]. Analytical and Bioanalytical Chemistry, 2008, 391(4): 1221 – 1228.

[252] SCHENK J, TRÖBS L, EMMERLING F, et al. Simultaneous UV/Vis spectroscopy and surface enhanced Raman scattering of nanoparticle formation and aggregation in levitated droplets[J]. Analytical Methods, 2012, 4(5): 1252 – 1258.

[253] ANDRADE M A B, PEREZ N, ADAMOWSKI J C. Particle manipulation by a non-resonant acoustic levitator[J]. Applied Physics Letters, 2015, 106(1): 014101.

[254] ZANG D Y, LI J, CHEN Z, et al. Switchable opening and closing of a liquid marble via ultrasonic levitation[J]. Langmuir: the ACS Journal of Surfaces and Colloids, 2015, 31(42): 11502 – 11507.

[255] KANDEMIR M H, CALISKAN M. Standing wave acoustic levitation on an annular plate[J]. Journal of Sound and Vibration, 2016, 382: 227 - 237.

[256] VANDAELE V, LAMBERT P, DELCHAMBRE A. Non-contact handling in microassembly: Acoustical levitation[J]. Precision Engineering, 2005, 29(4): 491 - 505.

[257] XIE W J, CAO C D, LU Y J, et al. Acoustic method for levitation of small living animals[J]. Applied Physics Letters, 2006, 89(21): 214102.

[258] HONG Z Y, XIE W J, WEI B. Interaction of acoustic levitation field with liquid reflecting surface [J]. Journal of Applied Physics, 2010, 107 (1): 014901.

[259] FORESTI D, SAMBATAKAKIS G, BOTTAN S, et al. Morphing surfaces enable acoustophoretic contactless transport of ultrahigh-density matter in air[J]. Scientific Reports, 2013, 3: 3176.

[260] MELDE K, MARK A G, QIU T, et al. Holograms for acoustics[J]. Nature, 2016, 537: 518 - 522.

[261] TRINH E, ROBEY J, JACOBI N, et al. Dual-temperature acoustic levitation and sample transport apparatus[J]. The Journal of the Acoustical Society of America, 1986, 79(3): 604 - 612.

[262] MIN S L, HOLT R G, APFEL R E. Simulation of drop dynamics in an acoustic positioning chamber[J]. The Journal of the Acoustical Society of America, 1992, 91(6): 3157 - 3165.

[263] TRINH E H, HSU C J. Equilibrium shapes of acoustically levitated drops[J]. The Journal of the Acoustical Society of America, 1986, 79(5): 1335 - 1338.

[264] TIAN Y R, HOLT R G, APFEL R E. Investigations of liquid surface rheology of surfactant solutions by droplet shape oscillations: Theory[J]. Physics of Fluids, 1995, 7(12): 2938 - 2949.

[265] TIAN Y R, HOLT R G, APFEL R E. A new method for measuring liquid surface tension with acoustic levitation[J]. Review of Scientific Instruments, 1995, 66(5): 3349 - 3354.

[266] BAYAZITOGLU Y, MITCHELL G F. Experiments in acoustic levitation: Surface tension measurements of deformed droplets[J]. Journal of

Thermophysics and Heat Transfer[J]. 1995, 9(4): 694 - 701.

[267] SHEN C L, XIE W J, WEI B. Parametrically excited sectorial oscillation of liquid drops floating in ultrasound[J]. Physical Review E, Statistical, Nonlinear, and Soft Matter Physics, 2010, 81(4): 046305.

[268] SANYAL A, BASU S, KUMAR R. Experimental analysis of shape deformation of evaporating droplet using Legendre polynomials[J]. Physics Letters A, 2014, 378(5/6): 539 - 548.

[269] KREMER J, KILZER A, PETERMANN M. Simultaneous measurement of surface tension and viscosity using freely decaying oscillations of acoustically levitated droplets[J]. The Review of Scientific Instruments, 2018, 89 (1): 015109.

[270] ARCENEGUI-TROYA J, BELMAN-MARTINEZ A, CASTREJON-PITA A A, et al. A simple levitated-drop tensiometer[J]. The Review of Scientific Instruments, 2019, 90(9): 095109.

[271] ANDRADE M A B, MARZO A. Numerical and experimental investigation of the stability of a drop in a single-axis acoustic levitator[J]. Physics of Fluids, 2019, 31(11): 117101.

[272] HASEGAWA K, KONO K. Oscillation characteristics of levitated sample in resonant acoustic field[J]. AIP Advances, 2019, 9(3): 035313.

[273] YARIN A L, PFAFFENLEHNER M, TROPEA C. On the acoustic levitation of droplets[J]. Journal of Fluid Mechanics, 1998, 356: 65 - 91.

[274] YAN Z L, XIE W J, WEI B. Vortex flow in acoustically levitated drops [J]. Physics Letters A, 2011, 375(37): 3306 - 3309.

[275] HEINTZMANN P, YANG F, SCHNEIDER S, et al. Viscosity measurements of metallic melts using the oscillating drop technique[J]. Applied Physics Letters, 2016, 108(24): 241908.

[276] ZANG D Y, CHEN Z, GENG X G. Sectorial oscillation of acoustically levitated nanoparticle-coated droplet[J]. Applied Physics Letters, 2016, 108(3): 031603.

[277] ZANG Y C, CHANG Q, WANG X Z, et al. Natural oscillation frequencies of a Rayleigh sphere levitated in standing acoustic waves[J]. The Journal of the Acoustical Society of America, 2022, 152(5): 2916 - 2928.

# 第 2 章

## 声辐射力和力矩的基本理论

## 2.1 引言

声波在传播过程中遇到障碍物时，会与物体产生动量或角动量的传递，在宏观上表现为声辐射力和力矩的作用。时至今日，声辐射力和力矩已经成为非接触声操控的重要物理基础，在材料科学、航天工业、医学超声等领域显示出巨大的应用前景。为了实现对特定粒子的精准操控，往往需要研究粒子在各种声场环境以及边界条件下的声辐射力和力矩。从 20 世纪初至今，经过诸多科学家的不懈研究，声辐射力和力矩的基本理论框架已经相对成熟。本章从理想流体中声波的基本方程出发，分别推导了基于二阶声压的声辐射力和力矩表达式，以及基于声辐射应力张量的声辐射力和力矩表达式，并对这两种计算方法进行比较。本章得到的结果将为后续章节的具体计算和应用奠定良好的基础。此外，本章还将基于使声场动量发生变化的原因对声辐射力进行简单的分类。

## 2.2 理想流体中声波的基本方程

所谓理想流体，即无黏性且不可压缩的流体。尽管理想流体是实际中不存在的理想模型，但它可以作为大多数流体的近似，且大大简化了所讨论的物理问题。当理想流体中某个流体元受到外界的扰动而产生周期性膨胀与压缩时，会引起与其毗邻的流体元做相反的运动。以此类推，流体元受到的扰动最终以波动的形式向外传播，形成所谓的声波。因此，声波的传播可以看作流体运动的特别形式，其运动方程完全可以从流体力学方程简化而来。考虑理想流体中的体积微元 dV。在连续介质模型的假定下，这一宏观上体积很小的流体微元在微观上仍然包含了大量分子（$10^{23}$ 数量级），使得宏观的热力学关系在该流体微元中仍然成立，从而可以用速度矢量 $v$、密度 $\rho$ 和压强 $p$ 来描述，这些物理量均是空间位置 $r$ 和时间 $t$ 的函数。

为了便于描述流体的运动，建立三维空间直角坐标系 $(x, y, z)$，空间任意一点的径矢坐标为 $r = xi + yj + zk$，其中 $i$、$j$、$k$ 分别是三个坐标轴方向的单位矢量。流体运动存在两种基本描述方法，即 Lagrange 方法和 Euler 方法。在线性声学的理论中，大多采用 Euler 方法进行描述，本书亦采用这种描述方法。与 Lagrange

方法不同，Euler 方法不关心流体元的初始位置，也不论它从何处来，而是重点分析流体元到达某点时所具有的物理特性。在 Euler 方法下，流体元的加速度可以表示为：

$$\frac{\mathrm{d}\boldsymbol{v}}{\mathrm{d}t} = \frac{\partial \boldsymbol{v}}{\partial t} + (\boldsymbol{v} \cdot \nabla)\boldsymbol{v} \tag{2-1}$$

其中，$\nabla$ 是梯度算符。由此可见，流体元的加速度由两部分组成，第一项表示速度场随时间的变化，称为本地加速度；第二项称为对流加速度或漂移加速度。事实上，在 Euler 方法下，任意物理量随时间的变化均满足式（2-1）。

描述理想流体的运动需要三个基本方程，即连续性方程、Euler 方程和状态方程，分别可以表示为：

$$\frac{\partial \rho}{\partial t} + \nabla \cdot (\rho \boldsymbol{v}) = \rho q \tag{2-2}$$

$$\rho \left[ \frac{\partial \boldsymbol{v}}{\partial t} + (\boldsymbol{v} \cdot \nabla)\boldsymbol{v} \right] = -\nabla p + \rho \boldsymbol{f} \tag{2-3}$$

$$p = p(\rho) \tag{2-4}$$

其中，$\nabla \cdot$ 是散度算符，$q$ 是单位时间、单位质量的质量源，$\boldsymbol{f}$ 是单位质量流体受到的力密度。式（2-2）至式（2-4）的详细推导过程很容易从相应的声学书籍（如文献[1]中）找到，因而这里直接略去。

上述方程看似简单，实则均为复杂的非线性方程。为了便于求解，假定流体中的质点作小振幅振动。在静止状态下，流体的质点振速为零，压强为 $p_0$，密度为 $\rho_0$。小振动近似下，声波的存在可以看作一阶微扰，其对应的逾量压强（即声压）、质点振速和密度的改变量分别为 $p_1$、$\boldsymbol{v}_1$ 和 $\rho_1$。此时，总的物理场可以表示为：

$$p = p_0 + p_1 \tag{2-5}$$

$$\boldsymbol{v} = \boldsymbol{v}_1 \tag{2-6}$$

$$\rho = \rho_0 + \rho_1 \tag{2-7}$$

将式（2-5）至式（2-7）代入式（2-2）至式（2-4），得到线性化的连续性方程、Euler 方程和物态方程：

$$\frac{\partial \rho_1}{\partial t} + \rho_0 \nabla \cdot \boldsymbol{v}_1 = \rho_0 q \tag{2-8}$$

$$\rho_0 \frac{\partial \boldsymbol{v}_1}{\partial t} = -\nabla p_1 + \rho_0 \boldsymbol{f} \tag{2-9}$$

$$p_1 = c_0^2 \rho_1 \tag{2-10}$$

其中，$c_0^2 = (\partial p / \partial \rho)_{\rho_0}$ 表示该流体中的绝热声速。综合以上三式，可以得到线性化的有源声波方程：

$$\nabla^2 p_1 - \frac{1}{c_0^2} \frac{\partial^2 p_1}{\partial t^2} = \rho_0 \, \nabla \cdot \boldsymbol{f} - \rho_0 \frac{\partial q}{\partial t} \qquad (2-11)$$

其中，$\nabla^2$ 是三维 Laplace 算子。从式(2-11)可以看出，$c_0$ 正是声波的传播速度。从式(2-8)至式(2-10)还可以推导得到质点振速和密度满足的波动方程，这里不再赘述。在没有外力源和体积速度源的情况下，式(2-11)可以简化为：

$$\nabla^2 p_1 - \frac{1}{c_0^2} \frac{\partial^2 p_1}{\partial t^2} = 0 \qquad (2-12)$$

式(2-12)正是线性化的无源声波方程。在本书的后续讨论中，均假定声场是无源的。

在无源的情况下，对式(2-9)两边作旋度，可以发现若质点振速在初始状态下没有旋度，则其旋度将始终为零。根据矢量分析的基本理论，可以定义相应的速度势函数 $\phi_1$，此时质点振速可以表示为：

$$\boldsymbol{v}_1 = \nabla \phi_1 \qquad (2-13)$$

根据式(2-12)和式(2-9)，可以得到速度势和声压之间的换算关系：

$$p_1 = -\rho_0 \frac{\partial \phi_1}{\partial t} \qquad (2-14)$$

将式(2-13)代入式(2-8)至式(2-10)，经过适当的运算可以得出速度势函数也满足波动方程：

$$\nabla^2 \phi_1 - \frac{1}{c_0^2} \frac{\partial^2 \phi_1}{\partial t^2} = 0 \qquad (2-15)$$

速度势函数是标量场，且很容易从速度势函数出发得到质点振速和声压，因而在分析声场时十分有用。本书后续章节会经常使用速度势函数来进行推导和计算。

根据 Fourier 级数理论，任意周期信号都可以展开为三角函数信号的叠加，因此单频时谐声场对于很多声学问题的分析十分重要。本书均考虑单频时谐声场作用下的声辐射力和力矩。为了运算的方便，采用复变函数来描述声场。有必要指出，对于复变函数而言，真正有物理意义的是其实部。单频时谐声场可以表示为：

$$\phi_1(\boldsymbol{r}, t) = \phi_1(\boldsymbol{r}) \mathrm{e}^{-\mathrm{i}\omega t} \qquad (2-16)$$

其中，i 是虚数单位，$\omega$ 是声波的角频率。将式(2-16)代入式(2-15)可以消去时间变量 $t$，得到如下方程：

$$\nabla^2 \phi_1 + k^2 \phi_1 = 0 \qquad (2-17)$$

其中，$k = \omega/c_0 = 2\pi/\lambda$ 是声波在该流体中的波数，$\lambda$ 是声波的波长。式（2-17）正是 Helmholtz 方程，也称为稳态声波方程，而式（2-15）则可以称为瞬态声波方程。从偏微分方程的角度来看，式（2-15）是双曲型方程，而式（2-17）则是抛物型方程。

事实上，推导声波方程的方法远不止一种，从守恒定律出发亦可以推导得到最终的声波方程，文献[2]中采用的正是这种方法，这里我们对此作一简要介绍。对于某一流体微元而言，必须同时满足质量守恒定律、动量守恒定律和能量守恒定律，其具体表达式分别为：

$$\frac{\partial \rho}{\partial t} + \nabla \cdot (\rho \boldsymbol{v}) = \rho q \qquad (2-18)$$

$$\frac{\partial (\rho \boldsymbol{v})}{\partial t} + \nabla \cdot (\rho \boldsymbol{v} \boldsymbol{v}) = \rho \boldsymbol{f} + \rho \boldsymbol{v} q - \nabla p \qquad (2-19)$$

$$\frac{\partial (\rho \varepsilon)}{\partial t} + \nabla \cdot (\rho \varepsilon \boldsymbol{v} + p \boldsymbol{v}) = \rho \boldsymbol{f} \cdot \boldsymbol{v} + \rho h + \rho \varepsilon q \qquad (2-20)$$

其中，$\varepsilon = u + v^2/2$ 是单位质量流体元的能量，包括内能 $u$ 和动能 $v^2/2$；$h$ 是外界输入给单位质量流体元的热量。注意，式（2-19）中的 $\boldsymbol{vv}$ 是并矢运算，其结果为二阶张量，这里的散度运算也应相应地理解为对张量而非矢量求散度。我们同样略去这些公式的详细推导过程。联立以上三式，并考虑热力学关系：

$$\mathrm{d}u = T\mathrm{d}s - p\mathrm{d}V = T\mathrm{d}s + \frac{p}{\rho^2}\mathrm{d}\rho \qquad (2-21)$$

可以得到：

$$\rho T \frac{\mathrm{d}s}{\mathrm{d}t} = \rho h - pq \qquad (2-22)$$

这并不是新的方程，而是能量守恒定律的另一种表现形式，表明热量的流入使系统的熵增加，而质量的注入将使熵减小。在远离声源的位置，$h = q = 0$，因此声波在自由空间中的传播可以近似为等熵过程，即有：

$$\rho T \frac{\mathrm{d}s}{\mathrm{d}t} = 0 \qquad (2-23)$$

将式（2-18）、式（2-19）和式（2-23）均进行线性化处理，同样可以推出理想流体中的声波方程，即式（2-11）。

上述两种方法都是基于矢量力学的基本思路，最后简单介绍利用分析力学的思路来推导声波方程的过程，文献[2]19-20 中对此亦有介绍。对某一流体元而言，其动能密度减去势能密度就是流体元的 Lagrange 密度函数，具体可以表示为：

$$l = \frac{1}{2}\rho_0 v_1^2 - \frac{1}{2\rho_0 c_0^2}p_1^2 \tag{2-24}$$

这里直接给出了线性化后的结果。式(2-24)可以表示为速度势的函数：

$$l = \frac{1}{2}\rho_0 \left[ \left(\frac{\partial \phi_1}{\partial x}\right)^2 + \left(\frac{\partial \phi_1}{\partial y}\right)^2 + \left(\frac{\partial \phi_1}{\partial z}\right)^2 \right] - \frac{1}{2\rho_0 c_0^2}\left(\frac{\partial \phi_1}{\partial t}\right)^2 \tag{2-25}$$

整个流体的 Hamilton 作用量为：

$$S = \int_{t_0}^{t_1} dt \iiint_V l\, dV \tag{2-26}$$

根据 Hamilton 原理 δS=0，对式(2-26)求变分同样可以推出声波方程，即式(2-15)。

## 2.3　声辐射力的基本公式

### 2.3.1　基于二阶声压的声辐射力计算公式

利用线性声波方程可以解决大量的声学问题。遗憾的是，声辐射力是反映声波非线性效应的物理量，仅仅通过线性声波的理论是无法对其进行分析的。鉴于此，我们须将声场方程展开到二阶项。在二阶近似下，压强、质点振速和密度分别可以表示为：

$$p = p_0 + p_1 + p_2 \tag{2-27}$$

$$\boldsymbol{v} = \boldsymbol{v}_1 + \boldsymbol{v}_2 \tag{2-28}$$

$$\rho = \rho_0 + \rho_1 + \rho_2 \tag{2-29}$$

将式(2-27)至式(2-29)代入式(2-3)，仅保留二阶项，得到如下方程：

$$\nabla p_2 = -\rho_0 \frac{\partial \boldsymbol{v}_2}{\partial t} - \rho_1 \frac{\partial \boldsymbol{v}_1}{\partial t} - \rho_0 (\boldsymbol{v}_1 \cdot \nabla)\boldsymbol{v}_1 \tag{2-30}$$

声压随时间变化的周期就是声波本身的周期，对于实际观测者来说，这样快速变化的物理量显然是无法通过肉眼感知的，能够实际观测到的效应是对物理量时间平均的结果，正如在交流电中测得的电压和电流均与时间平均后的有效值一样。因此，需要将式(2-30)两边作时间平均，得到：

$$\nabla \langle p_2 \rangle = -\rho_0 \left\langle \frac{\partial \boldsymbol{v}_2}{\partial t} \right\rangle - \left\langle \rho_1 \frac{\partial \boldsymbol{v}_1}{\partial t} \right\rangle - \rho_0 \langle (\boldsymbol{v}_1 \cdot \nabla)\boldsymbol{v}_1 \rangle \tag{2-31}$$

其中,〈〉表示时间平均算符。考虑单频时谐声场,则等式右边第一项时间平均为零,从而式(2-31)可以进一步简化为:

$$\nabla\langle p_2\rangle=-\left\langle \rho_1\frac{\partial \boldsymbol{v}_1}{\partial t}\right\rangle-\rho_0\langle(\boldsymbol{v}_1\cdot\nabla)\boldsymbol{v}_1\rangle \tag{2-32}$$

综合考虑式(2-9)、式(2-10)和式(2-32),并考虑关系式$\nabla(p_1^2)=2p_1\nabla p_1$和$\nabla(v_1^2)=2(\boldsymbol{v}_1\cdot\nabla)\boldsymbol{v}_1$,可以得到声波的辐射压公式:

$$\langle p_2\rangle=\frac{1}{2\rho_0c_0^2}\langle p_1^2\rangle-\frac{\rho_0}{2}\langle v_1^2\rangle \tag{2-33}$$

式(2-33)右边第一项和第二项分别是声场势能密度和声场动能密度的时间平均,两者之差正是 Lagrange 密度函数的时间平均的相反数。

可以看出,声辐射压是声场的非线性效应,但其本身只需要利用线性声场计算即可,这是因为声场的二阶量作平方后是更高阶的小量,完全可以忽略不计,这无疑为计算提供了极大的便利。在本书声辐射力和力矩的计算中,我们几乎总是使用线性声场来进行计算。有必要指出,若声场本身具有较强的非线性(如冲击波),则无法将其作微扰展开,从而必须使用非线性声场来计算声辐射力[3]。有了声辐射压,只需对物体表面 $S_0$ 作积分即可得到声辐射力,其具体表达式为:

$$\boldsymbol{F}_{\mathrm{rad}}=-\iint_{S_0}\langle p_2\rangle\boldsymbol{n}\,\mathrm{d}S \tag{2-34}$$

其中,$\boldsymbol{n}$ 是表面外法向单位矢量。这里的积分式出现负号是由于矢量 $\boldsymbol{n}$ 和声辐射力的作用方向相反。此外,这里的声压 $p_2$ 必须使用总声压的二阶量,在声散射问题中,总声压应当等于外界入射声场和散射声场的声压之和,除非散射声场的影响可以忽略。再次强调,声辐射力是一个经时间平均后的宏观物理量,对于单频时谐声场而言,声辐射力是恒定的,并非像声压那样随时间迅速变化,因而又称为稳态声辐射力。图 2-1 显示了式(2-34)所对应的基本模型。

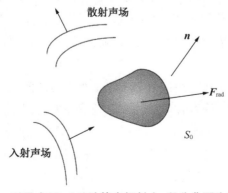

散射声场

$\boldsymbol{n}$

$\boldsymbol{F}_{\mathrm{rad}}$

$S_0$

入射声场

**图 2-1　利用式(2-34)计算声辐射力,积分曲面为物体表面**

基于式(2-34)可以将声辐射力定义为:声场对流体中某一封闭曲面施加的作用力的时间平均。式(2-34)作为声辐射力的计算公式,形式简洁明了,物理意义清晰,易于理解,但存在两个明显的缺陷。第一,式(2-34)是在物体的表面进行的面积分运算,只适用于固定在声场某一位置且界面不发生变化的物体,若物体本身具有一定的可压缩性或其在声场中运动,则积分表面是时刻变化的,式(2-34)便不再适用。第二,即使对于位置和界面均固定不变的物体,若该物体形状比较复杂,则面积分的计算可能也是相当困难的。因此,我们需要探索更普遍的声辐射力计算公式。

## 2.3.2 基于声辐射应力张量的声辐射力计算公式

如前所述,声辐射力反映了声波与物体之间的动量传递,这里我们尝试通过声场的动量守恒定律来推导声辐射力的基本公式。在无源的情况下,声场的动量守恒定律式(2-19)可以简化为:

$$\frac{\partial(\rho \boldsymbol{v})}{\partial t} = -\nabla \cdot (\rho \boldsymbol{v}\boldsymbol{v} + p\boldsymbol{I}) \qquad (2-35)$$

其中,$\boldsymbol{I}$ 是三阶单位张量。为了便于讨论,将声压的梯度项改写成散度的形式。选取将物体包含在内的一个封闭曲面作为积分面 $S_0$,对式(2-35)作体积分可得:

$$\frac{\partial}{\partial t}\iiint_V (\rho \boldsymbol{v})\mathrm{d}V = -\iint_{S_0} (\rho \boldsymbol{v}\boldsymbol{v} + p\boldsymbol{I}) \cdot \boldsymbol{n}\,\mathrm{d}S \qquad (2-36)$$

容易看出,式(2-36)左边表示该封闭曲面内总动量的时间变化率,其来源有二:一部分是流体动量流引起的动量变化,另一部分是流体表面上受到的其他流体的作用力。根据 Newton 第二定律,等式右边当然是引起流体动量变化的作用力,该作用力的时间平均正是声辐射力,被积函数的时间平均正是声辐射应力张量[4],又称为线动量应力张量或动量流密度张量。考虑到均匀理想流体中静态压强 $p_0$ 处处相等,并不会导致动量的变化,因此我们用声压 $p-p_0$ 代替式(2-36)中的总压强 $p$。这样一来,声辐射应力张量定义为:

$$\boldsymbol{T} = -\langle p-p_0 \rangle \boldsymbol{I} - \langle \rho \boldsymbol{v}\boldsymbol{v} \rangle \qquad (2-37)$$

式(2-37)中的各项应该作几级展开是一个值得思考的问题。质点振速最低阶项就是一阶项 $\boldsymbol{v}_1$,密度最低阶项为 $\rho_0$,这样一来,经过并矢运算,第二项最低就是二阶项。对于第一项声压而言,也需要相应地展开到二阶项,但一阶项 $p_1 = -\rho_0 \partial \phi_1/\partial t$ 的时间平均为零,所以只需保留 $p_2$ 即可。这样一来,声辐射应力张量展开到二阶项为:

$$\boldsymbol{T} = -\langle p_2 \rangle \boldsymbol{I} - \rho_0 \langle \boldsymbol{v}_1 \boldsymbol{v}_1 \rangle \qquad (2-38)$$

今后我们在研究声辐射力的相关问题时,都以式(2-38)作为声辐射应力张量的定义式。有必要指出,声辐射力是时间平均后的物理量,因此这里所定义的声辐射应力张量是已经经过时间平均处理的,这纯粹是为了方便讨论。严格来讲,声场的动量流密度张量本身是无须时间平均的,第 10 章中还将对此进行详细讨论。

式(2-33)已经给出了二阶声压时间平均的表达式,这里我们打算用另一种方法导出同样的结果。在无源的情况下,流体的 Euler 方程式(2-3)可以改写为:

$$\frac{\partial \boldsymbol{v}}{\partial t} + \frac{1}{\rho} \nabla p + \nabla \left( \frac{1}{2} v^2 \right) - \boldsymbol{v} \times (\nabla \times \boldsymbol{v}) = 0 \qquad (2-39)$$

其中,我们运用了矢量分析公式$(\boldsymbol{v} \cdot \nabla)\boldsymbol{v} = \nabla(v^2/2) - \boldsymbol{v} \times (\nabla \times \boldsymbol{v})$,这里$\nabla \times$是旋度算符。对式(2-39)两边作旋度,可以看出即使保留 Euler 方程中的非线性对流项,仍然可以引进速度势函数(假设质点振速初始状态无旋),式(2-39)可以改写为速度势函数的形式:

$$\nabla \frac{\partial \phi_1}{\partial t} + \frac{1}{\rho} \nabla p + \nabla \left[ \frac{1}{2} (\nabla \phi_1)^2 \right] = 0 \qquad (2-40)$$

将密度函数作展开,得到:

$$(\rho_0 + \rho_1) \nabla \frac{\partial \phi_1}{\partial t} + \nabla p + (\rho_0 + \rho_1) \nabla \left[ \frac{1}{2} (\nabla \phi_1)^2 \right] = 0 \qquad (2-41)$$

忽略式(2-41)中的三阶小量,得到:

$$\nabla \left[ p + \rho_0 \frac{\partial \phi_1}{\partial t} + \rho_0 \frac{1}{2} (\nabla \phi_1)^2 \right] + \rho_1 \nabla \frac{\partial \phi_1}{\partial t} = 0 \qquad (2-42)$$

利用式(2-10)和式(2-14)可以消去式(2-42)中的密度,得到:

$$\nabla \left[ p + \rho_0 \frac{\partial \phi_1}{\partial t} + \rho_0 \frac{1}{2} (\nabla \phi_1)^2 - \frac{\rho_0}{2c_0^2} \left( \frac{\partial \phi_1}{\partial t} \right)^2 \right] = 0 \qquad (2-43)$$

有必要指出,式(2-10)和式(2-14)都是线性声波理论下的方程,但并不影响二次非线性近似关系。对式(2-43)两边积分可得:

$$p + \rho_0 \frac{\partial \phi_1}{\partial t} + \rho_0 \frac{1}{2} (\nabla \phi_1)^2 - \frac{\rho_0}{2c_0^2} \left( \frac{\partial \phi_1}{\partial t} \right)^2 = C(t) \qquad (2-44)$$

其中,$C(t)$是任意与空间位置无关的常数。在无限远处,声场为零,压力$p = p_0$,因而可取$C(t) = p_0$。于是,式(2-44)可以修正为:

$$p - p_0 = -\rho_0 \frac{\partial \phi_1}{\partial t} - \rho_0 \frac{1}{2} (\nabla \phi_1)^2 + \frac{\rho_0}{2c_0^2} \left( \frac{\partial \phi_1}{\partial t} \right)^2 \qquad (2-45)$$

这正是二阶近似下声压与速度势函数的关系,等式右边第一项是线性近似下的结果,第二项和第三项可以看作二阶修正项,分别源于本构方程的非线性和运动的非

线性。对于单频时谐声场,式(2-45)右边第一项的时间平均取零,则有:

$$\langle p - p_0 \rangle = \frac{\rho_0}{2c_0^2} \left\langle \left( \frac{\partial \phi_1}{\partial t} \right)^2 \right\rangle - \rho_0 \frac{1}{2} \langle (\nabla \phi_1)^2 \rangle \qquad (2-46)$$

根据速度势函数和声压、质点振速之间的关系不难发现,式(2-46)与式(2-33)完全相同。

至此,声辐射应力张量的表达式(2-38)可以改写为:

$$\boldsymbol{T} = \langle L\boldsymbol{I} - \rho_0 \boldsymbol{v}_1 \boldsymbol{v}_1 \rangle \qquad (2-47)$$

其中,$L$ 是 Lagrange 密度函数。相应地,声辐射力计算公式可以表示为[4]:

$$\boldsymbol{F}_{\text{rad}} = \iint_{S_0} \boldsymbol{T} \cdot \boldsymbol{n} \, \mathrm{d}S = \iint_{S_0} \langle L\boldsymbol{I} - \rho_0 \boldsymbol{v}_1 \boldsymbol{v}_1 \rangle \cdot \boldsymbol{n} \, \mathrm{d}S \qquad (2-48)$$

根据矢量运算关系,式(2-48)还可以改写为:

$$\boldsymbol{F}_{\text{rad}} = \iint_{S_0} \langle L \rangle \boldsymbol{n} \, \mathrm{d}S - \iint_{S_0} \rho_0 \langle (\boldsymbol{n} \cdot \boldsymbol{v}_1) \boldsymbol{v}_1 \rangle \, \mathrm{d}S \qquad (2-49)$$

式(2-48)和式(2-49)是计算声辐射力的更普遍公式。

基于式(2-48)和式(2-49)可以将声辐射力定义为:声场中某一封闭曲面内动量变化率的时间平均。事实上,该定义与 2.3.1 节中的定义是完全等价的。有必要指出,对于理想流体而言,这里的积分曲面只需取一个将物体包含在内的大封闭曲面即可(图 2-2)。因为理想流体中不存在动量的损耗与吸收,封闭曲面内的动量变化完全是散射物体的存在而导致的结果。为了便于计算,积分面通常取球面,且球心为物体的几何中心。因此,式(2-48)和式(2-49)可以适用于发生形变的弹性体,或在声场中发生位移的物体,只要物体外表面未超出积分曲面即可。鉴于此优势,我们通常采取式(2-48)和式(2-49)来计算声辐射力。值得注意的是,对于非理想流体,流体中存在动量的损耗与吸收,积分面必须仍然选择为物体表面,否则计算结果会出现错误。

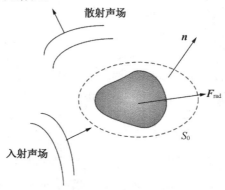

**图 2-2 利用式(2-48)和式(2-49)计算声辐射力,积分曲面为包围物体的任意封闭曲面**

## 2.4　声辐射力矩的基本公式

### 2.4.1　基于二阶声压的声辐射力矩计算公式

　　根据力矩的定义,有了声辐射力,只需将位置矢量与其作矢量积运算即可得到声辐射力矩。应当强调,力矩和力不同,在讨论力矩时必须明确坐标原点,即声波对空间中哪一点的力矩,因为相同的力对不同点的力矩也可能是不一样的。从前面的推导过程可以看到,在计算波形系数和散射系数时均是选取散射体的中心作为坐标原点,因而讨论声辐射力矩时自然也是相对于散射体中心的力矩,这一力矩将驱使粒子产生绕自身轴线的转动,类似于行星的自转。本书中所讨论的声辐射力矩均是如此。当然,坐标原点的选取可以是任意的,不过那样会大大增加计算的复杂度,所对应的"转动"的物理意义也不甚明确。在 2.1 节用两种方法计算了一般情况下的声辐射力,相应地,声辐射力矩也有不同的计算方法。式(2-34)给出了利用二阶声压计算声辐射力的公式,定义散射物体中心为坐标原点,则声辐射力矩的计算公式可以表示为[5]:

$$\boldsymbol{T}_{\text{rad}} = -\iint_{S_0} \boldsymbol{r} \times \langle p_2 \rangle \boldsymbol{n} \, \text{d}S \qquad (2-50)$$

其中, $\boldsymbol{r}$ 是坐标原点到空间某点的位置矢量。

　　与式(2-34)类似,式(2-50)的积分面必须选择物体的表面,且只能适用于位置和界面均固定不变的物体。对于表面形状复杂的物体而言,面积分运算是很困难的。鉴于此,实际中很少利用该公式进行声辐射力矩的计算。应当强调,式(2-50)中的径矢应当放在积分号内部而非外部,更严格来讲,声辐射力矩不是径矢与粒子所受声辐射力的矢量积,而是粒子表面每一个面元所受声辐射力矩的矢量叠加。

### 2.4.2　基于声辐射应力张量的声辐射力矩计算公式

　　2.3 节曾提到,计算声辐射力更普遍的方法是选择一个将物体包围在内的大封闭曲面,在该曲面上对声辐射应力张量作面积分,即式(2-48)。将位置矢量与声辐射应力张量作矢量积,再进行曲面积分即可得到计算声辐射力矩的另一个基本公式:

$$T_{rad} = \iint_{S_0} r \times T \cdot n \, dS = \iint_{S_0} r \times \langle LI - \rho_0 v_1 v_1 \rangle \cdot n \, dS \qquad (2-51)$$

部分文献[6]将式(2-51)中的被积函数,即位置矢量与声辐射应力张量的矢量积称为角动量应力张量或角动量流密度张量,以此来与线动量应力张量或动量流密度张量相对应。事实上,完全可以绕开声辐射力而直接根据角动量守恒定律来推导上述公式。如前所述,为了便于计算,我们通常选取球心在散射物体中心的大封闭球面作为积分曲面。这样的选取方式还有另一个优势,根据矢量积的性质可得 $r \times n = 0$,这样一来,式(2-51)可以简化为:

$$T_{rad} = -\iint_{S_0} r \times \langle \rho_0 v_1 v_1 \rangle \cdot n \, dS \qquad (2-52)$$

式(2-52)还可以利用矢量运算关系改写为:

$$T_{rad} = -\iint_{S_0} \rho_0 \langle (r \times v_1) v_1 \rangle \cdot n \, dS \qquad (2-53)$$

式(2-52)和式(2-53)正是基于声辐射应力张量的声辐射力矩计算公式,是计算声辐射力矩的更普遍公式。

有必要指出,使用式(2-52)和式(2-53)计算声辐射力矩时,积分面必须选择球心在物体中心的大封闭球面,否则应当使用式(2-51)。类似地,以上讨论同样基于理想流体的假设,因为理想流体中不存在角动量的损耗与吸收。对于非理想流体,积分面必须选择为物体表面,否则会出现计算错误。

还有必要指出,声辐射力矩的产生条件要比声辐射力严格,对于位于声轴的球对称粒子(如球和无限长圆柱)而言,声辐射力矩的产生必须同时满足两个条件:声场携带一定的角动量,粒子本身能够产生一定的声吸收。第一点是容易理解的,关于第二点的具体论证将在后续章节给出,这里仅仅以刚性球为例作简单说明。对于刚性球形粒子,表面质点法向振速为零。根据式(2-53),此时声辐射力矩恒为零,但声辐射力是不为零的。然而,如果物体本身具有非球对称性(如椭球形粒子),或者物体偏离声轴,则无须满足以上两个条件即可产生声辐射力矩,后续章节中将会给出具体的例子。

## 2.5 声辐射力的基本分类

如前所述,声辐射力反映了声波和物体之间的动量传递。事实上,从更严格的角度来讲,只要声波在传播过程中发生了动量的变化,就意味着有声辐射力的产生,这是遵循 Newton 第二定律的必然结果。在不同的场景下,使声波动量发生变化的原因也不尽相同,我们据此将声辐射力分为 A、B 和 C 三类,这里分别作简单的介绍。

（1）A 类声辐射力

A 类声辐射力是指和声衰减密切相关的声辐射力。声波在传播过程中会不可避免地产生一定的衰减,从而发生动量和能量的损耗,导致声辐射力的产生。一般而言,声波的衰减包括散射衰减、吸收衰减和扩散衰减,其中扩散衰减是由于声波波阵面扩张而引起的声强的减小,但声波的功率并没有发生变化,不会导致声辐射力的产生。因此,在声辐射力的问题中只需考虑前两者即可,即散射引发的声辐射力和吸收引发的声辐射力。从能量转换的角度分析,声波的吸收是将机械能转换为内能,声波总能量发生了损失,而声波的散射并没有发生能量的转换（不考虑物体本身的声吸收）,仅仅使声波在原传播方向的能量减小,或者说使声波的能量产生了新的空间分布。2.3 节中所分析的声辐射力正是散射引发的声辐射力,也是本书所关注的重点。值得注意的是,尽管后续章节会考虑非理想流体的情况,但我们仅仅关注流体的黏滞特性对声散射引起声辐射力的影响,并不打算详细讨论流体的声吸收特性本身所导致的声辐射力。鉴于此,这里我们给出一个吸收声衰减引发声辐射力的简单例子供读者参考。

考虑沿 $x$ 轴正方向传播的一列平面波,其声压可以表示为:

$$p = p_0 e^{-\alpha x} \sin\omega\left(t - \frac{x}{c_0}\right) \qquad (2-54)$$

其中,$p_0$ 是 $x=0$ 处的声压振幅,$\alpha$ 是由声吸收引起的声衰减系数,$\omega$ 是声波的角频率,$c_0$ 是声波在流体中的声速。单位体积的声辐射力正是声波能量密度时间平均的负梯度,同任何保守力与对应势能的关系一样,其大小为:

$$\boldsymbol{f}_{rad} = -\nabla\langle\varepsilon\rangle = -\frac{1}{\rho_0 c_0^2}\nabla\langle p^2\rangle \qquad (2-55)$$

其中,$\varepsilon$ 是声波的空间能量密度。将式(2-54)代入式(2-55),得到 $x$ 方向单位体积的声辐射力大小为:

$$f_{rad,x} = \frac{\alpha p_0^2}{\rho_0 c_0^2} e^{-2\alpha x} \qquad (2-56)$$

容易看出,该声辐射力和衰减系数成正比,当衰减系数为零时,声辐射力消失。

当然,我们假定了声压随传播距离满足指数衰减的规律,实际情况下可能更复杂,但这个例子可以反映最基本的机制。值得注意的是,此时的声辐射力并不依赖于声场中存在的散射物体。从物理图像上来看,随着声波在向前传播时发生衰减,相邻流体层的动量产生差异,因而相邻流体间存在作用力。

(2) B 类声辐射力

另一类声辐射力发生在不同界面之间,称为 B 类声辐射力,1.2 节所提到的声辐射力天平正是利用了该类声辐射力。在两种介质分界面处,声阻抗的差异会导致声波发生反射、折射等现象,从而使其携带的能量和动量产生变化,自然会引起界面间的相互作用力,即声辐射力。这里以沿 $x$ 轴正方向传播的平面波在无限大固定界面处的反射为例说明这一问题。

入射声压和反射声压分别可以表示为:

$$p_{\text{inc}} = p_0 \sin\omega\left(t - \frac{x}{c_0}\right) \tag{2-57}$$

$$p_{\text{ref}} = R p_0 \sin\omega\left(t + \frac{x}{c_0}\right) \tag{2-58}$$

其中,$R$ 是界面的声压反射系数。特别地,当 $R = 1$ 时,声波能量被完全反射回来。根据式(2-57)和式(2-58),界面处的总声压为:

$$p = p_{\text{inc}} + p_{\text{ref}} = p_0 \sin\omega\left(t - \frac{x}{c_0}\right) + R p_0 \sin\omega\left(t + \frac{x}{c_0}\right) \tag{2-59}$$

如前所述,单位体积的声辐射力正是声波能量密度的负梯度,将式(2-55)作三维体积分即可得到声辐射力的大小,具体表达式为:

$$\boldsymbol{F}_{\text{rad}} = \iiint_V \boldsymbol{f}_{\text{rad}} \, \mathrm{d}V = -\iiint_V \frac{1}{\rho_0 c_0^2} \nabla \langle p^2 \rangle \, \mathrm{d}V = -\iint_{S_0} \frac{1}{\rho_0 c_0^2} \langle p^2 \rangle \boldsymbol{n} \, \mathrm{d}S \tag{2-60}$$

其中利用了标量函数积分的 Gauss 定理。将式(2-59)代入式(2-60)即可得到最终的声辐射力,由于声压在界面上是常量,可以去掉积分号,在面积 $S_0$ 的区域内产生的声辐射力大小为:

$$F_{\text{rad}, x} = \frac{1}{\rho_0 c_0^2} \langle p^2 \rangle S_0 = \frac{(1+R)^2}{2\rho_0 c_0^2} p_0^2 S_0 \tag{2-61}$$

由此看出,声辐射力将使两种介质在界面处对彼此产生一个推力。

(3) C 类声辐射力

对于驻波声场而言,其整体携带的声能流为零,但其不同位置处的声波能量存在空间梯度,因而存在局部的声辐射力,这一类声辐射力称为 C 类声辐射力,在声悬浮中的应用十分广泛。这里以平面驻波场为零进行简单分析。

考虑平面驻波场，其声压可以表示为：

$$p = p_0 \sin\omega t \cos(k_n x) \tag{2-62}$$

其中，$k_n$ 是第 $n$ 个模式的声波波数，其具体大小将取决于不同的边界条件。根据式(2-55)可以求得此时单位体积的声辐射力大小为：

$$f_{\text{rad},x} = \frac{k_n p_0^2}{2\rho_0 c_0^2} \sin(2k_n x) \tag{2-63}$$

该声辐射力在声压的波节或波腹处均为零，当粒子密度大于流体密度时，其声压波节处是粒子的稳定平衡点，因而粒子将会聚集在声压波节的位置，这正是 Kundt 管实验中所观察到的现象。有必要指出，在以上计算过程中暗含了一个假定，即粒子对声场的作用可以忽略不计，从而声辐射力全部来源于驻波场本身的能量梯度。当粒子的存在显著影响声场时，必须考虑声散射效应的影响，此时的声辐射力自然同时包含 A 类和 C 类。

以上就是对三类声辐射力的主要介绍，这里有必要作几点说明：

第一，所有的声辐射力都源于声场所携带动量的变化，以上对声辐射力所作的分类标准是引起声场动量变化的原因，包括散射、吸收、反射、折射和驻波场本身的能量梯度等。在 2.3 节推导声辐射力的公式时，为了物理图像的清晰，我们所考虑的均是声波遇到障碍物发生散射时所激发的声辐射力，事实上，声辐射力的基本公式(2-48)和式(2-49)适用于以上讨论的所有声辐射力，只需给出相应的声辐射应力张量并作积分即可。在三类声辐射力的计算中，我们都曾使用过声能量密度的负梯度来计算声辐射力，这正是式(2-48)和式(2-49)在忽略散射声场时的近似，对于一般的声散射而言，则必须使用式(2-48)和式(2-49)来计算声辐射力。

第二，在实际问题中，声辐射力可能不止存在一种，此时需要判别哪一种占主导地位。例如，对于空气中驻波场的声悬浮而言，当粒子尺寸远小于波长时，声辐射力主要来源于驻波场的梯度，即 C 类声辐射力，从而驱使粒子平衡在波节位置，此时当然也存在粒子声散射造成的声辐射力，即 A 类声辐射力，只是其大小可以忽略不计。再如，对于黏滞流体中的声散射而言，在黏度较小时，吸收衰减远小于散射衰减，因而声辐射力主要来源于声散射，完全可以忽略流体中声吸收引起的声辐射力。本书后续章节主要考虑的是 A 类和 C 类声辐射力。

第三，部分文献[7]中认为还存在 D 类声辐射力，即流体非均匀性引起的声辐射力。这里我们认为 D 类声辐射力本质上与 B 类声辐射力相同，只是此时的密度和声速发生渐变而非突变而已，因而没有将其单独归为一类。

## 2.6 本章小结

本章从理想流体中的声波方程出发，分别推导了基于二阶声压和基于声辐射应力张量的声辐射力计算公式。与前者相比，后者的积分面可以选择包围物体的任意封闭曲面，因而具有更广泛的适用性。相应地，我们也给出了声辐射力矩的两种计算公式，即基于二阶声压的声辐射力矩计算公式和基于声辐射应力张量的声辐射力矩计算公式。根据声波动量发生变化原因的不同，我们还将声辐射力分为A、B和C类，这三类声辐射力分别描述声衰减、界面附近的声反射以及驻波场能量梯度引起的声辐射力。本章是全书重要的理论基础，将为后续章节声辐射力和力矩的具体计算与分析作好铺垫。

在本章的最后，有必要进行几点说明：

（1）无论是基于二阶声压的声辐射力和力矩计算公式，还是基于声辐射应力张量的声辐射力和力矩计算公式，均为直接用声压和质点振速表示的矢量积分公式，是难以直接在具体计算中运用的。鉴于此，我们需要借助各种方法推导得到适合具体计算的声辐射力和力矩计算公式，这些方法可以是解析的（如部分波级数展开法），也可以是数值的（如有限元方法），甚至还可以是半解析半数值的（如 Born 近似法）。尽管如此，无论何种方法，其理论基础均为本章中所推导的这两种积分公式，其差异仅仅是算法上的。

（2）本章主要讨论了声辐射力和力矩的基本理论。事实上，辐射力和力矩是波动的普遍效应，对于其他物理场完全可以作类似的讨论，只需将公式中的物理量作相应的修改即可。例如，对于电磁场而言，完全可以根据电磁场的动量守恒定律推导得到基于电磁场应力张量的电磁辐射力和力矩计算公式，第 10 章中将对此进行详细的讨论。

### 参考文献

[1] 张海澜. 理论声学[M]. 2 版. 北京：高等教育出版社，2012：176 - 180.

[2] 程建春. 声学原理[M]. 北京：科学出版社，2012：6 - 11.

[3] 钱祖文. 非线性声学 [M]. 2 版. 北京：科学出版社，2009.

［4］WESTERVELT P J. Acoustic radiation pressure［J］. The Journal of the A-coustical Society of America，1957，29(1)：26 - 29.

［5］MAIDANIK G. Torques due to acoustical radiation pressure［J］. The Journal of the Acoustical Society of America，1958，30(7)：620 - 623.

［6］ZHANG L K，MARSTON P L. Angular momentum flux of nonparaxial a-coustic vortex beams and torques on axisymmetric objects［J］. Physical Re-view E，Statistical，Nonlinear，and Soft Matter Physics，2011，84 (6)：065601.

［7］SARVAZYAN A P，RUDENKO O V，FATEMI M. Acoustic radiation force：A review of four mechanisms for biomedical applications［J］. IEEE Transactions on Ultrasonics，Ferroelectrics，and Frequency Control，2021，68(11)：3261 - 3269.

# 第 3 章

## 自由空间中粒子的声辐射力

## 3.1 引言

第 2 章详细介绍了声辐射力和力矩的基本理论,并给出了基于声辐射应力张量的声辐射力和力矩的普遍计算公式。然而,这些公式是直接用声场的相应物理量表示的矢量积分公式,很难直接运用到具体场景中进行有效的计算。为此,需要探索适合理论和数值计算的声辐射力和力矩计算公式。本章首先基于入射声场和散射声场的波形系数,利用部分波级数展开法推导了基于波形系数的自由空间中粒子的三维声辐射力公式,该公式适用于任意声场作用下的任意粒子。在此基础上,详细分析了平面波、Gauss 波、Bessel 波等作用下均匀无限长圆柱形粒子、均匀球形粒子、弹性圆柱壳、弹性球壳、无限长椭圆柱球形粒子、椭球形粒子等的声辐射力特性。本章主要分析粒子的声辐射力,至于粒子的声辐射力矩则留待第 4 章讨论。

## 3.2 基于波形系数的声辐射力计算公式

式(2-48)给出了基于声辐射应力张量的声辐射力计算公式,我们直接从该公式开始讨论。为了方便计算,假定利用式(2-48)计算时的封闭曲面是以散射物体中心为球心的大封闭球面,且满足远场近似。如前所述,除特殊情况外,在计算声辐射力和力矩时只需使用线性声场即可。为了表达式的简洁,我们在后续计算中均略去表示一阶物理量的下标"1"。

在声散射模型中,总声场是入射声场和散射声场的叠加,则式(2-48)中的 Lagrange 密度函数的时间平均可以表示为三部分之和:

$$\langle L \rangle = \langle L_{ii} \rangle + \langle L_{is} \rangle + \langle L_{ss} \rangle \tag{3-1}$$

其中,

$$\langle L_{ii} \rangle = \frac{1}{2} \rho_0 \boldsymbol{v}_i \cdot \boldsymbol{v}_i - \frac{p_i^2}{2\rho_0 c_0^2} \tag{3-2}$$

$$\langle L_{ss} \rangle = \frac{1}{2} \rho_0 \boldsymbol{v}_s \cdot \boldsymbol{v}_s - \frac{p_s^2}{2\rho_0 c_0^2} \tag{3-3}$$

$$\langle L_{is} \rangle = \rho_0 \boldsymbol{v}_i \cdot \boldsymbol{v}_s - \frac{p_i p_s}{2\rho_0 c_0^2} \tag{3-4}$$

这里下标 $i$ 表示和入射声场有关的量，$s$ 表示和散射声场有关的量，$\rho_0$ 和 $c_0$ 分别是流体的密度和声速。式(2-48)中的动量流密度张量也可以作类似的展开：

$$\rho_0 \langle \boldsymbol{vv} \rangle = \rho_0 \langle \boldsymbol{v}_i \boldsymbol{v}_i \rangle + \rho_0 \langle \boldsymbol{v}_s \boldsymbol{v}_s \rangle + \rho_0 \langle \boldsymbol{v}_i \boldsymbol{v}_s \rangle + \rho_0 \langle \boldsymbol{v}_s \boldsymbol{v}_i \rangle \tag{3-5}$$

当理想流体中没有散射物体时，不会产生动量的传递或吸收，因而仅与入射声场有关的项恒为零，即：

$$\iint_{S_0} \langle L_i \boldsymbol{I} - \rho_0 \boldsymbol{v}_i \boldsymbol{v}_i \rangle \cdot \boldsymbol{n} \mathrm{d}S = 0 \tag{3-6}$$

在远场近似下，声压和质点振速之间满足关系 $p_{i,s} = \rho_0 c_0 v_{i,s}$，因而 $\langle L_{ss} \rangle = 0$。综上，声辐射力表达式可以简化为：

$$\boldsymbol{F}_{\mathrm{rad}} = \iint_{S_0} \left\langle \rho_0 \boldsymbol{v}_i \cdot \boldsymbol{v}_s - \frac{p_i p_s}{\rho_0 c_0^2} \right\rangle \boldsymbol{n} \mathrm{d}S - \rho_0 \iint_{S_0} \langle \boldsymbol{v}_s \boldsymbol{v}_s \rangle \cdot \boldsymbol{n} \mathrm{d}S -$$

$$\rho_0 \iint_{S_0} \langle \boldsymbol{v}_i \boldsymbol{v}_s \rangle \cdot \boldsymbol{n} \mathrm{d}S - \rho_0 \iint_{S_0} \langle \boldsymbol{v}_s \boldsymbol{v}_i \rangle \cdot \boldsymbol{n} \mathrm{d}S$$

$$= -\iint_{S_0} \left\langle \frac{p_i p_s}{\rho_0 c_0^2} \right\rangle \cdot \boldsymbol{n} \mathrm{d}S - \rho_0 \iint_{S_0} \langle \boldsymbol{v}_s \boldsymbol{v}_s \rangle \cdot \boldsymbol{n} \mathrm{d}S - \rho_0 \iint_{S_0} \langle \boldsymbol{v}_s \boldsymbol{v}_i \rangle \cdot \boldsymbol{n} \mathrm{d}S \tag{3-7}$$

继续用复变函数式(2-16)表示声场。此时，声压与速度势函数满足关系 $p_{i,s} = -\mathrm{i}\omega\rho_0 \phi_{i,s}$。在远场近似下，质点振速大小和速度势函数之间满足关系 $v_{i,s} = \boldsymbol{n} \cdot \nabla\phi_{i,s} = \partial\phi_{i,s}/\partial r$。远场近似下声波可以看作平面波，因而有 $v_{i,s} = \partial\phi_{i,s}/\partial r = \mathrm{i}k\phi_{i,s}$。在复数运算下，两个时谐物理量乘积的时间平均可以简化为第一个复数量乘第二个复数量的共轭后再取乘积的实部的二分之一，即 $\langle w_1 w_2 \rangle = 1/2\mathrm{Re}(W_1^* W_2)$，这里 $W_1, W_2$ 是实数量 $w_1, w_2$ 对应的复数表示，其中包含了时谐因子 $\exp(-\mathrm{i}\omega t)$；符号 Re 表示对复数量取实部；$*$ 表示对复数量取共轭。利用上述关系，可以对式(3-7)作进一步计算：

$$\boldsymbol{F}_{\mathrm{rad}} = -\iint_{S_0} \left\langle \frac{p_i p_s}{\rho_0 c_0^2} \right\rangle \boldsymbol{n} \mathrm{d}S - \rho_0 \iint_{S_0} \langle \boldsymbol{v}_s \boldsymbol{v}_s \rangle \cdot \boldsymbol{n} \mathrm{d}S - \rho_0 \iint_{S_0} \langle \boldsymbol{v}_s \boldsymbol{v}_i \rangle \cdot \boldsymbol{n} \mathrm{d}S$$

$$= -\iint_{S_0} \frac{1}{2} \mathrm{Re}\left[ \frac{(\mathrm{i}\omega\rho_0 \phi_1)(\mathrm{i}\omega\rho_0 \phi_s)^*}{\rho_0 c_0^2} \right] \boldsymbol{n} \mathrm{d}S - \rho_0 \iint_{S_0} \frac{1}{2} \mathrm{Re}\left( \frac{\partial\phi_s}{\partial r} \frac{\partial\phi_s}{\partial r}^* \right) \boldsymbol{n} \mathrm{d}S -$$

$$\rho_0 \iint_{S_0} \frac{1}{2} \mathrm{Re}\left( \frac{\partial\phi_i}{\partial r} \frac{\partial\phi_i}{\partial r}^* \right) \boldsymbol{n} \mathrm{d}S$$

$$= -\frac{1}{2}\rho_0 \iint_{S_0} \mathrm{Re}(k^2 \phi_i \phi_s) \boldsymbol{n} \mathrm{d}S - \frac{1}{2}\rho_0 \iint_{S_0} \mathrm{Re}[(\mathrm{i}k\phi_s)(\mathrm{i}k\phi_s)^*] \boldsymbol{n} \mathrm{d}S -$$

$$\frac{1}{2}\rho_0 \iint_{S_0} \mathrm{Re}\left[ \frac{\partial\phi_i}{\partial r}(\mathrm{i}k\phi_s)^* \right] \boldsymbol{n} \mathrm{d}S$$

$$= \frac{1}{2}\rho_0 \iint_{S_0} \mathrm{Re}\left(-k^2\phi_i\phi_s^* - k^2\phi_s\phi_s^* + \mathrm{i}k\frac{\partial\phi_i}{\partial r}\phi_s^*\right)\boldsymbol{n}\,\mathrm{d}S$$

$$= \frac{1}{2}\rho_0 k^2 \iint_{S_0} \mathrm{Re}\left(-\phi_i\phi_s^* - \phi_s\phi_s^* + \frac{\mathrm{i}}{k}\frac{\partial\phi_i}{\partial r}\phi_s^*\right)\boldsymbol{n}\,\mathrm{d}S$$

$$= \frac{1}{2}\rho_0 k^2 \iint_{S_0} \mathrm{Re}\left[\left(\frac{\mathrm{i}}{k}\frac{\partial\phi_i}{\partial r} - \phi_i\right)\phi_s^* - \phi_s\phi_s^*\right]\boldsymbol{n}\,\mathrm{d}S \tag{3-8}$$

式(3-8)给出了利用入射声场和散射声场速度势函数表示的声辐射力公式，适用于自由空间中任意声场作用下的任意粒子。然而，式(3-8)仍然是积分式，不适合于具体的计算，需要作进一步处理。部分波级数展开法可以解决这一问题。为了方便讨论，以散射物体中心（即积分球面的球心）为原点 $O$ 建立球坐标系（$r$，$\theta$，$\varphi$）。根据数学物理方程中的有关理论，入射声场和散射声场均是式(2-17)所表示的 Helmholtz 方程的解，可以用分离变量法得到级数形式的解。具体地，入射声场的速度势函数可以表示为：

$$\phi_i = \phi_0 \sum_{n=0}^{\infty}\sum_{m=-n}^{n} a_{nm}j_n(kr)Y_{nm}(\theta,\varphi) \tag{3-9}$$

其中，$\phi_0$ 是入射声场的速度势振幅；$j_n$ 是 $n$ 阶球 Bessel 函数；$Y_{nm}$ 是 $n$ 阶球谐函数；$a_{nm}$ 是入射声场的波形系数，又称为波束形成因子，其具体数值可以通过广义 Fourier 逆变换得到：

$$a_{nm} = \frac{1}{\phi_0 j_n(kr)} \int_{\phi=0}^{2\pi}\int_{\theta=0}^{\pi} \phi_i Y_{nm}^*(\theta,\phi)\sin\theta\,\mathrm{d}\theta\,\mathrm{d}\varphi \tag{3-10}$$

波形系数的导出是声辐射力计算中的关键一步。事实上，只有少数声场能够利用式(3-10)得出波形系数的解析解，大部分情况下需要进行数值积分运算得到波形系数。为了表达式的简洁，除特殊情况外，今后我们均略去时谐因子 $\exp(-\mathrm{i}\omega t)$。类似地，散射声场也可以展开为无穷级数的形式：

$$\phi_s = \phi_0 \sum_{n=0}^{\infty}\sum_{m=-n}^{n} s_n a_{nm}h_n^{(1)}(kr)Y_{nm}(\theta,\varphi) \tag{3-11}$$

其中，$s_n$ 是声散射系数，$h_n^{(1)}$ 是 $n$ 阶第一类球 Hankel 函数。考虑球 Bessel 函数的递推公式：

$$j_{n'}(kr) = \frac{n}{kr}j_n(kr) - j_{n+1}(kr) \tag{3-12}$$

注意，该递推关系对球 Neumann 函数和两类球 Hankel 函数均成立。式(3-8)中与入射声场有关的括号项可以简化为：

$$\frac{\mathrm{i}}{k}\frac{\partial \phi_i}{\partial r}-\phi_i$$

$$=\mathrm{i}\frac{\partial}{\partial (kr)}\phi_0\sum_{n=0}^{\infty}\sum_{m=-n}^{n}a_{nm}j_n(kr)Y_{nm}(\theta,\varphi)-\phi_0\sum_{n=0}^{\infty}\sum_{m=-n}^{n}a_{nm}j_n(kr)Y_{nm}(\theta,\varphi)$$

$$=\mathrm{i}\phi_0\sum_{n=0}^{\infty}\sum_{m=-n}^{n}a_{nm}\left[\frac{n}{kr}j_n(kr)-j_{n+1}(kr)\right]Y_{nm}(\theta,\varphi)-$$

$$\phi_0\sum_{n=0}^{\infty}\sum_{m=-n}^{n}a_{nm}j_n(kr)Y_{nm}(\theta,\varphi)$$

$$=\phi_0\sum_{n=0}^{\infty}\sum_{m=-n}^{n}a_{nm}\left[-\mathrm{i}j_{n+1}(kr)-j_n(kr)\right]Y_{nm}(\theta,\varphi)$$

$$(3-13)$$

考虑球 Bessel 函数的远场近似公式：

$$j_n(kr)\approx\frac{\mathrm{i}^{-(n+1)}\mathrm{e}^{\mathrm{i}kr}+\mathrm{i}^{n+1}\mathrm{e}^{-\mathrm{i}kr}}{2kr}\qquad(3-14)$$

式(3-13)可以进一步简化为：

$$\frac{\mathrm{i}}{k}\frac{\partial \phi_i}{\partial r}-\phi_i$$

$$=\phi_0\sum_{n=0}^{\infty}\sum_{m=-n}^{n}a_{nm}\left[-\mathrm{i}\frac{\mathrm{i}^{-(n+2)}\mathrm{e}^{\mathrm{i}kr}+\mathrm{i}^{n+2}\mathrm{e}^{-\mathrm{i}kr}}{2kr}-\frac{\mathrm{i}^{-(n+1)}\mathrm{e}^{\mathrm{i}kr}+\mathrm{i}^{n+1}\mathrm{e}^{-\mathrm{i}kr}}{2kr}\right]Y_{nm}(\theta,\varphi)$$

$$=\phi_0\sum_{n=0}^{\infty}\sum_{m=-n}^{n}a_{nm}\left[-\frac{\mathrm{i}^{-(n+1)}\mathrm{e}^{\mathrm{i}kr}+\mathrm{i}^{n+3}\mathrm{e}^{-\mathrm{i}kr}}{2kr}-\frac{\mathrm{i}^{-(n+1)}\mathrm{e}^{\mathrm{i}kr}+\mathrm{i}^{n+1}\mathrm{e}^{-\mathrm{i}kr}}{2kr}\right]Y_{nm}(\theta,\varphi)$$

$$=\phi_0\sum_{n=0}^{\infty}\sum_{m=-n}^{n}a_{nm}\left[-\frac{\mathrm{i}^{-(n+1)}\mathrm{e}^{\mathrm{i}kr}-\mathrm{i}^{n+1}\mathrm{e}^{-\mathrm{i}kr}}{2kr}-\frac{\mathrm{i}^{-(n+1)}\mathrm{e}^{\mathrm{i}kr}+\mathrm{i}^{n+1}\mathrm{e}^{-\mathrm{i}kr}}{2kr}\right]Y_{nm}(\theta,\varphi)$$

$$=\phi_0\sum_{n=0}^{\infty}\sum_{m=-n}^{n}a_{nm}\left(-\frac{\mathrm{i}^{-(n+1)}\mathrm{e}^{\mathrm{i}kr}}{kr}\right)Y_{nm}(\theta,\varphi)$$

$$(3-15)$$

式(3-15)正是仅与入射声场速度势函数有关的括号项的最简形式。类似地，可以得到式(3-8)中散射波速度势函数的最简形式：

$$\phi_s=\phi_0\sum_{n=0}^{\infty}\sum_{m=-n}^{n}s_n a_{nm}\left(-\frac{\mathrm{i}^{-(n+1)}\mathrm{e}^{\mathrm{i}kr}}{kr}\right)Y_{nm}(\theta,\varphi)\qquad(3-16)$$

综合式(3-15)和式(3-16)，式(3-8)中中括号内的项可以简化为：

$$\left(\frac{\mathrm{i}}{k}\frac{\partial \phi_i}{\partial r}-\phi_i\right)\phi_s^* -\phi_s\phi_s^*$$

$$=-\phi_0\sum_{n=0}^{\infty}\sum_{m=-n}^{n}a_{nm}\frac{\mathrm{i}^{-(n+1)}\mathrm{e}^{\mathrm{i}kr}}{kr}Y_{nm}(\theta,\varphi)\times$$

$$\left[\phi_0\sum_{n'=0}^{\infty}\sum_{m'=-n'}^{n'}s_{n'}a_{n'm'}\frac{\mathrm{i}^{-(n'+1)}\mathrm{e}^{\mathrm{i}kr}}{kr}Y_{n'm'}(\theta,\varphi)\right]^* -$$

$$\phi_0\sum_{n=0}^{\infty}\sum_{m=-n}^{n}s_n a_{nm}\frac{\mathrm{i}^{-(n+1)}\mathrm{e}^{\mathrm{i}kr}}{kr}Y_{nm}(\theta,\varphi)\times$$

$$\left[\phi_0\sum_{n'=0}^{\infty}\sum_{m'=-n'}^{n'}s_{n'}a_{n'm'}\frac{\mathrm{i}^{-(n'+1)}\mathrm{e}^{\mathrm{i}kr}}{kr}Y_{n'm'}(\theta,\varphi)\right]^*$$

$$=-\phi_0^2\sum_{n=0}^{\infty}\sum_{m=-n}^{n}\sum_{n'=0}^{\infty}\sum_{m'=-n'}^{n'}\frac{\mathrm{i}^{n'-n}}{(kr)^2}a_{nm}s_{n'}^* a_{n'm'}^* Y_{nm}(\theta,\varphi)Y_{n'm'}^*(\theta,\varphi)-$$

$$\phi_0^2\sum_{n=0}^{\infty}\sum_{m=-n}^{n}\sum_{n'=0}^{\infty}\sum_{m'=-n'}^{n'}\frac{\mathrm{i}^{n'-n}}{(kr)^2}s_n a_{nm}s_{n'}^* a_{n'm'}^* Y_{nm}(\theta,\varphi)Y_{n'm'}^*(\theta,\varphi)$$

$$=-\phi_0^2\sum_{n=0}^{\infty}\sum_{m=-n}^{n}\sum_{n'=0}^{\infty}\sum_{m'=-n'}^{n'}\frac{\mathrm{i}^{n'-n}}{(kr)^2}(1+s_n)a_{nm}s_{n'}^* a_{n'm'}^* Y_{nm}(\theta,\varphi)Y_{n'm'}^*(\theta,\varphi)$$

$$(3-17)$$

将式(3-17)代入式(3-8),可得声辐射力的表达式为:

$$\boldsymbol{F}_{\mathrm{rad}}=\frac{1}{2}\rho_0 k^2\iint_{S_0}\mathrm{Re}\left[\left(\frac{\mathrm{i}}{k}\frac{\partial \phi_i}{\partial r}-\phi_i\right)\phi_s^* -\phi_s\phi_s^*\right]\boldsymbol{n}\,\mathrm{dS}$$

$$=\frac{1}{2}\rho_0 k^2\phi_0^2\iint_{S_0}\mathrm{Re}\left\{\sum_{n=0}^{\infty}\sum_{m=-n}^{n}\sum_{n'=0}^{\infty}\sum_{m'=-n'}^{n'}\right.$$ $$(3-18)$$

$$\left.\left[\frac{\mathrm{i}^{n'-n}}{(kr)^2}(1+s_n)a_{nm}s_{n'}^* a_{n'm'}^* Y_{nm}(\theta,\varphi)Y_{n'm'}^*(\theta,\varphi)\right]\right\}\boldsymbol{n}\,\mathrm{dS}$$

接下来,我们考虑这一表达式投影到三维空间直角坐标系的三个方向。在球坐标系下,面积微元 $\mathrm{dS}=r^2\sin\theta\mathrm{d}\theta\mathrm{d}\varphi$,单位法向量可以用直角坐标分量表示为:

$$\boldsymbol{n}=\sin\theta\cos\varphi\boldsymbol{e}_x+\sin\theta\sin\varphi\boldsymbol{e}_y+\cos\theta\boldsymbol{e}_z \qquad (3-19)$$

将式(3-19)代入式(3-18),得到:

$$\boldsymbol{F}_{\mathrm{rad}}=\frac{1}{2}\rho_0 k^2\iint_{S_0}\mathrm{Re}\left[\left(\frac{\mathrm{i}}{k}\frac{\partial \phi_i}{\partial r}-\phi_i\right)\phi_s^* -\phi_s\phi_s^*\right]\boldsymbol{n}\,\mathrm{dS}$$

$$=\frac{1}{2}\rho_0 k^2\phi_0^2\iint_{S_0}\mathrm{Re}\left\{\sum_{n=0}^{\infty}\sum_{m=-n}^{n}\sum_{n'=0}^{\infty}\sum_{m'=-n'}^{n'}\left[\frac{\mathrm{i}^{n'-n}}{(kr)^2}(1+s_n)\cdot\right.\right.$$

$$a_{nm}s_{n'}^*a_{n'm'}^*Y_{nm}(\theta,\varphi)Y_{nm}^*(\theta,\varphi)\Big]\Big\}\times$$

$$(\sin\theta\cos\varphi\,\boldsymbol{e}_x+\sin\theta\sin\varphi\,\boldsymbol{e}_y+\cos\theta\,\boldsymbol{e}_z)r^2\sin\theta\mathrm{d}\theta\mathrm{d}\varphi \tag{3-20}$$

$\boldsymbol{F}_{\mathrm{rad}}$ 是表征声辐射力绝对大小的物理量,不便于对实际声操控中声辐射力的强弱进行衡量。为此,引入无量纲的归一化声辐射力函数 $\boldsymbol{Y}=Y_x\boldsymbol{i}+Y_y\boldsymbol{j}+Y_z\boldsymbol{k}$,简称声辐射力函数。在第 2 章中,我们就曾给出了平面行波场中各类球形粒子的声辐射力函数随 $ka$ 的变化曲线。声辐射力与声辐射力函数满足如下关系:

$$\boldsymbol{F}_{\mathrm{rad}}=\boldsymbol{Y}S_c\frac{I_0}{c_0} \tag{3-21}$$

其中,$S_c$ 是散射物体的散射截面积,$I_0=(\rho_0c_0/2)(k\phi_0)^2$ 是入射声场的强度,而 $I_0/c_0$ 正是入射声场的声能量密度。从式(3-21)可以看出,声辐射力函数在数值上等于单位面积、单位声能量密度所产生的声辐射力大小,可以用来表征声辐射力的强弱。因此,在后续章节中,我们主要针对 $\boldsymbol{Y}$ 进行仿真计算。综合式(3-20)和式(3-21)可得声辐射力函数的三个分量分别为:

$$Y_x=-\frac{1}{k^2S_c}\iint_{S_0}\mathrm{Re}\Big\{\sum_{n=0}^{\infty}\sum_{m=-n}^{n}\sum_{n'=0}^{\infty}\sum_{m'=-n'}^{n'}\Big[\frac{\mathrm{i}^{n'-n}}{(kr)^2}(1+s_n)a_{nm}s_{n'}^*a_{n'm'}^*Y_{nm}(\theta,\varphi)Y_{n'm'}^*(\theta,\varphi)\Big]\Big\}\times$$

$$\sin\theta\cos\varphi r^2\sin\theta\mathrm{d}\theta\mathrm{d}\varphi$$

$$\tag{3-22}$$

$$Y_y=-\frac{1}{k^2S_c}\iint_{S_0}\mathrm{Re}\Big\{\sum_{n=0}^{\infty}\sum_{m=-n}^{n}\sum_{n'=0}^{\infty}\sum_{m'=-n'}^{n'}\Big[\frac{\mathrm{i}^{n'-n}}{(kr)^2}(1+s_n)a_{nm}s_{n'}^*a_{n'm'}^*Y_{nm}(\theta,\varphi)Y_{n'm'}^*(\theta,\varphi)\Big]\Big\}\times$$

$$\sin\theta\sin\varphi r^2\sin\theta\mathrm{d}\theta\mathrm{d}\varphi$$

$$\tag{3-23}$$

$$Y_z=-\frac{1}{k^2S_c}\iint_{S_0}\mathrm{Re}\Big\{\sum_{n=0}^{\infty}\sum_{m=-n}^{n}\sum_{n'=0}^{\infty}\sum_{m'=-n'}^{n'}\Big[\frac{\mathrm{i}^{n'-n}}{(kr)^2}(1+s_n)a_{nm}s_{n'}^*a_{n'm'}^*Y_{nm}(\theta,\varphi)Y_{n'm'}^*(\theta,\varphi)\Big]\Big\}\times$$

$$\cos\theta r^2\sin\theta\mathrm{d}\theta\mathrm{d}\varphi$$

$$\tag{3-24}$$

利用附录一中球谐函数的正交关系以及递推关系式可以去掉式(3-22)、式(3-23)和式(3-24)中的积分号,从而得到声辐射力函数的最终表达式:

$$Y_x=\frac{1}{2k^2S_c}\mathrm{Im}\sum_{n=0}^{\infty}\sum_{m=-n}^{n}\{a_{nm}(1+s_n)(-a_{n+1,m+1}^*s_{n+1}^*b_{n+1,m}-a_{n-1,m+1}^*s_{n-1}^*b_{n,-m-1}+$$

$$a_{n+1,m-1}^*s_{n+1}^*b_{n+1,-m}+a_{n-1,m-1}^*s_{n-1}^*b_{n,m-1})\}$$

$$\tag{3-25}$$

$$Y_y = \frac{1}{2k^2 S_c} \mathrm{Re} \sum_{n=0}^{\infty} \sum_{m=-n}^{n} \{ a_{nm}(1+s_n)(a_{n+1,m+1}^* s_{n+1}^* b_{n+1,m} + a_{n-1,m+1}^* s_{n-1}^* b_{n,-m-1} + $$

$$a_{n+1,m-1}^* s_{n+1}^* b_{n+1,-m} + a_{n-1,m-1}^* s_{n-1}^* b_{n,m-1}) \}$$

$$(3-26)$$

$$Y_z = \frac{1}{k^2 S_c} \mathrm{Im} \sum_{n=0}^{\infty} \sum_{m=-n}^{n} \{ a_{nm}(1+s_n)(a_{n+1,m}^* s_{n+1}^* c_{n+1,m} - a_{n-1,m}^* s_{n-1}^* c_{n,m}) \}$$

$$(3-27)$$

其中,

$$b_{n,m} = \sqrt{\frac{(n+m)(n+m+1)}{(2n-1)(2n+1)}}$$

$$(3-28)$$

$$c_{n,m} = \sqrt{\frac{(n+m)(n-m)}{(2n-1)(2n+1)}}$$

$$(3-29)$$

式(3-25)、式(3-26)和式(3-27)正是无量纲声辐射力的一般表达式,与文献[1]中的结果完全一致。该公式适用于任意声场作用下的任意散射粒子。当然,前提是需要在理论上或数值上给出入射声场和散射声场的波形系数。

## 3.3 无限长圆柱形粒子和球形粒子的声辐射力

圆柱形粒子和球形粒子是实际声操控中最常见的两种操控对象。例如,纤维、碳纳米管可以近似看作圆柱形粒子,许多声表面波器件中也经常用到圆柱形粒子,细胞、气泡、造影剂等则可以近似看作球形粒子。有必要指出,这里所考虑的圆柱形粒子均是无限长的。实际中的柱形粒子必定具有一定的长度,但只要满足轴向长度远大于截面半径,将其看作无限长圆柱形粒子便不失为一种很好的近似。为了简便,后续讨论中常常会略去"无限长"这一定语,但所指的仍然是无限长圆柱形粒子。此外,这里所指的圆柱形粒子和球形粒子都是均匀粒子,即在粒子内部密度和声速处处相同。我们以圆柱形粒子和球形粒子作为最初的算例来进行讨论,分析其在平面波、Gauss 波和 Bessel 波作用下的声辐射力特性。

### 3.3.1 平面波作用下的声辐射力

平面波在声散射和声辐射力的问题研究中具有重要意义,主要有三个原因:第一,平面波形式的解最为简单,大多数情况下都可以有很好的解析解;第二,其他任意类型的声波都可以进行展开,转化为平面波进行处理;第三,很多情况下我们所研究的问题符合远场模型,此时许多声场的波阵面可以近似看作平面。为此,首先研究平面波作用下圆柱形粒子和球形粒子的声辐射力特性。

考虑一列角频率为 $\omega$ 的平面行波,其波矢量垂直于静止放置在水中的一半径为 $a$ 的柱形粒子,即所谓正入射。以圆柱形粒子轴线上某点为原点 $O$ 建立柱坐标系 $(r,\theta,z)$ 和空间直角坐标系 $(x,y,z)$,两坐标系间满足换算关系:$x=r\cos\theta,y=r\sin\theta,z=z$。波矢量沿 $x$ 轴正方向,且 $z$ 轴与圆柱形粒子的轴线重合。设水的密度为 $\rho_0$,声速为 $c_0$。其物理模型如图 3-1 所示。

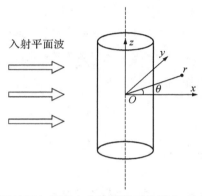

**图 3-1  平面行波正入射到水中的圆柱形粒子上,波矢量沿 $+x$ 方向**

根据数理方程的理论,可以在柱坐标系中将入射平面波展开为无穷级数的形式:

$$\phi_i = \phi_0 e^{ikx} = \phi_0 \sum_{n=-\infty}^{+\infty} i^n J_n(kr) e^{in\theta} \tag{3-30}$$

其中,$\phi_0$ 是入射平面波的速度势振幅,$J_n$ 是 $n$ 阶柱 Bessel 函数,$k$ 为声波在水中的波数。相应地,入射声场的声压和法向质点振速分别可以表示为:

$$p_i = -i\omega\rho_0\phi_0 \sum_{n=-\infty}^{+\infty} i^n J_n(kr) e^{in\theta} \tag{3-31}$$

$$v_{i,r} = \phi_0 \sum_{n=-\infty}^{+\infty} i^n k J_n'(kr) e^{in\theta} \tag{3-32}$$

注意,对于圆柱形粒子表面而言,法向和径向意义相同。类似地,散射声场的速度势函数可以展开为:

$$\phi_s = \phi_0 \sum_{n=-\infty}^{+\infty} s_n i^n H_n^{(1)}(kr) e^{in\theta} \tag{3-33}$$

其中,$H_n^{(1)}$ 是 $n$ 阶第一类柱 Hankel 函数;$s_n$ 是声散射系数,取决于粒子表面的边界条件。相应地,散射声场的声压和法向质点振速分别可以表示为:

$$p_s = -\mathrm{i}\omega\rho_0\phi_0 \sum_{n=-\infty}^{+\infty} s_n \mathrm{i}^n H_n^{(1)}(kr)\mathrm{e}^{in\theta} \tag{3-34}$$

$$v_{s,r} = \phi_0 \sum_{n=-\infty}^{+\infty} s_n \mathrm{i}^n k H_n^{(1)\prime}(kr)\mathrm{e}^{in\theta} \tag{3-35}$$

这里我们分为刚性柱、流体柱和弹性柱三种情况进行讨论。

(1) 刚性柱

刚性柱是最简单的一种情形,所谓刚性,即粒子的声阻抗无穷大,从而使得声波在粒子表面完全被散射而不能透射到粒子内部。刚性粒子是一种理想模型,实际中并不存在,但只要粒子的声阻抗远大于周围流体即可近似将其看作刚性粒子。刚性粒子表面的法向质点振速必须为零:

$$(v_{i,r} + v_{s,r})\Big|_{r=a} = 0 \tag{3-36}$$

将式(3-32)和式(3-35)代入式(3-36)可得:

$$s_n = -\frac{J_n'(ka)}{H_n^{(1)\prime}(ka)} \tag{3-37}$$

式(3-37)正是刚性柱的散射系数表达式。

(2) 流体柱

与刚性柱不同,流体柱内部可以存在声波,因此必须考虑透射声场的影响。需要指出,这里的流体包括液体和气体。设内部流体的密度和声速分别为 $\rho_1$ 和 $c_1$,透射声场亦可以进行级数展开:

$$\phi_t = \phi_0 \sum_{n=-\infty}^{+\infty} b_n \mathrm{i}^n J_n(k_1 r)\mathrm{e}^{in\theta} \tag{3-38}$$

其中,$k_1$ 是粒子内部声波的波数;$b_n$ 是透射系数,同样取决于粒子表面的边界条件。相应地,透射声场的声压和法向质点振速分别可以表示为:

$$p_t = -\mathrm{i}\omega\rho_1\phi_0 \sum_{n=-\infty}^{+\infty} b_n \mathrm{i}^n J_n(k_1 r)\mathrm{e}^{in\theta} \tag{3-39}$$

$$v_{t,r} = \phi_0 \sum_{n=-\infty}^{+\infty} b_n \mathrm{i}^n k_1 J_n'(k_1 r)\mathrm{e}^{in\theta} \tag{3-40}$$

此时,声压和法向质点振速均必须满足在粒子表面连续的边界条件,即:

$$\begin{cases} (p_i + p_s)\big|_{r=a} = p_t\big|_{r=a} \\ (v_{i,r} + v_{s,r})\big|_{r=a} = v_{t,r}\big|_{r=a} \end{cases} \tag{3-41}$$

将式(3-31)、式(3-32)、式(3-34)、式(3-35)、式(3-39)式(3-40)代入式(3-41)，解得：

$$s_n = -\frac{(\rho_0 c_0/\rho_1 c_1)J_n'(k_1 a)J_n(ka) - J_n'(ka)J_n(k_1 a)}{(\rho_0 c_0/\rho_1 c_1)J_n^{(1)\prime}(k_1 a)H_n^{(1)}(ka) - H_n^{(1)\prime}(ka)J_n(k_1 a)} \tag{3-42}$$

式(3-42)正是流体柱的散射系数表达式。不难验证，当粒子声阻抗远大于流体时，式(3-42)将退化为式(3-37)。

（3）弹性柱

弹性柱是更复杂的一种情况。与流体柱相比，弹性柱内不仅存在纵波，还存在横波。设粒子内部介质的密度为 $\rho_1$，纵波和横波声速分别为 $c_c$ 和 $c_s$。此时，粒子内部满足弹性波方程，即固体中的声波方程：

$$(\lambda + 2\mu)\nabla(\nabla \cdot \boldsymbol{u}) - \mu\,\nabla \times \nabla \times \boldsymbol{u} = \rho\omega^2\boldsymbol{u} \tag{3-43}$$

其中，$\boldsymbol{u}$ 表示质点位移；$\lambda$ 和 $\mu$ 是粒子材料的 Lame 常数，其与杨氏模量 $E$ 和泊松比 $\sigma$ 之间满足关系：

$$\lambda = \frac{E\sigma}{(1+\sigma)(1-2\sigma)}, \quad \mu = \frac{E}{2(1+\sigma)} \tag{3-44}$$

纵波声速和横波声速可以用 Lame 常数表示：

$$c_c = \sqrt{\frac{\lambda + 2\mu}{\rho_1}}, \quad c_s = \sqrt{\frac{\mu}{\rho_1}} \tag{3-45}$$

对于固体弹性介质而言，通常用应力 $\boldsymbol{\sigma}$ 和应变 $\boldsymbol{\varepsilon}$ 而非声压来描述波场。在柱坐标系中，应变和质点位移之间满足关系：

$$\varepsilon_{rr} = \frac{\partial u_r}{\partial r}, \quad \varepsilon_{\theta\theta} = \frac{u_r}{r} + \frac{1}{r}\frac{\partial u_\theta}{\partial \theta}, \quad \varepsilon_{zz} = \frac{\partial u_z}{\partial z},$$

$$\varepsilon_{\theta z} = \frac{1}{2}\left(\frac{\partial u_\theta}{\partial z} + \frac{1}{r}\frac{\partial u_z}{\partial \theta}\right), \quad \varepsilon_{rz} = \frac{1}{2}\left(\frac{\partial u_r}{\partial z} + \frac{\partial u_z}{\partial r}\right), \quad \varepsilon_{r\theta} = \frac{1}{2}\left(\frac{1}{r}\frac{\partial u_r}{\partial \theta} + \frac{\partial u_\theta}{\partial r} - \frac{u_\theta}{r}\right) \tag{3-46}$$

应力与应变之间则存在本构关系：

$$\sigma_{r\theta} = 2\mu\varepsilon_{r\theta}, \quad \sigma_{\theta z} = 2\mu\varepsilon_{\theta z}, \quad \sigma_{rz} = 2\mu\varepsilon_{rz},$$

$$\sigma_{rr} = \lambda\,\nabla \cdot \boldsymbol{u} + 2\mu\varepsilon_{rr}, \quad \sigma_{\theta\theta} = \lambda\,\nabla \cdot \boldsymbol{u} + 2\mu\varepsilon_{\theta\theta}, \quad \sigma_{zz} = \lambda\,\nabla \cdot \boldsymbol{u} + 2\mu\varepsilon_{zz} \tag{3-47}$$

根据矢量分析的基本理论,可以将质点位移场表示为一个标量场 $\Phi$ 的梯度和一个矢量场 $\boldsymbol{\Pi}$ 的旋度之和,即:

$$u = \nabla\Phi + \nabla \times \boldsymbol{\Pi} \tag{3-48}$$

利用式(3-48),可得质点位移在柱坐标系中的三个分量分别为:

$$u_r = \frac{\partial \Phi}{\partial r} + \frac{1}{r}\frac{\partial \Pi_z}{\partial \theta} \tag{3-49}$$

$$u_\theta = \frac{1}{r}\frac{\partial \Phi}{\partial \theta} - \frac{\partial \Pi_z}{\partial r} \tag{3-50}$$

$$u_z = 0 \tag{3-51}$$

将式(3-48)代入式(3-43)可得:

$$\nabla^2 \Phi + k_c^2 \Phi = 0 \tag{3-52}$$

$$\nabla^2 \boldsymbol{\Pi} + k_s^2 \boldsymbol{\Pi} = 0 \tag{3-53}$$

其中,$k_c$ 和 $k_s$ 分别是该弹性介质中纵波和横波的波数。由此可见,标量势函数和矢量势函数均满足 Helmholtz 波动方程,这同流体中的声波有相似之处。透射声场的标量势函数和矢量势函数分别可以展开为:

$$\Phi = \phi_0 \sum_{n=-\infty}^{+\infty} b_n \mathrm{i}^n J_n(k_c r) \mathrm{e}^{\mathrm{i}n\theta} \tag{3-54}$$

$$\Pi_z = \phi_0 \sum_{n=-\infty}^{+\infty} c_n \mathrm{i}^n J_n(k_s r) \mathrm{e}^{\mathrm{i}n\theta} \tag{3-55}$$

其中,$b_n$ 和 $c_n$ 分别是纵波和横波的透射系数。

弹性柱表面的边界条件可以描述为:法向位移连续、法向应力连续和切向应力为零,即:

$$\begin{cases} (u_{i,r} + u_{s,r})\Big|_{r=a} = u_r\Big|_{r=a} \\ (p_i + p_s)\Big|_{r=a} = -\sigma_{rr}\Big|_{r=a} \\ \sigma_{r\theta}\Big|_{r=a} = 0 \end{cases} \tag{3-56}$$

其中,$u_{i,r}$ 和 $u_{s,r}$ 分别是入射声场和散射声场的法向质点位移,其具体表达式可以通过法向质点振速的公式(3-32)和式(3-35)得到:

$$u_{i,r} = \frac{1}{-\mathrm{i}\omega}\phi_0 \sum_{n=-\infty}^{+\infty} \mathrm{i}^n k J_n'(kr) \mathrm{e}^{\mathrm{i}n\theta} \tag{3-57}$$

$$u_{s,r} = \frac{1}{-\mathrm{i}\omega}\phi_0 \sum_{n=-\infty}^{+\infty} s_n \mathrm{i}^n k H_n^{(1)\prime}(kr) \mathrm{e}^{\mathrm{i}n\theta} \tag{3-58}$$

综合式(3-57)、式(3-58)、式(3-49)、式(3-31)、式(3-34)、式(3-47)和式(3-56),解得:

$$s_n = -\frac{a\rho_0 c_0^2 k J_n(ka) - J_n'(ka) Z_n}{H_n^{(1)'}(ka) Z_n - a\rho_0 c_0^2 k H_n^{(1)}(ka)} \qquad (3-59)$$

其中,

$$Z_n = -\frac{\mu F_1(k_c a) F_1(k_s a) - 2\mu F_3(k_c a) F_2(k_s a)}{k_c a J_n'(k_c a) F_2(k_s a) - n J_n(k_s a) F_1(k_c a)}$$

$$F_1(x) = 2n[x J_n'(x) - J_n(x)]$$

$$F_2(x) = x^2 J_n''(x) - x J_n'(x) + n^2 J_n(x)$$

$$F_3(x) = x^2 \left[ J_n''(x) - \frac{\lambda}{2\mu} J_n(x) \right] \qquad (3-60)$$

式(3-59)正是弹性柱的声散射系数表达式。

在散射系数求解的基础上可以着手进行声辐射力的计算。理论上,可以仿照式(3-25)至式(3-27)推导柱坐标系下的声辐射力函数表达式,但其过程较为烦琐,因此这里不采取这一方法,而是直接利用积分式(2-48)进行计算。式(2-48)可以改写为:

$$\boldsymbol{F}_{\text{rad}} = -\left\langle \iint_{S_0} \rho_0(v_n \boldsymbol{n} + v_t \boldsymbol{t}) v_n \mathrm{d}S \right\rangle + \left\langle \iint_{S_0} \frac{1}{2}\rho_0 v^2 \boldsymbol{n} \mathrm{d}S \right\rangle -$$
$$\left\langle \iint_{S_0} \frac{1}{2} \frac{\rho_0}{c_0^2} \left( \frac{\partial \phi}{\partial t} \right)^2 \boldsymbol{n} \mathrm{d}S \right\rangle \qquad (3-61)$$

其中,$\boldsymbol{t}$ 是柱面上的切向单位矢量,$v_n$ 和 $v_t$ 分别是表面法向和切向质点振速。对于无限长圆柱形粒子而言,由于声波沿 $x$ 轴正方向入射,因此只存在 $x$ 方向的声辐射力。取单位长度的圆柱表面为积分曲面,将式(3-61)投影到 $x$ 轴上,可得单位长度的圆柱形粒子在 $x$ 方向受到的声辐射力为:

$$F_x = F_r + F_\theta + F_{r\theta} + F_t \qquad (3-62)$$

其中,

$$F_r = -\frac{1}{2}\rho_0 a \left\langle \int_0^{2\pi} \left( \frac{\partial \phi}{\partial r} \right)^2_{r=a} \cos\theta \mathrm{d}\theta \right\rangle \Big|_{r=a}$$

$$F_\theta = \frac{\rho_0}{2a} \left\langle \int_0^{2\pi} \left( \frac{\partial \phi}{\partial \theta} \right)^2_{r=a} \cos\theta \mathrm{d}\theta \right\rangle \Big|_{r=a}$$

$$F_{r\theta} = \rho_0 \left\langle \int_0^{2\pi} \left( \frac{\partial \phi}{\partial r} \right)_{r=a} \left( \frac{\partial \phi}{\partial \theta} \right)_{r=a} \sin\theta \mathrm{d}\theta \right\rangle \Big|_{r=a}$$

$$F_t = -\frac{a\rho_0}{2c_0^2}\left\langle \int_0^{2\pi} \left(\frac{\partial \phi}{\partial t}\right)_{r=a}^2 \cos\theta\, \mathrm{d}\theta \right\rangle \Big|_{r=a} \tag{3-63}$$

将各物理量的分量代入式(3-62)中,可以计算得到平面波对单位长度圆柱形粒子的声辐射力为:

$$F_x = Y_p S_c E \tag{3-64}$$

其中,$E = \rho_0 k^2 \phi_0^2/2$ 是入射声场的能量密度;$S_c = 2a$ 是单位长度圆柱形粒子的散射截面积;$Y_p$ 是对应的声辐射力函数,下标"$p$"表示粒子位于行波场,从而和后面所要讨论的驻波场相区分。声辐射力函数的具体表达式为:

$$Y_p = -\frac{1}{2ka}\sum_{n=-\infty}^{+\infty}\left[2\alpha_n + \alpha_{n+1} + \alpha_{n-1} + 2(\alpha_n\alpha_{n+1} + \alpha_n\alpha_{n-1} + \beta_n\beta_{n+1} + \beta_n\beta_{n-1})\right]$$

$$\tag{3-65}$$

其中,$\alpha_n$ 和 $\beta_n$ 分别是散射系数 $s_n$ 的实部和虚部。利用式(3-65)可以对各类圆柱形粒子的声辐射力函数进行计算仿真。

有必要指出,式(3-65)是无穷级数形式的解,在实际计算中需要进行截断处理。若截断阶数过高,容易导致计算量的增加;若截断阶数过低,则会影响计算的精度。综上,我们在 $|s_n/s_0| \sim 10^{-10}$ 处进行截断,这样既确保一定的运算效率,又具备良好的计算精度。还有必要指出,式(3-65)是基于部分波级数展开法的计算结果,适用于任意频率的声场作用下任意尺寸的圆柱形粒子。

接下来我们以式(3-65)为基础对各类圆柱形粒子进行具体的仿真计算。在计算中分别以油酸柱和聚乙烯柱作为流体柱和弹性柱的具体算例,并假设各类粒子均放置于水中。相关材料的声学参数见表3-1。

表 3-1　相关材料的声学参数

| 材料 | 密度/(kg/m³) | 纵波声速/(m/s) | 横波声速/(m/s) |
|---|---|---|---|
| 水 | 1 000 | 1 480 | |
| 油酸 | 938 | 1 450 | |
| 聚乙烯 | 957 | 2 430 | 950 |

图 3-2 给出了平面行波场对各类圆柱形粒子的声辐射力函数 $Y_p$ 随无量纲频率参量 $ka$ 变化的曲线,其中图(a)、(b)和(c)分别对应着刚性柱、油酸柱和聚乙烯柱的情形,计算范围选为 $0 < ka < 10$。从图中可以看出,三种圆柱形粒子受到的声辐射力均恒为正,即粒子受声波的推力作用。在低频范围($ka < 1$)内,刚性柱的声

辐射力随 $ka$ 的增加而迅速增大,在 $ka=1.5$ 左右,曲线出现小幅波动,此后随着 $ka$ 的增加,声辐射力函数趋于一个定值,即在高频范围内,声辐射力不再随着 $ka$ 的增加而明显增大。油酸柱的声辐射力总体要明显小于刚性柱的声辐射力,前者大约比后者小两个数量级。事实上,油酸的声阻抗与水相差不大,许多声能量透射进入粒子内部而非在表面被反射回去,从而大大削弱了声辐射力的大小。在低频范围内,声辐射力同样随着 $ka$ 的增加而迅速增大,但达到最大值后,声辐射力随之出现周期性振荡,变化周期大约为 1.5。这些周期性振荡是油酸柱周围爬波和散射波相互干涉的作用结果。尽管如此,随着 $ka$ 的继续增大,声辐射力亦逐渐趋于稳定。聚乙烯柱的声辐射力变化规律最为复杂。与刚性柱和油酸柱相比,聚乙烯柱的声辐射力函数曲线出现了一系列迅速变化的极大值和极小值,在特定的峰值处,声辐射力函数值甚至可以达到 3.6,这一数值已经远大于刚性柱。事实上,这些极值反映了弹性柱本身的共振散射模式。接下来对此作进一步的分析。

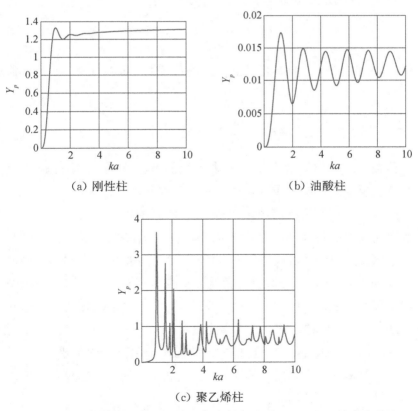

（a）刚性柱　　　　　　　（b）油酸柱

（c）聚乙烯柱

图 3-2　平面行波场对圆柱形粒子的声辐射力函数 $Y_p$ 随 $ka$ 的变化曲线

考虑粒子位于远场,此时可以利用柱 Hankel 函数的大宗量近似:

$$H_n^{(1)}(kr) = i^{-n} \sqrt{\frac{2}{i\pi kr}} e^{ikr} \qquad (3-66)$$

利用式(3-66)可以得到散射声场式(3-33)的远场近似表达式:

$$\phi_s = \phi_0 \sqrt{\frac{a}{2r}} f(ka, \theta) \qquad (3-67)$$

其中,$f(ka, \theta)$ 是散射声场的远场形成函数,其具体表达式为:

$$f(ka, \theta) = \frac{2}{\sqrt{i\pi ka}} \sum_{n=-\infty}^{+\infty} s_n e^{in\theta} \qquad (3-68)$$

式(3-68)是角度的函数,反映了在 $xOy$ 平面上总散射声场的分布。对于刚性柱而言,散射系数由式(3-37)给出,为作区分,定义其为 $s_n^{\mathrm{rig}}$。刚性柱散射声场的远场形成函数可以表示为:

$$f^{\mathrm{rig}}(ka, \theta) = \frac{2}{\sqrt{i\pi ka}} \sum_{n=-\infty}^{+\infty} s_n^{\mathrm{rig}} e^{in\theta} \qquad (3-69)$$

用式(3-68)减去式(3-69)即可得到所谓的远场共振形成函数,简称共振形成函数,即:

$$f^{\mathrm{res}}(ka, \theta) = \frac{2}{\sqrt{i\pi ka}} \sum_{n=-\infty}^{+\infty} (s_n - s_n^{\mathrm{rig}}) e^{in\theta} \qquad (3-70)$$

这一函数是从总的散射声场中减去适当的背景声场(即刚性粒子的散射声场),在物理上反映了弹性介质共振散射对散射声场的贡献大小。有必要指出,共振形成函数是一个复变函数,实际中往往需要对其取模值进行研究。此外,共振形成函数也是角度的函数,反映了共振散射声场的分布。在声辐射力的研究中,我们对所谓背向共振形成函数的模值($|f^{\mathrm{res}}(ka, \pi)|$)尤为关注,这里的背向指与声波传播方向相反的方向,该方向的散射能量越大意味着声辐射力越强。利用刚性柱和弹性柱的散射系数表达式(3-37)和式(3-59),我们对聚乙烯柱的背向共振形成函数进行了计算,其模值随 $ka$ 的变化曲线如图 3-3 所示。对比图 3-2(c)和图 3-3 可以发现,共振形成函数模值的极值与声辐射力函数的极值一一对应,这正是粒子的共振散射对声辐射力的影响。这些极值所对应的频率仅仅取决于弹性材料本身的性质和粒子的形状,与外界声场无关。

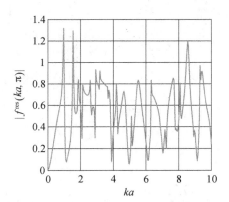

**图 3 - 3　平面行波场作用下聚乙烯柱的背向共振形成函数模值 $|f^{\text{res}}(ka,\pi)|$ 随 $ka$ 的变化曲线**

以上计算结果都基于平面行波正入射的前提。在实际应用中,声波往往倾斜入射到圆柱形粒子上,这必然会对声辐射力特性产生影响。这里以刚性柱为例进行简单的分析。图 3 - 4 给出了平面行波斜入射到水中圆柱形粒子上的情形,此时波矢量与 $x$ 轴正方向夹的角为 $\gamma$,其余条件均与图 3 - 1 完全相同。

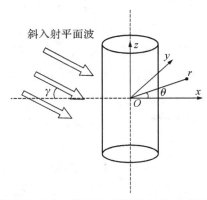

**图 3 - 4　平面行波斜入射到水中的圆柱形粒子上,波矢量与 $+x$ 方向的夹角为 $\gamma$**

此时粒子外部入射声场、散射声场和粒子内部透射声场的速度势函数分别可以表示为:

$$\phi_i = \phi_0 \mathrm{e}^{-\mathrm{i}hz} \sum_{n=-\infty}^{+\infty} \mathrm{i}^n J_n(dr)\mathrm{e}^{\mathrm{i}n\theta} \tag{3-71}$$

$$\phi_s = \phi_0 \mathrm{e}^{-\mathrm{i}hz} \sum_{n=-\infty}^{+\infty} \mathrm{i}^n s_n H_n^{(1)}(dr)\mathrm{e}^{\mathrm{i}n\theta} \tag{3-72}$$

其中, $d = k\cos\gamma, h = k\sin\gamma$。根据粒子表面声压和法向质点振速连续的边界条件,可以解得此时的散射系数为：

$$s_n = -\frac{J_n'(da)}{H_n^{(1)\prime}(da)} \tag{3-73}$$

类似地，利用式（3-6）可以得到此时 $x$ 方向的声辐射力函数表达式：

$$Y_p = -\frac{2}{ka} \sum_{n=0}^{+\infty} \left[ (\alpha_n + \alpha_{n+1} + \alpha_n\alpha_{n+1} + \beta_n\beta_{n+1})\cos^2\gamma + \alpha_n\alpha_{n+1} + \beta_n\beta_{n+1} - \frac{\pi a}{2k}h^2 z\cos\gamma \right] \tag{3-74}$$

其中，

$$\begin{aligned}
z = &-\beta_n J_n(da)J_{n+1}(da) - \beta_n\alpha_{n+1}J_n(da)J_{n+1}(da) - \\
&\alpha_n N_n(dr)J_{n+1}(dr) + \alpha_n\beta_{n+1}N_n(dr)N_{n+1}(dr) + \\
&\beta_{n+1}J_n(dr)J_{n+1}(dr) + \alpha_n\beta_{n+1}J_n(dr)J_{n+1}(dr) + \\
&\alpha_{n+1}N_{n+1}(dr)J_n(dr) + \beta_n\alpha_{n+1}N_n(dr)N_{n+1}(dr)
\end{aligned} \tag{3-75}$$

这里 $N_n$ 是 $n$ 阶柱 Neumann 函数，$\alpha_n$ 和 $\beta_n$ 分别是散射系数 $s_n$ 的实部和虚部。显然，当 $\gamma=0$ 时，式（3-74）将退化为正入射下的结果，即式（3-65），这是符合预期的。

图3-5计算了倾斜角分别为 0、$\pi/8$、$\pi/4$ 和 $3\pi/8$ 的情况下刚性柱的声辐射力函数随 $ka$ 的变化曲线。从计算结果可以看出，总体而言，倾斜角越大，声辐射力越小，即斜入射会使声辐射力受到一定的削弱。值得注意的是，当入射角达到 $3\pi/8$ 时，声辐射力函数在 $3.2 < ka < 4$ 的范围内出现了负值，这意味着粒子受到了声源的吸引力而非排斥力。尽管这个负向力很小，但在实际的操控中对于实现粒子的捕获有着重要意义。对于平面波倾斜入射到流体柱和弹性柱上的情形，讨论是类似的，这里不再赘述。

以上讨论针对的是平面行波场，接下来考虑粒子位于平面驻波场中，如图3-6所示，仍以圆柱形粒子轴线上某点为原点 O 建立坐标系，其余条件均不变。平面驻波场可以看成两列幅值相等、传播方向相反的平面行波场叠加而成，其级数展开形式为：

$$\phi_i = \phi_0 \left[ e^{ik(x+h)} + e^{-ik(x+h)} \right] = \phi_0 \sum_{n=-\infty}^{+\infty} i^n \left[ e^{ikh} + (-1)^n e^{-ikh} \right] J_n(kr) e^{in\theta} \tag{3-76}$$

其中，$h$ 是粒子中心到距离其最近的声压波腹处的距离。注意，波场的改变并不影响散射系数，刚性柱、流体柱和弹性柱的散射系数仍然分别由式（3-37）、式（3-42）和式（3-59）表示。经过类似的运算可以得到此时 $x$ 方向的声辐射力表达

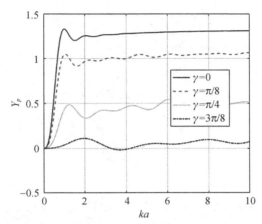

图 3-5　斜入射的平面行波场对刚性柱的声辐射力函数 $Y_p$ 随 $ka$ 的变化曲线

式为：

$$F_x = Y_{st} S_c E \sin(2kh) \tag{3-77}$$

其中，$E = \rho_0 k^2 \phi_0^2 / 2$ 是入射声场的能量密度；$S_c = 2a$ 是单位长度圆柱形粒子的散射截面积；$Y_{st}$ 是相应的声辐射力函数，其表达式为：

$$Y_{st} = \frac{2}{ka} \sum_{n=-\infty}^{+\infty} (-1)^n [(1+\alpha_n)(\beta_{n+1}+\beta_{n-1}) - \beta_n(\alpha_{n+1}+\alpha_{n-1})] \tag{3-78}$$

其中，$\alpha_n$ 和 $\beta_n$ 分别是散射系数 $s_n$ 的实部和虚部，下标"$st$"表示粒子位于驻波场。与行波场的计算结果有所不同，驻波场的声辐射力增加了一项正弦调制项，即最终的声辐射力与粒子的空间位置有关。事实上，这一项原本应当包含在声辐射力函数内，但为了更清楚地显示其物理含义，我们将其单独列示，而不作为声辐射力函数的一部分。在本书后续章节凡遇到驻波场中声辐射力的计算，我们均作类似处理。当粒子位于声压波节或波腹处时，声辐射力均恒为零。当正弦调制项前面的系数为正时，声压波节处是稳定平衡点；当系数为负时，声压波腹处是稳定平衡点。

图 3-7 显示了驻波场中圆柱形粒子的声辐射力函数随 $ka$ 的变化曲线，图（a）、（b）、（c）分别对应着刚性柱、油酸柱和聚乙烯柱的情形。仿真结果显示，三种粒子的声辐射力函数均出现了正负交替的现象，且低频时的声辐射力函数明显大于行波场。再次强调，对于驻波场而言，其声辐射力不仅取决于声辐射力函数，还和粒子所在的空间位置有关，声辐射力函数值较大并不一定意味着声辐射力较大。还有必要强调，这里的正负号和行波场的物理意义不同，其并不代表声辐射力最终

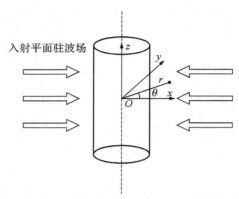

图 3 - 6　平面驻波正入射到水中的圆柱形粒子上,波矢量与 $x$ 轴平行

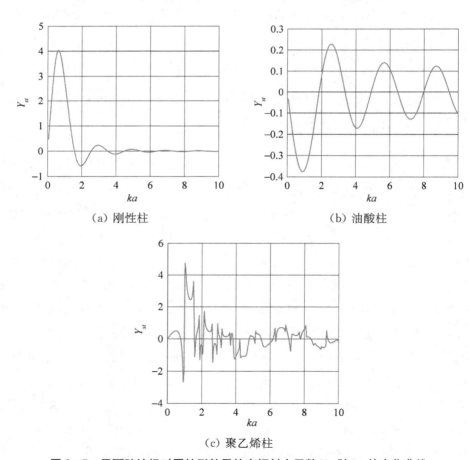

（a）刚性柱　　　　　　　　　　　　　（b）油酸柱

（c）聚乙烯柱

图 3 - 7　平面驻波场对圆柱形粒子的声辐射力函数 $Y_{st}$ 随 $ka$ 的变化曲线

的方向,而是决定了粒子最终稳定平衡在声压波节处还是声压波腹处。随着 $ka$ 的增加,粒子声辐射力振荡的幅值均出现明显的衰减,最终趋于零值。事实上,低频近似下,粒子的尺寸远小于波长,此时的声辐射力主要来源于驻波场的能量梯度,即 C 类声辐射力。当频率不断升高时,粒子的尺寸逐渐大于波长,此时声散射导致的声辐射力占据主导地位,即 A 类声辐射力。由于驻波场不携带特定方向的声能流,因此中高频时的声辐射力明显减小。对于聚乙烯柱而言,其声辐射力函数曲线仍然存在一系列尖锐的峰谷,这反映了其本身的共振散射模式。以上讨论均针对正入射的情形,斜入射的结果与前述行波场是类似的,这里不再赘述。

与柱形粒子相比,球形粒子在实际中可能更为常见。从物理模型上看,球形粒子是将二维柱形粒子扩充到三维的情况。考虑一列角频率为 $\omega$ 的平面行波入射到水中的球形粒子上,以球形粒子的中心为原点 $O$ 建立球坐标系 $(r,\theta,z)$ 和空间直角坐标系 $(x,y,z)$,两坐标系之间满足换算关系:$x=r\sin\theta\cos\varphi,y=r\sin\theta\sin\varphi,z=r\cos\theta$,波矢量沿 $z$ 轴正方向。其物理模型如图 3-8 所示。

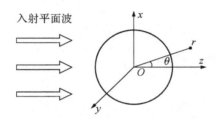

入射平面波

**图 3-8　平面行波入射到水中的球形粒子上,波矢量沿 +z 方向**

根据数理方程的有关理论,将入射平面波在球坐标系中进行级数展开:

$$\phi_i=\phi_0 e^{ikz}=\phi_0 \sum_{n=0}^{+\infty}(2n+1)i^n j_n(kr)P_n(\cos\theta) \tag{3-79}$$

其中,$\phi_0$ 是入射平面波的速度势振幅,$P_n$ 是 $n$ 阶 Legendre 函数,$k$ 为声波在水中的波数。相应地,入射声场的声压和法向质点振速分别可以表示为:

$$p_i=-i\omega\rho_0\phi_0 \sum_{n=0}^{+\infty}(2n+1)i^n j_n(kr)P_n(\cos\theta) \tag{3-80}$$

$$v_{i,r}=\phi_0 \sum_{n=0}^{+\infty}(2n+1)i^n k j_n'(kr)P_n(\cos\theta) \tag{3-81}$$

注意,对于球形粒子表面而言,法向和径向意义相同。类似地,散射声场的速度势函数可以展开为:

$$\phi_s = \phi_0 \sum_{n=0}^{+\infty} (2n+1) s_n \mathrm{i}^n h_n^{(1)}(kr) P_n(\cos\theta) \tag{3-82}$$

其中, $s_n$ 是声散射系数,取决于粒子表面的边界条件。相应地,散射声场的声压和法向质点振速分别可以表示为:

$$p_s = -\mathrm{i}\omega\rho_0 \phi_0 \sum_{n=0}^{+\infty} (2n+1) s_n \mathrm{i}^n h_n^{(1)}(kr) P_n(\cos\theta) \tag{3-83}$$

$$v_{s,r} = \phi_0 \sum_{n=0}^{+\infty} (2n+1) s_n \mathrm{i}^n k h_n^{(1)\prime}(kr) P_n(\cos\theta) \tag{3-84}$$

与圆柱形粒子的情况类似,这里分为刚性球、流体球和弹性球三种情况进行讨论。

(1) 刚性球

刚性球也是球形粒子中最简单的一种情形。刚性粒子表面的法向质点振速必须为零:

$$(v_{i,r} + v_{s,r})\Big|_{r=a} = 0 \tag{3-85}$$

将式(3-81)和式(3-84)代入式(3-85)可得:

$$s_n = -\frac{j_n'(ka)}{h_n^{(1)\prime}(ka)} \tag{3-86}$$

式(3-86)正是刚性球的散射系数表达式。

(2) 流体球

流体球内部可以存在声波,必须考虑透射声场的影响。设内部流体的密度和声速分别为 $\rho_1$ 和 $c_1$,透射声场亦可以进行级数展开:

$$\phi_t = \phi_0 \sum_{n=0}^{+\infty} (2n+1) b_n \mathrm{i}^n j_n(k_1 r) P_n(\cos\theta) \tag{3-87}$$

其中, $k_1$ 是粒子内部声波的波数; $b_n$ 是透射系数,同样取决于粒子表面的边界条件。相应地,透射声场的声压和法向质点振速分别可以表示为:

$$p_t = -\mathrm{i}\omega\rho_0 \phi_0 \sum_{n=0}^{+\infty} (2n+1) b_n \mathrm{i}^n j_n(k_1 r) P_n(\cos\theta) \tag{3-88}$$

$$v_{t,r} = \phi_0 \sum_{n=0}^{+\infty} (2n+1) b_n \mathrm{i}^n k_1 j_n'(k_1 r) P_n(\cos\theta) \tag{3-89}$$

此时,声压和法向质点振速均必须满足在粒子表面连续的边界条件,即:

$$\begin{cases} (p_i + p_s)\Big|_{r=a} = p_t\Big|_{r=a} \\ (v_{i,r} + v_{s,r})\Big|_{r=a} = v_{t,r}\Big|_{r=a} \end{cases} \tag{3-90}$$

将式(3-80)、式(3-81)、式(3-83)、式(3-84)、式(3-88)和式(3-89)代入式(3-90),解得:

$$s_n = -\frac{(\rho_0 c_0/\rho_1 c_1)j'_n(k_1 a)j_n(ka) - j'_n(ka)j_n(k_1 a)}{(\rho_0 c_0/\rho_1 c_1)j^{(1)}_n{}'(k_1 a)h^{(1)}_n(ka) - h^{(1)}_n{}'(ka)j_n(k_1 a)} \quad (3-91)$$

式(3-91)正是流体柱的散射系数表达式。不难验证,当粒子的声阻抗远大于周围流体时,式(3-91)将退化为式(3-86)。

(3) 弹性球

对于弹性球而言,需要同时考虑其内部存在的纵波与横波。设粒子内部介质的密度为 $\rho_1$,纵波和横波的声速分别为 $c_c$ 和 $c_s$。此时,粒子内部弹性波方程仍然由式(3-43)描述。粒子内部的标量势和矢量势仍然分别满足式(3-52)和式(3-53),质点位移的表达式为:

$$u_r = \frac{\partial}{\partial r}\left[\Phi + \frac{\partial}{\partial r}(r\Pi_\varphi)\right] + rk_s^2\Pi_\varphi \quad (3-92)$$

$$u_\theta = \frac{1}{r}\frac{\partial}{\partial \theta}\left[\Phi + \frac{\partial}{\partial r}(r\Pi_\varphi)\right] \quad (3-93)$$

$$u_\varphi = 0 \quad (3-94)$$

透射声场的标量势和矢量势函数分别可以展开为:

$$\Phi = \phi_0 \sum_{n=0}^{+\infty}(2n+1)b_n \mathrm{i}^n j_n(k_c r)P_n(\cos\theta) \quad (3-95)$$

$$\Pi_\varphi = \phi_0 \sum_{n=0}^{+\infty}(2n+1)c_n \mathrm{i}^n j_n(k_s r)P_n(\cos\theta) \quad (3-96)$$

其中,$b_n$ 和 $c_n$ 分别是纵波和横波的透射系数。在球坐标系下,应力的表达式为:

$$\sigma_{rr} = -\lambda k_c^2\Phi + 2\mu\left[\frac{\partial^2}{\partial r^2}\left(\Phi + \frac{\partial}{\partial r}(r\Pi_\varphi)\right) + k_s^2\left(\frac{\partial}{\partial r}(r\Pi_\varphi)\right)\right] \quad (3-97)$$

$$\sigma_{r\theta} = \mu\left[\frac{2\partial}{\partial r}\left(\frac{1}{r}\frac{\partial}{\partial \theta}\left(\Phi + \frac{\partial}{\partial r}(r\Pi_\varphi)\right)\right) + k_s^2\frac{\partial\Pi_\varphi}{\partial\theta}\right] \quad (3-98)$$

$$\sigma_{\theta\theta} = -\lambda k_c^2\Phi + 2\mu\left[\left(\frac{1}{r}\frac{\partial}{\partial r} + \frac{1}{r^2}\frac{\partial^2}{\partial\theta^2}\right)\left(\Phi + \frac{\partial}{\partial r}(r\Pi_\varphi)\right) + k_s^2\Pi_\varphi\right] \quad (3-99)$$

$$\sigma_{\varphi\varphi} = -\lambda k_d^2 + 2\mu\left[\left(\frac{1}{r}\frac{\partial}{\partial r} + \frac{\cot\theta}{r^2}\frac{\partial}{\partial\theta}\right)\left(\Phi + \frac{\partial}{\partial r}(r\Pi_\varphi)\right) + k_s^2\Pi_\varphi\right] \quad (3-100)$$

弹性球表面的边界条件仍可以描述为法向位移连续、法向应力连续和切向应力为零,即:

$$\begin{cases} (u_{i,r}+u_{s,r})\Big|_{r=a}=u_r\Big|_{r=a} \\[2mm] (p_i+p_s)\Big|_{r=a}=-\sigma_{rr}\Big|_{r=a} \\[2mm] \sigma_{r\theta}\Big|_{r=a}=0 \end{cases} \tag{3-101}$$

式(3-101)虽然与式(3-56)形式上完全相同,但其实是球坐标系下的表示。式(3-101)中的 $u_{i,r}$ 和 $u_{s,r}$ 分别是入射声场和散射声场的法向质点位移,其具体表达式可以通过法向质点振速的表达式(3-81)和式(3-84)得到:

$$u_{i,r}=\frac{1}{-i\omega}\phi_0\sum_{n=0}^{+\infty}(2n+1)i^n kj_n'(kr)P_n(\cos\theta) \tag{3-102}$$

$$u_{s,r}=\frac{1}{-i\omega}\phi_0\sum_{n=0}^{+\infty}(2n+1)s_n i^n kh_n^{(1)'}(kr)P_n(\cos\theta) \tag{3-103}$$

综合式(3-102)、式(3-103)、式(3-92)、式(3-80)、式(3-83)、式(3-97)、式(3-98)和式(3-101)可得:

$$s_n=\frac{\begin{vmatrix} A_1^* & d_{12} & d_{13} \\ A_2^* & d_{22} & d_{23} \\ 0 & d_{32} & d_{33} \end{vmatrix}}{\begin{vmatrix} d_{11} & d_{12} & d_{13} \\ d_{21} & d_{22} & d_{23} \\ d_{31} & d_{32} & d_{33} \end{vmatrix}} \tag{3-104}$$

其中,

$$d_{11}=\frac{\rho_0}{\rho_1}x_2^2 h_n^{(1)}(x), d_{12}=[2n(n+1)-x_2^2]j_n(x_1)-4x_1 j_n'(x_1)$$

$$d_{13}=2n(n+1)[x_2 j_n'(x_2)-j_n(x_2)], d_{21}=-xh h_n^{(1)'}(x), d_{22}=x_1 j_n'(x_1)$$

$$d_{23}=n(n+1)j_n(x_2), d_{31}=0, d_{32}=2[j_n'(x_1)-x_1 j_n'(x_1)]$$

$$d_{33}=2x_2 j_n'(x_2)+[x_2^2-2n(n+1)+2]j_n(x_2)$$

$$A_1^*=-\frac{\rho_0}{\rho_1}x_2^2 j_n(x), A_2^*=xj_n'(x)$$

$$\tag{3-105}$$

这里,$x=ka$,$x_1=xc_0/c_c$,$x_2=xc_0/c_s$。式(3-104)正是弹性球的声散射系数。

下面进行声辐射力的计算。考虑模型的对称性,球形粒子仅受到 $z$ 方向的声辐射力,根据式(3-21)可以写出其表达式为:

$$F_z=Y_p S_c E \tag{3-106}$$

其中，$E = \rho_0 k^2 \phi_0^2 / 2$ 是入射声场的能量密度，$S_c = \pi a^2$ 是球形粒子的散射截面积，$Y_p$ 是对应的声辐射力函数。3.2 节中已经推导了三维球坐标系下基于波形系数的声辐射力表达式，这里便无须像圆柱形粒子那样利用原始的积分公式进行计算，而是可以直接利用式（3-25）至式（3-27）。当然，前提是需要给出此时入射声场的波形系数和散射系数，散射系数的表达式已经由式（3-86）、式（3-91）和式（3-104）给出，对照式（3-9）和式（3-79）可以得到入射平面波的波形系数为：

$$a_{nm} = \begin{cases} \mathrm{i}^n \sqrt{4\pi(2n+1)}, & m=0 \\ 0, & m \neq 0 \end{cases} \quad (3-107)$$

将式（3-107）代入式（3-27）可得相应的声辐射力函数表达式为：

$$Y_p = -\frac{4}{(ka)^2} \sum_{n=0}^{+\infty} (n+1)(\alpha_n + \alpha_{n+1} + 2\alpha_n\alpha_{n+1} + \beta_n\beta_{n+1}) \quad (3-108)$$

其中，$\alpha_n$ 和 $\beta_n$ 分别是散射系数 $s_n$ 的实部和虚部。

图 3-9 计算了各类球形粒子在平面行波作用下的声辐射力函数随 $ka$ 的变化曲线，其中仿真范围仍然选择 $0 < ka < 10$，图（a）、（b）、（c）分别对应着刚性球、油酸球和聚乙烯球的情形。结果显示，三种粒子均受到声波的正向推力作用。对于刚性球而言，低频范围内声辐射力随着 $ka$ 的增加而迅速增大，在 $ka = 1.5$ 左右曲线亦出现小幅波动。随着 $ka$ 的继续增加，声辐射力仍然继续增大，但增大的速率明显减小。与刚性柱的结果有所不同，刚性球的声辐射力最终不会趋于一个稳定的值。油酸球的声辐射力远小于刚性球，这也是源于油酸和水界面处较好的阻抗匹配。类似地，油酸球的声辐射力曲线也出现了逐渐衰减的周期振荡，这源于其表面与散射波的干涉效应。聚乙烯球的声辐射力曲线仍然出现一系列尖锐的峰谷，这亦是聚乙烯球本身共振散射模式的反映。

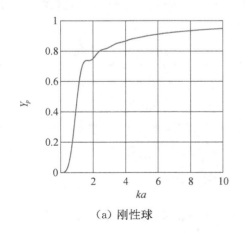

（a）刚性球

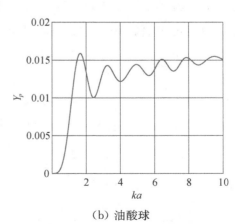

（b）油酸球

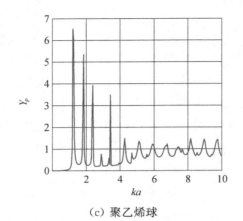

（c）聚乙烯球

**图 3 - 9　平面行波场对球形粒子的声辐射力函数 $Y_p$ 随 $ka$ 的变化曲线**

将入射平面行波场换为平面驻波场，如图 3 - 10 所示，仍以球形粒子中心为原点 $O$ 建立坐标系，其余条件均不变。平面驻波场在球坐标中的级数展开形式为：

$$\phi_i = \phi_0 \left[ e^{ik(z+h)} + e^{-ik(z+h)} \right]$$

$$= \phi_0 \sum_{n=0}^{+\infty} (2n+1) i^n \left[ e^{ikh} + (-1)^n e^{-ikh} \right] j_n(kr) P_n(\cos\theta)$$

（3 - 109）

其中，$h$ 是粒子中心到距离其最近的声压波腹处的距离。波场的改变同样并不影响散射系数，刚性球、流体球和弹性球的散射系数仍然分别由式（3 - 86）、式（3 - 91）和式（3 - 104）表示。经过类似的运算可以得到此时 $z$ 方向的声辐射力为：

$$F_z = Y_{st} S_c E \sin(2kh) \tag{3 - 110}$$

其中，$E = \rho_0 k^2 \phi_0^2 / 2$ 是入射声场的能量密度；$S_c = \pi a^2$ 是球形粒子的散射截面积；$Y_{st}$ 是此时的声辐射力函数，其表达式为：

$$Y_{st} = \frac{8}{(ka)^2} \sum_{n=0}^{+\infty} (n+1)(-1)^n \left[ \beta_{n+1}(1+2\alpha_n) - \beta_n(1+2\alpha_{n+1}) \right] \tag{3 - 111}$$

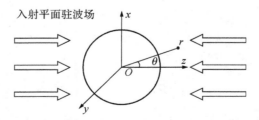

**图 3 - 10　平面驻波入射到水中的球形粒子上，波矢量与 $z$ 轴平行**

其中，$\alpha_n$ 和 $\beta_n$ 分别是散射系数 $s_n$ 的实部和虚部。可以看出，球形粒子在驻波场中的声辐射力同样与粒子的空间位置有关。声辐射力在声压波节或波腹处取零。当正弦调制项前面的系数为正时，波节处是稳定平衡点；当系数为负时，波腹处是稳定平衡点。空气中的声悬浮实验大多数属于前者。

图 3-11 显示了驻波场中球形粒子的声辐射力函数随 $ka$ 的变化曲线，图(a)、(b)、(c)分别对应着刚性球、油酸球和聚乙烯球的情形。与圆柱形粒子的结果类似，三种粒子的声辐射力函数均正负交替，且振荡的幅值随 $ka$ 的增加而明显减小。同样地，这里声辐射力函数的符号并不表示最终声辐射力的方向。低频近似下的声辐射力主要来源于驻波场的能量梯度，此时的声辐射力函数值远大于行波场的声辐射力函数值。随着频率的升高，声散射导致的声辐射力占据主导地位，且其幅值明显减小，最终趋于零值。聚乙烯球的声辐射力函数曲线存在一系列快速变化的极值，反映了其本身的共振散射频率。

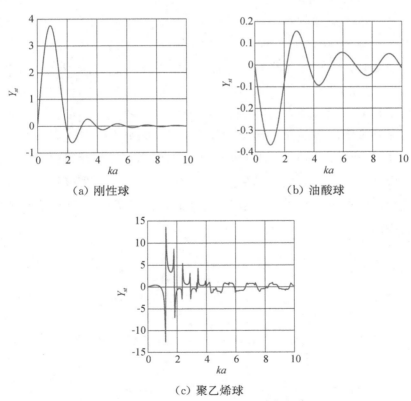

（a）刚性球　　　　（b）油酸球

（c）聚乙烯球

**图 3-11　平面驻波场对球形粒子的声辐射力函数 $Y_{st}$ 随 $ka$ 的变化曲线**

### 3.3.2　Gauss 波作用下的声辐射力

平面波的计算固然简单,但其在实际应用中存在较多问题。首先,产生严格意义上的平面波是比较困难的,其波阵面往往会随着传播距离的增加而发生扩散。其次,平面波的能量分布过于分散,无法产生特定区域内较强的作用力,操控物体的效率较为一般。基于这些考虑,实际应用中通常使用具有聚焦效应的声场来进行微小粒子的操控,从而增强声辐射力的作用。Gauss 波是最常见的聚焦声场,并且具有良好的解析解,在实际中应用很广泛。基于此,我们将对 Gauss 波作用下圆柱形粒子和球形粒子的声辐射力特性进行详细分析。

图 3-12 显示了一束角频率为 $\omega$ 的 Gauss 波正入射到水中半径为 $a$ 的圆柱形粒子上的情形。由于我们假定圆柱形粒子无限长,这里的 Gauss 波在沿粒子轴线方向也具有无限长度,可被认为是一种二维 Gauss 波。同样以圆柱形粒子轴线上某点为原点 $O$ 建立柱坐标系 $(r,\theta,z)$ 和空间直角坐标系 $(x,y,z)$,两坐标系间满足换算关系:$x=r\cos\theta$,$y=r\sin\theta$,$z=z$。波矢量沿 $x$ 轴正方向,且 $z$ 轴与圆柱形粒子的轴线重合。一般情况下,Gauss 波的波束中心可能并不与粒子中心重合,其在直角坐标系中的坐标为 $(x_0,y_0)$,当 $x_0=y_0=0$ 时,波束中心恰好位于粒子中心。束腰半径 $W_0$ 是 Gauss 波的一个重要物理量,其描述 Gauss 波聚焦能力的强弱。束腰半径越小,腰部的波束宽度越窄,声波能量越集中,反之则越分散。当束腰半径区域无穷大时,Gauss 波将退化为平面波场,因此平面波可以看作 Gauss 波的一种极限情况。有必要指出,这里的"正入射"并非指粒子位于波束中心,而是指波束传播方向垂直于粒子自身的轴线。为了表示清晰,图 3-12 所描绘的是整个模型的俯视图。

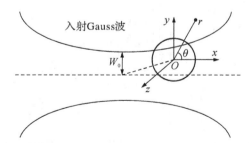

**图 3-12　Gauss 行波正入射到水中的圆柱形粒子上,波矢量沿 $+x$ 方向**

二维 Gauss 波的表达式为[2]:

$$\phi_i = \frac{\phi_0}{I_0(kx_R)} J_0(k\rho^-) e^{-i\omega t} \tag{3-112}$$

其中,$\phi_0$ 是入射 Gauss 波的速度势振幅,$I_0$ 是零阶第一类虚宗量柱 Bessel 函数,$\rho^- = \sqrt{(x-x_0-ix_R)^2 + (y-y_0)^2}$,$k$ 是声波在水中的波数,$x_R = kW_0^2/2$ 是 Gauss 波的 Rayleigh 距离,$W_0$ 是 Gauss 波的束腰半径。式(3-112)可以进行级数展开:

$$\phi_i = \phi_0 \sum_{n=-\infty}^{+\infty} i^n b_n J_n(kr) e^{-in\theta} \tag{3-113}$$

其中,$b_n$ 是 Gauss 波的波束因子(注意和前面的三维波束形成因子加以区分)。根据文献[2]中的结论,当波束中心恰好位于粒子中心时,波束因子的具体表达式为:

$$b_n = \frac{I_n(kx_R)}{I_0(kx_R)} \tag{3-114}$$

其中,$I_n$ 是 $n$ 阶第一类虚宗量柱 Bessel 函数。当束腰半径趋于无穷大时,波束因子等于 1,此时式(3-113)退化为平面波的级数展开式。一般情况下,波束中心并不与粒子中心重合,借助柱 Bessel 函数的加法公式即可得到此时的波束因子,其具体表达式已在相关文献[3]中给出:

$$b_n = \sum_{p=-\infty}^{+\infty} b_p J_{n-p}(kd) e^{-i(n-p)\phi_d} \tag{3-115}$$

其中,$d = \sqrt{x_0^2 + y_0^2}$ 是波束中心和粒子中心间的距离,称为粒子的偏轴距离;$\phi_d = \arctan[(y-y_0)/(x-x_0)]$,它是波束中心和粒子中心的连线与 $x$ 轴的夹角,称为粒子的偏轴角度。附录二中给出了柱 Bessel 函数的加法公式,该公式会在后续的推导分析中经常使用。

入射 Gauss 波的声压和法向质点振速分别可以表示为:

$$p_i = -i\omega\rho_0\phi_0 \sum_{n=-\infty}^{+\infty} i^n b_n J_n(kr) e^{-in\theta} \tag{3-116}$$

$$v_{i,r} = \phi_0 \sum_{n=-\infty}^{+\infty} i^n b_n k J_n'(kr) e^{-in\theta} \tag{3-117}$$

散射声场的速度势函数可以表示为:

$$\phi_s = \phi_0 \sum_{n=-\infty}^{+\infty} i^n b_n s_n H_n^{(1)}(kr) e^{-in\theta} \tag{3-118}$$

其中,$s_n$ 是声散射系数。相应地,散射声场的声压和法向质点振速表达式分别为:

$$p_s = -i\omega\rho_0\phi_0 \sum_{n=-\infty}^{+\infty} i^n b_n s_n H_n^{(1)}(kr) e^{-in\theta} \tag{3-119}$$

$$v_{s,r} = \phi_0 \sum_{n=-\infty}^{+\infty} i^n b_n s_n k H_n^{(1)'}(kr) e^{-in\theta} \tag{3-120}$$

入射声场的改变并不影响粒子的声散射系数,刚性柱、流体柱和弹性柱的散射系数仍然分别由式(3-37)、式(3-42)和式(3-59)表示。

与平面波入射的情形有所不同,当粒子偏离 Gauss 波的声轴时,不仅会受到沿声轴方向的作用力,即所谓轴向声辐射力,还会受到垂直于声轴方向的作用力,即所谓横向声辐射力。这里依然以式(3-61)为基础来计算 Gauss 波的声辐射力,具体的推导过程与平面波的情况完全类似,这里直接给出最终的计算结果。轴向和横向声辐射力的表达式为:

$$F_x = Y_{px} S_c E \tag{3-121}$$

$$F_y = Y_{py} S_c E \tag{3-122}$$

其中,$E = \rho_0 k^2 \phi_0^2 / 2$ 是入射声场的能量密度;$S_c = 2a$ 是单位长度圆柱形粒子的散射截面积;$Y_{px}$ 和 $Y_{py}$ 分别是轴向和横向声辐射力函数,其具体表达式分别为:

$$Y_{px} = -\frac{1}{ka} \mathrm{Re} \left\{ \sum_{n=-\infty}^{+\infty} b_n (1+s_n) [b_{n+1}^* s_{n+1}^* - b_{n-1}^* s_{n-1}^*] \right\} \tag{3-123}$$

$$Y_{py} = -\frac{1}{ka} \mathrm{Im} \left\{ \sum_{n=-\infty}^{+\infty} b_n (1+s_n) [b_{n+1}^* s_{n+1}^* + b_{n-1}^* s_{n-1}^*] \right\} \tag{3-124}$$

其中,符号 Im 表示对复数量取虚部。可以验证,当 $b_n$ 恒为 1 时,式(3-123)将退化为平面波的声辐射力函数公式(3-65),而式(3-124)将取零,这是符合预期的。

首先考虑波束中心与粒子中心重合的情形,此时只存在轴向声辐射力而无横向声辐射力,在具体计算中只需令 $kx_0 = ky_0 = 0$ 即可。图 3-13 给出了此时 Gauss 波作用下轴向声辐射力函数随 $ka$ 的变化曲线,图(a)、(b)、(c)分别对应着刚性柱、油酸柱和聚乙烯柱的情形。在计算中,我们同时考虑了 Gauss 波的无量纲束腰半径满足 $kW_0 = 3、5、7、9$ 的四种情况。从计算结果可以看出,无论何种粒子,在 $ka < 1$ 时的轴向声辐射力均与平面波入射的情形几乎完全相同。换言之,此时束腰半径的变化对声辐射力的影响很微弱。从散射的角度分析,在低频时粒子的半径远小于波长,亦远小于束腰半径,此时的波束宽度远大于散射截面,因而可以将 Gauss 波近似看作平面波。随着 $ka$ 的增加,束腰半径对曲线的影响逐渐显著,具体来讲,$kW_0$ 越大,波束越宽,散射截面越大,声辐射力越大。但无论束腰半径为多大,声辐射力函数曲线的基本变化趋势并不改变,特别是油酸柱和聚乙烯柱结果的峰谷值所在位置依然保持不变。

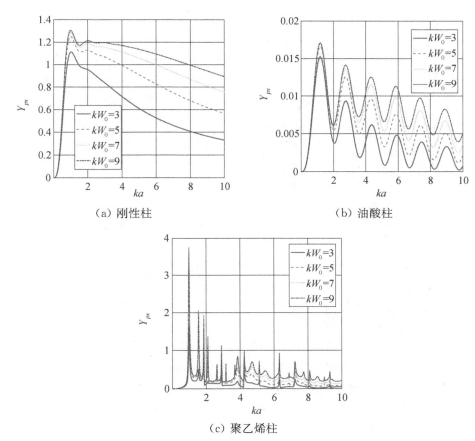

（a）刚性柱　　　　　　　　　　　　　（b）油酸柱

（c）聚乙烯柱

**图 3-13　Gauss 行波场对圆柱形粒子的轴向声辐射力函数 $Y_{px}$ 随 $ka$ 的变化曲线，**
**且粒子中心与波束中心重合**

图 3-14 分别给出了粒子偏离波束中心时的轴向和横向声辐射力函数随 $ka$ 的变化曲线，其中偏轴位移满足 $kx_0 = ky_0 = 3$，其余条件与图 3-13 中完全相同。结果显示，油酸柱的轴向声辐射力函数存在负值区域，即此时油酸柱受到 Gauss 波的引力作用，而刚性柱和聚乙烯柱不存在负向力。由于此时粒子偏离声轴，会受到横向作用力。根据偏轴位移和所建立的物理模型可知，当这一横向力为正时，即粒子受到声源的回复力作用，将被拉向声轴；当这一横向力为负时，粒子受到声源的排斥力作用，将被推离声轴。在实际的声操控中，回复力的存在对于操控系统的稳定性十分重要。仿真结果显示，在计算范围内，油酸柱始终受到横向回复力的作用；而刚性柱在低频受到回复力，在高频受到排斥力；聚乙烯柱回复力存在的区域则比较复杂。

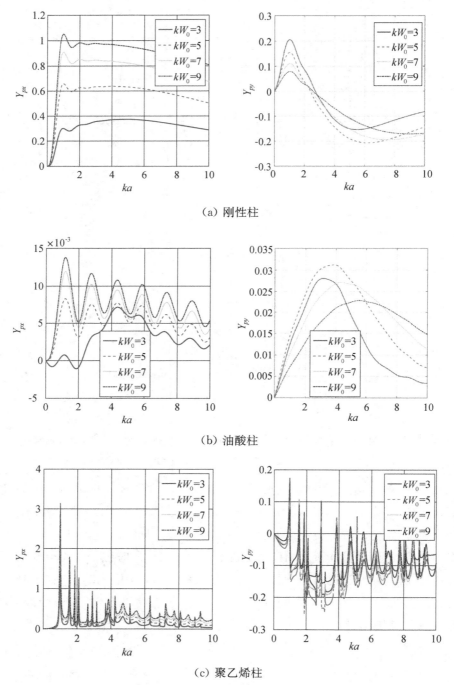

（a）刚性柱

（b）油酸柱

（c）聚乙烯柱

图 3-14　Gauss 行波场对圆柱形粒子的声辐射力函数随 $ka$ 的变化曲线，其中 $kx_0 = ky_0 = 3$

　　接下来分析粒子的空间位置对声辐射力的影响。首先考虑粒子在声轴上前后移动的情形,此时的横向声辐射力由于模型的对称性而消失,因此我们只需考虑轴向声辐射力即可。图 3-15 给出了不同束腰半径下的轴向声辐射力函数随 $kx_0$ 的变化曲线,其中 $ka$ 固定为 1。无论何种粒子,其轴向声辐射力函数均关于 $kx_0 = 0$ 对称,即关于波束中心对称。刚性柱在波束中心时的轴向声辐射力极大,而油酸柱的轴向声辐射力极小。至于聚乙烯柱,其在波束中心时的声辐射力可能极大或极小,具体取决于束腰半径的大小。这意味着将粒子放置于 Gauss 波的波束中心处并不一定能获得最大的轴向声辐射力,需要考虑粒子本身的特性。随着波束宽度的增加,Gauss 波的聚焦特性越来越弱,导致粒子的前后位置对声辐射力的影响亦逐渐减弱。

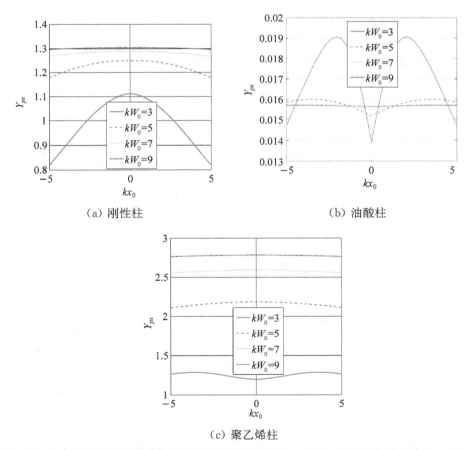

（a）刚性柱　　　　　　　　（b）油酸柱

（c）聚乙烯柱

图 3-15　Gauss 行波场对圆柱形粒子的轴向声辐射力函数 $Y_{px}$ 随 $kx_0$ 的变化曲线,其中 $ka=1, ky_0=0$

其次考虑粒子在垂直于声轴的方向来回移动的情形,此时需要同时考虑轴向与横向声辐射力。图 3-16 给出了不同束腰半径下的轴向与横向声辐射力函数随 $ky_0$ 的变化曲线,其余条件与图 3-15 完全相同。无论何种粒子,其轴向与横向声辐射力函数均分别关于 $ky_0 = 0$ 具有对称和反对称特性。刚性柱和油酸柱在声轴上时的轴向声辐射力极大,而聚乙烯柱在声轴上时的声辐射力可能极大或极小,具体取决于束腰半径的大小。这再次验证了粒子不一定在波束中心受到最强的轴向声辐射力。通过简单的分析可知:当 $ky_0 > 0$ 时,横向回复力为正,排斥力为负;当 $ky_0 < 0$ 时,横向回复力为负,排斥力为正。在计算范围内,刚性柱和油酸柱在偏离声轴时均受到回复力作用,而聚乙烯柱则几乎均受到排斥力作用,仅在靠近波束中心时受到回复力。

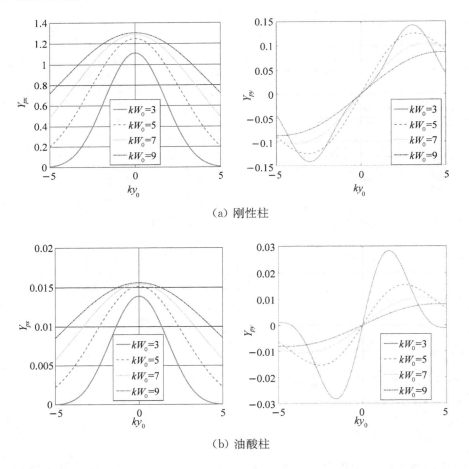

（a）刚性柱

（b）油酸柱

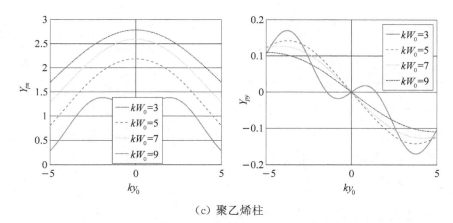

（c）聚乙烯柱

**图 3 - 16　Gauss 行波场对圆柱形粒子的声辐射力函数随 $ky_0$ 的变化曲线,其中 $ka=1,kx_0=0$**

将 Gauss 行波场换为 Gauss 驻波场,仍以圆柱形粒子轴线上某点为原点 O 建立坐标系,其物理模型如图 3 - 17 所示。与 Gauss 行波场的情形稍有不同,为方便后续计算,此时假设驻波场中心的坐标为 $(x_0,y_0)$。与平面驻波场类似,Gauss 驻波场可以看作两列幅值相等、传播方向相反的 Gauss 行波场叠加而成,其级数展开形式为:

$$\phi_i=\phi_0\sum_{n=-\infty}^{+\infty}\mathrm{i}^n b_n[\mathrm{e}^{\mathrm{i}kh}+(-1)^n\mathrm{e}^{-\mathrm{i}kh}]J_n(kr)\mathrm{e}^{\mathrm{i}n\theta} \tag{3-125}$$

其中,$h$ 是驻波场中心到距离其最近的声压波腹的距离。经过类似的运算可以得到此时轴向和横向的声辐射力分别为:

$$F_x=Y_{stx}S_cE\sin(2kh) \tag{3-126}$$

$$F_y=Y_{sty}S_cE\sin(2kh) \tag{3-127}$$

其中,$E=\rho_0k^2\phi_0^2/2$ 是入射声场的能量密度;$S_c=2a$ 是单位长度圆柱形粒子的散射截面积;$Y_{stx}$ 和 $Y_{sty}$ 分别是轴向和横向的声辐射力函数,具体表达式分别为:

$$Y_{stx}=-\frac{2}{ka}\mathrm{Im}\left\{\sum_{n=-\infty}^{+\infty}(-1)^n b_n(1+s_n)[b_{n+1}^*s_{n+1}^*-b_{n-1}^*s_{n-1}^*]\right\} \tag{3-128}$$

$$Y_{sty}=\frac{2}{ka}\mathrm{Re}\left\{\sum_{n=-\infty}^{+\infty}(-1)^n b_n(1+s_n)[b_{n+1}^*s_{n+1}^*+b_{n-1}^*s_{n-1}^*]\right\} \tag{3-129}$$

与平面驻波类似,Gauss 驻波场的声辐射力也随粒子的空间位置呈周期性变化。当波束因子恒为 1 时,式(3-128)将退化为平面驻波的声辐射力函数式(3-78),而式(3-129)将取零。

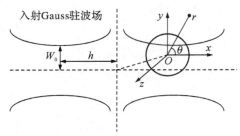

**图 3 - 17　Gauss 驻波正入射到水中的圆柱形粒子上，波矢量与 $x$ 轴平行**

这里仅以圆柱形粒子位于波束中心的特殊情况为例进行简单说明，此时粒子所受的横向声辐射力为零，因此只需研究其轴向声辐射力即可。图 3 - 18 给出了 Gauss 驻波作用下各类圆柱形粒子的轴向声辐射力函数随 $ka$ 的变化曲线，图（a）、（b）和（c）分别对应着刚性柱、油酸柱和聚乙烯柱的情形。仿真结果所呈现的规律与平面驻波场基本相同。随着 $ka$ 的变化，三种粒子的声辐射力函数均可正可负，其稳定平衡位置也相应地随之改变。总体来看，低频时的声辐射力函数明显大于行波场，而高频时则逐渐衰减至零，这亦源于在低频和高频时声辐射力的产生机制不同。对于粒子偏轴情形的讨论是类似的，只是计算更加复杂，这里不再赘述。

将圆柱形粒子换为球形粒子，如图 3 - 19 所示。考虑一列角频率为 $\omega$ 的 Gauss 波入射到水中的球形粒子上。相比于二维圆

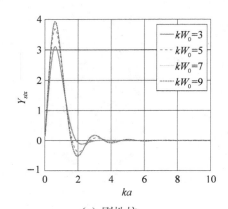

（a）刚性柱

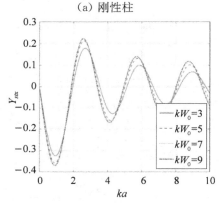

（b）油酸柱

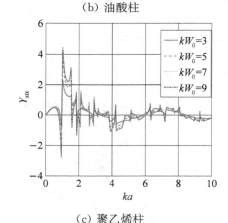

（c）聚乙烯柱

**图 3 - 18　Gauss 驻波场对圆柱形粒子的轴向声辐射力函数 $Y_{stx}$ 随 $ka$ 的变化曲线，且粒子中心与驻波场中心重合**

柱形粒子的情况,三维球形粒子的情形要复杂许多。当三维 Gauss 波入射时,粒子可能在三个方向上均偏离波束中心,因而在沿三个坐标轴方向均可能受到不为零的声辐射力。为了简化讨论,这里我们仅考虑粒子在 $z$ 方向对波束中心的偏离,即假定粒子在 $z$ 轴上来回移动。根据对称性,此时只存在轴向声辐射力。为了后续数学处理的方便,以粒子中心为原点 $O$ 建立球坐标系 $(r,\theta,z)$ 和空间直角坐标系 $(x,y,z)$,两坐标系之间满足换算关系: $x=r\sin\theta\cos\varphi$, $y=r\sin\theta\sin\varphi$, $z=r\cos\theta$,其波矢量沿 $z$ 轴正方向,球形粒子中心在直角坐标系中的坐标为 $(0,0,z_0)$。

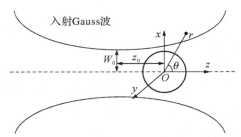

**图 3-19　Gauss 行波入射到水中的球形粒子上,波矢量沿 $+z$ 方向**

有必要指出,三维 Gauss 波不像二维 Gauss 波那样存在解析的波束因子表达式,其数学表达较为复杂。针对这一困难,我们考虑采用所谓弱聚焦近似,即假设 Gauss 波具有较大的束腰半径,使得波阵面近似可以看作平面,在数学上反映为 $kW_0 \gg 1$。实际计算中,当 $kW_0 \geqslant 5$ 时即可认为满足这一条件。当然,这样近似的前提是粒子距离波束中心不能太远,否则将波阵面看作平面会引起较大的误差。这样一来,此时的 Gauss 波无非是在平面波的基础上增加了横向平面内满足 Gauss 函数分布的条件,其表达式可以写成:

$$\phi_i = \phi_0 e^{-\frac{x^2+y^2}{W_0^2}} e^{ikz} \tag{3-130}$$

其中, $\phi_0$ 是入射 Gauss 波的速度势振幅, $W_0$ 是 Gauss 波的束腰半径, $k$ 为声波在水中的波数。值得注意的是,可以验证式 $(3-130)$ 本身并不是 Helmholtz 方程的解,不满足声波波动方程,只有在傍轴条件下,将声波方程近似为抛物型方程后才存在式 $(3-130)$ 形式的解。式 $(3-130)$ 可以进行级数展开:

$$\phi_i = \phi_0 \sum_{n=-0}^{+\infty} (2n+1) \mathrm{i}^n g_n j_n(kr) P_n(\cos\theta) \tag{3-131}$$

其中，$g_n$ 是 Gauss 波的波束因子。根据文献[4]中的结论，此时波束因子的具体表达式为：

$$g_n = \begin{cases} \dfrac{\Gamma\left(\dfrac{n}{2}+1\right)}{\Gamma\left(\dfrac{n+1}{2}\right)} \displaystyle\sum_{q=0}^{\frac{n}{2}} \dfrac{\Gamma\left(\dfrac{n}{2}+q+\dfrac{1}{2}\right)}{\left(\dfrac{n}{2}-q\right)! \; q!} (-4s^2)^q \mathrm{e}^{-\mathrm{i}kz_0}, & n\ \text{为偶数} \\[4mm] \dfrac{\Gamma\left(\dfrac{n+1}{2}\right)}{\Gamma\left(\dfrac{n}{2}+1\right)} \displaystyle\sum_{q=0}^{\frac{n-1}{2}} \dfrac{\Gamma\left(\dfrac{n}{2}+q+1\right)}{\left(\dfrac{n-1}{2}-q\right)! \; q!} (-4s^2)^q \mathrm{e}^{-\mathrm{i}kz_0}, & n\ \text{为奇数} \end{cases} \tag{3-132}$$

其中，$s=1/(kW_0)$，$\Gamma$ 表示数学上的 Gamma 函数。当束腰半径趋向于无穷大时，波束因子恒为 1，此时式（3-131）将退化为平面波的级数展开式。入射 Gauss 波的声压和法向质点振速分别可以表示为：

$$p_i = -\mathrm{i}\omega\rho_0\phi_0 \sum_{n=-0}^{+\infty} (2n+1)\mathrm{i}^n g_n j_n(kr) P_n(\cos\theta) \tag{3-133}$$

$$v_{i,r} = \phi_0 \sum_{n=-0}^{+\infty} (2n+1)\mathrm{i}^n g_n k j_n'(kr) P_n(\cos\theta) \tag{3-134}$$

散射声场的速度势函数可以表示为：

$$\phi_s = \phi_0 \sum_{n=0}^{+\infty} (2n+1)\mathrm{i}^n g_n s_n h_n^{(1)}(kr) P_n(\cos\theta) \tag{3-135}$$

其中，$s_n$ 是声散射系数。相应地，散射声场的声压和法向质点振速表达式分别为：

$$p_s = -\mathrm{i}\omega\rho_0\phi_0 \sum_{n=0}^{+\infty} (2n+1)\mathrm{i}^n g_n s_n h_n^{(1)}(kr) P_n(\cos\theta) \tag{3-136}$$

$$v_{s,r} = \phi_0 \sum_{n=0}^{+\infty} (2n+1)\mathrm{i}^n g_n s_n k h_n^{(1)\prime}(kr) P_n(\cos\theta) \tag{3-137}$$

刚性球、流体球和弹性球的散射系数仍然分别由式（3-86）、式（3-91）和式（3-104）表示。

球形粒子仅受到 $z$ 方向的声辐射力,根据式(3-21)可以写出其表达式为:

$$F_z = Y_{pz} S_c E \tag{3-138}$$

其中,$E = \rho_0 k^2 \phi_0^2 / 2$ 是入射声场的能量密度,$S_c = \pi a^2$ 是球形粒子的散射截面积,$Y_{pz}$ 是 $z$ 方向的声辐射力函数。这里同样可以依据 3.2 节中推导的三维球坐标系下基于波形系数的声辐射力表达式来计算此时的声辐射力函数。对照式(3-9)和式(3-131)可以得到入射 Gauss 波的波形系数为:

$$a_{nm} = \begin{cases} i^n \sqrt{4\pi(2n+1)}\, g_n, & m=0 \\ 0, & m \neq 0 \end{cases} \tag{3-139}$$

将式(3-139)代入式(3-27)可得相应的声辐射力函数表达式为:

$$Y_{pz} = -\frac{4}{(ka)^2} \sum_{n=0}^{\infty} (n+1)\{\mathrm{Re}(g_n g_{n+1}^*)(\alpha_n + \alpha_{n+1} + 2\alpha_n \alpha_{n+1} + 2\beta_n \beta_{n+1}) +$$

$$\mathrm{Im}(g_n g_{n+1}^*)[\beta_{n+1}(1+2\alpha_n) - \beta_n(1+2\alpha_{n+1})]\} \tag{3-140}$$

其中,$\alpha_n$ 和 $\beta_n$ 分别是散射系数 $s_n$ 的实部和虚部。显然,当波束因子恒为 1 时,式(3-140)将退化为平面行波的声辐射力函数式(3-108)。

首先考虑粒子中心恰好与波束中心重合的特殊情形。图 3-20 绘出了此时 Gauss 波作用下各类球形粒子的声辐射力函数随 $ka$ 的变化曲线,图(a)、(b)和(c)分别对应着刚性球、油酸球和聚乙烯球的情形,Gauss 波的束腰半径满足 $kW_0 = 10、15、20、25$,均符合弱聚焦声场的近似条件。计算结果显示,与圆柱形粒子的曲线类似,Gauss 波在低频时的声辐射力与平面波几乎完全相同,此时粒子尺寸远小于束腰半径。当 $ka > 2$ 时,束腰半径的变化对声辐射力的影响开始体现,声辐射力随着波束宽度的增加而增大。可以预见,当束腰半径继续增加时,计算结果将退化为平面波入射时的情形。

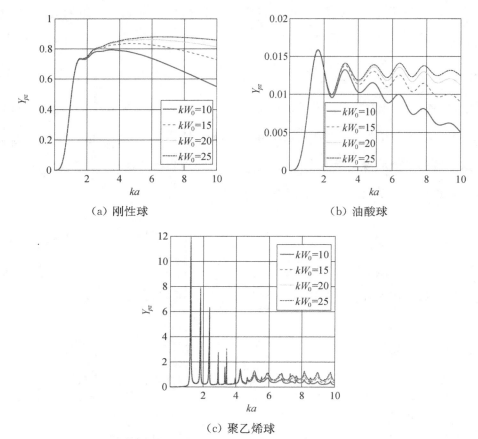

（a）刚性球　　　　　　　　　（b）油酸球

（c）聚乙烯球

**图 3-20　Gauss 行波场对球形粒子的声辐射力函数 $Y_{pz}$ 随 $ka$ 的变化曲线,且粒子中心与波束中心重合**

其次考虑粒子中心偏离波束中心的情形,粒子的偏心距离满足 $kz_0=3$。图 3-21 计算了此时 Gauss 波作用下各类球形粒子的声辐射力函数随 $ka$ 的变化关系,其余条件均与图 3-20 完全相同。类似地,束腰半径对声辐射力的影响仅仅在中高频开始体现,且随着频率的升高影响愈加显著。值得一提的是,刚性球和聚乙烯球的计算结果都存在负向声辐射力,这亦是粒子偏离波束中心所带来的效应。

固定 $ka=1$,考虑粒子沿声轴来回移动对轴向声辐射力的影响,其结果如图 3-22 所示。仿真结果显示,声辐射力随着 $kz_0$ 呈现周期性变化,变化周期约为 $\Delta kz_0=3$,且该变化周期不随粒子种类的改变而改变。当粒子中心与波束中心的距离取值合适时,球形粒子会受到负向引力的作用。由于仿真时所选的 $ka$ 较小,不同束腰半径的 Gauss 波束所对应的曲线没有显著差异,几乎完全重合。

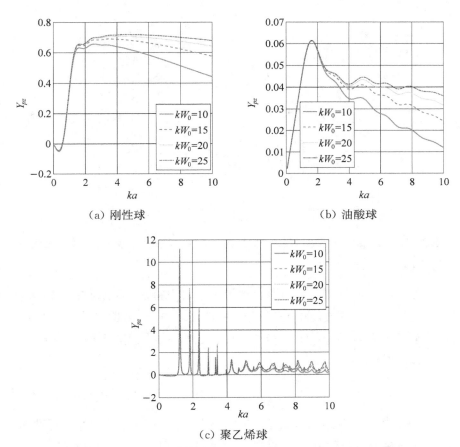

（a）刚性球　　　　　　　　　（b）油酸球

（c）聚乙烯球

图 3 - 21　Gauss 行波场对球形粒子的轴向声辐射力函数 $Y_{pz}$ 随 $ka$ 的变化曲线，其中 $kx_0 = ky_0 = 0, kz_0 = 3$

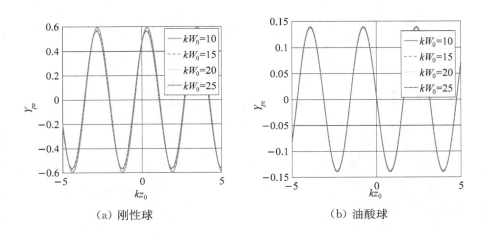

（a）刚性球　　　　　　　　　（b）油酸球

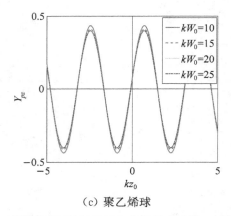

（c）聚乙烯球

**图 3 - 22　Gauss 行波场对球形粒子的轴向声辐射力函数 $Y_{pz}$ 随 $kz_0$ 的变化曲线，其中 $ka=1, kx_0=ky_0=0$**

最后考虑 Gauss 驻波场对球形粒子的声辐射力特性，其物理模型如图 3 - 23 所示。此时以 Gauss 驻波场中心（注意，并非波束中心）为原点建立相应的坐标系，粒子仍然位于声轴上，且坐标为 $(0,0,z_0)$。Gauss 驻波场的级数展开形式为：

$$\phi_i = \phi_0 \sum_{n=-0}^{+\infty} (2n+1) \mathrm{i}^n g_n [\mathrm{e}^{\mathrm{i}kh}+(-1)^n \mathrm{e}^{-\mathrm{i}kh}] j_n(kr) P_n(\cos\theta) \quad (3-141)$$

其中，$h$ 是驻波场中心到距离其最近的声压波腹的距离。经过运算可得此时粒子所受的轴向声辐射力分别为：

$$F_z = Y_{stz} S_c E \sin(2kh) \quad (3-142)$$

其中，$E=\rho_0 k^2 \phi_0^2/2$ 是入射声场的能量密度；$S_c = \pi a^2$ 是球形粒子的散射截面积；$Y_{stz}$ 是轴向的声辐射力函数，具体表达式为：

$$Y_{stz} = \frac{8}{(ka)^2} \sum_{n=0}^{\infty} (n+1)(-1)^n \{ \mathrm{Re}(g_n g_{n+1}^*)[\beta_{n+1}(1+2\alpha_n)-\beta_n(1+2\alpha_{n+1})] -$$

$$\mathrm{Im}(g_n g_{n+1}^*)\alpha_n + \alpha_{n+1} + 2\alpha_n\alpha_{n+1} + 2\beta_n\beta_{n+1}) \}$$

$$(3-143)$$

其中，$\alpha_n$ 和 $\beta_n$ 分别是散射系数 $s_n$ 的实部和虚部。该声辐射力也随粒子的位置呈周期性变化。容易看出，当波束因子恒为 1 时，式(3-143)将退化为平面驻波场的声辐射力函数式(3-111)。

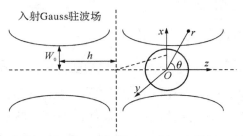

**图 3-23　Gauss 驻波入射到水中的球形粒子上,波矢量与 $z$ 轴平行**

这里仅以粒子恰好位于 Gauss 驻波场中心的特殊情况为例进行讨论分析,图 3-24 给出了 Gauss 驻波场作用下各类球形粒子的轴向声辐射力 $Y_{stz}$ 函数随 $ka$ 的变化曲线。仿真结果显示,此时各类粒子的声辐射力函数曲线与平面驻波场基本相同,即使在中高频范围内也是如此,这反映了 Gauss 驻波场束腰半径对声辐射力的影响较为微弱。

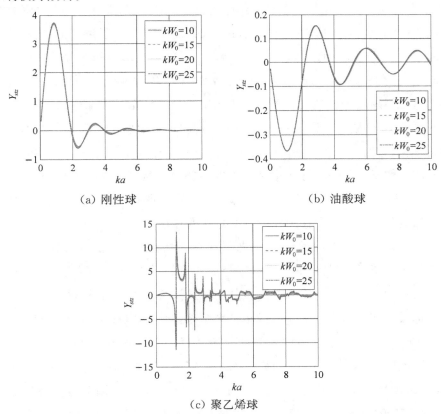

**图 3-24　Gauss 驻波场对球形粒子的轴向声辐射力函数 $Y_{stz}$ 随 $ka$ 的变化曲线,且粒子中心与驻波场中心重合**

### 3.3.3　Bessel 波作用下的声辐射力

Gauss 波具备一定的聚焦特性,在特定区域能够产生具有较强能量的声场,但这种声场却存在明显的缺陷,即在传播过程中容易发生波束的扩散,这正是所谓的声波衍射效应。事实上,这是包括 Gauss 波在内的许多波束都存在的普遍问题。在检测声学中,衍射效应会导致横向分辨率的降低,进而影响检测效果。对于声操控而言,波束的展宽会使波阵面的形状发生改变,造成声能量的重新分布,影响实际的声操控效果。基于此,我们需要考虑是否存在这样一种声场,既满足 Helmholtz 波动方程,又具备良好的非衍射特性?

答案是肯定的,Bessel 波就是这样一种典型的非衍射声场,能够传播很远的距离而不发生扩散。有必要指出,要想产生真正严格意义上的非衍射声场,声源尺寸必须无限大,在实际中这样的条件显然是不具备的,因此只要在一段相当长的距离内没有发生明显的波束扩散,通常就可以认为满足了非衍射声场的条件。此外,Bessel 波还具有自重建性,即遇到障碍物发生散射后能够自行恢复原来的波形分布。对于高阶 Bessel 波而言,其自身还携带一定的角动量,形成所谓的涡旋声场,能够对操控对象施加特定的声辐射力矩作用,大大扩充了实际声操控的自由度。综合来看,Bessel 波具有诸多的优良特性,自提出以来便受到了广泛关注,大量学者通过理论、数值和实验等不同手段进行了许多深入的研究。基于此,本小节将详细讨论球形粒子在 Bessel 波入射情形下的声辐射力特性。需要指出,与 Gauss 波不同,Bessel 波一定是在三维空间中描述的,不存在所谓的二维 Bessel 波,因此通常不会研究其对二维无限长圆柱形粒子的声辐射力。

考虑一束角频率为 $\omega$ 的 Bessel 波入射到水中半径为 $a$ 的球形粒子上。首先考虑最简单的情形,即粒子的中心恰好与 Bessel 波的波束中心重合。图 3-25 显示了此时的物理模型。以球形粒子的中心为原点 $O$ 建立空间直角坐标系 $(x,y,z)$ 和球坐标系 $(r,\theta,\varphi)$,两坐标系间满足换算关系:$x=r\sin\theta\cos\varphi$,$y=r\sin\theta\sin\varphi$,$z=r\cos\theta$。Bessel 波沿 $z$ 轴正方向入射,且半锥角为 $\beta$。半锥角是描述 Bessel 波的一个重要物理参数,又称为 Bessel 波的波锥角。Bessel 波可以看作一系列平面波合成的波束,这些平面波的波矢量均分布在一个圆锥面上,该圆锥的半锥角正是 Bessel 波的半锥角。容易看出,半锥角为零时 Bessel 波将退化为平面波。

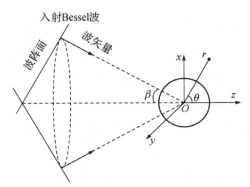

**图 3-25　Bessel 行波入射到水中的球形粒子上,波矢量沿十z 方向,且粒子中心与波束中心重合**

在柱坐标系中,入射 Bessel 波的速度势函数可以表示为:

$$\phi_i = \phi_0 i^M J_M(k_r r \sin\theta) e^{ik_z z} e^{iM\varphi} \tag{3-144}$$

其中,$\phi_0$ 是速度势函数的振幅;$k_r = k\sin\theta$ 和 $k_z = k\cos\theta$ 分别是波矢量的径向和轴向分量;$k$ 是 Bessel 波在水中的波数;$M$ 是 Bessel 波的阶数,亦称拓扑荷数,一般取整数,其物理意义表示在波传播 $2\pi$ 的范围内,相位角从 0 变换到 $2\pi$ 的周期数,其取值正负表示 Bessel 波相位变化的涡旋方向。近年来,部分学者对分数阶 Bessel 波进行了一些研究,但本书不打算对此深究,仅讨论整数阶 Bessel 波的情况。当阶数为零时,Bessel 波的声压在径向对称分布,不携带角动量;当阶数大于零时,Bessel 波的声压分布和 $\varphi$ 角有关,携带一定的角动量。从式(3-144)还可以看出,当半锥角为零时,零阶 Bessel 波将退化为平面波,而高阶 Bessel 波将不复存在。

式(3-144)可以在球坐标系中进行级数展开,展开结果为:

$$\phi_i = \phi_0 \sum_{n=M}^{+\infty} \frac{(n-M)!}{(n+M)!}(2n+1)i^{n-M}j_n(kr)P_n^M(\cos\theta)P_n^M(\cos\beta)e^{iM\varphi} \tag{3-145}$$

其中,$P_n^M$ 是 $n$ 阶连带 Legendre 函数。相应地,入射 Bessel 波的声压和法向质点振速分别可以表示为:

$$p_i = -i\omega\rho_0\phi_0 \sum_{n=M}^{+\infty}\left[\frac{(n-M)!}{(n+M)!}(2n+1)i^{n-M}j_n(kr)P_n^M(\cos\theta)P_n^M(\cos\beta)e^{iM\varphi}\right]$$

$$\tag{3-146}$$

$$v_{i,r} = \phi_0 \sum_{n=M}^{+\infty} \frac{(n-M)!}{(n+M)!}(2n+1)i^{n-M}kj_n'(kr)P_n^M(\cos\theta)P_n^M(\cos\beta)e^{iM\varphi}$$

$$\tag{3-147}$$

散射声场也可以进行类似的级数展开,其展开结果为:

$$\phi_s = \phi_0 \sum_{n=M}^{+\infty} \frac{(n-M)!}{(n+M)!}(2n+1)\mathrm{i}^{n-M}s_n h_n^{(1)}(kr)P_n^M(\cos\theta)P_n^M(\cos\beta)\mathrm{e}^{\mathrm{i}M\varphi}$$

$$(3-148)$$

其中, $s_n$ 是粒子的散射系数。相应地,散射声场的声压和法向质点振速分别可以表示为:

$$p_s = -\mathrm{i}\omega\rho_0\phi_0 \sum_{n=M}^{+\infty}\left[\frac{(n-M)!}{(n+M)!}(2n+1)\mathrm{i}^{n-M}s_n h_n^{(1)}(kr)P_n^M(\cos\theta)P_n^M(\cos\beta)\mathrm{e}^{\mathrm{i}M\varphi}\right]$$

$$(3-149)$$

$$v_{s,r} = \phi_0 \sum_{n=M}^{+\infty}\frac{(n-M)!}{(n+M)!}(2n+1)\mathrm{i}^{n-M}s_n k h_n^{(1)\prime}(kr)P_n^M(\cos\theta)P_n^M(\cos\beta)\mathrm{e}^{\mathrm{i}M\varphi}$$

$$(3-150)$$

由于粒子恰好位于 Bessel 波的波束中心,因此只存在轴向声辐射力,轴向声辐射力函数的具体表达式则可以通过基于波形系数的声辐射力计算公式给出。对比式(3-145)和式(3-9)可以得到此时的波形系数为:

$$a_{nm} = 4px_{nm}\mathrm{i}^{n-m+M}P_n^m(\cos\beta)$$

$$(3-151)$$

其中, $x_{nm} = \sqrt{(2n+1)(n-m)!\ /[4p(n+m)!]}$。此时轴向声辐射力形式上可以表示为:

$$F_z = Y_{pz}S_c E$$

$$(3-152)$$

其中, $E = \rho_0 k^2 \phi_0^2/2$ 是入射声场的能量密度; $S_c = \pi a^2$ 是球形粒子的散射截面积;将式(3-151)代入式(3-27)可以得到轴向声辐射力函数的最终表达式为:

$$Y_{pz} = -\frac{4}{(ka)^2}\sum_{n=M}^{+\infty}\left\{\frac{(n-M+1)!}{(n+M)}[\alpha_n + \alpha_{n+1} + 2(\alpha_n\alpha_{n+1} + \beta_n\beta_{n+1})]\times\right.$$

$$\left. P_n^M(\cos\beta)P_{n+1}^M(\cos\beta)\right\}$$

$$(3-153)$$

其中, $\alpha_n$ 和 $\beta_n$ 分别是散射系数 $s_n$ 的实部和虚部。从该无穷级数可以看出,当 $M$ 阶 Bessel 波入射时,小于 $M$ 阶的散射项对最终的声辐射力均没有贡献,这是与平面波和 Gauss 波计算结果的最大不同。再次指出,式(3-153)只适用于球形粒子中心恰好与 Bessel 波的波束中心重合的情形,当粒子偏离波束中心时,该公式将不再适用。

基于式(3-153),图 3-26 给出了不同半锥角的零阶 Bessel 波作用下各类球形粒子的声辐射力函数 $Y_{pz}$ 随 $ka$ 的变化曲线,其中半锥角 $\beta$ 的取值为 $\pi/8$、$\pi/4$、$3\pi/8$。结果显示,零阶 Bessel 波对各类粒子的声辐射力均明显小于平面波的情形。从 Bessel 波的产生机制分析,合成 Bessel 波的各平面波波矢量均不是沿 $z$ 轴,而是与 $z$ 轴成一角度,即半锥角,这自然会使轴向声辐射力受到一定的削弱。此外,半锥角越大,波矢量的轴向分量越小,轴向声辐射力越弱,这一点也从计算结果中得到了证实。还可以看出,半锥角的改变会对油酸球声辐射力的极值点产生影响,这是由于半锥角会改变轴向和径向的波矢分量。尽管如此,聚乙烯球的声辐射力函数曲线极值仍然由其本身的共振散射模式决定,其位置几乎不受半锥角的影响。有趣的是,尽管此时粒子位于波束中心,当 $\beta=3\pi/8$ 时,油酸球在 $2.5<ka<3.2$ 的范围内会受到负向声辐射力的作用,这是 Gauss 波所不具备的特性。事实上,这也是各平面波波矢量合成所带来的效应。第 7 章会对这一现象进行详细分析。

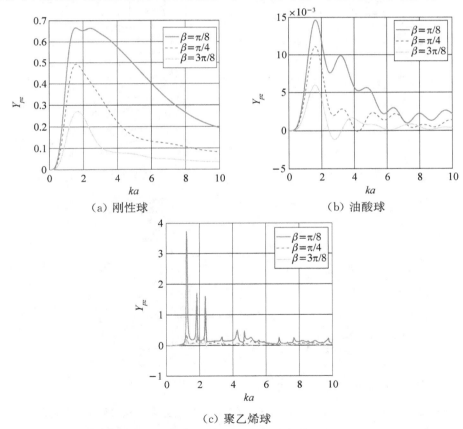

图 3-26　零阶 Bessel 行波场对球形粒子的轴向声辐射力函数 $Y_{pz}$ 随 $ka$ 的变化曲线,且粒子中心与波束中心重合

图 3-27 给出了一阶 Bessel 波入射时各类球形粒子的声辐射力函数曲线，其余条件均与图 3-26 完全相同。对比图 3-27 和图 3-26 可以发现，一阶 Bessel 波对各类粒子的声辐射力要明显弱于零阶 Bessel 波，自然更弱于平面波。这是容易理解的，因为根据式(3-153)，零阶散射项即单极散射项对最终的声辐射力没有贡献，总体而言声辐射力自然会降低。此外，刚性球和油酸球的声辐射力极大值均向高频移动，这是由于低频时占主导地位的单极散射项被抑制。对于聚乙烯球而言，其曲线的峰谷值仍然由自身的共振散射模式决定，因而位置几乎没有发生变化。当 $\beta = 3\pi/8$ 时，油酸球仍然会受到负向声辐射力的作用，只是此时负向声辐射力的产生区域移动到了 $3.7 < ka < 4.4$ 和 $7.2 < ka < 7.6$ 这两个范围。

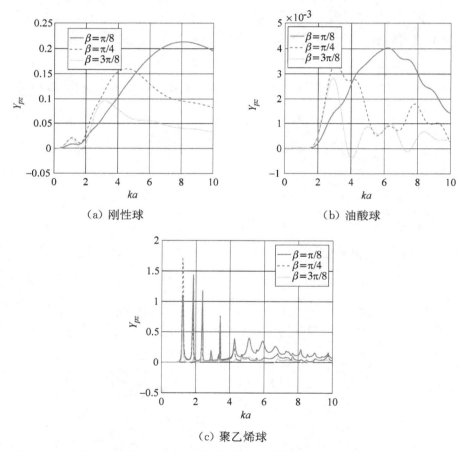

（a）刚性球　　　　　　　　　　（b）油酸球

（c）聚乙烯球

**图 3-27　一阶 Bessel 行波场对球形粒子的轴向声辐射力函数 $Y_{pz}$ 随 $ka$ 的变化曲线，且粒子中心与波束中心重合**

接下来考虑球形粒子偏离波束中心的一般情形,其物理模型如图 3-28 所示。以球形粒子的中心为原点 $O$ 建立相应的坐标系,$M$ 阶 Bessel 波的波束中心在直角坐标系中的坐标为 $(x_0, y_0, z_0)$,其三个分量分别表示了粒子在三个坐标轴方向的偏心程度。一般情况下,粒子在三个方向均受到不为零的声辐射力作用。此时,在球坐标系 $(r, \theta, \varphi)$ 内无法再用式(3-145)那样的单重级数对 Bessel 波进行展开,必须借助一般情况下的展开式(3-9),而相应的波形系数可以由式(3-10)所表示的广义 Fourier 逆变换得到,具体的推导过程需要借助柱 Bessel 函数的加法公式,其具体表达式已在相应的文献[5]中给出,这里直接列示最终的计算结果:

$$a_{nm} = 4\pi\xi_{nm} \mathrm{i}^{n-m+M} P_n^m(\cos\beta) \mathrm{e}^{-\mathrm{i}k_z z_0} J_{m-M}(\sigma_0) \mathrm{e}^{-\mathrm{i}(m-M)\varphi_0} \qquad (3-154)$$

其中,$\sigma_0 = k_r\sqrt{x_0^2 + y_0^2}$,$\varphi_0 = \arctan(y_0/x_0)$。形式上可以将此时声辐射力的三个分量分别表示为:

$$F_x = Y_{px} S_c E \qquad (3-155)$$

$$F_y = Y_{py} S_c E \qquad (3-156)$$

$$F_z = Y_{pz} S_c E \qquad (3-157)$$

其中,$E = \rho_0 k^2 \phi_0^2/2$ 是入射声场的能量密度;$S_c = \pi a^2$ 是球形粒子的散射截面积;$Y_{pz}$、$Y_{px}$ 和 $Y_{py}$ 则是三个方向的声辐射力函数,可以通过将式(3-154)代入式(3-25)～式(3-27)求得。

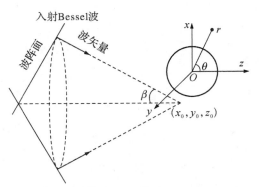

**图 3-28　Bessel 行波入射到水中的球形粒子上,波矢量沿 $+z$ 方向,且粒子中心偏离波束中心**

图 3-29 给出了零阶 Bessel 波入射时偏离波束中心的各类球形粒子的声辐射力函数曲线,其中三个方向的偏移距离满足 $kx_0 = ky_0 = kz_0 = 3$,Bessel 波的半锥

角仍然设置为 $\beta=\pi/8$、$\pi/4$、$3\pi/8$。仿真结果显示,所有粒子的 $Y_{px}$ 和 $Y_{py}$ 曲线都完全相同,这是由于零阶 Bessel 波的声场和周向角无关,即具有周向对称性,因而只要 $x$ 方向和 $y$ 方向的偏移距离相同,其对应的声辐射力也必然相同。换言之,此时粒子受到的是指向声轴的有心力作用。后面将会看到,对于高阶 Bessel 波而言,声辐射力将不再具备这样的特性。由于此时的横向偏移均为正,根据几何关系,此时横向力取正值时表征拉向声轴的回复力,取负值时表征远离声轴的排斥力,根据这一判别准则可以容易地在图中找到各类情况下回复力的产生区域。至于轴向声辐射力,仍然只有油酸球在 $2.5 < ka < 3.2$ 的范围内受到负向引力的作用。此外,与粒子位于波束中心时的情况相比,此时的偏心效应使得轴向声辐射力更小,且半锥角越大,轴向声辐射力总体越弱,这与粒子位于波束中心时的结果相类似。

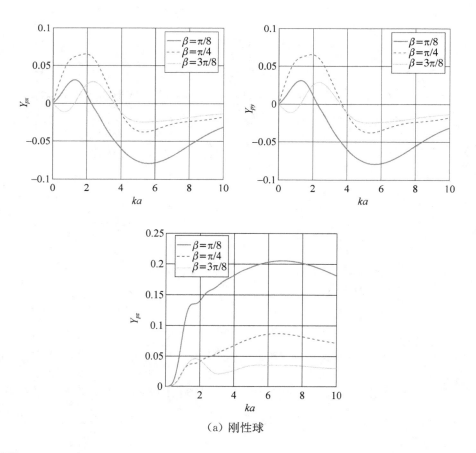

（a）刚性球

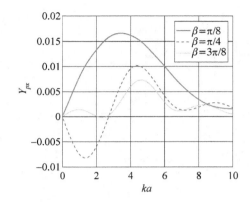

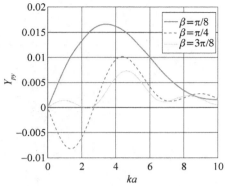

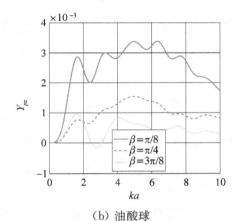

（b）油酸球

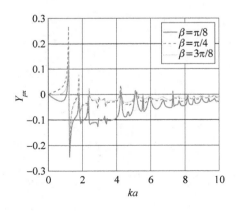

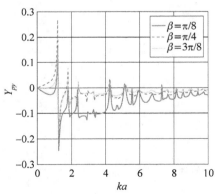

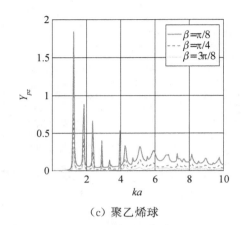

（c）聚乙烯球

**图 3 - 29  零阶 Bessel 行波场对球形粒子的声辐射力函数随 $ka$ 的变化曲线，其中 $kx_0 = ky_0 = kz_0 = 3$**

图 3 - 30 给出了一阶 Bessel 波入射情形下的计算结果，其余条件均与图 3 - 29 完全相同。与图 3 - 29 有所不同，此时各类粒子的 $Y_{px}$ 和 $Y_{py}$ 的仿真曲线显示出明显的差异，这是因为一阶 Bessel 波的声场分布和周向角有关，其涡旋特性使得横向声辐射力不再是指向声轴的有心力。事实上，后续章节中将会看到，正是由于此特性才有可能使物体受到声辐射力矩的作用。因此，即使粒子在 $x$ 方向和 $y$ 方向的偏移距离相同，其对应的声辐射力也会有所不同。与零阶 Bessel 波入射时类似，与粒子在波束中心的情况相比，偏离波束中心会削弱轴向声辐射力的大小。值得一提的是，此时三种粒子在仿真条件下的轴向声辐射力均为正值，即使油酸球也是如此。

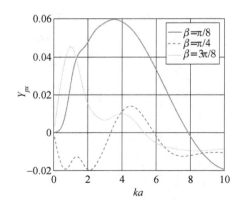

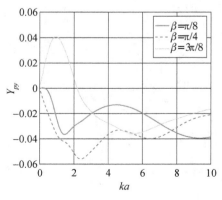

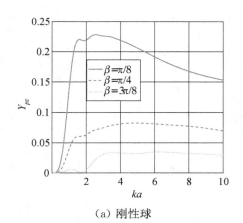

（a）刚性球

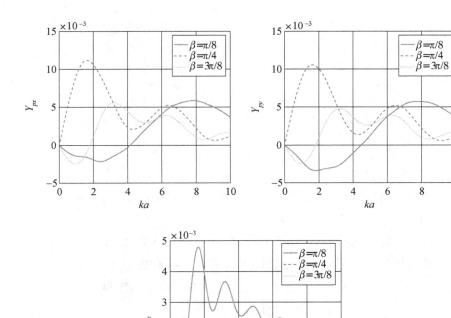

（b）油酸球

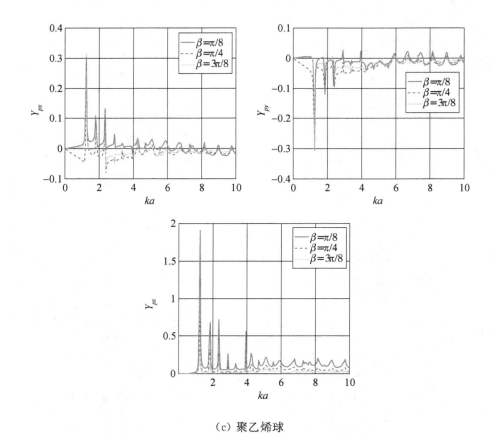

（c）聚乙烯球

**图 3 - 30　一阶 Bessel 行波场对球形粒子的声辐射力函数随 $ka$ 的变化曲线，其中 $kx_0 = ky_0 = kz_0 = 3$**

　　为了进一步探究偏心特性对声辐射力的影响，图 3 - 31 给出了零阶 Bessel 波作用下各类球形粒子的声辐射力函数随 $kx_0$ 和 $ky_0$ 变化的三维计算结果，其中无量纲频率 $ka$ 固定为 1，Bessel 波的半锥角 $\beta$ 取 $\pi/4$。计算结果显示，$Y_{px}$ 和 $Y_{py}$ 分别关于 $kx_0 = 0$ 和 $ky_0 = 0$ 奇对称，且分别在 $kx_0 = 0$ 和 $ky_0 = 0$ 时由于对称性而消失。当偏移距离较小（$k\sqrt{x_0^2 + y_0^2} < 2.5$）时，刚性球和聚乙烯球受到横向排斥力的作用，而油酸球则受到横向回复力的作用，当进一步增加偏轴距离时，横向声辐射力会发生变号。至于轴向声辐射力则始终为正值，即不存在波束的引力作用。当粒子位于声轴上时，由于零阶 Bessel 波在声轴上的能量最强，轴向声辐射力取得极大值；当粒子偏离声轴时，声能减弱，因而轴向声辐射力逐渐减小。

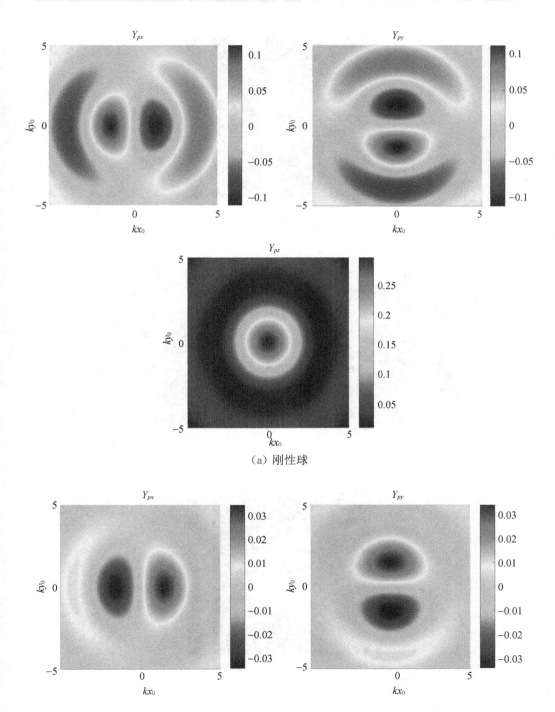

（a）刚性球

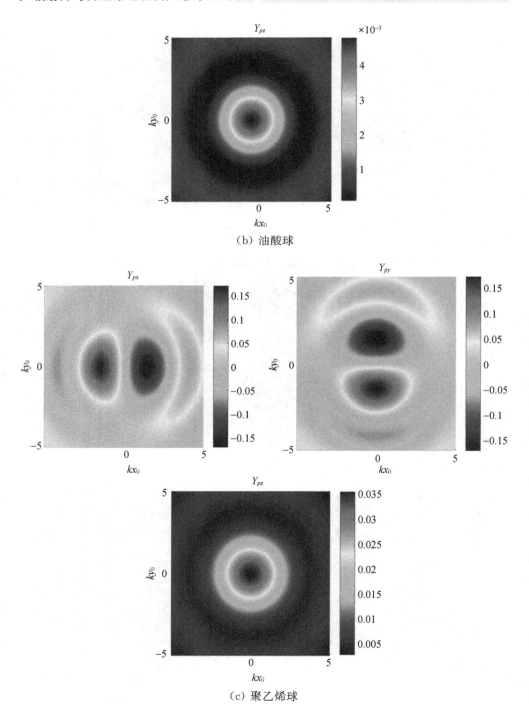

（b）油酸球

（c）聚乙烯球

图 3-31　零阶 Bessel 行波场对球形粒子的声辐射力函数随 $kx_0$ 和 $ky_0$ 的变化，

其中 $ka=1,\beta=\pi/4,kz_0=0$

图 3-32 给出了同样条件下一阶 Bessel 波入射时的三维声辐射力函数计算结果。可以看出，$Y_{px}$ 和 $Y_{py}$ 的奇对称特性消失，但仍满足关于原点呈中心对称的特性。横向声辐射力仅仅在粒子位于声轴上时为零，当 $kx_0 = 0$ 时，粒子仍然可能在 $x$ 方向受到不为零的声辐射力，在 $y$ 方向亦然，这正是高阶 Bessel 波涡旋特性的体现。与零阶 Bessel 波入射的情形类似，三种粒子的轴向声辐射力均为正，但其最大值并不出现在声轴上，而是在环绕声轴的一圆环状区域上。事实上，一阶 Bessel 波具有的涡旋特性使得声波的能量分布在声轴附近形成了"空洞"区域，即声轴附近的声能量反而很小，从而产生的声辐射力也很小。该现象说明当利用高阶 Bessel 波操控粒子时，要想获得较强的声辐射力，在轴入射并非最佳选择。

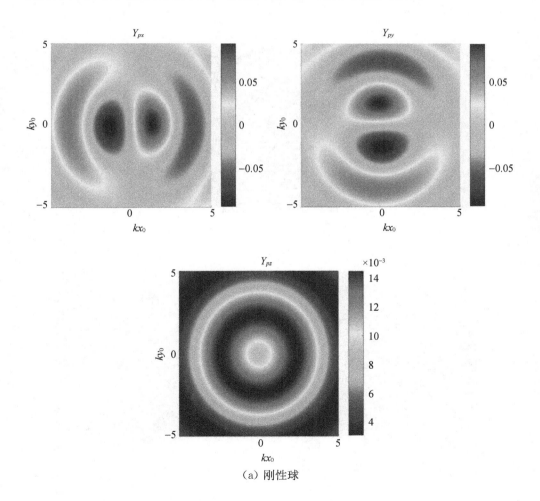

（a）刚性球

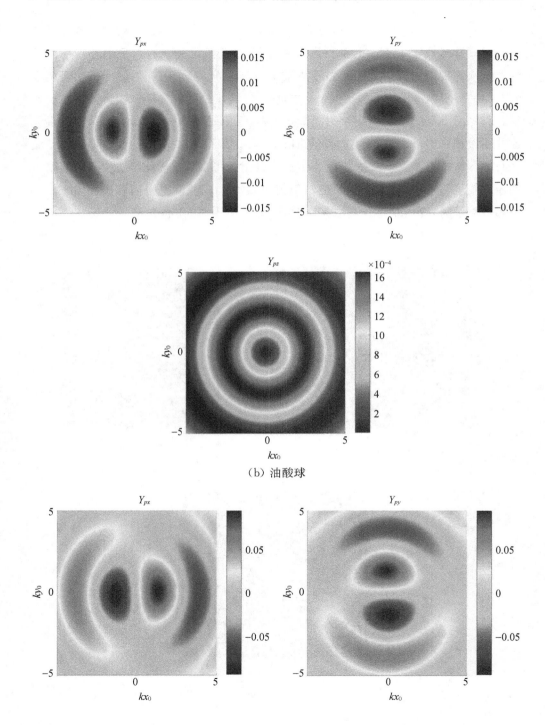

（b）油酸球

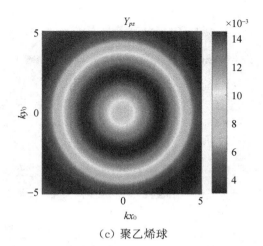

（c）聚乙烯球

**图 3 - 32　一阶 Bessel 行波场对球形粒子的声辐射力函数随 $kx_0$ 和 $ky_0$ 的变化，其中 $ka=1,\beta=\pi/4,kz_0=0$**

将 Bessel 行波换为 Bessel 驻波，仍以球形粒子中心为原点 $O$ 建立坐标系，其余条件保持不变。假定粒子中心和驻波场中心重合，图 3 - 33 显示了此时的物理模型。

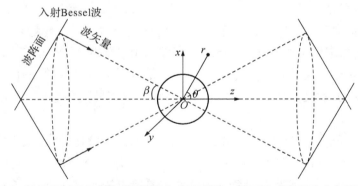

**图 3 - 33　Bessel 驻波入射到水中的球形粒子上，波矢量与 $z$ 轴平行，且粒子中心与驻波场中心重合**

在柱坐标系中，入射 $M$ 阶 Bessel 驻波场的速度势函数可以表示为：

$$\phi_i=\phi_0 i^M J_M(k_r r\sin\theta)\left[e^{ik_z(z+h)}+e^{-ik_z(z+h)}\right]e^{iM\varphi} \tag{3-158}$$

其中，$\phi_0$ 是速度势函数的振幅，$h$ 是球形粒子中心到距其最近的声压波腹的距离。式（3-158）同样可以在球坐标系中进行级数展开，展开结果为：

$$\phi_i=\phi_0\sum_{n=M}^{+\infty}\left\{\frac{(n-M)!}{(n+M)!}(2n+1)i^{n-M}j_n(kr)\left[e^{ik_zh}+(-1)^n e^{-ik_zh}\right]\times\right.$$

$$P_n^M(\cos\theta)P_n^M(\cos\beta)e^{iM\varphi}\Big\}\qquad (3-159)$$

对比式(3-159)和式(3-9)可以得到此时的波形系数为：

$$a_{nm}=4\pi\xi_{nm}i^{n-m+M}P_n^m(\cos\beta)\big[e^{ik_zh}+(-1)^ne^{-ik_zh}\big]\qquad (3-160)$$

由于对称性，此时粒子仍然只受到轴向声辐射力的作用，其形式上可以表示为：

$$F_z=Y_{stz}S_cE\sin(2k_zh)\qquad (3-161)$$

其中，$E=\rho_0k^2\phi_0^2/2$ 是入射声场的能量密度；$S_c=\pi a^2$ 是球形粒子的散射截面积；将式(3-160)代入式(3-27)可以得到轴向声辐射力函数 $Y_{stz}$ 的最终表达式：

$$Y_{stz}=\frac{8}{(ka)^2}\sum_{n=M}^{+\infty}\Big\{\frac{(n-M+1)!}{(n+M)}(-1)^{n+M+1}\big[\beta_n(1+2\alpha_{n+1})-\beta_{n+1}(1+2\alpha_n)\big]\times$$

$$P_n^M(\cos\beta)P_{n+1}^M(\cos\beta)\Big\}$$

$$(3-162)$$

其中，$\alpha_n$ 和 $\beta_n$ 分别是散射系数 $s_n$ 的实部和虚部。可以看出，Bessel 驻波场的轴向声辐射力依然是随空间位置呈周期性变化的物理量，但其变化周期为半波长的 $1/\cos\beta$，或者说是 $z$ 方向的"波长"，这一点与平面驻波场、Gauss 驻波场有所不同。究其原因，还是因为合成 Bessel 波的各平面波波矢量与 $z$ 轴均成一角度。这样一来，轴向声辐射力在 $z$ 方向的声压波腹或波节处取零，其稳定平衡点将取决于声辐射力函数值的符号。与 Bessel 行波入射的结果类似，小于 $M$ 阶的散射项对最终的声辐射力均没有贡献。同样地，式(3-162)只适用于球形粒子中心恰好与 Bessel 波的波束中心重合的情形，当粒子偏离波束中心时，该公式将不再适用。

图 3-34 和图 3-35 分别给出了不同半锥角的零阶和一阶 Bessel 驻波场作用下位于驻波场中心的各类球形粒子的轴向声辐射力函数随 $ka$ 的变化曲线。从结果不难看出，Bessel 驻波场的声辐射力依然主要集中在低频，此时粒子尺寸远小于波长，驻波场声能量空间梯度使得 C 类声辐射力占据主导地位。当轴向声辐射力函数值为正时，粒子将在 $z$ 方向的声压波节处取得稳定平衡；当轴向声辐射力函数值为负时，粒子将在 $z$ 方向的声压波腹处取得稳定平衡。与 Bessel 行波入射的情况类似，当提升驻波场的阶数时，相应的低阶散射项被抑制，因而会大大削弱轴向声辐射力的大小。至于粒子偏离 Bessel 驻波场中心的情况，可以利用基于波形系数的声辐射力计算公式计算三维声辐射力的大小，其过程和 Bessel 行波入射时是类似的，这里不再赘述。

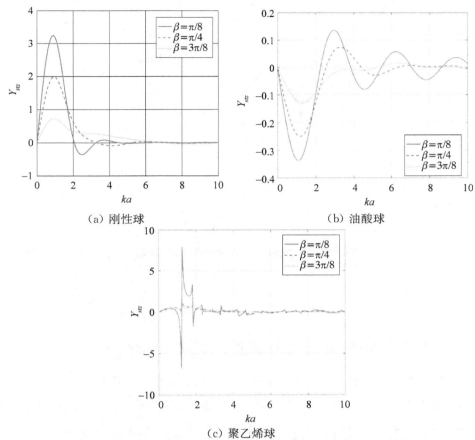

（a）刚性球　　　　　　　　　　　（b）油酸球

（c）聚乙烯球

图 3-34　零阶 Bessel 驻波场对球形粒子的轴向声辐射力函数 $Y_{stz}$ 随 $ka$ 的变化曲线，且粒子中心与驻波场中心重合

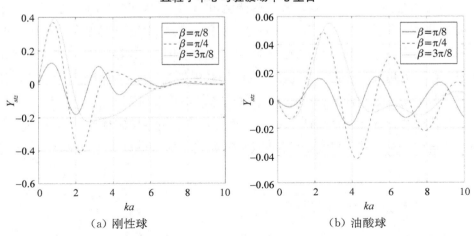

（a）刚性球　　　　　　　　　　　（b）油酸球

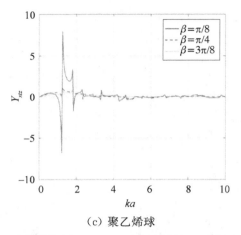

（c）聚乙烯球

**图 3 - 35　一阶 Bessel 驻波场对球形粒子的轴向声辐射力函数 $Y_{stz}$ 随 $ka$ 的变化曲线，且粒子中心与驻波场中心重合**

## 3.4　无限长弹性圆柱壳和弹性球壳的声辐射力

3.3 节中我们详细讨论了均匀圆柱形粒子和球形粒子的声辐射力特性。在实际的声操控中，操控对象往往具有一定的层状结构，不同层介质的声速和密度存在一定差异。例如，生物细胞由内部的细胞核和包围细胞核的细胞质组成，人体的组织和器官也可以看作层状结构，其内部介质是水和空气，外面包裹着其他物质。再如，生物医学中超声造影剂是一种包膜微泡，也具有层状结构，在进行血管内的药物输送时，往往需要在药物表面包裹特定物质，从而减少输送过程中的药物损失，增强输送效率。基于此，我们有必要对层状结构的声辐射力特性进行详细研究，以实现对粒子的精准声操控。本小节针对无限长弹性圆柱壳和弹性球壳两种模型进行声辐射力的推导和计算。同样地，后续讨论将略去"无限长"这一定语。这里的弹性圆柱壳和弹性球壳是指柱壳和球壳的壳层介质是一层固体弹性介质，而其内部充满流体。至于其他更复杂的层状粒子（如三层球），可以按照类似的方法进行讨论。

### 3.4.1　平面波作用下的声辐射力

我们仍然从最简单的平面波入射的情形开始讨论。考虑一列角频率为 $\omega$ 的平面行波,其波矢量垂直于静止放置在水中的一弹性圆柱壳,即所谓正入射。弹性圆柱壳的外半径为 $a$,内半径为 $b$。以弹性圆柱壳轴线上某点为原点 $O$ 建立柱坐标系 $(r,\theta,z)$ 和空间直角坐标系 $(x,y,z)$,两坐标系间满足换算关系:$x=r\cos\theta$,$y=r\sin\theta$,$z=z$。波矢量沿 $x$ 轴正方向,且 $z$ 轴与弹性圆柱壳的轴线重合。设弹性壳层介质的密度为 $\rho_1$,纵波声速和横波声速分别为 $c_c$ 和 $c_s$,其内部流体的密度和声速分别为 $\rho_2$ 和 $c_2$。物理模型如图 3-36 所示。

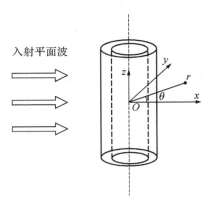

**图 3-36　平面行波正入射到水中的弹性圆柱壳上,波矢量沿 $+x$ 方向**

入射平面波在柱坐标系中依然可以展开为无穷级数的形式,其对应的速度势函数、声压和法向质点振速仍然分别由式(3-30)、式(3-31)和式(3-32)表示。至于散射声场,其对应的速度势函数、声压和法向质点振速仍然分别由式(3-33)、式(3-34)和式(3-35)表示。这些均与入射到均匀圆柱形粒子上的情形无异。

对于弹性壳层介质而言,需要同时考虑其中存在的纵波和横波,其对应的标量势和矢量势函数均满足 Helmholtz 波动方程,分别可以表示成如下的级数展开形式:

$$\Phi=\phi_0\sum_{n=-\infty}^{+\infty}\mathrm{i}^n\big[b_nJ_n(k_cr)+c_nN_n(k_cr)\big]\mathrm{e}^{\mathrm{i}n\theta} \tag{3-163}$$

$$\Pi_z=\phi_0\sum_{n=-\infty}^{+\infty}\mathrm{i}^n\big[d_nJ_n(k_sr)+e_nN_n(k_sr)\big]\mathrm{e}^{\mathrm{i}n\theta} \tag{3-164}$$

其中,$k_c$ 和 $k_s$ 分别是纵波和横波在弹性壳层中的波数;$b_n$、$c_n$、$d_n$ 和 $e_n$ 分别是弹性壳层中相应的透射系数,其具体数值取决于弹性圆柱壳外表面和内表面的边界条件。注意,标量势和矢量势函数的级数展开式中均应当包含柱 Neumann 函数项,因为弹性壳层不包括原点,无须考虑柱 Neumann 函数在原点处的发散问题。至于

弹性圆柱壳内部流体中的声场,其级数展开式为:

$$\phi_t = \phi_0 \sum_{n=-\infty}^{+\infty} i^n f_n J_n(k_2 r) e^{in\theta} \tag{3-165}$$

其中,$k_2$ 是声波在内部流体中的波数;$f_n$ 是相应的透射系数,亦取决于内外表面的边界条件。内部流体中的声压和法向质点振速分别可以表示为:

$$p_t = -i\omega\rho_0 \sum_{n=-\infty}^{+\infty} i^n f_n J_n(k_2 r) e^{in\theta} \tag{3-166}$$

$$v_{t,r} = \sum_{n=-\infty}^{+\infty} i^n f_n k_2 J_n'(k_2 r) e^{in\theta} \tag{3-167}$$

与均匀弹性圆柱形粒子不同,弹性圆柱壳的边界条件需要同时在外表面和内表面处设置,具体可以描述为:在 $r=a$ 和 $r=b$ 处满足法向位移连续、法向应力连续和切向应力为零,即:

$$\begin{cases} (u_{i,r} + u_{s,r}) \Big|_{r=a} = u_r \Big|_{r=a} \\ (p_i + p_s) \Big|_{r=a} = -\sigma_{rr} \Big|_{r=a} \\ \sigma_{r\theta} \Big|_{r=a} = 0 \end{cases} \tag{3-168}$$

$$\begin{cases} u_r \Big|_{r=b} = u_{t,r} \Big|_{r=b} \\ \sigma_{rr} \Big|_{r=b} = -p_t \Big|_{r=b} \\ \sigma_{r\theta} \Big|_{r=b} = 0 \end{cases}$$

其中,$u_{i,r}$ 和 $u_{s,r}$ 分别是入射声场和散射声场的法向质点位移,$u_r$ 是弹性壳层内部的法向质点位移,$\sigma_{rr}$ 和 $\sigma_{r\theta}$ 分别是弹性壳层内部的法向应力和切向应力,$u_{t,r}$ 是内部流体中的法向质点位移。式(3-168)共有六个独立的方程,其中的所有物理量均可以通过相应的势函数得到,联立这六个方程可以解得包括散射系数在内的六个独立系数。这里略去具体的计算过程,直接给出最终散射系数的表达式:

$$s_n = -\frac{F_n J_n(x_1) - x_1 J_n'(x_1)}{F_n H_n^{(1)}(x_1) - x_1 H_n^{(1)\prime}(x_1)} \tag{3-169}$$

其中,

$$F_n = -\rho_0 x_s^2 \frac{\begin{vmatrix} \alpha_{22} & \alpha_{23} & \alpha_{24} & \alpha_{25} & 0 \\ \alpha_{32} & \alpha_{33} & \alpha_{34} & \alpha_{35} & 0 \\ \alpha_{42} & \alpha_{43} & \alpha_{44} & \alpha_{45} & \alpha_{46} \\ \alpha_{52} & \alpha_{53} & \alpha_{54} & \alpha_{55} & \alpha_{56} \\ \alpha_{62} & \alpha_{63} & \alpha_{64} & \alpha_{65} & 0 \end{vmatrix}}{\begin{vmatrix} \alpha_{12} & \alpha_{13} & \alpha_{14} & \alpha_{15} & 0 \\ \alpha_{32} & \alpha_{33} & \alpha_{34} & \alpha_{35} & 0 \\ \alpha_{42} & \alpha_{43} & \alpha_{44} & \alpha_{45} & \alpha_{46} \\ \alpha_{52} & \alpha_{53} & \alpha_{54} & \alpha_{55} & \alpha_{56} \\ \alpha_{62} & \alpha_{63} & \alpha_{64} & \alpha_{65} & 0 \end{vmatrix}} \qquad (3-170)$$

式(3-169)和式(3-170)中的有关参数在附录三中详细给出。可以验证,当 $b/a=0$ 时,该结果将退化为均匀弹性圆柱形粒子的散射系数,这是符合预期的。至此,我们得到了弹性圆柱壳的声散射系数计算公式。

容易看出,粒子仅仅受到 $x$ 方向的声辐射力。至于声辐射力的计算公式,此时仍然选取将弹性圆柱壳包含在内的大圆柱面为积分曲面,与圆柱形粒子相比并无区别。因此,$x$ 方向的声辐射力和声辐射力函数仍然分别由式(3-64)和式(3-65)表示,只需改变其中的声散射系数即可。

在此基础上,可以对特定的弹性圆柱壳在平面波场中受到的声辐射力函数进行仿真。这里以水中的注水聚乙烯圆柱壳作为第一个计算实例。所谓注水聚乙烯圆柱壳,即弹性壳层介质是聚乙烯,圆柱壳的内部流体是水。图 3-37 给出了不同厚度注水聚乙烯圆柱壳的声辐射力函数 $Y_p$ 随 $ka$ 的变化曲线,其中图(a)中的曲线所对应的圆柱壳相对厚度为 $b/a=0.6$、$0.7$、$0.8$、$0.9$,此时弹性圆柱壳相对较厚;图(b)中的曲线所对应的圆柱壳相对厚度为 $b/a=0.96$、$0.97$、$0.98$、$0.99$,此时弹性圆柱壳相对较薄。计算结果显示,注水聚乙烯圆柱壳的声辐射力函数曲线出现了一系列尖锐的峰值,这些尖锐的峰值源于圆柱壳本身的共振散射模式。当改变圆柱壳的相对厚度 $b/a$ 时,圆柱壳的共振散射模式会发生变化,从而使得声辐射力函数峰值的位置和大小也会发生变化。当弹性壳层很薄时,声辐射力会明显降低,且在中低频时尤为明显。由于圆柱壳内部流体和外部流体相同,壳层变薄有利于更多的声能量进入柱壳内部,从而减小声辐射力。尽管如此,在共振频率处,圆柱壳的声辐射力函数仍然可以取较大的峰值。此外,无论是厚圆柱壳还是薄圆柱壳,其受到的声辐射力均为正值,即粒子受到声源排斥力的作用。

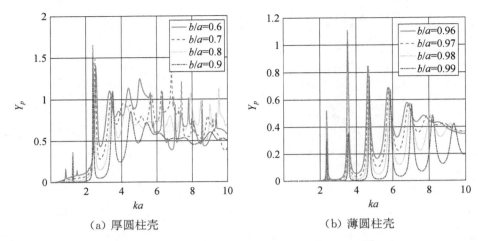

（a）厚圆柱壳 　　　　　　　　　（b）薄圆柱壳

**图 3-37　平面行波场对注水聚乙烯圆柱壳的声辐射力函数 $Y_p$ 随 $ka$ 的变化曲线**

　　将弹性壳层介质换为铝，其余条件均保持不变，此时注水铝圆柱壳的声辐射力函数 $Y_p$ 随 $ka$ 的变化曲线如图 3-38 所示，其中铝的密度为 2 700 kg/m³，纵波声速为 6 420 m/s，横波声速为 3 040 m/s。同样地，图（a）和图（b）分别对应着厚圆柱壳和薄圆柱壳的情形。结果显示，与注水聚乙烯圆柱壳相比，注水铝圆柱壳总体而言受到更强的声辐射力，这是由于铝的声阻抗更大，在圆柱壳表面能够产生更强的声反射。当改变圆柱壳的相对厚度时，仿真曲线峰值的位置和大小也会发生相应的变化。当圆柱壳相对较薄时，声辐射力亦明显弱于相对较厚的圆柱壳，但共振峰的个数要少于注水聚乙烯圆柱壳。

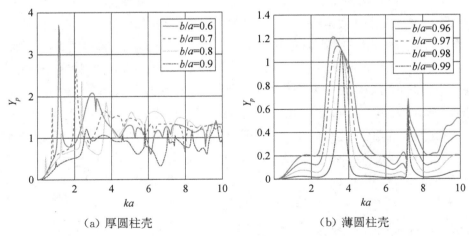

（a）厚圆柱壳 　　　　　　　　　（b）薄圆柱壳

**图 3-38　平面行波场对注水铝圆柱壳的声辐射力函数 $Y_p$ 随 $ka$ 的变化曲线**

　　弹性圆柱壳的内部流体也会对粒子的声辐射力特性产生明显影响。图 3-39

给出了平面波作用下注空气聚乙烯圆柱壳的声辐射力函数 $Y_p$ 随 $ka$ 的变化曲线，其余条件均保持不变。计算结果显示，当内部介质为空气时，由于空气的声阻抗很小，从而增强了内表面的声反射，进而使声辐射力总体得到一定的增强，且在低频范围内尤为明显。此外，当 $b/a \geqslant 0.9$ 时曲线在低频处均出现了较强的共振峰，且相对厚度越薄，该共振峰所对应的频率越低，而共振峰的高度越高。当 $b/a = 0.99$ 时，声辐射力函数的峰值甚至超过 20。有趣的是，对于相对较薄的圆柱壳而言，当 $ka > 2$ 时声辐射力函数曲线不存在任何尖锐的共振峰，总体较为平坦，这意味着此时在仿真范围内无法激发圆柱壳本身的共振散射模式。该现象说明与注水聚乙烯圆柱壳相比，注空气聚乙烯圆柱壳更有利于得到相对稳定的声辐射力。

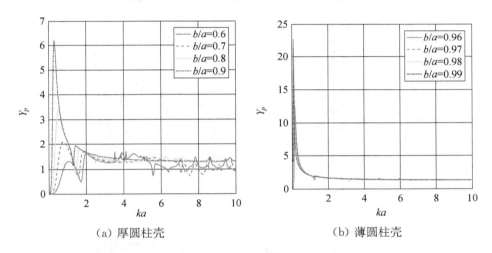

（a）厚圆柱壳　　　　　　　　　　（b）薄圆柱壳

**图 3-39　平面行波场对注空气聚乙烯圆柱壳的声辐射力函数 $Y_p$ 随 $ka$ 的变化曲线**

将平面行波场换为平面驻波场，其余条件均不变，如图 3-40 所示。类似地，此时 $x$ 方向的声辐射力和声辐射力函数与均匀圆柱形粒子的结果完全相同，仍然分别由式（3-77）和式（3-78）表示，只需要替换掉其中的散射系数即可。

图 3-41 给出了平面驻波场作用下注水聚乙烯圆柱壳的声辐射力函数 $Y_{st}$ 随 $ka$ 的变化曲线，其中图（a）和图（b）仍分别对应着厚圆柱壳和薄圆柱壳的情形。可以看出，随着 $ka$ 的变化，圆柱壳所受的声辐射力函数在正值和负值之间反复变化，从而影响粒子在驻波场中的稳定平衡位置。当改变圆柱壳的相对厚度时，声辐射力函数的峰值也会发生相应的改变。至于其余类型弹性圆柱壳的声辐射力，这里不再详细讨论。

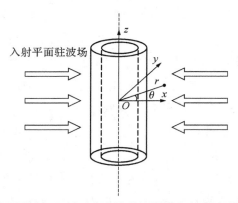

**图 3 - 40    平面驻波正入射到水中的弹性圆柱壳上,波矢量与 $x$ 轴平行**

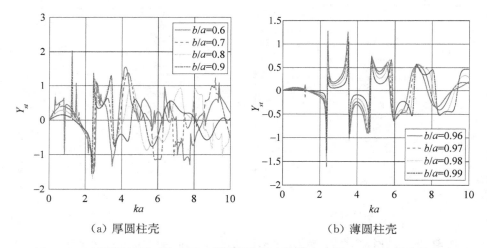

（a）厚圆柱壳　　　　　　　　　（b）薄圆柱壳

**图 3 - 41    平面驻波场对注水聚乙烯圆柱壳的声辐射力函数 $Y_{st}$ 随 $ka$ 的变化曲线**

将二维无限长弹性圆柱壳拓展到三维弹性球壳,其物理模型如图 3 - 42 所示。考虑一列角频率为 $\omega$ 的平面行波入射到水中的弹性球壳上,球壳的外半径为 $a$,内半径为 $b$。设弹性壳层介质的密度为 $\rho_1$,纵波声速和横波声速分别为 $c_c$ 和 $c_s$,其内部流体的密度和声速分别为 $\rho_2$ 和 $c_2$。以弹性球壳的中心为原点 $O$ 建立球坐标系 $(r,\theta,z)$ 和空间直角坐标系 $(x,y,z)$,两坐标系之间满足换算关系:$x = r\sin\theta\cos\varphi$,$y = r\sin\theta\sin\varphi$,$z = r\cos\theta$,波矢量沿 $z$ 轴正方向。

入射平面波的速度势函数、声压和法向质点振速仍分别由式(3 - 79)、式(3 - 80)和式(3 - 81)表示,散射声场的速度势函数、声压和法向质点振速仍分别由式(3 - 82)、式(3 - 83)和式(3 - 84)表示,均与均匀球形粒子的情形无异。

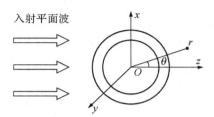

**图 3 - 42** 平面行波入射到水中的弹性球壳上,波矢量沿十$z$方向

对于弹性壳层介质而言,需要同时考虑其中存在的纵波和横波,其对应的标量势和矢量势函数均满足 Helmholtz 波动方程,分别可以表示成如下的级数展开形式:

$$\Phi=\phi_0\sum_{n=0}^{+\infty}(2n+1)\mathrm{i}^n\big[b_nj_n(k_cr)+c_nn_n(k_cr)\big]P_n(\cos\theta) \qquad (3-171)$$

$$\Pi_z=\phi_0\sum_{n=0}^{+\infty}(2n+1)\mathrm{i}^n\big[d_nj_n(k_sr)+e_nn_n(k_sr)\big]P_n(\cos\theta) \qquad (3-172)$$

其中,$k_c$ 和 $k_s$ 分别是纵波和横波在弹性壳层中的波数;$b_n$、$c_n$、$d_n$ 和 $e_n$ 分别是弹性壳层中相应的透射系数,其具体数值取决于弹性球壳外表面和内表面的边界条件。注意,标量势和矢量势函数的级数展开式中均应当包含球 Neumann 函数项,因为弹性壳层不包括原点,无须考虑球 Neumann 函数的发散问题。至于弹性球壳内部流体中的声场,其级数展开式为:

$$\phi_t=\phi_0\sum_{n=0}^{+\infty}(2n+1)\mathrm{i}^nf_nj_n(k_2r)P_n(\cos\theta) \qquad (3-173)$$

其中,$k_2$ 是声波在内部流体中的波数;$f_n$ 是相应的透射系数,亦取决于内外表面的边界条件。内部流体中的声压和法向质点振速分别可以表示为:

$$p_t=-\mathrm{i}\omega\rho_0\phi_0\sum_{n=0}^{+\infty}(2n+1)\mathrm{i}^nf_nj_n(k_2r)P_n(\cos\theta) \qquad (3-174)$$

$$v_{t,r}=\phi_0\sum_{n=0}^{+\infty}(2n+1)\mathrm{i}^nf_nk_2j_n'(k_2r)P_n(\cos\theta) \qquad (3-175)$$

与均匀弹性球形粒子不同,弹性球壳的边界条件需要同时在外表面和内表面处设置,具体可以描述为:在 $r=a$ 处和 $r=b$ 处满足法向位移连续、法向应力连续和切向应力为零,即:

$$\begin{cases} (u_{i,r}+u_{s,r})\big|_{r=a}=u_r\big|_{r=a} \\[2mm] (p_i+p_s)\big|_{r=a}=-\sigma_{rr}\big|_{r=a} \\[2mm] \sigma_{r\theta}\big|_{r=a}=0 \end{cases}$$

$$\begin{cases} u_{r,r}\big|_{r=b}=u_{t,r}\big|_{r=b} \\[2mm] \sigma_{rr}\big|_{r=b}=-p_t\big|_{r=b} \\[2mm] \sigma_{r\theta}\big|_{r=b}=0 \end{cases} \tag{3-176}$$

其中,$u_{i,r}$ 和 $u_{s,r}$ 分别是入射声场和散射声场的法向质点位移,$u_r$ 是弹性壳层内部的法向质点位移,$\sigma_{rr}$ 和 $\sigma_{r\theta}$ 分别是弹性壳层内部的法向应力和切向应力,$u_{t,r}$ 是内部流体中的法向质点位移。注意,式(3-176)和式(3-168)形式上完全相同,但式(3-176)是在球坐标系中描述的。式(3-176)共有六个独立的方程,其中的所有物理量均可以通过相应的势函数得到,联立这六个方程可以解得包括散射系数在内的六个独立系数。这里略去具体的计算过程,直接给出最终散射系数的表达式:

$$s_n=-\frac{F_n j_n(x_1)-x_1 j_n'(x_1)}{F_n h_n^{(1)}(x_1)-x_1 h_n^{(1)'}(x_1)} \tag{3-177}$$

其中,

$$F_n=-\rho_0 \frac{\begin{vmatrix} \alpha_{22} & \alpha_{23} & \alpha_{24} & \alpha_{25} & 0 \\ \alpha_{32} & \alpha_{33} & \alpha_{34} & \alpha_{35} & 0 \\ \alpha_{42} & \alpha_{43} & \alpha_{44} & \alpha_{45} & \alpha_{46} \\ \alpha_{52} & \alpha_{53} & \alpha_{54} & \alpha_{55} & \alpha_{56} \\ \alpha_{62} & \alpha_{63} & \alpha_{64} & \alpha_{65} & 0 \end{vmatrix}}{\begin{vmatrix} \alpha_{12} & \alpha_{13} & \alpha_{14} & \alpha_{15} & 0 \\ \alpha_{32} & \alpha_{33} & \alpha_{34} & \alpha_{35} & 0 \\ \alpha_{42} & \alpha_{43} & \alpha_{44} & \alpha_{45} & \alpha_{46} \\ \alpha_{52} & \alpha_{53} & \alpha_{54} & \alpha_{55} & \alpha_{56} \\ \alpha_{62} & \alpha_{63} & \alpha_{64} & \alpha_{65} & 0 \end{vmatrix}} \tag{3-178}$$

式(3-177)和式(3-178)中的有关参数在附录四中详细给出。可以验证,当 $b/a=0$ 时,该结果将退化为均匀弹性圆柱形粒子的散射系数,这是符合预期的。至此,我们得到了弹性球壳的声散射系数计算公式。

容易看出,粒子仅仅受到 $z$ 方向的声辐射力。至于声辐射力的计算公式,可以通过平面波的波形系数式(3-107)得到,与均匀球形粒子的结果完全相同。因此,$x$ 方向的声辐射力和声辐射力函数仍然分别由式(3-106)和式(3-108)表示,只需改变其中的声散射系数即可。

在此基础上,可以对特定的弹性球壳在平面波场中受到的声辐射力函数进行仿真。这里以水中的注水聚乙烯球壳作为第一个计算实例。图3-43给出了不同厚度注水聚乙烯球壳的声辐射力函数 $Y_p$ 随 $ka$ 的变化曲线,其中图(a)中的曲线所对应的球壳相对厚度为 $b/a=0.6$、$0.7$、$0.8$、$0.9$,此时弹性球壳相对较厚;图(b)中的曲线所对应的球壳相对厚度为 $b/a=0.96$、$0.97$、$0.98$、$0.99$,此时弹性球壳相对较薄。容易看出,与弹性圆柱壳的结果类似,注水聚乙烯球壳的声辐射力函数曲线也出现了一系列尖锐的峰值。这些峰值反映了球壳本身的共振散射模式,且会随着球壳相对厚度的变化而变化。值得一提的是,当 $b/a=0.6$ 时,声辐射力函数在低频处会出现极强的共振峰,取值甚至超过10。尽管实际情况下弹性介质存在的声吸收效应会在一定程度上削弱声辐射力,但该结果仍可以为实际的声操控提供必要的理论指导。同样地,当弹性壳层较薄时,声辐射力会明显减小,且在中低频时尤为明显。此外,球壳受到的声辐射力亦恒为正向力。

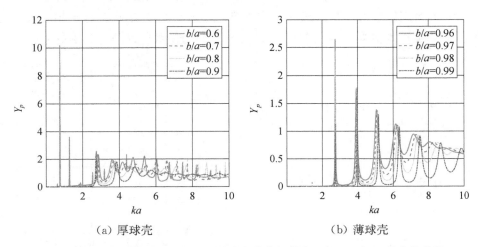

（a）厚球壳　　　　　　　　　　　（b）薄球壳

**图 3-43　平面行波场对注水聚乙烯球壳的声辐射力函数 $Y_p$ 随 $ka$ 的变化曲线**

图3-44给出了注水铝球壳的声辐射力函数 $Y_p$ 随 $ka$ 的变化曲线。当改变球壳的相对厚度时,曲线显示出不同位置和高度的峰值,反映了球壳本身的共振散射模式。特别地,当 $b/a=0.9$ 时,注水铝球壳的声辐射力函数在低频处出现极强的

共振峰,其数值接近 10。当球壳相对较薄时,声辐射力亦明显弱于相对较厚的球壳,仅当 $b/a=0.96$ 时在 $ka=1$ 附近出现较高的共振峰。

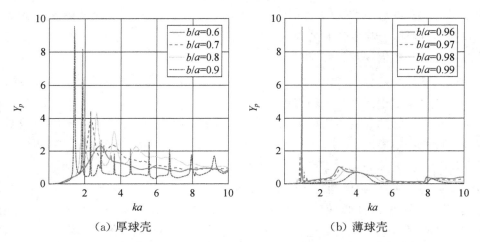

(a) 厚球壳            (b) 薄球壳

**图 3-44  平面行波场对注水铝球壳的声辐射力函数 $Y_p$ 随 $ka$ 的变化曲线**

与弹性圆柱壳的情形一样,我们考虑内部流体对粒子声辐射力特性的影响。图 3-45 给出了平面波作用下注空气聚乙烯球壳的声辐射力函数 $Y_p$ 随 $ka$ 的变化曲线,其余条件均保持不变。计算结果显示,对于相对较厚的球壳而言,仅仅当 $b/a=0.6$ 时声辐射力函数曲线在低频处产生了较强的共振峰。对于相对较薄的球壳而言,低频时的共振峰更加明显,当时声辐射力函数值甚至达到 100 左右。

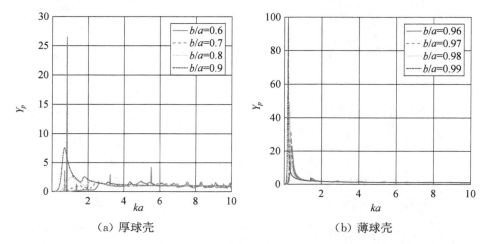

(a) 厚球壳            (b) 薄球壳

**图 3-45  平面行波场对注空气聚乙烯球壳的声辐射力函数 $Y_p$ 随 $ka$ 的变化曲线**

将平面行波换为平面驻波场,其余条件均不变,如图 3-46 所示。类似地,此

时 $x$ 方向的声辐射力和声辐射力函数与均匀球形粒子的结果完全相同,仍然分别由式(3-106)和式(3-108)表示,只需要替换掉其中的散射系数即可。

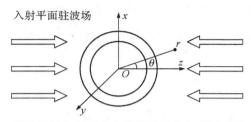

入射平面驻波场

**图 3-46　平面驻波入射到水中的弹性球壳上,波矢量与 $z$ 轴平行**

图 3-47 给出了平面驻波场作用下注水聚乙烯球壳的声辐射力函数 $Y_{st}$ 随 $ka$ 的变化曲线。与圆柱壳的情形类似,球壳的声辐射力函数在正值和负值之间反复变化,其稳定平衡位置也在反复变化。当改变球壳的相对厚度时,声辐射力函数的峰值也会发生相应的改变。特别地,当 $b/a=0.6$ 时,其负向声辐射力函数值可以超过-30。至于其余类型弹性球壳的声辐射力,这里亦不再详细讨论。

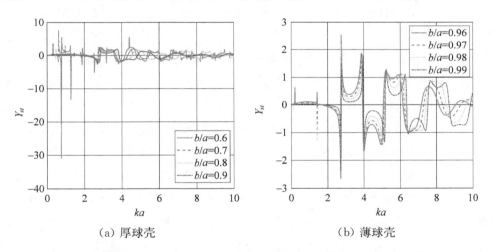

（a）厚球壳　　　　　　　　　　（b）薄球壳

**图 3-47　平面驻波场对注水聚乙烯球壳的声辐射力函数 $Y_{st}$ 随 $ka$ 的变化曲线**

## 3.4.2　Gauss 波作用下的声辐射力

接下来考虑具有聚焦特性的 Gauss 波作用下弹性圆柱壳和弹性球壳的声辐射力特性。图 3-48 显示了一束角频率为 $\omega$ 的 Gauss 波正入射到水中外半径为 $a$、内半径为 $b$ 的无限长弹性圆柱壳上的情形,这里的 Gauss 波在沿粒子轴线方向也具有无限长度,束腰半径为 $W_0$。以圆柱壳轴线上某点为原点 $O$ 建立柱坐标系($r$, $\theta$, $z$)和空间直角坐标系($x, y, z$),两坐标系间满足换算关系:$x = r\cos\theta$, $y = r\sin\theta$, $z = z$。波矢量沿 $x$ 轴正方向,且 $z$ 轴与圆柱形粒子的轴线重合。为了简便,这里仅考虑 Gauss 波的波束中心和弹性圆柱壳中心重合的情形。

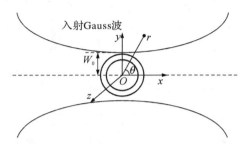

**图 3-48**　**Gauss 行波正入射到水中的弹性圆柱壳上,波矢量沿+$x$ 方向,且粒子中心与波束中心重合**

　　入射二维 Gauss 波在柱坐标系中同样可以展开为无穷级数的形式,其对应的速度势函数、声压和法向质点振速仍然分别由式(3-113)、式(3-116)和式(3-117)表示。至于散射声场,其对应的速度势函数、声压和法向质点振速仍然分别由式(3-118)、式(3-119)和式(3-120)表示,与入射到均匀圆柱形粒子上的情形无异。声散射系数则并不受入射声场的影响,仍然由式(3-169)表示。由于模型的对称性,此时只存在 $x$ 方向的轴向声辐射力,仍由式(3-121)表示,至于轴向声辐射力函数,则仍由式(3-123)表示。

　　图 3-49 给出了位于 Gauss 波束中心的注水聚乙烯圆柱壳的轴向声辐射力函数 $Y_{px}$ 随 $ka$ 的变化关系,其中 Gauss 波的束腰半径满足 $kW_0 = 10$。计算结果显示,与平面波作用下的结果相比,仿真曲线在 $ka < 4$ 时基本一致,随着 $ka$ 的增加,Gauss 波的声辐射力开始明显小于平面波,且 $ka$ 越大,声辐射力函数在峰值处的损失越大。尽管如此,曲线的整体趋势以及峰值的位置并不发生变化。由于圆柱壳中心和波束中心恰好重合,此时轴向声辐射力恒为正值。这些现象与均匀无限长圆柱形粒子的结论是一致的。对于弹性圆柱壳偏离波束中心的情形,只需改变 Gauss 波的波形系数即可,但需要注意,此时需要同时分析轴向和横向声辐射力。

　　将 Gauss 行波场换为 Gauss 驻波场,其余条件均不变,其物理模型如图 3-50 所示。这里仍然仅讨论弹性圆柱壳位于 Gauss 驻波场中心的情形。类似地,此时 $x$ 方向的声辐射力和声辐射力函数与均匀圆柱形粒子的结果完全相同,仍然分别由式(3-126)和式(3-128)表示,只需要替换掉其中的散射系数即可。

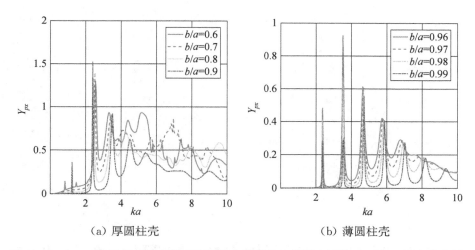

（a）厚圆柱壳　　　　　　　　　　（b）薄圆柱壳

**图 3 - 49**　Gauss 行波场对注水聚乙烯圆柱壳的轴向声辐射力函数 $Y_{px}$ 随 $ka$ 的变化曲线，且粒子中心与波束中心重合，其中 $kW_0 = 10$

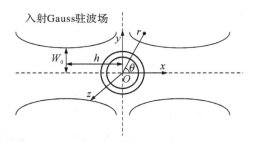

**图 3 - 50**　Gauss 驻波正入射到水中的弹性圆柱壳上，波矢量与 $x$ 轴平行，且粒子中心与驻波场中心重合

图 3 - 51 显示了 Gauss 驻波场对注水聚乙烯圆柱壳的声辐射力函数随 $ka$ 的变化曲线，其中 Gauss 驻波场的束腰半径仍满足 $kW_0 = 10$。与平面驻波场的结果相比，Gauss 驻波作用下的声辐射力函数曲线在中高频处出现了明显的衰减，特别是在共振峰处尤为明显，但曲线的整体趋势并不发生改变。

进一步考虑 Gauss 波对三维弹性球壳的声辐射力特性。考虑一列角频率为 $\omega$ 的 Gauss 波入射到水中外半径为 $a$、内半径为 $b$ 的弹性球壳上，且弹性球壳中心与波束中心恰好完全重合。以弹性球壳中心为原点 $O$ 建立球坐标系 $(r, \theta, z)$ 和空间直角坐标系 $(x, y, z)$，两坐标系之间满足换算关系：$x = r\sin\theta\cos\varphi$，$y = r\sin\theta\sin\varphi$，$z = r\cos\theta$，其波矢量沿 $z$ 轴正方向。图 3 - 52 显示了此时的物理模型。

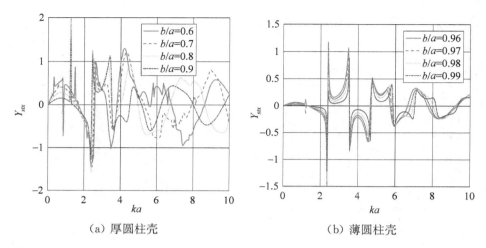

（a）厚圆柱壳 　　　　　　　　　（b）薄圆柱壳

**图 3 - 51　Gauss 驻波场对注水聚乙烯圆柱壳的轴向声辐射力函数 $Y_{stx}$ 随 $ka$ 的变化曲线，且粒子中心与驻波场中心重合，其中 $kW_0 = 10$**

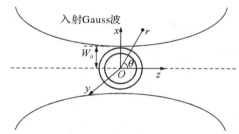

**图 3 - 52　Gauss 行波入射到水中的弹性球壳上，波矢量沿 $+z$ 方向，且粒子中心与波束中心重合**

　　入射 Gauss 波在球坐标系中依然可以展开为无穷级数的形式，其对应的速度势函数、声压和法向质点振速仍然分别由式（3 - 131）、式（3 - 133）和式（3 - 134）表示。至于散射声场，其对应的速度势函数、声压和法向质点振速仍然分别由式（3 - 135）、式（3 - 136）和式（3 - 137）表示，与入射到均匀圆柱形粒子上的情形无异。声散射系数则并不受入射声场的影响，仍然由式（3 - 177）表示。由于模型的对称性，此时只存在 $z$ 方向的轴向声辐射力，仍由式（3 - 138）表示，至于轴向声辐射力函数，则仍由式（3 - 140）表示。

　　图 3 - 53 给出了 Gauss 波入射时注水聚乙烯球壳的轴向声辐射力函数 $Y_{pz}$ 随 $ka$ 的变化曲线，其中 Gauss 驻波场的束腰半径满足 $kW_0 = 10$。与平面波作用下的结果相比，此时声辐射力函数曲线的大体趋势并不发生改变，但曲线峰值明显减

小,且随着 $ka$ 的增加,该效应愈发明显。这一现象与弹性圆柱壳的结果类似。对于弹性球壳偏离波束中心的情形,只需改变 Gauss 波的波形系数即可,但需要注意,此时需要同时分析三个方向的声辐射力。

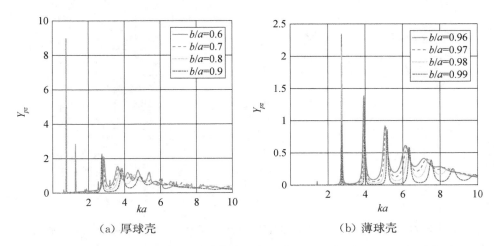

（a）厚球壳　　　　　　　　　　（b）薄球壳

**图 3 - 53　Gauss 行波场对注水聚乙烯球壳的轴向声辐射力函数 $Y_{pz}$ 随 $ka$ 的变化曲线,**
**且粒子中心与波束中心重合,其中 $kW_0 = 10$**

将 Gauss 行波场换为 Gauss 驻波场,其余条件均不变,其物理模型如图 3 - 54 所示。这里仍然仅讨论弹性球壳位于 Gauss 驻波场中心的情形。类似地,此时 $z$ 方向的声辐射力和声辐射力函数与均匀球形粒子的结果完全相同,仍然分别由式(3 - 142)和式(3 - 143)表示,只需要替换掉其中的散射系数即可。弹性球壳偏离 Gauss 驻波场中心时的讨论是类似的,这里不再赘述。

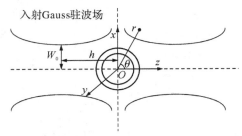

**图 3 - 54　Gauss 驻波入射到水中的弹性球壳上,波矢量与 $z$ 轴平行,且粒子中心与驻波场中心重合**

图 3 - 55 显示了 Gauss 驻波场对注水聚乙烯球壳的声辐射力函数 $Y_{stz}$ 随 $ka$ 的变化曲线,其中 Gauss 驻波场的束腰半径仍满足 $kW_0 = 10$。与平面驻波场的结果相比,Gauss 驻波作用下的声辐射力函数曲线同样在中高频处出现了明显的衰

减,共振峰被削弱,但曲线的整体趋势并不发生改变。这一现象也是和弹性圆柱壳的结果相类似的。

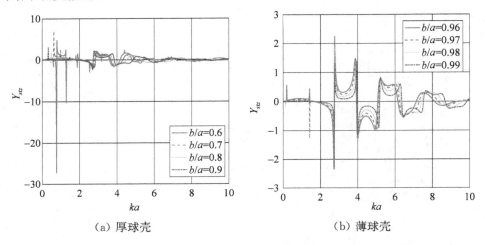

（a）厚球壳　　　　　　　　（b）薄球壳

图 3-55　Gauss 驻波场对注水聚乙烯球壳的轴向声辐射力函数 $Y_{stz}$ 随 $ka$ 的变化曲线,
且粒子中心与波束中心重合,其中 $kW_0=10$

### 3.4.3　Bessel 波作用下的声辐射力

接下来考虑 Bessel 波对弹性球壳的声辐射力特性。考虑一束角频率为 $\omega$ 的 Bessel 波入射到水中外半径为 $a$、内半径为 $b$ 的弹性球壳上。这里依然考虑最简单的情形,即粒子的中心恰好与 Bessel 波的波束中心重合。图 3-56 显示了此时的物理模型。以弹性球壳中心为原点 $O$ 建立空间直角坐标系 $(x,y,z)$ 和球坐标系 $(r,\theta,\varphi)$,两坐标系间满足换算关系: $x=r\sin\theta\cos\varphi,y=r\sin\theta\sin\varphi,z=r\cos\theta$。Bessel 波沿 $z$ 轴正方向入射,且半锥角为 $\beta$。

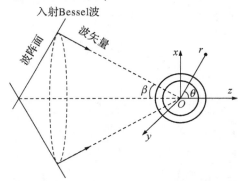

图 3-56　Bessel 行波入射到水中的弹性球壳上,波矢量沿 $+z$ 方向,且粒子中心与波束中心重合

148

入射 Bessel 波在球坐标系中同样可以展开为无穷级数的形式,其对应的速度势函数、声压和法向质点振速仍然分别由式(3-145)、式(3-146)和式(3-147)表示。至于散射声场,其对应的速度势函数、声压和法向质点振速仍然分别由式(3-148)、式(3-149)和式(3-150)表示,与入射到均匀球形粒子上的情形无异。声散射系数则并不受入射声场的影响,仍然由式(3-177)表示。由于模型的对称性,此时只存在 $z$ 方向的轴向声辐射力,仍由式(3-152)表示,至于轴向声辐射力函数,则仍由式(3-153)表示。

图 3-57 给出了零阶 Bessel 波对位于波束中心的注水聚乙烯球壳的声辐射力函数 $Y_{pz}$ 随 $ka$ 的变化曲线,其中零阶 Bessel 波的半锥角为 $\beta = \pi/4$。与均匀球形粒子的计算结果类似,弹性球壳在 Bessel 波场中受到的声辐射力远小于平面波场,这亦是由于合成 Bessel 波的波矢量与声轴成一角度所引起的。尽管如此,对于相同厚度的注水聚乙烯球壳而言,其共振峰的产生位置仅取决于自身的性质,并不随波束类型的改变而改变。值得一提的是,对于图 3-57(a)所示的相对较厚的弹性球壳,在适当的 $ka$ 范围内会出现较为微弱的负向声辐射力,这是平面波和 Gauss 波所不具备的性质。至于弹性球壳偏离波束中心的情形,需要改变此时的波形系数,并同时考虑三个方向的声辐射力,这里略去详细的讨论。

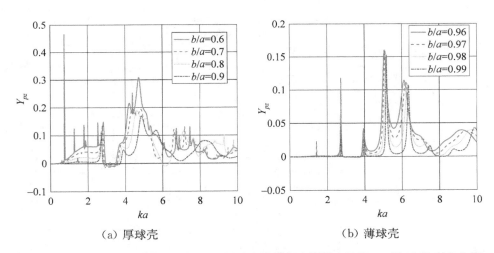

(a) 厚球壳　　　　　　　　　　(b) 薄球壳

图 3-57　零阶 Bessel 行波场对注水聚乙烯球壳的轴向声辐射力函数 $Y_{pz}$ 随 $ka$ 的变化曲线,且粒子中心与波束中心重合,其中 $\beta = \pi/4$

将 Bessel 行波场换为 Bessel 驻波场,其余条件均不变,其物理模型如图 3-58 所示。这里仍然仅讨论弹性球壳位于 Bessel 驻波场中心的情形。类似地,此时 $z$

方向的声辐射力和声辐射力函数与均匀球形粒子的结果完全相同,仍然分别由式 (3-161)和式(3-162)表示,只需要替换掉其中的散射系数即可。

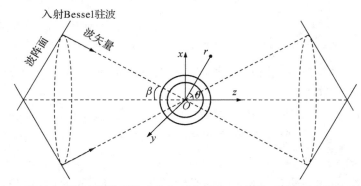

**图 3-58　Bessel 驻波入射到水中的弹性球壳上,波矢量与 z 轴平行,且粒子中心与驻波场中心重合**

图 3-59 显示了零阶 Bessel 驻波场对注水聚乙烯球壳的声辐射力函数 $Y_{stz}$ 随 $ka$ 的变化曲线,其中 Bessel 驻波场的半锥角仍满足 $\beta=\pi/4$。同样地,此时的 声辐射力函数亦明显小于平面驻波场作用下的结果,但曲线峰值的位置并不 改变。

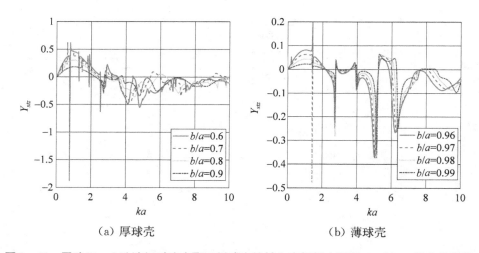

（a）厚球壳　　　　　　　　　　　　（b）薄球壳

**图 3-59　零阶 Bessel 驻波场对注水聚乙烯球壳的轴向声辐射力函数 $Y_{stz}$ 随 $ka$ 的变化曲线, 且粒子中心与驻波场中心重合,其中 $\beta=\pi/4$**

## 3.5　无限长椭圆柱形粒子和椭球形粒子的声辐射力

3.3 节和 3.4 节分别详细讨论了均匀圆柱形粒子和均匀球形粒子、弹性圆柱壳和弹性球壳的声辐射力特性,实际的声操控中确实存在大量可以看作或近似看作这四种模型的操控对象,因而所得到的结果在一定程度上具有较强的适用性。尽管如此,很多情况下利用这样的模型会带来较大的误差。例如,对于长纤维而言,其横截面往往是椭圆形而非标准的圆形,此时将其看作无限长椭圆柱更合适。即使对于某些可以看作无限长圆柱的粒子而言,若其本身的可压缩性较强,则在受到较强的声辐射力作用时往往会发生挤压和变形,从而变成无限长椭圆柱形粒子。再如,对于声场中的悬浮液滴,其受到重力、表面张力和声辐射力的共同作用,会产生复杂的形态变化,在最终达到稳定状态时往往呈现出扁椭球的形状。为了进一步分析这些粒子的声辐射力特性,我们有必要将研究对象拓宽至无限长椭圆柱形粒子和椭球形粒子,从而为实际声操控提供更加精确的理论指导。类似地,为了简便,后续讨论将常常略去"无限长"这一定语。此外,这里所指的椭圆柱形粒子和椭球形粒子仍然是均匀粒子,即在粒子内部密度和声速处处相同。

### 3.5.1　平面波作用下的声辐射力

我们依然从最简单的平面波入射的情形开始讨论。首先考虑所谓正入射情形,即波矢量垂直于椭圆柱形粒子的轴线。有必要指出,与圆柱形粒子不同,对于波矢量沿某个固定方向的平面波,当椭圆柱形粒子绕自身轴线旋转时散射截面会发生相应的改变,进而改变粒子受到的声辐射力。当平面波波矢量恰好垂直于椭圆柱形粒子的某个半轴时,由于模型的对称性,粒子仅仅受到沿波矢量方向的声辐射力。当平面波波矢量与椭圆柱形粒子的两个半轴均不垂直时,粒子同时受到沿波矢量方向和垂直于波矢量方向的声辐射力。值得一提的是,由于模型的对称性消失,此时粒子还会受到声辐射力矩的作用,该力矩将驱使粒子绕自身轴线转动。应当指出,无论是哪种情况,平面波波矢量均垂直于粒子自身的轴线,即均属于正入射情形。这里首先考虑第一类情况,即波矢量恰好垂直于粒子的某个半轴。

考虑一列角频率为 $\omega$ 的平面波入射到水中的椭圆柱形粒子上,粒子横截面的两个半轴的长度分别为 $a$ 和 $b$。当 $a>b$ 时,$a$ 为长半轴,$b$ 为短半轴;当 $a<b$ 时,$a$

为短半轴,$b$ 为长半轴;当 $a=b$ 时,椭圆柱形粒子将退化为圆柱形粒子。由此可见,圆柱形粒子可以看作椭圆柱形粒子的一个特例。以椭圆柱形粒子轴线上某点为原点 $O$ 建立柱坐标系 $(r,\theta,z)$ 和空间直角坐标系 $(x,y,z)$,两坐标系间满足换算关系:$x=r\cos\theta,y=r\sin\theta,z=z$。椭圆柱形粒子的长度为 $a$ 和 $b$ 的两个半轴分别位于 $x$ 轴和 $y$ 轴上,平面波波矢量沿 $x$ 轴正方向,且 $z$ 轴与椭圆柱形粒子的轴线重合。图 3-60 显示了该物理模型的俯视图。

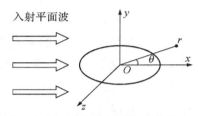

入射平面波

**图 3-60 平面行波正入射到水中的椭圆柱形粒子上,波矢量沿 +$x$ 方向**

对于椭圆柱形粒子而言,最直接的思路是将声场在椭圆柱坐标系中进行无穷级数展开,根据粒子表面的边界条件求解椭圆柱坐标系中的声散射系数,进而求解最终的声辐射力。事实上,部分文献[6]中确实按照这样的方法进行计算并得到了最终结果。然而,椭圆柱坐标系中的运算涉及 Mathieu 函数,其过程甚是烦琐,对于其他复杂声波入射的情况更是如此。因此,这里不打算采用这一思路,而是沿用柱坐标系下的级数展开法进行求解。应当指出,柱函数在圆柱形粒子表面构成完备规范正交系,但在椭圆柱形粒子表面却不再满足这一性质,需要重新进行 Fourier 级数展开,这一点无论是在计算椭圆柱形粒子还是椭球形粒子的声辐射力问题时均应当牢记。

入射平面波的速度势函数在柱坐标系下的级数展开式早已在式(3-30)中给出,其对应的声压亦可以展开为式(3-31),但法向质点振速的级数展开式有所不同,这是因为对于椭圆柱形粒子而言,其表面法向和径向的含义一般而言并不相同。所谓径向是指粒子中心到表面某点的连线方向,该方向一般并不垂直于粒子表面的切平面,并非法向。如何表示出椭圆柱形粒子界面上任意一点的法向呢?为此,我们定义其椭圆截面的形状函数:

$$S_\theta=\frac{1}{\sqrt{\left(\dfrac{\cos\theta}{a}\right)^2+\left(\dfrac{\sin\theta}{b}\right)^2}} \tag{3-179}$$

形状函数的几何意义是:以椭圆中心为端点作射线,且该射线与 $x$ 轴的夹角为

$\theta$,则该射线与椭圆的交点到椭圆中心的距离为 $S_\theta$。因此,粒子表面可由方程 $r = S_\theta$ 描述。可以看出,对于一般的椭圆 $(a \neq b)$ 而言,形状函数是和极角有关的函数;对于圆 $(a = b)$ 而言,形状函数退化为和极角无关的常数,其值为圆的半径 $a$。基于式 $(3-179)$,椭圆柱形粒子的外法向单位矢量 $\boldsymbol{n}$ 可以表示为:

$$\boldsymbol{n} = \boldsymbol{e}_r - \frac{1}{S_\theta} \frac{\mathrm{d}S_\theta}{\mathrm{d}\theta} \boldsymbol{e}_\theta \tag{3-180}$$

其中,$\boldsymbol{e}_r$ 和 $\boldsymbol{e}_\theta$ 分别是极径和极角方向的单位矢量。于是,入射声场的法向质点振速可以表示为:

$$v_{i,n} = \nabla \phi_i \cdot \boldsymbol{n} \tag{3-181}$$

式 $(3-181)$ 在数学上正是速度势函数在法向的方向导数。至于散射声场,其速度势函数和声压的级数展开式仍分别由式 $(3-33)$ 和式 $(3-34)$ 表示,而对应的法向质点振速同样可以表示为:

$$v_{s,n} = \nabla \phi_s \cdot \boldsymbol{n} \tag{3-182}$$

接下来的任务就是求解散射系数,这里分为刚性椭圆柱和流体椭圆柱两种情况讨论,至于弹性椭圆柱,其计算较为复杂,但原理是类似的,本书不作详细介绍。

(1) 刚性椭圆柱

刚性椭圆柱表面的法向质点振速必须为零,即:

$$(v_{i,n} + v_{s,n}) \Big|_{r=S_\theta} = 0 \tag{3-183}$$

将式 $(3-181)$ 和式 $(3-182)$ 代入式 $(3-183)$ 可得方程:

$$\sum_{n=-\infty}^{+\infty} \mathrm{i}^n \left[ A_n(\theta) + s_n B_n(\theta) \right] = 0 \tag{3-184}$$

其中,

$$\begin{Bmatrix} A_n(\theta) \\ B_n(\theta) \end{Bmatrix} = \mathrm{e}^{\mathrm{i}n\theta} \left[ k \begin{Bmatrix} J'_n(kS_\theta) \\ H_n^{(1)'}(kS_\theta) \end{Bmatrix} - \mathrm{i} \left( \frac{n}{S_\theta^2} \right) \frac{\mathrm{d}S_\theta}{\mathrm{d}\theta} \begin{Bmatrix} J_n(kS_\theta) \\ H_n^{(1)}(kS_\theta) \end{Bmatrix} \right] \tag{3-185}$$

对于刚性圆柱而言,形状函数和极角无关,则式 $(3-185)$ 右边第二项恒为零,式 $(3-184)$ 左边正是以 $\exp(\mathrm{i}n\theta)$ 为正交基底的 Fourier 级数,从而很容易通过直接去掉求和号得到散射系数的表达式 $s_n = -J'_n(ka)/H_n^{(1)'}(ka)$。然而,对于一般的椭圆柱形粒子而言,其形状函数和极角有关,则式 $(3-185)$ 右边第二项不再为零,式 $(3-184)$ 左边也不再是以 $\exp(\mathrm{i}n\theta)$ 为正交基底的 Fourier 级数,无法通过直接去掉求和号来计算散射系数。基于此,必须将式 $(3-184)$ 的左边改写成以 $\exp(\mathrm{i}n\theta)$

为正交基底的 Fourier 级数,即:

$$\sum_{n=-\infty}^{+\infty} i^n [A_n(\theta) + s_n B_n(\theta)] = \sum_{n=-\infty}^{+\infty} [\overline{A}_n + s_n \overline{B}_n] e^{in\theta} = 0 \qquad (3-186)$$

其中,$\overline{A}_n$ 和 $\overline{B}_n$ 是与极角无关的 Fourier 展开系数,需要通过 Fourier 逆变换进行计算,其具体表达式为:

$$\begin{Bmatrix} \overline{A}_l \\ \overline{B}_l \end{Bmatrix} = \frac{1}{2\pi} \sum_{n=-\infty}^{+\infty} i^n \int_0^{2\pi} \begin{Bmatrix} A_n(\theta) \\ B_n(\theta) \end{Bmatrix} e^{-il\theta} d\theta \qquad (3-187)$$

至此,式(3-186)左边已经成为 Fourier 级数,可以通过直接去掉求和号解得散射系数。值得一提的是,式(3-187)涉及定积分运算,往往无法得到显式解析解,需要选取合适的数值积分方法。在后续求解中,我们均选取 Simpson 积分方法,该方法在平滑曲面上误差很小。

（2）流体椭圆柱

与刚性椭圆柱不同,流体椭圆柱内部可以存在声波,必须考虑透射声场的影响。透射声场的速度势函数和声压亦可以分别展开为式(3-38)和式(3-39)的形式,至于透射声场的法向质点振速,可以表示为:

$$v_{t,n} = \nabla \phi_t \cdot \boldsymbol{n} \qquad (3-188)$$

此时,声压和法向质点振速均必须满足在粒子表面连续的边界条件,即:

$$\begin{cases} (p_i + p_s)\big|_{r=S_\theta} = p_t\big|_{r=S_\theta} \\ (v_{i,n} + v_{s,n})\big|_{r=S_\theta} = v_{t,n}\big|_{r=S_\theta} \end{cases} \qquad (3-189)$$

将式(3-31)、式(3-181)、式(3-34)、式(3-182)、式(3-39)和式(3-188)代入式(3-189),得到方程组:

$$\begin{cases} -i\omega\rho_0 \sum_{n=-\infty}^{+\infty} i^n [C_n(\theta) + s_n D_n(\theta)] = -i\omega\rho_1 \sum_{n=-\infty}^{+\infty} i^n b_n E_n(\theta) \\ \sum_{n=-\infty}^{+\infty} i^n [F_n(\theta) + s_n G_n(\theta)] = \sum_{n=-\infty}^{+\infty} i^n b_n I_n(\theta) \end{cases} \qquad (3-190)$$

其中,

$$\begin{Bmatrix} C_n(\theta) \\ D_n(\theta) \\ E_n(\theta) \end{Bmatrix} = e^{in\theta} \begin{Bmatrix} J_n(kS_\theta) \\ H_n^{(1)}(kS_\theta) \\ J_n(k_1 S_\theta) \end{Bmatrix}$$

$$\left\{\begin{matrix} F_n(\theta) \\ G_n(\theta) \end{matrix}\right\} = e^{in\theta} \left[ k \left\{\begin{matrix} J_n'(kS_\theta) \\ H_n^{(1)\prime}(kS_\theta) \end{matrix}\right\} - i\left(\frac{n}{S_\theta^2}\right) \frac{dS_\theta}{d\theta} \left\{\begin{matrix} J_n(kS_\theta) \\ H_n^{(1)}(kS_\theta) \end{matrix}\right\} \right]$$

$$I_n(\theta) = e^{in\theta} k_1 J_n'(k_1 S_\theta) - i\left(\frac{n}{S_\theta^2}\right) \frac{dS_\theta}{d\theta} J_n(k_1 S_\theta) \qquad (3-191)$$

仿照对于刚性椭圆柱的处理,将式(3-191)两边全部改写为以 $\exp(in\theta)$ 为正交基底的 Fourier 级数,其具体表达式为:

$$\begin{cases} -i\omega\rho_0 \sum_{n=-\infty}^{+\infty} [\overline{C}_n + s_n \overline{D}_n] e^{in\theta} = -i\omega\rho_1 \sum_{n=-\infty}^{+\infty} b_n \overline{E}_n e^{in\theta} \\ \sum_{n=-\infty}^{+\infty} [\overline{F}_n + s_n \overline{G}_n] e^{in\theta} = \sum_{n=-\infty}^{+\infty} b_n \overline{I}_n e^{in\theta} \end{cases} \qquad (3-192)$$

其中, $\overline{C}_n$、$\overline{D}_n$、$\overline{E}_n$、$\overline{F}_n$、$\overline{G}_n$ 和 $\overline{I}_n$ 是与极角无关的 Fourier 展开系数,需要通过 Fourier 逆变换进行计算,其具体表达式为:

$$\left\{\begin{matrix} \overline{C}_l \\ \overline{D}_l \\ \overline{E}_l \\ \overline{F}_l \\ \overline{G}_l \\ \overline{I}_l \end{matrix}\right\} = \frac{1}{2\pi} \sum_{n=-\infty}^{+\infty} i^n \int_0^{2\pi} \left\{\begin{matrix} C_n(\theta) \\ D_n(\theta) \\ E_n(\theta) \\ F_n(\theta) \\ G_n(\theta) \\ I_n(\theta) \end{matrix}\right\} e^{-il\theta} d\theta \qquad (3-193)$$

至此,通过求解方程组(3-192)即可得到最终的散射系数。

有了声散射系数,便可以进行声辐射力的计算了。同样地,我们这里不准备推导柱坐标系下的声辐射力函数表达式,而是打算直接利用积分式(3-6)进行计算。有必要指出,这里如果将积分面选为椭圆柱表面,则计算相当复杂。为此,我们选取一个以 $O$ 为中心、将粒子包含在内的单位长度的大封闭圆柱面作为积分曲面进行计算,这将大大降低计算的复杂度。将各物理量的分量代入式(3-62)中,得到单位长度的椭圆柱形粒子在 $x$ 方向受到的声辐射力和声辐射力函数仍分别由式(3-64)和式(3-65)所示,即与圆柱形粒子的结果形式上完全相同。这是不难预料的,因为我们本就选取了圆柱面进行积分运算。需要注意的是,此时的散射截面应当改为 $S_c = 2b$,散射系数亦需要替换为椭圆柱形粒子的散射系数。

图 3-61 显示了平面行波场中椭圆柱形粒子的声辐射力函数 $Y_p$ 随 $ka$ 的变化曲线,其中两个半轴的长度比分别设为 $a/b = 2/3$、$4/5$、$1$、$5/4$、$3/2$,图(a)和图(b)

分别对应着刚性椭圆柱和油酸椭圆柱的情形。从刚性椭圆柱的结果可以看出,随着 $kb$ 的增大,声辐射力函数值均迅速增大,直至达到峰值,随后逐渐趋于稳定。当两个半轴的长度比 $a/b$ 增大时,声辐射力函数的峰值向低频移动,且峰值以及最后的稳定值均明显减小。对于 $a/b$ 分别为 2/3 和 3/2 的椭圆柱形粒子而言,前者的声辐射力峰值可以达到后者的近 2 倍,而稳定值约为后者的 3 倍。这说明椭圆柱的具体放置方式对声辐射力有着显著影响,在声操控中应当予以额外关注。直观地看,当 $a/b$ 小于 1 时迎着波阵面的方向粒子成为扁椭圆柱,其对声波的散射效应较为明显,因而声辐射力更大,这种入射方式称为"侧向入射"[7]。当 $a/b$ 大于 1 时,迎着波阵面的方向粒子成为长椭圆柱,其对声波的散射效应较为微弱,因而声辐射力更小,这种入射方式称为"端向入射"[7]。尽管如此,在 $kb<0.5$ 的低频范围内,不同曲线并未显示出明显差异。事实上,此时粒子的尺寸远小于声波波长,其具体形状对声辐射力的大小几乎没有显著影响。特别地,当 $a/b$ 为 1 时,计算结果与平面波对刚性圆柱的声辐射力函数曲线完全相同,这也是符合预期的。与油酸圆柱的计算结果不同,油酸椭圆柱的声辐射力可正可负。其中,尤为值得关注的是当 $a/b$ 取 2/3 和 3/2 时,声辐射力函数曲线在 $kb>5$ 的高频范围内出现了明显的振荡特性,其中后者的振荡特性尤为显著,且其负向声辐射力函数幅值可以达到 0.7 左右,远远大于圆柱形粒子的声辐射力函数幅值。从物理机制的角度分析,这些振荡源于椭圆柱形粒子周围的散射波和爬波的相互干涉。同样地,当 $a/b$ 为 1 时,计算结果与平面波对油酸圆柱的声辐射力函数曲线完全一致。

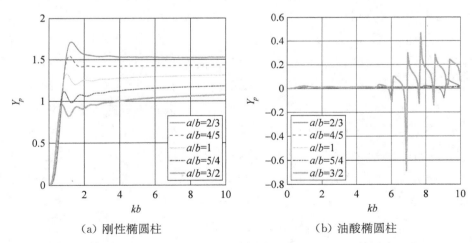

(a) 刚性椭圆柱  (b) 油酸椭圆柱

**图 3-61**  平面行波场对椭圆柱形粒子的声辐射力函数 $Y_p$ 随 $kb$ 的变化曲线,且波矢量沿 $+x$ 方向

　　将平面行波场换为平面驻波场,其余条件均不变,其物理模型如图 3 - 62 所示。类似地,此时 $x$ 方向的声辐射力和声辐射力函数与均匀圆柱形粒子的结果形式上完全相同,仍然分别由式(3 - 77)和式(3 - 78)表示,但是需要替换掉其中的散射截面和散射系数。值得注意的是,对于椭圆柱形粒子而言,驻波场的散射系数和行波场有所不同,需要重新予以计算,下面进行详细说明。

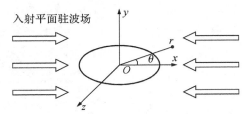

**图 3 - 62　平面驻波正入射到水中的椭圆柱形粒子上,波矢量与 $x$ 轴平行**

　　入射平面驻波场的速度势函数在柱坐标系下的级数展开式早已在式(3 - 76)中给出。与平面行波的展开式相比,式(3 - 76)增加了一项 $\exp(ikh)+(-1)^n\exp(-ikh)$,不妨将这一项看作平面驻波场的"波束因子"。这一波束因子的存在对后续运算的影响在于,在求解 Fourier 级数的展开系数时,需要考虑这一波束因子的影响。具体地,对于刚性椭圆柱而言,式(3 - 187)需要修改为:

$$\begin{Bmatrix} \overline{A}_l \\ \overline{B}_l \end{Bmatrix} = \frac{1}{2\pi} \sum_{n=-\infty}^{+\infty} i^n \left[ e^{ikh} + (-1)^n e^{-ikh} \right] \int_0^{2\pi} \begin{Bmatrix} A_n(\theta) \\ B_n(\theta) \end{Bmatrix} e^{-il\theta} d\theta \qquad (3 - 194)$$

将式(3 - 194)代入边界条件式(3 - 186)即可得到刚性椭圆柱在驻波场中的散射系数。对于流体椭圆柱而言,式(3 - 193)需要修改为:

$$\begin{Bmatrix} \overline{C}_l \\ \overline{D}_l \\ \overline{E}_l \\ \overline{F}_l \\ \overline{G}_l \\ \overline{I}_l \end{Bmatrix} = \frac{1}{2\pi} \sum_{n=-\infty}^{+\infty} i^n \left[ e^{ikh} + (-1)^n e^{-ikh} \right] \int_0^{2\pi} \begin{Bmatrix} C_n(\theta) \\ D_n(\theta) \\ E_n(\theta) \\ F_n(\theta) \\ G_n(\theta) \\ I_n(\theta) \end{Bmatrix} e^{-il\theta} d\theta \qquad (3 - 195)$$

将式(3 - 195)代入式(3 - 192)即可得到流体椭圆柱在驻波场中的散射系数。

　　上述得到的散射系数和行波场中的散射系数是不同的。究其原因,对于圆柱形粒子和圆柱壳而言,可以直接给出柱坐标系中的 Fourier 级数展开式,在计算散射系数时可以直接约去波束因子,但对于椭圆柱形粒子而言,需要重新计算 Fourier 展开系数,无法直接约去波束因子,因而行波场和驻波场的散射系数有所不同。事实上,当改变入射声场时,均需要重新计算椭圆柱形粒子的散射系数。

图 3-63 显示了平面驻波场中刚性椭圆柱和油酸椭圆柱的声辐射力函数 $Y_{st}$ 随 $ka$ 的变化曲线,其余条件与图 3-61 均完全相同。计算结果显示,刚性椭圆柱的所有仿真曲线均出现负值,且该负向声辐射力函数值随着 $a/b$ 的增大而增大。注意,这里的负值并不表示实际声辐射力的方向,而是代表粒子在驻波场声压波腹而非波节处取得稳定平衡。对于 $a/b>1$ 的刚性椭圆柱,声辐射力函数曲线的振荡特性更明显。但无论何种尺寸比例的粒子,随着 $kb$ 的增大,其声辐射力函数值最终均趋于零。对于油酸椭圆柱而言,当 $a/b$ 取 2/3 或 3/2 时,声辐射力函数曲线在 $kb>5$ 的高频范围内同样出现了明显的振荡特性,且后者更为显著,其负向声辐射力函数幅值可以达到 0.9 左右,远远大于圆柱形粒子的声辐射力函数幅值。这些振荡同样源于椭圆柱形粒子周围的散射波和爬波的相互干涉。同样地,当 $a/b$ 为 1 时,计算结果与平面波对油酸圆柱的声辐射力函数曲线完全一致。

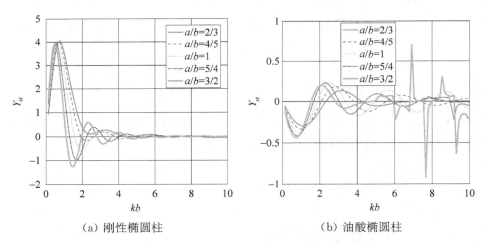

(a) 刚性椭圆柱    (b) 油酸椭圆柱

**图 3-63　平面驻波场对椭圆柱形粒子的声辐射力函数 $Y_{st}$ 随 $kb$ 的变化曲线,且波矢量与 $x$ 轴平行**

更一般地,入射平面波可能并不与椭圆柱形粒子的任何一个半轴垂直,而是与 $x$ 轴正方向成一角度 $\alpha$,称为入射角度,其余条件与之前完全相同,图 3-60 显示了此时整个物理模型的俯视图。显然,当 $\alpha=0$ 时,图 3-64 将退化为图 3-60。有必要指出,图 3-64 仍然属于正入射情形,因为此时平面波波矢量仍然垂直于椭圆柱形粒子的轴线,并非斜入射。

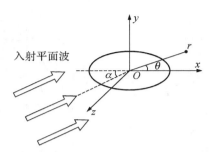

**图 3 - 64**　平面行波正入射到水中的椭圆柱形粒子上,波矢量与 $+x$ 方向成角度 $\alpha$

此时,入射平面波速度势函数的级数展开式为:

$$\phi_i = \phi_0 e^{ik(x\cos\alpha + y\sin\alpha)} = \phi_0 \sum_{n=-\infty}^{+\infty} i^n e^{-in\alpha} J_n(kr) e^{in\theta} \tag{3-196}$$

我们当然可以对散射声场进行同样的展开,根据粒子表面的边界条件求解散射系数,进而求解声辐射力。事实上,对比式(3-196)和式(3-113)可以发现,只要令式(3-113)中的波束因子 $b_n = \exp(-in\alpha)$ 即可得到式(3-196)。基于此关系,此时 $x$ 方向和 $y$ 方向的声辐射力形式上完全可以分别由式(3-121)和式(3-122)表示,只需将其散射截面积改为 $S_c = 2b$ 即可。至于两个方向的声辐射力函数,则完全可以分别由式(3-123)和式(3-124)表示,只需将波束因子替换为 $b_n = \exp(-in\alpha)$,并将圆柱形粒子的散射系数替换为椭圆柱形粒子的散射系数即可,其具体表达式为:

$$Y_{px} = -\frac{1}{ka} \text{Re} \left\{ \sum_{n=-\infty}^{+\infty} (1+s_n)\left[ e^{i\alpha} s_{n+1}^* - e^{-i\alpha} s_{n-1}^* \right] \right\} \tag{3-197}$$

$$Y_{py} = -\frac{1}{ka} \text{Im} \left\{ \sum_{n=-\infty}^{+\infty} (1+s_n)\left[ e^{i\alpha} s_{n+1}^* + e^{-i\alpha} s_{n-1}^* \right] \right\} \tag{3-198}$$

必须指出,式(3-197)和式(3-198)中的散射系数应当是一般情况下椭圆柱形粒子在平面行波场中的散射系数。具体地,需要将计算 Fourier 级数的展开系数式(3-187)和式(3-193)分别修正为:

$$\begin{Bmatrix} \overline{A}_l \\ \overline{B}_l \end{Bmatrix} = \frac{1}{2\pi} \sum_{n=-\infty}^{+\infty} i^n e^{-in\alpha} \int_0^{2\pi} \begin{Bmatrix} A_n(\theta) \\ B_n(\theta) \end{Bmatrix} e^{-il\theta} d\theta \tag{3-199}$$

$$
\left\{\begin{array}{c}
\overline{C}_l \\
\overline{D}_l \\
\overline{E}_l \\
\overline{F}_l \\
\overline{G}_l \\
\overline{I}_l
\end{array}\right\} = \frac{1}{2\pi} \sum_{n=-\infty}^{+\infty} \mathrm{i}^n \mathrm{e}^{-\mathrm{i}n\alpha} \int_0^{2\pi} \left\{\begin{array}{c}
C_n(\theta) \\
D_n(\theta) \\
E_n(\theta) \\
F_n(\theta) \\
G_n(\theta) \\
I_n(\theta)
\end{array}\right\} \mathrm{e}^{-\mathrm{i}l\theta} \mathrm{d}\theta \tag{3-200}
$$

将式(3-199)和式(3-200)分别代入式(3-186)和式(3-192)进行求解,即可得到此时的散射系数。进一步地,基于式(3-197)和式(3-198)即可得到此时的声辐射力函数。

注意到,当入射角度为零时,式(3-198)将取零,式(3-197)将退化为式(3-65)。应当指出,这里的 $Y_{px}$ 和 $Y_{py}$ 并不能分别称为轴向声辐射力和横向声辐射力,因为此时声波并非沿 $x$ 轴正方向入射,而轴向和横向分别是指声波传播方向和垂直于声波传播方向。在实际问题中,我们往往更关心轴向和横向的声辐射力情况,此时需要将式(3-123)和式(3-124)分别投影到轴向和横向,即:

$$
F_{x'} = F_x \cos\alpha + F_y \sin\alpha \tag{3-201}
$$

$$
F_{y'} = F_y \cos\alpha - F_x \sin\alpha \tag{3-202}
$$

这里的下标 $x'$ 和 $y'$ 分别表示轴向和横向的分量。相应地,轴向和横向声辐射力函数分别可以表示为:

$$
Y_{px'} = Y_{px} \cos\alpha + Y_{py} \sin\alpha \tag{3-203}
$$

$$
Y_{py'} = Y_{py} \cos\alpha - Y_{px} \sin\alpha \tag{3-204}
$$

这里的 $Y_{px'}$ 和 $Y_{py'}$ 分别是轴向和横向声辐射力函数,也是我们的主要研究对象。

图3-65给出了刚性椭圆柱的轴向声辐射力函数 $Y_{px'}$ 随 $kb$ 和 $\alpha$ 的变化关系,其中图(a)、(b)、(c)、(d)和(e)分别对应着 $a/b$ 为2/3、4/5、1、5/4和3/2的情形。结果显示,随着 $kb$ 的增大,轴向声辐射力函数值均迅速增大达到峰值,而后趋于稳定。当 $a/b<1$ 时,轴向声辐射力函数在 $\alpha=0$ 处取最大值;当 $a/b>1$ 时,轴向声辐射力函数在 $\alpha=\pi/2$ 处取得极大值。同样,这也是因为长椭圆柱和扁椭圆柱对声波的散射效应有所不同。当 $a/b=1$ 时,椭圆柱形粒子将退化为圆柱形粒子,此时轴向声辐射力函数将与入射角度无关。此外,轴向声辐射力函数值在仿真范围内均为正,即粒子始终受到声波的推力作用。

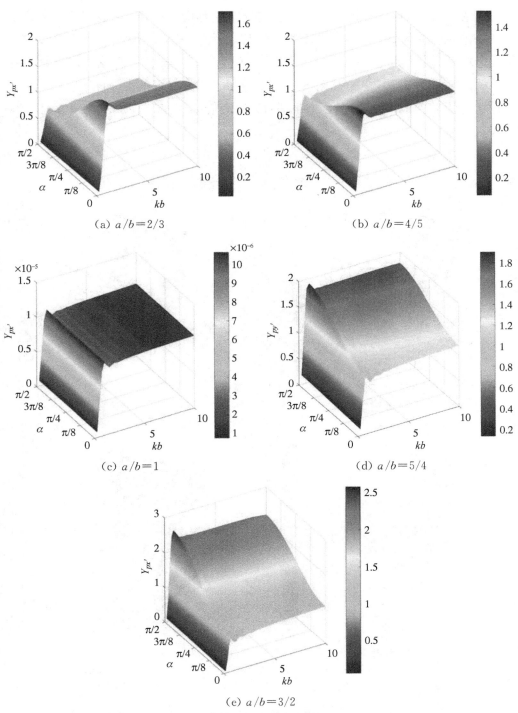

(a) $a/b = 2/3$

(b) $a/b = 4/5$

(c) $a/b = 1$

(d) $a/b = 5/4$

(e) $a/b = 3/2$

图 3 - 65　平面行波场对刚性椭圆柱的轴向声辐射力函数 $Y_{px'}$ 随 $kb$ 和 $\alpha$ 的变化

图 3-66 给出了平面行波场对刚性椭圆柱的横向声辐射力函数 $Y_{py'}$ 随 $kb$ 和 $\alpha$ 的变化关系,其余条件与图 3-65 均完全相同。结果显示,当 $a/b=1$ 时,此时椭圆柱形粒子退化为圆柱形粒子,横向声辐射力恒为零。一般情况下,横向声辐射力函数关于 $\alpha=\pi/4$ 对称,在 $\alpha=0$ 和 $\alpha=\pi/2$ 时均由于对称性而消失,而在 $\alpha=\pi/4$ 时幅值达到最大。当 $a/b<1$ 时,横向声辐射力恒为负;当 $a/b>1$ 时,横向声辐射力恒为正。

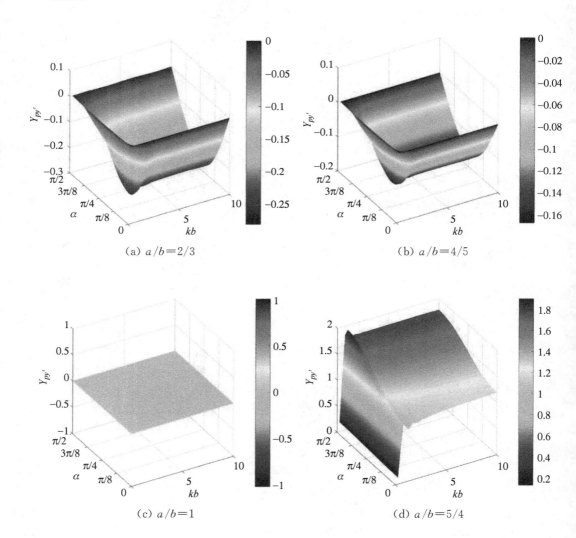

(a) $a/b=2/3$        (b) $a/b=4/5$

(c) $a/b=1$        (d) $a/b=5/4$

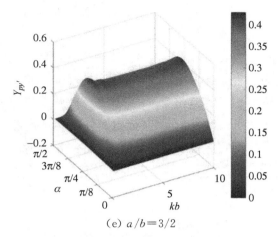

（e）$a/b=3/2$

**图 3 - 66　平面行波场对刚性椭圆柱的横向声辐射力函数 $Y_{py'}$ 随 $kb$ 和 $\alpha$ 的变化**

将平面行波场换为平面驻波场，其余条件均不变，其物理模型如图 3 - 67 所示，平面波波矢量与 $x$ 轴夹角为 $\alpha$。类似地，此时粒子同时受到 $x$ 方向和 $y$ 方向的声辐射力，仍然分别由式（3 - 126）和式（3 - 127）表示，但是需要将其散射截面积替换为 $S_c = 2b$。至于两个方向的声辐射力函数，则仍然分别由式（3 - 128）和式（3 - 129）表示，不过亦需要将波束因子替换为 $b_n = \exp(-\mathrm{i}n\alpha)$，并重新计算此时的散射系数。限于篇幅，这里不再进行详细的算例仿真。到目前为止，我们考虑的都是所谓正入射情形，即波矢量垂直于椭圆柱形粒子自身的轴线。对于更一般的斜入射情形，与圆柱形粒子的分析思路是类似的，因而这里不再详细讨论。

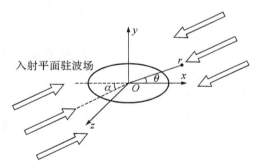

**图 3 - 67　平面驻波正入射到水中的椭圆柱形粒子上，波矢量与 $x$ 轴成角度 $\alpha$**

与椭圆柱形粒子相比，椭球形粒子在实际中可能更为常见。从物理模型上看，椭球形粒子是将二维椭圆柱形粒子扩充到三维的情况。考虑一列角频率为 $\omega$ 的平面行波入射到水中的椭球形粒子上，以椭球形粒子的中心为原点 $O$ 建立球坐标系

$(r,\theta,z)$ 和空间直角坐标系 $(x,y,z)$，两坐标系之间满足换算关系：$x=r\sin\theta\cos\varphi$，$y=r\sin\theta\sin\varphi$，$z=r\cos\theta$。椭球形粒子的三个半轴恰好分别在三个坐标轴上，其在 $z$ 轴上的半轴长度为 $a$，在 $x$ 轴和 $y$ 轴上的半轴长度均为 $b$，即粒子在 $xOy$ 平面上的投影是一个半径为 $b$ 的正圆。显然，当 $a>b$ 时粒子呈长椭球形，当 $a<b$ 时粒子呈扁椭球形，当 $a=b$ 时粒子将退化为标准的球形，因此球形粒子可以看作椭球形粒子的特例。和球形粒子的情况不同，平面波入射到椭球形粒子上的情形更加复杂，入射平面波波矢量可能在任意平面内与 $z$ 轴成一角度，这里我们仅考虑一种特殊的情况，即波矢量恰好沿 $z$ 轴正方向，此时椭球形粒子仅仅受到 $z$ 方向的声辐射力。其物理模型如图 3-68 所示。

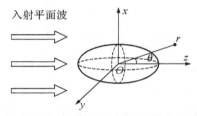

**图 3-68　平面行波入射到水中的椭球形粒子上，波矢量沿 $+z$ 方向**

对于椭球形粒子而言，最直接的思路是将声场在椭球坐标系中进行无穷级数展开，根据粒子表面的边界条件求解椭球坐标系中的声散射系数，进而求解最终的声辐射力。然而，椭球坐标系中的运算过程甚是烦琐，对于其他复杂声波入射的情况更是如此。因此，这里不打算采取这一思路，而是沿用球坐标系下的级数展开法进行求解，正如之前我们沿用圆柱坐标系下的级数展开法求解椭圆柱形粒子的声辐射力问题一样。同样地，应当指出，球函数在球形粒子表面构成完备规范正交系，但在椭球形粒子表面却不再满足这一性质，需要重新进行广义 Fourier 级数展开。

入射平面波的速度势函数在球坐标系下的级数展开式早已在式（3-79）中给出，其对应的声压亦可以展开为式（3-80），但法向质点振速的级数展开式有所不同，这同样是因为对于椭球形粒子而言，其表面法向和径向的含义一般来讲并不相同。为此，我们定义椭球形粒子的形状函数：

$$S_\theta=\frac{1}{\sqrt{\left(\dfrac{\cos\theta}{a}\right)^2+\left(\dfrac{\sin\theta}{b}\right)^2}} \tag{3-205}$$

式(3-205)和式(3-179)形式上完全相同,但式(3-179)是椭圆柱形粒子在柱坐标系下的表述,而式(3-205)是椭球形粒子在球坐标系下的表述,两者具有本质区别。式(3-205)的几何意义是:以椭球形粒子中心为端点作射线,且该射线与 $z$ 轴的夹角为 $\theta$,则该射线与椭球形粒子的交点到粒子中心的距离为 $S_\theta$。因此,粒子表面可由方程 $r=S_\theta$ 描述,这与椭圆柱形粒子的情形是类似的。可以看出,对于一般的椭球形粒子($a\neq b$)而言,形状函数是和角度有关的函数,对于球形粒子($a=b$)而言,形状函数退化为和角度无关的常数,其值刚好为球形粒子的半径 $a$。基于式(3-205),椭球形粒子的外法向单位矢量 $\boldsymbol{n}$ 可以表示为:

$$\boldsymbol{n}=\boldsymbol{e}_r-\frac{1}{S_\theta}\frac{\mathrm{d}S_\theta}{\mathrm{d}\theta}\boldsymbol{e}_\theta \tag{3-206}$$

其中,$\boldsymbol{e}_r$ 和 $\boldsymbol{e}_\theta$ 分别是 $r$ 方向和 $\theta$ 方向的单位矢量。同样地,式(3-206)和式(3-180)形式上相同,但式(3-206)是在球坐标系下的表述。基于此,入射声场的法向质点振速可以表示为:

$$v_{i,n}=\nabla\phi_i\boldsymbol{\cdot}\boldsymbol{n} \tag{3-207}$$

式(3-207)在数学上同样是速度势函数在法向的方向导数。至于散射声场,其速度势函数和声压的级数展开式仍分别由式(3-82)和式(3-83)表示,而对应的法向质点振速同样可以表示为:

$$v_{s,n}=\nabla\phi_s\boldsymbol{\cdot}\boldsymbol{n} \tag{3-208}$$

接下来的任务就是求解散射系数,这里分为刚性椭球和流体椭球两种情况讨论,至于弹性椭球,其计算较为复杂,但原理是类似的,本书亦不作详细介绍。

(1) 刚性椭球

刚性椭球表面的法向质点振速必须为零,即:

$$(v_{i,n}+v_{s,n})\Big|_{r=S_\theta}=0 \tag{3-209}$$

将式(3-207)和式(3-208)代入式(3-209)可得方程:

$$\sum_{n=0}^{+\infty}(2n+1)\mathrm{i}^n[A_n(\theta)+s_nB_n(\theta)]=0 \tag{3-210}$$

其中,

$$\begin{Bmatrix}A_n(\theta)\\B_n(\theta)\end{Bmatrix}=kP_n(\cos\theta)\begin{Bmatrix}j_n'(kS_\theta)\\h_n^{(1)\prime}(kS_\theta)\end{Bmatrix}-\frac{1}{S_\theta^2}\frac{\mathrm{d}S_\theta}{\mathrm{d}\theta}\frac{\mathrm{d}P_n(\cos\theta)}{\mathrm{d}\theta}\begin{Bmatrix}j_n(kS_\theta)\\h_n^{(1)}(kS_\theta)\end{Bmatrix} \tag{3-211}$$

对于刚性球形粒子而言,形状函数和角度无关,式(3-211)右边第二项恒为零,式(3-210)左边正是以 $P_n(\cos\theta)$ 为正交基底的广义 Fourier 级数,从而很容易通过直接去掉求和号得到散射系数的表达式 $s_n = -j'_n(ka)/h_n^{(1)\prime}(ka)$。然而,对于一般的椭球形粒子而言,其形状函数和角度有关,式(3-211)右边第二项不再为零,式(3-210)左边也不再是以 $P_n(\cos\theta)$ 为正交基底的广义 Fourier 级数,无法通过直接去掉求和号来计算散射系数。基于此,必须将式(3-210)的左边改写成以 $P_n(\cos\theta)$ 为正交基底的 Fourier 级数,即:

$$\sum_{n=0}^{+\infty} (2n+1)\mathrm{i}^n [A_n(\theta) + s_n B_n(\theta)] = \sum_{n=0}^{+\infty} (\overline{A_n} + s_n \overline{B_n}) P_n(\cos\theta) = 0 \qquad (3-212)$$

其中,$\overline{A_n}$ 和 $\overline{B_n}$ 是与角度无关的广义 Fourier 展开系数,需要通过广义 Fourier 逆变换进行计算,其具体表达式为:

$$\left\{ \begin{matrix} \overline{A_l} \\ \overline{B_l} \end{matrix} \right\} = \sum_{n=0}^{+\infty} (2n+1)\mathrm{i}^n \int_0^\pi \left\{ \begin{matrix} A_n(\theta) \\ B_n(\theta) \end{matrix} \right\} P_l(\cos\theta) \sin\theta \mathrm{d}\theta \qquad (3-213)$$

至此,式(3-212)左边已经成为广义 Fourier 级数,可以通过直接去掉求和号解得散射系数。

(2) 流体椭球

与刚性椭球不同,流体椭球内部可以存在声波,必须考虑透射声场的影响。透射声场的速度势函数和声压亦可以分别展开为式(3-87)和式(3-88)的形式,至于透射声场的法向质点振速,可以表示为:

$$v_{t,n} = \nabla\phi_t \cdot \boldsymbol{n} \qquad (3-214)$$

此时,声压和法向质点振速均必须满足在粒子表面连续的边界条件,即:

$$\left\{ \begin{matrix} (p_i + p_s) \big|_{r=S_\theta} = p_t \big|_{r=S_\theta} \\ (v_{i,n} + v_{s,n}) \big|_{r=S_\theta} = v_{t,n} \big|_{r=S_\theta} \end{matrix} \right. \qquad (3-215)$$

将式(3-80)、式(3-83)、式(3-88)、式(3-207)、式(3-208)和式(3-214)代入式(3-215),得到方程组:

$$\left\{ \begin{matrix} -\mathrm{i}\omega\rho_0 \sum_{n=0}^{+\infty} (2n+1)\mathrm{i}^n [C_n(\theta) + s_n D_n(\theta)] = -\mathrm{i}\omega\rho_1 \sum_{n=0}^{+\infty} (2n+1)\mathrm{i}^n b_n E_n(\theta) \\ \sum_{n=0}^{+\infty} (2n+1)\mathrm{i}^n [F_n(\theta) + s_n G_n(\theta)] = \sum_{n=0}^{+\infty} (2n+1)\mathrm{i}^n b_n I_n(\theta) \end{matrix} \right.$$

$$(3-216)$$

其中，

$$\begin{Bmatrix} C_n \\ D_n \\ E_n \end{Bmatrix} = P_n(\cos\theta) \begin{Bmatrix} j_n(kS_\theta) \\ h_n^{(1)}(kS_\theta) \\ j_n(k_1 S_\theta) \end{Bmatrix}$$

$$\begin{Bmatrix} F_n \\ G_n \end{Bmatrix} = kP_n(\cos\theta) \begin{Bmatrix} j_n'(kS_\theta) \\ h_n^{(1)\prime}(kS_\theta) \end{Bmatrix} - \frac{1}{S_\theta^2}\frac{\mathrm{d}S_\theta}{\mathrm{d}\theta}\frac{\mathrm{d}P_n(\cos\theta)}{\mathrm{d}\theta} \begin{Bmatrix} j_n(kS_\theta) \\ h_n^{(1)}(kS_\theta) \end{Bmatrix}$$

$$I_n = k_1 P_n(\cos\theta) j_n'(k_1 S_\theta) - \frac{1}{S_\theta^2}\frac{\mathrm{d}S_\theta}{\mathrm{d}\theta}\frac{\mathrm{d}P_n(\cos\theta)}{\mathrm{d}\theta} j_n(k_1 S_\theta) \tag{3-217}$$

仿照对于刚性椭球的处理，将式（3-217）两边全部改写为以 $P_n(\cos\theta)$ 为正交基底的广义 Fourier 级数，其具体表达式为：

$$\begin{cases} -\mathrm{i}\omega\rho_0 \sum\limits_{n=0}^{+\infty}(\overline{C_n} + s_n\overline{D_n})P_n(\cos\theta) = -\mathrm{i}\omega\rho_1 \sum\limits_{n=0}^{+\infty} b_n\overline{E_n}P_n(\cos\theta) \\ \sum\limits_{n=0}^{+\infty}[\overline{F_n} + s_n\overline{G_n}]P_n(\cos\theta) = \sum\limits_{n=0}^{+\infty} b_n\overline{I_n}P_n(\cos\theta) \end{cases} \tag{3-218}$$

其中，$\overline{C_n}$、$\overline{D_n}$、$\overline{E_n}$、$\overline{F_n}$、$\overline{G_n}$ 和 $\overline{I_n}$ 是与角度无关的广义 Fourier 展开系数，需要通过广义 Fourier 逆变换进行计算，其具体表达式为：

$$\begin{Bmatrix} \overline{C_l} \\ \overline{D_l} \\ \overline{E_l} \\ \overline{F_l} \\ \overline{G_l} \\ \overline{I_l} \end{Bmatrix} = \sum_{n=0}^{+\infty}(2n+1)\mathrm{i}^n \int_0^\pi \begin{Bmatrix} C_n(\theta) \\ D_n(\theta) \\ E_n(\theta) \\ F_n(\theta) \\ G_n(\theta) \\ I_n(\theta) \end{Bmatrix} P_l(\cos\theta)\sin\theta\,\mathrm{d}\theta \tag{3-219}$$

至此，通过求解方程组（3-218）即可得到最终的散射系数。

接下来便可以着手进行声辐射力的计算了。类似地，可以选取将粒子包含在内的大封闭球面作为积分曲面，这样一来，其声辐射力公式形式上和球形粒子无异，即由式（3-106）表示，不过此时的散射截面积需要替换为 $S_c = \pi b^2$。至于声辐射力函数，则仍由式（3-108）表示，不过此时的散射系数需要替换为椭球形粒子的散射系数。

将平面行波场换为平面驻波场，其余条件均不变，其物理模型如图 3-69 所示。类似地，此时 $z$ 方向的声辐射力和声辐射力函数与均匀球形粒子的结果形式上完全相同,仍然分别由式(3-110)和式(3-111)表示,但是需要替换掉其中的散射截面和散射系数。对于椭球形粒子而言,驻波场的散射系数和行波场同样有所不同,需要重新予以计算,下面进行详细说明。

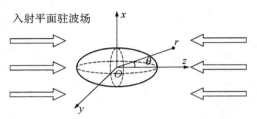

入射平面驻波场

**图 3-69  平面驻波入射到水中的椭球形粒子上,波矢量与 $z$ 轴平行**

入射平面驻波场的速度势函数在柱坐标系下的级数展开式早已在式(3-109)中给出。与平面行波的展开式相比,式(3-76)增加了一项 $\exp(ikh)+(-1)^n\exp(-ikh)$,同样,不妨将这一项看作平面驻波场的"波束因子",在求解 Fourier 级数的展开系数时需要予以考虑。具体地,对于刚性椭球而言,式(3-213)需要修改为:

$$\left\{\begin{matrix}\overline{A_l}\\\overline{B_l}\end{matrix}\right\}=\sum_{n=0}^{+\infty}(2n+1)\mathrm{i}^n\left[\mathrm{e}^{ikh}+(-1)^n\mathrm{e}^{-ikh}\right]\int_0^\pi\left\{\begin{matrix}A_n(\theta)\\B_n(\theta)\end{matrix}\right\}P_l(\cos\theta)\sin\theta\,\mathrm{d}\theta$$

$$(3-220)$$

将式(3-220)代入边界条件式(3-212)即可得到刚性椭球在驻波场中的散射系数。对于流体椭球而言,式(3-219)需要修改为:

$$\left\{\begin{matrix}\overline{C_l}\\\overline{D_l}\\\overline{E_l}\\\overline{F_l}\\\overline{G_l}\\\overline{I_l}\end{matrix}\right\}=\sum_{n=0}^{+\infty}(2n+1)\mathrm{i}^n\left[\mathrm{e}^{ikh}+(-1)^n\mathrm{e}^{-ikh}\right]\int_0^\pi\left\{\begin{matrix}C_n(\theta)\\D_n(\theta)\\E_n(\theta)\\F_n(\theta)\\G_n(\theta)\\I_n(\theta)\end{matrix}\right\}P_l(\cos\theta)\sin\theta\,\mathrm{d}\theta$$

$$(3-221)$$

将式(3-221)代入式(3-218)即可得到流体椭球在驻波场中的散射系数。

上述得到的散射系数和行波场中的散射系数是不同的。究其原因,对于球形粒子和球壳而言,可以直接给出球坐标系中的广义 Fourier 级数展开式,在计算散射系数时可以直接约去波束因子,但对于椭球形粒子而言,需要重新计算广义

Fourier 展开系数,无法直接忽略波束因子所带来的影响,因而行波场和驻波场的散射系数必定会有所不同。事实上,当改变入射声场时,均需要重新计算椭球形粒子的散射系数,这一点与椭圆柱形粒子是完全类似的。

如前所述,平面波可以看作零阶 Bessel 波在半锥角为零时的特例,3.5.3 节将重点讨论 Bessel 波的声辐射力特性,因此这里不再给出关于平面波声辐射力的详细算例仿真。

### 3.5.2　Gauss 波作用下的声辐射力

接下来考虑 Gauss 波作用下椭圆柱形粒子的声辐射力特性。图 3-70 显示了一束角频率为 $\omega$ 的二维 Gauss 波入射到水中椭圆柱形粒子上的情形。Gauss 波的束腰半径为 $W_0$,椭圆柱形粒子的两个半轴的长度分别为 $a$ 和 $b$。以椭圆柱形粒子轴线上某点为原点 $O$ 建立柱坐标系 $(r,\theta,z)$ 和空间直角坐标系 $(x,y,z)$,两坐标系间满足换算关系:$x=r\cos\theta$,$y=r\sin\theta$,$z=z$,椭圆柱形粒子的长度为 $a$ 和 $b$ 的两个半轴分别位于 $x$ 轴和 $y$ 轴上。对于圆柱形粒子而言,对称性的存在使得我们无须考虑 Gauss 波入射方向的问题,但对于椭圆柱形粒子而言,这种对称性消失,必须考虑 Gauss 波入射方向对声辐射力的影响。为了不失一般性,假设 Gauss 波的波矢量与 $x$ 轴正方向的夹角为 $\alpha$。此外,一般情况下,Gauss 波的波束中心可能并不与粒子中心重合,其在直角坐标系中的坐标为 $(x_0,y_0)$,当 $x_0=y_0=0$ 时,波束中心恰好位于粒子中心。图 3-70 所描绘的是整个物理模型的俯视图。

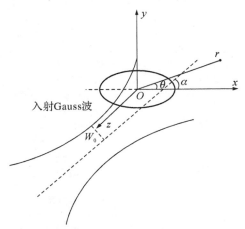

图 3-70　Gauss 行波正入射到水中的椭圆柱形粒子上,波矢量与 $+x$ 方向成角度 $\alpha$

二维 Gauss 波的速度势函数可以在柱坐标系下进行无穷级数展开，其具体表达式为：

$$\phi_i = \phi_0 \sum_{n=-\infty}^{+\infty} \mathrm{i}^n \mathrm{e}^{-in\alpha} b_n J_n(kr) \mathrm{e}^{-in\theta} \qquad (3-222)$$

其中，$\phi_0$ 是入射 Gauss 波的速度势振幅；$k$ 是声波在水中的波数；$b_n$ 是 Gauss 波的波束因子，其具体表达式已由式（3-114）和式（3-115）给出。

我们当然可以对散射声场再次进行级数展开，根据粒子表面的边界条件求解散射系数，进而求解声辐射力。事实上，对比式（3-222）和式（3-113）可以发现，只要将式（3-113）中的波束因子 $b_n$ 替换为 $b_n \exp(-in\alpha)$ 即可得到式（3-222）。这一思路与 3.5.1 节计算平面波斜入射到椭圆柱形粒子上的声辐射力时所用的方法是类似的。基于此关系，此时 $x$ 方向和 $y$ 方向的声辐射力形式上完全可以分别由式（3-121）和式（3-122）表示，只需将其散射截面积改为 $S_c = 2b$ 即可。至于两个方向的声辐射力函数，则完全可以分别由式（3-123）和式（3-124）表示，只需将波束因子替换为 $b_n \exp(-in\alpha)$ 即可，其具体表达式为：

$$Y_{px} = -\frac{1}{ka} \mathrm{Re} \left\{ \sum_{n=-\infty}^{+\infty} b_n (1+s_n) [b_{n+1}^* \mathrm{e}^{i\alpha} s_{n+1}^* - b_{n-1}^* \mathrm{e}^{-i\alpha} s_{n-1}^*] \right\} \qquad (3-223)$$

$$Y_{py} = -\frac{1}{ka} \mathrm{Im} \left\{ \sum_{n=-\infty}^{+\infty} b_n (1+s_n) [b_{n+1}^* \mathrm{e}^{i\alpha} s_{n+1}^* + b_{n-1}^* \mathrm{e}^{-i\alpha} s_{n-1}^*] \right\} \qquad (3-224)$$

当然，式（3-197）和式（3-198）中的散射系数应当是椭圆柱形粒子在 Gauss 行波场中的散射系数。具体地，需要将计算 Fourier 级数的展开系数式（3-187）和式（3-193）分别修正为：

$$\begin{Bmatrix} \overline{A}_l \\ \overline{B}_l \end{Bmatrix} = \frac{1}{2\pi} \sum_{n=-\infty}^{+\infty} \mathrm{i}^n b_n \mathrm{e}^{-in\alpha} \int_0^{2\pi} \begin{Bmatrix} A_n(\theta) \\ B_n(\theta) \end{Bmatrix} \mathrm{e}^{-il\theta} \mathrm{d}\theta \qquad (3-225)$$

$$\begin{Bmatrix} \overline{C}_l \\ \overline{D}_l \\ \overline{E}_l \\ \overline{F}_l \\ \overline{G}_l \\ \overline{I}_l \end{Bmatrix} = \frac{1}{2\pi} \sum_{n=-\infty}^{+\infty} \mathrm{i}^n b_n \mathrm{e}^{-in\alpha} \int_0^{2\pi} \begin{Bmatrix} C_n(\theta) \\ D_n(\theta) \\ E_n(\theta) \\ F_n(\theta) \\ G_n(\theta) \\ I_n(\theta) \end{Bmatrix} \mathrm{e}^{-il\theta} \mathrm{d}\theta \qquad (3-226)$$

将式（3-225）和式（3-226）分别代入式（3-186）和式（3-192）进行求解，即可得到此时的散射系数。进一步地,基于式(3-223)和式(3-224)即可计算得到此时的声辐射力函数。

有必要指出,即使入射角度取零,$Y_{px}$ 和 $Y_{py}$ 均可能不为零,这是因为当粒子偏离波束中心时依然会产生两个方向的声辐射力。同样地,这里的 $Y_{px}$ 和 $Y_{py}$ 并不能分别称为轴向声辐射力和横向声辐射力,因为此时声波并非沿 $x$ 轴正方向入射,而轴向和横向分别是指声波传播方向和垂直于声波传播方向。在实际问题中,我们往往更关心轴向和横向的声辐射力情况,此时需要依据式(3-201)和式(3-202)将声辐射力分别投影到轴向与横向,依据式(3-203)和式(3-204)将声辐射力函数分别投影到轴向与横向。

这里仅以刚性椭圆柱作为算例进行仿真,至于流体椭圆柱的仿真则是完全类似的。图 3-71 显示了 Gauss 波作用下刚性椭圆柱的轴向声辐射力函数 $Y_{px'}$ 随 $kb$ 和 $ky_0$ 的变化关系,其中 Gauss 波的束腰半径满足 $kW_0=3$,入射角度满足 $\alpha=\pi/4$,波束中心满足 $kx_0=0$,即波束中心在 $y$ 轴上来回移动,图(a)、(b)、(c)、(d)和(e)所对应的粒子尺寸满足 $a/b=1/2$、$2/3$、$1$、$3/2$、$2$。结果显示,对于刚性圆柱($a/b=1$)而言,轴向声辐射力函数关于 $ky_0=0$ 偶对称,但对一般的刚性椭圆柱($a/b\neq1$)而言,该对称性消失。在低频范围内,粒子的形状对结果几乎没有影响,轴向声辐射力始终在 $ky_0=0$ 处取得极大值,此时粒子位于波束中心。但随着 $kb$ 的增大,对于 $a/b<1$ 的刚性椭圆柱,轴向声辐射力的极大值向 $ky_0$ 的负半轴移动,即此时轴向声辐射力的峰值并非出现在粒子位于波束中心时,而是出现在粒子位于波束中心的上方时。对于 $a/b>1$ 的刚性椭圆柱,情况则恰好相反。此外,无论何种形状的刚性椭圆柱,其轴向声辐射力均为正。

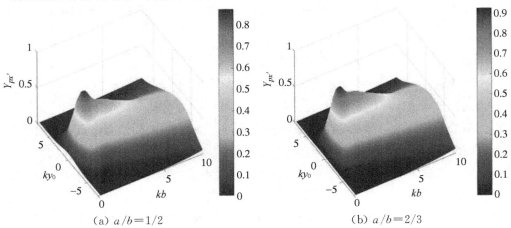

(a) $a/b=1/2$　　　　　　　(b) $a/b=2/3$

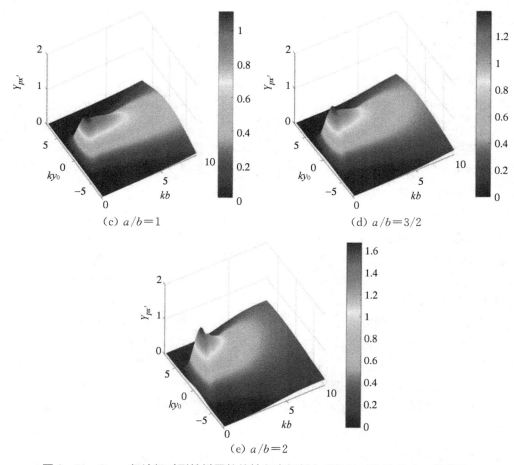

(c) $a/b=1$      (d) $a/b=3/2$

(e) $a/b=2$

**图 3 - 71  Gauss 行波场对刚性椭圆柱的轴向声辐射力函数 $Y_{px'}$ 随 $kb$ 和 $ky_0$ 的变化，**
**其中 $kW_0=3, kx_0=0, \alpha=\pi/4$**

至于横向声辐射力函数的计算结果，则由图 3 - 72 给出，其余条件均与图 3 - 71 完全相同。结果显示，当 $a/b=1$ 时，刚性椭圆柱退化为刚性圆柱，其横向声辐射力函数关于 $ky_0=0$ 奇对称，且当粒子位于波束中心时横向声辐射力为零，这也是模型的对称性所导致的必然结果。同样地，对于一般的椭圆柱而言，该对称性消失，即使粒子位于波束中心也会受到不为零的横向声辐射力。根据该物理模型，当 $ky_0>0$ 时，横向声辐射力为正值表示回复力，为负值表示排斥力，当 $ky_0<0$ 时则情况相反。根据此关系，当 $kb<2$ 时，刚性圆柱在偏离声轴时受到回复力的作用，随着 $kb$ 的增大，回复力将变为排斥力。对于一般的刚性椭圆柱而言，同样可以根据这一关系找到负向回复力的产生区域。

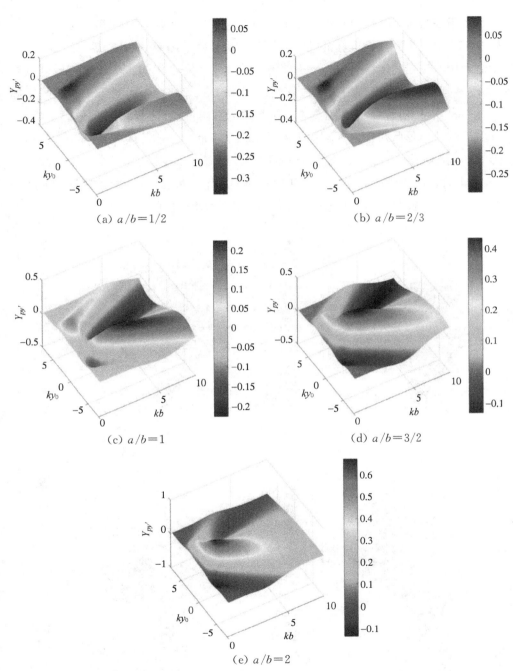

（a）$a/b=1/2$　　　　　　　　（b）$a/b=2/3$

（c）$a/b=1$　　　　　　　　（d）$a/b=3/2$

（e）$a/b=2$

图 3 - 72　Gauss 行波场对刚性椭圆柱的横向声辐射力函数 $Y_{py'}$ 随 $kb$ 和 $ky_0$ 的变化，
其中 $kW_0=3, kx_0=0, \alpha=\pi/4$

接下来考虑当椭圆柱在平行于 $x$ 轴的方向来回移动时的声辐射力特性。图 3-73 给出了刚性椭圆柱的轴向声辐射力函数 $Y_{px'}$ 随 $kb$ 和 $kx_0$ 的变化关系，其中波束中心满足 $ky_0 = -3$，其余条件则与图 3-72 完全相同。从计算结果可以看出，刚性圆柱的轴向声辐射力函数依然关于 $kx_0 = 0$ 偶对称，而对于一般的刚性椭圆柱而言，这种对称性将遭到破坏。在低频范围内，所有仿真结果几乎完全相同，即粒子的具体形状对轴向声辐射力的结果几乎不产生影响。随着 $kb$ 的增大，不同形状的刚性椭圆柱受到的轴向声辐射力开始显示出明显的差异。具体地，当 $a/b < 1$ 时轴向声辐射力在 $kx_0$ 为正时较强，而当 $a/b > 1$ 时轴向声辐射力在 $kx_0$ 为负时较强。此外，在仿真范围内，轴向声辐射力均为正值。

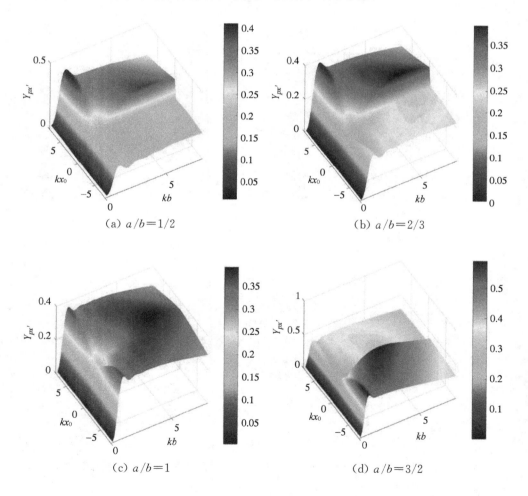

(a) $a/b = 1/2$　　　　　　　　　(b) $a/b = 2/3$

(c) $a/b = 1$　　　　　　　　　(d) $a/b = 3/2$

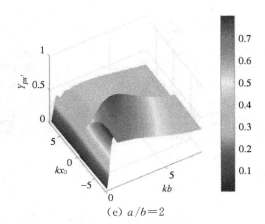

（e）$a/b=2$

**图 3 - 73　Gauss 行波场对刚性椭圆柱的轴向声辐射力函数 $Y_{px'}$ 随 $kb$ 和 $kx_0$ 的变化，其中 $kW_0=3, ky_0=-3, \alpha=\pi/4$**

图 3 - 74 显示了同一情况下横向声辐射力的计算结果。同样地，声辐射力函数的奇对称特性仅仅在刚性椭圆柱退化为刚性圆柱时体现。在低频范围内，横向声辐射力在 $kx_0>0$ 时为负，在 $kx_0<0$ 时为正。随着 $kb$ 的增大，情况恰好相反。有必要指出，由于粒子在 $ky_0=-3$ 上来回移动，且入射角度为 $\alpha=\pi/4$，此时不能简单地认为 $kx_0>0$ 时正向力为回复力而 $kx_0<0$ 时负向力为回复力。结合具体的物理模型，当 $kx_0>-3$ 时粒子中心位于波束中心的左上侧区域，当 $kx_0<-3$ 时粒子中心位于波束中心的右下侧区域，当 $kx_0=-3$ 时粒子中心恰好位于声轴上。根据这一关系，可以从仿真结果中找到回复力的产生区域。

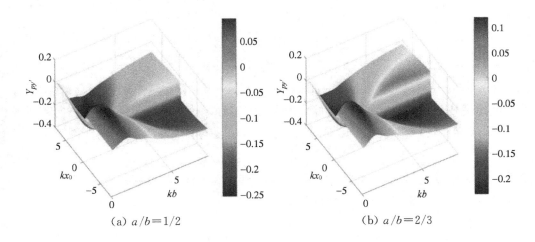

（a）$a/b=1/2$　　　　　　　　　　　　　（b）$a/b=2/3$

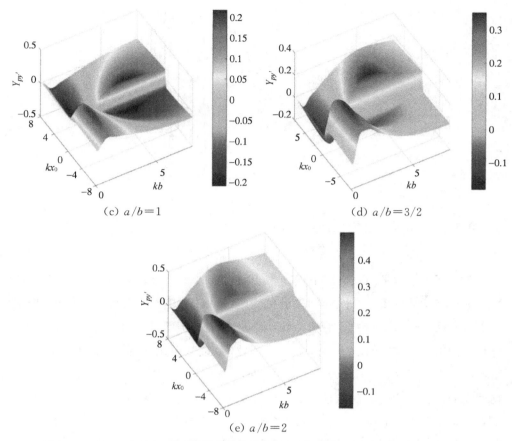

图 3-74 **Gauss 行波场对刚性椭圆柱的横向声辐射力函数 $Y_{py'}$ 随 $kb$ 和 $kx_0$ 的变化，其中 $kW_0=3, ky_0=-3, \alpha=\pi/4$**

进一步研究 Gauss 波入射方向对椭圆柱声辐射力的影响。图 3-75 显示了不同形状刚性椭圆柱的轴向声辐射力函数 $Y_{px'}$ 随 $kb$ 和 $\alpha$ 的变化关系，其中波束中心固定于 $kx_0=ky_0=-3$ 处，束腰半径仍满足 $kW_0=3$。在低频范围内，轴向声辐射力与角度几乎无关，且恒为正，随着 $kb$ 的增大，当入射角度较小时会产生负向声辐射力。根据物理模型，当 $\alpha=0$ 或 $\pi/2$ 时，Gauss 波的波矢量平行于刚性椭圆柱的半轴。对于 $a/b<1$ 的刚性椭圆柱，$\alpha=0$ 时对应着侧向入射，此时散射截面更大，散射效应更强，从而轴向声辐射力更强；对于 $a/b>1$ 的刚性椭圆柱，$\alpha=\pi/2$ 时对应着侧向入射，此时轴向声辐射力更强。

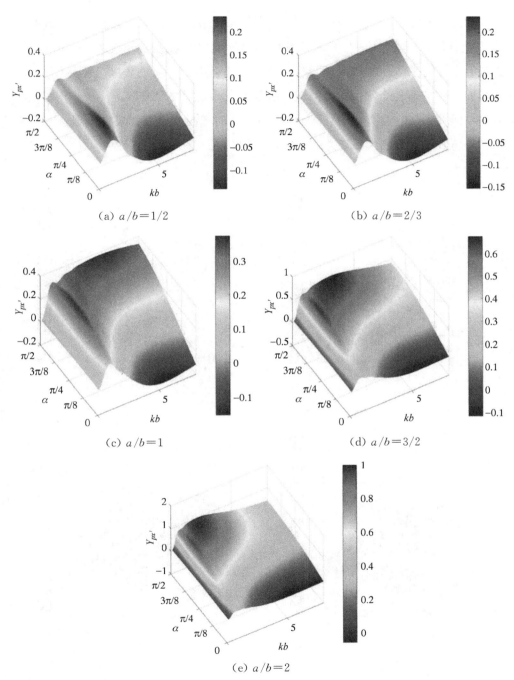

(a) $a/b=1/2$

(b) $a/b=2/3$

(c) $a/b=1$

(d) $a/b=3/2$

(e) $a/b=2$

图 3 - 75　Gauss 行波场对刚性椭圆柱的轴向声辐射力函数 $Y_{px'}$ 随 $kb$ 和 $\alpha$ 的变化，

其中 $kW_0=3, kx_0=ky_0=-3$

图 3 - 76 显示了同样情况下横向声辐射力函数的计算结果,其余条件均与图 3 -
75 完全相同。可以看出,在低频范围内,除了入射角度很小的情况外,横向声辐射
力函数主要为正值。随着 $kb$ 的增大,负向声辐射力所对应的角度范围逐渐扩大,
且增加 $a/b$ 的值也会使负向力的产生范围扩大。根据物理模型,当 $\alpha > \pi/4$ 时正向
力表示回复力,负向力表示排斥力,当 $\alpha < \pi/4$ 时情况则恰好相反。根据这一关系
不难从仿真结果中找到回复力的产生条件。

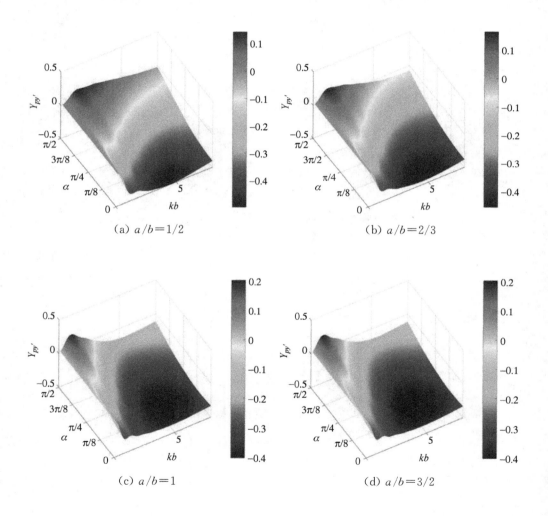

(a) $a/b = 1/2$

(b) $a/b = 2/3$

(c) $a/b = 1$

(d) $a/b = 3/2$

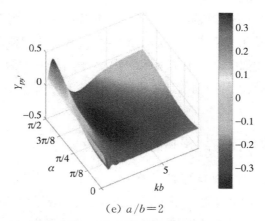

（e）$a/b=2$

**图 3 - 76　Gauss 行波场对刚性椭圆柱的横向声辐射力函数 $Y_{py'}$ 随 $kb$ 和 $\alpha$ 的变化，**
**其中 $kW_0=3,kx_0=ky_0=-3$**

　　将 Gauss 行波场换为 Gauss 驻波场，其余条件均不变，其物理模型如图 3 - 77 所示。以椭圆柱形粒子轴向上某点为原点建立相应的坐标系，Gauss 波波矢量与 $x$ 轴的夹角为 $\alpha$，且 Gauss 驻波场中心在直角坐标系中的坐标为 $(x_0,y_0)$。当 $x_0=y_0=0$ 时，驻波场中心恰好位于粒子中心。类似地，此时粒子同时受到 $x$ 方向和 $y$ 方向的声辐射力，仍然分别由式（3 - 126）和式（3 - 127）表示，但是需要将其散射截面积替换为 $S_c=2b$。至于两个方向的声辐射力函数，则仍然分别由式（3 - 128）和式（3 - 129）表示，不过亦需要将波束因子替换为 $b_n\exp(-in\alpha)$，并重新计算此时的散射系数。这里亦不再进行详细的算例仿真。

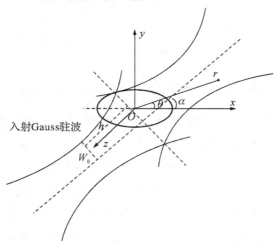

**图 3 - 77　Gauss 驻波正入射到水中的椭圆柱形粒子上，波矢量与 $x$ 轴成角度 $\alpha$**

　　至此,我们详细讨论了椭圆柱形粒子在二维 Gauss 波作用下的声辐射力特性。至于三维 Gauss 波作用下椭球形粒子的声辐射力,其物理模型要更加复杂一些,但具体的分析方法是类似的。关于椭球形粒子的声辐射力特性将在 3.5.3 节以 Bessel 波入射的情况为例进行详细的计算和讨论,因此这里略去关于 Gauss 波入射时的详细分析。

### 3.5.3　Bessel 波作用下的声辐射力

　　最后考虑 Bessel 波对椭球形粒子的声辐射力特性。考虑一束角频率为 $\omega$ 的 Bessel 波入射到水中的椭球形粒子上,且粒子的中心恰好与 Bessel 波的波束中心重合。图 3-78 显示了此时的物理模型。以椭球形粒子的中心为原点 $O$ 建立空间直角坐标系 $(x,y,z)$ 和球坐标系 $(r,\theta,\varphi)$,两坐标系间满足换算关系:$x=r\sin\theta\cos\varphi,y=r\sin\theta\sin\varphi,z=r\cos\theta$。椭球形粒子的三个半轴恰好分别在三个坐标轴上,其在 $z$ 轴上的半轴长度为 $a$,在 $x$ 轴和 $y$ 轴上的半轴长度均为 $b$,即粒子在 $xOy$ 平面上的投影是一个半径为 $b$ 的正圆。Bessel 波沿 $z$ 轴正方向入射,且波束的半锥角为 $\beta$。

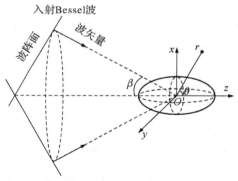

**图 3-78　Bessel 行波入射到水中的椭球形粒子上,波矢量沿 $+z$ 方向,且粒子中心与波束中心重合**

　　与平面波入射的情况类似,这里我们不打算利用复杂的椭球坐标系进行求解,而是直接沿用球坐标系中的部分波级数展开法。在球坐标系中,入射 $M$ 阶 Bessel 波的级数展开式早已在式(3-145)给出,其对应的声压亦可以展开为式(3-146),对应的法向质点振速则仍由式(3-181)表示,但是需要将入射速度势函数替换为 Bessel 波的速度势函数式(3-145)。至于散射声场,其速度势函数和声压的级数展开式分别由式(3-148)和式(3-149)给出,对应的法向质点振速则仍由式(3-

182)表示,但是同样需要将 $\phi_i$ 替换为 Bessel 波的速度势函数式(3-145)。下面依然分为刚性椭球和流体椭球两种情况来求解此时椭球形粒子的散射系数。

(1) 刚性椭球

刚性椭球必须满足式(3-209)给出的法向质点振速在表面为零的边界条件,将此时的法向质点振速表达式代入可得方程:

$$\sum_{n=M}^{+\infty} (2n+1) \mathrm{i}^{n-M} \frac{(n-M)!}{(n+M)!} P_n^M(\cos\beta) [A_n^M(\theta) + s_n B_n^M(\theta)] = 0 \quad (3-227)$$

其中,

$$\begin{Bmatrix} A_n^M(\theta) \\ B_n^M(\theta) \end{Bmatrix} = k P_n^M(\cos\theta) \begin{Bmatrix} j_n'(kS_\theta) \\ h_n^{(1)'}(kS_\theta) \end{Bmatrix} - \frac{1}{S_\theta^2} \frac{\mathrm{d}S_\theta}{\mathrm{d}\theta} \frac{\mathrm{d}P_n^M(\cos\theta)}{\mathrm{d}\theta} \begin{Bmatrix} j_n(kS_\theta) \\ h_n^{(1)}(kS_\theta) \end{Bmatrix} \quad (3-228)$$

注意,当 Bessel 波的阶数大于零时,小于 $M$ 阶的散射项对声场没有贡献,因此式(3-227)的无穷级数必须从 $M$ 而非从 0 开始求和。对于刚性球形粒子而言,形状函数和角度无关,式(3-228)右边第二项恒为零,式(3-227)左边正是以 $P_n^M(\cos\theta)$ 为正交基底的广义 Fourier 级数,从而很容易通过直接去掉求和号得到散射系数的表达式 $s_n = -j_n'(ka)/h_n^{(1)'}(ka)$。然而,对于一般的椭球形粒子而言,其形状函数和角度有关,式(3-228)右边第二项不为零,式(3-227)左边也不再是以 $P_n^M(\cos\theta)$ 为正交基底的广义 Fourier 级数,无法通过直接去掉求和号来计算散射系数。基于此,必须将式(3-227)的左边改写成以 $P_n^M(\cos\theta)$ 为正交基底的Fourier 级数,即:

$$\sum_{n=M}^{+\infty} (2n+1) \mathrm{i}^{n-M} \frac{(n-M)!}{(n+M)!} P_n^M(\cos\beta) [A_n^M(\theta) + s_n B_n^M(\theta)]$$
$$= \sum_{n=M}^{+\infty} (\overline{A}_n^M + s_n \overline{B}_n^M) P_n^M(\cos\theta) = 0$$

$$(3-229)$$

其中,$\overline{A}_n^M$ 和 $\overline{B}_n^M$ 是与角度无关的广义 Fourier 展开系数,需要通过广义 Fourier 逆变换进行计算,其具体表达式为:

$$\begin{Bmatrix} \overline{A}_l^M \\ \overline{B}_l^M \end{Bmatrix} = \sum_{n=M}^{+\infty} \left\{ \begin{matrix} (2n+1) \dfrac{(n-M)!}{(n+M)!} P_n^M(\cos\beta) \mathrm{i}^n \\ \displaystyle\int_0^\pi \begin{Bmatrix} A_n^M(\theta) \\ B_n^M(\theta) \end{Bmatrix} P_l^M(\cos\theta) \sin\theta \, \mathrm{d}\theta \end{matrix} \right\} \quad (3-230)$$

至此,式(3-229)左边已经成为广义 Fourier 级数,可以通过直接去掉求和号解得散射系数。

(2) 流体椭球

与刚性椭球不同,流体椭球内部可以存在声波,必须考虑透射声场的影响。设流体椭球的密度和纵波声速分别为 $\rho_1$ 和 $c_1$,透射声场的速度势函数和声压亦可以分别展开为:

$$\phi_t = \phi_0 \sum_{n=M}^{+\infty} \left\{ \frac{(n-M)!}{(n+M)!} (2n+1) \mathrm{i}^{n-M} s_n j_n(k_1 r) P_n^M(\cos\theta) P_n^M(\cos\beta) \mathrm{e}^{\mathrm{i}M\varphi} \right\}$$

$$(3-231)$$

$$p_t = -\mathrm{i}\omega\rho_1\phi_0 \sum_{n=M}^{+\infty} \left\{ \frac{(n-M)!}{(n+M)!} (2n+1) \mathrm{i}^{n-M} s_n j_n(k_1 r) P_n^M(\cos\theta) P_n^M(\cos\beta) \mathrm{e}^{\mathrm{i}M\varphi} \right\}$$

$$(3-232)$$

其中,$k_1$ 是 Bessel 波在流体椭球内部的波数。至于透射声场的法向质点振速,可以表示为式(3-214)的形式,但同样需要替换掉入射声场。此时,声压和法向质点振速均必须满足在粒子表面连续的边界条件,具体表达式由式(3-215)给出,将各项声压和法向质点振速代入可得方程组:

$$\begin{cases}
-\mathrm{i}\omega\rho_0 \sum_{n=M}^{+\infty} \frac{(n-M)!}{(n+M)!} P_n^M(\cos\beta) \mathrm{i}^n (2n+1) \left[ C_n^M(\theta) + s_n D_n^M(\theta) \right] \\
= -\mathrm{i}\omega\rho_1 \sum_{n=M}^{+\infty} \frac{(n-M)!}{(n+M)!} P_n^M(\cos\beta) \mathrm{i}^n (2n+1) b_n E_n^M(\theta) \\
\sum_{n=M}^{+\infty} \frac{(n-M)!}{(n+M)!} P_n^M(\cos\beta) \mathrm{i}^n (2n+1) \left[ F_n^M(\theta) + s_n G_n^M(\theta) \right] \\
= \sum_{n=M}^{+\infty} \frac{(n-M)!}{(n+M)!} P_n^M(\cos\beta) \mathrm{i}^n (2n+1) b_n I_n^M(\theta)
\end{cases}$$

$$(3-233)$$

其中,

$$\begin{cases} C_n^M \\ D_n^M \\ E_n^M \end{cases} = P_n^M(\cos\theta) \begin{cases} j_n(kS_\theta) \\ h_n^{(1)}(kS_\theta) \\ j_n(k_1 S_\theta) \end{cases}$$

$$\begin{cases} F_n^M \\ G_n^M \end{cases} = k P_n^M(\cos\theta) \begin{cases} j_n'(kS_\theta) \\ h_n^{(1)\prime}(kS_\theta) \end{cases} - \frac{1}{S_\theta^2} \frac{\mathrm{d}S_\theta}{\mathrm{d}\theta} \frac{\mathrm{d}P_n^M(\cos\theta)}{\mathrm{d}\theta} \begin{cases} j_n(kS_\theta) \\ h_n^{(1)}(kS_\theta) \end{cases}$$

$$I_n^M = k_1 P_n^M(\cos\theta) j_n'(k_1 S_\theta) - \frac{1}{S_\theta^2} \frac{\mathrm{d}S_\theta}{\mathrm{d}\theta} \frac{\mathrm{d}P_n^M(\cos\theta)}{\mathrm{d}\theta} j_n(k_1 S_\theta) \qquad (3-234)$$

仿照对于刚性椭球的处理,将式(3-233)两边全部改写为以 $P_n^M(\cos\theta)$ 为正交基底的广义 Fourier 级数,其具体表达式为:

$$
\begin{cases}
-\mathrm{i}\omega\rho_0 \sum\limits_{n=M}^{+\infty}(\bar{C}_n^M+s_n\bar{D}_n^M)P_n^M(\cos\theta)=-\mathrm{i}\omega\rho_1 \sum\limits_{n=M}^{+\infty}b_n\bar{E}_n^M P_n^M(\cos\theta) \\
\sum\limits_{n=M}^{+\infty}(\bar{F}_n^M+s_n\bar{G}_n^M)P_n^M(\cos\theta)=\sum\limits_{n=M}^{+\infty}b_n\bar{I}_n^M P_n^M(\cos\theta)
\end{cases}
$$

$$(3-235)$$

其中,$\bar{C}_n^M$、$\bar{D}_n^M$、$\bar{E}_n^M$、$\bar{F}_n^M$、$\bar{G}_n^M$ 和 $\bar{I}_n^M$ 是与角度无关的广义 Fourier 展开系数,需要通过广义 Fourier 逆变换进行计算,其具体表达式为:

$$
\begin{Bmatrix}
\bar{C}_l^M \\
\bar{D}_l^M \\
\bar{E}_l^M \\
\bar{F}_l^M \\
\bar{G}_l^M \\
\bar{I}_l^M
\end{Bmatrix}
=\sum_{n=M}^{+\infty}
\left\{
(2n+1)\frac{(n-M)!}{(n+M)!}P_n^M(\cos\beta)\mathrm{i}^n\times\int_0^\pi
\begin{Bmatrix}
C_n^M(\theta) \\
D_n^M(\theta) \\
E_n^M(\theta) \\
F_n^M(\theta) \\
G_n^M(\theta) \\
I_n^M(\theta)
\end{Bmatrix}
P_l^M(\cos\theta)\sin\theta\,\mathrm{d}\theta
\right\}
$$

$$(3-236)$$

至此,通过求解方程组(3-235)即可得到散射系数。

接下来便可以着手进行声辐射力的计算了。类似地,可以选取将粒子包含在内的大封闭球面作为积分曲面。这样一来,其声辐射力公式形式上和球形粒子无异,即由式(3-152)表示,不过此时的散射截面积需要替换为 $S_c=\pi b^2$。至于声辐射力函数,则仍由式(3-153)表示,不过此时的散射系数需要替换为椭球形粒子的散射系数。同样地,$M$ 阶 Bessel 波入射时,小于 $M$ 阶的散射项对最终的声辐射力均没有贡献,这是与平面波和 Gauss 波计算结果的最大不同。再次指出,式(3-153)只适用于球形粒子中心恰好与 Bessel 波的波束中心重合的情形,当粒子偏离波束中心时,该公式将不再适用。

图 3-79 显示了零阶 Bessel 波作用下椭球形粒子的声辐射力函数 $Y_{pz}$ 随 $kb$ 的变化曲线,其中 Bessel 波的半锥角 $\beta=\pi/6$,在计算中我们同时考虑了 $a/b=2/3$、$4/5$、$1$、$5/4$、$3/2$ 五种情况,图(a)和图(b)分别对应着刚性椭球和油酸椭球的计算结果。显然,当 $a/b=1$ 时曲线将退化为球形粒子的结果。从刚性椭球的仿真结果可以看出,所有粒子的声辐射力在低频时均随着 $kb$ 的增大而增大,达到峰值

后随着 $kb$ 的增大而减小。对于刚性扁椭球($a/b<1$)而言,其在 $kb<1$ 的低频范围内受到的声辐射力小于刚性长椭球($a/b>1$)。随着 $kb$ 的增大,刚性扁椭球的声辐射力要明显大于刚性长椭球,此时刚性扁椭球和刚性长椭球分别对应着侧向入射和端向入射的情况。然而,当 $kb$ 接近 5 时,所有刚性椭球的声辐射力大小又趋于一致。整体来看,油酸椭球的声辐射力要远远小于刚性椭球,这亦源于粒子表面声反射能量较弱。与刚性椭球的仿真曲线相比,油酸椭球的声辐射力函数曲线在 $kb>1$ 时受到爬波和散射波之间干涉效应的影响,显示出明显的振荡特性。

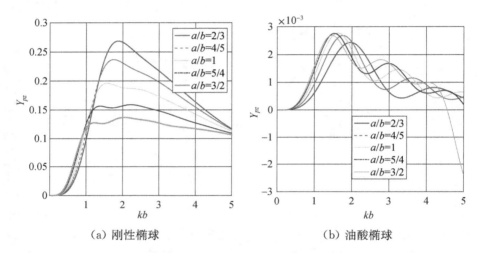

（a）刚性椭球　　　　　　（b）油酸椭球

**图 3-79　零阶 Bessel 行波场对椭球形粒子的声辐射力函数 $Y_{pz}$ 随 $kb$ 的变化曲线,且粒子中心与波束中心重合,其中 $\beta=\pi/6$**

将 Bessel 行波场换为 Bessel 驻波场,其余条件均不变,其物理模型如图 3-80 所示。顺便指出,图 3-80 也可以看作从液滴声悬浮实验中抽象出来的物理模型。类似地,此时 $z$ 方向的声辐射力和声辐射力函数与均匀球形粒子的结果形式上完全相同,分别由式(3-161)和式(3-162)表示,但是需要替换掉其中的散射截面和散射系数。对于椭球形粒子而言,驻波场的散射系数和行波场同样有所不同,需要重新予以计算,下面进行详细说明。

入射 $M$ 阶 Bessel 驻波场的速度势函数在球坐标系下的级数展开式早已在式(3-159)中给出。与 $M$ 阶 Bessel 行波的级数展开式相比,式(3-159)增加了一项 $\exp(ikh)+(-1)^n\exp(-ikh)$,在求解广义 Fourier 级数的展开系数时需要予以考虑。具体地,对于刚性椭球而言,式(3-230)需要修改为:

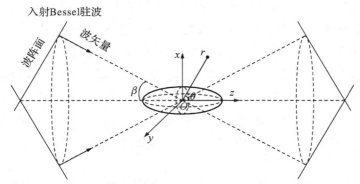

图 3-80　Bessel 驻波入射到水中的椭球形粒子上,波矢量与 z 轴平行,且粒子中心与驻波场中心重合

$$
\begin{Bmatrix} \overline{A}_l^M \\ \overline{B}_l^M \end{Bmatrix} = \sum_{n=M}^{+\infty} \left\{ \begin{aligned} & (2n+1)\frac{(n-M)!}{(n+M)!}P_n^M(\cos\beta)\mathrm{i}^n\left[\mathrm{e}^{\mathrm{i}kh}+(-1)^n\mathrm{e}^{-\mathrm{i}kh}\right] \cdot \\ & \int_0^\pi \begin{Bmatrix} A_n^M(\theta) \\ B_n^M(\theta) \end{Bmatrix} P_l^M(\cos\theta)\sin\theta\,\mathrm{d}\theta \end{aligned} \right\}
$$

$$(3-237)$$

将式(3-237)代入边界条件式(3-212)即可得到刚性椭球在驻波场中的散射系数。对于流体椭球而言,式(3-236)需要修改为:

$$
\begin{Bmatrix} \overline{C}_l^M \\ \overline{D}_l^M \\ \overline{E}_l^M \\ \overline{F}_l^M \\ \overline{G}_l^M \\ \overline{I}_l^M \end{Bmatrix} = \sum_{n=M}^{+\infty} \left\{ \begin{aligned} & (2n+1)\frac{(n-M)!}{(n+M)!}P_n^M(\cos\beta)\mathrm{i}^n\left[\mathrm{e}^{\mathrm{i}kh}+(-1)^n\mathrm{e}^{-\mathrm{i}kh}\right] \cdot \\ & \int_0^\pi \begin{Bmatrix} C_n^M(\theta) \\ D_n^M(\theta) \\ E_n^M(\theta) \\ F_n^M(\theta) \\ G_n^M(\theta) \\ I_n^M(\theta) \end{Bmatrix} P_l^M(\cos\theta)\sin\theta\,\mathrm{d}\theta \end{aligned} \right\}
$$

$$(3-238)$$

将式(3-238)代入式(3-235)即可得到流体椭球在驻波场中的散射系数。无论是刚性椭球还是流体椭球,上述得到的散射系数和 Bessel 行波场中的散射系数均是不同的。

图 3-81 给出了零阶 Bessel 驻波场中椭球形粒子的声辐射力函数 $Y_{stz}$ 随 $kb$ 的变化曲线,其中 Bessel 波的半锥角仍然设置为 $\beta=\pi/6$。可以看出,无论是刚性

185

椭球还是油酸椭球,其在 Bessel 驻波场中的声辐射力函数值均远远大于 Bessel 行波场,该现象和球形粒子的情形是一致的。对于刚性椭球而言,声辐射力函数值在低频时均为正,随着 $kb$ 的增大,曲线在零附近振荡并最终趋于零。当声辐射力函数值为正时,粒子在声压波节处取得稳定平衡,反之则在声压波腹处取得稳定平衡。当改变刚性椭球的形状时,曲线峰值的位置会发生相应的改变。对于油酸椭球而言,低频的声辐射力函数值主要为负,随着 $kb$ 的增大,曲线亦在零附近振荡并最终趋于零。同样地,曲线峰值的位置受粒子形状的影响。

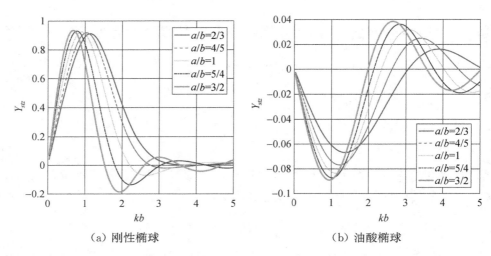

（a）刚性椭球　　　　　　　　　（b）油酸椭球

**图 3-81　零阶 Bessel 驻波场对椭球形粒子的声辐射力函数 $Y_{stz}$ 随 $kb$ 的变化曲线,
且粒子中心与驻波场中心重合,其中 $\beta = \pi/6$**

前面对刚性椭球声辐射力的仿真计算着墨较多,作为本小节的最后一个例子,图 3-82 给出了零阶 Bessel 驻波场中油酸椭球的声辐射力函数 $Y_{stz}$ 随 $kb$ 和半锥角 $\beta$ 的变化关系,其中油酸椭球恰好位于驻波场中心。结果显示,随着半锥角的增加,波矢量沿 $z$ 轴方向的分量减小,从而使声辐射力的总体强度出现明显的衰减,该现象与球形粒子的仿真结果亦保持一致。当半锥角为零时,结果同样退化为平面驻波场作用下的声辐射力函数。低频范围内,声辐射力函数值均为负,意味着此时粒子将在声压波腹处取得稳定平衡。当 $kb$ 较大时,声辐射力函数曲线出现振荡并衰减至零,该现象源于油酸椭球周围的爬波和散射波的相互干涉。与扁椭球相比,长椭球的这一干涉效应体现得更为明显。

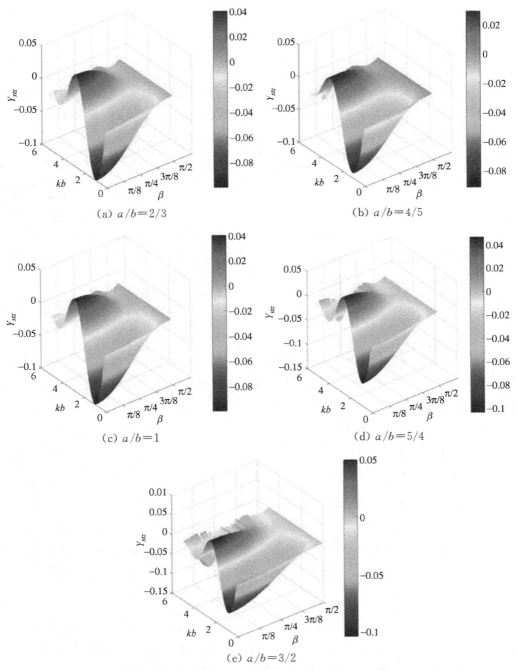

(a) $a/b=2/3$

(b) $a/b=4/5$

(c) $a/b=1$

(d) $a/b=5/4$

(e) $a/b=3/2$

图 3-82　零阶 Bessel 驻波场对油酸椭球的声辐射力函数 $Y_{stz}$ 随 $kb$ 和 $\beta$ 的变化，
且粒子中心与驻波场中心重合

## 3.6　本章小结

第 2 章中,我们给出了基于声辐射应力张量的声辐射力和声辐射力矩计算公式。在此基础上,本章从部分波级数展开法出发,推导了自由空间中任意粒子在任意声场的作用下受到的三维声辐射力和相应的声辐射力函数表达式。在给定入射声场波形系数和粒子散射系数的前提下,可以利用这些表达式对三维粒子的声辐射力问题直接进行计算。应当指出,对于二维粒子而言,直接利用基于应力张量的积分式来计算声辐射力则是更为简便的一种方法。本章对无限长圆柱形粒子、球形粒子、无限长弹性圆柱壳、弹性球壳、无限长椭圆柱形粒子和椭球形粒子的声辐射力进行了详细的理论计算和数值仿真。对于每类粒子,我们均首先从最基本的平面波入射开始讨论,并拓展至 Gauss 波、Bessel 波等常见声场的情形,详细分析了各类声场作用下各类粒子的声辐射力特性。本章采用的分析方法在后续章节中会多次使用。

在本章的最后,有必要进行几点说明:

(1) 本章所采用的计算方法是部分波级数展开法。该方法从严格的波动方程出发,通过特定的边界条件求解散射系数进而求解声辐射力,得到的是无穷级数形式的精确解析解。尽管如此,在实际的计算中还是会引入误差,具体表现在以下几点:其一,实际仿真时需要将无穷级数进行截断,这当然会带来一定的截断误差;其二,对于椭圆柱形粒子和椭球形粒子而言,计算 Fourier 级数或广义 Fourier 级数的展开系数时需要利用数值积分方法,同样会带来一定的误差,且该误差随着粒子长短轴之比的增大而增大。对于第一点,在计算时间和成本允许的前提下,可以尽量提高截断阶数从而减小误差。对于第二点,则需要选择适合椭圆柱面或椭球面的数值积分方法,特别是当粒子长短轴之比较大时(一般在 3∶1 以上),积分方法的选择更要慎重。

(2) 本章中我们仅仅考虑了平面波、Gauss 波、Bessel 波等常见声场,借助相应的数学物理函数,很容易给出这些声场的解析形式的级数展开式,进而给出相应的波形系数。不过,这容易给人一种错觉,似乎所有的声场都可以进行这样简单的级数展开。事实上,实际声操控中的声场类型十分丰富,大多无法从理论上给出波形系数的解析解,往往需要借助数值或实验的方法。此外,本章讨论的各类粒子都较为规则,容易给出相应的散射系数,对于复杂粒子可能也无法做到这一点。但单从理论上讲,部分波级数展开法确实适用于任意声场作用下的任意粒子。

(3) 本章考虑的均是理想流体中的声辐射力,且不考虑粒子本身的声吸收特性,特别是黏弹性粒子的声吸收特性。在实际情况下,流体并非完全理想的,终归是存在一定黏滞性的。流体的黏滞特性会使声波在流体的边界层内激发出旋波模式,该模式对声辐射力的影响将在后续章节进行讨论。至于粒子本身的黏性,会使粒子本身产生一定的声吸收,这时只需在计算时给波数增加一项表示声吸收的虚部即可。一般情况下,除非声吸收很大或声波的频率很高,在声辐射力的计算问题中可以将此忽略,但后续章节将看到,粒子的声吸收对于声辐射力矩的产生有着重要意义,在研究声辐射力矩的问题时往往不能忽略。

# 参考文献

[1] SILVA G T, LOPES J H, MITRI F G. Off-axial acoustic radiation force of repulsor and tractor Bessel beams on a sphere[J]. IEEE Transactions on Ultrasonics, Ferroelectrics, and Frequency Control, 2013, 60(6): 1207 – 1212.

[2] MITRI F G, FELLAH Z E A, SILVA G T. Pseudo-Gaussian cylindrical acoustical beam: Axial scattering and radiation force on an elastic cylinder[J]. Journal of Sound and Vibration, 2014, 333(26): 7326 – 7332.

[3] MITRI F G. Resonance scattering and radiation force calculations for an elastic cylinder using the translational addition theorem for cylindrical wave functions[J]. AIP Advances, 2015, 5(9): 097205.

[4] ZHANG X F, SONG Z G, CHEN D M, et al. Finite series expansion of a Gaussian beam for the acoustic radiation force calculation of cylindrical particles in water[J]. The Journal of the Acoustical Society of America, 2015, 137(4): 1826 – 1833.

[5] MARZO A, DRINKWATER B W. Holographic acoustic tweezers[J]. Proceedings of the National Academy of Sciences of the United States of American, 2019, 116(1): 84 – 89.

［6］HASHEMINEJAD S M，SANAEI R. Acoustic radiation force and torque on a solid elliptic cylinder［J］. Journal of Computational Acoustics，2007，15 (3)：377－399.

［7］MITRI F G. Acoustic radiation force on a rigid elliptical cylinder in plane (quasi) standing waves ［J］. Journal of Applied Physics，2015，118 (21)：214903.

# 第 4 章

## 自由空间中粒子的声辐射力矩

## 4.1  引言

第 3 章中利用部分波级数展开法计算了常见粒子在各种声场中的声辐射力,并通过详细的数值仿真对其特性进行了详细分析,得到了许多有价值的理论结果。对于实际的声操控而言,声辐射力可以驱使特定粒子在声场中发生平动。根据计算得到的声辐射力以及粒子与流体环境的动力学参数,理论上可以精准地将操控对象运送到所需的目标位置。倘若将粒子看作力学意义上的"刚体"(事实上往往并非如此,如液滴会发生相应的形变),则声辐射力所对应的是其三个平动自由度,其对刚体的作用效果与直接作用在质量集中于质心的等效质点无异,这种运动称为刚体的平动。然而,刚体共有 6 个自由度,除了平动自由度外,还具有 3 个转动自由度,即刚体可以绕自身某轴线发生转动。若该轴线是固定的,则刚体作定轴转动;若刚体绕空间中某一固定点转动,则刚体作定点运动。若要操控刚体的转动自由度,单靠声辐射力是无法完成的,需要借助声波施加的力矩作用,这一力矩称为声辐射力矩。第 2 章曾给出基于声辐射应力张量的声辐射力矩的普遍计算公式。然而,该公式是同样直接用声场的物理量表示的矢量积分公式,很难直接运用到具体场景中进行有效的计算。为此,我们需要探索适合理论和数值计算的声辐射力矩计算公式。本章首先根据入射声场和散射声场的波形系数,利用部分波级数展开法推导了自由空间中任意粒子在任意声场中受到的三维声辐射力矩计算公式。在此基础上,详细分析了平面波、Gauss 波、Bessel 波等对均匀无限长圆柱形粒子、均匀球形粒子、弹性圆柱壳、弹性球壳、无限长椭圆柱形粒子、椭球形粒子等粒子的声辐射力矩特性。本章所采取的基本计算方法和分析思路与第 3 章是基本一致的。尽管如此,应当指出,声辐射力矩和声辐射力毕竟还是存在很大的不同,前者的产生条件远比后者更苛刻,在本章的叙述中会对此进行具体的分析。

## 4.2  基于波形系数的声辐射力矩计算公式

式(2-53)给出了基于声辐射应力张量的声辐射力矩计算公式,我们直接从该公式开始讨论。为了方便计算,假定利用式(2-53)计算时所选取的封闭曲面是以散射物体中心为球心的大封闭球面,且满足远场近似条件。如前所述,除特殊情况外,在计算声辐射力和力矩时只需使用线性声场即可。

根据时谐物理量乘积的时间平均运算法则,可以将式(2-53)改写为:

$$\boldsymbol{T}_{\text{rad}}=-\frac{\rho_0}{2}\text{Re}\iint_{S_0}\left[(\boldsymbol{r}\times\boldsymbol{v})\cdot\boldsymbol{v}^*\right]\boldsymbol{n}\,\text{d}S \tag{4-1}$$

利用速度势函数和质点振速之间的关系,可以将式(4-1)改写为:

$$\boldsymbol{T}_{\text{rad}}=-\frac{\rho_0}{2}\text{Re}\iint_{S_0}\left[(\boldsymbol{r}\times\nabla\phi)\cdot\boldsymbol{n}\,\nabla\phi^*\right]\text{d}S \tag{4-2}$$

注意,式(4-1)和式(4-2)中的质点振速和速度势函数均应当理解为入射声场和散射声场的叠加。引入角动量算符,即[1]:

$$\hat{\boldsymbol{L}}=-\text{i}(\boldsymbol{r}\times\nabla) \tag{4-3}$$

式(4-2)可以进一步简化为:

$$\boldsymbol{T}_{\text{rad}}=\frac{\rho_0}{2}\text{Im}\iint_{S_0}\left[\frac{\partial\phi^*}{\partial r}\hat{\boldsymbol{L}}\phi\right]\text{d}S \tag{4-4}$$

将式(4-4)表示为由入射声场和散射声场表示的形式:

$$\begin{aligned}\boldsymbol{T}_{\text{rad}}&=\frac{\rho_0}{2}\text{Im}\iint_{S_0}\left[\frac{\partial(\phi_i+\phi_s)^*}{\partial r}\hat{\boldsymbol{L}}(\phi_i+\phi_s)\right]\text{d}S\\&=\frac{\rho_0}{2}\text{Im}\iint_{S_0}\left[\frac{\partial\phi_i^*}{\partial r}\hat{\boldsymbol{L}}\phi_i+\frac{\partial\phi_i^*}{\partial r}\hat{\boldsymbol{L}}\phi_s+\frac{\partial\phi_s^*}{\partial r}\hat{\boldsymbol{L}}\phi_i+\frac{\partial\phi_s^*}{\partial r}\hat{\boldsymbol{L}}\phi_s\right]\text{d}S\end{aligned} \tag{4-5}$$

理想流体中不存在对于角动量的损耗与吸收,因此式(4-5)中第一项积分恒为零,该结论与第 3 章中理想流体中不存在对于动量的损耗与吸收是类似的。基于此,式(4-5)可以简化为:

$$\boldsymbol{T}_{\text{rad}}=\frac{\rho_0}{2}\text{Im}\iint_{S_0}\left[\frac{\partial\phi_i^*}{\partial r}\hat{\boldsymbol{L}}\phi_s-\frac{\partial\phi_s}{\partial r}\hat{\boldsymbol{L}}\phi_i^*+\frac{\partial\phi_s^*}{\partial r}\hat{\boldsymbol{L}}\phi_s\right]\text{d}S \tag{4-6}$$

其中,我们运用了复数运算的性质: $\text{Im}(W_1W_2^*)=-\text{Im}(W_1^*W_2)$。

式(4-6)仍然是积分式,且涉及偏导数,难以直接进行运算。进一步地,需要尝试推导用波形系数和散射系数表示的简化形式。将式(3-9)和式(3-11)所表示的入射声场和散射声场的速度势函数表达式代入,式(4-6)中的被积函数可以进一步整理为:

$$\frac{\partial\phi_i^*}{\partial r}\hat{\boldsymbol{L}}\phi_s-\frac{\partial\phi_s}{\partial r}\hat{\boldsymbol{L}}\phi_i^*+\frac{\partial\phi_s^*}{\partial r}\hat{\boldsymbol{L}}\phi_s$$

$$= \frac{\partial}{\partial r}\Big[\phi_0 \sum_{n=0}^{+\infty}\sum_{m=-n}^{n} a_{nm}j_n(kr)Y_{nm}(\theta,\phi)\Big]^* \hat{\boldsymbol{L}}\Big[\phi_0 \sum_{n=0}^{+\infty}\sum_{m=-n}^{n} s_n a_{nm}h_n^{(1)}(kr)Y_{nm}(\theta,\phi)\Big] -$$

$$\Big[\phi_0 \sum_{n=0}^{+\infty}\sum_{m=-n}^{n} a_{nm}j_n(kr)Y_{nm}(\theta,\phi)\Big]^* \hat{\boldsymbol{L}}\frac{\partial}{\partial r}\Big[\phi_0 \sum_{n=0}^{+\infty}\sum_{m=-n}^{n} s_n a_{nm}h_n^{(1)}(kr)Y_{nm}(\theta,\phi)\Big] +$$

$$\frac{\partial}{\partial r}\Big[\phi_0 \sum_{n=0}^{+\infty}\sum_{m=-n}^{n} s_n a_{nm}h_n^{(1)}(kr)Y_{nm}(\theta,\phi)\Big]^* \hat{\boldsymbol{L}}\Big[\phi_0 \sum_{n=0}^{+\infty}\sum_{m=-n}^{n} s_n a_{nm}h_n^{(1)}(kr)Y_{nm}(\theta,\phi)\Big]$$

$$= k\phi_0^2 \sum_{n=0}^{+\infty}\sum_{m=-n}^{n}\sum_{n'=0}^{+\infty}\sum_{m'=-n'}^{n'} a_{nm}^* j'_n(kr) s_{n'}^* a_{n'm'}^* h_{n'}^{(1)}(kr) Y_{nm}^* \hat{\boldsymbol{L}} Y_{n'm'} -$$

$$k\phi_0^2 \sum_{n=0}^{+\infty}\sum_{m=-n}^{n}\sum_{n'=0}^{+\infty}\sum_{m'=-n'}^{n'} a_{nm}^* j_n(kr) s_{n'}^* a_{n'm'}^* h_{n'}^{(1)'}(kr) Y_{nm}^* \hat{\boldsymbol{L}} Y_{n'm'} +$$

$$k\phi_0^2 \sum_{n=0}^{+\infty}\sum_{m=-n}^{n}\sum_{n'=0}^{+\infty}\sum_{m'=-n'}^{n'} s_n^* a_{nm}^* h_n^{(1)'}(kr)^* s_{n'}^* a_{n'm'}^* h_{n'}^{(1)'}(kr) Y_{nm}^* \hat{\boldsymbol{L}} Y_{n'm'}$$

$$= k\phi_0^2 \sum_{n=0}^{+\infty}\sum_{m=-n}^{n}\sum_{n'=0}^{+\infty}\sum_{m'=-n'}^{n'} (Y_{nm}^* \hat{\boldsymbol{L}} Y_{n'm'})\{a_{nm}^* s_{n'} a_{n'm'} \times [j'_n(kr)h_{n'}^{(1)}(kr) -$$

$$j_n(kr)h_{n'}^{(1)'}(kr)] + s_n^* a_{nm}^* h_n^{(1)'}(kr)^* s_{n'} a_{n'm'} h_{n'}^{(1)'}(kr)\} \tag{4-7}$$

式(4-7)的进一步化简需要利用球 Bessel 函数和第一类球 Hankel 函数的递推公式,前者已在式(3-14)中给出,后者的表达式为:

$$h_n^{(1)'}(kr) = \frac{n}{kr}h_n^{(1)}(kr) - h_{n+1}^{(1)}(kr) \tag{4-8}$$

此外,还需要利用球 Bessel 函数和第一类球 Hankel 函数的远场近似公式,前者已在式(3-14)中给出,后者的表达式为:

$$h_n^{(1)}(kr) \approx \frac{(-\mathrm{i})^{(n+1)}\mathrm{e}^{\mathrm{i}kr}}{kr} \tag{4-9}$$

将上述公式代入式(4-7)可得:

$$\frac{\partial \phi_i^*}{\partial r}\hat{\boldsymbol{L}}\phi_s - \frac{\partial \phi_s}{\partial r}\hat{\boldsymbol{L}}\phi_i^* + \frac{\partial \phi_s^*}{\partial r}\hat{\boldsymbol{L}}\phi_s$$

$$= -\frac{\phi_0^2}{kr^2}\sum_{n=0}^{+\infty}\sum_{m=-n}^{n}\sum_{n'=0}^{+\infty}\sum_{m'=-n'}^{n'} \mathrm{i}^{n-n'+1}(1+s_n^*)a_{nm}^* s_{n'} a_{n'm'}(Y_{nm}^* \hat{\boldsymbol{L}} Y_{n'm'}) \tag{4-10}$$

将式(4-10)回代到式(4-6)中,可得到用入射声场波形系数和散射系数表示的声辐射力矩表达式:

$$\boldsymbol{T}_{\mathrm{rad}}$$

$$= \frac{\rho_0}{2}\mathrm{Im}\iint_{S_0}\Big\{-\frac{\phi_0^2}{kr^2}\sum_{n=0}^{+\infty}\sum_{m=-n}^{n}\sum_{n'=0}^{+\infty}\sum_{m'=-n'}^{n'} \mathrm{i}^{n-n'+1}(1+s_n^*)a_{nm}^* s_{n'} a_{n'm'}(Y_{nm}^* \hat{\boldsymbol{L}} Y_{n'm'})\Big\}\mathrm{d}S$$

$$= -\frac{\rho_0}{2}\frac{\phi_0^2}{kr^2}\mathrm{Im}\iint_{S_0}\left\{\sum_{n=0}^{+\infty}\sum_{m=-n}^{n}\sum_{n'=0}^{+\infty}\sum_{m'=-n'}^{n'}\mathrm{i}^{n-n'+1}(1+s_n^*)a_{nm}^*s_{n'}a_{n'm'}(Y_{nm}^*\hat{\boldsymbol{L}}Y_{n'm'})\right\}\mathrm{d}S$$

$$= -\frac{\rho_0}{2}\frac{\phi_0^2}{kr^2}\mathrm{Re}\iint_{S_0}\left\{\sum_{n=0}^{+\infty}\sum_{m=-n}^{n}\sum_{n'=0}^{+\infty}\sum_{m'=-n'}^{n'}\mathrm{i}^{n-n'}(1+s_n^*)a_{nm}^*s_{n'}a_{n'm'}(Y_{nm}^*\hat{\boldsymbol{L}}Y_{n'm'})\right\}\mathrm{d}S$$

$$(4-11)$$

式(4-11)是声辐射力矩的绝对大小，不便于对不同情况下的声辐射力矩强度进行比较。与声辐射力的情况类似，在实际中我们往往更关心归一化的无量纲声辐射力矩，即所谓的声辐射力矩函数 $\boldsymbol{\tau}=\tau_x\boldsymbol{i}+\tau_y\boldsymbol{j}+\tau_z\boldsymbol{k}$。声辐射力矩与声辐射力矩函数之间满足如下关系：

$$\boldsymbol{T}_{\mathrm{rad}}=\boldsymbol{\tau}\pi r_0^3\frac{I_0}{c_0}\qquad(4-12)$$

其中，$r_0$ 是散射物体的无量纲长度，对于半径为 $a$ 的球形粒子而言存在关系 $r_0=a$；$I_0=(\rho_0c_0/2)(k\phi_0)^2$ 是入射声场的强度，而 $I_0/c_0$ 正是入射声场的声能量密度，均与式(3-21)中意义相同。从式(4-12)可以看出，声辐射力矩函数在数值上等于单位体积、单位声能量密度所产生的声辐射力大小，可以用来表征声辐射力矩的强弱。从形式上看，式(4-12)和声辐射力的表达式(3-21)具有很强的相似性。因此，在后续章节中，我们主要针对 $\boldsymbol{\tau}$ 进行仿真计算。对比式(4-11)和式(4-12)，利用球坐标系中面积微元的表达式 $\mathrm{d}S=r^2\sin\theta\mathrm{d}\theta\mathrm{d}\varphi$，可得声辐射力矩函数的表达式为：

$$\boldsymbol{\tau}=-\frac{1}{\pi(kr_0)^3}\times$$
$$\mathrm{Re}\iint_{S_0}\left\{\sum_{n=0}^{+\infty}\sum_{m=-n}^{n}\sum_{n'=0}^{+\infty}\sum_{m'=-n'}^{n'}\mathrm{i}^{n-n'}(1+s_n^*)a_{nm}^*s_{n'}a_{n'm'}Y_{nm}^*\hat{\boldsymbol{L}}Y_{n'm'}\right\}\sin\theta\,\mathrm{d}\theta\,\mathrm{d}\varphi$$

$$(4-13)$$

设法将声辐射力矩的表达式投影到直角坐标系的各个分量，此时需要将角动量算符在直角坐标系中进行正交分解。在此基础上，得到声辐射力矩函数的三个分量分别为：

$$\tau_x=-\frac{1}{\pi(kr_0)^3}\mathrm{Re}\iint_{S_0}\left\{\sum_{n=0}^{+\infty}\sum_{m=-n}^{n}\sum_{n'=0}^{+\infty}\sum_{m'=-n'}^{n'}\left[\mathrm{i}^{n-n'}(1+s_n)a_{nm}s_{n'}^*a_{n'm'}^*Y_{nm}\hat{L}_xY_{n'm'}^*\right]\right\}\sin\theta\mathrm{d}\theta\mathrm{d}\varphi$$

$$(4-14)$$

$$\tau_y=-\frac{1}{\pi(kr_0)^3}\mathrm{Re}\iint_{S_0}\left\{\sum_{n=0}^{+\infty}\sum_{m=-n}^{n}\sum_{n'=0}^{+\infty}\sum_{m'=-n'}^{n'}\left[\mathrm{i}^{n-n'}(1+s_n)a_{nm}s_{n'}^*a_{n'm'}^*Y_{nm}\hat{L}_yY_{n'm'}^*\right]\right\}\sin\theta\mathrm{d}\theta\mathrm{d}\varphi$$

$$(4-15)$$

$$\tau_z = -\frac{1}{\pi(kr_0)^3}\mathrm{Re}\iint_{S_0}\left\{\sum_{n=0}^{+\infty}\sum_{m=-n}^{n}\sum_{n'=0}^{+\infty}\sum_{m'=-n'}^{n'}\left[\mathrm{i}^{n-n'}(1+s_n)a_{nm}s_{n'}^*a_{n'm'}^*Y_{nm}\hat{L}_zY_{n'm'}^*\right]\right\}\sin\theta\mathrm{d}\theta\mathrm{d}\varphi$$

$$(4-16)$$

式(4-14)～式(4-16)中涉及角动量算符的各个分量,其在球坐标中的具体表达
式早已在相应文献[1]中给出,这里直接列示如下:

$$\hat{L}_x = \mathrm{i}\sin\varphi\,\frac{\partial}{\partial\theta} + \mathrm{i}\cot\theta\cos\varphi\,\frac{\partial}{\partial\varphi} \tag{4-17}$$

$$\hat{L}_y = -\mathrm{i}\cos\varphi\,\frac{\partial}{\partial\theta} + \mathrm{i}\cot\theta\sin\varphi\,\frac{\partial}{\partial\varphi} \tag{4-18}$$

$$\hat{L}_z = -\mathrm{i}\,\frac{\partial}{\partial\varphi} \tag{4-19}$$

将式(4-17)～式(4-19)代入式(4-14)～式(4-16),并利用附录一中球谐函数的
正交关系以及递推关系式可以去掉式(4-14)～式(4-16)中的积分号,得到声辐
射力矩函数的最终表达式:

$$\tau_x = -\frac{1}{2\pi(kr_0)^3}\mathrm{Re}\sum_{n=0}^{+\infty}\sum_{m=-n}^{n}\left\{a_{nm}^*(1+s_n^*)(b_{nm-}s_na_{n,m-1}+b_{nm+}s_na_{n,m+1})\right\}$$

$$(4-20)$$

$$\tau_y = -\frac{1}{2\pi(kr_0)^3}\mathrm{Im}\sum_{n=0}^{+\infty}\sum_{m=-n}^{n}\left\{a_{nm}(1+s_n)(b_{nm+}s_na_{n,m+1}^*-b_{nm-}s_na_{n,m-1}^*)\right\}$$

$$(4-21)$$

$$\tau_z = -\frac{1}{\pi(kr_0)^3}\mathrm{Re}\sum_{n=0}^{+\infty}\sum_{m=-n}^{n}ma_{nm}^*(1+s_n^*)a_{n'm'}s_{n'} \tag{4-22}$$

其中,

$$b_{nm-} = \sqrt{\frac{n-m+1}{n+m}} \tag{4-23}$$

$$b_{nm+} = \sqrt{\frac{n+m+1}{n-m}} \tag{4-24}$$

式(4-20)～式(4-22)正是无量纲声辐射力矩的一般表达式,与文献[2]中的结果
完全一致。该公式对应的正是式(3-25)～式(3-27)所表示的无量纲声辐射力的
一般表达式,且同样适用于任意声场作用下的任意散射粒子。当然,前提是需要在
理论上或数值上给出入射声场和散射声场的波形系数。

## 4.3　无限长圆柱形粒子和球形粒子的声辐射力矩

与研究声辐射力的情形类似,我们依然首先计算无限长圆柱形粒子和球形粒子的声辐射力矩。

首先考虑平面波作用下的声辐射力矩。考虑一列角频率为 $\omega$ 的平面行波正入射到静止放置在水中的一半径为 $a$ 的圆柱形粒子上,其物理模型与图 3 - 1 完全相同,水的密度和声速仍分别设为 $\rho_0$ 和 $c_0$。我们当然可以仿照第 3 章中的思路对平面波进行无穷级数展开,根据粒子表面的边界条件计算散射系数,进而计算声辐射力矩。然而,这里我们不打算采用这一方法。事实上,对于平面波而言,无论粒子位于声场的何处,模型的对称性都使得声波对粒子中心的角动量恒为零,即声波无法对粒子产生力矩作用。基于此,我们不必再进行详细的数学演算即可得出声辐射力矩恒为零的结论。

应当指出,以上论述绝不意味着平面波在任何情况下都无法对物体施加声辐射力矩的作用。事实上,圆柱形粒子的模型具有良好的对称性,无论如何在平面波场中放置,其散射声场和总声场都是轴对称分布的,因而无法受到力矩作用。可以看出,这样的模型是有些特殊化的。对于一般形状的二维粒子而言(如椭圆柱形粒子),散射声场和总声场可能不再满足轴对称分布,因而会受到不为零的力矩作用,后面将详细讨论这种情形。

至于三维球形粒子的分析是完全类似的。球形粒子的对称性使得平面波无论如何也无法对其施加声辐射力矩的作用,但对于椭球形粒子等非球对称物体而言,声辐射力矩确实是可能存在的,后面会专门讨论这一问题。

### 4.3.1　Gauss 波作用下的声辐射力矩

既然平面波无法对圆柱形粒子和球形粒子产生声辐射力矩,我们便不对此着墨过多,而专注于分析其他声场中的情况。首先讨论 Gauss 波作用下的情形。

考虑一束角频率为 $\omega$ 的二维 Gauss 波正入射到水中半径为 $a$ 的圆柱形粒子上,其物理模型的俯视图仍由图 3 - 12 表示,且所建立的坐标系也与图 3 - 12 完全相同。

第 3 章中已经给出了入射 Gauss 波的速度势函数、声压和法向质点振速的表达式,分别可以由式(3-113)、式(3-116)和式(3-117)表示。相应地,散射声场的速度势函数、声压和法向质点振速分别由式(3-118)、式(3-119)和式(3-120)表示。至于散射系数,则仍然由式(3-37)、式(3-42)和式(3-59)表示,其分别对应着刚性柱、流体柱和弹性柱的情形。

在此基础上可以着手进行声辐射力矩的计算了。我们当然可以仿照4.2节中的方法,推导得到二维情况下基于波形系数的声辐射力矩和声辐射力矩函数的表达式,但那样的过程未免过于烦琐。事实上,用声辐射力矩的积分表达式(4-4)来直接对声辐射力矩进行计算是更为简便的一种方法。显然,这和计算圆柱形粒子的声辐射力时所采取的思路是完全一致的。

对于该二维模型而言,只需考虑 $z$ 方向的声辐射力矩即可。将式(4-4)投影到 $z$ 轴上,可以得到单位长度的圆柱形粒子在 $z$ 方向受到的声辐射力矩的表达式为:

$$T_z = \boldsymbol{T}_{\mathrm{rad}} \cdot \boldsymbol{e}_z = \frac{\rho_0}{2} \mathrm{Im} \iint_{S_0} \left[ \frac{\partial \phi^*}{\partial r} \hat{L}_z \phi \right] \mathrm{d}S \qquad (4-25)$$

注意,这里的 $\hat{L}_z$ 表示角动量算符在柱坐标系而非球坐标系中的分量,其具体表达式为:

$$\hat{L}_z = -\mathrm{i} \frac{\partial}{\partial \theta} \qquad (4-26)$$

将式(3-113)和式(3-118)代入式(4-25),并利用式(4-26),可以计算得到此时 $z$ 方向声辐射力矩的计算结果为:

$$T_z = \tau_{pz} V_c E \qquad (4-27)$$

其中,$E = \rho_0 k^2 \phi_0^2 / 2$ 是入射声场的能量密度;$V_c = \pi a^2$ 是单位长度圆柱形粒子的体积;$\tau_{pz}$ 是 $z$ 方向的声辐射力矩函数,这里下标"$p$"表示行波场,其具体表达式为:

$$\tau_{pz} = -\frac{4}{\pi(ka)^2} \sum_{n=-\infty}^{+\infty} n |b_n|^2 (\alpha_n + \alpha_n^2 + \beta_n^2) \qquad (4-28)$$

其中,$\alpha_n$ 和 $\beta_n$ 分别是散射系数 $s_n$ 的实部和虚部。

从式(4-28)可以看出,单极散射项($n=0$)对粒子最终的声辐射力矩没有贡献,这和声辐射力的计算结果有所不同。后续章节会看到,在低频近似下,往往只需要考虑单极散射项和偶极散射项($n=\pm1$),而单极散射项对声辐射力矩没有贡献,因此只需计及偶极散射项即可,这大大减少了计算量。从物理的角度分析,单极散射模式下,声场具有周向对称性,因而无法对物体产生力矩的作用。

从式(4-28)还可以看出,声辐射力矩和由散射系数所表示的多项式 $\alpha_n+\alpha_n^2+\beta_n^2$ 密切相关。事实上,对于刚性柱、流体柱和弹性柱而言,在不考虑声吸收作用的前提下,这一项恒为零。关于这一点,后续章节将给出详细论证,但直接验证也是很容易的,只需将各类柱形粒子的散射系数表达式代入即可,在具体计算中需注意在不考虑声吸收的前提下波数是实数。当粒子存在一定的声吸收时,波数需要增加一项表示声衰减的虚部,进而 $\alpha_n+\alpha_n^2+\beta_n^2$ 也不再恒为零。因此,声吸收是圆柱形粒子受到声辐射力矩的必要条件。

基于式(4-28),我们还可以从形式上给出平面波作用下圆柱形粒子的声辐射力矩函数。对于平面波而言,其波束因子 $b_n$ 恒为1,因而其声辐射力矩函数可以表示为:

$$\tau_{pz}=-\frac{4}{\pi(ka)^2}\sum_{n=-\infty}^{+\infty}n(\alpha_n+\alpha_n^2+\beta_n^2) \tag{4-29}$$

其中,$\alpha_n$ 和 $\beta_n$ 分别是散射系数 $s_n$ 的实部和虚部。对任意大小的 $n$,$\alpha_n+\alpha_n^2+\beta_n^2$ 和 $\alpha_{-n}+\alpha_{-n}^2+\beta_{-n}^2$ 恰好相等,这也是可以通过直接代入散射系数的表达式进行验证的。因此,对于平面波入射的情况而言,即使存在粒子的声吸收,其 $n$ 阶和 $-n$ 阶声散射模式对声辐射力矩的贡献也会恰好相互抵消,从而使得最终的声辐射力矩为零,这和前面的分析是相符的。事实上,即使是 Gauss 波入射,当模型具有对称性时(如粒子恰好位于声轴上),满足 $b_{-n}=-b_n$,从而使得声辐射力矩亦恰好为零。从声辐射力矩的产生机制分析,当粒子位于声轴上时,Gauss 波对粒子中心的角动量恒为零,但当粒子偏离声轴时,Gauss 波对粒子中心便有可能产生不为零的角动量。由此可知,粒子的离轴效应对声辐射力矩的产生至关重要。

既然声吸收是圆柱形粒子受到声辐射力矩的必要条件,在研究声辐射力矩时就必须引入声吸收,而不能像研究声辐射力时一样将其忽略。这样一来,第 3 章中所引入的刚性柱、流体柱和弹性柱模型就不再适用。不过,正如前文所述,引入声吸收只需给波数引入一项表示声衰减的虚部即可,即构成所谓复波数。对于刚性柱而言,其内部不存在声波的透射,因此引入复波数毫无意义。至于实际中的流体柱,多少都存在一定的声吸收,但无论是液体还是气体,大部分情况下声吸收都较为微弱,可以忽略不计。对于实际中的弹性柱而言,其声吸收效应是较为显著的,要远远大于流体中的声吸收。因此,这里特别考虑所谓黏弹性柱,即认为弹性柱的声吸收几乎完全来源于其本身的声黏滞效应。为了在计算过程中体现声吸收,引入复波数 $\tilde{k}_c=k_c(1+i\gamma_c)$ 和 $\tilde{k}_s=k_s(1+i\gamma_s)$,其中 $k_c$ 和 $k_s$ 分别是不考虑声吸收时弹性柱材料本身的纵波波数和横波波数,$\gamma_c$ 和 $\gamma_s$ 分别是黏弹性柱纵波和横波的归一化声吸收系数。从复波数的定义可以看出,我们假定声吸收和频率之间存在正比关系,故称为线性吸收。事实上,实际中大多数黏弹性材料的声吸收和频率之间的关系是较为复杂的,并不一定满足线性吸收的条件。尽管如此,这样简单的假设一方面降低了计算复杂度,另一方面可以帮助我们大致掌握声辐射力矩的具体性质,因而还是具有一定理论和实际意义的。

图 4-1(a)和(b)分别显示了黏弹性聚乙烯柱和黏弹性酚醛树脂柱在不同束腰半径的 Gauss 行波场作用下的声辐射力矩函数 $\tau_{pz}$ 随 $ka$ 的变化曲线,其中聚乙烯的密度和声速已经在表 3-1 中给出,聚乙烯的归一化纵波声吸收系数和归一化横波声吸收系数分别为 $\gamma_c=0.0074$ 和 $\gamma_s=0.022$;酚醛树脂的密度为 $\rho_1=1\,220\ \text{kg/m}^3$,纵波声速为 $c_c=2\,840\ \text{m/s}$,横波声速为 $c_s=1\,320\ \text{m/s}$,归一化纵波声吸收系数和归一化横波声吸收系数分别为 $\gamma_c=0.0119$ 和 $\gamma_s=0.0257$;不同曲线所对应的束腰半径分别满足 $kW_0=3$、5、7、9。如前所述,对于在轴圆柱形粒子而言,声辐射力矩将由于对称性而消失,因而在仿真中我们仅考虑粒子离轴的情况,此时 Gauss 波的波束中心所对应的坐标满足 $kx_0=ky_0=3$。计算结果显示,此时聚乙烯柱和酚醛树脂柱的声辐射力矩函数在仿真范围内恒为负值,这意味着从 $z$ 轴正方向看去,两者均将在声辐射力矩的作用下绕自身轴线顺时针转动。与声辐射力函数曲线类似,随着 $ka$ 从零开始不断增大,声辐射力矩函数曲线出现了一系列尖锐的峰值,这些峰值同样反映了聚乙烯柱和酚醛树脂柱本身的共振散射模式。当产生共振散射时,声吸收更强,因而声辐射力矩更大。但由于单极散射项对声辐射力矩没有贡献,在 $ka<1$ 的低频范围内不出现任何共振峰。因此,共振峰从左到右分别对应着偶极散射、四极散射($n=\pm2$)和八极散射($n=\pm3$)等。对比图 3-24(c)和图 4-1(a)可以发现,声辐射力函数曲线的峰值和声辐射力矩函数曲线的峰值是一一对应的。总体来看,聚乙烯柱的声辐射力矩函数峰值要强于酚醛树脂柱。当 $ka>6$ 时,两者的声辐射力矩函数曲线变得较为平缓,因而在高频范围内产生较强的声辐射力矩是比较困难的。此外,当改变 Gauss 波的束腰半径时,声辐射力矩的峰值位置并不随之改变,但峰值的大小会发生变化。由于粒子偏离声轴,当束腰半径增加时,波束会变宽,从而粒子处的声能量密度会增强,因此能够获得更大的声辐射力矩。另外,波束变宽意味着 Gauss 波不断趋近于平面波,其声辐射力矩也会随之发生衰减,这一衰减在低频范围内尤为明显,因为低频范围内粒子尺寸小于波长,对粒子而言 Gauss 波更接近于平面波。基于此,在实际中应当合理设计 Gauss 波的

波束宽度。

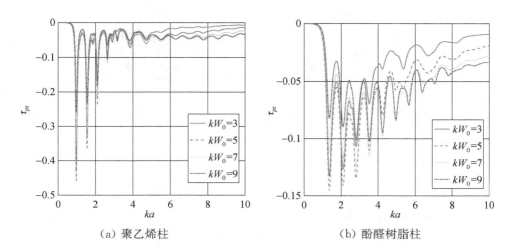

（a）聚乙烯柱 （b）酚醛树脂柱

**图 4 - 1 Gauss 行波场对黏弹性圆柱形粒子的声辐射力矩函数 $\tau_{pz}$ 随 $ka$ 的变化曲线，其中 $kx_0 = ky_0 = 3$**

如前所述，粒子的离轴效应对最终的声辐射力矩有着十分重要的影响。图 4 - 2 （a）和（b）分别显示了黏弹性聚乙烯柱和黏弹性酚醛树脂柱在 Gauss 行波场作用下的声辐射力矩函数 $\tau_{pz}$ 随 $ka$ 和 $ky_0$ 的变化关系，其中束腰半径满足 $kW_0 = 3$，波束中心的位置满足 $kx_0 = 0$，即波束中心始终在 $x = 0$ 这条线上移动。可以看出，两种黏弹性柱的声辐射力矩函数仿真图均关于 $ky_0 = 0$ 奇对称，且当 $ky_0 = 0$ 时声辐射力矩将由于对称性而消失。当 $ky_0 > 0$ 时，粒子中心位于声轴的下方，此时声辐射力矩函数值为负，从 $z$ 轴正方向看去声辐射力矩将驱使粒子绕自身轴线产生顺时针转动；当 $ky_0 < 0$ 时，粒子中心位于声轴的上方，此时声辐射力矩函数值为正，从 $z$ 轴正方向看去声辐射力矩将驱使粒子绕自身轴线产生逆时针转动。当粒子位于声轴上下方对称的位置时，声辐射力矩大小相等而方向相反。从仿真图还可以看出，当粒子离轴距离较小时，声辐射力矩的峰值主要集中在低频范围内，且峰值较大。随着粒子离轴距离的不断增加，声辐射力矩的峰值逐渐向高频移动，且峰值明显减小。总体来看，声辐射力矩的峰值所对应的 $ka$ 大小和离轴距离 $ky_0$ 之间大体呈线性关系，这一关系有利于实际中通过控制粒子的位置来获得较强的声辐射力矩。

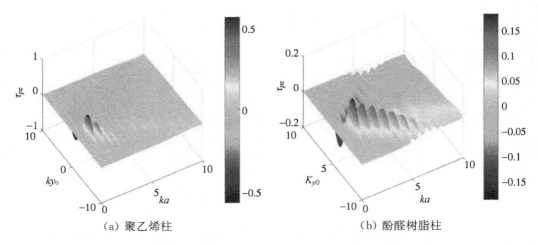

（a）聚乙烯柱  （b）酚醛树脂柱

**图 4-2  Gauss 行波场对黏弹性圆柱形粒子的声辐射力矩函数 $\tau_{pz}$ 随 $ka$ 和 $ky_0$ 的变化，其中 $kW_0 = 3, kx_0 = 0$**

接下来考虑黏弹性柱在 $y$ 轴上来回移动的情形。图 4-3(a)和(b)分别显示了黏弹性聚乙烯柱和黏弹性酚醛树脂柱在 Gauss 行波场作用下的声辐射力矩函数 $\tau_{pz}$ 随 $ka$ 和 $kx_0$ 的变化关系，其中束腰半径仍满足 $kW_0 = 3$，波束中心的位置满足 $ky_0 = 3$。考虑到粒子位于声轴上时声辐射力矩消失，因此我们假设粒子中心在声轴下方的水平线上移动。从计算结果可以看出，两种黏弹性柱的声辐射力矩函数均关于 $kx_0 = 0$ 呈现奇对称特性，当 $kx_0 = 0$ 时声辐射力矩将由于对称性而消失。当 $kx_0 > 0$ 时，粒子中心位于声轴的左下方，此时声辐射力矩函数值为负，从 $z$ 轴正方向看去声辐射力矩将驱使粒子绕自身轴线产生顺时针转动；当 $kx_0 < 0$ 时，粒子中心位于声轴的右下方，此时声辐射力矩函数值为正，从 $z$ 轴正方向看去声辐射力矩将驱使粒子绕自身轴线产生逆时针转动。当粒子分别位于关于 $kx_0 = 0$ 对称的位置时，声辐射力矩大小相等而方向相反。这些性质均与图 4-2 中的结果类似。与图 4-2 有所不同的是，无论 $ka$ 取何值，声辐射力矩的峰值均随着 $kx_0$ 绝对值的增大而减小。事实上，波束中心附近的声能量密度较大，在 $ky_0$ 取值固定的情况下声辐射力矩也较强。

将 Gauss 行波场换为 Gauss 驻波场，其物理模型和建立的坐标系与图 3-17 完全相同。入射 Gauss 驻波场速度势函数的级数展开式已在式(3-125)中给出。同样地，这里依然采取直接利用积分式(4-4)来计算声辐射力矩的方法，此时 $z$ 方向声辐射力矩的计算结果为：

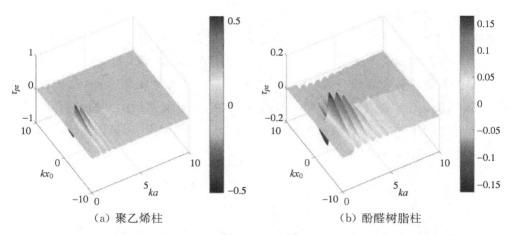

（a）聚乙烯柱　　　　　　　　　（b）酚醛树脂柱

图 4-3　Gauss 行波场对黏弹性圆柱形粒子的声辐射力矩函数 $\tau_{pz}$ 随 $ka$ 和 $kx_0$ 的变化，其中 $kW_0=3$，$ky_0=3$

$$T_z = \tau_{stz} V_c E \tag{4-30}$$

其中，$E = \rho_0 k^2 \phi_0^2 / 2$ 是入射声场的能量密度；$V_c = \pi a^2$ 是单位长度圆柱形粒子的体积；$\tau_{stz}$ 是 $z$ 方向的声辐射力矩函数，这里下标"$st$"表示驻波场，其具体表达式为：

$$\tau_{stz} = -\frac{8}{\pi(ka)^2} \sum_{n=-\infty}^{+\infty} n[1+(-1)^n \cos(2kh)] |b_n|^2 (a_n + \alpha_n^2 + \beta_n^2) \tag{4-31}$$

其中，$\alpha_n$ 和 $\beta_n$ 分别是散射系数 $s_n$ 的实部和虚部。式（4-31）正是圆柱形粒子在 Gauss 驻波场作用下的声辐射力矩函数表达式。

从以上计算结果可以看出，Gauss 驻波场中的声辐射力矩由两部分组成，第一部分与粒子的空间位置无关，不妨称为"直流项"；第二部分则与 $\cos(2kh)$ 成正比，即与粒子的空间位置密切相关，不妨称为"交流项"。总体来看，声辐射力矩会随着黏弹性柱的空间位置变化出现周期性变化，但由于"直流项"的存在，声辐射力矩不再满足在声压波节或波腹处取零的性质，这一点与声辐射力有着显著的不同。基于此，必须将余弦调制项包含在声辐射力矩函数里，而非单独列示。此时，声辐射力矩函数的符号就表征了最终声辐射力矩的方向。

图 4-4（a）和（b）分别显示了黏弹性聚乙烯柱和黏弹性酚醛树脂柱在不同束腰半径的 Gauss 驻波场作用下的声辐射力矩函数 $\tau_{stz}$ 随 $ka$ 的变化曲线，其中不同曲线所对应的束腰半径分别满足 $kW_0=3$、$5$、$7$、$9$，Gauss 驻波场中心所对应的坐标满足 $kx_0=ky_0=3$。如前所述，Gauss 驻波场中的声辐射力矩和粒子的空间位置密切

相关,为了简便,假设粒子所在的位置满足 $\cos(2kh)=1$。从计算结果可以看出,两种黏弹性柱的声辐射力矩函数值均恒为正,即表示声辐射力矩沿 $z$ 轴正方向。此外,声辐射力矩函数曲线均出现了一系列反映共振散射模式的峰值,但当 $ka>6$ 时,这些峰值几乎全部消失,即声辐射力矩主要集中在中低频范围内,该现象和 Gauss 行波场中的结果完全相同。与图 4-1 相比,此时曲线的共振峰更高,即与 Gauss 行波场相比,Gauss 驻波场能够产生更强的声辐射力矩,且聚乙烯柱的峰值仍然大于酚醛树脂柱的峰值。

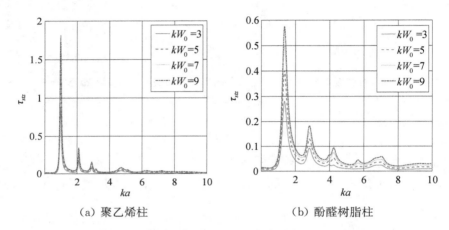

（a）聚乙烯柱　　　　　　　　（b）酚醛树脂柱

**图 4-4　Gauss 驻波场对黏弹性圆柱形粒子的声辐射力矩函数 $\tau_{stz}$ 随 $ka$ 的变化曲线,其中 $kx_0=ky_0=3$**

以上讨论的是圆柱形粒子在二维 Gauss 波作用下的声辐射力矩特性。按照类似的思路,可以进一步探究球形粒子在三维 Gauss 波作用下的声辐射力矩特性。与二维圆柱形粒子的情况有所不同,一般情况下,球形粒子在 Gauss 行波作用下可能受到三个方向的声辐射力矩作用,根据式(4-12)可以直接写出此时球形粒子在三个方向受到的声辐射力矩表达式:

$$T_x = \tau_{px}\pi a^3 E \tag{4-32}$$

$$T_y = \tau_{py}\pi a^3 E \tag{4-33}$$

$$T_z = \tau_{pz}\pi a^3 E \tag{4-34}$$

其中,$E=\rho_0 k^2\phi_0^2/2$ 是入射声场的能量密度,$\tau_{px}$、$\tau_{py}$ 和 $\tau_{pz}$ 分别是沿三个坐标轴方向的声辐射力矩函数。4.2 节中已经推导了三维球坐标系下基于波形系数的声辐射力矩表达式,这里便无须像圆柱形粒子那样利用原始的积分公式进行计算,而是可以直接利用式(4－20)～式(4－22)，当然前提是需要给出 Gauss 波的波形系数，这里不再赘述。对于 Gauss 驻波作用下的情形，亦可以通过类似的方法得到其声辐射力矩的表达式为：

$$T_x = \tau_{stx} \pi a^3 E \tag{4－35}$$

$$T_y = \tau_{sty} \pi a^3 E \tag{4－36}$$

$$T_z = \tau_{stz} \pi a^3 E \tag{4－37}$$

其中，$\tau_{stx}$、$\tau_{sty}$ 和 $\tau_{stz}$ 分别是沿三个坐标轴方向的声辐射力矩函数，其余各符号的具体含义与式(4－32)～式(4－34)中完全相同，具体计算同样需要给出 Gauss 驻波场的波形系数。

## 4.3.2　Bessel 波作用下的声辐射力矩

接下来转入对 Bessel 波作用下声辐射力矩的研究。第 3 章中曾指出，Bessel 波具有诸多优良特性，其中最主要的是非衍射特性和涡旋特性。非衍射特性使得 Bessel 波在传播过程中能够较好地保持波阵面的形状而不发生明显的扩散，而涡旋特性则使得 Bessel 波自身能够携带一定的角动量，从而便于对物体施加力矩的作用。有必要指出，这里的角动量是相对于自身声轴而言的，因此，即使对于在轴粒子也可以存在沿声轴方向的声辐射力矩作用，这和 Gauss 波只能在离轴情况下产生力矩有所不同。需要强调的是，只有高阶 Bessel 波才具备涡旋特性，零阶 Bessel 波的声场分布具有周向对称性，因而无法携带角动量。还需要强调的是，在离轴条件下，声辐射力矩并非完全来源于声场的涡旋特性，因而不一定沿声轴方向，且零阶 Bessel 波也可能产生声辐射力矩。

前面提到，Bessel 波一定是在三维空间描述的，因而我们直接讨论其对球形粒子的声辐射力矩特性。首先考虑粒子中心恰好位于 Bessel 波中心的情形。考虑一束角频率为 $\omega$ 的 Bessel 波入射到水中半径为 $a$ 的球形粒子上，其物理模型与图 3－25 完全相同，并且建立相同的坐标系。注意，此时 Bessel 波的阶数 $M$ 必须大于 0。第 3 章中已经给出了 $M$ 阶 Bessel 波的速度势函数、声压和法向质点振速的级数展开式，分别为式(3－145)、式(3－146)和式(3－147)。相应地，散射声场的速度势函数、声压和法向质点振速分别由式(3－148)、式(3－149)和式(3－150)给出。

由于粒子恰好位于 Bessel 波的波束中心，因此只存在轴向声辐射力矩，其表达式为：

$$T_z = \tau_{pz} \pi a^3 E \tag{4-38}$$

其中，$E = \rho_0 k^2 \phi_0^2 / 2$ 是入射声场的能量密度；$\tau_{pz}$ 是轴向声辐射力矩函数，可以通过将波形系数的表达式(3-151)代入式(4-22)得到，其具体表达式为：

$$\tau_{pz} = -\frac{4M}{(ka)^3} \sum_{n=M}^{+\infty} \left[ P_n^M(\cos\beta)^2 (2n+1) \frac{(n-M)!}{(n+M)!} (\alpha_n + \alpha_n^2 + \beta_n^2) \right] \tag{4-39}$$

其中，$\alpha_n$ 和 $\beta_n$ 分别是散射系数 $s_n$ 的实部和虚部。容易看出，声辐射力矩函数与阶数 $M$ 成正比，当阶数为零时，声辐射力矩消失，即零阶 Bessel 波没有涡旋特性。当半锥角为零时，连带 Legendre 函数 $P_n^M(\cos\beta)$ 取零，从而使声辐射力矩为零。事实上，此时高阶 Bessel 波早已不复存在，当然无法产生声辐射力矩。此外，低于 $M$ 阶的共振散射模式均被抑制，因而对最终的声辐射力矩没有贡献，这与第 3 章中所讨论的声辐射力特性是一致的。

还注意到，式(4-39)中同样含有 $\alpha_n + \alpha_n^2 + \beta_n^2$ 这一项，对于刚性球、流体球和弹性球而言，在不考虑声吸收作用的前提下，这一项恒为零。同样地，我们只需将各类球形粒子的散射系数表达式代入即可验证这一点，在具体计算中需注意在不考虑声吸收的前提下波数是实数。当粒子存在一定的声吸收时，波数需要增加一项表示声衰减的虚部，进而 $\alpha_n + \alpha_n^2 + \beta_n^2$ 也不再恒为零。因此，声吸收同样是此时球形粒子受到声辐射力矩的必要条件，同样需要引入复波数。

基于式(4-39)，图 4-5(a)和(b)分别计算了位于一阶 Bessel 波中心的黏弹性聚乙烯球和黏弹性酚醛树脂球的声辐射力矩函数 $\tau_{pz}$ 随 $ka$ 的变化曲线，其中 Bessel 波的半锥角分别设为 $\beta = \pi/8$、$\pi/4$、$3\pi/8$。可以看出，两种黏弹性球的声辐射力矩函数在仿真范围内均恒取正值，即从 $z$ 轴正方向看去，黏弹性球将绕声轴作逆时针转动。事实上，由于已经假定了 Bessel 波的阶数为正，其所携带的角动量自然也沿 $+z$ 方向。随着 $ka$ 从零开始增大，仿真曲线出现了一系列峰值。通过对比图 4-5(a)和图 3-26(c)可以发现，这些峰值同样和黏弹性聚乙烯球的各阶共振散射模式一一对应，相应文献[3-4]已给出结论，这些共振峰从左到右分别对应着四极、八极等共振散射模式，而偶极散射模式对应的峰值很小，以致完全可以忽略。从计算曲线可以看出，黏弹性聚乙烯球的四极和八极共振散射点分别位于 $ka = 1.2$ 和 1.9 附近，而黏弹性酚醛树脂球的四极和八极共振散射点分别位于 $ka = 1.8$ 和 2.6 附近。后面将会看到，对于 Bessel 波作用下的在轴粒子而言，其声辐射力矩和粒子的吸收声功率成正比，因而在共振散射模式所对应的 $ka$ 值处将产生共振峰。从仿真曲线还可以看出，Bessel 波的半锥角对声辐射力矩有着显著影响。对于四极散射模式所对应的共振峰而言,半锥角为 $\pi/4$ 时共振峰最高,对应的声辐射力矩最强,当半锥角偏离 $\pi/4$ 时,声辐射力矩峰值会减小。对于其他阶的散射模式而言,半锥角越小,声辐射力矩越强。事实上,半锥角越大,声场的涡旋特性越强,但沿声轴方向的声强越弱。鉴于此,我们需要根据实际情况来设计 Bessel 涡旋声场,选择合适的半锥角大小。

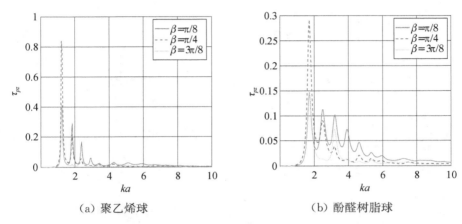

（a）聚乙烯球　　　　　　　　　　（b）酚醛树脂球

**图 4-5**　一阶 **Bessel** 行波场对黏弹性球形粒子的声辐射力矩函数 $\tau_{pz}$ 随 $ka$ 的变化曲线,且粒子中心与波束中心重合

将 Bessel 波的阶数提升到二阶,其余条件均不变,其计算结果如图 4-6 所示。可以看出,二阶 Bessel 波的声辐射力矩函数亦恒为正值,且其共振峰的位置并不发生改变,即改变声场的阶数并不影响黏弹性球本身的共振散射模式。需要注意的是,此时偶极散射项被抑制,对声辐射力矩完全没有贡献,但偶极散射项对声辐射力矩的贡献本来就很小,因而这些共振峰从左到右仍然分别对应着四极、八极等共振散射模式。与图 4-5 相比,前几阶的共振峰在 $\beta=3\pi/8$ 时明显增强,但在 $\beta=\pi/8$ 和 $\pi/4$ 时明显减弱。

为了更清晰地理解半锥角对声辐射力矩的影响,图 4-7 给出了一阶和二阶 Bessel 波对位于波束中心的黏弹性聚乙烯球的声辐射力矩函数 $\tau_{pz}$ 随 $ka$ 和 $\beta$ 的变化关系,其中图(a)和图(b)分别对应着一阶和二阶 Bessel 波作用下的结果,半锥角则可以在 0 到 $\pi/2$ 之间连续变化。计算结果显示,声辐射力矩函数的峰值在仿真图上形成了一系列平行于 $ka$ 轴的亮色条状区域,分别对应着黏弹性聚乙烯球的各阶共振散射模式,且前几阶声散射模式占据主导地位。当半锥角取零时,声辐射力矩函数值取零,这是符合预期的结果。相比于一阶 Bessel 波入射的情况,二阶

Bessel 波入射下的声辐射力矩峰值所对应的半锥角均明显增大。该现象可以作如下解释：二阶柱 Bessel 函数的各零点均大于一阶柱 Bessel 函数，从柱 Bessel 函数的宗量 $kr\cos\beta$ 可知，只有相应地增大半锥角才能使黏弹性球完全将 Bessel 波的主瓣包围，从而在峰值处获得更大的力矩作用。在实际应用中可以根据操控对象材料的性质和尺寸的大小来选择合适的声场频率和半锥角。

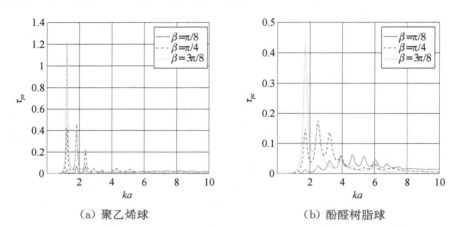

图 4-6　二阶 Bessel 行波场对黏弹性球形粒子的声辐射力矩函数 $\tau_{pz}$ 随 $ka$ 的变化曲线，且粒子中心与波束中心重合

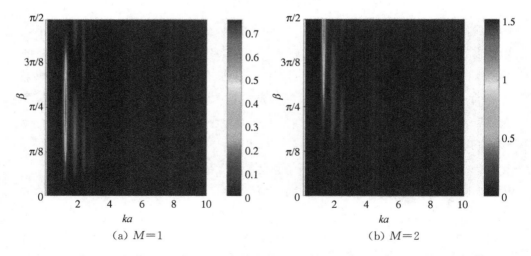

图 4-7　一阶和二阶 Bessel 行波场对黏弹性聚乙烯球的声辐射力矩函数 $\tau_{pz}$ 随 $ka$ 和 $\beta$ 的变化，且粒子中心与波束中心重合

进一步考虑球形粒子偏离波束中心的情况，其模型与图 3-28 完全相同，且建立

的坐标系亦完全相同。一般情况下,粒子在三个方向均可能受到不为零的声辐射力矩作用。此时,$M$ 阶 Bessel 波必须展开为多重级数,即式(3-9),而相应的波形系数则已在式(3-154)中给出。形式上可以将此时声辐射力矩的三个分量分别表示为:

$$T_x = \tau_{px} \pi a^3 E \tag{4-40}$$

$$T_y = \tau_{py} \pi a^3 E \tag{4-41}$$

$$T_z = \tau_{pz} \pi a^3 E \tag{4-42}$$

其中,$E = \rho_0 k^2 \phi_0^2 / 2$ 是入射声场的能量密度,$\tau_{px}$、$\tau_{py}$ 和 $\tau_{pz}$ 是三个方向的声辐射力矩函数,可以通过将式(3-154)代入式(4-20)~式(4-22)求得。应当指出,当粒子偏离声轴时,即使入射声场没有涡旋特性(如零阶 Bessel 波),也会由于非对称性产生力矩作用。下面我们通过具体的例子来说明这一点。

图 4-8 显示了不同半锥角的零阶 Bessel 波作用下黏弹性聚乙烯球的声辐射力矩函数随 $ka$ 的变化曲线,其中半锥角分别设为 $\beta = \pi/8$、$\pi/4$、$3\pi/8$,黏弹性聚乙烯球中心偏离波束中心,且波束中心的坐标为 $kx_0 = ky_0 = kz_0 = 3$。从计算结果可以看出,虽然零阶 Bessel 波不具备涡旋特性,但黏弹性聚乙烯球的横向声辐射力矩由于离轴效应的存在而并不为零,即横向声辐射力矩的产生与声场的涡旋特性完全无关。此外,$x$ 方向和 $y$ 方向的声辐射力矩函数曲线完全相同。这是显然的,因为粒子在两个方向的离轴距离相等,在对称性的要求下其声辐射力矩必然相同。横向声辐射力矩函数的峰值亦和共振散射模式一一对应。当 $\beta = \pi/4$ 或 $3\pi/8$ 时,横向声辐射力矩在 $ka = 1$ 附近会出现很小的负值。由于此时声场不具备涡旋特性,即不携带 $z$ 方向的角动量,轴向声辐射力矩函数值恒为零,即单靠离轴效应无法产生轴向声辐射力矩。基于此,此时黏弹性聚乙烯球的总声辐射力矩应当是 $x$ 方向和 $y$ 方向声辐射力矩的矢量合成,该力矩方向始终垂直于声轴。

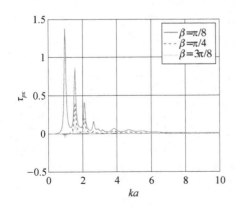
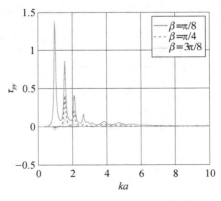

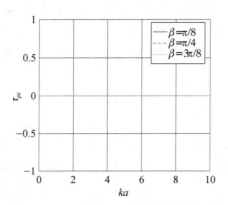

**图 4-8　零阶 Bessel 行波场对黏弹性聚乙烯球的声辐射力矩函数随 $ka$ 的变化曲线，其中 $kx_0 = ky_0 = kz_0 = 3$**

　　将零阶 Bessel 波换为一阶 Bessel 波，其余条件均保持不变，其计算结果如图 4-9 所示。结果显示，此时 $x$ 和 $y$ 方向的声辐射力矩函数曲线不再相同，这一现象同样源于 Bessel 波的涡旋特性。读者可以回忆，第 3 章中计算一阶 Bessel 波作用下离轴球形粒子的声辐射力时也有类似的非对称现象。总体而言，横向声辐射力矩的峰值明显小于零阶 Bessel 波入射的情形，这是由于此时沿声轴方向的声强减小所致。尽管如此，当 $ka$ 取值合适时，粒子在横向会受到较强的负向声辐射力矩。由于一阶 Bessel 波本身携带沿 $z$ 轴方向的角动量，其 $z$ 方向的声辐射力矩亦不为零。与在轴情形不同的是，当 $\beta = \pi/4$ 或 $3\pi/8$ 时轴向声辐射力矩可能为负值。基于此，此时粒子受到的总声辐射力矩应当是三个方向声辐射力矩的矢量合成，其在空间中的方向可能是任意的。

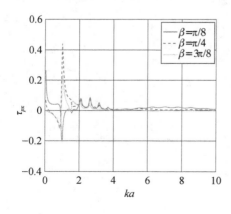

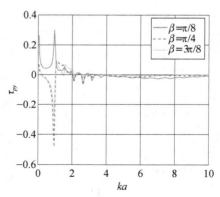

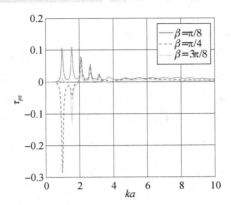

**图 4 - 9**　一阶 Bessel 行波场对黏弹性聚乙烯球的声辐射力矩函数随 $ka$ 的变化曲线，

其中 $kx_0 = ky_0 = kz_0 = 3$

为了进一步探究离轴效应对声辐射力矩的影响，图 4 - 10 给出了零阶 Bessel 波作用下黏弹性聚乙烯球的声辐射力矩函数随 $kx_0$ 和 $ky_0$ 的三维仿真示意图，其

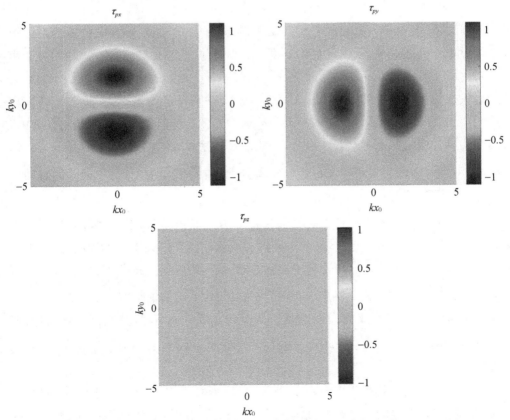

**图 4 - 10**　零阶 Bessel 行波场对黏弹性聚乙烯球的声辐射力矩函数随 $kx_0$ 和 $ky_0$ 的变化，

其中 $ka = 1, \beta = \pi/4, kz_0 = 0$

211

中 $ka=1$，$kz_0=0$，Bessel 波的半锥角为 $\beta=\pi/4$。可以看出，$x$ 方向的声辐射力矩函数关于 $ky_0=0$ 奇对称。当 $ky_0>0$ 时，声辐射力矩函数值为正；当 $ky_0<0$ 时，声辐射力矩函数值为负；当 $ky_0=0$ 时，声辐射力矩函数由于对称性而消失。读者可以回忆，在图 3-31(c) 的计算中我们曾发现，$x$ 方向的声辐射力函数关于 $kx_0=0$ 呈现奇对称特性，且当 $kx_0=0$ 时声辐射力消失，这与横向声辐射力矩的性质形成了鲜明对比。事实上，这种差异完全是由力矩的矢量积特性带来的。相应地，$y$ 方向的声辐射力矩函数则关于 $kx_0=0$ 奇对称。进一步观察还可以发现，当 $k\sqrt{x_0^2+y_0^2}>3$ 时，黏弹性聚乙烯球受到的声辐射力矩迅速衰减，此时粒子附近的声波能量很小，因此产生的声辐射力矩也很小。鉴于此，在实际操控粒子旋转时，必须合理控制粒子的离轴距离。此外，由于零阶 Bessel 波不具备涡旋特性，即使在离轴情况下轴向声辐射力矩也恒为零，这是符合预期的，此时粒子受到的总声辐射力矩必然在垂直于 $z$ 轴的平面内。

将零阶 Bessel 波换为一阶 Bessel 波，其余条件均不变，计算结果如图 4-11 所示。可以看出，由于一阶 Bessel 波具备涡旋特性，此时 $x$ 和 $y$ 方向的声辐射力矩不再关于某轴线对称，但仍满足关于原点中心对称，该性质和图 3-32(c) 中关于声辐射力的仿真结果是一致的。因此，在一阶 Bessel 波入射的情形下，横向声辐射力矩仅仅在粒子位于声轴上时取零。从图 4-11 中还可以看出，与零阶 Bessel 波作用时相比，一阶 Bessel 波作用时横向声辐射力矩的产生范围更广，且其方向会随着离轴距离的变化而发生翻转。以 $x$ 方向的声辐射力矩函数为例，且满足 $kx_0>0$，$ky_0>0$，当离轴距离较小（$k\sqrt{x_0^2+y_0^2}<2.5$）时，声辐射力矩为负值，但若离轴距离较大（$k\sqrt{x_0^2+y_0^2}>2.5$），声辐射力矩则为正值。至于其余情况，均可以从仿真图中作类似的分析。由于一阶 Bessel 波携带 $z$ 方向的角动量，轴向声辐射力矩不再为零。从仿真图中可以看出，轴向声辐射力矩函数仿真图关于原点周向对称，即与粒子的偏轴方向无关。当粒子位于声轴上时，轴向声辐射力矩达到最大且取正值；随着粒子离轴距离的增大，轴向声辐射力矩逐渐减小；当离轴距离满足 $k\sqrt{x_0^2+y_0^2}>2.5$ 时，轴向声辐射力矩方向发生翻转从而成为负向力矩，且其幅值不断增加；但若离轴距离继续增大以致 $k\sqrt{x_0^2+y_0^2}>5$，轴向声辐射力矩则亦会发生明显的衰减。

将 Bessel 行波场换为 Bessel 驻波场，且球形粒子中心恰好位于驻波场中心，其物理模型和建立的坐标系与图 3-33 完全相同，此时仍然只需要考虑 $z$ 方向的声辐射力矩。入射 $M$ 阶 Bessel 驻波场速度势函数的级数展开式已在式(3-159)中给出。基于 $M$ 阶 Bessel 波的波形系数表达式(3-151),可以得到 $z$ 方向声辐射力矩的计算结果为:

$$T_z = \tau_{stz} \pi a^3 E \qquad (4-43)$$

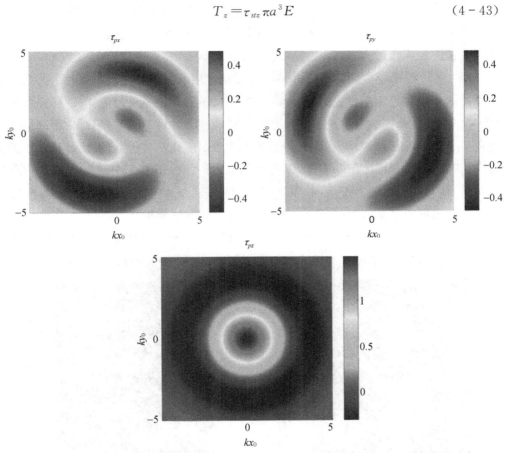

图 4-11　一阶 Bessel 行波场对黏弹性聚乙烯球的声辐射力矩函数随 $kx_0$ 和 $ky_0$ 的变化,其中 $ka=1,\beta=\pi/4,kz_0=0$

其中,$E=\rho_0 k^2 \phi_0^2/2$ 是入射声场的能量密度;$\tau_{stz}$ 是 $z$ 方向的声辐射力矩函数,其具体表达式为:

$$\tau_{stz} = -\frac{8M}{(ka)^3} \sum_{n=M}^{+\infty} \left\{ P_n^M(\cos\beta)^2 (2n+1)\frac{(n-M)!}{(n+M)!} \times \right.$$
$$\left. [1+(-1)^{n+M}\cos(2k_z h)](a_n + \alpha_n^2 + \beta_n^2) \right\} \qquad (4-44)$$

其中,$\alpha_n$ 和 $\beta_n$ 分别是散射系数 $s_n$ 的实部和虚部。式(4-44)正是球形粒子在 Bessel 驻波场作用下的声辐射力矩函数表达式。

可以看出,Bessel 驻波场的轴向声辐射力矩依然由直流项和交流项组成,但其交流项的变化周期为半波长的 $1/\cos\beta$,或者说是 $z$ 方向的波长,该周期和 Bessel 驻波作用下的声辐射力是一致的。与 Bessel 行波入射的结果类似,小于 $M$ 阶的散射项对最终的声辐射力矩均没有贡献。

图 4-12 给出了一阶和二阶 Bessel 驻波场作用下位于驻波场中心的黏弹性聚乙烯球的声辐射力矩函数 $\tau_{stz}$ 随 $ka$ 和 $\beta$ 的变化关系,其余条件与图 4-7 均完全相同。类似地,在计算中假设粒子所在位置满足 $\cos(2k_z h)=1$。可以看出,无论是一阶还是二阶 Bessel 驻波场,声辐射力矩函数均为正值,即声辐射力矩始终沿 $z$ 轴正方向。与行波场作用的情形类似,二阶声辐射力矩函数仿真图中的亮色条带均向上移动,即对应更大的半锥角,其原理和行波场中是一致的。总体而言,Bessel 驻波场的声辐射力矩要明显强于 Bessel 行波场。至于粒子偏离 Bessel 驻波场中心的情况,可以利用基于波形系数的声辐射力计算公式来计算此时三维声辐射力矩的大小,计算过程和 Bessel 行波入射时是类似的,这里不再赘述。

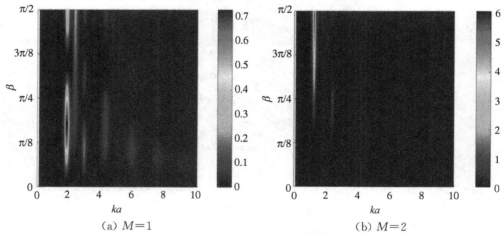

(a) $M=1$         (b) $M=2$

图 4-12 一阶和二阶 Bessel 驻波场对黏弹性聚乙烯球的声辐射力矩函数 $\tau_{stz}$ 随 $ka$ 和 $\beta$ 的变化,且粒子中心与驻波场中心重合

在本小节最后,有必要再次强调,对于圆柱形粒子和球形粒子而言,无论是声场涡旋特性还是离轴效应所导致的声辐射力矩,均必须要求粒子具有一定的声吸收特性,否则声波的角动量无法传递给粒子。在具体计算中,必须使用复波数来代替原来的实波数。

## 4.4　无限长弹性圆柱壳和弹性球壳的声辐射力矩

4.3 节中我们详细讨论了均匀圆柱形粒子和球形粒子的声辐射力矩特性。与研究声辐射力问题时类似,接下来我们转入对无限长弹性圆柱壳和弹性球壳的声辐射力矩研究。相比于圆柱形粒子和球形粒子而言,尽管弹性圆柱壳和弹性球壳是更复杂的物理模型,但仍然具备良好的球对称特性,因此无法在平面波场中获得声辐射力矩作用。鉴于此,我们直接从 Gauss 波作用的情形开始讨论。

### 4.4.1　Gauss 波作用下的声辐射力矩

考虑一列角频率为 $\omega$ 的二维 Gauss 波正入射到水中外半径为 $a$、内半径为 $b$ 的弹性圆柱壳上,注意此时必须考虑一般情况下的入射情形,即弹性圆柱壳中心不一定位于波束中心,否则无法产生不为零的声辐射力矩。其物理模型如图 4－13 所示。以弹性圆柱壳轴线上某点为原点 $O$ 建立柱坐标系$(r,\theta,z)$和空间直角坐标系$(x,y,z)$,两坐标系间满足换算关系:$x=r\cos\theta,y=r\sin\theta,z=z$。波矢量沿 $x$ 轴正方向,且 $z$ 轴与粒子自身的轴线重合,Gauss 波的波束中心在直角坐标系中的坐标为$(x_0,y_0)$。

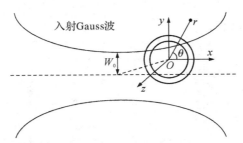

图 4－13　Gauss 行波正入射到水中的弹性圆柱壳上,波矢量沿$+x$ 方向

事实上,该模型与图 3－12 无异,仅仅是将均匀圆柱形粒子换为弹性圆柱壳而已。因此,整个声辐射力矩的计算过程和 4.3.1 节中计算均匀圆柱形粒子在 Gauss 波作用下的声辐射力矩时完全相同,只需将对应的散射系数替换为弹性圆柱壳的散射系数即可,该散射系数早已在式(3－169)中给出。至于 $z$ 方向的声辐射力矩和声辐射力矩函数,则仍分别由式(4－27)和式(4－28)表示。

有必要指出,对于不存在声吸收特性的弹性圆柱壳而言,其声辐射力矩函数中与散射系数有关的项 $\alpha_n + \alpha_n^2 + \beta_n^2$ 同样恒为零,考虑到其对称性,这是不难预料的。因此,我们同样需要考虑弹性圆柱壳的声吸收特性。如前所述,通常而言,弹性体的声吸收特性要明显强于流体,因此这里我们仅考虑弹性壳层存在一定的声吸收,而柱壳内部的流体仍然是理想的。

图 4-14 给出了 Gauss 波作用下不同厚度黏弹性注水聚乙烯圆柱壳的声辐射力矩函数 $\tau_{pz}$ 随 $ka$ 的变化曲线,Gauss 波的束腰半径满足 $kW_0 = 3$。其中图(a)中的曲线所对应的圆柱壳相对厚度为 $b/a = 0.6、0.7、0.8、0.9$,此时黏弹性圆柱壳相对较厚;图(b)中的曲线所对应的圆柱壳相对厚度为 $b/a = 0.96、0.97、0.98、0.99$,此时黏弹性圆柱壳相对较薄。从仿真图可以看出,无论是厚圆柱壳还是薄圆柱壳,此时的声辐射力矩均为负值,即从 $z$ 轴正方向看,黏弹性圆柱壳将在力矩的作用下绕自身轴线逆时针转动,这与黏弹性均匀聚乙烯柱的结果是一致的。随着 $ka$ 的变化,声辐射力矩函数曲线亦出现了一系列与共振散射模式——对应的峰值,且这些峰值的位置和高度与黏弹性圆柱壳的相对厚度密切相关。当黏弹性圆柱壳相对较厚($b/a < 0.8$)时,其声辐射力矩函数曲线在 $ka < 2$ 范围内的共振峰非常显著。但当黏弹性圆柱壳内外半径之比超过 0.8 时,这些峰值几乎完全消失,即在低频范围内难以对圆柱壳施加较强的力矩作用。从物理上分析,当弹性壳层的厚度远小于波长时,其声吸收效应很微弱,自然无法产生较大的声辐射力矩。随着频率的升高,声波波长逐渐可以和弹性壳层的尺寸相比拟,声吸收效应逐渐凸显,从而产生了明显的声辐射力矩峰值。

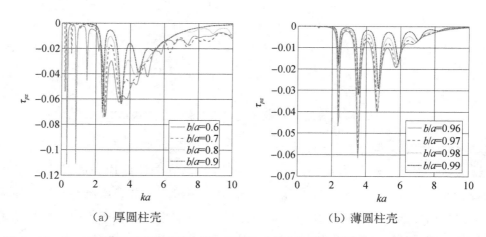

(a) 厚圆柱壳        (b) 薄圆柱壳

**图 4-14** Gauss 行波场对黏弹性注水聚乙烯圆柱壳的声辐射力矩函数 $\tau_{pz}$ 随 $ka$ 的变化曲线,其中 $kW_0 = 3, kx_0 = ky_0 = 3$

将黏弹性注水圆柱壳的弹性壳层换为酚醛树脂，其内部流体仍然是水，即构成所谓黏弹性注水酚醛树脂圆柱壳，其声辐射力矩函数随 $ka$ 的变化曲线如图 4-15 所示，图（a）和（b）仍然分别对应着厚柱壳和薄柱壳的情况，且 Gauss 波的束腰半径仍满足 $kW_0=3$。计算结果显示，此时的声辐射力矩函数同样恒为负值，且图像上仍然存在一系列尖锐的共振峰，但弹性壳层材料的改变使得共振散射模式发生了变化，进而改变了共振峰的位置。与图 4-14 类似，对于相对厚度小于 0.8 的黏弹性注水酚醛树脂圆柱壳而言，其声辐射力矩的峰值仍然集中在中低频范围内，且远远大于黏弹性注水聚乙烯圆柱壳。随着频率的升高，这些共振峰也逐渐消失，只在高频范围内能产生明显的力矩。

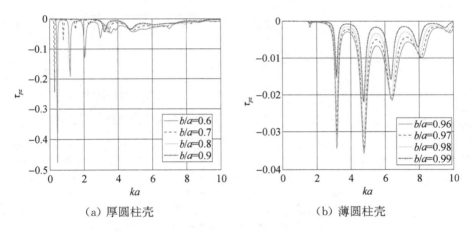

（a）厚圆柱壳　　　　　　　　　　（b）薄圆柱壳

**图 4-15　Gauss 行波场对黏弹性注水酚醛树脂圆柱壳的声辐射力矩函数 $\tau_{pz}$ 随 $ka$ 的变化曲线，其中 $kW_0=3,kx_0=ky_0=3$**

进一步考虑黏弹性圆柱壳内部流体对声辐射力矩特性的影响。图 4-16 给出了黏弹性注空气聚乙烯圆柱壳的声辐射力矩函数 $\tau_{pz}$ 随 $ka$ 的变化曲线，其余条件均与图 4-14 完全相同。可以看出，即使对于相对较薄的黏弹性注空气聚乙烯圆柱壳而言，其声辐射力矩函数曲线也会在 $ka<2$ 的中低频范围内产生明显的峰值。特别地，对于相对厚度大于 0.9 的圆柱壳而言，在 $ka=1.2$ 附近产生的声辐射力矩峰值大小可以达到 0.08，该现象说明将内部空腔内的流体换为空气更有利于在中低频范围内获得较强的声辐射力矩。

接下来转入对 Gauss 驻波场作用下黏弹性圆柱壳声辐射力矩的分析。考虑一

列角频率为 $\omega$ 的二维 Gauss 驻波场正入射到水中外半径为 $a$、内半径为 $b$ 的弹性圆柱壳上,注意此时必须考虑一般情况下的入射情形,即弹性圆柱壳中心不一定位于驻波场中心,否则无法产生不为零的声辐射力矩。其物理模型如图 4-17 所示。仍以弹性圆柱壳轴线上某点为原点 $O$ 建立坐标系,与 Gauss 行波场的情形稍有不同,为方便后续计算,此时假设驻波场中心的坐标为 $(x_0, y_0)$。

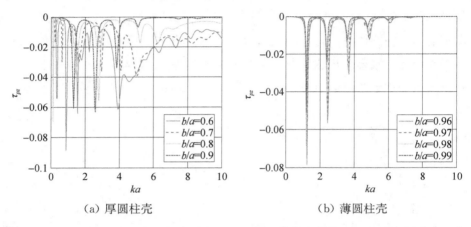

（a）厚圆柱壳          （b）薄圆柱壳

**图 4-16** Gauss 行波场对黏弹性注空气聚乙烯圆柱壳的声辐射力矩函数 $\tau_{pz}$ 随 $ka$ 的变化曲线,其中 $kW_0 = 3, kx_0 = ky_0 = 3$

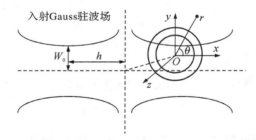

**图 4-17** Gauss 驻波正入射到水中的弹性圆柱壳上,波矢量与 $x$ 轴平行

事实上,该模型与图 3-17 无异,仅仅需要将其中的均匀圆柱形粒子换为弹性圆柱壳而已。因此,整个声辐射力矩的计算过程和 4.3.1 节中计算均匀圆柱形粒子在 Gauss 驻波场作用下的声辐射力矩时完全相同,只需将对应的散射系数替换为弹性圆柱壳的散射系数即可,即式(3-169)。至于 $z$ 方向的声辐射力矩和声辐射力矩函数,则仍分别由式(4-30)和式(4-31)表示。

图 4-18 显示了 Gauss 驻波场作用下的黏弹性注水聚乙烯圆柱壳的声辐射力矩函数 $\tau_{stz}$ 随 $ka$ 的变化曲线,Gauss 驻波的束腰半径满足 $kW_0 = 3$,驻波场中心坐

标满足 $kx_0 = ky_0 = 3$，其中图(a)中的曲线所对应的圆柱壳相对厚度为 $b/a = 0.6$、0.7、0.8、0.9，此时黏弹性圆柱壳相对较厚；图(b)中的曲线所对应的圆柱壳相对厚度为 $b/a = 0.96$、0.97、0.98、0.99，此时黏弹性圆柱壳相对较薄。同样地，在计算中我们假定粒子的位置满足 $\cos(2kh) = 1$。仿真结果显示，黏弹性注水聚乙烯圆柱壳的声辐射力矩函数亦恒取负值，即声辐射力矩始终沿 $z$ 轴负方向。与 Gauss 行波场入射的情形类似，只有当圆柱壳相对较厚时声辐射力矩函数才能在低频范围内产生较高的峰值。无论何种厚度的圆柱壳，当 $ka > 6$ 时均无法产生较大的声辐射力矩。

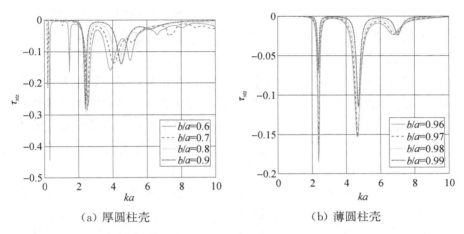

（a）厚圆柱壳　　　　　　（b）薄圆柱壳

**图 4-18　Gauss 驻波场对黏弹性注水聚乙烯圆柱壳的声辐射力矩函数 $\tau_{stz}$ 随 $ka$ 的变化曲线，其中 $kW_0 = 3, kx_0 = ky_0 = 3$**

以上讨论的是黏弹性圆柱壳在二维 Gauss 波作用下的声辐射力矩特性。按照类似的思路，可以进一步探究黏弹性球壳在三维 Gauss 波作用下的声辐射力矩特性。与二维圆柱形粒子的情况有所不同，一般情况下，黏弹性球壳在 Gauss 行波作用下可能受到三个方向的声辐射力矩作用，此时球壳在三个方向受到的声辐射力矩表达式仍分别由式(4-32)～式(4-34)给出，但需要将散射系数替换为黏弹性球壳的散射系数。至于 Gauss 驻波场作用下的情形，其声辐射力矩表达式则仍分别由式(4-35)～式(4-37)给出，同样需要替换掉散射系数。这里不再给出具体的算例。

### 4.4.2　Bessel 波作用下的声辐射力矩

接下来讨论 Bessel 波作用下弹性球壳的声辐射力矩特性。为了简便，这里仅讨论黏弹性球壳中心位于 Bessel 波波束中心的情形,此时仅仅存在轴向声辐射力矩,且该力矩只能来源于高阶 Bessel 波的涡旋特性。考虑一束角频率为 $\omega$ 的 Bessel 波入射到水中外半径为 $a$、内半径为 $b$ 的弹性球壳上,其物理模型与图 3-59 完全相同,并且建立的坐标系也完全相同。

第 3 章中已经给出了 $M$ 阶 Bessel 波的速度势函数、声压和法向质点振速的级数展开式,分别为式(3-145)、式(3-146)和式(3-147)。相应地,散射声场的速度势函数、声压和法向质点振速分别由式(3-148)、式(3-149)和式(3-150)给出。声辐射力矩的整个计算过程和 4.3.2 节中计算均匀球形粒子在 Bessel 波作用下的声辐射力矩时完全相同,只需将对应的散射系数替换为弹性球壳的散射系数即可,该散射系数早已在式(3-177)中给出。至于 $z$ 方向的声辐射力矩和声辐射力矩函数,则仍分别由式(4-38)和式(4-39)表示。

有必要指出,对于不存在声吸收特性的弹性球壳而言,其声辐射力矩函数中与散射系数有关的项 $\alpha_n + \alpha_n^2 + \beta_n^2$ 同样恒为零,正如不存在声吸收特性的弹性圆柱壳无法产生不为零的声辐射力矩一样。因此,我们同样需要考虑弹性球壳的声吸收特性,这里依然仅考虑弹性壳层存在一定的声吸收,而球壳内部的流体仍然是理想的。

图 4-19 给出了一阶 Bessel 波作用下黏弹性注水聚乙烯球壳的声辐射力矩函数 $\tau_{pz}$ 随 $ka$ 的变化曲线,Bessel 波的半锥角为 $\beta = \pi/4$。其中图(a)中的曲线所对应的球壳相对厚度为 $b/a = 0.6$、$0.7$、$0.8$、$0.9$,此时黏弹性球壳相对较厚;图(b)中的曲线所对应的球壳相对厚度为 $b/a = 0.96$、$0.97$、$0.98$、$0.99$,此时黏弹性球壳相对较薄。结果显示,无论黏弹性球壳的厚度如何,声辐射力矩均为正值,即从 $z$ 轴正方向看去,粒子将围绕自身轴线逆时针转动。当球壳相对较厚时,声辐射力矩函数峰值主要集中在低频范围内,且峰值的大小随着 $b/a$ 的增大而减小,其对应的 $ka$ 值也越来越小。当 $b/a = 0.6$ 时,低频的声辐射力矩函数峰值可以达到 1.1 以上,而当 $b/a > 0.9$ 时,该数值已经减小到 0.1 以下。同样地,这是由于当弹性壳层相对较薄时,产生的声吸收较弱,声辐射力矩较弱。

将 Bessel 行波场换为 Bessel 驻波场。考虑一列角频率为 $\omega$ 的 $M$ 阶 Bessel 驻波场正入射到水中外半径为 $a$、内半径为 $b$ 的黏弹性球壳上,且黏弹性球壳的中心恰好与驻波场中心完全重合,其物理模型与图 3-61 完全相同,且建立的坐标系也完全相同。因此,声辐射力矩的整个计算过程和 4.3.2 节中计算均匀球形粒子在 Bessel 驻波场作用下的声辐射力矩时完全相同,只需将对应的散射系数替换为黏弹性球壳的散射系数即可,即式(3-177)。至于 $z$ 方向的声辐射力矩和声辐射力矩函数,则仍分别由式(4-43)和式(4-44)表示。

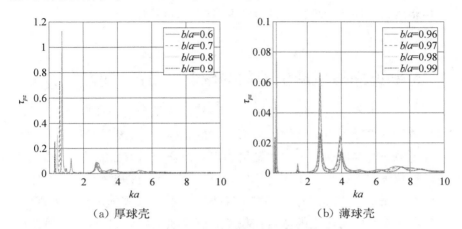

(a) 厚球壳　　　　　　　　　　　　(b) 薄球壳

**图 4-19**　一阶 Bessel 行波场对黏弹性注水聚乙烯球壳的声辐射力矩函数 $\tau_{pz}$ 随 $ka$ 的变化曲线,且粒子中心与波束中心重合,其中 $\beta = \pi/4$

图 4-20 给出了一阶 Bessel 驻波场作用下的变化曲线,其余条件均与图 4-19 相同。类似地,在计算中我们假定粒子的位置满足 $\cos(2k_z h) = 1$。可以看出,此时的声辐射力矩同样恒为正值。当球壳相对较厚时,声辐射力矩在 $ka < 2$ 的低频范围内出现较高的共振峰,随着内外半径之比的增加,低频的共振峰迅速衰减。这一现象与 Bessel 行波场中的结果是类似的。

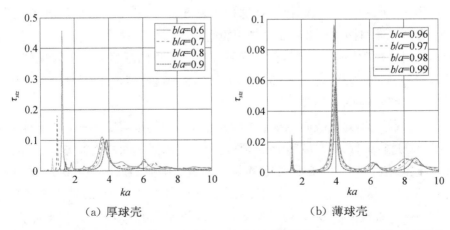

(a) 厚球壳　　　　　　　　　　　　(b) 薄球壳

**图 4-20**　一阶 Bessel 驻波场对黏弹性注水聚乙烯球壳的声辐射力矩函数 $\tau_{stz}$ 随 $ka$ 的变化曲线,且粒子中心与波束中心重合,其中 $\beta = \pi/4$

以上讨论中均假定黏弹性球壳中心恰好与 Bessel 波的波束中心或 Bessel 驻波场中心重合。对于粒子偏离波束中心或驻波场中心的情况,需要借助基于波形系数的声辐射力矩原始计算公式进行计算,这里不再赘述。

## 4.5　无限长椭圆柱形粒子和椭球形粒子的声辐射力矩 ⋯⋯⋯⋯

4.3 节和 4.4 节分别详细讨论了均匀圆柱形粒子和均匀球形粒子、弹性圆柱壳和弹性球壳的声辐射力矩特性。与第 3 章的思路类似,接下来我们转入对无限长椭圆柱形粒子和椭球形粒子的声辐射力矩进行研究。有必要指出,椭圆柱形粒子和椭球形粒子本身就具备非球对称性,这样一来,即使是平面波入射,加入散射声场后的总声场也是非对称的,从而能够对粒子产生不为零的声辐射力矩作用,这与 4.3 节和 4.4 节中所讨论的球对称粒子有着本质区别。此外,从后面的讨论还可以看到,椭圆柱形粒子和椭球形粒子无须具备声吸收特性即可获得不为零的声辐射力矩,这也与 4.3 节和 4.4 节中的情况截然不同。

### 4.5.1　平面波作用下的声辐射力矩

我们从最简单的平面波入射的情形开始讨论。考虑一列角频率为 $\omega$ 的平面波入射到水中的椭圆柱形粒子上,粒子横截面的两个半轴的长度分别为 $a$ 和 $b$。首先考虑最特殊的情形,即平面波的波矢量与椭圆柱形粒子的某一半轴垂直,其物理模型如图 3 - 65 所示。可以看出,在这种入射方式下,整个模型仍然具备对称性,因此平面波无法对椭圆柱形粒子施加力矩的作用,即声辐射力矩恒为零。鉴于此,我们不再讨论这种特殊的情况,而考虑平面波并不与椭圆柱形粒子的任何一个半轴垂直,且入射角度为 $\alpha$,图 3 - 69 显示了此时的物理模型。此外,建立的坐标系也与图 3 - 69 完全相同。

与第 3 章类似,这里我们仍然沿用圆柱坐标系中的级数展开法对椭圆柱形粒子的散射问题进行处理,而非借助于椭圆柱坐标系。入射平面波速度势函数的级数展开式已经在式(3 - 196)中给出,散射声场展开也是类似的。至于散射系数,可以通过将式(3 - 199)和式(3 - 200)分别代入式(3 - 186)和式(3 - 192)进行求解得到。

对于该二维模型而言,只需考虑 $z$ 方向的声辐射力矩即可。理论上而言,我们需要类比 4.2 节中的办法,通过曲面积分得到此时声辐射力矩和声辐射力矩函数的具体表达式。事实上,我们早就指出,对于理想流体而言,这一曲面积分完全没有必要在椭圆柱形粒子的外表面进行,而只需取一将粒子包围在内的大封闭圆柱面作为积分曲面即可。这样一来,整个计算过程和 4.2 节计算均匀圆柱形粒子的声辐射力矩无异,据此可以直接写出平面波作用下 $z$ 方向声辐射力矩和声辐射力矩函数的表达式,即式(4-27)和式(4-29),但需要注意的是,此时应当用 $y$ 方向椭圆柱形粒子的半轴长度 $b$ 替换掉原来圆柱形粒子的半径 $a$。这样一来,单位长度的椭圆柱形粒子在 $z$ 方向受到的声辐射力矩的表达式为:

$$T_z = \tau_{pz} V_c E \tag{4-45}$$

其中,$E = \rho_0 k^2 \phi_0^2 / 2$ 是入射声场的能量密度;$V_c = \pi b^2$ 是半径为 $b$ 的单位长度圆柱形粒子的体积;$\tau_{pz}$ 是 $z$ 方向的声辐射力矩函数,其具体表达式分别为:

$$\tau_{pz} = -\frac{4}{\pi(kb)^2} \sum_{n=-\infty}^{+\infty} n(\alpha_n + \alpha_n^2 + \beta_n^2) \tag{4-46}$$

其中,$\alpha_n$ 和 $\beta_n$ 分别是散射系数 $s_n$ 的实部和虚部。

　　读者可能会有疑惑,既然式(4-45)和式(4-46)形式上与式(4-27)和式(4-29)完全相同,是否意味着椭圆柱形粒子同样无法在平面波场中获得声辐射力矩?其实不然,原因在于式(4-46)中需要代入椭圆柱形粒子的声散射系数进行计算,其对任意大小的 $n$、$\alpha_n + \alpha_n^2 + \beta_n^2$ 和 $\alpha_{-n} + \alpha_{-n}^2 + \beta_{-n}^2$ 并不一定相等,这也是可以通过直接代入散射系数的表达式进行验证的。因此,$n$ 阶散射项和 $-n$ 阶散射项随声辐射力矩的贡献不能相互抵消。应当指出,声辐射力矩函数的表达式(4-46)不显含入射角度,读者可以回忆,此时 $x$ 方向和 $y$ 方向声辐射力函数的表达式(3-197)和式(3-198)是显含入射角度的。尽管如此,这并不意味着声辐射力矩和角度无关,事实上,正是由于入射角度的存在才产生了非对称性,进而产生了非零的声辐射力矩。虽然式(4-46)不显含入射角度,但入射角度早已包含在散射系数里,因此式(4-46)仍然是角度 $\alpha$ 的函数。

　　还有必要指出,即使对于没有声吸收特性的椭圆柱形粒子而言,式(4-46)中与散射系数有关的项 $\alpha_n + \alpha_n^2 + \beta_n^2$ 一般情况下也并不为零,即声吸收不再是产生声辐射力矩的必要条件,这与圆柱形粒子的情形形成了鲜明对比。因此,无论是刚性椭圆柱、流体椭圆柱还是弹性椭圆柱,都可以在平面波场中受到声辐射力矩的作用。鉴于此,在接下来的算例中,我们不再考虑粒子的黏滞吸收特性,而专注于讨论其非对称性对力矩的贡献。

　　这里仅以刚性椭圆柱为例进行算例分析,至于流体椭圆柱、弹性椭圆柱的讨论是完全类似的,只需替换相应的散射系数即可。图4-21显示了刚性椭圆柱的声辐射力矩函数 $\tau_{pz}$ 随 $kb$ 和 $\alpha$ 的变化关系,其中图(a)、(b)、(c)、(d)和(e)分别对应着 $a/b$ 为 1/2、2/3、1、3/2 和 2 的情形。从计算结果可以看出,声辐射力矩函数的符号与刚性椭圆柱的形状密切相关。当 $a/b<1$ 时，声辐射力矩函数值恒为正，即此时从 $+z$ 方向看去粒子将绕自身轴逆时针转动；当 $a/b>1$ 时，声辐射力矩函数值恒为负，即此时从 $+z$ 方向看去粒子将绕自身轴顺时针转动；当 $a/b=1$ 时，声辐射力矩函数值恒为零，此时刚性椭圆柱已经退化为刚性圆柱。此外，当入射角度 $\alpha=0$ 或 $\pi/2$ 时，平面波波矢量垂直于刚性椭圆柱的某一半轴，从而使声辐射力矩也由于对称性而消失，但仅仅在 $\alpha=\pi/2$ 时粒子才达到稳定的转动平衡状态，在这一角度附近 $\mathrm{d}\tau_{pz}/\mathrm{d}\alpha<0$。从声辐射力矩函数值的大小来看，声辐射力矩主要集中在 $kb<2$ 的低频范围内，并在 $\alpha=\pi/4$ 处取得最大值。另外，随着刚性椭圆柱长短轴之比的增大，声辐射力矩也会明显增强，这是符合预期的，因为此时的声辐射力矩本就是粒子的非对称性引起的。

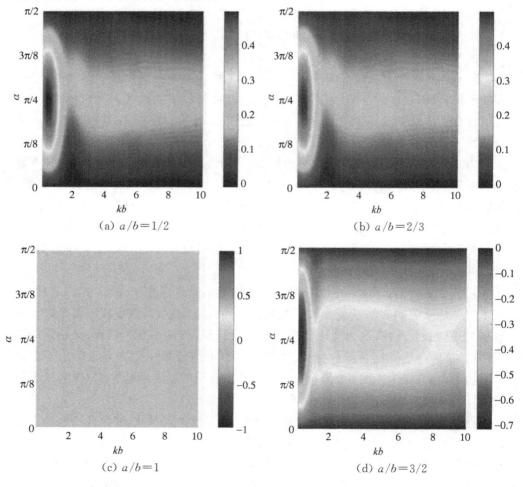

(a) $a/b=1/2$

(b) $a/b=2/3$

(c) $a/b=1$

(d) $a/b=3/2$

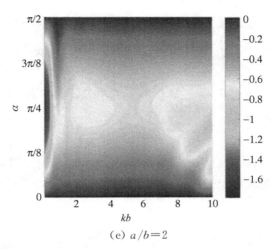

(e) $a/b=2$

图 4 - 21　平面行波场对刚性椭圆柱的声辐射力矩函数 $\tau_{pz}$ 随 $kb$ 和 $\alpha$ 的变化

　　将平面行波场换为平面驻波场，其余条件均保持不变，其物理模型与图 3 - 67 完全相同，建立的坐标系也完全相同。此时椭圆柱形粒子受到的声辐射力矩仍然沿 $z$ 方向，其声辐射力矩表达式仍由式（4 - 30）给出，但是需要将体积改为 $V_c = \pi b^2$，至于声辐射力矩函数，则仍由式（4 - 31）给出，不过亦需要将波束因子替换为 $\exp(-in\alpha)$，并重新计算此时的散射系数。同样地，此时入射角度并不显含于声辐射力矩函数表达式中，其对声辐射力矩的影响体现在散射系数项中。我们略去这一部分的详细计算和仿真。

　　以上讨论的是椭圆柱形粒子在平面波作用下的声辐射力矩特性。按照类似的思路，可以进一步探究三维椭球形粒子在三维 Gauss 波作用下的声辐射力矩。与二维圆柱形粒子的情况有所不同，在任意方向入射的情况下，椭球形粒子可能受到三个方向的声辐射力矩作用，此时三个方向受到的声辐射力矩表达式仍分别由式（4 - 32）～式（4 - 34）给出，但需要将散射系数替换为椭球形粒子的散射系数。至于平面驻波场作用下的情形，其声辐射力矩表达式则仍分别由式（4 - 35）～式（4 - 37）给出，同样需要替换掉散射系数。这里不再给出具体的算例。

## 4.5.2　Gauss 波作用下的声辐射力矩

　　接下来转入对 Gauss 波作用情况的研究。考虑一束角频率为 $\omega$ 的二维 Gauss 波入射到水中椭圆柱形粒子上，Gauss 波的束腰半径为 $W_0$，椭圆柱形粒子的两个半轴的长度分别为 $a$ 和 $b$，其物理模型与图 3 - 70 完全相同，并建立相同的坐标系。

此时入射 Gauss 波速度势函数的级数展开式已由式(3-222)给出。事实上，对比式(3-222)和式(3-113)可以发现，只要将式(3-113)中的波束因子 $b_n$ 替换为 $b_n\exp(-in\alpha)$ 即可得到式(3-222)。与平面波入射时类似，既然可以选取大封闭圆柱面作为积分曲面，我们便完全没有必要进行重复计算，基于式(4-27)便可以直接写出此时 $z$ 方向的声辐射力矩为：

$$T_z = \tau_{pz}V_c E \tag{4-47}$$

其中，$E=\rho_0 k^2\phi_0^2/2$ 是入射声场的能量密度；$V_c=\pi b^2$ 是半径为 $b$ 的单位长度圆柱形粒子的体积；$\tau_{pz}$ 是 $z$ 方向的声辐射力矩函数，基于式(4-28)便可以直接写出其具体表达式为：

$$\tau_{pz} = -\frac{4}{\pi(kb)^2}\sum_{n=-\infty}^{+\infty} n|b_n|^2(\alpha_n+\alpha_n^2+\beta_n^2) \tag{4-48}$$

其中，$\alpha_n$ 和 $\beta_n$ 分别是散射系数 $s_n$ 的实部和虚部。

与同样情况下圆柱形粒子的声辐射力矩表达式(4-27)和声辐射力矩函数表达式(4-28)相比，式(4-47)和式(4-48)形式上几乎完全相同，仅仅是将圆柱形粒子的半径 $a$ 换为椭圆柱形粒子的半轴长度 $b$ 而已。但有必要指出，此时的散射系数与入射角度有关，因而声辐射力矩也是入射角度的函数，至于圆柱形粒子则不存在入射角度的问题。同样地，此时无须粒子具备声吸收特性即可产生不为零的声辐射力矩。

图4-22 和图4-23 分别给出了刚性椭圆柱和流体椭圆柱在 Gauss 波作用下的声辐射力矩函数 $\tau_{pz}$ 随 $kb$ 和 $ky_0$ 的变化关系，Gauss 波束的束腰半径满足 $kW_0=3$，入射角度 $\alpha=\pi/4$，Gauss 波波束中心的位置满足 $kx_0=0$，其中图(a)、(b)、(c)、(d)和(e)分别对应着 $a/b$ 为 1/2、2/3、1、3/2 和 2 的情形。这里的流体椭圆柱为聚二甲基硅氧烷(PDMS)和四溴乙烷(TBE)按一定比例混合而成的液体，其密度刚好为 $\rho_1=1\,000$ kg/m³，纵波声速为 $c_1=930$ m/s，这两种材料在生物医学和工程应用中均很常见。结果显示，即使对于某一特定形状的椭圆柱而言，无论其刚性与否，声辐射力矩均可正可负，其具体符号取决于 $kb$ 和入射角度 $\alpha$ 的大小。当然，对于刚性圆柱($a/b=1$)而言，声辐射力矩亦恒为零。在 $kb<1$ 的低频范围内，声辐射力矩函数在 $ky_0=0$ 附近出现极大值，即粒子恰好位于波束中心时获得最大的力矩。当 $a/b<1$ 时，该力矩峰值为正，且随着 $kb$ 的增大逐渐向 $ky_0$ 的正半轴移动；当 $a/b>1$ 时，该力矩峰值为负，且随着 $kb$ 的增大逐渐向 $ky_0$ 的负半轴移动。无论何种形状的刚性椭圆柱，其中高频的声辐射力矩峰值均远小于低频，这与平面波作用时

的结果是类似的。对于 PDMS-TBE 椭圆柱而言,声辐射力矩函数图像关于 $ky_0 = 0$ 大致呈现奇对称特性,即当波束中心在关于 $y$ 轴对称的位置时粒子的力矩恰好大小相等方向相反。我们还发现,PDMS-TBE 椭圆柱的声辐射力矩函数峰值形成了一系列平行于 $ky_0$ 轴的条带,随着 $a/b$ 的增大,这些条带逐渐变细,即声辐射力矩的峰值对频率的选择性更强。事实上,这些条带源于椭圆柱周围爬波和散射波的干涉。在低频范围内,PDMS-TBE 椭圆柱的声辐射力矩远小于刚性椭圆柱。此外,刚性椭圆柱长短轴之比越大,力矩峰值越大,但 PDMS-TBE 椭圆柱不满足这一性质。

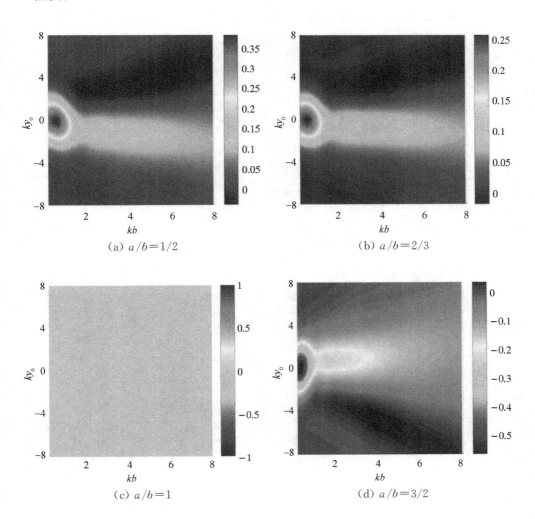

(a) $a/b = 1/2$　　　　　(b) $a/b = 2/3$

(c) $a/b = 1$　　　　　(d) $a/b = 3/2$

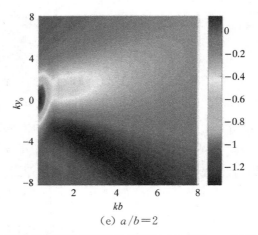

（e）$a/b=2$

图 4 - 22　Gauss 行波场对刚性椭圆柱的声辐射力矩函数 $\tau_{pz}$ 随 $kb$ 和 $ky_0$ 的变化，
其中 $kW_0=3$，$\alpha=\pi/4$，$kx_0=0$

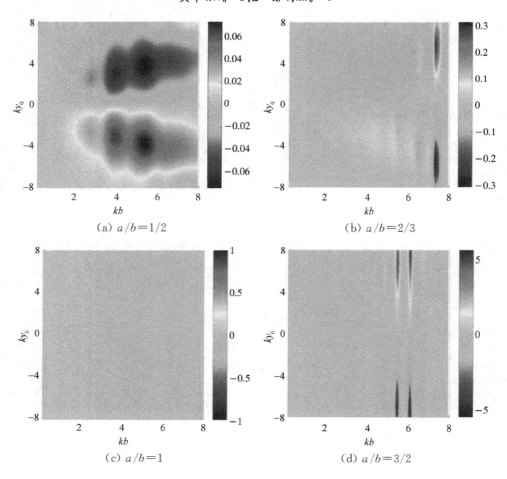

（a）$a/b=1/2$　　　　　　　　　　（b）$a/b=2/3$

（c）$a/b=1$　　　　　　　　　　（d）$a/b=3/2$

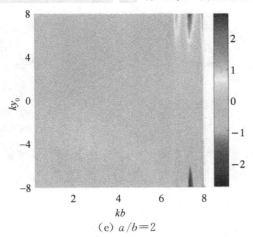

(e) $a/b=2$

**图 4-23　Gauss 行波场对 PDMS-TBE 椭圆柱的声辐射力矩函数 $\tau_{pz}$ 随 $kb$ 和 $ky_0$ 的变化，**
**其中 $kW_0=3,\alpha=\pi/4,kx_0=0$**

图 4-24 和图 4-25 分别给出了刚性椭圆柱和 PDMS-TBE 椭圆柱的声辐射力矩函数 $\tau_{pz}$ 随 $kb$ 和 $kx_0$ 的变化关系，其中 Gauss 波束的束腰半径仍满足 $kW_0=3$，入射角度仍为 $\alpha=\pi/4$，Gauss 波波束中心的位置满足 $ky_0=-3$。与图 4-22 中的结果类似，刚性椭圆柱的声辐射力矩在 $a/b<1$ 时主要取正值，而在 $a/b>1$ 时主要取负值。值得注意的是，在低频范围内，当波束中心位于 $y$ 轴附近时声辐射力矩较小，随着 $kx_0$ 的增大，声辐射力矩也逐渐增强。但在中高频范围内，声辐射力矩却随着波束中心偏离 $y$ 轴而逐渐衰减。对于 PDMS-TBE 椭圆柱而言，其声辐射力矩函数图像依然关于 $kx_0=0$ 奇对称，且声辐射力矩函数峰值形成了一系列平行于 $kx_0$ 轴的条带，这些条带的产生仅仅取决于粒子本身的材料特性，因而其位置与图 4-23 完全相同。

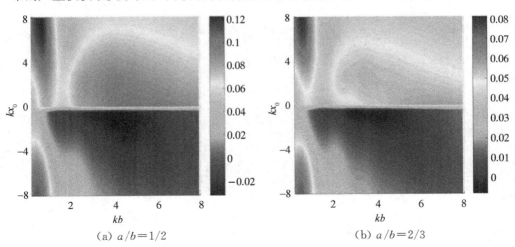

(a) $a/b=1/2$　　　　　　　　　　　　　(b) $a/b=2/3$

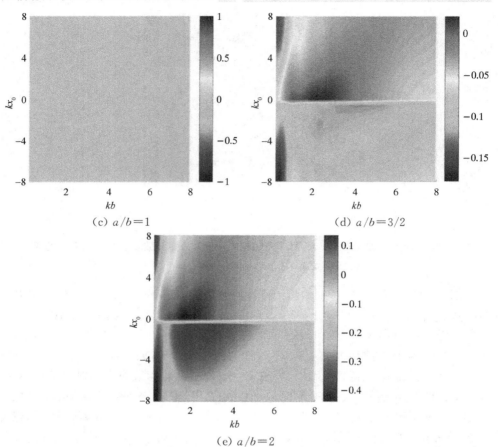

(c) $a/b=1$        (d) $a/b=3/2$

(e) $a/b=2$

图 4-24 Gauss 行波场对刚性椭圆柱的声辐射力矩函数 $\tau_{pz}$ 随 $kb$ 和 $kx_0$ 的变化,其中 $kW_0=3,\alpha=\pi/4,ky_0=-3$

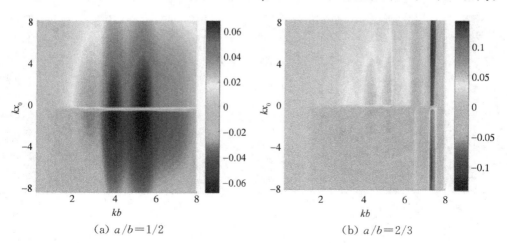

(a) $a/b=1/2$        (b) $a/b=2/3$

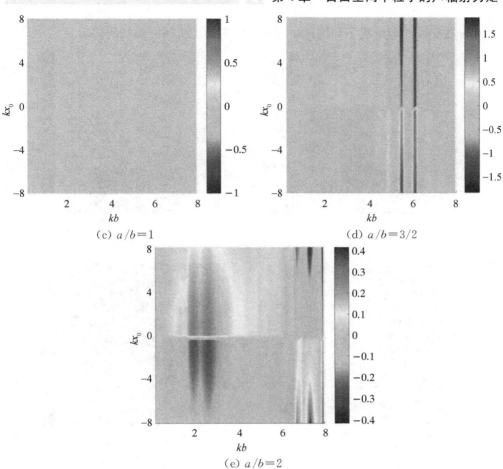

(c) $a/b=1$　　　　　　　　　　(d) $a/b=3/2$

(e) $a/b=2$

**图 4 - 25　Gauss 行波场对 PDMS-TBE 椭圆柱的声辐射力矩函数 $\tau_{pz}$ 随 $kb$ 和 $kx_0$ 的变化，其中 $kW_0=3,\alpha=\pi/4,ky_0=-3$**

　　和平面波入射的情形一样，Gauss 波的入射角度也是影响粒子声辐射力矩的重要因素。图 4 - 26 和图 4 - 27 分别给出了当波束中心固定于 $kx_0=ky_0=-3$ 的位置时，刚性椭圆柱和 PDMS-TBE 椭圆柱的声辐射力矩函数 $\tau_{pz}$ 随 $kb$ 和 $\alpha$ 的变化关系，Gauss 波的束腰半径仍满足 $kW_0=3$。可以看出，对于 $a/b<1$ 的刚性椭圆柱而言，随着入射角度的增加，声辐射力矩在 $kb<1$ 的低频范围内由正值转负值，而在 $kb>1$ 的中高频范围内，小角度入射更容易产生较强的声辐射力矩。随着入射角度的增大，这一负向力矩逐渐减小并过渡到正向力矩。对于 $a/b>1$ 的刚性椭圆柱，其结论恰好与 $a/b<1$ 的刚性椭圆柱相反。应当指出，当 $\alpha=0$ 或 $\pi/2$ 时，由于此时椭圆柱中心偏离声轴，声辐射力矩依然不为零，这与平面波入射时的结果有所不同。对于 PDMS-TBE 椭圆柱而言，其声辐射力矩函数几乎与入射角度无关，这

有利于我们在一般情况下利用聚焦 Gauss 波来操控流体椭圆柱的转动。

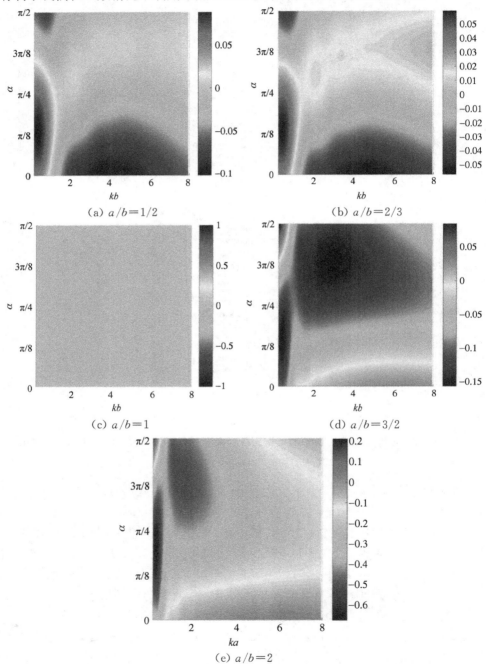

(a) $a/b=1/2$

(b) $a/b=2/3$

(c) $a/b=1$

(d) $a/b=3/2$

(e) $a/b=2$

图 4-26　Gauss 行波场对刚性椭圆柱的声辐射力矩函数 $\tau_{pz}$ 随 $kb$ 和 $\alpha$ 的变化，
其中 $kW_0=3, kx_0=ky_0=-3$

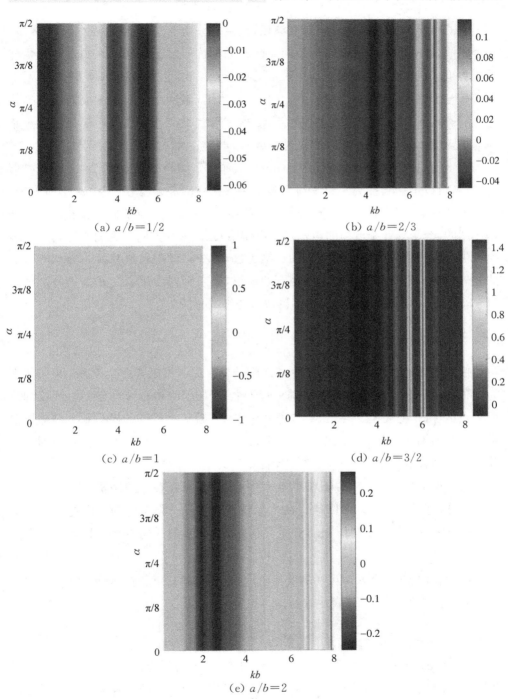

图 4 - 27　Gauss 行波场对 PDMS-TBE 椭圆柱的声辐射力矩函数 $\tau_{pz}$ 随 $kb$ 和 $\alpha$ 的变化，

其中 $kW_0 = 3, kx_0 = ky_0 = -3$

　　将 Gauss 行波场换为 Gauss 驻波场,其余条件均不变,其物理模型与图 3 - 77 完全相同,建立的坐标系也完全相同。此时椭圆柱形粒子受到的声辐射力矩仍然沿 $z$ 方向,其声辐射力矩表达式仍由式(4 - 30)给出,但是需要将体积改为 $V_c = \pi b^2$,至于声辐射力矩函数,则仍由式(4 - 31)给出,不过亦需要将波束因子替换为 $b_n \exp(-\mathrm{i} n\alpha)$,并重新计算此时的散射系数。当然,此时入射角度也不显含于声辐射力矩函数的表达式中,其对声辐射力矩的影响通过散射系数间接反映。

　　以上讨论的是椭圆柱形粒子在 Gauss 波作用下的声辐射力矩特性。按照类似的思路,可以进一步探究三维椭球形粒子在三维 Gauss 波作用下的声辐射力矩。与二维圆柱形粒子的情况有所不同,在一般情况下,椭球形粒子的位置和取向可能是任意的,会受到三个方向的声辐射力矩作用,此时三个方向受到的声辐射力矩表达式仍分别由式(4 - 32)～式(4 - 34)给出,但需要将散射系数替换为椭球形粒子的散射系数。至于平面驻波场作用下的情形,其声辐射力矩表达式则仍分别由式(4 - 35)～式(4 - 37)给出。这里不再进行详细的分析。

### 4.5.3　Bessel 波作用下的声辐射力矩

　　接下来讨论 Bessel 波作用下椭球形粒子的声辐射力矩特性。考虑一束角频率为 $\omega$ 的 Bessel 波入射到水中的椭球形粒子上,且粒子的中心恰好与 Bessel 波的波束中心重合,其物理模型与图 3 - 78 完全相同,并且建立相同的坐标系。椭球形粒子的三个半轴恰好分别在三个坐标轴上,其在 $z$ 轴上的半轴长度为 $a$,在 $x$ 轴和 $y$ 轴上的半轴长度均为 $b$,Bessel 波的半锥角为 $\beta$。

　　由于粒子恰好位于 Bessel 波的波束中心,因此只存在轴向声辐射力矩。为了方便计算,这里完全可以选取球心在坐标原点且将粒子完全包围在内的大封闭球面来进行积分运算,基于式(4 - 38)便可以直接写出此时 $z$ 方向的声辐射力矩为:

$$T_z = \tau_{pz} \pi b^3 E \tag{4-49}$$

其中,$E = \rho_0 k^2 \phi_0^2 / 2$ 是入射声场的能量密度;$\tau_{pz}$ 是轴向声辐射力矩函数,基于式(4 - 39)可以直接写出其具体表达式为:

$$\tau_{pz} = -\frac{4M}{(kb)^3} \sum_{n=M}^{+\infty} \left[ P_n^M(\cos\beta)^2 (2n+1) \frac{(n-M)!}{(n+M)!} (\alpha_n + \alpha_n^2 + \beta_n^2) \right] \tag{4-50}$$

其中,$\alpha_n$ 和 $\beta_n$ 分别是散射系数 $s_n$ 的实部和虚部。容易看出,此时的声辐射力矩函数同样与阶数 $M$ 成正比,当阶数为零时,声辐射力矩消失,即零阶 Bessel 波无法产生声辐射力矩。同样地,当半锥角为零时,连带 Legendre 函数 $P_n^M(\cos\beta)$ 取零,从而使声辐射力矩亦为零。此外,低于 $M$ 阶的共振散射模式均被抑制,因而对最终的声辐射力矩没有贡献。这些性质与均匀球形粒子的情况都是完全相同的。

应当强调,即使对于没有声吸收特性的椭球形粒子而言,式(4-50)中与散射系数有关的项 $\alpha_n+\alpha_n^2+\beta_n^2$ 一般情况下也并不为零,即声吸收不再是产生声辐射力矩的必要条件,这与球形粒子的情形形成了鲜明对比。因此,无论是刚性椭球、流体椭球还是弹性椭球,都可以受到声辐射力矩的作用。鉴于此,在接下来的算例中,我们不再考虑粒子的吸收特性,而专注于讨论粒子的非对称性对力矩的贡献。

将 Bessel 行波场换为 Bessel 驻波场,其余条件均不变,其物理模型与图 3-80 完全相同,建立的坐标系也完全相同,其中粒子中心与驻波场中心恰好完全重合。此声辐射力矩仍然沿 $z$ 方向,基于式(4-43)可以直接写出声辐射力矩的表达式为:

$$T_z=\tau_{stz}\pi b^3 E \qquad (4-51)$$

其中,$E=\rho_0 k^2 \phi_0^2/2$ 是入射声场的能量密度;$\tau_{stz}$ 是 $z$ 方向的声辐射力矩函数,基于式(4-44)可以直接写出其具体表达式为:

$$\tau_{stz}=-\frac{8M}{(kb)^3}\sum_{n=M}^{+\infty}\left\{ P_n^M(\cos\beta)^2(2n+1)\frac{(n-M)!}{(n+M)!}\times \right.$$
$$\left. [1+(-1)^{n+M}\cos(2k_z h)](\alpha_n+\alpha_n^2+\beta_n^2)\right\} \qquad (4-52)$$

其中,$\alpha_n$ 和 $\beta_n$ 分别是散射系数 $s_n$ 的实部和虚部。可以看出,只有高阶 Bessel 驻波场才能产生不为零的声辐射力矩。此外,即使对于没有声吸收特性的椭球形粒子而言,式(4-52)中与散射系数有关的项 $\alpha_n+\alpha_n^2+\beta_n^2$ 一般情况下也并不为零,即声吸收不再是产生声辐射力矩的必要条件。

图 4-28 显示了一阶 Bessel 驻波作用下刚性椭球的声辐射力矩函数 $\tau_{stz}$ 随半锥角 $\beta$ 和 $kb$ 的变化关系,其中图(a)、(b)、(c)和(d)分别对应着 $a/b$ 为 2/3、4/5、5/4 和 3/2 的情况。为了更全面地掌握声辐射力矩随频率的变化性质,将仿真范围扩大到了 $0<kb<16$。可以看出,一阶 Bessel 驻波场中的声辐射力矩函数主要为负值,即力矩沿 $z$ 轴负方向。当 $kb$ 和 $\beta$ 取值合适时,声辐射力矩较强,从而在仿真图中形成了平行于 $kb$ 轴的若干深色条带区域。当改变椭球形粒子的形状时,这些条带所对应的 $kb$ 范围和声辐射力矩函数大小也会发生相应的改变,但对应的半锥角大小几乎保持不变。基于此,在利用 Bessel 驻波场操控刚性椭球使其旋转时,可以根据这些条带区域合理地设置参数,从而获得明显的声辐射力矩。总体来看,长

刚性椭球($a/b>1$)的声辐射力矩要明显大于扁刚性椭球($a/b<1$),且椭球的长短轴之比越大,声辐射力矩的峰值越大。此外,在频率较低($kb<2$)时,无论刚性椭球呈何种形状,其声辐射力矩均不明显。这一现象可作如下解释:由于单极散射项对声辐射力矩没有贡献,低频时的散射声功率较低,所产生的力矩也很小。当半锥角为零时,声辐射力矩消失,此时一阶 Bessel 波已不复存在。

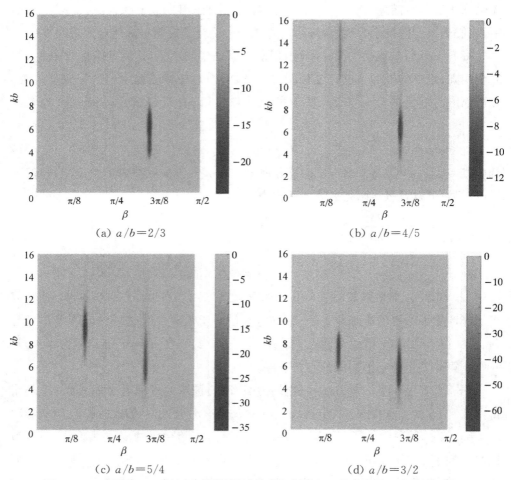

(a) $a/b=2/3$

(b) $a/b=4/5$

(c) $a/b=5/4$

(d) $a/b=3/2$

图 4-28  一阶 Bessel 驻波场对刚性椭球的声辐射力矩函数 $\tau_{stz}$ 随 $\beta$ 和 $kb$ 的变化,且粒子中心与驻波场中心重合

图 4-29 则给出了 PDMS-TBE 椭球的声辐射力矩函数随半锥角 $\beta$ 和 $kb$ 的变化关系,其余条件均与图 4-28 完全相同。从图中可以看出,PDMS-TBE 椭球的声辐射力矩特性和刚性椭球存在很大差异。此时的仿真图中同样存在一系列深色

条带区域,但这些条带区域均平行于 $\beta$ 轴而非 $kb$ 轴。换而言之,当驱动 PDMS-TBE 椭球转动时,对 Bessel 波半锥角的要求不如刚性椭球那样严格,但对应的频率范围会明显减小。对于长椭球而言,这些条带区域的分布尤为明显,而对于扁椭球而言,某一条带占据主导地位,而其余条带则不明显。

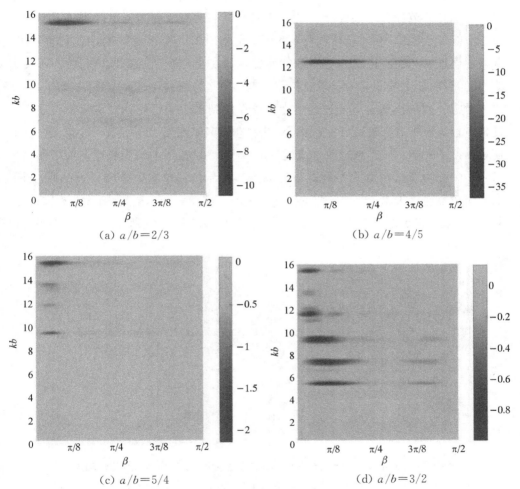

(a) $a/b=2/3$　　　　　　(b) $a/b=4/5$

(c) $a/b=5/4$　　　　　　(d) $a/b=3/2$

图 4‐29　一阶 **Bessel** 驻波场对 **PDMS-TBE** 椭球的声辐射力矩函数 $\tau_{stz}$ 随 $\beta$ 和 $kb$ 的变化,且粒子中心与驻波场中心重合

以上讨论了 Bessel 波作用下三维椭球形粒子的声辐射力矩特性,为了方便计算,我们假设粒子位于 Bessel 波的波束中心或驻波场中心。一般情况下,椭球形粒子在声场中的位置和取向是任意的,因而会受到三个方向的力矩作用。这里不再

进行详细的分析。

## 4.6  声辐射力矩和声吸收的关系

在 4.3.2 节计算球形粒子在 Bessel 波作用下的声辐射力矩时曾提到,当球形粒子恰好位于波束中心时,球形粒子的声辐射力矩和吸收声功率成正比,因而在共振散射模式处产生声辐射力矩函数的峰值。事实上,这一关系并非仅限于 Bessel 波,其操控对象也并非局限于球形粒子。本小节将详细讨论这一关系。

考虑一列角频率为 $\omega$ 的任意涡旋声场作用到水中的任意轴对称目标粒子上,且其声轴与粒子对称轴恰好完全重合,其物理模型如图 4-30 所示。注意,这里的轴对称粒子并不一定是球形粒子或椭球形粒子,只是在图中画为椭球形粒子而已。以粒子中心为原点 $O$ 建立空间直角坐标系 $(x,y,z)$ 和球坐标系 $(r,\theta,\varphi)$,两坐标系之间满足换算关系:$x=r\sin\theta\cos\varphi,y=r\sin\theta\sin\varphi,z=r\cos\theta$。波矢量沿 $z$ 轴正方向,这也正是粒子对称轴的方向。其物理模型如图 4-30 所示,其中径向分量 $r_\perp=r\sin\theta$。

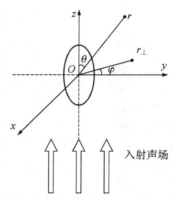

**图 4-30  任意涡旋声场入射到轴对称粒子上,且粒子对称轴恰好与声轴重合**

在球坐标系中,可以将入射涡旋声场的速度势函数表示为:

$$\phi_i = \phi_0(r,\theta)\mathrm{e}^{\mathrm{i}[k\psi(r,\theta)+l\varphi-\omega t]} \tag{4-53}$$

其中,$k$ 是声波在水中的波数;$\phi_0(r,\theta)$ 是速度势函数的振幅;$\psi(r,\theta)$ 是速度势函数取决于轴向分量和径向分量的相位;速度势函数取决于周向角的相位则与 $l$ 成正比,这里的 $l$ 称为涡旋声场的拓扑荷数。当 $l>0$ 时,从 $z$ 轴正向看,声场沿逆时针方向涡旋,即声场的角动量指向 $z$ 轴正方向;当 $l<0$ 时,从 $z$ 轴正向看,声场沿顺时针方向涡旋,即声场的角动量指向 $z$ 轴负方向;当 $l=0$ 时,声场不具备涡旋特性,因而不携带角动量。有必要指出,式(4-53)是严格满足 Helmholtz 波动方程的,并不需要作任何的近似。当振幅和相位取不同值时,式(4-53)可以表示不同类型的声场,其中 Bessel 波就是典型的涡旋声场。

　　记该涡旋声场的一阶质点振速为 $v$,一阶声压为 $p$,一阶密度(即密度的扰动量)为 $\rho$,该声场的角动量密度为:

$$\boldsymbol{j}=\boldsymbol{r}\times\boldsymbol{g} \tag{4-54}$$

其中,$\boldsymbol{g}=\rho\boldsymbol{v}$ 是该声场的动量密度。至于声场的能流密度矢量(即 Poynting 矢量)可以表示为 $\boldsymbol{S}=p\boldsymbol{v}$,则动量密度和能流密度矢量之间存在关系 $\langle\boldsymbol{S}\rangle=c_0^2\langle\boldsymbol{g}\rangle$。由于声辐射力矩是时间平均后的稳态物理量,这里对两边都进行了时间平均运算,而一阶时谐量的时间平均为零。以原点 $O$ 为参考点,该声场仅仅携带 $z$ 方向的角动量,相关文献[5-6]已经给出轴向角动量的理论计算结果:

$$\langle j_z\rangle=\langle\rho(\boldsymbol{r}\times\boldsymbol{v})_z\rangle=\frac{l\omega\rho_0\,|\,\phi_i\,|^2}{2c_0^2} \tag{4-55}$$

这里同样对两边取了时间平均。

　　既然讨论声辐射力矩问题,那么对声波的角动量传递进行分析是有必要的。类比式(2-35)可以写出声场的角动量守恒定律方程式:

$$\frac{\partial\boldsymbol{j}}{\partial t}=\nabla\cdot\boldsymbol{M} \tag{4-56}$$

其中,$\boldsymbol{M}$ 是声场的角动量流密度张量,它和声场的动量流密度张量 $\boldsymbol{T}$(即声辐射应力张量)之间满足关系 $\boldsymbol{M}=\boldsymbol{r}\times\boldsymbol{T}$。式(4-56)左边表示流体中角动量密度的时间变化率,右边则表示由于角动量流的存在而从流体表面流逝或流入的角动量。事实上,第 2 章式(2-51)中的被积函数正是这里的角动量流密度张量,很容易写出其时间平均的表达式为:

$$\boldsymbol{M}=\boldsymbol{r}\times(L\boldsymbol{I}-\rho_0\boldsymbol{vv}) \tag{4-57}$$

注意,$\boldsymbol{M}$ 是二阶张量,其分量 $M_{ij}$ 表示在外法向单位矢量指向 $j$ 方向的坐标面上流过的角动量的 $i$ 分量。在本小节所考虑的物理模型中,声场仅仅携带 $z$ 方向的角动量,且波矢量沿 $z$ 轴正方向,因此只需考虑 $M_{zz}$ 分量即可。文献[5]中已经给出了这一分量的时间平均的计算结果:

$$\langle M_{zz}\rangle = \langle -(\rho_0 \mathbf{r} \times \mathbf{v})_z v_z\rangle = -\frac{l\rho_0 \mathrm{Im}\left(\phi_i^* \dfrac{\partial \phi_i}{\partial z}\right)}{2} \tag{4-58}$$

很容易写出沿 $z$ 方向的能流密度矢量为 $\langle S_z\rangle = c_0^2\langle g_z\rangle = \langle pv_z\rangle$。考虑到 $(\rho_0 \mathbf{r} \times \mathbf{v})_z = \rho_0 r_\perp v_\varphi = \mathrm{Re}(\mathrm{i}l\rho_0\phi_i)$，因此存在关系 $(\rho_0 \mathbf{r} \times \mathbf{v})_z/p = l/\omega$。这样一来，角动量流密度张量的分量和能流密度矢量的分量之间存在关系：

$$\frac{\langle M_{zz}\rangle}{\langle S_z\rangle} = -\frac{l}{\omega} \tag{4-59}$$

上式说明，对于形如式（4-53）的涡旋声场而言，其沿声轴方向的角动量流密度和沿声轴方向的能流密度之比恰好等于涡旋声场的拓扑荷数和角频率之比。当拓扑荷数为正时，角动量流密度和能流密度矢量反向；当拓扑荷数为负时，角动量流密度和能流密度矢量同向；当拓扑荷数为零时，波束将不携带沿能流密度矢量方向的角动量流。读者可能会有疑问，这里拓扑荷数的符号为何与角动量流密度张量的符号相反？事实上，这完全是由于用式（4-57）定义角动量流密度张量造成的，这样定义的好处是避免后续计算声辐射力矩时再出现负号，不过此时角动量流密度张量为流体向区域内流入正向的角动量。应当指出，在推导式（4-59）的过程中，我们并没有使用任何近似，即式（4-59）是严格成立的。如前所述，在描述声辐射力矩的问题中，通常选取将物体包围在内的一个大封闭球面进行积分运算，自然使用球坐标更为方便，而式（4-59）是在空间直角坐标系中得到的。事实上，在球坐标系中也有类似的关系：

$$\frac{\langle M_{rz}\rangle}{\langle S_r\rangle} = -\frac{l}{\omega} \tag{4-60}$$

即沿径向的角动量流密度和沿径向的能流密度之比恰好等于涡旋声场的拓扑荷数和角频率之比。

有了角动量流密度张量，便可以通过面积分运算来得到声辐射力矩。根据第 2 章中的论述，声辐射力矩等于角动量流密度张量对某一包围物体的大封闭球面的面积分，该封闭球面的中心恰好与粒子中心完全重合。这样一来，$z$ 方向的声辐射力矩可以通过如下公式进行计算：

$$T_z = -\iint_{S_0} \rho_0\langle (\mathbf{r} \times \mathbf{v})_z \mathbf{v}_1\rangle \cdot \mathbf{n}\,\mathrm{d}S = \iint_{S_0}\langle M_{rz}\rangle\,\mathrm{d}S \tag{4-61}$$

类似地，粒子的吸收声功率可以通过将能流密度矢量对相同的封闭球面进行面积分得到：

$$P_{\text{abs}} = -\iint_{S_0} \langle \boldsymbol{S} \rangle \cdot \boldsymbol{n}\,\mathrm{d}S = -\iint_{S_0} \langle p\boldsymbol{v} \rangle \cdot \boldsymbol{n}\,\mathrm{d}S = -\iint_{S_0} \langle S_r \rangle \mathrm{d}S \quad (4-62)$$

结合式(4-60),可以很容易得出沿声轴方向的声辐射力矩和吸收声功率之间存在如下关系:

$$T_z = \frac{l}{\omega} P_{\text{abs}} \quad\quad\quad (4-63)$$

上式说明,涡旋声场对在轴轴对称粒子的声辐射力矩与粒子的吸收声功率成正比,还与涡旋声场的拓扑荷数成正比,而与声场的角频率成反比。这一结果已经在相应的文献[5]中给出。换言之,若要对在轴轴对称目标粒子施加一定的力矩作用,必须同时满足两个前提条件:一是声场的拓扑荷数不为零,即声波携带沿声轴方向的角动量;二是目标粒子存在一定的声吸收特性。式(4-63)深刻地阐释了声辐射力矩和声吸收之间的密切关系,形式简洁明了,物理意义清晰。基于式(4-63),我们便不难理解为何在共振散射模式处产生声辐射力矩的极大值:当粒子产生共振散射时,产生的声吸收最强,因而受到的声辐射力矩也最大。

有必要指出,式(4-63)并非局限于声场,它具有普遍的物理意义。考虑某一单频电磁场,构成电磁场的每个光子所携带的能量为 $\hbar\omega$,所携带的角动量为 $l\hbar$,这里 $\hbar$ 是 Planck 常数,$\omega$ 是电磁场的角频率,$l$ 是光子的轨道量子数。可以看出,对每个光子而言,其所携带的角动量恰好与能量成正比,比例系数为 $l/\omega$。这样一来,对整个电磁场而言,其所携带的角动量也与其能量成正比,比例系数也为 $l/\omega$。考虑到角动量的时间变化率正是力矩(即电磁辐射力矩),能量的时间变化率正是功率(电磁吸收功率),因而式(4-63)对于电磁场也是成立的,只需替换相应的物理量即可。事实上,对于声场也可以作类似的讨论。我们假设声场也是量子化的,即声场是由许多声子组成的,每个声子携带的能量和角动量分别正比于声场的角频率 $\omega$ 和拓扑荷数 $l$,且其比例系数相同(注意:这里的比例系数不再等于 $\hbar$)。因此,对于每个声子而言,其所携带的角动量和能量成正比,比例系数等于 $l/\omega$,至于整个涡旋声场,其所携带的角动量也与其能量成正比,比例系数也等于 $l/\omega$。取时间导数,即可得到声辐射力矩正比于吸收声功率的结论,即式(4-63)。应当强调,声波与电磁波不同,声波是一种经典的机械波,声子仅仅是为便于讨论而抽象出来的物理模型,并非真正的客观存在,这一点和光子有很大不同,但上述类比是有利于我们简化推导并加深对声辐射力矩的认知的。至于声辐射力和电磁辐射力之间更详细的类比将在第 10 章中进行深入的讨论。

还有必要指出,式(4-63)仅仅适用于涡旋声场作用下的在轴轴对称粒子,当粒子偏离声轴时,其轴向声辐射力矩不再满足这一关系。关于粒子离轴的情况,文献[5]中已经利用柱函数的加法公式给出了详细分析,这里直接列示最终的计算结果:

$$\widetilde{T}_z = \frac{\widetilde{l}}{\omega} \widetilde{P}_{\mathrm{abs}} \tag{4-64}$$

其中,$\widetilde{l}$ 是此时声场的等效拓扑荷数。为了与在轴情况下的声辐射力矩和吸收声功率相区别,这里加上波浪号以示区分。等效拓扑荷数的具体表达式为:

$$\widetilde{l} = \frac{\displaystyle\sum_{m=-\infty}^{+\infty} m J_{l-m}^{2}(\mu R) P_{\mathrm{abs},m}}{\displaystyle\sum_{m=-\infty}^{+\infty} J_{l-m}^{2}(\mu R) P_{\mathrm{abs},m}} \tag{4-65}$$

其中,$R$ 是粒子中心距离声轴的距离,$T_m$ 和 $P_{\mathrm{abs},m}$ 分别是粒子在轴时 $m$ 阶涡旋波束作用下的声辐射力矩和吸收声功率。

从式(4-64)和式(4-65)可以看出,在离轴情况下,沿声轴方向的声辐射力矩和吸收声功率仍然成正比,且比例系数为 $\widetilde{l}/\omega$。需要注意的是,此时的等效拓扑荷数不再是声场本身的拓扑荷数,而是粒子离轴距离的函数,甚至不一定再是整数。但若声场本身的拓扑荷数为零,则无论 $R$ 取何值也无法对粒子施加声辐射力矩,这与前面的仿真计算结果是相符合的。当 $R$ 为零时,式(4-65)将退化为粒子在轴的情形,即式(4-63)。

## 4.7  声辐射力矩的基本分类

2.5 小节中基于使声波动量发生变化的原因对声辐射力进行了分类,其中 A 类声辐射力来源于声衰减,B 类声辐射力来源于界面之间的声反射,C 类声辐射力来源于驻波场的能量梯度。根据这一分类方法,完全可以对声辐射力矩进行类似的分类,因为声辐射力矩和声辐射力是密切相关的,声辐射力矩的产生总是离不开声辐射力的。尽管如此,考虑到声辐射力矩本身的特殊性,我们并不打算沿用这样的分类方式,而是根据其自身特性从角动量传递原因的角度进行分类。

(1) A 类声辐射力矩

A 类声辐射力矩描述的是位于涡旋声场声轴上的球对称粒子受到的声辐射力

矩。对于在轴球对称粒子而言,声辐射力矩的产生需要满足两个条件:一是声场具备涡旋特性,能够携带一定的角动量;二是粒子具备一定的声吸收特性,从而能使角动量从声场传递给粒子。4.3.2 节计算了 Bessel 波作用下位于波束中心的黏弹性球形粒子受到的声辐射力矩,这一力矩正属于 A 类声辐射力矩。

(2) B 类声辐射力矩

B 类声辐射力矩描述的是偏离声轴的球对称粒子受到的声辐射力矩。对于本身不携带任何角动量的非涡旋声场而言,当粒子中心位于声轴上时,声波无法对粒子产生力矩的作用。尽管如此,当粒子中心偏离声轴时,声波对粒子中心的角动量可能不再为零,因而产生的力矩也不再为零。B 类声辐射力矩的产生同样需要满足两个条件:一是粒子中心偏离声轴;二是粒子具备声吸收特性。对于 B 类声辐射力矩而言,声场无须具备涡旋特性,但不能是平面波。4.3.1 节计算的 Gauss 波作用下离轴黏弹性圆柱形粒子受到的声辐射力矩正属于 B 类声辐射力矩。

(3) C 类声辐射力矩

C 类声辐射力矩描述的是非球对称粒子在声场中受到的声辐射力矩。当粒子本身具备非对称性时,即使入射声场是对称分布的,其散射声场也会失去对称性,从而使总声场失去对称性。这样一来,粒子会受到不为零的声辐射力矩作用。C 类声辐射力矩无须粒子具备声吸收特性或处于离轴状态,也无须声场具有涡旋特性,因而即使是平面波也可能产生 C 类声辐射力矩。4.5.1 节计算了平面波作用下椭圆柱形粒子受到的声辐射力矩,这一力矩正属于 C 类声辐射力矩。

以上就是对三类声辐射力矩的主要介绍,可以看出,我们所采用的分类标准是使声场产生角动量传递的原因。应当强调,在实际问题中,声辐射力矩可能不止存在一种。例如,对于 Bessel 涡旋声场作用下的离轴黏弹性球形粒子而言,其沿声轴方向的声辐射力矩来自声场本身的涡旋特性,属于 A 类声辐射力矩,而垂直于声轴方向的声辐射力矩则来自粒子的离轴效应,属于 B 类声辐射力矩。但无论何种声辐射力矩,其基本计算原理和公式是相同的。

## 4.8　本章小结

本章与第 3 章的整体分析思路是类似的。第 2 章给出了基于声辐射应力张量的声辐射力矩计算公式,本章在此基础上利用部分波级数展开法推导了自由空间中任意粒子在任意声场作用下受到的三维声辐射力矩和声辐射力矩函数表达式。在给定入射声场波形系数和粒子散射系数的前提下,可以利用这些表达式对三维粒子的声辐射力矩问题直接进行计算。应当指出,对于二维粒子而言,直接利用基于应力张量的积分式来计算声辐射力矩则是一种更为简便的方法。本章对无限长圆柱形粒子、球形粒子、无限长弹性圆柱壳、弹性球壳、无限长椭圆柱形粒子和椭球形粒子的声辐射力矩进行了详细的理论计算和数值仿真。对于每类粒子,均首先从最基本的平面波入射开始讨论,并拓展至 Gauss 波、Bessel 波等常见声场的情形,详细分析了各类声场作用下各类粒子的声辐射力矩特性。当然,声辐射力矩的产生条件远比声辐射力苛刻,并非在各种情况下都会产生非零的声辐射力矩。最后,进一步分析了一般涡旋声场的声辐射力矩和声吸收之间的密切关系,并基于声场角动量传递的原因对声辐射力矩作了大致的分类。

在本章的最后,有必要进行几点说明:

(1)本章所讨论的声辐射力矩都是针对粒子中心的声辐射力矩,这一力矩的物理效应应当是驱动粒子产生绕自身轴线的“自转”。当然,在实际的声操控中,我们所关心的很可能是相对于其他参考点的力矩,此时完全可以先计算得到声波相对于粒子中心的力矩;再将声辐射力矢量平移到粒子中心,计算得到这一平移后的声辐射力对参考点的力矩;最后通过矢量合成得到最终的力矩。

(2)通过 4.7 节的分析可知,对于 A 类和 B 类声辐射力矩而言,粒子的声吸收都是必不可少的条件。应当强调,这里的声吸收是粒子的声吸收而非流体中的声吸收,即周围流体仍然可以是理想的。一般而言,声吸收来源于黏滞吸收、热传导吸收和分子的弛豫吸收,其物理机制非常复杂,吸收衰减所对应的声衰减系数也并非如本章中所假设的线性吸收那样简单。对于较复杂的声吸收,此时需要引入合适的复波数来刻画,从而得到的声辐射力矩结果也不尽相同。

## 参考文献

[1] JACKSON J D. Classical electrodynamics[M]. 3rd ed. New York: Wiley and Sons, 1998: 428.

[2] SILVA G T, LOBO T P, MITRI F G. Radiation torque produced by an arbitrary acoustic wave[J]. EPL, 2012, 97(5): 54003.

[3] ZHANG L K. Reversals of orbital angular momentum transfer and radiation

torque[J]. Physical Review Applied, 2018, 10(3): 034039.

[4] GONG Z X, MARSTON P L, LI W. Reversals of acoustic radiation torque in Bessel beams using theoretical and numerical implementations in three dimensions[J]. Physical Review Applied, 2019, 11(6): 064022.

[5] ZHANG L K, MARSTON P L. Angular momentum flux of nonparaxial acoustic vortex beams and torques on axisymmetric objects[J]. Physical Review E, Statistical, Nonlinear, and Soft Matter Physics, 2011, 84 (6Pt2): 065601.

[6] LEKNER J. Acoustic beams with angular momentum[J]. The Journal of the Acoustical Society of America, 2006, 120(6): 3475 - 3478.

第 5 章

阻抗边界附近粒子的声辐射力

## 5.1　引言

第 3 章和第 4 章中,我们分别推导了基于波形系数的声辐射力和声辐射力矩表达式,并对圆柱形粒子、球形粒子、弹性圆柱壳、弹性球壳、椭圆柱形粒子和椭球形粒子的声辐射力和声辐射力矩进行了详细的数值仿真,深入分析了各种粒子在各类声场中的声辐射力和力矩特性。应当强调,第 3 章和第 4 章中所得到的计算结果仅仅适用于自由空间中的粒子。然而,在声操控的实际应用中,操控对象往往位于一定的边界附近,而边界的存在必然会对声散射产生影响,进而改变粒子的声辐射力和力矩特性。此时,自由空间中的计算结果将不再适用。这样的模型在生物医学超声中是十分常见的,例如,在对血管内的微泡造影剂进行非接触操控时,必须考虑血管壁对声操控的影响。又如,在进行血管内定向药物输送时,也可以看作对血管壁附近的药物颗粒进行操控。在声悬浮的应用中,通常会放置一单反射面形成驻波声场,该反射面的存在亦会对声辐射力和力矩特性产生影响。鉴于此,对边界附近粒子的声辐射力和力矩进行分析是很有必要的。本章首先研究边界附近粒子的声辐射力特性,至于边界附近粒子的声辐射力矩特性则留待第 6 章讨论。如 1.4.1 节所述,自 Miri 等人[1]首次分析血管壁附近弹性球壳的受力特性以来,若干学者针对阻抗边界附近无限长圆柱形粒子和球形粒子的声辐射力展开系统研究,详细探讨了边界效应对粒子受力和声操控的影响[2-15]。

应当指出,本书所指的边界均假设是无限大边界。当然,实际中是不存在这样的无限大边界的,但只要满足边界尺寸远大于粒子尺寸、粒子与边界的距离以及声波波长,便可以近似看作无限大边界,因此这样的讨论是有实际意义的。

还应当指出,从声阻抗特性的角度来看,边界可以分为三种:刚性边界、阻抗边界和自由边界。其中,刚性边界的声阻抗远大于粒子所在的流体,自由边界的声阻抗远小于粒子周围流体,而阻抗边界的声阻抗介于两者之间。从边界声压反射系数的角度看,刚性边界的声压反射系数为 1,自由边界的声压反射系数为 0,而阻抗边界的声压反射系数介于 −1 和 1 之间。事实上,刚性边界和自由边界完全可以看作阻抗边界的两个特例。本章所考虑的正是阻抗边界。在实际的声操控中,边界的声阻抗一般都大于粒子所在的流体,因此阻抗边界的声压反射系数通常在 0 到 1 之间。当边界声阻抗和流体声阻抗相等时,声压反射系数为 0,此时边界如同不存在一样。本章中的阻抗边界声压反射系数也正属于这个范围。

## 5.2　基于波形系数的阻抗边界附近粒子的声辐射力计算公式

在 3.2 节中,我们曾详细推导了自由空间中的任意粒子在任意声场作用下的声辐射力和声辐射力函数计算公式,在给定入射声场波形系数和散射系数的条件下,可以对相应的声辐射力函数进行理论计算和仿真。对于阻抗边界附近的粒子,我们也可以进行类似的推导和计算,得到针对边界附近粒子的基于波形系数的声辐射力计算公式。

考虑位于无限大边界附近的一散射物体,物体中心和边界的距离为 $d$,边界的声压反射系数为 $R_s$。有必要指出,边界声压反射系数与入射角度有关。为了讨论的简便,本章中均假设入射声场的波矢量垂直于无限大阻抗边界,此时的边界声压反射系数表达式为[16]:

$$R_s = \frac{Z - \rho_0 c_0}{Z + \rho_0 c_0} \tag{5-1}$$

其中,$Z$ 是界面处的法向声阻抗率,$\rho_0$ 和 $c_0$ 分别是粒子所在流体的密度和纵波声速。一般来讲,界面的声阻抗率与频率有关,并且可能包含声抗的部分,因而边界声压反射系数是频率的复变函数。但在本章中,我们均忽略这些因素,将 $R_s$ 看作和频率无关的实常数。显然,当边界声阻抗远大于流体声阻抗时,$R_s = 1$,此时阻抗边界可近似看作刚性边界,声波在界面处被完全反射;当边界声阻抗与流体声阻抗相等时,$R_s = 0$,声波在界面处没有任何反射。

与 3.2 节类似,这里仍然以散射物体中心(即积分球面的球心)为原点 $O$ 建立球坐标系 $(r, \theta, \varphi)$。对于任意的入射声场,总可以表示成式(3-9)所示的级数展开的形式。类似地,散射声场也可以展开为无穷级数的形式,即式(3-11)。

对于自由空间中的散射物体而言,流体中的总声场无疑是入射声场和散射声场的叠加。但对于阻抗边界附近的散射物体而言,入射声场不仅会在物体表面发生散射,还会在边界上发生反射。此外,物体本身的散射声场还会在边界上再次发生反射。这样一来,流体中的总声场由四部分叠加而成,分别是入射声场、散射声场、入射声场在边界处产生的反射声场、散射声场在边界处产生的反射声场。可以看出,其总声场的构成要比自由空间中的情况复杂得多。式(3-9)和式(3-11)已经分别给出了入射声场和散射声场的级数展开式,还需要给出这两者在边界处产生的反射声场的表达式。为便于计算,这里引入镜像原理来处理边界问题。镜像原理最早是在讨论静电场问题时引入的[17],这里对此进行简单的介绍。

假设接地无限大平面导体板附近有一点电荷 $Q$,考虑此时空间中的电场分布。从物理上分析,在点电荷 $Q$ 的电场作用下,导体板上出现相应的感应电荷分布,空间中的电场是由给定的点电荷 $Q$ 和导体表面的感应电荷共同激发的,而感应电荷分布又是在总电场作用下达到平衡的结果,此时导体表面为一等势面,电场线必须与导体板垂直。设想在导体另一侧与电荷 $Q$ 对称的位置上放置一个假想电荷 $Q'$,然后将导体板抽去。若 $Q'=-Q$,则由对称性可知,在原导体平面上,电场线处处与该平面垂直,因而满足了边界条件。根据静电场的唯一性定理可知,此时的总电场正是要求的电场分布。因此,导体上的感应电荷确实可以用一个对称分布的假想电荷代替,$Q'$ 称为 $Q$ 的镜像电荷。

我们完全可以在声场中采取类似的办法来处理无限大边界的问题。具体地,需要在关于边界对称的位置处放置一个镜像粒子,该镜像粒子与真实粒子完全相同。根据声场的唯一性定理,此时的总声场应当与边界附近单粒子存在时的声场是完全相同的。尽管如此,有必要指出,阻抗边界条件和导体边界条件还是有很大不同的,导体表面电势等于常数,属于第一类边界条件,而阻抗边界处声压和法向质点振速之比为定值,属于第三类边界条件,因此需要通过声压反射系数来衡量。这样一来,入射声场在边界处产生的反射声场可以等效为入射声场的镜像声场,而散射声场在边界处产生的反射声场则可以等效为散射声场的镜像声场。

为便于讨论,以镜像粒子的中心为原点建立球坐标系 $(r',\theta',\varphi')$,称为镜像坐标系。这样一来,入射声场的镜像声场的速度势函数可以展开为:

$$\phi_{i,\text{ref}}=\phi_0\sum_{n=0}^{+\infty}\sum_{m=-n}^{n}R_s(-1)^n\mathrm{e}^{\mathrm{i}2kd}a_{nm}j_n(kr)Y_{nm}(\theta,\varphi) \qquad (5-2)$$

这里用下标"ref"表示镜像声场的物理量。类似地,散射声场的镜像声场的速度势函数可以展开为:

$$\phi_{s,\text{ref}}=\phi_0\sum_{n=0}^{+\infty}\sum_{m=-n}^{n}R_s(-1)^n s_n a_{nm}h_n^{(1)}(kr')Y_{nm}(\theta',\varphi') \qquad (5-3)$$

至此,流体中的总声场可以表示为式(3-9)、式(3-11)、式(5-2)和式(5-3)四项之和。

想必读者已经注意到,散射声场的镜像声场表达式(5-3)是在镜像坐标系

$(r',\theta',\varphi')$ 中给出的,而其余三项声场均是在坐标系 $(r,\theta,\varphi)$ 中给出的,这给后续的计算带来了不小的麻烦。事实上,通过球函数的加法公式可以将式(5-3)在坐标系 $(r,\theta,\varphi)$ 中重新表述,其具体表达式为:

$$\phi_{s,\text{ref}}=\phi_0\sum_{n=0}^{+\infty}\sum_{m=-n}^{n}\sum_{j=0}^{+\infty}R_s(-1)^j s_j a_{jn}Q_{jn}j_n(kr)Y_{nm}(\theta,\varphi)\qquad(5-4)$$

其中,$Q_{jn}$ 的表达式在附录五中详细给出。此外,附录二中已给出了球函数加法公式的详细表达式。

第 2 章中曾推导得到了声辐射力的积分公式,即式(2-48)。应当注意,该公式和粒子所处的环境无关,即无论是自由空间中的粒子还是阻抗边界附近的粒子均可使用。对于自由空间中的粒子而言,式(2-48)中的声压和质点振速应当理解为入射声场和散射声场相应物理量的叠加,但对于阻抗边界附近的粒子而言,还应当包括入射声场和散射声场的镜像声场。将式(3-9)、式(3-11)、式(5-2)和式(5-4)代入式(2-48),经过与 3.2 节类似的运算,可以得到阻抗边界附近粒子的三维声辐射力表达式仍为式(3-21),但相应的声辐射力函数有所不同,其三个分量的表达式分别为:

$$Y_x=\frac{1}{2k^2S_c}\text{Im}\sum_{n=0}^{+\infty}\sum_{m=-n}^{n}\left\{a_{nm}(A_n+s_n)\begin{pmatrix}-a_{n+1,m+1}^*s_{n+1}^*b_{n+1,m}-a_{n-1,m+1}^*s_{n-1}^*b_{n,-m-1}+\\a_{n+1,m-1}^*s_{n+1}^*b_{n+1,-m}+a_{n-1,m-1}^*s_{n-1}^*b_{n,m-1}\end{pmatrix}\right\}$$
$$(5-5)$$

$$Y_y=\frac{1}{2k^2S_c}\text{Re}\sum_{n=0}^{+\infty}\sum_{m=-n}^{n}\left\{a_{nm}(A_n+s_n)\begin{pmatrix}a_{n+1,m+1}^*s_{n+1}^*b_{n+1,m}+a_{n-1,m+1}^*s_{n-1}^*b_{n,-m-1}+\\a_{n+1,m-1}^*s_{n+1}^*b_{n+1,-m}+a_{n-1,m-1}^*s_{n-1}^*b_{n,m-1}\end{pmatrix}\right\}$$
$$(5-6)$$

$$Y_z=\frac{1}{k^2S_c}\text{Im}\sum_{n=0}^{+\infty}\sum_{m=-n}^{n}\{a_{nm}(A_n+s_n)(a_{n+1,m}^*s_{n+1}^*c_{n+1,m}-a_{n-1,m}^*s_{n-1}^*c_{n,m})\}\quad(5-7)$$

其中,$b_{n,m}$ 和 $c_{n,m}$ 的具体表达式仍分别由式(3-28)和式(3-29)给出;$A_n$ 称为辅助函数,在阻抗边界附近声辐射力和力矩的研究中会经常用到,其具体表达式为:

$$A_n=1+R_s(-1)^n e^{i2kd}+\sum_{j=0}^{+\infty}R_s(-1)^j s_j a_{jn}Q_{jn}j_n(kr)Y_{nm}(\theta,\varphi)\qquad(5-8)$$

式(5-5)~式(5-7)正是基于波形系数的阻抗边界附近粒子的三维声辐射力函数表达式,适用于任意声场作用下的任意散射粒子。当然,前提是需要在理论上或数值上给出入射声场和散射声场的波形系数。注意到,当 $R_s=0$ 时,辅助函数 $A_n=1$,函数式(5-5)~式(5-7)将退化为自由空间中的声辐射力函数表达式(3-25)~式

(3-27),事实上,此时阻抗边界完全可以看作不存在。因此,自由空间中的声辐射力函数可以看作阻抗边界附近粒子声辐射力函数的特例。可以预见,边界的声压反射系数对声辐射力特性有着显著影响,在后续算例中将予以重点关注。

## 5.3 阻抗边界附近无限长圆柱形粒子和球形粒子的声辐射力

与自由空间中的研究思路相仿,我们首先探究阻抗边界附近的无限长圆柱形粒子和球形粒子在各类声场作用下的声辐射力特性。

### 5.3.1 平面波作用下的声辐射力

我们仍然首先考虑平面波入射的情形。考虑水中一半径为 $a$ 的无限长圆柱形粒子位于无限大阻抗边界附近,且粒子的轴线平行于该阻抗边界,粒子轴线与阻抗边界的距离为 $d$,阻抗边界的声压反射系数为 $R_s$。考虑一列角频率为 $\omega$ 的平面行波,其波矢量垂直于粒子轴线,亦垂直于阻抗边界。以圆柱形粒子轴线上某点为原点 $O$ 建立柱坐标系 $(r,\theta,z)$ 和空间直角坐标系 $(x,y,z)$,两坐标系间满足换算关系: $x=r\cos\theta,y=r\sin\theta,z=z$。波矢量沿 $x$ 轴正方向,且 $z$ 轴与圆柱形粒子的轴线重合。同样地,这里采用镜像原理来等效阻抗边界。具体地,在关于边界对称的位置处放置一个与真实圆柱形粒子完全相同的镜像圆柱形粒子,以镜像粒子轴线上某点为原点建立镜像坐标系 $(r',\theta',z')$。设水的密度为 $\rho_0$,声速为 $c_0$。其物理模型如图 5-1 所示。

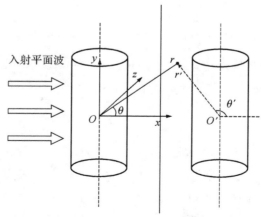

图 5-1　平面行波正入射到水中阻抗边界附近的圆柱形粒子上,波矢量沿 $+x$ 方向

在柱坐标系内,入射平面波的速度势函数、声压和法向质点振速分别可以展开成式(3-30)、式(3-31)和式(3-32)的形式,而散射声场的速度势函数、声压和法向质点振速则分别可以展开成式(3-33)、式(3-34)式(3-35)的形式。入射平面波的镜像声场的速度势函数可以展开为:

$$\phi_{i,\mathrm{ref}} = \phi_0 \sum_{n=-\infty}^{+\infty} R_s(-1)^n \mathrm{e}^{\mathrm{i}2kd} \mathrm{i}^n J_n(kr) \mathrm{e}^{\mathrm{i}n\theta} \tag{5-9}$$

相应的声压和法向质点振速则分别可以表示为:

$$p_{i,\mathrm{ref}} = -\mathrm{i}\omega\rho_0\phi_0 \sum_{n=-\infty}^{+\infty} R_s(-1)^n \mathrm{e}^{\mathrm{i}2kd} \mathrm{i}^n J_n(kr) \mathrm{e}^{\mathrm{i}n\theta} \tag{5-10}$$

$$v_{ir,\mathrm{ref}} = \phi_0 \sum_{n=-\infty}^{+\infty} R_s(-1)^n \mathrm{e}^{\mathrm{i}2kd} \mathrm{i}^n k J_n'(kr) \mathrm{e}^{\mathrm{i}n\theta} \tag{5-11}$$

散射声场的镜像声场的速度势函数可以展开为:

$$\phi_{s,\mathrm{ref}} = \phi_0 \sum_{n=-\infty}^{+\infty} R_s(-1)^n s_n \mathrm{i}^n H_n^{(1)}(kr') \mathrm{e}^{\mathrm{i}n\theta'} \tag{5-12}$$

注意到,式(5-12)是在镜像坐标系中描述的,需要通过柱函数的加法公式转换到坐标系$(r,\theta,z)$中,其具体表达式为:

$$\phi_{s,\mathrm{ref}} = \phi_0 \sum_{n=-\infty}^{+\infty} \sum_{m=-\infty}^{+\infty} R_s(-1)^m s_m \mathrm{i}^m H_{m-n}^{(1)}(2kd) J_n(kr) \mathrm{e}^{\mathrm{i}n\theta} \tag{5-13}$$

相应的声压和法向质点振速则分别可以表示为:

$$p_{s,\mathrm{ref}} = -\mathrm{i}\omega\rho_0\phi_0 \sum_{n=-\infty}^{+\infty} \sum_{m=-\infty}^{+\infty} R_s(-1)^m s_m \mathrm{i}^m H_{m-n}^{(1)}(2kd) J_n(kr) \mathrm{e}^{\mathrm{i}n\theta} \tag{5-14}$$

$$v_{sr,\mathrm{ref}} = \phi_0 \sum_{n=-\infty}^{+\infty} \sum_{m=-\infty}^{+\infty} R_s(-1)^m s_m \mathrm{i}^m H_{m-n}^{(1)}(2kd) k J_n'(kr) \mathrm{e}^{\mathrm{i}n\theta} \tag{5-15}$$

至此,我们得到了全部声场的表达式,通过将式(3-30)、式(3-33)、式(5-9)和式(5-13)相加即可得到流体中的总声场。至于声散射系数的求解,则取决于圆柱形粒子表面的边界条件,仍然需要分为刚性柱、流体柱和弹性柱三种情况进行分析。

(1) 刚性柱

刚性柱内部不存在透射声场,其表面的法向质点振速必须为零,但需注意,此时表面的总声场应当包括入射声场的镜像声场和散射声场的镜像声场。此时边界条件的具体表达式为:

$$(v_{i,r} + v_{s,r} + v_{ir,\mathrm{ref}} + v_{sr,\mathrm{ref}})\Big|_{r=a} = 0 \tag{5-16}$$

将式(3-32)、式(3-35)、式(5-11)和式(5-15)代入式(5-16),即可解得散射系

数 $s_n$，其形式上可表示为：

$$s_n = -A_n \frac{J'_n(ka)}{H_n^{(1)'}(ka)} \tag{5-17}$$

其中，辅助函数 $A_n$ 的具体表达式为：

$$A_n = 1 + R_s \mathrm{e}^{\mathrm{i}2kd}(-1)^n + \frac{R_s}{\mathrm{i}^n} \sum_{m=-\infty}^{+\infty} (-1)^m s_m \mathrm{i}^m H_{m-n}^{(1)}(2kd) \tag{5-18}$$

有必要指出，与自由空间中的情形不同，辅助函数 $A_n$ 本身就是散射系数 $s_n$ 的函数，因此式(5-17)与其说是散射系数的表达式，不如说是关于散射系数的方程式，需要通过迭代的方法对各阶散射系数依次进行求解。

（2）流体柱

与刚性柱不同，流体柱内部可以存在声波，因此必须考虑透射声场的影响。透射声场速度势函数的级数展开式早已在式(3-38)中给出，而相应的声压和法向质点振速则分别在式(3-39)和式(3-40)中给出。声压和法向质点振速均必须满足在粒子表面连续的边界条件，同样应当注意此时的总声场包括入射声场的镜像声场和散射声场的镜像声场。此时，边界条件的具体表达式为：

$$\begin{cases} (p_i + p_s + p_{i,\mathrm{ref}} + p_{s,\mathrm{ref}})\big|_{r=a} = p_t\big|_{r=a} \\ (v_{i,r} + v_{s,r} + v_{ir,\mathrm{ref}} + v_{sr,\mathrm{ref}})\big|_{r=a} = v_{t,r}\big|_{r=a} \end{cases} \tag{5-19}$$

将式(3-31)、式(3-32)、式(3-34)、式(3-35)、式(5-10)、式(5-11)、式(5-14)、式(5-15)、式(3-39)和式(3-40)代入式(5-19)，即可解得散射系数 $s_n$，其形式上可以表示为：

$$s_n = -A_n \frac{(\rho_0 c_0/\rho_1 c_1)J'_n(k_1 a)J_n(ka) - J'_n(ka)J_n(k_1 a)}{(\rho_0 c_0/\rho_1 c_1)J_n^{(1)'}(k_1 a)H_n^{(1)}(ka) - H_n^{(1)'}(ka)J_n(k_1 a)} \tag{5-20}$$

同样地，式(5-20)也是关于散射系数的方程式，必须借助迭代的方法依次进行各阶散射系数的求解。

（3）弹性柱

与流体柱相比，弹性柱内不仅存在纵波，还存在横波。其标量势函数和矢量势函数的级数展开式分别由式(3-54)和式(3-55)给出，在此基础上，可以求得其位移和应力的各个分量。弹性柱表面的边界条件可以描述为：法向位移连续、法向应力连续和切向应力为零，即：

$$\begin{cases}(u_{i,r}+u_{s,r}+u_{ir,\mathrm{ref}}+u_{sr,\mathrm{ref}})\Big|_{r=a}=u_r\Big|_{r=a}\\[2mm](p_i+p_s+p_{i,\mathrm{ref}}+p_{s,\mathrm{ref}})\Big|_{r=a}=-\sigma_{rr}\Big|_{r=a}\\[2mm]\sigma_{r\theta}\Big|_{r=a}=0\end{cases} \tag{5-21}$$

其中，$u_{ir,\mathrm{ref}}$ 和 $u_{sr,\mathrm{ref}}$ 分别是入射声场的镜像声场和散射声场的镜像声场所对应的法向质点位移，其具体表达式可以通过相应的法向质点振速的表达式(5-11)和式(5-15)得到：

$$u_{ir,\mathrm{ref}}=\frac{1}{-\mathrm{i}\omega}\phi_0\sum_{n=-\infty}^{+\infty}R_s(-1)^n\mathrm{e}^{\mathrm{i}2kd}\mathrm{i}^nkJ_n'(kr)\mathrm{e}^{\mathrm{i}n\theta} \tag{5-22}$$

$$u_{sr,\mathrm{ref}}=\frac{1}{-\mathrm{i}\omega}\phi_0\sum_{n=-\infty}^{+\infty}\sum_{m=-\infty}^{+\infty}R_s(-1)^m s_m\mathrm{i}^m H_{m-n}^{(1)}(2kd)kJ_n'(kr)\mathrm{e}^{\mathrm{i}n\theta} \tag{5-23}$$

综合式(3-31)、式(3-34)、式(3-57)、式(3-58)、式(3-49)、式(3-47)、式(5-10)、式(5-14)、式(5-22)、式(5-23)和式(5-21)，解得：

$$s_n=-A_n\frac{a\rho_0 c_0^2 kJ_n(ka)-J_n'(ka)Z_n}{H_n^{(1)\prime}(ka)Z_n-a\rho_0 c_0^2 kH_n^{(1)}(ka)} \tag{5-24}$$

其中各个参数的具体表达式已在式(3-60)中详细给出。式(5-24)同样也是关于散射系数的方程式，必须借助迭代的方法依次求解各阶声散射系数。

在散射系数求解的基础上可以着手进行声辐射力的计算了。5.2 节中给出了基于波形系数的阻抗边界附近三维粒子的声辐射力和声辐射力函数表达式。对于像无限长圆柱形粒子这样的二维模型，理论上也可以推导一般情况下基于波形系数的声辐射力和声辐射力函数计算公式，但其过程较为烦琐，这里不准备采取这一方法，而是直接利用积分式(3-61)进行计算，这一思路和第 3 章中计算自由空间中无限长圆柱形粒子的声辐射力是一致的。对于无限长圆柱形粒子而言，由于声波沿 $x$ 轴正方向入射，因此只存在 $x$ 方向的声辐射力。取单位长度的圆柱表面为积分曲面，将式(3-61)投影到 $x$ 轴上，经过与第 3 章中类似的运算，可得单位长度的圆柱形粒子在 $x$ 方向受到的声辐射力为：

$$F_x=Y_p S_c E \tag{5-25}$$

其中，$E=\rho_0 k^2\phi_0^2/2$ 是入射声场的能量密度；$S_c=2a$ 是单位长度圆柱形粒子的散射截面积；$Y_p$ 是对应的声辐射力函数，其具体表达式为：

$$Y_p = -\frac{1}{2ka} \sum_{n=-\infty}^{+\infty} (\xi_{n+1}^{(1)}\xi_n^{(2)} + \xi_n^{(1)}\xi_{n+1}^{(2)} + \eta_{n+1}^{(1)}\eta_n^{(2)} + \eta_n^{(1)}\eta_{n+1}^{(2)} + 2\xi_{n+1}^{(2)}\xi_n^{(2)} + 2\eta_{n+1}^{(2)}\eta_n^{(2)} +$$
$$\xi_{n-1}^{(1)}\xi_n^{(2)} + \xi_n^{(1)}\xi_{n-1}^{(2)} + \eta_{n-1}^{(1)}\eta_n^{(2)} + \eta_n^{(1)}\eta_{n-1}^{(2)} + 2\xi_{n-1}^{(2)}\xi_n^{(2)} + 2\eta_{n-1}^{(2)}\eta_n^{(2)})$$

$$(5-26)$$

其中,$\xi_n^{(1)}$ 和 $\eta_n^{(1)}$ 分别是辅助函数 $A_n$ 的实部和虚部,$\xi_n^{(2)}$ 和 $\eta_n^{(2)}$ 分别是散射系数 $s_n$ 的实部和虚部。利用式(5-26)可以对各类圆柱形粒子的声辐射力函数进行计算仿真。

从以上计算可以看出,引入阻抗边界后并不会改变圆柱形粒子声辐射力的基本形式,但声辐射力函数会有所改变。特别地,当 $A_n=1$ 时,式(5-26)将退化为自由空间中圆柱形粒子的声辐射力函数表达式(3-65),这是符合预期的,因为此时阻抗边界可看作不复存在。

根据式(5-26),可以对阻抗边界附近圆柱形粒子在平面波作用下的声辐射力函数进行计算仿真。图5-2显示了在当边界声压反射系数取不同值时圆柱形粒子的声辐射力函数 $Y_p$ 随 $ka$ 的变化曲线,其中图(a)、(b)和(c)分别对应着刚性柱、油酸柱和聚乙烯柱的情况。在计算中,粒子中心与边界的距离设为半径的两倍,即 $d=2a$,边界声压反射系数分别设为 $R_s=0.1$、$0.4$、$0.7$、$1$。从计算结果可以看出,与自由空间中的结果相比,阻抗边界的引入会使粒子的声辐射力函数曲线出现振荡特性,且该振荡特性在低频范围内尤为明显。随着边界声压反射系数的增加,曲线的振荡特性也愈发明显。事实上,反射波的存在会使空间中产生准驻波场,当粒子固定在某处时,随着 $ka$ 的变化,其所在的位置从波节到波腹不断变化,因而声辐射力也会出现振荡特性。值得注意的是,此时三种圆柱形粒子均会在合适的频率处受到负向声辐射力的作用,即有被声辐射力拉离边界的趋势。边界声压反射系数越大,负向声辐射力也越大。读者可以回忆一下,自由空间中的粒子在平面波场中只能获得正向力。特别地,对于刚性柱而言,当边界完全刚性时,其低频的负向声辐射力函数可以达到-4。这是丝毫不奇怪的,因为准驻波声场的存在,其声辐射力的方向自然可正可负。这一边界附近的特有效应对实际中实现粒子的声捕获具有重要意义。此外还注意到,边界声压反射系数的改变尽管会影响声辐射力的幅值,但几乎不改变曲线峰值的位置,即声辐射力在何种频率处产生极大值是固定的,这也为设计实际的声操控参数提供了一定的便利。

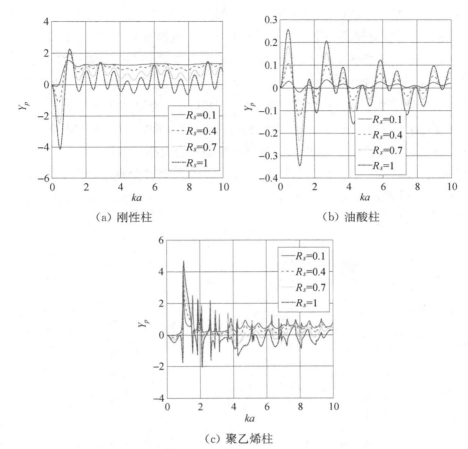

（a）刚性柱　　　　　　　　　　　（b）油酸柱

（c）聚乙烯柱

**图 5 - 2　平面行波场对阻抗边界附近圆柱形粒子的声辐射力函数 $Y_p$ 随 $ka$ 的变化曲线，其中 $d=2a$**

　　粒子与边界的距离也是影响声辐射力特性的重要因素。为此，图 5 - 3 给出了三种圆柱形粒子的声辐射力函数 $Y_p$ 随 $d/a$ 的变化曲线，其中，无量纲频率参量固定为 $ka=1$，边界声压反射系数仍然分别设为 $R_s=0.1$、$0.4$、$0.7$、$1$。可以看出，粒子的声辐射力随 $d/a$ 的变化规律类似正弦曲线，即当粒子沿 $x$ 方向来回移动时，声辐射力会出现周期性变化，且三种粒子所对应的曲线变化周期均相同。值得一提的是，当边界声压反射系数较大时，声辐射力函数会出现负值区域，即声辐射力会发生变向。以刚性边界为例，此时由于界面的声波反射会形成平面驻波场，根据驻波场中的声辐射力规律，当粒子中心位于声压波节或波腹时声辐射力取零。考虑到刚性边界处为声压波节，则声压波节处的坐标为 $kd=\pi/2,3\pi/2,5\pi/2,\cdots$ 声压波腹处的坐标为 $kd=0,\pi,2\pi,\cdots$ 相应地，在相邻声压波节和波腹的中点处粒子

257

的声辐射力达到极大值。这样一来,可以通过简单的计算得到曲线变化的周期为 $\pi/ka = \pi$,这与仿真结果完全相符。当边界并非完全刚性时,反射波振幅小于入射波振幅,空间中形成准驻波场,曲线在声压波节和波腹处取得非零的极小值,但其变化周期仍然和刚性边界完全一致。随着边界声压反射系数的增大,曲线的振荡特性更加明显,声辐射力的峰值逐渐增大,但其峰值的位置并不改变。有必要指出,以上讨论是过于理想化了的,事实上,由于散射声场的存在,即使阻抗边界完全刚性,声场也并非纯驻波场,因而驻波场的声辐射力规律并不完全适用于此。从计算结果也可以看到,曲线并不完全关于 $Y_p = 0$ 对称,且极值点也会随着 $R_s$ 的变化发生偏移。尽管如此,这样粗略的讨论对我们大致了解声辐射力随距离的变化特性还是有一定帮助的。

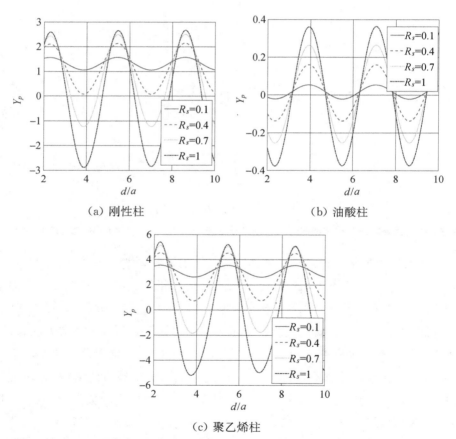

（a）刚性柱　　　　　　　　　（b）油酸柱

（c）聚乙烯柱

**图 5-3　平面行波场对阻抗边界附近圆柱形粒子的声辐射力函数 $Y_p$ 随 $d/a$ 的变化曲线,其中 $ka = 1$**

从以上演算过程可以推测,当圆柱形粒子沿 $x$ 方向来回移动时,其声辐射力函数变化的周期反比于 $ka$,图 5 - 4 所示的三维仿真图验证了这一点。该图显示了三种圆柱形粒子的声辐射力函数随 $ka$ 和 $d/a$ 的变化关系,其中边界声压反射系数固定为 $R_s = 0.5$,图(a)、(b)和(c)分别对应着刚性柱、油酸柱、聚乙烯柱的情况。当 $d/a$ 固定为某一特定值时,沿 $ka$ 轴方向看,声辐射力函数出现明显振荡特性,但振荡特性随着 $ka$ 的增大而减弱。当 $ka$ 固定为某一特定值时,沿 $d/a$ 轴方向看,声辐射力函数则出现周期性变化,且其变化周期随着 $ka$ 的增大而缩小。换言之,与低频情况下相比,高频粒子的声辐射力对粒子与边界的距离变化更敏感。事实上,此时准驻波场的声压波节和波腹分布更密集,这当然会导致声辐射力的快速变化。

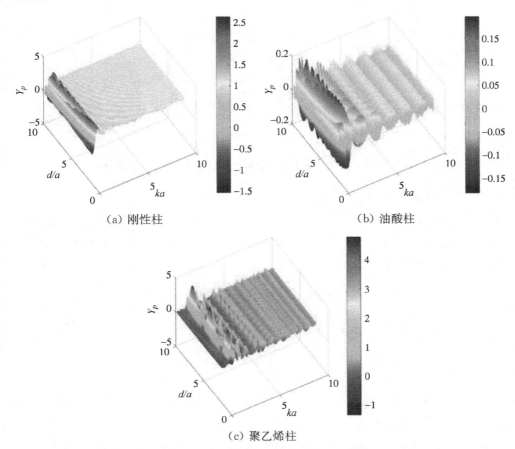

(a) 刚性柱　　　　　　　　　　(b) 油酸柱

(c) 聚乙烯柱

**图 5 - 4**　平面行波场对阻抗边界附近圆柱形粒子的声辐射力函数 $Y_p$ 随 $ka$ 和 $d/a$ 的变化,
其中 $R_s = 0.5$

接下来考虑阻抗边界附近球形粒子在平面波作用下的声辐射力特性。考虑水中一半径为 $a$ 的球形粒子位于无限大阻抗边界附近,球形粒子的中心与阻抗边界的距离为 $d$,阻抗边界的声压反射系数为 $R_s$。考虑一列角频率为 $\omega$ 的平面行波入射到该球形粒子上,其波矢量垂直于阻抗边界。以球形粒子中心为原点 $O$ 建立球坐标系 $(r, \theta, \varphi)$ 和空间直角坐标系 $(x, y, z)$,两坐标系之间满足换算关系:$x = r\sin\theta\cos\varphi, y = r\sin\theta\sin\varphi, z = r\cos\theta$,波矢量沿 $z$ 轴正方向。同样地,这里采用镜像原理来等效阻抗边界。具体地,在关于边界对称的位置处放置一个与真实球形粒子完全相同的镜像球形粒子,以镜像粒子的中心为原点建立镜像坐标系 $(r', \theta', \varphi')$。其物理模型如图 5-5 所示。

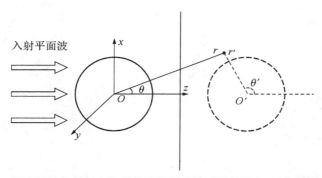

**图 5-5 平面行波入射到水中阻抗边界附近的球形粒子上,波矢量沿 $+z$ 方向**

在球坐标系内,入射平面波的速度势函数、声压和法向质点振速分别可以展开成式(3-79)、式(3-80)和式(3-81)的形式,而散射声场的速度势函数、声压和法向质点振速则分别可以展开成式(3-82)、式(3-83)和式(3-84)的形式。入射平面波的镜像声场的速度势函数可以展开为:

$$\phi_{i,\text{ref}} = \phi_0 \sum_{n=0}^{+\infty} R_s (-1)^n e^{\mathrm{i}2kd} (2n+1) \mathrm{i}^n j_n(kr) P_n(\cos\theta) \qquad (5-27)$$

相应的声压和法向质点振速则分别可以表示为:

$$p_{i,\text{ref}} = -\mathrm{i}\omega\rho_0\phi_0 \sum_{n=0}^{+\infty} R_s (-1)^n e^{\mathrm{i}2kd} (2n+1) \mathrm{i}^n j_n(kr) P_n(\cos\theta) \qquad (5-28)$$

$$v_{ir,\text{ref}} = \phi_0 \sum_{n=0}^{+\infty} R_s (-1)^n e^{\mathrm{i}2kd} (2n+1) \mathrm{i}^n k j_n'(kr) P_n(\cos\theta) \qquad (5-29)$$

散射声场的镜像声场的速度势函数可以展开为:

$$\phi_{s,\text{ref}} = \phi_0 \sum_{n=0}^{+\infty} R_s (-1)^n (2n+1) s_n \mathrm{i}^n h_n^{(1)}(kr') P_n(\cos\theta') \qquad (5-30)$$

注意到,式(5-30)是在镜像坐标系中描述的,需要通过球函数的加法公式转换到坐标系$(r,\theta,\varphi)$中,其具体表达式为:

$$\phi_{s,\text{ref}}=\phi_0\sum_{n=0}^{+\infty}\sum_{m=0}^{+\infty}R_s(-1)^m(2m+1)Q_{mn}s_m\text{i}^m j_n(kr)P_n(\cos\theta)\quad(5-31)$$

相应的声压和法向质点振速则分别可以表示为:

$$p_{s,\text{ref}}=-\text{i}\omega\rho_0\phi_0\sum_{n=0}^{+\infty}\sum_{m=0}^{+\infty}R_s(-1)^m(2m+1)Q_{mn}s_m\text{i}^m j_n(kr)P_n(\cos\theta)$$
$$(5-32)$$

$$v_{sr,\text{ref}}=\phi_0\sum_{n=0}^{+\infty}\sum_{m=0}^{+\infty}R_s(-1)^m(2m+1)Q_{mn}s_m\text{i}^m k j_n'(kr)P_n(\cos\theta)\quad(5-33)$$

至此,我们得到了全部声场的表达式,通过将式(3-79)、式(3-82)、式(5-27)和式(5-31)相加即可得到流体中的总声场。至于声散射系数的求解,则取决于球形粒子表面的边界条件,仍然需要分为刚性球、流体球和弹性球三种情况进行分析。

(1) 刚性球

刚性球内部不存在透射声场,其表面的法向质点振速必须为零,但需注意,此时表面的总声场应当包括入射声场的镜像声场和散射声场的镜像声场。此时边界条件的具体表达式为:

$$(v_{i,r}+v_{s,r}+v_{ir,\text{ref}}+v_{sr,\text{ref}})\Big|_{r=a}=0\quad(5-34)$$

将式(3-81)、式(3-84)、式(5-29)和式(5-33)代入式(5-34),即可解得散射系数$s_n$,其形式上可以表示为:

$$s_n=-A_n\frac{j_n'(ka)}{h_n^{(1)'}(ka)}\quad(5-35)$$

其中,辅助函数$A_n$的具体表达式为:

$$A_n=1+R_s\text{e}^{\text{i}2kd}(-1)^n+\frac{R_s}{(2n+1)\text{i}^n}\sum_{m=0}^{+\infty}(2m+1)(-1)^m\text{i}^m s_m Q_{mn}\quad(5-36)$$

与圆柱形粒子的情形类似,这里的辅助函数$A_n$本身就是散射系数$s_n$的函数,因此式(5-36)本质上是关于散射系数的方程式,需要通过迭代的方法对各阶散射系数依次进行求解。

(2) 流体球

透射声场速度势函数的级数展开式早已在式(3-87)中给出,而相应的声压和法向质点振速则分别在式(3-88)和式(3-89)中给出。声压和法向质点振速均必须满足在粒子表面连续的边界条件,同样应当注意此时表面的总声场应当包括入射声场的镜像声场和散射声场的镜像声场。此时,边界条件的具体表达式为:

$$\begin{cases} (p_i + p_s + p_{i,\text{ref}} + p_{s,\text{ref}})\Big|_{r=a} = p_t\Big|_{r=a} \\ (v_{i,r} + v_{s,r} + v_{ir,\text{ref}} + v_{sr,\text{ref}})\Big|_{r=a} = v_{t,r}\Big|_{r=a} \end{cases} \quad (5-37)$$

将式(3-80)、式(3-81)、式(3-83)、式(3-84)、式(5-28)、式(5-29)、式(5-32)、式(5-33)、式(3-88)和式(3-89)代入式(5-37),即可解得散射系数,其形式上可以表示为:

$$s_n = -A_n \frac{(\rho_0 c_0/\rho_1 c_1)j_n'(k_1 a)j_n(ka) - j_n'(ka)j_n(k_1 a)}{(\rho_0 c_0/\rho_1 c_1)j_n^{(1)'}(k_1 a)h_n^{(1)}(ka) - h_n^{(1)'}(ka)j_n(k_1 a)} \quad (5-38)$$

同样地,式(5-38)也是关于散射系数的方程式,必须借助迭代的方法依次进行各阶散射系数的求解。

(3) 弹性球

与流体球相比,弹性球内不仅存在纵波,还存在横波。其标量势函数和矢量势函数的级数展开式分别由式(3-95)和式(3-96)给出,在此基础上,可以求得其位移和应力的各个分量。弹性球表面的边界条件可以描述为:法向位移连续、法向应力连续和切向应力为零,即:

$$\begin{cases} (u_{i,r} + u_{s,r} + u_{ir,\text{ref}} + u_{sr,\text{ref}})\Big|_{r=a} = u_r\Big|_{r=a} \\ (p_i + p_s + p_{i,\text{ref}} + p_{s,\text{ref}})\Big|_{r=a} = -\sigma_{rr}\Big|_{r=a} \\ \sigma_{r\theta}\Big|_{r=a} = 0 \end{cases} \quad (5-39)$$

其中,$u_{ir,\text{ref}}$ 和 $u_{sr,\text{ref}}$ 分别是入射声场的镜像声场和散射声场的镜像声场所对应的法向质点位移,其具体表达式可以通过相应的法向质点振速的表达式(5-29)和式(5-33)得到:

$$u_{ir,\text{ref}} = -\frac{1}{i\omega}\phi_0 \sum_{n=0}^{+\infty} R_s(-1)^n e^{i2kd}(2n+1)i^n k j_n'(kr)P_n(\cos\theta) \quad (5-40)$$

$$u_{sr,\text{ref}} = -\frac{1}{i\omega}\phi_0 \sum_{n=0}^{+\infty} \sum_{m=0}^{+\infty} R_s(-1)^m(2m+1)Q_{mn}s_m i^m k j_n'(kr)P_n(\cos\theta) \quad (5-41)$$

综合式(3-102)、式(3-103)、式(3-92)、式(3-80)、式(3-83)、式(3-97)、式(3-98)、式(5-28)、式(5-32)、式(5-40)、式(5-41)和式(5-39),解得:

$$s_n = A_n \frac{\begin{vmatrix} A_1^* & d_{12} & d_{13} \\ A_2^* & d_{22} & d_{23} \\ 0 & d_{32} & d_{33} \end{vmatrix}}{\begin{vmatrix} d_{11} & d_{12} & d_{13} \\ d_{21} & d_{22} & d_{23} \\ d_{31} & d_{32} & d_{33} \end{vmatrix}} \qquad (5-42)$$

其中各个参数的具体表达式与式(3-105)完全相同。式(5-42)同样也是关于散射系数的方程式,必须借助迭代的方法依次求解各阶声散射系数。

下面进行声辐射力的计算。考虑模型的对称性,球形粒子仅受到 $z$ 方向的声辐射力,根据式(3-21)可以直接写出其 $z$ 方向的声辐射力表达式:

$$F_z = Y_p S_c E \qquad (5-43)$$

其中,$E = \rho_0 k^2 \phi_0^2 / 2$ 是入射声场的能量密度,$S_c = \pi a^2$ 是球形粒子的散射截面积,$Y_p$ 是对应的声辐射力函数。5.2 节中已经推导了三维球坐标系下基于波形系数的阻抗边界附近粒子的声辐射力函数表达式,这里便无须像圆柱形粒子那样利用原始的积分公式进行计算,而是可以直接利用式(5-7)。当然,前提是需要给出此时入射声场的波形系数和散射系数,散射系数的表达式已经由式(5-35)、式(5-38)和式(5-42)给出,而入射平面波的波形系数则早已在式(3-107)中给出。将式(3-107)代入式(5-7)可得相应的声辐射力函数表达式为:

$$Y_p = -\frac{4}{(ka)^2} \sum_{n=-\infty}^{+\infty} (n+1)(\xi_{n+1}^{(1)}\xi_n^{(2)} + \xi_n^{(1)}\xi_{n+1}^{(2)} + \eta_{n+1}^{(1)}\eta_n^{(2)} + \eta_n^{(1)}\eta_{n+1}^{(2)} +$$

$$2\xi_{n+1}^{(2)}\xi_n^{(2)} + 2\eta_{n+1}^{(2)}\eta_n^{(2)}) \qquad (5-44)$$

其中,$\xi_n^{(1)}$ 和 $\eta_n^{(1)}$ 分别是辅助函数 $A_n$ 的实部和虚部,$\xi_n^{(2)}$ 和 $\eta_n^{(2)}$ 分别是散射系数 $s_n$ 的实部和虚部。利用式(5-44)可以对各类球形粒子的声辐射力函数进行计算仿真。

从以上计算可以看出,引入阻抗边界后并不改变球形粒子声辐射力表达式的基本形式,但声辐射力函数会有所改变,这一点和圆柱形粒子的结果是完全相同的。特别地,当 $A_n = 1$ 时,式(5-44)将退化为自由空间中球形粒子的声辐射力函数表达式(3-108),这是符合预期的,因为此时阻抗边界亦可看作不复存在。

根据式(5-44),可以对阻抗边界附近球形粒子在平面波作用下的声辐射力函数进行计算仿真。图 5-6 显示了当边界声压反射系数取不同值时球形粒子的声

辐射力函数 $Y_p$ 随 $ka$ 的变化曲线,其中图(a)、(b)和(c)分别对应着刚性球、油酸球和聚乙烯球的情况。在计算中,粒子中心与边界的距离仍设为半径的两倍,即 $d=2a$,边界声压反射系数仍分别设为 $R_s=0.1$、$0.4$、$0.7$、$1$。结果显示,与自由空间中的结果相比,阻抗边界附近球形粒子的声辐射力函数曲线会出现振荡特性,且该振荡特性随着边界声压反射系数的增加而愈发明显,这一点和圆柱形粒子的计算结果完全类似。此外,阻抗边界附近的三种球形粒子均会受到负向力的作用,该特性同样源于平面波在边界处发生反射形成的准驻波场。当改变边界声压反射系数时,曲线的峰值大小会发生变化,但峰值的具体位置保持不变。值得注意的是,根据计算结果,当边界完全刚性时,声辐射力函数曲线的峰值高度可能达到自由空间中的数十倍,如此强的声辐射力对声操控是很有意义的。当然,实际粒子的声吸收会在一定程度上削弱峰值的高度。

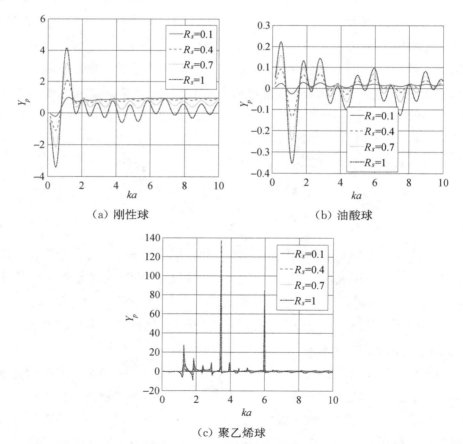

（a）刚性球          （b）油酸球

（c）聚乙烯球

图 5-6　平面行波场对阻抗边界附近球形粒子的声辐射力函数 $Y_p$ 随 $ka$ 的变化曲线,其中 $d=2a$

　　同样地,我们进一步探究球形粒子离轴距离对声辐射力特性的影响。图 5-7 给出了三种球形粒子的声辐射力函数 $Y_p$ 随 $d/a$ 的变化关系,其中,无量纲频率参量仍然固定为 $ka=1$,边界声压反射系数仍然分别设为 $R_s=0.1$、$0.4$、$0.7$、$1$。结果显示,与圆柱形粒子的结果类似,当球形粒子沿 $x$ 方向来回移动时,声辐射力函数会出现类似正弦曲线的周期性变化,且三种粒子所对应的曲线变化周期均相同。仿照圆柱形粒子的情况,这里也可以作类似的讨论:当边界完全刚性时,粒子在声压波节和波腹处受到的声辐射力为零,在相邻声压波节和波腹的中间位置处声辐射力达到极大值,此时曲线变化的周期仍然为 $\pi$,这与仿真结果完全相符。当边界并非完全刚性时,反射波振幅小于入射波振幅,空间中形成准驻波场,曲线在声压波节和波腹处取得非零的极小值,但其变化周期仍然和刚性边界完全一致。同样地,边界声压反射系数的增大仅仅改变曲线的幅值,而并不影响其峰谷点的位置。当边界声压反射系数较大时,粒子会受到负向力的作用。

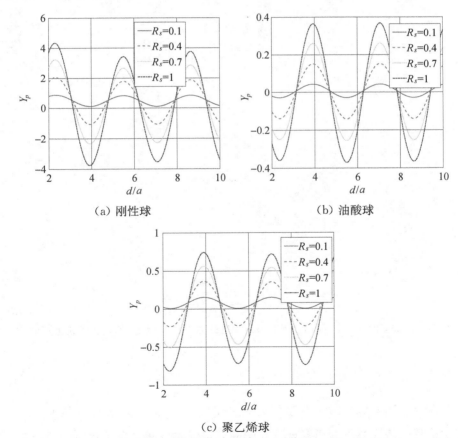

（a）刚性球　　　　　　　　　　（b）油酸球

（c）聚乙烯球

**图 5-7**　平面行波场对阻抗边界附近球形粒子的声辐射力函数 $Y_p$ 随 $d/a$ 的变化曲线,其中 $ka=1$

图 5-8 给出了三种球形粒子的声辐射力函数 $Y_p$ 随 $ka$ 和 $d/a$ 的变化关系,其中边界声压反射系数仍固定为 $R_s=0.5$,图(a)、(b)和(c)分别对应着刚性球、油酸球和聚乙烯球的情况。当 $ka$ 固定为某一特定值时,沿 $d/a$ 轴方向看,声辐射力函数将产生周期性变化,且变化周期随着 $ka$ 的增大而缩小。从理论上分析,该变化周期与 $ka$ 的大小成反比,该性质和圆柱形粒子的结果完全相同。

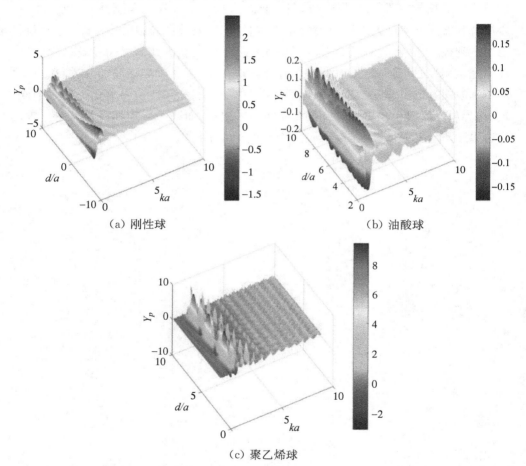

（a）刚性球 　　　　　　　　　　　　　（b）油酸球

（c）聚乙烯球

**图 5-8** 平面行波场对阻抗边界附近球形粒子的声辐射力函数 $Y_p$ 随 $ka$ 和 $d/a$ 的变化,其中 $R_s=0.5$

## 5.3.2　Gauss 波作用下的声辐射力

与研究自由空间中粒子声辐射力的思路一致,下面转入对其他各类声波作用下阻抗边界附近圆柱形粒子和球形粒子的声辐射力特性研究。考虑一列角频率为

$\omega$ 的 Gauss 波入射到水中半径为 $a$ 的无限长圆柱形粒子上,且粒子位于阻抗边界附近,其自身轴线与边界的距离为 $d$,Gauss 波的束腰半径为 $W_0$。整个物理模型的俯视图如图 5-9 所示。同样地,以圆柱形粒子轴线上某点为原点 $O$ 建立柱坐标系 $(r,\theta,z)$ 和空间直角坐标系 $(x,y,z)$,两坐标系间满足换算关系:$x=r\cos\theta$,$y=r\sin\theta$,$z=z$。一般情况下,Gauss 波的波束中心可能并不与粒子中心重合,其在直角坐标系中的坐标为 $(x_0,y_0)$,当 $x_0=y_0=0$ 时,波束中心恰好位于粒子中心。这里我们仍然采用镜像原理来等效阻抗边界,即在关于边界对称的位置处放置一个与真实圆柱形粒子完全相同的镜像圆柱形粒子,以镜像粒子轴线上某点为原点建立镜像坐标系 $(r',\theta',z')$。

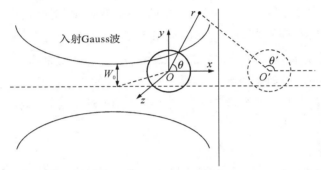

**图 5-9　Gauss 行波正入射到水中阻抗边界附近的圆柱形粒子上,波矢量沿 $+x$ 方向**

在柱坐标系内,入射 Gauss 波的速度势函数、声压和法向质点振速分别可以展开成式 (3-113)、式 (3-116) 和式 (3-117) 的形式,而散射声场的速度势函数、声压和法向质点振速则分别可以展开成式 (3-118)、式 (3-119) 和式 (3-120) 的形式。入射 Gauss 波的镜像声场的速度势函数可以展开为:

$$\phi_{i,\mathrm{ref}}=\phi_0\sum_{n=-\infty}^{+\infty}R_s(-1)^n\mathrm{e}^{\mathrm{i}2kd}\mathrm{i}^n b_n J_n(kr)\mathrm{e}^{\mathrm{i}n\theta} \qquad (5-45)$$

相应的声压和法向质点振速则分别可以表示为:

$$p_{i,\mathrm{ref}}=-\mathrm{i}\omega\rho_0\phi_0\sum_{n=-\infty}^{+\infty}R_s(-1)^n\mathrm{e}^{\mathrm{i}2kd}\mathrm{i}^n b_n J_n(kr)\mathrm{e}^{\mathrm{i}n\theta} \qquad (5-46)$$

$$v_{ir,\mathrm{ref}}=\phi_0\sum_{n=-\infty}^{+\infty}R_s(-1)^n\mathrm{e}^{\mathrm{i}2kd}\mathrm{i}^n b_n k J_n'(kr)\mathrm{e}^{\mathrm{i}n\theta} \qquad (5-47)$$

散射声场的镜像声场的速度势函数可以展开为:

$$\phi_{s,\mathrm{ref}}=\phi_0\sum_{n=-\infty}^{+\infty}R_s(-1)^n s_n\mathrm{i}^n b_n H_n^{(1)}(kr')\mathrm{e}^{\mathrm{i}n\theta'} \qquad (5-48)$$

注意到,式(5-48)是在镜像坐标系中描述的,需要通过柱 Bessel 函数的加法公式转换到坐标系$(r,\theta,z)$中,其具体表达式为:

$$\phi_{s,\text{ref}}=\phi_0\sum_{n=-\infty}^{+\infty}\sum_{m=-\infty}^{+\infty}R_s(-1)^m s_m i^m b_m H_{m-n}^{(1)}(2kd)J_n(kr)e^{in\theta} \qquad (5-49)$$

相应的声压和法向质点振速则分别可以表示为:

$$p_{s,\text{ref}}=-i\omega\rho_0\phi_0\sum_{n=-\infty}^{+\infty}\sum_{m=-\infty}^{+\infty}R_s(-1)^m s_m i^m b_m H_{m-n}^{(1)}(2kd)J_n(kr)e^{in\theta} \qquad (5-50)$$

$$v_{sr,\text{ref}}=\phi_0\sum_{n=-\infty}^{+\infty}\sum_{m=-\infty}^{+\infty}R_s(-1)^m s_m i^m b_m H_{m-n}^{(1)}(2kd)kJ_n'(kr)e^{in\theta} \qquad (5-51)$$

至此,我们得到了全部声场的表达式,通过将式(3-113)、式(3-118)、式(5-45)和式(5-49)相加即可得到流体中的总声场。有必要指出,对于自由空间中的圆柱形粒子而言,入射声场的改变仅仅影响波束因子,并不会改变粒子的散射系数,这是因为在求解边界条件方程式时散射系数会自动消去。然而,对于阻抗边界附近的圆柱形粒子而言,散射系数无法自动消去,改变入射声场的同时也会改变散射系数,需要重新进行求解。这里我们仍然需要分为刚性柱、流体柱和弹性柱三种情况进行详细分析。

(1)刚性柱

对于刚性柱而言,其表面法向质点振速为零,此时边界条件的具体表达式为:

$$(v_{i,r}+v_{s,r}+v_{ir,\text{ref}}+v_{sr,\text{ref}})\Big|_{r=a}=0 \qquad (5-52)$$

将式(3-117)、式(3-120)、式(5-47)和式(5-51)代入式(5-52),即可解得散射系数$s_n$,其形式上仍然为式(5-17)(实际上是关于散射系数的方程式)。注意,尽管此时散射系数的表达式与平面波入射时完全相同,但辅助函数将发生变化,其具体表达式为:

$$A_n=1+R_s e^{i2kd}(-1)^n+\frac{R_s}{i^n b_n}\sum_{m=-\infty}^{+\infty}(-1)^m s_m i^m b_m H_{m-n}^{(1)}(2kd) \qquad (5-53)$$

(2)流体柱

流体柱中可以存在透射声场。理论上而言,我们需要重新将透射声场进行级数展开,并通过粒子表面边界条件求解得到声散射系数的表达式,但这样的过程未免过于烦琐。事实上,我们从刚性柱的计算结果可以看出,增加一项波束因子对散射系数的改变完全是通过辅助函数$A_n$来体现的,因此完全可以略去详细的求解过程而直接写出此时散射系数的表达式,即式(5-20),至于辅助函数,则仍由式(5-

53)表示。

（3）弹性柱

弹性柱中可以同时存在纵波与横波。与流体柱类似，这里我们不再通过声场展开来详细求解声散射系数，而是直接写出其散射系数的表达式，即式（5-24），至于辅助函数，则仍由式（5-53）来表示。

在散射系数求解的基础上可以进行声辐射力的计算。与平面波入射到圆柱形粒子上的情形类似，这里直接利用积分式（3-61）进行声辐射力的计算。一般情况下，粒子中心可能偏离 Gauss 波的波束中心，因而可能同时存在轴向和横向声辐射力。取单位长度的圆柱表面为积分曲面，经过与第 4 章中类似的运算，可得单位长度的圆柱形粒子在 $x$ 方向和 $y$ 方向受到的声辐射力为：

$$F_x = Y_{px} S_c E \tag{5-54}$$

$$F_y = Y_{py} S_c E \tag{5-55}$$

其中，$E = \rho_0 k^2 \phi_0^2 / 2$ 是入射声场的能量密度；$S_c = 2a$ 是单位长度圆柱形粒子的散射截面积；$Y_{px}$ 和 $Y_{py}$ 分别是 $x$ 方向和 $y$ 方向的声辐射力函数，其具体表达式分别为：

$$
\begin{aligned}
Y_{px} = -\frac{1}{2ka} \sum_{n=-\infty}^{+\infty} \Big[ &\mathrm{Re}(b_n b_{n+1}^*)(\xi_{n+1}^{(1)}\xi_n^{(2)} + \xi_n^{(1)}\xi_{n+1}^{(2)} + \eta_{n+1}^{(1)}\eta_n^{(2)} + \eta_n^{(1)}\eta_{n+1}^{(2)} + 2\xi_{n+1}^{(2)}\xi_n^{(2)} + \\
&2\eta_{n+1}^{(2)}\eta_n^{(2)}) - \mathrm{Im}(b_n b_{n+1}^*)(\eta_n^{(1)}\xi_{n+1}^{(2)} + \eta_n^{(2)}\xi_{n+1}^{(1)} - \xi_n^{(1)}\eta_{n+1}^{(2)} - \\
&\xi_n^{(2)}\eta_{n+1}^{(1)} + 2\xi_{n+1}^{(2)}\eta_n^{(2)} - 2\xi_n^{(2)}\eta_{n+1}^{(2)}) + \mathrm{Re}(b_n b_{n+1}^*)(\xi_{n-1}^{(1)}\xi_n^{(2)} + \\
&\xi_n^{(1)}\xi_{n-1}^{(2)} + \eta_{n-1}^{(1)}\eta_n^{(2)} + \eta_n^{(1)}\eta_{n-1}^{(2)} + 2\xi_{n-1}^{(2)}\xi_n^{(2)} + 2\eta_{n-1}^{(2)}\eta_n^{(2)}) - \\
&\mathrm{Im}(b_n b_{n+1}^*)(\eta_n^{(1)}\xi_{n-1}^{(2)} + \eta_n^{(2)}\xi_{n-1}^{(2)} - \xi_n^{(1)}\eta_{n-1}^{(2)} - \xi_n^{(2)}\eta_{n-1}^{(1)} + \\
&2\xi_{n-1}^{(2)}\eta_n^{(2)} - 2\xi_n^{(2)}\eta_{n-1}^{(2)}) \Big]
\end{aligned}
\tag{5-56}
$$

$$
\begin{aligned}
Y_{py} = -\frac{1}{2ka} \sum_{n=-\infty}^{+\infty} \Big[ &\mathrm{Im}(b_n b_{n+1}^*)(\xi_{n+1}^{(1)}\xi_n^{(2)} + \xi_n^{(1)}\xi_{n+1}^{(2)} + \eta_{n+1}^{(1)}\eta_n^{(2)} + \eta_n^{(1)}\eta_{n+1}^{(2)} + 2\xi_{n+1}^{(2)}\xi_n^{(2)} + \\
&2\eta_{n+1}^{(2)}\eta_n^{(2)}) + \mathrm{Re}(b_n b_{n+1}^*)(\eta_n^{(1)}\xi_{n+1}^{(2)} + \eta_n^{(2)}\xi_{n+1}^{(2)} - \xi_n^{(1)}\eta_{n+1}^{(2)} - \\
&\xi_n^{(2)}\eta_{n+1}^{(1)} + 2\xi_{n+1}^{(2)}\eta_n^{(2)} - 2\xi_n^{(2)}\eta_{n+1}^{(2)}) - \mathrm{Im}(b_n b_{n+1}^*)(\xi_{n-1}^{(1)}\xi_n^{(2)} + \\
&\xi_n^{(1)}\xi_{n-1}^{(2)} + \eta_{n-1}^{(1)}\eta_n^{(2)} + \eta_n^{(1)}\eta_{n-1}^{(2)} + 2\xi_{n-1}^{(2)}\xi_n^{(2)} + 2\eta_{n-1}^{(2)}\eta_n^{(2)}) - \\
&\mathrm{Re}(b_n b_{n+1}^*)(\eta_n^{(1)}\xi_{n-1}^{(2)} + \eta_n^{(2)}\xi_{n-1}^{(2)} - \xi_n^{(1)}\eta_{n-1}^{(2)} - \xi_n^{(2)}\eta_{n-1}^{(1)} + \\
&2\xi_{n-1}^{(2)}\eta_n^{(2)} - 2\xi_n^{(2)}\eta_{n-1}^{(2)}) \Big]
\end{aligned}
\tag{5-57}
$$

其中，$\xi_n^{(1)}$ 和 $\eta_n^{(1)}$ 分别是辅助函数 $A_n$ 的实部和虚部，$\xi_n^{(2)}$ 和 $\eta_n^{(2)}$ 分别是散射系数 $s_n$

的实部和虚部。

与平面波入射的情形类似,引入阻抗边界后并不改变圆柱形粒子声辐射力表达式的基本形式,但声辐射力函数会有所改变。特别地,当 $A_n = 1$ 时,式(5-56)和式(5-57)将分别退化为 Gauss 波作用下自由空间中圆柱形粒子的声辐射力函数表达式(3-123)和式(3-124),这也是符合预期的结果。此外,若令波束因子恒为1,则轴向声辐射力函数式(5-56)退化为平面波入射下阻抗边界附近圆柱形粒子的声辐射力函数表达式,即式(5-26),而横向声辐射力函数式(5-57)则恒为 0,这是不难理解的,因为平面波自然无法产生任何横向声辐射力。

为了简便,这里仅讨论圆柱形粒子中心恰好与 Gauss 波波束中心重合的情况,此时横向声辐射力将由于对称性而消失,只需考虑轴向声辐射力即可。图 5-10给出了 Gauss 波作用下阻抗边界附近的圆柱形粒子的轴向声辐射力函数 $Y_{px}$ 随 $ka$ 的变化曲线,其中图(a)、(b)和(c)分别对应着刚性柱、油酸柱和聚乙烯柱的情况。在计算中,粒子中心与边界的距离仍设为半径的两倍,即 $d = 2a$,边界声压反射系数仍分别设为 $R_s = 0.1$、$0.4$、$0.7$、$1$,Gauss 波的束腰半径满足 $kW_0 = 3$。结果显示,阻抗边界的引入同样会引发声辐射力函数曲线的振荡特性,且该振荡特性随着边界声压反射系数的增大而愈发明显。同样地,当 $ka$ 取值合适时,粒子会受到负向声辐射力的作用。与平面波作用下的结果图 5-2 相比,当 $ka < 2$时两者几乎完全相同,随着 $ka$ 的增大,Gauss 波的声辐射力开始明显小于平面波,此时束腰半径逐渐小于粒子尺寸。该结论和第 3 章自由空间中的计算结果是完全一致的。

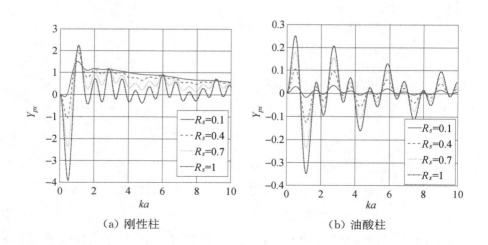

(a) 刚性柱　　　　　　　　　　　(b) 油酸柱

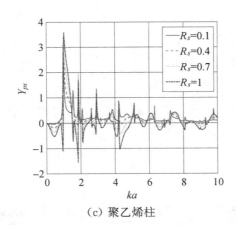

(c) 聚乙烯柱

**图 5 - 10** **Gauss** 行波场对阻抗边界附近圆柱形粒子的轴向声辐射力函数 $Y_{px}$ 随 $ka$ 的变化曲线，且粒子中心与波束中心重合，其中 $d=2a$，$kW_0=3$

图 5 - 11 给出了不同边界声压反射系数下三种圆柱形粒子的轴向声辐射力函数 $Y_{px}$ 随 $d/a$ 的变化曲线，其中，无量纲频率参量固定为 $ka=1$，其余条件均与图 5 - 10 完全相同。可以看出，随着粒子沿 $x$ 轴来回移动，其受到的声辐射力将出现周期性变化，且变化周期仍然为 $\pi$。该现象同样源于引入阻抗边界所产生的 Gauss 准驻波场，与平面波入射情形有所不同的是，此时空间中存在的是 Gauss 准驻波场而非平面准驻波场。同样地，边界声压反射系数只影响曲线峰值的大小而不影响其位置，当边界声压反射系数较大时，粒子会受到负向力的作用。

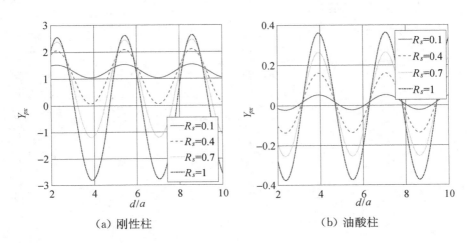

（a）刚性柱　　　　　　　　　（b）油酸柱

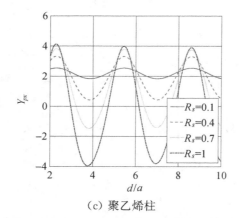

（c）聚乙烯柱

**图 5 - 11**　**Gauss 行波场对阻抗边界附近圆柱形粒子的轴向声辐射力函数 $Y_{px}$ 随 $d/a$ 的变化曲线，且粒子中心与波束中心重合，其中 $ka=1$，$kW_0=3$**

　　为了进一步讨论束腰半径对声辐射力特性的影响，图 5 - 12 给出了不同束腰半径下三种圆柱形粒子的声辐射力函数 $Y_{px}$ 随 $ka$ 的变化曲线，其中边界声压反射系数固定为 $R_s=0.5$，粒子中心与边界的距离仍设为 $d=2a$，Gauss 波的束腰半径分别为 $kW_0=5$、7、9。计算结果显示，在 $ka<2$ 的低频范围内，不同曲线几乎完全重合，并未显示出明显差异，即低频范围内束腰半径对声辐射力的影响可以忽略。这是因为此时粒子的尺寸远大于束腰半径，可以将入射 Gauss 波近似看作平面波。随着 $ka$ 的增大，粒子尺寸不再远大于束腰半径，不同曲线开始逐渐分离，且束腰半径越大，Gauss 波的散射截面越大，因而粒子受到的声辐射力越大。随着束腰半径不断增大，曲线将趋近于平面波作用下的计算结果。这一现象和自由空间中的声辐射力特性是完全一致的。

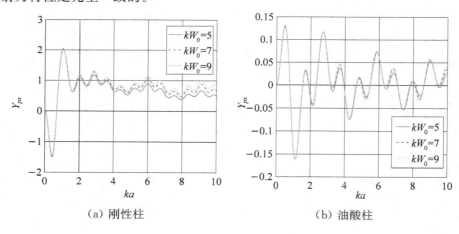

（a）刚性柱　　　　　　　　　　　　（b）油酸柱

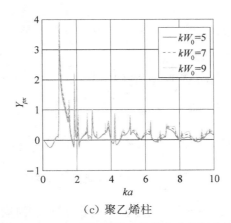

（c）聚乙烯柱

**图 5－12** Gauss 行波场对阻抗边界附近圆柱形粒子的轴向声辐射力函数 $Y_{px}$ 随 $ka$ 的变化曲线，且粒子中心与波束中心重合，其中 $d=2a$，$R_s=0.5$

以上讨论了圆柱形粒子恰好位于 Gauss 波波束中心的特殊情形。一般情况下，粒子可能会偏离波束中心，甚至偏离声轴，因而会同时受到轴向和横向的声辐射力作用，基于此时的波束因子即可根据式（5－56）和式（5－57）对轴向和横向声辐射力进行仿真计算，这里不再赘述。

进一步分析阻抗边界附近的三维球形粒子在 Gauss 波作用下的声辐射力特性。考虑一列角频率为 $\omega$ 的 Gauss 波入射到水中半径为 $a$ 的球形粒子上，Gauss波的束腰半径为 $W_0$，粒子位于一无限大阻抗边界附近，阻抗边界的声压反射系数为 $R_s$，粒子中心与边界的距离为 $d$。相比于二维圆柱形粒子的情况，三维球形粒子的情形要复杂许多。当三维 Gauss 波入射时，粒子可能在三个方向上均偏离波束中心，因而在沿三个坐标轴方向均可能受到不为零的声辐射力。为了简化讨论，这里我们仅考虑粒子在 $z$ 方向对波束中心的偏离，即假定粒子在 $z$ 轴上来回移动。根据对称性，此时只存在轴向声辐射力。以球形粒子中心为原点 $O$ 建立球坐标系 $(r,\theta,\varphi)$ 和空间直角坐标系 $(x,y,z)$，两坐标系之间满足换算关系：$x=r\sin\theta\cos\varphi$，$y=r\sin\theta\sin\varphi$，$z=r\cos\theta$，波矢量沿 $z$ 轴正方向，球形粒子中心在直角坐标系中的坐标为 $(0,0,z_0)$。同样地，这里采用镜像原理来等效阻抗边界。具体地，在关于边界对称的位置处放置一个与真实球形粒子完全相同的镜像球形粒子，以镜像粒子的中心为原点建立镜像坐标系 $(r',\theta',\varphi')$。其物理模型如图 5－13 所示。

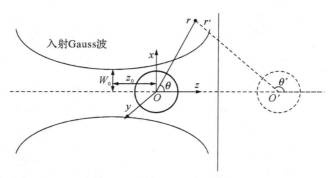

**图 5 - 13  Gauss 行波入射到水中阻抗边界附近的球形粒子上,波矢量沿 +z 方向**

在球坐标系内,入射 Gauss 波的速度势函数、声压和法向质点振速分别可以展开成式(3 - 131)、式(3 - 133)和式(3 - 134)的形式,而散射声场的速度势函数、声压和法向质点振速则分别可以展开成式(3 - 135)、式(3 - 136)和式(3 - 137)的形式。入射 Gauss 波的镜像声场的速度势函数可以展开为:

$$\phi_{i,\text{ref}} = \phi_0 \sum_{n=0}^{+\infty} R_s (-1)^n \text{e}^{\text{i}2kd} (2n+1) \text{i}^n g_n j_n(kr) P_n(\cos\theta) \qquad (5-58)$$

相应的声压和法向质点振速则分别可以表示为:

$$p_{i,\text{ref}} = -\text{i}\omega\rho_0 \phi_0 \sum_{n=0}^{+\infty} R_s (-1)^n \text{e}^{\text{i}2kd} (2n+1) \text{i}^n g_n j_n(kr) P_n(\cos\theta) \quad (5-59)$$

$$v_{ir,\text{ref}} = \phi_0 \sum_{n=0}^{+\infty} R_s (-1)^n \text{e}^{\text{i}2kd} (2n+1) \text{i}^n g_n k j'_n(kr) P_n(\cos\theta) \qquad (5-60)$$

散射声场的镜像声场的速度势函数可以展开为:

$$\phi_{s,\text{ref}} = \phi_0 \sum_{n=0}^{+\infty} R_s (-1)^n (2n+1) s_n \text{i}^n g_n h_n^{(1)}(kr') P_n(\cos\theta') \qquad (5-61)$$

注意到,式(5 - 61)是在镜像坐标系中描述的,需要通过球函数的加法公式转换到坐标系 $(r,\theta,\varphi)$ 中,其具体表达式为:

$$\phi_{s,\text{ref}} = \phi_0 \sum_{n=0}^{+\infty} \sum_{m=0}^{+\infty} R_s (-1)^m (2m+1) Q_{mn} s_m \text{i}^m g_m j_n(kr) P_n(\cos\theta) \quad (5-62)$$

相应的声压和法向质点振速则分别可以表示为:

$$p_{s,\text{ref}} = -\text{i}\omega\rho_0 \phi_0 \sum_{n=0}^{+\infty} \sum_{m=0}^{+\infty} R_s (-1)^m (2m+1) Q_{mn} s_m \text{i}^m g_m j_n(kr) P_n(\cos\theta) \quad (5-63)$$

$$v_{sr,\text{ref}} = \phi_0 \sum_{n=0}^{+\infty} \sum_{m=0}^{+\infty} R_s (-1)^m (2m+1) Q_{mn} s_m \text{i}^m g_m k j'_n(kr) P_n(\cos\theta) \qquad (5-64)$$

至此,我们得到了全部声场的表达式,通过将式(3-131)、式(3-135)、式(5-58)和式(5-62)相加即可得到流体中的总声场。同样地,对于自由空间中的球形粒子而言,入射声场的改变仅仅影响波束因子,并不会改变粒子的散射系数。然而,对于阻抗边界附近的球形粒子而言,需要重新进行散射系数的求解。这里我们仍然需要分为刚性球、流体球和弹性球三种情况进行详细分析。

(1) 刚性球

对于刚性球而言,其表面法向质点振速为零,此时边界条件的具体表达式为:

$$\left(v_{i,r}+v_{s,r}+v_{ir,\mathrm{ref}}+v_{sr,\mathrm{ref}}\right)\Big|_{r=a}=0 \tag{5-65}$$

将式(3-134)、式(3-137)、式(5-60)和式(5-64)代入式(5-65),即可解得散射系数 $s_n$,其形式上仍然为式(5-35)(实际上是关于散射系数的方程式)。注意,尽管此时散射系数的表达式与平面波入射时完全相同,但辅助函数将发生变化,其具体表达式为:

$$A_n=1+R_s\mathrm{e}^{\mathrm{i}2kd}(-1)^n+\frac{R_s}{(2n+1)\mathrm{i}^n g_n}\sum_{m=0}^{+\infty}(2m+1)(-1)^m\mathrm{i}^m g_m s_m Q_{mn} \tag{5-66}$$

(2) 流体球

流体球中可以存在透射声场。理论上而言,我们需要重新将透射声场进行级数展开,并通过粒子表面边界条件求解声散射系数的表达式,但这样的过程未免过于烦琐。事实上,我们从刚性球的计算结果可以看出,增加一项波束因子对散射系数的改变完全是通过辅助函数 $A_n$ 来体现的,因此完全可以略去详细的求解过程而直接写出此时散射系数的表达式,即式(5-38),至于辅助函数,则仍由式(5-66)表示。该性质与流体柱的情况完全相同。

(3) 弹性球

弹性球中可以同时存在纵波与横波。与流体球类似,这里我们不再通过声场展开来详细求解声散射系数,而是直接写出其散射系数的表达式,即式(5-42),至于辅助函数,则仍由式(5-66)来表示。该性质与弹性柱的情况也完全相同。

下面进行声辐射力的计算。考虑模型的对称性,球形粒子仅受到 $z$ 方向的声辐射力,根据式(3-21)可以直接写出其 $z$ 方向的声辐射力表达式:

$$F_z=Y_{pz}S_cE \tag{5-67}$$

其中，$E=\rho_0 k^2 \phi_0^2/2$ 是入射声场的能量密度，$S_c=\pi a^2$ 是球形粒子的散射截面积，$Y_{pz}$ 是 $z$ 方向的声辐射力函数。5.2 节中已经推导了三维球坐标系下基于波形系数的阻抗边界附近粒子声辐射力函数的表达式，这里便无须像圆柱形粒子那样利用原始的积分公式进行计算，而是可以直接利用式(5-7)。当然，前提是需要给出此时入射声场的波形系数和散射系数，散射系数的表达式已经由式(5-35)、式(5-38)和式(5-42)给出，而入射 Gauss 波的波形系数则早已在式(3-139)中给出。将式(3-139)代入式(5-7)可得相应的声辐射力函数表达式为：

$$
\begin{aligned}
Y_{pz}=-\frac{4}{(ka)^2}\sum_{n=-\infty}^{+\infty}(n+1)\big[&\mathrm{Re}(g_n g_{n+1}^*)(\xi_{n+1}^{(1)}\xi_n^{(2)}+\xi_n^{(1)}\xi_{n+1}^{(2)}+\eta_{n+1}^{(1)}\eta_n^{(2)}+\eta_n^{(1)}\eta_{n+1}^{(2)}+\\
&2\xi_{n+1}^{(2)}\xi_n^{(2)}+2\eta_{n+1}^{(2)}\eta_n^{(2)})-\mathrm{Im}(g_n g_{n+1}^*)(\eta_n^{(1)}\xi_{n+1}^{(2)}+\\
&\xi_{n+1}^{(1)}\eta_n^{(2)}-\xi_n^{(1)}\eta_{n+1}^{(2)}-\xi_n^{(2)}\eta_{n+1}^{(1)}+2\xi_{n+1}^{(2)}\eta_n^{(2)}-2\xi_n^{(2)}\eta_{n+1}^{(2)})\big]
\end{aligned}
$$

$$(5-68)$$

其中，$\xi_n^{(1)}$ 和 $\eta_n^{(1)}$ 分别是辅助函数 $A_n$ 的实部和虚部，$\xi_n^{(2)}$ 和 $\eta_n^{(2)}$ 分别是散射系数 $s_n$ 的实部和虚部。利用式(5-68)可以对各类球形粒子的声辐射力函数进行计算仿真。

与平面波入射的情形类似，引入阻抗边界后并不改变球形粒子声辐射力表达式的基本形式，但声辐射力函数会有所改变。特别地，当 $A_n=1$ 时，式(5-68)将退化为 Gauss 波作用下自由空间中球形粒子的声辐射力函数表达式(3-140)，这也是符合预期的结果。此外，若令波束因子恒为1，则声辐射力函数式(5-68)退化为平面波入射下阻抗边界附近球形粒子的声辐射力函数表达式，即式(5-44)，这也是在预料之中的。

为了简便，这里仅讨论球形粒子中心恰好与 Gauss 波波束中心重合的情况。图 5-14 显示了 Gauss 波作用下阻抗边界附近的球形粒子的轴向声辐射力函数 $Y_{pz}$ 随 $ka$ 的变化曲线，其中图(a)、(b)和(c)分别对应着刚性球、油酸球和聚乙烯球的计算结果。在计算中，粒子中心与边界的距离仍设为半径的两倍，即 $d=2a$，边界声压反射系数仍分别设为 $R_s=0.1、0.4、0.7、1$，Gauss 波的束腰半径满足 $kW_0=10$。结果显示，此时球形粒子的声辐射力函数曲线同样呈现明显的振荡特性。当 $ka$ 取值合适时，粒子会受到负向声辐射力的作用。与平面波作用下的结果图 5-6 相比，Gauss 波的声辐射力函数曲线仅仅在 $ka>4$ 时出现明显的下降。该结论和第 3 章自由空间中的计算结果是完全一致的。

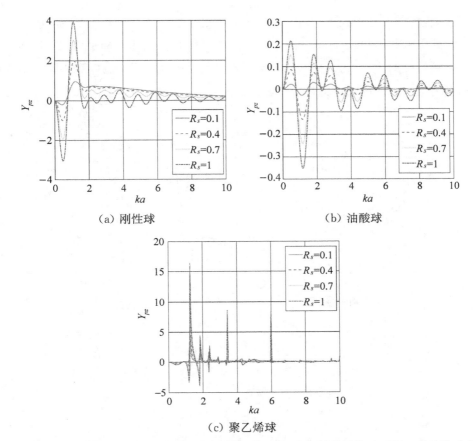

(a) 刚性球　　　　　　　　　(b) 油酸球

(c) 聚乙烯球

**图 5 - 14　Gauss 行波场对阻抗边界附近球形粒子的轴向声辐射力函数 $Y_{pz}$ 随 $ka$ 的变化曲线，且粒子中心与波束中心重合，其中 $d = 2a$，$kW_0 = 10$**

图 5 - 15 给出了三种球形粒子的轴向声辐射力函数 $Y_{pz}$ 随 $d/a$ 的变化曲线，其中，无量纲频率参量仍固定为 $ka = 1$，其余条件均与图 5 - 14 完全相同。结果显示，球形粒子的声辐射力函数曲线仍然类似于随 $d/a$ 周期性变化的正弦曲线，且变化周期仍然为 $\pi$。该现象同样源于引入阻抗边界所产生的 Gauss 准驻波场。当边界声压反射系数增大时，声辐射力的峰值变大，但峰值位置并不改变，并且在合适的位置会出现负向力。

为了进一步讨论束腰半径对声辐射力特性的影响，图 5 - 16 给出了不同束腰半径下三种球形粒子的轴向声辐射力函数 $Y_{pz}$ 随 $ka$ 的变化曲线，其中边界声压反射系数固定为 $R_s = 0.5$，粒子中心与边界的距离仍设为 $d = 2a$，束腰半径仍分别为 $kW_0 = 10$、15、20。可以看出，束腰半径对粒子声辐射力的影响主要体现在高频范围,具体表现在束腰半径越大,粒子受到的声辐射力越强。当 $ka<4$ 时,束腰半径对曲线的影响并不显著,Gauss 波作用下的声辐射力特性几乎和平面波完全相同。随着束腰半径的增大,仿真曲线将不断趋近于平面波作用下的计算结果。这些性质和自由空间中的声辐射力是类似的。

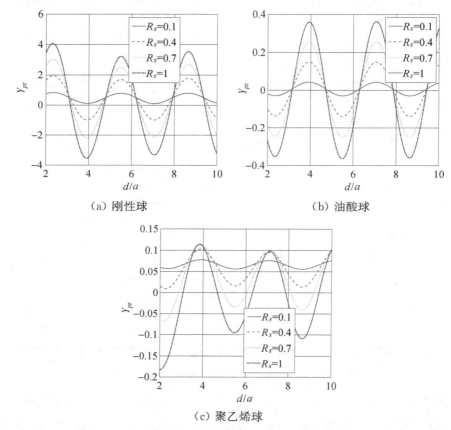

（a）刚性球 （b）油酸球

（c）聚乙烯球

图 5-15 Gauss 行波场对阻抗边界附近球形粒子的轴向声辐射力函数 $Y_{pz}$ 随 $d/a$ 的变化曲线,且粒子中心与波束中心重合,其中 $ka=1$, $kW_0=10$

以上讨论了球形粒子恰好位于 Gauss 波波束中心的特殊情形。一般情况下,粒子可能会偏离波束中心。对于偏离波束中心但仍在声轴上的球形粒子,仍然只存在轴向声辐射力,其大小可以根据此时 Gauss 波的波束因子展开式(3-132)和声辐射力函数表达式(5-68)进行仿真计算。对于偏离声轴的球形粒子,一般情况下会受到三个方向的声辐射力,此时需要通过数值方法求解 Gauss 波的波形系数,并根据式(5-5)～式(5-7)求解三维声辐射力。这里我们不再赘述。

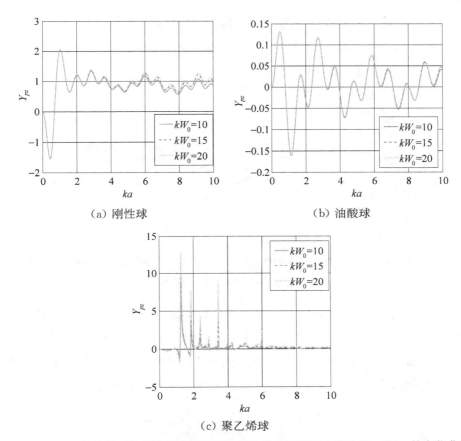

（a）刚性球　　　　　　　　　　　（b）油酸球

（c）聚乙烯球

**图 5－16**　**Gauss 行波场对阻抗边界附近球形粒子的轴向声辐射力函数 $Y_{pz}$ 随 $ka$ 的变化曲线，**
**且粒子中心与波束中心重合，其中 $d=2a$，$R_s=0.5$**

### 5.3.3　Bessel 波作用下的声辐射力

接下来对 Bessel 波作用下阻抗边界附近球形粒子的声辐射力进行研究。考虑一列角频率为 $\omega$ 的 Bessel 波入射到水中半径为 $a$ 的球形粒子上，粒子位于一无限大阻抗边界附近，阻抗边界的声压反射系数为 $R_s$，粒子中心与边界的距离为 $d$，Bessel 波的半锥角为 $\beta$。首先考虑最简单的情形，即粒子中心恰好与 Bessel 波的波束中心完全重合。根据对称性，此时只存在轴向声辐射力。以波束中心为原点 $O$ 建立球坐标系 $(r,\theta,\varphi)$ 和空间直角坐标系 $(x,y,z)$，两坐标系之间满足换算关系：$x=r\sin\theta\cos\varphi$，$y=r\sin\theta\sin\varphi$，$z=r\cos\theta$，波矢量沿 $z$ 轴正方向。同样地，这里采用镜像原理来等效阻抗边界。具体地，在关于边界对称的位置处放置一个与真实球形粒子完全相同的镜像球形粒子，以镜像粒子的中心为原点建立镜像坐标系 $(r',\theta',\varphi')$。其物理模型如图 5-17 所示。

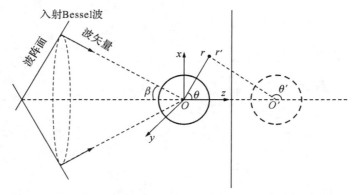

**图 5-17　Bessel 行波入射到水中阻抗边界附近的球形粒子上，波矢量沿 $+z$ 方向，且粒子中心与波束中心重合**

在球坐标系内，入射 $M$ 阶 Bessel 波的速度势函数、声压和法向质点振速分别可以展开成式(3-145)、式(3-146)和式(3-147)的形式，而散射声场的速度势函数、声压和法向质点振速则分别可以展开成式(3-148)、式(3-149)和式(3-150)的形式。入射 $M$ 阶 Bessel 波的镜像声场的速度势函数可以展开为：

$$\phi_{i,\mathrm{ref}}=\phi_0\sum_{n=M}^{+\infty}\left[R_s(-1)^n\mathrm{e}^{\mathrm{i}2kd}\frac{(n-M)!}{(n+M)!}(2n+1)\mathrm{i}^{n-M}j_n(kr)\times\right.$$
$$\left.P_n^M(\cos\theta)P_n^M(\cos\beta)\mathrm{e}^{\mathrm{i}M\varphi}\right] \tag{5-69}$$

相应的声压和法向质点振速则分别可以表示为：

$$p_{i,\mathrm{ref}}=-\mathrm{i}\omega\rho_0\phi_0\sum_{n=M}^{+\infty}\left[R_s(-1)^n\mathrm{e}^{\mathrm{i}2kd}\frac{(n-M)!}{(n+M)!}(2n+1)\mathrm{i}^{n-M}j_n(kr)\times\right.$$
$$\left.P_n^M(\cos\theta)P_n^M(\cos\beta)\mathrm{e}^{\mathrm{i}M\varphi}\right]$$
$$\tag{5-70}$$

$$v_{ir,\mathrm{ref}}=\phi_0\sum_{n=M}^{+\infty}\left[R_s(-1)^n\mathrm{e}^{\mathrm{i}2kd}\frac{(n-M)!}{(n+M)!}(2n+1)\mathrm{i}^{n-M}kj_n'(kr)\times\right.$$
$$\left.P_n^M(\cos\theta)P_n^M(\cos\beta)\mathrm{e}^{\mathrm{i}M\varphi}\right] \tag{5-71}$$

散射声场的镜像声场的速度势函数可以展开为：

$$\phi_{s,\text{ref}} = \phi_0 \sum_{n=M}^{+\infty} \left[ R_s (-1)^n e^{i2kd} \frac{(n-M)!}{(n+M)!} (2n+1) i^{n-M} s_n h_n^{(1)}(kr') \times \right.$$

$$\left. P_n^M(\cos') P_n^M(\cos\beta) e^{iM\varphi} \right] \tag{5-72}$$

注意到,式(5-72)是在镜像坐标系中描述的,需要通过球函数的加法公式转换到坐标系$(r,\theta,\varphi)$中,其具体表达式为:

$$\phi_{s,\text{ref}} = \phi_0 \sum_{n=M}^{+\infty} \sum_{m=M}^{+\infty} \left[ R_s (-1)^m \frac{(m-M)!}{(m+M)!} (2m+1) Q_{mn} s_m i^{m-M} j_n(kr) \times \right.$$

$$\left. P_n^M(\cos\theta) P_m^M(\cos\beta) e^{iM\varphi} \right] \tag{5-73}$$

相应的声压和法向质点振速则分别可以表示为:

$$p_{s,\text{ref}} = -i\omega\rho_0 \phi_0 \sum_{n=M}^{+\infty} \sum_{m=M}^{+\infty} \left[ R_s (-1)^m \frac{(m-M)!}{(m+M)!} (2m+1) Q_{mn} s_m i^{m-M} j_n(kr) \times \right.$$

$$\left. P_n^M(\cos\theta) P_m^M(\cos\beta) e^{iM\varphi} \right] \tag{5-74}$$

$$v_{sr,\text{ref}} = \phi_0 \sum_{n=M}^{+\infty} \sum_{m=M}^{+\infty} \left[ R_s (-1)^m \frac{(m-M)!}{(m+M)!} (2m+1) Q_{mn} s_m i^{m-M} k j_n'(kr) \times \right.$$

$$\left. P_n^M(\cos\theta) P_m^M(\cos\beta) e^{iM\varphi} \right] \tag{5-75}$$

至此,我们得到了全部声场的表达式,通过将式(3-145)、式(3-148)、式(5-69)和式(5-73)相加即可得到流体中的总声场。同样地,对于自由空间中的球形粒子而言,入射声场的改变仅仅影响波束因子,并不会改变粒子的散射系数。然而,对于阻抗边界附近的球形粒子而言,需要重新进行散射系数的求解。这里我们仍然需要分为刚性球、流体球和弹性球三种情况进行详细分析。

（1）刚性球

对于刚性球而言,其表面法向质点振速为零,此时边界条件的具体表达式为:

$$(v_{i,r} + v_{s,r} + v_{ir,\text{ref}} + v_{sr,\text{ref}}) \Big|_{r=a} = 0 \tag{5-76}$$

将式(3-147)、式(3-150)、式(5-71)和式(5-75)代入式(5-76),即可解得散射系数$s_n$,其形式上仍然为式(5-35)(实际上是关于散射系数的方程式)。注意,尽管此时散射系数的表达式与平面波入射时完全相同,但辅助函数将发生变化,其具体表达式为:

$$A_n = 1 + R_s e^{i2kd}(-1)^n + \frac{(n+M)! \, R_s}{(n-M)! \, (2n+1)i^{n-M}P_n^M(\cos\beta)} \times$$

$$\sum_{m=M}^{+\infty} \frac{(m-M)!}{(m+M)!}(2m+1)(-1)^m i^{m-M} s_m Q_{mn} P_m^M(\cos\beta) \qquad (5-77)$$

还应当注意,虽然此时的散射系数仍由式(5-35)给出,但对于 $M$ 阶 Bessel 波而言,不存在低于 $M$ 阶的散射项,因而也不存在低于 $M$ 阶的散射系数。

(2) 流体球

流体球中可以存在透射声场。理论上而言,我们需要重新将透射声场进行级数展开,并通过粒子表面边界条件求解声散射系数的表达式,但这样的过程未免过于烦琐。事实上,我们从刚性球的计算结果可以看出,增加一项波束因子对散射系数的改变完全是通过辅助函数 $A_n$ 来体现的,因此完全可以略去详细的求解过程而直接写出此时散射系数的表达式,即式(5-38),至于辅助函数,则仍由式(5-77)表示。该性质和 Gauss 波入射时的结果相类似。

(3) 弹性球

弹性球中可以同时存在纵波与横波。与流体球类似,这里我们不再通过声场展开来详细求解声散射系数,而是直接写出其散射系数的表达式,即式(5-42),至于辅助函数,则仍由式(5-77)来表示。

下面进行声辐射力的计算。考虑模型的对称性,球形粒子仅受到 $z$ 方向的声辐射力,根据式(3-21)可以直接写出其 $z$ 方向的声辐射力表达式:

$$F_z = Y_{pz} S_c E \qquad (5-78)$$

其中,$E = \rho_0 k^2 \phi_0^2 / 2$ 是入射声场的能量密度,$S_c = \pi a^2$ 是球形粒子的散射截面积,$Y_{pz}$ 是 $z$ 方向的声辐射力函数。同样地,这里可以直接利用 5.2 节中推导得到的三维球坐标系下基于波形系数的阻抗边界附近粒子声辐射力函数表达式来进行计算,即式(5-7)。当然,前提是需要给出此时入射声场的波形系数和散射系数,散射系数的表达式已经由式(5-35)、式(5-38)和式(5-42)给出,而入射 $M$ 阶 Bessel 波的波形系数则早已在式(3-151)中给出。将式(3-151)代入式(5-7)可得相应的声辐射力函数表达式为:

$$Y_{pz} = -\frac{4}{(ka)^2} \sum_{n=M}^{+\infty} \Big[ \frac{(n-M+1)!}{(n+M)} P_n^M(\cos\beta) P_{n+1}^M(\cos\beta) \times (\xi_{n+1}^{(1)}\xi_n^{(2)} + \xi_n^{(1)}\xi_{n+1}^{(2)} +$$

$$\eta_{n+1}^{(1)}\eta_n^{(2)} + \eta_n^{(1)}\eta_{n+1}^{(2)} + 2\xi_{n+1}^{(2)}\xi_n^{(2)} + 2\eta_{n+1}^{(2)}\eta_n^{(2)}) \Big]$$

$$(5-79)$$

其中，$\xi_n^{(1)}$ 和 $\eta_n^{(1)}$ 分别是辅助函数 $A_n$ 的实部和虚部，$\xi_n^{(2)}$ 和 $\eta_n^{(2)}$ 分别是散射系数 $s_n$ 的实部和虚部。利用式(5-79)可以对各类球形粒子的声辐射力函数进行计算仿真。从该无穷级数可以看出，当 $M$ 阶 Bessel 波入射时，小于 $M$ 阶的散射项对最终的声辐射力均没有贡献。读者可以回忆一下，自由空间中位于 Bessel 波波束中心的球形粒子的声辐射力也满足这一特性。再次指出，式(5-79)只适用于球形粒子中心恰好与 Bessel 波的波束中心重合的情形，当粒子偏离波束中心时，该公式将不再适用。

与平面波和 Gauss 波入射的情形类似，引入阻抗边界后并不改变球形粒子声辐射力表达式的基本形式，但声辐射力函数会发生改变。特别地，当 $A_n = 1$ 时，式(5-79)将退化为自由空间中位于 Bessel 波波束中心的球形粒子的声辐射力函数表达式(3-153)，这也是符合预期的结果。

图 5-18 显示了零阶 Bessel 波作用下阻抗边界附近的球形粒子的轴向声辐射力函数 $Y_{pz}$ 随 $ka$ 的变化曲线，其中图(a)、(b)和(c)分别对应着刚性球、油酸球和聚乙烯球的情况。在计算中，粒子中心与边界的距离仍设为半径的两倍，即 $d = 2a$，边界声压反射系数仍分别设为 $R_s = 0.1$、0.4、0.7、1，Bessel 波的半锥角为 $\beta = \pi/4$。结果显示，此时球形粒子的声辐射力函数明显小于平面波，这与自由空间中的计算结果是一致的，同样是由 Bessel 波的波矢量和 $z$ 轴成一半锥角所引起的。此外，阻抗边界的引入同样会造成曲线的振荡特性，当 $ka$ 取值合适时，粒子会受到负向声辐射力的作用。读者可以回忆一下，对于自由空间中的球形粒子而言，Bessel 波仅仅对油酸球产生负向力的作用。当改变边界声压反射系数时，声辐射力峰值的大小会发生改变，但峰值的位置保持不变。

图 5-19 显示了一阶 Bessel 波入射时阻抗边界附近各类球形粒子的轴向声辐射力函数，其余条件均与图 3-27 完全相同。总体而言，一阶 Bessel 波作用下阻抗边界附近粒子的声辐射力明显小于零阶 Bessel 波入射时的情形，这是因为单极散射项对最终的声辐射力没有贡献。该性质和自由空间中的结果完全相同。尽管如此，聚乙烯球的声辐射力函数曲线仍然出现了较高的共振峰。此外，三种球形粒子均会在合适的 $ka$ 处受到负向声辐射力的作用。

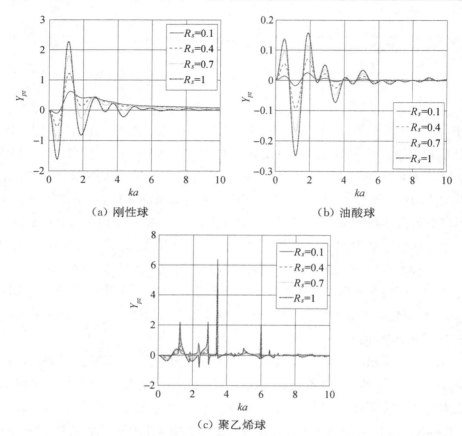

（a）刚性球  （b）油酸球

（c）聚乙烯球

图 5-18 零阶 Bessel 行波场对阻抗边界附近球形粒子的轴向声辐射力函数 $Y_{pz}$ 随 $ka$ 的变化曲线，且粒子中心与波束中心重合，其中 $d=2a$，$\beta=\pi/4$

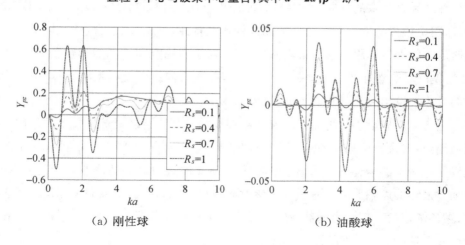

（a）刚性球  （b）油酸球

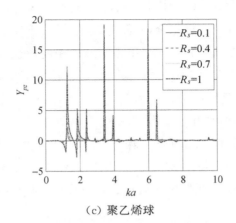

（c）聚乙烯球

**图 5 - 19**　一阶 Bessel 行波场对阻抗边界附近球形粒子的轴向声辐射力函数 $Y_{pz}$ 随 $ka$ 的变化曲线，且粒子中心与波束中心重合，其中 $d = 2a$，$\beta = \pi/4$

　　接下来考虑更一般的情况，即球形粒子偏离 Bessel 波的波束中心，其余条件均保持不变，整个物理模型如图 5 - 20 所示。以球形粒子的中心为原点 $O$ 建立相应的坐标系，此时 $M$ 阶 Bessel 波的波束中心在直角坐标系中的坐标为 $(x_0, y_0, z_0)$，其三个分量分别表示了粒子在三个坐标轴方向的偏心程度。一般情况下，粒子在三个方向均受到不为零的声辐射力作用。此时，在球坐标系 $(r, \theta, \varphi)$ 内无法再用式（3 - 145）那样的单重级数对 Bessel 波进行展开，必须借助一般情况下的展开式（3 - 9），而相应的波形系数早已由式（3 - 154）给出。根据式（3 - 21）可以在形式上写出此时球形粒子受到的三维声辐射力的表达式：

$$F_x = Y_{px} S_c E \tag{5 - 80}$$

$$F_y = Y_{py} S_c E \tag{5 - 81}$$

$$F_z = Y_{pz} S_c E \tag{5 - 82}$$

其中，$E = \rho_0 k^2 \phi_0^2 / 2$ 是入射声场的能量密度；$S_c = \pi a^2$ 是球形粒子的散射截面积；$Y_{pz}$、$Y_{px}$ 和 $Y_{py}$ 是三个方向的声辐射力函数，可以通过将式（3 - 154）代入式（5 - 5）～式（5 - 7）求得，此时的辅助函数则由式（5 - 8）给出。

　　图 5 - 21 显示了零阶 Bessel 波作用下阻抗边界附近刚性球的三维声辐射力函数随 $ka$ 的变化曲线，且粒子中心偏离波束中心。在计算中，粒子中心与边界的距离仍设为半径的两倍，即 $d = 2a$，边界声压反射系数仍分别设为 $R_s = 0.1$、$0.4$、$0.7$、$1$，波束中心在直角坐标系中的坐标满足 $kx_0 = ky_0 = 3$，Bessel 波的半锥角为

$\beta = \pi/4$。从图中可以看出,由于刚性球在 $x$ 方向和 $y$ 方向的离轴距离相同,这两个方向的声辐射力函数曲线也完全相同。随着边界声压反射系数的增大,无论是横向还是轴向声辐射力函数曲线均会出现明显的振荡特性,这一特性和粒子在轴的情形完全类似。对于横向声辐射力函数而言,其符号随着 $ka$ 和 $R_s$ 的变化而变化。根据此时的物理模型,由于 $kx_0$ 和 $ky_0$ 均大于零,当横向声辐射力函数为正值时,刚性球受到拉向声轴的引力作用;当横向声辐射力函数为负值时,刚性球受到远离声轴的推力作用。至于轴向声辐射力函数,其大小总体要小于粒子在轴的情形,并且也会在合适的 $ka$ 和 $R_s$ 值处取负值,即刚性球受到声源的引力作用。同样地,这也是引入阻抗边界后所带来的效应,对于自由空间中的刚性球而言是不存在这样的负向引力的。

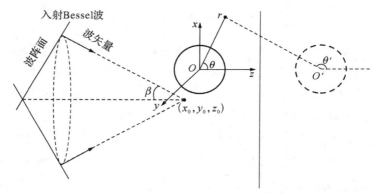

**图 5 - 20 Bessel 行波入射到水中阻抗边界附近的球形粒子上,波矢量沿 $+z$ 方向,且粒子中心偏离波束中心**

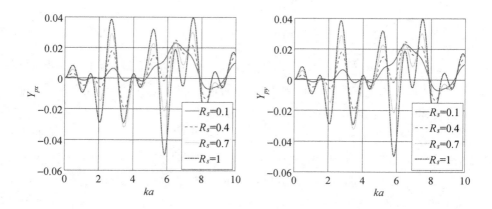

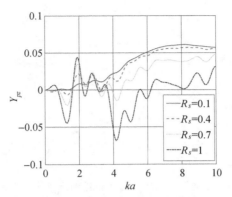

**图 5 - 21　零阶 Bessel 行波场对阻抗边界附近刚性球的三维声辐射力函数随 ka 的变化曲线，其中 $d = 2a$，$\beta = \pi/4$，$kx_0 = ky_0 = kz_0 = 3$**

　　将零阶 Bessel 波换为一阶 Bessel 波，其余条件均保持不变，此时刚性球的三维声辐射力函数曲线如图 5 - 22 所示。与图 5 - 21 有所不同，此时各类粒子的 $Y_{px}$ 和 $Y_{py}$ 的曲线并不完全相同。与自由空间中的结果图 3 - 30 类似，这一现象同样源于一阶 Bessel 波的涡旋特性，此时横向声辐射力不再是指向声轴的有心力。因此，即使粒子在 $x$ 方向和 $y$ 方向的偏移距离相同，其对应的声辐射力也会有所不同。这一特性和自由空间中的粒子是完全相同的。与零阶 Bessel 波入射时类似，边界声压反射系数的增大会使得曲线的振荡特性更加显著，并在参数合适时获得指向声轴的横向引力作用和指向声源的轴向引力作用。此外，粒子的偏心效应也会削弱轴向声辐射力的大小。

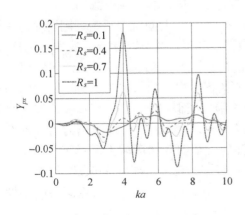

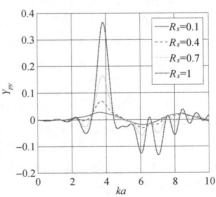

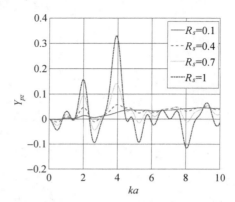

**图 5 - 22    一阶 Bessel 行波场对阻抗边界附近刚性球的三维声辐射力函数随 $ka$ 的变化曲线，其中 $d=2a$，$\beta=\pi/4$，$kx_0=ky_0=kz_0=3$**

为了进一步探究偏心特性对声辐射力的影响，图 5 - 23 给出了零阶 Bessel 波作用下阻抗边界附近刚性球的声辐射力函数随 $kx_0$ 和 $ky_0$ 变化的三维计算结果，其中无量纲频率 $ka$ 固定为 1，Bessel 波的半锥角 $\beta$ 取 $\pi/4$，阻抗边界的声压反射系数 $R_s$ 为 0.5，粒子中心与边界的距离为 $d=2a$。计算结果显示，$Y_{px}$ 和 $Y_{py}$ 分别关于 $kx_0=0$ 和 $ky_0=0$ 奇对称，且分别在 $kx_0=0$ 和 $ky_0=0$ 时由于对称性而消失。当偏移距离较小（$k\sqrt{x_0^2+y_0^2}<2.5$）时，刚性球受到指向声轴的横向回复力作用，但若进一步增加偏轴距离，则横向声辐射力会发生变号，即刚性球受到远离声轴的横向排斥力作用。这一现象与自由空间中刚性球的计算结果图 3 - 31 恰好相反。至于轴向声辐射力函数，在 $k\sqrt{x_0^2+y_0^2}<2$ 时表现为正值，而在 $k\sqrt{x_0^2+y_0^2}>2$ 时表现为负向引力，这一负向引力同样是自由空间中的刚性球所无法获得的。当粒子位于声轴上时，由于零阶 Bessel 波在声轴上的能量最强，轴向声辐射力取得极大值；当粒子偏离声轴时，轴向声辐射力因声能量密度减弱而逐渐减小。

图 5 - 24 给出了同样条件下一阶 Bessel 波入射时阻抗边界附近刚性球的三维声辐射力函数计算结果。可以看出，此时 $Y_{px}$ 和 $Y_{py}$ 的奇对称特性消失，但仍满足关于原点呈中心对称的特性。横向声辐射力仅仅在粒子位于声轴上时为零，当 $kx_0=0$ 时，粒子仍然可能在 $x$ 方向受到不为零的声辐射力，在 $y$ 方向亦然，这一现象与图 3 - 32 中自由空间中刚性球的计算结果类似，反映了高阶 Bessel 波的涡旋特性。与零阶 Bessel 波的计算结果不同，一阶 Bessel 波的轴向声辐射力并不在声轴上取极大值，其极大值出现在环绕声轴的一个圆环状区域上。对于一阶 Bessel 波而言，其声轴附近能量密度反而很小，形成了类似于"空洞"的区域，从而产生的声辐射力也很小。读者可以回忆一下，一阶 Bessel 波作用下自由空间中的刚性球也存在这一类似的结果。此外，在声轴附近和远离声轴的区域（$k\sqrt{x_0^2+y_0^2}>5$），

轴向声辐射力会出现负值。

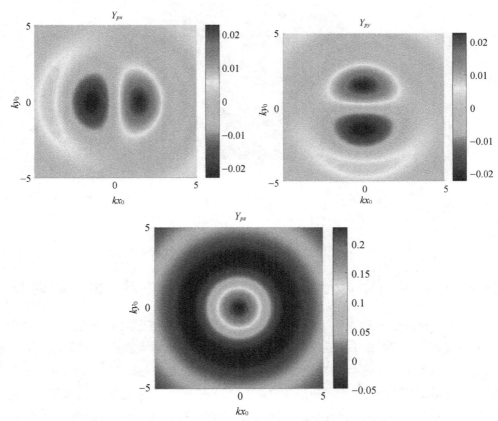

图 5 - 23　零阶 Bessel 行波场对阻抗边界附近刚性球的声辐射力函数随 $kx_0$ 和 $ky_0$ 的变化，其中 $ka=1, \beta=\pi/4, kz_0=0, R_s=0.5, d=2a$

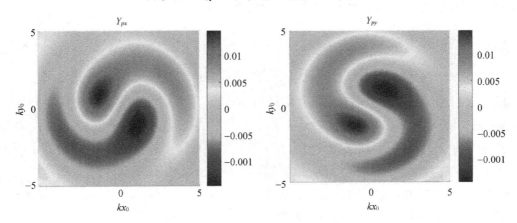

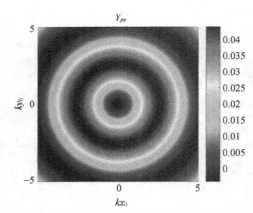

图 5 - 24  一阶 Bessel 行波场对阻抗边界附近刚性球的声辐射力函数随 $kx_0$ 和 $ky_0$ 的变化，其中 $ka=1, \beta=\pi/4, kz_0=0, R_s=0.5, d=2a$

## 5.4  阻抗边界附近无限长弹性圆柱壳和弹性球壳的声辐射力

以上讨论了阻抗边界附近均匀无限长圆柱形粒子和球形粒子在各类声波作用下的声辐射力特性，本节将转入对阻抗边界附近无限长弹性圆柱壳和弹性球壳声辐射力特性的研究。应当指出，边界附近弹性圆柱壳和弹性球壳的声操控是实际应用中经常遇到的物理模型，例如在生物医学超声中，注射入血管内的包膜微泡造影剂正是具备一定壳层结构的粒子，而血管壁可以看作无限大阻抗边界。当然，更严格地讲，真实的血管壁应当是曲面而非平面，而且并非无限大界面，但当造影剂尺寸很小时，这样的近似还是具有一定实际意义的。

### 5.4.1  平面波作用下的声辐射力

我们首先仍然考虑平面波入射的情形。考虑水中一外半径为 $a$、内半径为 $b$ 的无限长弹性圆柱壳位于一无限大阻抗边界附近，且粒子的轴线平行于该阻抗边界，粒子轴线与阻抗边界的距离为 $d$，阻抗边界的声压反射系数为 $R_s$。考虑一列角频率为 $\omega$ 的平面行波，其波矢量垂直于静止放置在水中的一弹性圆柱壳，即所谓正入射。以弹性圆柱壳轴线上某点为原点 $O$ 建立柱坐标系 $(r,\theta,z)$ 和空间直角坐标系 $(x,y,z)$，两坐标系间满足换算关系：$x=r\cos\theta, y=r\sin\theta, z=z$。波矢量沿 $x$ 轴正方向，且 $z$ 轴与弹性圆柱壳的轴线重合。设弹性壳层介质的密度为 $\rho_1$，纵波声速和横波声速分别为 $c_c$ 和 $c_s$,其内部流体的密度和声速分别为 $\rho_2$ 和 $c_2$。同样地,这里采用镜像原理来等效阻抗边界。具体地,在关于边界对称的位置处放置一个与真实弹性圆柱壳完全相同的镜像弹性圆柱壳,以镜像粒子轴线上某点为原点建立镜像坐标系 $(r', \theta', z')$。整个物理模型如图 5-25 所示。

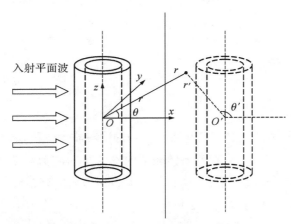

**图 5-25　平面行波正入射到水中阻抗边界附近的弹性圆柱壳上,波矢量沿 $+x$ 方向**

在柱坐标系内,入射平面波的速度势函数、声压和法向质点振速分别可以展开成式(3-30)、式(3-31)和式(3-32)的形式,而散射声场的速度势函数、声压和法向质点振速则分别可以展开成式(3-33)、式(3-34)和式(3-35)的形式。入射声场的镜像声场的速度势函数则可以展开为式(5-9),其对应的声压和法向质点振速分别可以展开为式(5-10)和式(5-11)。至于散射声场的镜像声场,其速度势函数可以展开为式(5-13),其对应的声压和法向质点振速分别可以展开为式(5-14)和式(5-15)。这样一来,通过将式(3-30)、式(3-33)、式(5-9)和式(5-13)相加即可得到流体中的总声场。

对于弹性壳层介质而言,需要同时考虑其中存在的纵波和横波,其对应的标量势函数和矢量势函数分别可以展开为式(3-163)和式(3-164),至于弹性圆柱壳内部流体中的声场,其速度势函数可以展开为式(3-165),对应的声压和法向质点振速则分别可以展开为式(3-166)和式(3-167)。

与均匀弹性圆柱形粒子不同,弹性圆柱壳的边界条件需要同时在外表面和内表面处设置,具体可以描述为:在 $r=a$ 处和 $r=b$ 处满足法向位移连续、法向应力连续和切向应力为零,即:

$$\begin{cases} \left(u_{i,r}+u_{s,r}+u_{ir,\mathrm{ref}}+u_{sr,\mathrm{ref}}\right)\Big|_{r=a}=u_r\Big|_{r=a} \\[2mm] \left(p_i+p_s+p_{i,\mathrm{ref}}+p_{s,\mathrm{ref}}\right)\Big|_{r=a}=-\sigma_{rr}\Big|_{r=a} \\[2mm] \sigma_{r\theta}\Big|_{r=a}=0 \end{cases}$$

$$(5-83)$$

$$\begin{cases} u_r\Big|_{r=b}=u_{t,r}\Big|_{r=b} \\[2mm] \sigma_{rr}\Big|_{r=b}=-p_t\Big|_{r=b} \\[2mm] \sigma_{r\theta}\Big|_{r=b}=0 \end{cases}$$

其中,$u_{i,r}$ 和 $u_{s,r}$ 分别是入射声场和散射声场的法向质点位移,$u_r$ 是弹性壳层内部的法向质点位移,$\sigma_{rr}$ 和 $\sigma_{r\theta}$ 分别是弹性壳层内部的法向应力和切向应力,$u_{t,r}$ 是内部流体中的法向质点位移。式(5-83)与自由空间中的边界条件式(3-168)相比,增加了入射声场和散射声场的镜像声场。式(5-83)共包含六个独立的方程,其中的所有物理量均可以通过相应的势函数得到,联立这六个方程可以解得包括散射系数在内的六个独立系数。这里略去具体的计算过程,直接给出最终散射系数的表达式:

$$s_n=-A_n\frac{F_nJ_n(x_1)-x_1J_n'(x_1)}{F_nH_n^{(1)}(x_1)-x_1H_n^{(1)'}(x_1)} \qquad (5-84)$$

其中,

$$F_n=-\rho_0 x_s^2\frac{\begin{vmatrix} \alpha_{22} & \alpha_{23} & \alpha_{24} & \alpha_{25} & 0 \\ \alpha_{32} & \alpha_{33} & \alpha_{34} & \alpha_{35} & 0 \\ \alpha_{42} & \alpha_{43} & \alpha_{44} & \alpha_{45} & \alpha_{46} \\ \alpha_{52} & \alpha_{53} & \alpha_{54} & \alpha_{55} & \alpha_{56} \\ \alpha_{62} & \alpha_{63} & \alpha_{64} & \alpha_{65} & 0 \end{vmatrix}}{\begin{vmatrix} \alpha_{12} & \alpha_{13} & \alpha_{14} & \alpha_{15} & 0 \\ \alpha_{32} & \alpha_{33} & \alpha_{34} & \alpha_{35} & 0 \\ \alpha_{42} & \alpha_{43} & \alpha_{44} & \alpha_{45} & \alpha_{46} \\ \alpha_{52} & \alpha_{53} & \alpha_{54} & \alpha_{55} & \alpha_{56} \\ \alpha_{62} & \alpha_{63} & \alpha_{64} & \alpha_{65} & 0 \end{vmatrix}} \qquad (5-85)$$

式(5-84)和式(5-85)中的有关参数已在附录三中详细给出,辅助函数 $A_n$ 的具体表达式则与式(5-18)形式上完全相同。事实上,辅助函数是在将散射声场的镜像声场转化至真实坐标系中的过程中引入的,其具体形式当然与粒子本身的特性无关,但其中的声散射系数已发生改变。同样地,由于辅助函数 $A_n$ 本身就是散射系数 $s_n$ 的函数,因此式(5-85)本质上是关于散射系数的方程式,需要通过迭代的方法对各阶散射系数依次进行求解。

由于模型的对称性,弹性圆柱壳仅仅受到 $x$ 方向的声辐射力。至于声辐射力的计算公式,此时仍然选取将弹性圆柱壳包含在内的大圆柱面为积分曲面,与圆柱形粒子相比并无区别。因此,$x$ 方向的声辐射力和声辐射力函数仍然分别由式(5-25)和式(5-26)表示,只需改变其中的声散射系数即可。同样地,当 $A_n=1$ 时,将得到自由空间中弹性圆柱壳的声辐射力计算结果,此时阻抗边界亦可看作不复存在。

图 5-26 给出了平面波作用下不同厚度注水聚乙烯圆柱壳的声辐射力函数 $Y_p$ 随 $ka$ 的变化曲线,其中图(a)中的曲线所对应的圆柱壳相对厚度为 $b/a=0.6$、$0.7$、$0.8$、$0.9$,此时弹性圆柱壳相对较厚;图(b)中的曲线所对应的圆柱壳相对厚度为 $b/a=0.96$、$0.97$、$0.98$、$0.99$,此时弹性圆柱壳相对较薄;阻抗边界的声压反射系数固定为 $R_s=0.5$;阻抗边界与粒子中心的距离固定为 $d=2a$。从计算结果可以看出,注水聚乙烯圆柱壳的声辐射力函数曲线出现了一系列尖锐的峰值,这些尖锐的峰值源于圆柱壳本身的共振散射模式。当改变圆柱壳的相对厚度 $b/a$ 时,圆柱壳的共振散射模式也会发生变化,从而使得声辐射力函数峰值的位置和大小也会发生变化。当弹性壳层很薄时,中低频时的声辐射力会明显降低。与图 3-41 中平面波对自由空间中弹性圆柱壳的声辐射力函数计算结果相比,此时曲线峰值会发生改变,但其位置并不发生变化,因为这些峰值的位置仅仅取决于弹性圆柱壳本身的共振散射模式。此外,在合适的频率处,弹性圆柱壳会受到负向声辐射力的作用,这也是引入阻抗边界所带来的效应。

图 5-27 给出了不同厚度注水聚乙烯圆柱壳的声辐射力函数 $Y_p$ 随 $d/a$ 的变化曲线,其中,无量纲频率参量固定为 $ka=1$,边界声压反射系数固定为 $R_s=0.5$。可以看出,随着粒子沿 $x$ 方向来回移动,其受到的声辐射力会出现正负交替的周期性变化,且该变化周期均为 $\pi$,与圆柱壳的相对厚度无关。与图 5-3 对比可以发现,这一现象与均匀圆柱形粒子的仿真结果完全相同。随着弹性圆柱壳的相对厚度不断变薄,其声辐射力函数峰值也不断变小。有必要指出,这一规律是在 $ka=1$ 的前提下得到的,对于其他的 $ka$ 值,弹性圆柱壳相对厚度对声辐射力的影响可能

并非如此。

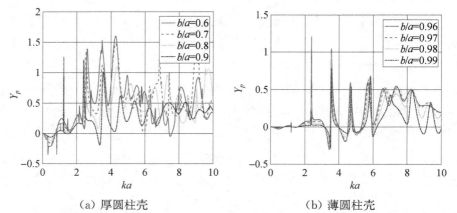

（a）厚圆柱壳　　　　　　　　（b）薄圆柱壳

**图 5‑26　平面行波场对阻抗边界附近注水聚乙烯圆柱壳的声辐射力函数 $Y_p$ 随 $ka$ 的变化曲线，**
**其中 $d=2a$，$R_s=0.5$**

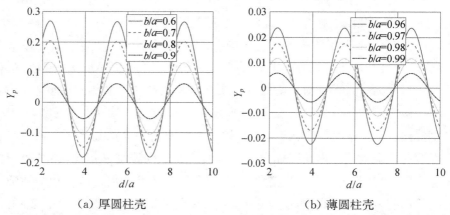

（a）厚圆柱壳　　　　　　　　（b）薄圆柱壳

**图 5‑27　平面行波场对阻抗边界附近注水聚乙烯圆柱壳的声辐射力函数 $Y_p$ 随 $d/a$ 的变化曲线，**
**其中 $ka=1$，$R_s=0.5$**

　　下面转入对平面波作用下阻抗边界附近三维弹性球壳声辐射力特性的研究。考虑水中一外半径为 $a$、内半径为 $b$ 的弹性球壳位于无限大阻抗边界附近，弹性球壳的中心与阻抗边界的距离为 $d$，阻抗边界的声压反射系数为 $R_s$。考虑一列角频率为 $\omega$ 的平面行波入射到该弹性球壳上，其波矢量垂直于阻抗边界。以弹性球壳的中心为原点 $O$ 建立球坐标系 $(r,\theta,\varphi)$ 和空间直角坐标系 $(x,y,z)$，两坐标系之间满足换算关系：$x=r\sin\theta\cos\varphi$，$y=r\sin\theta\sin\varphi$，$z=r\cos\theta$，波矢量沿 $z$ 轴正方向。

设弹性壳层介质的密度为 $\rho_1$，纵波声速和横波声速分别为 $c_c$ 和 $c_s$，其内部流体的密度和声速分别为 $\rho_2$ 和 $c_2$。同样地，这里采用镜像原理来等效阻抗边界。具体地，在关于边界对称的位置处放置一个与真实弹性球壳完全相同的镜像球壳，以镜像球壳的中心为原点建立镜像坐标系 $(r',\theta',\varphi')$。其物理模型如图 5 - 28 所示。

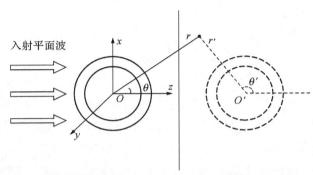

**图 5 - 28　平面行波入射到水中阻抗边界附近的弹性球壳上，波矢量沿 $+z$ 方向**

在球坐标系内，入射平面波的速度势函数、声压和法向质点振速分别可以展开成式(3 - 79)、式(3 - 80)和式(3 - 81)的形式，而散射声场的速度势函数、声压和法向质点振速则分别可以展开成式(3 - 82)、式(3 - 83)和式(3 - 84)的形式。入射声场的镜像声场的速度势函数则可以展开为式(5 - 27)，其对应的声压和法向质点振速分别为式(5 - 28)和式(5 - 29)。至于散射声场的镜像声场，其速度势函数可以展开为式(5 - 31)，其对应的声压和法向质点振速分别为式(5 - 32)和式(5 - 33)。这样一来，通过将式(3 - 79)、式(3 - 82)、式(5 - 27)和式(5 - 31)相加即可得到流体中的总声场。

对于弹性壳层介质而言，需要同时考虑其中存在的纵波和横波，其对应的标量势函数和矢量势函数分别可以展开为式(3 - 171)和式(3 - 172)，至于弹性球壳内部流体中的声场，其速度势函数可以展开为式(3 - 173)，对应的声压和法向质点振速则分别可以展开为式(3 - 174)和式(3 - 175)。

与均匀弹性球形粒子不同，弹性球壳的边界条件需要同时在外表面和内表面处设置，具体可以描述为：在 $r=a$ 处和 $r=b$ 处满足法向位移连续、法向应力连续和切向应力为零，即：

$$\begin{cases} (u_{i,r}+u_{s,r}+u_{ir,\mathrm{ref}}+u_{sr,\mathrm{ref}})\Big|_{r=a}=u_r\Big|_{r=a} \\[2mm] (p_i+p_s+p_{i,\mathrm{ref}}+p_{s,\mathrm{ref}})\Big|_{r=a}=-\sigma_{rr}\Big|_{r=a} \\[2mm] \sigma_{r\theta}\Big|_{r=a}=0 \end{cases} \tag{5-86}$$

$$\begin{cases} u_r\Big|_{r=b}=u_{t,r}\Big|_{r=b} \\[2mm] \sigma_{rr}\Big|_{r=b}=-p_t\Big|_{r=b} \\[2mm] \sigma_{r\theta}\Big|_{r=b}=0 \end{cases}$$

其中,$u_{i,r}$ 和 $u_{s,r}$ 分别是入射声场和散射声场的法向质点位移,$u_r$ 是弹性壳层内部的法向质点位移,$\sigma_{rr}$ 和 $\sigma_{r\theta}$ 分别是弹性壳层内部的法向应力和切向应力,$u_{t,r}$ 是内部流体中的法向质点位移。式(5-86)与自由空间中的边界条件式(3-176)相比,增加了入射声场和散射声场的镜像声场。注意,式(5-86)和式(5-83)形式上完全相同,但式(5-86)是在球坐标系中描述的。式(5-86)共有六个独立的方程,其中的所有物理量均可以通过相应的势函数得到,联立这六个方程可以解得包括散射系数在内的六个独立系数。这里略去具体的计算过程,直接给出最终散射系数的表达式:

$$s_n=-A_n\frac{F_n j_n(x_1)-x_1 j'_n(x_1)}{F_n h_n^{(1)}(x_1)-x_1 h_n^{(1)'}(x_1)} \tag{5-87}$$

其中,

$$F_n=-\rho_0\frac{\begin{vmatrix} \alpha_{22} & \alpha_{23} & \alpha_{24} & \alpha_{25} & 0 \\ \alpha_{32} & \alpha_{33} & \alpha_{34} & \alpha_{35} & 0 \\ \alpha_{42} & \alpha_{43} & \alpha_{44} & \alpha_{45} & \alpha_{46} \\ \alpha_{52} & \alpha_{53} & \alpha_{54} & \alpha_{55} & \alpha_{56} \\ \alpha_{62} & \alpha_{63} & \alpha_{64} & \alpha_{65} & 0 \end{vmatrix}}{\begin{vmatrix} \alpha_{12} & \alpha_{13} & \alpha_{14} & \alpha_{15} & 0 \\ \alpha_{32} & \alpha_{33} & \alpha_{34} & \alpha_{35} & 0 \\ \alpha_{42} & \alpha_{43} & \alpha_{44} & \alpha_{45} & \alpha_{46} \\ \alpha_{52} & \alpha_{53} & \alpha_{54} & \alpha_{55} & \alpha_{56} \\ \alpha_{62} & \alpha_{63} & \alpha_{64} & \alpha_{65} & 0 \end{vmatrix}} \tag{5-88}$$

式(5-87)和式(5-88)中的有关参数已在附录四中详细给出,辅助函数 $A_n$ 的具体表达式则与式(5-36)形式上完全相同。事实上,辅助函数是在将散射声场的镜像声场转化至真实坐标系中的过程中引入的,其具体形式当然与粒子本身的特性无关,但其中的声散射系数已发生改变。同样地,由于辅助函数 $A_n$ 本身就是散射系数 $s_n$ 的函数,因此式(5-87)本质上是关于散射系数的方程式,需要通过迭代的方法对各阶散射系数依次进行求解。该过程与计算弹性圆柱壳的声辐射力时是类似的。

由于模型的对称性,弹性球壳仅仅受到 $z$ 方向的声辐射力,其计算公式与均匀球形粒子的完全相同。因此,$z$ 方向的声辐射力和声辐射力函数仍然分别由式(5-43)和式(5-44)表示,只需改变其中的声散射系数即可。同样地,当 $A_n=1$ 时,将得到自由空间中弹性球壳的声辐射力计算结果,此时阻抗边界亦可看作不复存在。

图 5-29 给出了平面波作用下不同厚度注水聚乙烯球壳的声辐射力函数 $Y_p$ 随 $ka$ 的变化曲线,其中图(a)中的曲线所对应的球壳相对厚度为 $b/a=0.6$、$0.7$、$0.8$、$0.9$,此时弹性球壳相对较厚;图(b)中的曲线所对应的球壳相对厚度为 $b/a=0.96$、$0.97$、$0.98$、$0.99$,此时弹性球壳相对较薄;阻抗边界的声压反射系数固定为 $R_s=0.5$;阻抗边界与粒子中心的距离固定为 $d=2a$。计算结果显示,注水聚乙烯壳的声辐射力函数曲线也出现了一系列源于其本身共振散射模式的尖锐峰值,且这些共振峰的高度和位置随着相对厚度 $b/a$ 的变化而变化。同样地,阻抗边界的引入使声辐射力的峰值明显增大,但并不改变峰值出现的位置。特别注意到,当球壳的相对厚度为 $b/a=0.7$ 时,声辐射力函数在 $ka=6.8$ 左右的峰值甚至超过了 300。当然,如前所述,实际中弹性介质的声吸收效应大大削弱了这一峰值。与弹性圆柱壳的计算结果类似,此时弹性球壳会在特定条件下受到负向力的作用。

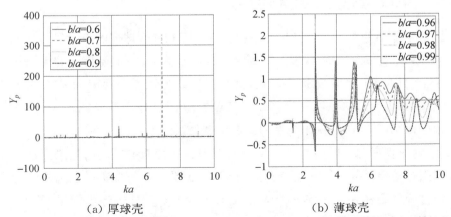

（a）厚球壳　　　　　　　　　（b）薄球壳

图 5-29　平面行波场对阻抗边界附近注水聚乙烯球壳的声辐射力函数 $Y_p$ 随 $ka$ 的变化曲线,
其中 $d=2a$,$R_s=0.5$

图 5-30 给出了不同厚度注水聚乙烯球壳的声辐射力函数 $Y_p$ 随 $d/a$ 的变化关系,其中,无量纲频率参量仍然固定为 $ka=1$,边界声压反射系数仍然固定为 $R_s=0.5$。与图 5-27 中弹性圆柱壳的计算结果相类似,当弹性球壳沿 $z$ 轴来回移动时,其声辐射力也将作周期性变化,变化周期为 $\pi$,与球壳的相对厚度无关。此外,薄球壳的声辐射力峰值远小于厚球壳,当然,这一结论同样是在 $ka=1$ 的前提下得到的。

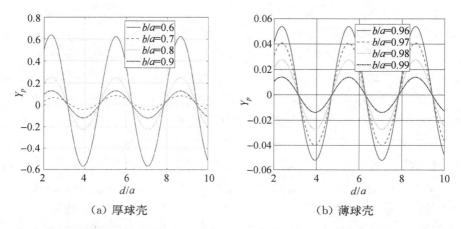

（a）厚球壳　　　　　　　　　　　（b）薄球壳

**图 5-30　平面行波场对阻抗边界附近注水聚乙烯球壳的声辐射力函数 $Y_p$ 随 $d/a$ 的变化曲线,其中 $ka=1,R_s=0.5$**

## 5.4.2　Gauss 波作用下的声辐射力

接下来详细分析 Gauss 波作用下弹性圆柱壳和弹性球壳的声辐射力特性。考虑一列角频率为 $\omega$ 的 Gauss 波入射到水中外半径为 $a$、内半径为 $b$ 的无限长弹性圆柱壳上,且粒子位于阻抗边界附近,其自身轴线与边界的距离为 $d$,Gauss 波的束腰半径为 $W_0$。以弹性圆柱壳轴线上某点为原点 $O$ 建立柱坐标系 $(r,\theta,z)$ 和空间直角坐标系 $(x,y,z)$,两坐标系间满足换算关系:$x=r\cos\theta,y=r\sin\theta,z=z$。为了简便,这里仅考虑粒子中心恰好位于波束中心的特殊情况。仍然采用镜像原理来等效阻抗边界,即在关于边界对称的位置处放置一个与真实弹性圆柱壳完全相同的镜像弹性圆柱壳,以镜像粒子轴线上某点为原点建立镜像坐标系 $(r',\theta',z')$。整个物理模型如图 5-31 所示。

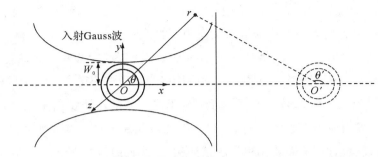

**图 5 - 31　Gauss 行波正入射到水中阻抗边界附近的弹性圆柱壳上, 波矢量沿 $+x$ 方向,**
**且粒子中心与波束中心重合**

在柱坐标系内, 入射 Gauss 波的速度势函数、声压和法向质点振速分别可以展开成式(3 - 113)、式(3 - 116)和式(3 - 117)的形式, 而散射声场的速度势函数、声压和法向质点振速则分别可以展开成式(3 - 118)、式(3 - 119)和式(3 - 120)的形式。入射声场的镜像声场的速度势函数则可以展开为式(5 - 45), 其对应的声压和法向质点振速分别可以展开为式(5 - 46)和式(5 - 47)。至于散射声场的镜像声场, 其速度势函数可以展开为式(5 - 49), 其对应的声压和法向质点振速分别可以展开为式(5 - 50)和式(5 - 51)。这样一来, 通过将式(3 - 113)、式(3 - 118)、式(5 - 45)和式(5 - 49)相加即可得到流体中的总声场。

有必要指出, 对于自由空间中的弹性圆柱壳而言, 入射声场的改变并不会改变粒子的散射系数, 但对于阻抗边界附近的弹性圆柱壳而言, 我们无法直接从边界条件方程式中消去波束因子, 因此粒子的散射系数与入射声场有关。基于此, 理论上我们需要对弹性壳层中的声场和圆柱壳内部流体中的声场均重新进行级数展开, 并根据圆柱壳内外表面的边界条件求解此时的声散射系数。事实上, 这样的过程过于烦琐。如前所述, 波束因子对散射系数的影响完全是通过辅助函数来体现的, 因此完全可以略去详细的求解过程而直接写出此时散射系数的表达式, 即式(5 - 84), 至于辅助函数, 则仍由式(5 - 53)表示。

由于弹性圆柱壳中心与 Gauss 波波束中心重合, 此时横向声辐射力由于对称性而消失, 只需考虑轴向声辐射力即可。至于声辐射力的计算公式, 此时仍然选取将弹性圆柱壳包含在内的大圆柱面为积分曲面, 与圆柱形粒子相比并无区别。因此, $x$ 方向的声辐射力和声辐射力函数仍然分别由式(5 - 54)和式(5 - 56)表示, 只需改变其中的声散射系数即可。同样地, 当 $A_n = 1$ 时, 得到自由空间中弹性圆柱壳的声辐射力计算结果,此时阻抗边界亦可看作不复存在。此外,若令波束因子恒为 1,则轴向声辐射力将退化为平面波作用下的结果。

图 5-32 给出了 Gauss 波作用下不同厚度注水聚乙烯圆柱壳的轴向声辐射力函数 $Y_{px}$ 随 $ka$ 的变化曲线,且圆柱壳中心恰好与波束中心重合,其中图(a)和(b)分别对应着厚圆柱壳和薄圆柱壳的计算结果,阻抗边界的声压反射系数固定为 $R_s = 0.5$,阻抗边界与粒子中心的距离固定为 $d = 2a$,Gauss 波的束腰半径满足 $kW_0 = 3$。计算结果显示,与平面波作用下的结果相比,仿真曲线在 $ka < 2$ 时基本一致,随着 $ka$ 的增加,Gauss 波的声辐射力开始明显小于平面波,且峰值处体现得更为明显。尽管如此,曲线的整体趋势以及峰值的位置并不发生变化。同样地,阻抗边界的引入会在特定条件下产生负向声辐射力。对于弹性圆柱壳偏离波束中心的情形,只需改变 Gauss 波的波形系数即可,但请注意,此时需要同时分析轴向和横向声辐射力。

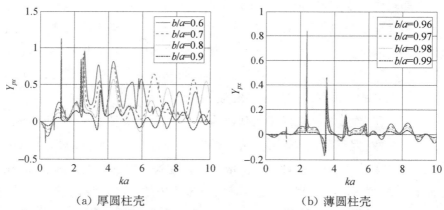

（a）厚圆柱壳  （b）薄圆柱壳

**图 5-32　Gauss 行波场对阻抗边界附近注水聚乙烯圆柱壳的轴向声辐射力函数 $Y_{px}$ 随 $ka$ 的变化曲线,
且粒子中心与波束中心重合,其中 $d = 2a$,$R_s = 0.5$,$kW_0 = 3$**

将二维无限长弹性圆柱壳换为三维弹性球壳。考虑一列角频率为 $\omega$ 的 Gauss 波入射到水中外半径为 $a$、内半径为 $b$ 的弹性球壳上,且粒子位于阻抗边界附近,粒子中心与阻抗边界的距离为 $d$,Gauss 波的束腰半径为 $W_0$。以弹性球壳中心为原点 $O$ 建立球坐标系$(r, \theta, \varphi)$和空间直角坐标系$(x, y, z)$,两坐标系之间满足换算关系:$x = r\sin\theta\cos\varphi$,$y = r\sin\theta\sin\varphi$,$z = r\cos\theta$,波矢量沿 $z$ 轴正方向。为了简便,这里仅考虑波束中心恰好位于粒子中心的特殊情况。同样地,这里采用镜像原理来等效阻抗边界。具体地,在关于边界对称的位置处放置一个与真实弹性球壳完全相同的镜像球壳,以镜像球壳的中心为原点建立镜像坐标系$(r',\theta',\varphi')$。其物理模型如图 5-33 所示。

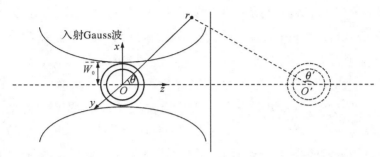

入射Gauss波

**图 5-33**　Gauss 行波入射到水中阻抗边界附近的弹性球壳上,波矢量沿$+z$方向,
且粒子中心与波束中心重合

在球坐标系内,入射 Gauss 波的速度势函数、声压和法向质点振速分别可以展开成式(3-131)、式(3-133)和式(3-134)的形式,而散射声场的速度势函数、声压和法向质点振速则分别可以展开成式(3-135)、式(3-136)和式(3-137)的形式。入射声场的镜像声场的速度势函数则可以展开为式(5-58),其对应的声压和法向质点振速分别可以展开为式(5-59)和式(5-60)。至于散射声场的镜像声场,其速度势函数可以展开为式(5-62),其对应的声压和法向质点振速分别可以展开为式(5-63)和式(5-64)。这样一来,通过将式(3-131)、式(3-135)、式(5-58)和式(5-62)相加即可得到流体中的总声场。

对于自由空间中的弹性球壳而言,入射声场的改变并不会改变粒子的散射系数,但对于阻抗边界附近的弹性球壳而言,我们无法直接从边界条件方程式中消去波束因子,因此粒子的散射系数与入射声场有关,这一点和阻抗边界附近的弹性圆柱壳是类似的。同样地,这里不必要重新对弹性壳层中的声场进行级数展开,因为波束因子对散射系数的影响完全是通过辅助函数来体现的,完全可以略去详细的求解过程而直接写出此时散射系数的表达式,即式(5-87),至于辅助函数,则仍由式(5-66)表示。

由于弹性球壳中心与 Gauss 波的波束中心重合,此时只需考虑 $z$ 方向的声辐射力即可,其计算公式与均匀球形粒子的结果完全相同。因此,$z$ 方向的声辐射力和声辐射力函数仍然分别由式(5-67)和式(5-68)表示,只需改变其中的声散射系数即可。同样地,当 $A_n=1$ 时,得到自由空间中弹性球壳的声辐射力计算结果,此时阻抗边界亦可看作不复存在。此外,若令波束因子恒为1,则轴向声辐射力将退化为平面波作用下的结果。

图 5-34 给出了 Gauss 波作用下不同厚度注水聚乙烯球壳的轴向声辐射力函数 $Y_{pz}$ 随 $ka$ 的变化曲线,且球壳中心恰好与波束中心重合,其中图(a)和(b)分别对应着厚球壳和薄球壳的情形。阻抗边界的声压反射系数固定为 $R_s=0.5$,阻抗边界与粒子中心的距离固定为 $d=2a$,Gauss 波的束腰半径满足 $kW_0=10$。计算结果显示,与平面波作用下的结果相比,仿真曲线在 $ka<4$ 时基本一致,随着 $ka$ 的增加,Gauss 波的声辐射力开始明显小于平面波,且峰值处体现得更为明显。例如,相对厚度为 0.7 的球壳在 $ka=6.8$ 左右的共振峰高度已经下降到 50 左右。尽管如此,曲线的整体趋势以及峰值的位置并不发生变化。同样地,阻抗边界的引入会在特定条件下产生负向声辐射力。对于弹性球壳偏离波束中心的情形,只需改变 Gauss 波的波形系数即可,但请注意,此时需要同时分析三个方向的声辐射力。

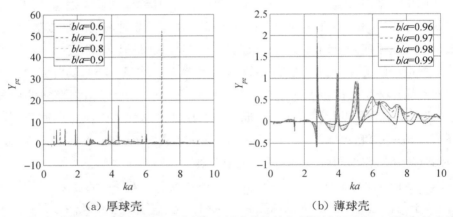

（a）厚球壳　　　　　　　　　　（b）薄球壳

**图 5-34　Gauss 行波场对阻抗边界附近注水聚乙烯球壳的轴向声辐射力函数 $Y_{pz}$ 随 $ka$ 的变化曲线,且粒子中心与波束中心重合,其中 $d=2a$,$R_s=0.5$,$kW_0=10$**

### 5.4.3　Bessel 波作用下的声辐射力

最后探究 Bessel 波对阻抗边界附近弹性球壳的声辐射力特性。考虑一列角频率为 $\omega$ 的 Bessel 波入射到水中外半径为 $a$、内半径为 $b$ 的弹性球壳上,粒子位于一无限大阻抗边界附近,阻抗边界的声压反射系数为 $R_s$,粒子中心与边界的距离为 $d$,Bessel 波的半锥角为 $\beta$。为了简便,假设粒子中心恰好与 Bessel 波的波束中心完全重合。根据对称性,此时只存在轴向声辐射力。以波束中心为原点 $O$ 建立球坐标系 $(r,\theta,\varphi)$ 和空间直角坐标系 $(x,y,z)$,两坐标系之间满足换算关系:$x=$

$r\sin\theta\cos\varphi,y=r\sin\theta\sin\varphi,z=r\cos\theta$，波矢量沿 $z$ 轴正方向。同样地,这里采用镜像原理来等效阻抗边界。具体地,在关于边界对称的位置处放置一个与真实弹性球壳完全相同的镜像弹性球壳,以镜像弹性球壳的中心为原点建立镜像坐标系 $(r'$, $\theta',\varphi')$。其物理模型如图 5-35 所示。

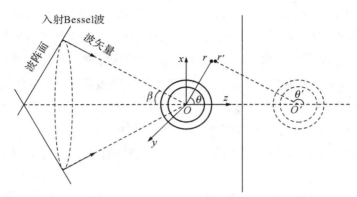

**图 5-35　Bessel 行波入射到水中阻抗边界附近的弹性球壳上,波矢量沿 +z 方向,且粒子中心与波束中心重合**

在球坐标系内,入射 $M$ 阶 Bessel 波的速度势函数、声压和法向质点振速分别可以展开成式(3-145)、式(3-146)和式(3-147)的形式,而散射声场的速度势函数、声压和法向质点振速则分别可以展开成式(3-148)、式(3-149)和式(3-150)的形式。入射声场的镜像声场的速度势函数则可以展开为式(5-69),其对应的声压和法向质点振速分别可以展开为式(5-70)和式(5-71)。至于散射声场的镜像声场,其速度势函数可以展开为式(5-73),其对应的声压和法向质点振速分别可以展开为式(5-74)和式(5-75)。这样一来,通过将式(3-145)、式(3-148)、式(5-69)和式(5-73)相加即可得到流体中的总声场。

如前所述,因为波束因子对散射系数的影响完全是通过辅助函数来体现的,完全可以略去详细的求解过程而直接写出此时散射系数的表达式,即式(5-87),至于辅助函数,则仍由式(5-77)表示。

由于弹性球壳中心与 Bessel 波的波束中心重合,此时只需考虑 $z$ 方向的声辐射力即可,其计算公式与均匀球形粒子的结果完全相同。因此,$z$ 方向的声辐射力和声辐射力函数仍然分别由式(5-78)和式(5-79)表示,只需改变其中的声散射系数即可。同样地,当 $A_n=1$ 时,得到自由空间中弹性球壳的声辐射力计算结果,此时阻抗边界亦可看作不复存在。

图 5-36 给出了零阶 Bessel 波作用下不同厚度注水聚乙烯球壳的轴向声辐射力函数随 $ka$ 的变化曲线,且球壳中心恰好与波束中心重合,其中图(a)和(b)分别对应着厚球壳和薄球壳的情形。阻抗边界的声压反射系数固定为 $R_s=0.5$,阻抗边界与粒子中心的距离固定为 $d=2a$,Bessel 波的半锥角 $\beta=\pi/4$。与均匀球形粒子的计算结果类似,由于 Bessel 波的波矢量与声轴成一角度,弹性球壳在 Bessel 波场中受到的声辐射力远小于平面波场,但阻抗边界的引入使得此时的声辐射力明显大于自由空间中的计算结果。此外,曲线的共振峰取决于球壳本身的相对厚度和材料,与入射声场的类型无关。无论何种相对厚度的球壳,均会在合适的 $ka$ 值处受到负向力的作用。读者可以回忆一下,对于自由空间中的聚乙烯球壳而言,仅仅在相对厚度较厚时才会获得负向力。至于弹性球壳偏离波束中心的情形,需要改变此时的波形系数,并同时考虑三个方向的声辐射力,这里略去详细的讨论。

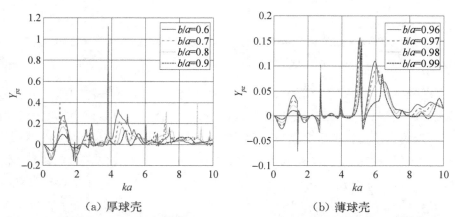

(a) 厚球壳　　　　　　　　　　　(b) 薄球壳

**图 5-36** 零阶 Bessel 行波场对阻抗边界附近注水聚乙烯球壳的轴向声辐射力函数 $Y_{pz}$ 随 $ka$ 的变化曲线,且粒子中心与波束中心重合,其中 $d=2a$,$R_s=0.5$,$\beta=\pi/4$

## 5.5　本章小结

在实际的声操控中,操控对象往往位于一定的边界附近,其边界效应必然会对声辐射力特性产生一定影响。基于此,本章在第 3 章关于自由空间中粒子声辐射力研究的基础上引入无限大阻抗边界,详细讨论了阻抗边界附近粒子的声辐射力特性。本章依然从部分波级数展开法出发,推导了阻抗边界附近任意粒子在任意声场作用下受到的三维声辐射力和相应的声辐射力函数表达式。与自由空间中的计算结果相比,此时声辐射力的基本形式并未发生变化,但声辐射力函数发生了改变。在推导过程中利用镜像原理来等效阻抗边界,并引入了辅助函数的概念。与自由空间中的情况类似,在给定入射声场波形系数和粒子散射系数的前提下,可以利用这些表达式计算阻抗边界附近粒子的声辐射力。同样地,对于二维粒子而言,直接利用基于应力张量的积分式来计算声辐射力是一种更为简便的方法。本章对阻抗边界附近无限长圆柱形粒子、球形粒子、无限长弹性圆柱壳、弹性球壳的声辐射力进行了详细的理论计算和数值仿真,并考虑了平面波、Gauss 波、Bessel 波等常见声场作用下的情形。在计算仿真中,特别关注了阻抗边界的声压反射系数和粒子与边界的距离对声辐射力特性的影响。

在本章的最后,有必要进行几点说明:

(1)本章仅仅考虑了各类声波垂直于阻抗边界入射的情形。在实际应用中,声波往往是倾斜入射的,即波矢量与界面夹一角度。对于这种倾斜入射的情形,我们仍然可以采用镜像原理来对阻抗边界进行等效处理,并在入射声场的级数展开式中考虑入射角度的影响即可。在后续章节关于阻抗边界附近粒子的声辐射力矩问题研究中将会特别考虑这种情况。

(2)本章所讨论的模型限于粒子位于单阻抗边界附近的情形。在很多情况下,粒子周围的阻抗边界可能不止一个。例如,对于血管内的药物输送而言,将其看作位于两平行界面中间更为合适。当然,实际的血管壁是不规则的椭圆柱面,即使是双边界模型,也只是一种近似。再如,对于双换能器驻波场声悬浮而言,当两换能器界面比较接近且发射面尺寸远大于粒子时,悬浮粒子也可看作位于两平行界面间。对于单阻抗边界模型而言,只需在对称的位置引入一个镜像粒子,但对于双阻抗边界模型而言,声波在两平行界面之间会发生多次反射,理论上存在无穷多个镜像粒子。事实上,镜像法只是求解声场问题的一种手段,完全可以采取其他方法来求解此时的声场分布,如 Green 函数法、有限元方法等。在另一种典型的双阻抗边界模型中,两边界是垂直而非平行排布,粒子位于双边界构成的"角落"附近,此时只需放置三个镜像粒子,文献[18]对此进行了详细分析。

## 参考文献

[1] MIRI A K, MITRI F G. Acoustic radiation force on a spherical contrast a-gent shell near a vessel porous wall: theory[J]. Ultrasound in Medicine &

Biology，2011，37（2）：301 – 311.

[2] WANG J T，DUAL J. Theoretical and numerical calculation of the acoustic radiation force acting on a circular rigid cylinder near a flat wall in a standing wave excitation in an ideal fluid[J]. Ultrasonics，2012，52（2）：325 – 332.

[3] QIAO Y P，ZHANG X F，ZHANG G B. Acoustic radiation force on a fluid cylindrical particle immersed in water near an impedance boundary[J]. The Journal of the Acoustical Society of America，2017，141（6）：4633 – 4641.

[4] QIAO Y P，ZHANG X F，ZHANG G B. Axial acoustic radiation force on a rigid cylinder near an impedance boundary for on-axis Gaussian beam[J]. Wave Motion，2017，74：182 – 190.

[5] QIAO Y P，SHI J Y，ZHANG X F，et al. Acoustic radiation force on a rigid cylinder in an off-axis Gaussian beam near an impedance boundary[J]. Wave Motion，2018，83：111 – 120.

[6] QIAO Y P，WANG H B，LIU X Z，et al. Acoustic radiation force on an e-lastic cylinder in a Gaussian beam near an impedance boundary[J]. Wave Motion，2020，93：102478.

[7] MITRI F G. Acoustic radiation force on a cylindrical particle near a planar rigid boundary [ J ]. Journal of Physics Communications，2018，2（4）：045019.

[8] ZHUK A P，ZHUK Y A. On the acoustic radiation force acting upon a rigid spherical particle near the free liquid surface[J]. International Applied Mechanics，2018，54（5）：544 – 551.

[9] ZANG Y C，QIAO Y P，LIU J H，et al. Axial acoustic radiation force on a fluid sphere between two impedance boundaries for Gaussian beam[J]. Chinese Physics B，2019，28（3）：034301.

[10] QIAO Y P，ZHANG X W，GONG M Y，et al. Acoustic radiation force and motion of a free cylinder in a viscous fluid with a boundary defined by a plane wave incident at an arbitrary angle[J]. Journal of Applied Physics，2020，128（4）：044902.

[11] 臧雨宸. 高斯波束对界面附近离轴球形粒子的轴向声辐射力[J]. 计算物理，2020，37（4）：459 – 466.

[12] ZANG Y C, LIN W J, SU C, et al. Axial acoustic radiation force on an e-lastic spherical shell near an impedance boundary for zero-order quasi-Bessel-Gauss beam[J]. Chinese Physics B, 2021, 30(4): 044301.

[13] BAASCH T, DUAL J. Acoustic radiation force on a spherical fluid or solid elastic particle placed close to a fluid or solid elastic half-space[J]. Physical Review Applied, 2020, 14(2): 024052.

[14] CHANG Q, ZANG Y C, LIN W J, et al. Acoustic radiation force on a rigid cylinder near rigid corner boundaries exerted by a Gaussian beam field[J]. Chinese Physics B, 2022, 31(4): 044302.

[15] LIU X L, DENG Z Y, MA L, et al. Acoustic radiation force on a rigid cylinder between two impedance boundaries in a viscous fluid[J]. Nanotechnology and Precision Engineering, 2022, 5(3): 033003.

[16] 张海澜. 理论声学[M]. 2 版. 北京: 高等教育出版社, 2012: 201.

[17] 郭硕鸿. 电动力学[M]. 3 版. 北京: 高等教育出版社, 2008: 53.

[18] MITRI F G. Acoustic radiation force of attraction, cancellation and repulsion on a circular cylinder near a rigid corner space[J]. Applied Mathematical Modelling, 2018, 64: 688 – 698.

第 6 章

阻抗边界附近粒子的声辐射力矩

## 6.1　引言

第5章中,我们推导了基于波形系数的阻抗边界附近粒子的声辐射力表达式,并对圆柱形粒子、球形粒子、弹性圆柱壳、弹性球壳等粒子在阻抗边界附近的声辐射力进行了详细的数值仿真,特别关注了阻抗边界的声压反射系数、粒子与阻抗边界的距离等因素对声辐射力的影响,以及阻抗边界附近粒子和自由空间中粒子声辐射力特性的显著差异。本章则转入对阻抗边界附近粒子声辐射力矩特性的研究。与边界附近的声辐射力相比,关于边界附近声辐射力矩的研究目前还较为少见。本团队分别于2021年和2022年计算了阻抗边界附近黏弹性球壳和黏弹性柱的声辐射力矩,初步揭示了边界效应对粒子声辐射力矩的重要影响[1-2]。如前所述,声辐射力矩和声辐射力有着很大不同,前者的产生条件远比后者苛刻,通常与声场的涡旋特性、粒子的声吸收特性和模型的非对称性有关。因此,在具体的计算与分析中应当时刻牢记各类模型中声辐射力矩的产生条件。

## 6.2　基于波形系数的阻抗边界附近粒子的声辐射力矩计算公式

在4.2节中,我们曾详细推导了自由空间中的任意粒子在任意声场作用下的声辐射力矩和声辐射力矩函数计算公式,在给定入射声场波形系数和散射系数的条件下,可以利用这些公式对相应的声辐射力矩函数进行理论计算和仿真。对于阻抗边界附近的粒子而言,我们也可以进行类似的推导和计算,得到针对边界附近粒子的基于波形系数的声辐射力矩计算公式。

与第5章类似,这里我们考虑位于无限大边界附近的一散射物体,物体中心和边界的距离为$d$,边界的声压反射系数为$R_s$。有必要指出,边界声压反射系数是与入射角度有关的。在第5章中,我们仅仅考虑了入射声场波矢量垂直于无限大阻抗边界的情形,而在本章的部分模型中则会考虑波矢量与无限大阻抗边界并不垂直的情形,定义入射波波矢量与无限大阻抗边界法线的夹角为$\theta_i$,则边界声压反射系数的表达式应当修正为[3]:

$$R_s = \frac{Z - \rho_0 c_0 / \cos\theta_i}{Z + \rho_0 c_0 / \cos\theta_i}$$

(6-1)

其中，$Z$ 是界面处的法向声阻抗率，$\rho_0$ 和 $c_0$ 分别是粒子所在流体的密度和纵波声速。显然，当 $\theta_i = 0$ 时，式（6-1）将退化为垂直入射时的边界声压反射系数，即式（5-1）。同样地，在本章中，我们仍然将 $R_s$ 看作和频率无关的实常数。尽管如此，本章依然主要讨论声波垂直于阻抗边界入射的情况，仅在 6.4.1 节对斜入射的情形予以简要分析。

　　这里仍然以散射物体中心（即积分球面的球心）为原点 $O$ 建立球坐标系 $(r, \theta, \varphi)$。对于任意的入射声场，总可以表示成式（3-9）所示的级数展开的形式。类似地，散射声场也可以展开为无穷级数的形式，即式（3-11）。对于无限大阻抗边界，仍然采取镜像原理进行等效处理，即在关于阻抗边界对称的位置放置一个与真实粒子完全相同的镜像粒子。这样一来，入射声场在边界处产生的反射声场可以等效为入射声场的镜像声场，而散射声场在边界处产生的反射声场则可以等效为散射声场的镜像声场。至于流体中的总声场，应当是入射声场、散射声场、入射声场的镜像声场和散射声场的镜像声场的叠加。这些都与第 5 章的讨论类似。

　　同样地，我们以镜像粒子的中心为原点建立镜像球坐标系 $(r', \theta', \varphi')$。入射声场和散射声场的镜像声场分别可以展开为式（5-2）式（5-3），而流体中的总声场则可以表示为式（3-9）、式（3-11）、式（5-2）和式（5-3）四项之和。这里同样需要利用球函数的加法公式将式（5-3）转换到坐标系 $(r, \theta, \varphi)$ 中，即式（5-4）。

　　第 2 章中曾推导得到了声辐射力矩的积分公式，即式（2-53）。应当注意，该公式与式（2-48）类似，与粒子所处的环境无关，即无论是自由空间中的粒子还是阻抗边界附近的粒子均可使用。对于自由空间中的粒子而言，式（2-53）中的声压和质点振速应当理解为入射声场和散射声场相应物理量的叠加，但对于阻抗边界附近的粒子而言，还应当包括入射声场和散射声场的镜像声场。将式（3-9）、式（3-11）、式（5-2）和式（5-4）代入式（2-53），经过与 4.2 节类似的运算，可以得到阻抗边界附近粒子的三维声辐射力矩表达式仍为式（4-12），但相应的声辐射力矩函数有所不同，其三个分量的表达式为：

$$\tau_x = -\frac{1}{2\pi(kr_0)^3} \operatorname{Re} \sum_{n=0}^{+\infty} \sum_{m=-n}^{n} \{a_{nm}^*(A_n^* + s_n^*)(b_{nm-}s_n a_{n,m-1} + b_{nm+}s_n a_{n,m+1})\} \quad (6-2)$$

$$\tau_y = -\frac{1}{2\pi(kr_0)^3} \operatorname{Im} \sum_{n=0}^{+\infty} \sum_{m=-n}^{n} \{a_{nm}(A_n + s_n)(b_{nm+}s_n a_{n,m+1}^* - b_{nm-}s_n a_{n,m-1}^*)\} \quad (6-3)$$

$$\tau_z = -\frac{1}{\pi(kr_0)^3} \operatorname{Re} \sum_{n=0}^{+\infty} \sum_{m=-n}^{n} m a_{nm}^*(A_n^* + s_n^*) a_{n'm'} s_{n'} \quad (6-4)$$

其中,$b_{nm-}$和$b_{nm+}$的具体表达式仍分别由式(4-23)和式(4-24)给出,$A_n$是辅助函数,仍由式(5-8)表示。

式(6-2)～式(6-4)正是基于波形系数的阻抗边界附近粒子的三维声辐射力矩函数表达式,适用于任意声场作用下的任意散射粒子。当然,前提是需要在理论上或数值上给出入射声场和散射声场的波形系数。注意到,当$R_s=0$时,辅助函数$A_n=1$,函数式(6-2)～式(6-4)将退化为自由空间中的声辐射力矩函数表达式(4-20)～式(4-22),事实上,此时阻抗边界完全可以看作不存在。因此,自由空间中的声辐射力矩函数完全可以看作阻抗边界附近声辐射力矩函数的特例。同样地,边界声压反射系数对阻抗边界附近粒子的声辐射力矩特性有着显著影响。

## 6.3 阻抗边界附近无限长圆柱形粒子和球形粒子的声辐射力矩

与自由空间中的研究思路相仿,首先探究阻抗边界附近的无限长圆柱形粒子和球形粒子在各类声场作用下的声辐射力矩特性。

首先考虑平面波作用下阻抗边界附近圆柱形粒子的声辐射力矩。考虑水中一半径为$a$的无限长圆柱形粒子位于无限大阻抗边界附近,且粒子的轴线平行于该阻抗边界,粒子轴线与阻抗边界的距离为$d$,阻抗边界的声压反射系数为$R_s$。考虑一列角频率为$\omega$的平面行波,其波矢量垂直于粒子轴线,亦垂直于阻抗边界。设水的密度为$\rho_0$,声速为$c_0$。整个物理模型与图5-1完全相同。

我们当然可以仿照第4章中的思路对平面波进行无穷级数展开,根据粒子表面的边界条件计算散射系数,进而计算声辐射力矩。然而这里不打算采取这一方法。事实上,对于平面波而言,即使引入了阻抗边界,无论粒子位于声场的何处,模型的对称性都使得声波对粒子中心的角动量仍然恒为零,即声波无法对粒子产生力矩作用。基于此,我们不必再进行详细的数学演算即可得出声辐射力矩恒为零的结论。这一特性和第4章中自由空间中的圆柱形粒子在平面波场中不存在声辐射力矩作用是类似的。

应当指出,以上论述绝不意味着平面波在任何情况下都无法对阻抗边界附近的物体施加声辐射力矩的作用,正如平面波并非在任何情况下都无法对自由空间中的物体施加声辐射力矩的作用一样,这一特性完全是由于圆柱形粒子良好的对称性使然。对于阻抗边界附近一般形状的二维粒子而言(如椭圆柱形粒子),散射声场和总声场可能不再呈轴对称分布,因而粒子完全可能会受到不为零的力矩。

至于三维球形粒子的分析则是完全类似的。模型的对称性使得平面波无论如何也无法对阻抗边界附近的球形粒子施加声辐射力矩的作用,但对于阻抗边界附近的椭球形粒子等非球对称物体而言,声辐射力矩确实是可能存在的。

## 6.3.1　Gauss 波作用下的声辐射力矩

既然平面波无法对阻抗边界附近的圆柱形粒子和球形粒子产生声辐射力矩,我们同样不对此着墨过多,而转入对其他声场中声辐射力矩的分析。首先讨论 Gauss 波作用下的情形。

考虑一列角频率为 $\omega$ 的 Gauss 波入射到水中半径为 $a$ 的无限长圆柱形粒子上,且粒子位于阻抗边界附近,其自身轴线与边界的距离为 $d$,Gauss 波的束腰半径为 $W_0$。这里我们仍然采取镜像原理来等效阻抗边界,即在关于边界对称的位置处放置一个与真实圆柱形粒子完全相同的镜像圆柱形粒子。整个物理模型仍由图 5-9 表示,且建立的坐标系也完全相同。

入射 Gauss 波的速度势函数、声压和法向质点振速的表达式分别由式(3-113)、式(3-116)和式(3-117)表示。相应地,散射声场的速度势函数、声压和法向质点振速分别由式(3-118)、式(3-119)和式(3-120)表示。对于阻抗边界附近的圆柱形粒子而言,还应当计及入射声场的镜像声场和散射声场的镜像声场,前者的速度势函数、声压和法向质点振速分别由式(5-45)、式(5-46)和式(5-47)表示,后者的速度势函数、声压和法向质点振速则分别由式(5-49)、式(5-50)和式(5-51)表示。至于此时的散射系数,则仍然由式(5-17)、式(5-20)和式(5-24)表示,其分别对应着阻抗边界附近刚性柱、流体柱和弹性柱的情形,其中辅助函数 $A_n$ 由式(5-53)给出。

在此基础上可以着手进行声辐射力矩的计算了。我们当然可以仿照 6.2 节中的方法,推导得到二维情况下基于波形系数的阻抗边界附近粒子的声辐射力矩和声辐射力矩函数的表达式,但那样的过程未免过于烦琐。事实上,用声辐射力矩的积分表达式(4-4)来直接对声辐射力矩进行计算是更为简便的一种方法,这一思路与计算阻抗边界附近圆柱形粒子的声辐射力时所采用的方法是一致的。

对于该二维模型而言,只需考虑 $z$ 方向的声辐射力矩即可。将式(4-4)投影到 $z$ 轴上,经过与第 4 章中类似的运算,可得单位长度圆柱形粒子在 $z$ 方向受到的声辐射力矩为:

$$T_z = \tau_{pz} V_c E \qquad (6-5)$$

其中，$E = \rho_0 k^2 \phi_0^2 / 2$ 是入射声场的能量密度；$V_c = \pi a^2$ 是单位长度圆柱形粒子的体积；$\tau_{pz}$ 是 $z$ 方向的声辐射力矩函数，其具体表达式为：

$$\tau_{pz} = -\frac{4}{\pi(ka)^2} \sum_{n=-\infty}^{+\infty} n |b_n|^2 [s_n^*(s_n + A_n)] \qquad (6-6)$$

利用式(6-6)可以对 Gauss 波作用下阻抗边界附近圆柱形粒子的声辐射力矩函数进行计算仿真。可以看出，引入阻抗边界后并不改变圆柱形粒子声辐射力矩的基本形式，但声辐射力矩函数会有所改变，正如引入阻抗边界不会改变声辐射力的基本形式而只会改变声辐射力函数一样。特别地，当 $A_n = 1$ 时，式(6-6)将退化为自由空间中圆柱形粒子的声辐射力矩函数表达式(4-28)，这是符合预期的，因为此时阻抗边界可看作不复存在。

有必要指出，单极散射项对粒子最终的声辐射力矩没有贡献，这与自由空间中粒子的结果是类似的。在单极散射模式下，声场完全具有周向对称性，因而无法对物体产生力矩的作用。

还有必要指出，声辐射力矩和由散射系数所表示的多项式 $s_n^*(s_n + A_n)$ 密切相关。事实上，对于刚性柱、流体柱和弹性柱而言，在不考虑声吸收作用的前提下，这一项恒为零。直接验证是很容易的，只需将各类圆柱形粒子的散射系数表达式代入即可，在具体计算中需注意在不考虑声吸收的前提下波数是实数。当粒子存在一定的声吸收时，此时波数需要增加一项表示声衰减的虚部，进而 $s_n^*(s_n + A_n)$ 也不再恒为零。因此，声吸收是阻抗边界附近圆柱形粒子受到声辐射力矩的必要条件，这与自由空间中的结论也是类似的。

基于式(6-6)，我们还可以从形式上给出平面波作用下阻抗边界附近圆柱形粒子的声辐射力矩函数。对于平面波而言，其波束因子 $b_n$ 恒为1，因而其声辐射力矩函数可以表示为：

$$\tau_{pz} = -\frac{4}{\pi(ka)^2} \sum_{n=-\infty}^{+\infty} n [s_n^*(s_n + A_n)] \qquad (6-7)$$

对任意大小的 $n$，$s_n^*(s_n + A_n)$ 和 $s_{-n}^*(s_{-n} + A_{-n})$ 恰好相等，这也是可以通过直接代入散射系数的表达式进行验证的。因此，对于平面波入射的情况而言，即使存在粒子的声吸收，其 $n$ 阶和 $-n$ 阶声散射模式对声辐射力矩的贡献恰好相互抵消，从而使得声辐射力矩为零，这和前面的分析是相符的。事实上，即使是 Gauss 波入射，当模型具有对称性时(如粒子恰好位于声轴上)满足 $b_{-n} = -b_n$，从而使得声辐射力矩亦恰好为零。这些性质均与自由空间中的结论相类似。需要强调的是，这里的讨论仅限于 Gauss 波垂直入射于阻抗边界的情形，若 Gauss 波不再满足垂直入射的条件,对称性随之消失,此时即使粒子位于声轴上也可能会受到不为零的声辐射力矩,本章后续将会对此进行详细讨论。

综上所述,与自由空间中的情况一样,声吸收是阻抗边界附近圆柱形粒子受到声辐射力矩的必要条件,因此在研究声辐射力矩时必须引入声吸收,而不能像研究声辐射力时一样将其忽略。同样地,这里特别考虑黏弹性柱,即认为弹性柱的声吸收几乎完全来源于其本身的声黏滞效应。从计算仿真的角度来看,则体现在复波数的引入,即给弹性介质中纵波与横波的波数均增加一项表示声吸收的虚部,这与第 4 章中的方法是完全相同的,因而这里不再赘述。

图 6-1(a)和(b)分别显示了阻抗边界附近的黏弹性聚乙烯柱和黏弹性酚醛树脂柱在 Gauss 波作用下的声辐射力矩函数 $\tau_{pz}$ 随 $ka$ 的变化曲线,其中 Gauss 波的束腰半径满足 $kW_0=3$,Gauss 波的波束中心所对应的坐标满足 $kx_0=ky_0=3$,粒子中心与边界的距离满足 $d=2a$,在计算中我们考虑了边界声压反射系数分别为 $0.1$、$0.4$、$0.7$ 和 $1$ 的情形。计算结果显示,此时聚乙烯柱和酚醛树脂柱的声辐射力矩函数在仿真范围内恒为负值,即从 $z$ 轴正方向看去,两者均将在声辐射力矩的作用下绕自身轴线作顺时针转动,这一性质与自由空间中的结果图 4-1 完全相同。类似地,声辐射力矩函数曲线存在一系列尖锐的共振峰,反映了其本身的共振散射模式,这些共振峰从左到右分别对应着偶极散射项、四极散射项和八极散射项等。由于单极散射项对声辐射力矩没有贡献,在 $ka<1$ 的低频范围内曲线不会出现任何共振峰。边界声压反射系数对声辐射力矩函数曲线有着显著影响,随着 $R_s$ 的增加,酚醛树脂柱的声辐射力矩函数峰值也会明显增大。然而,对于聚乙烯柱而言,这一规律仅仅在 $ka>2$ 时得到满足,当 $ka<2$ 时其声辐射力矩函数的峰值在

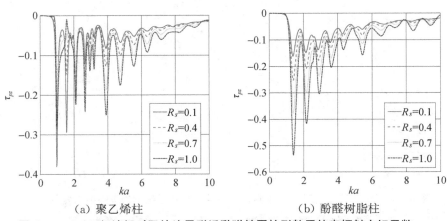

（a）聚乙烯柱　　　　　　　　　（b）酚醛树脂柱

**图 6-1　Gauss 行波场对阻抗边界附近黏弹性圆柱形粒子的声辐射力矩函数 $\tau_{pz}$ 随 $ka$ 的变化曲线,其中 $kx_0=ky_0=3$,$d=2a$,$kW_0=3$**

$R_s$ 较小时反而更大。这一特性是声辐射力所不具备的。无论边界声压反射系数取何值,曲线峰值的位置均与自由空间中的结果图 4-1 中完全相同,并不会因为阻抗边界的引入而发生改变。

接下来考虑粒子沿 $x$ 轴来回移动时的声辐射力矩变化特性。图 6-2(a)和(b)分别计算了阻抗边界附近黏弹性聚乙烯柱和黏弹性酚醛树脂柱的声辐射力矩函数 $\tau_{pz}$ 随 $d/a$ 的变化曲线,其中无量纲频率参量固定为 $ka=1$,边界声压反射系数仍然分别设为 $R_s=0.1$、$0.4$、$0.7$、$1$,Gauss 波的束腰半径仍满足 $kW_0=3$。计算结果显示,当粒子沿 $x$ 方向来回移动时,声辐射力矩会出现类似正弦曲线的周期性变化,且两种粒子所对应的曲线周期均相同。读者可以回忆,阻抗边界附近粒子的声辐射力也具有类似的特性,第 5 章中我们曾对此作过详细的分析。声辐射力矩本就是通过矢量积运算而来,因此拥有这样类似的性质并不奇怪。由于反射波的存在会在空间中形成 Gauss 准驻波场,其声能量密度梯度会使得声辐射力矩随粒子的空间位置出现周期性变化,经计算可得声辐射力矩函数曲线的变化周期为 $\pi$,这一性质与声辐射力的计算结果图 5-11 相同。有必要指出,尽管此时声辐射力矩随距离出现周期性变化,但声辐射力矩恒为负值,并不会发生方向上的改变,这一点与声辐射力特性有所不同。随着边界声压反射系数的增加,声辐射力矩的峰值也会增加,但峰值的位置并不发生改变。当然,由于粒子散射声场的存在,并不能在空间中形成严格的 Gauss 准驻波场,但作为粗略的分析是完全可以接受的。

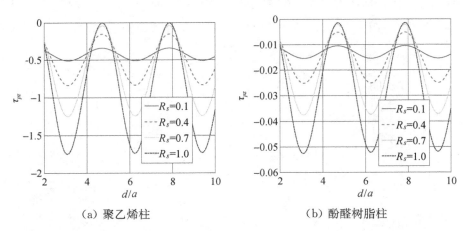

（a）聚乙烯柱　　　　　　　　（b）酚醛树脂柱

**图 6-2　Gauss 行波场对阻抗边界附近黏弹性圆柱形粒子的声辐射力矩函数 $\tau_{pz}$**
**随 $d/a$ 的变化曲线,其中 $kx_0=ky_0=3,ka=1,kW_0=3$**

图 6-3(a)和(b)给出了不同束腰半径下阻抗边界附近黏弹性聚乙烯柱和黏弹

性酚醛树脂柱的声辐射力矩函数 $\tau_{pz}$ 随 $ka$ 的变化关系,其中边界声压反射系数固定为 $R_s=0.5$,粒子中心与边界的距离仍设为 $d=2a$,边界声压反射系数分别设为 $kW_0=5,7,9$。计算结果显示,当 $ka<4$ 时,束腰半径越大,声辐射力矩函数曲线的峰值越小,但当 $ka>4$ 时,声辐射力矩函数会随着束腰半径的增大而增大。从物理上分析,当声波频率较低时,粒子尺寸远小于波长,随着波束宽度的增大,Gauss 波越来越接近于平面波,其携带的角动量逐渐减小。当声波频率较高时,由于粒子处于离轴位置,束腰半径的增大有利于增大粒子所在位置的声能量密度,从而增强其受到的声辐射力矩。这一现象与图 4-1 中的结论是完全一致的。同样地,无论在何频率范围内,束腰半径的改变都不影响两种粒子声辐射力矩函数曲线峰值的位置。

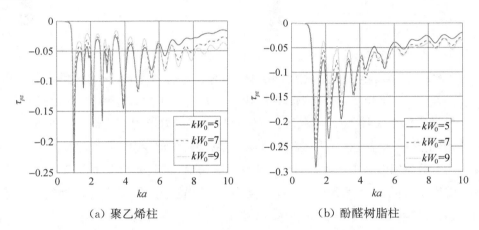

（a）聚乙烯柱　　　　　　　　　　（b）酚醛树脂柱

**图 6-3　Gauss 行波场对阻抗边界附近黏弹性圆柱形粒子的声辐射力矩函数 $\tau_{pz}$**
**随 $ka$ 的变化曲线,其中 $kx_0=ky_0=3,d=2a,R_s=0.5$**

对于 Gauss 波作用下的圆柱形粒子而言,离轴效应对其声辐射力矩的产生有着重要影响。图 6-4(a)和(b)分别显示了阻抗边界附近黏弹性聚乙烯柱和黏弹性酚醛树脂柱在不同束腰半径的 Gauss 行波场作用下的声辐射力矩函数 $\tau_{pz}$ 随 $ka$ 和 $ky_0$ 的变化,其中束腰半径满足 $kW_0=3$,波束中心的位置满足 $kx_0=0$,即波束中心始终在 $x=0$ 这条线上移动,阻抗边界的声压反射系数 $R_s=0.5$,粒子与边界的距离为 $d=2a$。结果显示,两种黏弹性柱的声辐射力矩函数仿真图均关于 $ky_0=0$ 奇对称,且当 $ky_0=0$ 时声辐射力矩将由于对称性而消失。当 $ky_0$ 分别取正值和负值时,粒子的声辐射力矩分别沿负向和正向,且当粒子位于声轴上下方对称的位置时,声辐射力矩大小相等而方向相反。总体来看,声辐射力矩的峰值所对

应的 $ka$ 大小和离轴距离 $kx_0$ 之间大体呈线性关系。这些性质均与自由空间中的计算结果图 4-2 完全类似。但有所不同的是,由于引入了阻抗边界,此时粒子受到的声辐射力矩明显强于自由空间中的声辐射力矩。

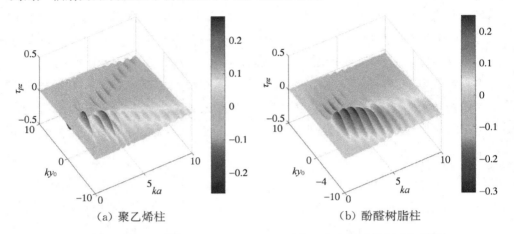

(a) 聚乙烯柱      (b) 酚醛树脂柱

**图 6-4**    **Gauss 行波场对阻抗边界附近黏弹性圆柱形粒子的声辐射力矩函数 $\tau_{pz}$ 随 $ka$ 和 $ky_0$ 的变化,其中 $kW_0=3,kx_0=0,d=2a,R_s=0.5$**

最后我们考虑粒子在 $y$ 轴上来回移动时声辐射力矩的变化规律。图 6-5(a) 和(b)分别显示了阻抗边界附近黏弹性聚乙烯柱和黏弹性酚醛树脂柱在 Gauss 行波场作用下的声辐射力矩函数 $\tau_{pz}$ 随 $ka$ 和 $kx_0$ 的变化关系,其中束腰半径仍满足 $kW_0=3$,波束中心的位置满足 $ky_0=3$,即粒子中心在位于声轴下方的水平线上移动,阻抗边界的声压反射系数为 $R_s=0.5$,粒子与边界的距离为 $d=2a$。从计算结果可以看出,两种黏弹性柱的声辐射力矩函数均关于 $kx_0=0$ 呈现奇对称特性,当 $kx_0=0$ 时声辐射力矩将由于对称性而消失。当 $kx_0$ 分别为正值和负值时,粒子的声辐射力矩分别取负值和正值。当粒子位于关于 $kx_0=0$ 对称的位置时,声辐射力矩大小相等而方向相反。与图 6-4 有所不同,无论 $ka$ 取何值,声辐射力矩的峰值均随着 $kx_0$ 绝对值的增大而减小。这些性质均与自由空间中的计算结果图 4-3 类似。类似地,阻抗边界的引入使得声辐射力矩总体上明显增强。

以上讨论的是阻抗边界附近的圆柱形粒子在二维 Gauss 波作用下的声辐射力矩特性。按照类似的思路,可以进一步探究阻抗边界附近的球形粒子在三维 Gauss 波作用下的声辐射力矩。与二维圆柱形粒子的情况有所不同,一般情况下,阻抗边界附近的球形粒子在 Gauss 行波作用下可能受到三个方向的声辐射力矩作用,根据式(4-12)可以直接写出此时球形粒子在三个方向受到的声辐射力矩表达式:

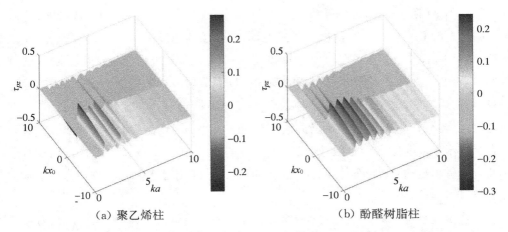

（a）聚乙烯柱　　　　　　　　　　　　（b）酚醛树脂柱

图 6-5　Gauss 行波场对阻抗边界附近黏弹性圆柱形粒子的声辐射力矩函数 $\tau_{pz}$
随 $ka$ 和 $kx_0$ 的变化，其中 $kW_0=3, ky_0=3, d=2a, R_s=0.5$

$$T_x=\tau_{px}\pi a^3 E \tag{6-8}$$

$$T_y=\tau_{py}\pi a^3 E \tag{6-9}$$

$$T_z=\tau_{pz}\pi a^3 E \tag{6-10}$$

其中，$E=\rho_0 k^2 \phi_0^2/2$ 是入射声场的能量密度，$\tau_{px}$、$\tau_{py}$ 和 $\tau_{pz}$ 分别是沿三个坐标轴方向的声辐射力矩函数。与圆柱形粒子的结果类似，引入阻抗边界仅仅改变球形粒子的声辐射力矩函数，而不会改变其声辐射力矩的基本形式。6.2 节中已经推导了三维球坐标系下基于波形系数的阻抗边界附近粒子的声辐射力矩表达式，这里便无须像圆柱形粒子那样利用原始的积分公式进行计算，而是可以直接利用式（6-2）～式（6-4），当然前提是需要给出 Gauss 波的波形系数，这里不再赘述。

## 6.3.2　Bessel 波作用下的声辐射力矩

接下来探究 Bessel 波作用下阻抗边界附近球形粒子的声辐射力矩。考虑一列角频率为 $\omega$ 的 Bessel 波入射到水中半径为 $a$ 的球形粒子上，粒子位于一无限大阻抗边界附近，阻抗边界的声压反射系数为 $R_s$，粒子中心与边界的距离为 $d$，Bessel 波的半锥角为 $\beta$。首先考虑最简单的情形，即粒子中心恰好与 Bessel 波的波束中心完全重合，注意，此时 Bessel 波的阶数 $M$ 必须大于零才能产生声辐射力矩。同样地，这里采取镜像原理来等效阻抗边界，即在关于边界对称的位置处放置一个与真实球形粒子完全相同的镜像球形粒子。整个物理模型与图 5-17 完全相同，建立的坐标系也完全相同。

入射 $M$ 阶 Bessel 波的速度势函数、声压和法向质点振速分别由式(3-145)、式(3-146)和式(3-147)给出。相应地,散射声场的速度势函数、声压和法向质点振速分别由式(3-148)、式(3-149)和式(3-150)给出。对于阻抗边界附近的球形粒子而言,还应当计及入射声场的镜像声场和散射声场的镜像声场,前者的速度势函数、声压和法向质点振速分别由式(5-69)、式(5-70)和式(5-71)表示,后者的速度势函数、声压和法向质点振速则分别由式(5-73)、式(5-74)和式(5-75)表示。至于此时的散射系数,则仍然由式(5-35)、式(5-38)和式(5-42)表示,分别对应着阻抗边界附近刚性球、流体球和弹性球的情形,其中的辅助函数 $A_n$ 则由式(5-77)给出。

对于在轴球形粒子而言,只需考虑 $z$ 方向的声辐射力矩即可,其表达式为:

$$T_z = \tau_{pz} \pi a^3 E \qquad (6-11)$$

其中,$E = \rho_0 k^2 \phi_0^2 / 2$ 是入射声场的能量密度;$\tau_{pz}$ 是 $z$ 方向的声辐射力矩函数,可以通过将波形系数表达式(3-151)代入式(6-4)得到,其具体表达式为:

$$\tau_{pz} = -\frac{4M}{(ka)^3} \sum_{n=M}^{+\infty} \left[ P_n^M(\cos\beta)^2 (2n+1) \frac{(n-M)!}{(n+M)!} s_n^*(s_n + A_n) \right] \qquad (6-12)$$

利用式(6-12)可以对 Bessel 波作用下阻抗边界附近球形粒子的声辐射力矩函数进行计算仿真。同样地,引入阻抗边界后并不改变球形粒子声辐射力矩的基本形式,但声辐射力矩函数会有所改变。特别地,当 $A_n = 1$ 时,式(6-12)将退化为自由空间中球形粒子的声辐射力矩函数表达式(4-39),这是符合预期的,因为此时阻抗边界可看作不复存在。

从式(6-12)还可以看出,声辐射力矩函数与阶数 $M$ 成正比,当阶数为零时,声辐射力矩消失。当半锥角为零时,连带 Legendre 函数 $P_n^M(\cos\beta)$ 取零,从而使声辐射力矩为零,此时高阶 Bessel 波早已不复存在。此外,低于 $M$ 阶的共振散射模式均被抑制,因而对最终的声辐射力矩没有贡献。这些性质均与第 4 章中自由空间中的情形相一致。

我们还注意到,式(6-12)中同样含有 $s_n^*(s_n + A_n)$ 这一项,对于阻抗边界附近的刚性球、流体球和弹性球而言,在不考虑声吸收作用的前提下,这一项是恒为零的。同样地,我们只需将各类球形粒子的散射系数表达式代入即可验证这一点。当粒子存在一定的声吸收时,此时波数需要增加一项表示声衰减的虚部,进而 $s_n^*(s_n + A_n)$ 也不再恒为零。因此,声吸收是此时阻抗边界附近球形粒子受到声辐射力矩的必要条件。这与自由空间中的结论是相同的。

图 6-6(a)和(b)分别计算了一阶 Bessel 波作用下阻抗边界附近黏弹性聚乙烯球和黏弹性酚醛树脂球的声辐射力矩函数 $\tau_{pz}$ 随 $ka$ 的变化曲线,其中 Bessel 波的半锥角设为 $\beta=\pi/4$,粒子中心与边界的距离满足 $d=2a$,在计算中我们考虑了边界声压反射系数分别为 0.1、0.4、0.7 和 1 的情况。从结果可以看出,两种黏弹性球的声辐射力矩函数在仿真范围内均恒取正值,即从 $z$ 轴正方向看去,黏弹性球将绕声轴逆时针转动,这与 Bessel 波所携带角动量的方向是一致的,并且与自由空间中的声辐射力矩方向也相同。同样地,声辐射力矩函数曲线也出现了一系列反映本征共振散射模式的峰值,分别对应着四极、八极等共振散射模式,且这些共振峰的位置均与自由空间中的结果图 4-5 完全相同。尽管如此,由于反射波的存在,此时黏弹性球形粒子的声辐射力矩总体明显强于自由空间中的结果,在共振峰处体现得尤为明显。随着边界声压反射系数的增加,无论 $ka$ 处于何种范围内,声辐射力矩的峰值均逐渐增大,但峰值的位置并不发生变化。

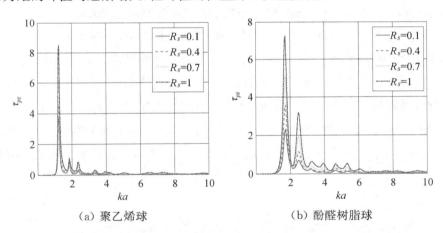

（a）聚乙烯球　　　　　　　　　（b）酚醛树脂球

**图 6-6　一阶 Bessel 行波场对阻抗边界附近黏弹性球形粒子的声辐射力矩函数 $\tau_{pz}$ 随 $ka$ 的变化曲线,且粒子中心与波束中心重合,其中 $d=2a$,$\beta=\pi/4$**

图 6-7 给出了二阶 Bessel 波作用下的计算结果,其余条件均与图 6-6 完全相同。可以看出,二阶 Bessel 波的声辐射力矩函数亦恒为正值,且其共振峰的位置与一阶 Bessel 波作用时完全相同。事实上,虽然此时偶极散射项被抑制,但偶极散射项对声辐射力矩的贡献本来就十分微弱,因而这些共振峰从左到右仍然分别对应着四极、八极等共振散射模式。与图 6-6 相比,四极共振散射模式所对应的峰值高度减小,而其余各阶共振散射模式所对应的峰值均明显增大,即提升 Bessel 波的阶数有利于增强中高频的声辐射力矩。需要注意的是,这一结论是在 $\beta=\pi/4$ 的

条件下得到的,若改变 Bessel 波的半锥角,其规律可能会发生变化。与图 6-6 类似,边界声压反射系数的增加会使声辐射力矩的峰值增大,但不改变峰值的位置。

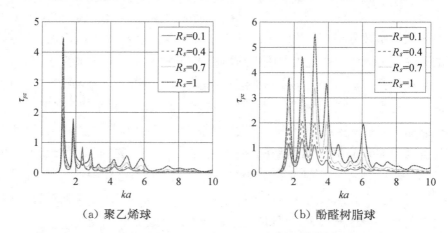

（a）聚乙烯球　　　　　　　　（b）酚醛树脂球

**图 6-7** 二阶 **Bessel** 行波场对阻抗边界附近黏弹性球形粒子的声辐射力矩函数 $\tau_{pz}$

随 $ka$ 的变化曲线,且粒子中心与波束中心重合,其中 $d=2a$ , $\beta=\pi/4$

下面进一步研究当黏弹性球形粒子沿声轴方向移动时声辐射力矩的变化规律。为此,图 6-8 和图 6-9 分别给出了一阶和二阶 Bessel 波作用下阻抗边界附近黏弹性聚乙烯球和黏弹性酚醛树脂球的声辐射力矩函数 $\tau_{pz}$ 随 $d/a$ 的变化曲线,其中 Bessel 波的半锥角仍设为 $\beta=\pi/4$,无量纲频率参量固定为 $ka=1$,在计算中我们仍考虑边界声压反射系数分别为 0.1、0.4、0.7 和 1 的情况。从仿真结果可

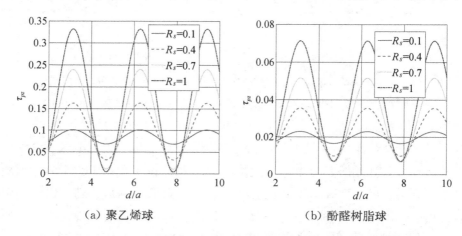

（a）聚乙烯球　　　　　　　　（b）酚醛树脂球

**图 6-8** 一阶 **Bessel** 行波场对阻抗边界附近黏弹性球形粒子的声辐射力矩函数 $\tau_{pz}$

随 $d/a$ 的变化曲线,且粒子中心与波束中心重合,其中 $ka=1$, $\beta=\pi/4$

以看出,当黏弹性球形粒子沿声轴方向移动时,其声辐射力矩将出现类似正弦曲线的周期性变化。从物理上分析,这是由于反射波的存在使得空间中形成了 Bessel 准驻波场。当增加边界声压反射系数时,声辐射力矩函数曲线的振荡特性愈发明显,但极大值与极小值的位置并不发生变化。有必要指出,无论边界声压反射系数取何值,粒子均恒受到正向声辐射力矩的作用。

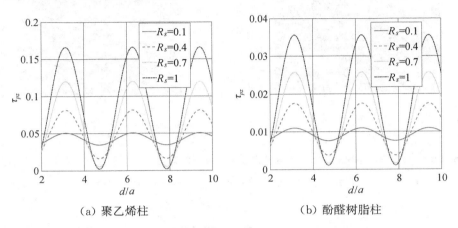

|（a）聚乙烯柱|（b）酚醛树脂柱|

**图 6 - 9　二阶 Bessel 行波场对阻抗边界附近黏弹性球形粒子的声辐射力矩函数 $\tau_{pz}$**
**随 $d/a$ 的变化曲线,且粒子中心与波束中心重合,其中 $ka=1,\beta=\pi/4$**

最后来探究半锥角对声辐射力矩的影响。图 6 - 10 给出了一阶和二阶 Bessel 波对阻抗边界附近黏弹性聚乙烯球的声辐射力矩函数 $\tau_{pz}$ 随 $ka$ 和 $\beta$ 的变化关系,其中图(a)和(b)分别对应着一阶和二阶 Bessel 波作用下的结果,半锥角则可以在 0 到 $\pi/2$ 之间连续变化,阻抗边界的声压反射系数为 $R_s=0.5$,粒子与边界的距离满足 $d=2a$。可以看到,声辐射力矩函数的峰值在仿真图上形成了一系列平行于 $\beta$ 轴的亮色条带状区域,这些带状区域分别对应着黏弹性聚乙烯球的各阶共振散射模式,且前几阶散射模式对声辐射力矩的贡献更大。与一阶 Bessel 波入射时相比,二阶 Bessel 波入射时的声辐射力矩峰值所对应的半锥角均明显增大。这些性质均与自由空间中的结果图 4 - 7 完全类似。同样地,由于边界反射波的存在,黏弹性聚乙烯球的声辐射力矩明显大于自由空间中的结果,但峰值的位置并不改变。

以上讨论仅仅限于球形粒子中心恰好与 Bessel 波的波束中心重合的情形,下面进一步考虑球形粒子偏离波束中心的情况,其物理模型与图 5 - 20 完全相同,且建立的坐标系亦完全相同。一般情况下,粒子在三个方向均可能受到不为零的声辐射力矩作用。此时,$M$ 阶 Bessel 波必须展开为式(3 - 9),而相应的波形系数则已在式(3-154)中给出。形式上可以将此时声辐射力矩的三个分量分别表示为：

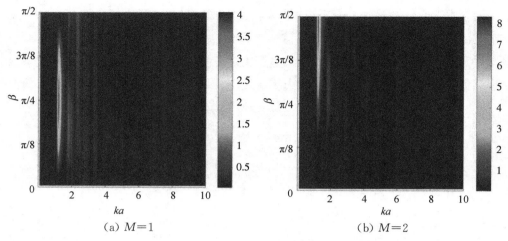

(a) $M=1$          (b) $M=2$

图6-10　一阶和二阶 Bessel 行波场对黏弹性聚乙烯球的声辐射力矩函数 $\tau_{pz}$ 随 $ka$ 和 $\beta$ 的变化，
且粒子中心与波束中心重合，其中 $d=2a$，$R_s=0.5$

$$T_x = \tau_{px}\pi a^3 E \tag{6-13}$$

$$T_y = \tau_{py}\pi a^3 E \tag{6-14}$$

$$T_z = \tau_{pz}\pi a^3 E \tag{6-15}$$

其中，$E=\rho_0 k^2 \phi_0^2/2$ 是入射声场的能量密度；$\tau_{px}$、$\tau_{py}$ 和 $\tau_{pz}$ 是三个方向的声辐射力矩函数，可以通过将式(3-154)代入式(6-2)~式(6-4)求得。至于此时的辅助函数，则由式(5-8)给出。应当指出，当粒子偏离声轴时，即使入射声场没有涡旋特性(如零阶 Bessel 波)，也会由于非对称性产生横向的声辐射力矩作用，但轴向声辐射力矩恒为零。对于高阶 Bessel 波入射的情况而言，在偏轴情况下横向与轴向声辐射力矩均可能存在。这里不再进行详细的算例分析。

## 6.4　阻抗边界附近无限长弹性圆柱壳和弹性球壳的声辐射力矩

以上讨论了阻抗边界附近均匀无限长圆柱形粒子和球形粒子在各类声波作用下的声辐射力矩特性，本节将转入对阻抗边界附近无限长弹性圆柱壳和弹性球壳声辐射力矩特性的研究。如前所述，弹性圆柱壳和弹性球壳仍然具备良好的球对称特性，无法在平面波场中获得声辐射力矩作用。鉴于此，我们直接从 Gauss 波作用下的情形开始讨论。

### 6.4.1　Gauss 波作用下的声辐射力矩

考虑一列角频率为 $\omega$ 的二维 Gauss 波正入射到水中外半径为 $a$、内半径为 $b$ 的弹性圆柱壳上，且弹性圆柱壳位于一无限大阻抗边界附近，其自身轴线与边界平行。阻抗边界的声压反射系数为 $R_s$，弹性圆柱壳的轴线与边界的距离为 $d$。应当注意，此时必须考虑一般情况下的入射情形，即弹性圆柱壳中心不一定位于波束中心，否则无法产生不为零的声辐射力矩。其物理模型如图 6-11 所示。以弹性圆柱壳轴线上某点为原点 $O$ 建立柱坐标系 $(r,\theta,z)$ 和空间直角坐标系 $(x,y,z)$，两坐标系间满足换算关系：$x=r\cos\theta$，$y=r\sin\theta$，$z=z$，Gauss 波的波束中心在直角坐标系中的坐标为 $(x_0,y_0)$。这里我们仍然采取镜像原理来等效阻抗边界，即在关于边界对称的位置处放置一个与真实弹性圆柱壳完全相同的镜像弹性圆柱壳，以镜像弹性圆柱壳轴线上某点为原点建立镜像坐标系 $(r',\theta',z')$。

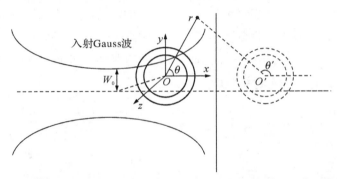

**图 6-11　Gauss 行波正入射到水中阻抗边界附近的弹性圆柱壳上，波矢量沿 $+x$ 方向**

事实上，该模型与图 5-9 无异，仅仅是将均匀圆柱形粒子换为弹性圆柱壳而已。因此，整个声辐射力矩的计算过程和 6.3.1 节中计算阻抗边界附近均匀圆柱形粒子在 Gauss 波作用下的声辐射力矩时完全相同，只需将对应的散射系数替换为弹性圆柱壳的散射系数即可。Gauss 波作用下阻抗边界附近弹性圆柱壳的散射系数早已在式（5-84）中给出，而相应的辅助函数则由式（5-53）给出。需要强调的是，此时 Gauss 波波束因子必须采用一般入射情况下的结果，即式（3-115）。至于 $z$ 方向的声辐射力矩和声辐射力矩函数，则仍分别由式（6-5）和式（6-6）表示。显然，当 $A_n=1$ 时，将得到自由空间中弹性圆柱壳的声辐射力矩计算结果，此时阻抗边界亦可看作不复存在。

有必要指出，对于不存在声吸收特性的弹性圆柱壳而言，其声辐射力矩函数中与散射系数有关的项 $s_n^*(s_n + A_n)$ 恒为零,这同样可以将相应的散射系数和辅助函数代入其中进行验证。因此,我们同样需要考虑弹性圆柱壳的声吸收特性。类似地,由于弹性体的声吸收特性要明显强于流体,因此这里我们仅考虑弹性壳层存在一定的声吸收,而柱壳内部的流体仍然是理想的。

图 6-12 计算了 Gauss 波作用下阻抗边界附近不同厚度黏弹性注水聚乙烯圆柱壳的声辐射力矩函数 $\tau_{pz}$ 随 $ka$ 的变化曲线,且圆柱壳中心恰好与波束中心重合,Gauss 波的束腰半径满足 $kW_0 = 3$,阻抗边界的声压反射系数固定为 $R_s = 0.5$,阻抗边界与粒子中心的距离固定为 $d = 2a$。其中图(a)中的曲线所对应的圆柱壳相对厚度为 $b/a = 0.6$、$0.7$、$0.8$、$0.9$,此时黏弹性圆柱壳相对较厚;图(b)中的曲线所对应的圆柱壳相对厚度为 $b/a = 0.96$、$0.97$、$0.98$、$0.99$,此时黏弹性圆柱壳相对较薄。计算结果显示,无论厚圆柱壳还是薄圆柱壳,此时的声辐射力矩均恒为负值,与自由空间中的计算结果图 4-14 相同。随着 $ka$ 的变化,声辐射力矩函数曲线亦出现了一系列与其共振散射模式一一对应的峰值。此外,对于薄圆柱壳而言,其在低频范围难以获得较强的声辐射力矩作用,这也与图 4-14 完全类似。对比图 6-12 和图 4-14 可以看出,总体而言,阻抗边界的引入使得声辐射力矩得到增强,且在共振峰处体现得尤为明显。

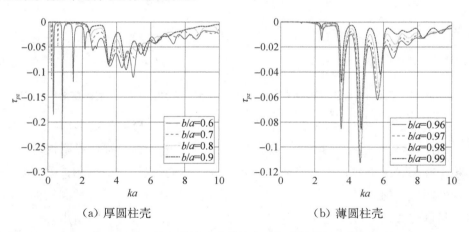

（a）厚圆柱壳 　　　　　　　　　　（b）薄圆柱壳

**图 6-12**　Gauss 行波场对阻抗边界附近黏弹性注水聚乙烯圆柱壳的声辐射力矩函数 $\tau_{pz}$ 随 $ka$ 的变化曲线,其中 $d = 2a$,$R_s = 0.5$,$kW_0 = 3$,$kx_0 = ky_0 = 3$

图 6-13 计算了阻抗边界附近不同厚度黏弹性注水聚乙烯圆柱壳的声辐射力矩函数 $\tau_{pz}$ 随 $d/a$ 的变化关系,其中图(a)和(b)分别对应着厚圆柱壳和薄圆柱壳的情形,无量纲频率参量固定为 $ka = 1$,其余条件均与图 6-12 完全相同。可以看

出,随着粒子沿 $x$ 方向来回移动,其受到的声辐射力矩会出现周期性变化,且该变化周期均为 $\pi$,与圆柱壳的相对厚度无关。尽管声辐射力矩会随 $d/a$ 的变化而出现周期性变化,其方向始终沿 $z$ 轴负方向,这一点与阻抗边界附近黏弹性圆柱壳的声辐射力特性有所不同。随着黏弹性圆柱壳的相对厚度不断变薄,其声辐射力矩函数峰值也不断变小。有必要指出,这一规律是在 $ka=1$ 的前提下得到的,对于其他的 $ka$ 值,黏弹性圆柱壳相对厚度对声辐射力矩的影响可能并非如此。

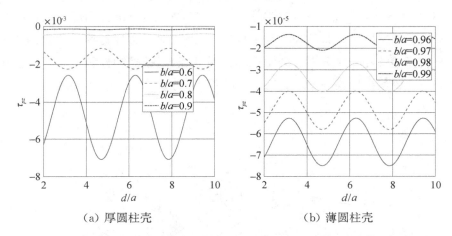

（a）厚圆柱壳　　　　　　　　　　（b）薄圆柱壳

图 6 - 13　Gauss 行波场对阻抗边界附近黏弹性注水聚乙烯圆柱壳的声辐射力矩函数 $\tau_{pz}$
随 $d/a$ 的变化曲线,其中 $ka=1, R_s=0.5, kW_0=3, kx_0=ky_0=3$

对于自由空间中的球对称目标而言,声波的入射方向并不构成问题,因为无论如何我们总可以将声波波矢量的方向定义为轴向,将垂直于波矢量的方向定义为横向,这丝毫无损于模型的一般性。然而,对于阻抗边界附近的球对称目标而言,声波的入射方向确实是一个关键问题。为便于讨论,我们总习惯于将垂直于阻抗边界的方向看作轴向,将垂直于轴向的方向看作横向。事实上,从声辐射力矩的角度看,这一点本无关紧要,因为无论轴向与横向在水平面内如何定义,其声辐射力矩必然沿 $z$ 方向,即垂直于入射面的方向。尽管如此,阻抗边界的存在使得入射角度发生了改变,这确实会对声辐射力矩产生影响。迄今为止,在对阻抗边界附近粒子进行声辐射力矩的计算时,我们均假定入射波波矢量垂直于阻抗边界,尚未考虑波矢量与边界不垂直的情形。我们以 Gauss 波作用下阻抗边界附近无限长弹性圆柱壳的声辐射力矩为例来对此进行简单的分析。

考虑一列角频率为 $\omega$ 的二维 Gauss 波正入射到水中外半径为 $a$、内半径为 $b$ 的弹性圆柱壳上,且弹性圆柱壳位于一无限大阻抗边界附近,其自身轴线与阻抗边界平行。阻抗边界的声压反射系数为 $R_s$，弹性圆柱壳的轴线与边界的距离为 $d$。同样地，此时必须考虑一般情况下的入射情形，即弹性圆柱壳中心不一定位于波束中心，否则无法产生不为零的声辐射力矩。其物理模型如图 6-14 所示。以弹性圆柱壳轴线上某点为原点 $O$ 建立柱坐标系 $(r,\theta,z)$ 和空间直角坐标系 $(x,y,z)$，两坐标系间满足换算关系：$x=r\cos\theta,y=r\sin\theta,z=z$，Gauss 波的波束中心在直角坐标系中的坐标为 $(x_0,y_0)$。与前述情形有所不同，这里我们考虑更一般化的情形，即 Gauss 波的波矢量不一定刚好沿 $+x$ 方向，而是与 $+x$ 方向成一入射角度 $\alpha$。这里我们仍然采取镜像原理来等效阻抗边界，即在关于边界对称的位置处放置一个与真实弹性圆柱壳完全相同的镜像弹性圆柱壳，以镜像弹性圆柱壳轴线上某点为原点建立镜像坐标系 $(r',\theta',z')$。

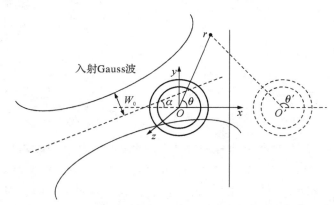

**图 6-14　Gauss 行波正入射到水中阻抗边界附近的弹性圆柱壳上，波矢量与 $x$ 轴成角度 $\alpha$**

对于倾斜入射的 Gauss 波而言，其速度势函数早已由式（3-222）给出，而入射声场的镜像声场可以表示为：

$$\phi_{i,\text{ref}}=\phi_0\sum_{n=-\infty}^{+\infty}R_s(-1)^n\mathrm{e}^{\mathrm{i}2kd\cos\alpha}\mathrm{i}^n b_n\mathrm{e}^{\mathrm{i}n\alpha}J_n(kr)\mathrm{e}^{\mathrm{i}n\theta} \tag{6-16}$$

至于散射声场、散射声场的镜像声场、弹性壳层中的声场、内部流体中的声场，则均与垂直入射时的各项声场形式上完全相同。将以上各项声场表达式代入弹性圆柱壳的边界条件式（5-83）中，即可解得声散射系数。此时，声散射系数仍然由式（5-84）给出，但相应的辅助函数需要修正为：

$$A_n=\mathrm{e}^{-\mathrm{i}n\alpha}+R_s\mathrm{e}^{\mathrm{i}2kd\cos\alpha}\mathrm{e}^{-\mathrm{i}n(\pi-\alpha)}+\frac{R_s}{\mathrm{i}^n b_n}\sum_{m=-\infty}^{+\infty}(-1)^m s_m\mathrm{i}^m b_m H_{m-n}^{(1)}(2kd) \tag{6-17}$$

显然，当 $\alpha=0$ 时，式（6-17）将退化为式（5-53），这正对应着 Gauss 波垂直于界面入射时的辅助函数。

至于声辐射力矩的表达式,仍然可以表示为式(6-5),而相应的声辐射力矩函数表达式则仍可以表示为式(6-6)。有必要指出,尽管此时的声辐射力矩函数表达式与 Gauss 波垂直于界面入射时形式上完全相同,但两者有着本质的区别,这体现在两方面:第一,此时的辅助函数 $A_n$ 需要修正为式(6-17),即辅助函数与入射角度密切相关;第二,此时的散射系数 $s_n$ 也必然发生变化,也是入射角度的函数。因此,尽管此时的声辐射力矩函数表达式不显含入射角度,但实则是入射角度的函数。

有必要指出,对于垂直于界面入射的 Gauss 波而言,当弹性圆柱壳位于声轴上时,其声辐射力矩将由于对称性而消失,这是我们早已明确的性质。但对于倾斜入射的 Gauss 波而言,即使弹性圆柱壳中心恰好位于声轴上,也会产生不为零的声吸收,即此时离轴效应不再是产生声辐射力矩的必要条件。事实上,只要对此稍作深入的分析便可知,这与前面的讨论并不矛盾。根据镜像原理,入射 Gauss 波在阻抗边界处产生的反射波可以等价为在镜像空间以相同角度入射的镜像 Gauss 波。对于真实入射的 Gauss 波而言,粒子的确位于声轴上,但对于镜像 Gauss 波而言,粒子却是处于偏离声轴的状态,因而会受到不为零的声辐射力矩作用。从声辐射力的分类来看,这一力矩应当属于 B 类声辐射力矩。当然,声辐射力矩与声辐射力一样,是声场的二阶量,并不满足叠加原理,因此我们不能将声辐射力矩说成是镜像 Gauss 波产生的,两列波的干涉效应也会对声辐射力矩产生贡献。但无论如何,此时声辐射力矩是存在的。应当指出,这里所有的讨论都是针对存在声吸收特性的黏弹性圆柱壳,若粒子不存在声吸收特性,则始终无法产生不为零的声辐射力矩。

图 6-15 计算了 Gauss 波作用下阻抗边界黏弹性注水聚乙烯圆柱壳的声辐射力矩函数 $\tau_{pz}$ 随入射角度的变化曲线,且圆柱壳中心与波束中心恰好重合,图(a)和(b)分别对应着厚圆柱壳和薄圆柱壳的计算结果。在计算中,Gauss 波的束腰半径仍满足 $kW_0=3$,无量纲频率参量固定为 $ka=1$,阻抗边界的声压反射系数为 $R_s=0.5$,粒子与阻抗边界的距离满足 $d=2a$。从计算结果可以看出,无论何种厚度的黏弹性圆柱壳,其声辐射力矩函数曲线均关于 $\alpha=0$ 呈现奇对称特性,这是在预料之中的。具体来看,当 $\alpha>0$ 时,Gauss 波向右上方入射,黏弹性圆柱壳受到正向力矩的作用;当 $\alpha<0$ 时,Gauss 波向右下方入射,黏弹性圆柱壳受到负向力矩的作用;当 $\alpha=0$ 时,Gauss 波垂直于阻抗边界入射,黏弹性圆柱壳不受声辐射力矩的作用。从曲线的总体趋势来看,波矢量偏离＋$x$ 方向越大,其对黏弹性圆柱壳施加

的力矩也越强,但这也并非绝对的。

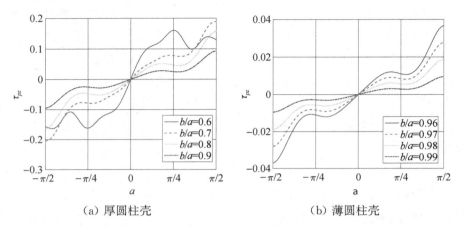

（a）厚圆柱壳　　　　　　　　　（b）薄圆柱壳

**图 6-15 Gauss 行波场对阻抗边界附近黏弹性注水聚乙烯圆柱壳的声辐射力矩函数 $\tau_{pz}$ 随 $\alpha$ 的变化曲线,且粒子中心与波束中心重合,其中 $ka=1,d=2a,R_s=0.5,kW_0=3$**

以上讨论的是阻抗边界附近的黏弹性圆柱壳在二维 Gauss 波作用下的声辐射力矩特性。按照类似的思路,可以进一步探究阻抗边界附近黏弹性球壳在三维 Gauss 波作用下的声辐射力矩特性。与二维圆柱形粒子的情况有所不同,一般情况下,阻抗边界附近的黏弹性球壳在 Gauss 波作用下可能受到三个方向的声辐射力矩作用,此时球壳在三个方向受到的声辐射力矩表达式仍分别由式(6-8)～式(6-10)给出,但需要将散射系数替换为黏弹性球壳的散射系数。这里不再给出详细的算例。

## 6.4.2　Bessel 波作用下的声辐射力矩

最后考虑 Bessel 波作用下阻抗边界附近弹性球壳的声辐射力矩特性。考虑一列角频率为 $\omega$ 的 Bessel 波入射到水中外半径为 $a$、内半径为 $b$ 的弹性球壳上,粒子位于一无限大阻抗边界附近,阻抗边界的声压反射系数为 $R_s$,弹性球壳中心与阻抗边界的距离为 $d$,Bessel 波的半锥角为 $\beta$。为了便于计算,假设粒子中心恰好与 Bessel 波的波束中心完全重合,此时只有高阶 Bessel 波才能产生不为零的声辐射力矩。在关于边界对称的位置处放置一个与真实弹性球壳完全相同的镜像弹性球壳,整个物理模型与图 5-35 完全相同,且建立的坐标系也完全相同。

事实上,该模型与图 5-17 无异,仅仅是将均匀球形粒子换为弹性球壳而已。因此,整个声辐射力矩的计算过程和 6.3.2 节中计算阻抗边界附近均匀球形粒子在 Bessel 波作用下的声辐射力矩时完全相同,只需将对应的散射系数替换为弹性球壳的散射系数即可。Bessel 波作用下阻抗边界附近弹性球壳的散射系数早已在式(5-87)中给出,而相应的辅助函数则由式(5-77)给出。至于 $z$ 方向的声辐射力矩和声辐射力矩函数,则仍分别由式(6-11)和式(6-12)表示。显然,当 $A_n=1$ 时,将得到自由空间中弹性球壳的声辐射力矩计算结果,此时阻抗边界亦可看作不复存在。

有必要指出,当弹性球壳不存在声吸收特性时,其声辐射力矩函数中与散射系数有关的项 $s_n^*(s_n+A_n)$ 同样恒为零。因此,我们同样需要计及弹性球壳的声吸收特性,即考虑弹性壳层存在一定的声吸收,而球壳内部的流体仍然是理想的。

图 6-16 计算了一阶 Bessel 波入射时阻抗边界附近黏弹性注水聚乙烯球壳的声辐射力矩函数 $\tau_{pz}$ 随 $ka$ 的变化曲线,且球壳中心恰好与波束中心重合,Bessel 波的半锥角为 $\beta=\pi/4$,阻抗边界的声压反射系数固定为 $R_s=0.5$,阻抗边界与粒子中心的距离固定为 $d=2a$。其中图(a)中的曲线所对应的球壳相对厚度为 $b/a=$ 0.6、0.7、0.8、0.9,此时黏弹性球壳相对较厚;图(b)中的曲线所对应的球壳相对厚度为 $b/a=$ 0.96、0.97、0.98、0.99,此时黏弹性球壳相对较薄。结果显示,无论何种厚度的黏弹性球壳,均恒受到正向声辐射力矩的作用,这与自由空间中的计算结果图 4-19 完全相同。随着 $ka$ 的变化,声辐射力矩函数曲线出现了一系列反映其本身共振散射模式的峰值,且这些峰值的高度和位置与球壳的相对厚度密切相关。随着球壳由厚变薄,其低频范围内的声辐射力矩峰值迅速减小,并且向 $ka$ 较小的方向移动,这一规律也与图 4-19 中相同。

图 6-17 计算了阻抗边界附近不同厚度黏弹性注水聚乙烯球壳的声辐射力矩函数 $\tau_{pz}$ 随 $d/a$ 的变化关系,其中图(a)和(b)分别对应着厚球壳和薄球壳的情形,无量纲频率参量固定为 $ka=1$,其余条件均与图 6-16 完全相同。可以看出,声辐射力矩函数随 $ka$ 出现周期性变化,且变化周期均为 $\pi$,与球壳的相对厚度无关。

尽管声辐射力矩具有周期性变化的特性,但其方向始终沿 $z$ 轴正方向,这一点与阻抗边界附近黏弹性球壳的声辐射力特性有所不同。随着黏弹性球壳的相对厚度不断变薄,其声辐射力矩函数峰值也不断变小。有必要指出,这一规律是在 $ka=1$ 的前提下得到的,对于其他的 $ka$ 值,黏弹性球壳相对厚度对声辐射力矩的影响可能并非如此,需要具体情况具体分析。

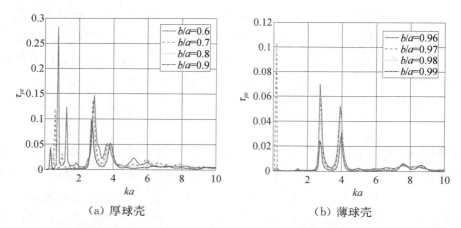

（a）厚球壳　　　　　　　　　　（b）薄球壳

图 6‑16　一阶 **Bessel** 行波场对阻抗边界附近黏弹性注水聚乙烯球壳的声辐射力矩函数 $\tau_{pz}$ 随 $ka$ 的变化曲线,且粒子中心与波束中心重合,其中 $d=2a$,$R_s=0.5$,$\beta=\pi/4$

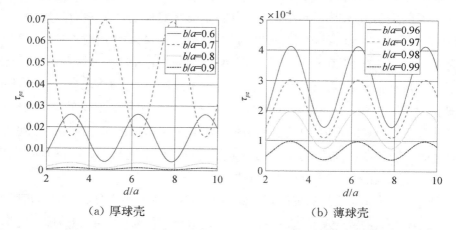

（a）厚球壳　　　　　　　　　　（b）薄球壳

图 6‑17　一阶 **Bessel** 行波场对阻抗边界附近黏弹性注水聚乙烯球壳的声辐射力矩函数 $\tau_{pz}$ 随 $d/a$ 的变化曲线,且粒子中心与波束中心重合,其中 $ka=1$,$R_s=0.5$,$\beta=\pi/4$

## 6.5　本章小结

第 5 章中对阻抗边界附近粒子的声辐射力特性进行了系统研究,本章则进一步讨论了阻抗边界附近粒子的声辐射力矩特性。本章依然从部分波级数展开法出发,推导了阻抗边界附近任意粒子在任意声场作用下受到的三维声辐射力矩和相应的声辐射力矩函数表达式。与自由空间中的计算结果相比,此时声辐射力矩的基本形式并未发生改变,但声辐射力矩函数发生了变化。在推导过程中,我们依然利用镜像原理来对阻抗边界进行等效处理,并引入了辅助函数的概念。与自由空间中的情况类似,在给定入射声场波形系数和粒子散射系数的前提下,可以利用这些表达式对阻抗边界附近粒子的声辐射力矩直接进行计算。同样地,对于二维粒子而言,直接利用基于应力张量的积分式来计算声辐射力矩是更为简便的一种方法。本章对阻抗边界附近无限长圆柱形粒子、球形粒子、无限长弹性圆柱壳、弹性球壳的声辐射力矩进行了详细的理论计算和数值仿真,并考虑了 Gauss 波、Bessel 波等常见声场作用时的情形。在计算仿真中,我们详细讨论了阻抗边界的声压反射系数和粒子与边界的距离对声辐射力矩特性的影响。在计算 Gauss 波作用下阻抗边界附近弹性圆柱壳的声辐射力矩时,特别考虑了波束入射角度对声辐射力矩的影响。当波束与界面不垂直时,对于存在声吸收特性的粒子而言,即使位于声轴上也可能会受到不为零的声辐射力矩作用。

至此我们已经完成了自由空间中和阻抗边界附近各类粒子的声辐射力和力矩的详细研究,这里仍有必要进行几点说明:

(1)部分波级数展开法确实可以给出便于参数化分析的解析解,且在诸多模型中得到了广泛运用。尽管如此,仍有相当一部分模型无法利用该方法求解,主要原因在于难以获得准确的波形系数和散射系数,这在前述章节中已明确指出。例如,对于阻抗边界附近任意放置的椭球形粒子而言,利用部分波级数展开法计算其声辐射力和力矩是相当麻烦的。事实上,对于较复杂的声操控模型而言,我们几乎不会也不可能完全依赖部分波级数展开法来得到精确的解析解,而是先将模型进行初步简化,利用部分波级数展开法求得初步甚至非常粗略的近似解,在此基础上再根据具体的精度要求利用其他合适的方法追求更准确的结果,如有限元方法、边界元方法等。这样做的好处是充分利用了部分波级数展开法便于分析的优势,从而加深对物理模型本质的理解。

(2)从第 3 章到第 6 章,我们所采取的研究思路都可以简述为"物理模型—理论计算—结果分析",这是典型的正演问题。在实际应用中还存在另一类相当重要的问题,即根据某一物理现象反推出系统的物理参数或物理模型。例如,在驻波场声悬浮中,我们设想能否利用悬浮粒子的动力学特性反演粒子本身的物性参数或声场参数?这正构成反演问题的思路,关于这一问题将在第 8 章和第 9 章中进行详细讨论。对于反演问题而言,研究思路可以简述为"现象观测—理论计算—物理模型(参数)"。可以看到,无论是正演问题还是反演问题,理论计算都是不可或缺的步骤。对于正演问题而言,是在已知的模型中根据声场信息和粒子参数信息计算最终的声辐射力和力矩;对于反演问题而言,是根据观测到的声辐射力和力矩计算模型的未知参数,包括声场参数和粒子本身的物性参数。从数学的角度来看,这仅仅涉及已知量和未知量的选择,但在物理上的区别是显著的。

## 参考文献

[1] ZANG Y C, LIN W J, ZHENG Y F, et al. Acoustic radiation torque of a Bessel vortex wave on a viscoelastic spherical shell nearby an impedance boundary[J]. Journal of Sound and Vibration, 2021, 509: 116261.

[2] ZANG Y C, WANG X D, ZHENG Y F, et al. Acoustic radiation torque of a cylindrical quasi-Gauss beam on a viscoelastic cylindrical shell near an impedance boundary[J]. Wave Motion, 2022, 112: 102954.

[3] 张海澜. 理论声学[M]. 2 版. 北京: 高等教育出版社, 2012: 200.

第 7 章

负向声辐射力的多角度分析

## 7.1 引言

从第 3 章到第 6 章,我们花费了大量的篇幅来利用部分波级数展开法对各种声场作用下各类粒子的声辐射力和力矩特性进行详细分析,并同时考虑了粒子位于自由空间中和阻抗边界附近的情形。在计算和仿真过程中,我们曾多次发现,在特定条件下,声场中的粒子会受到负向声辐射力和力矩的作用。当然,力和力矩的大小本身是不能为负的,所谓"负向"是指声辐射力和力矩的实际方向与坐标轴的正方向刚好相反。事实上,负向声辐射力矩与负向声辐射力之间是存在联系的,因为声辐射力矩本就是通过径矢与声辐射应力张量作矢量积运算并进行面积分得来的,所以我们不必去专门讨论负向声辐射力矩的问题,而可以专注于对负向声辐射力现象的分析。但应当强调,负向声辐射力的产生并不意味着负向声辐射力矩必然会产生。事实上,声辐射力矩并非径矢和声辐射力的积分,而是对面元声辐射力矩进行积分后的结果。

然而,单就负向声辐射力而言,情况也是比较复杂的,具体体现在两个方面。第一,根据前面大量的算例可知,对于任意声场中的任意粒子而言,轴向和横向声辐射力可能同时存在。应当强调,当横向声辐射力沿坐标轴取负值时并不能明确这一横向力的性质,此时粒子究竟是受到拉向声轴的回复力还是推离声轴的排斥力作用将取决于粒子相对于声轴的横向坐标,因为我们总是以粒子中心为原点建立坐标系的。这样来看,研究垂直于声轴方向的负向声辐射力的意义不是很大。至于轴向声辐射力则并非如此,由于我们总是习惯于以入射声波波矢量的方向为正方向,因此轴向声辐射力取负值总是意味着粒子受到拉向声源方向的引力作用,这一负向力的物理含义是非常鲜明的。第二,对于驻波声场和准驻波声场而言,负向声辐射力的出现也是丝毫不奇怪的,因为驻波场作用下的声辐射力源于声能量密度的梯度,当然可能存在负向力。事实上,对于驻波场而言,根本不存在波矢量的方向,其负向力也纯粹是由于定义了坐标轴正方向带来的结果,并没有实质的物理含义。综上,本章中我们所讨论的负向声辐射力主要是指在自由空间中行波场作用下粒子受到的指向声源的力,或者更准确地说,是指向入射声波波矢量反方向的力。

在声操控的实际应用中,负向声辐射力是尤为值得关注的。很多情况下,我们不仅会需要利用声辐射力来推动粒子的定向运动,往往还需要将粒子束缚在特定位置,或者对粒子施加一定的引力作用。单从理论上讲,这样的目标是不难达到的,因为可以通过两列传播方向相反的行波叠加形成驻波来实现。然而,这一方法在实际应用中存在难以实现的困难,例如,在利用声镊子操控血管内的微泡造影剂时,我们无法在患者体内放置声源形成这样的驻波声场。因此,能否利用单行波声镊子产生负向力便是值得思考的问题。从前述章节的计算可知,单行波波束确实可以在特定情况下对目标粒子施加负向声辐射力的作用,从而实现对粒子的捕获与吸引。Marston 最早在研究非衍射 Bessel 波束作用下粒子的声辐射力时发现了这一现象,从理论上证实了刚性球、流体球和固体球均可能受到负向声辐射力的作用[1-2]。随后,Mitri 研究了高阶 Bessel 波对流体球和弹性球的声辐射力,对产生负向力的影响因素进行了详细分析[3]。Zhang 和 Marston 则类比光学中的散射理论,从散射函数分布的角度给出了负向声辐射力的理论阐释[4]。在此基础上,他们推导了任意非衍射声场作用下的声辐射力表达式[5]。Marston 还进一步考虑了流体黏度对声散射和低频声辐射力的影响[6]。随后,Azarpeyvand 给出了粒子本征振动频率与负向声辐射力之间的内在关联,该理论为负向声辐射力的预测提供了理论基础[7]。2021 年,Fan 和 Zhang 使用相移法将声辐射力的表达式重新表示,并通过设计球壳的相对厚度和外半径来得到所需要的声辐射力,特别是负向声辐射力[8]。Gong 等人从非衍射声场的声能流密度矢量出发,揭示了负向声能流的存在和其与负向声辐射力的密切关联[9]。2022 年,臧雨宸等人针对自由空间中的球形粒子,从理论和计算两方面验证了负向声辐射力的存在,并进一步探究了粒子的偏心和黏度对负向力的影响[10]。另一类负向声辐射力则是主动声源在自身所产生的声场中受到的负向力[11-13],如内置压电激励源的球腔和振动球体等,但本书不打算对此进行分析。

负向声辐射力作为一类在实际应用中受到广泛关注的物理现象,有必要对其产生机制和本质进行深入的分析,从而指导具体的声操控实践。本章将分别从声功率、部分波和声能流密度矢量的角度对负向声辐射力现象进行理论阐释,而第一种分析角度则是本章的重点。有必要指出,本章中可能会有部分与第 3 章重复的算例,但本章的重点不在于计算,而在于分析内在的物理实质,因此这样的重复是有必要的。

## 7.2　从声功率到负向声辐射力

在第 1 章中我们就曾明确,声辐射力源于声波与物体之间的动量传递。应当强调,动量总是与能量紧密联系的,完全可以将声辐射力看作声波与物体之间的能量传递。物理上,能量的传递总是通过某种力做功来实现的(并非一定是机械功),在声波传播问题中则对应着声功率。因此我们设想,声辐射力必然与声功率之间存在某种联系。本节将尝试从声功率角度给出负向声辐射力的理论解释。

### 7.2.1 声散射过程中的能量传递

让我们先暂时绕开声辐射力的问题,对声散射问题进行简单的分析。

考虑一任意形状的目标粒子位于理想流体中,若干声源($S_1, S_2, S_3, \cdots$)在该理想流体中激发声场。假设这些声源的角频率均为 $\omega$。以粒子质心为原点 $O$ 建立直角坐标系 $(x, y, z)$,$S$ 是以 $O$ 为圆心,将粒子完全包含在内的一半径为 $R$ 的足够大封闭球面,但其并不包含任何声源,其外法向单位矢量为 $n$。图 7-1 显示了此时的物理模型。如前所述,理想流体中不存在对声波动量或能量的吸收,因此完全可以用这一大球面代替粒子表面,从而方便利用远场近似并进行面积分运算。这一思想在前述章节中曾多次使用。

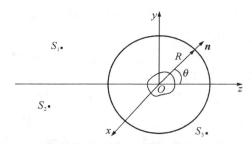

**图 7-1　若干声源作用在理想流体中的任意粒子上**

无论如何,我们总可以利用速度势函数来表示入射声场和散射声场的声压和质点振速:

$$p_{i,s} = -i\omega\rho_0\phi_{i,s} \tag{7-1}$$

$$v_{i,s} = \nabla\phi_{i,s} \tag{7-2}$$

其中,$\phi_{i,s}$ 分别表示入射声场和散射声场的速度势函数,这里分别用下标"$i$"和"$s$"来表示入射声场和散射声场的相应物理量;$\rho_0$ 是粒子所在流体的密度。

在声学中,我们定义单位时间内从封闭曲面 $S$ 净流入的声能量为声功率,在数学上,声功率正是声强对曲面的积分。对于总声场而言,其对应的总声功率可以表示为:

$$P_{abs} = -\iint_S \langle (\boldsymbol{v}_i + \boldsymbol{v}_s)(p_i + p_s) \rangle \cdot \boldsymbol{n}\,\mathrm{d}S \tag{7-3}$$

其中,$\boldsymbol{n}$ 是表面外法向单位矢量。容易看出,式(7-3)中的被积函数正是总声场能流密度矢量的时间平均,即所谓的总声强。从物理上看,式(7-3)表示单位时间内从封闭曲面净流入的总声能量,因而又称为吸收声功率。当吸收声功率为正时,存在净流入封闭曲面的声能量;当吸收声功率为负时,存在净流出封闭曲面的声能量。注意到图 7-1 所示的模型中,封闭曲面内部是不存在任何声源的,若吸收声功率为负,则意味着会有部分声能量净流出封闭曲面,这显然是违反能量守恒定律的结果。因此,封闭曲面内的吸收声功率必须不能取负值,这是物理上所必须满足的约束条件。后面将会看到,这一物理约束会对粒子的归一化声吸收系数提出相应的要求。

至于散射声场的声功率,自然称为散射声功率,其表达式为:

$$P_{sca} = \iint_S \langle p_s \boldsymbol{v}_s \rangle \cdot \boldsymbol{n}\,\mathrm{d}S \tag{7-4}$$

式(7-4)中的被积函数正是散射声场能流密度矢量的时间平均,即散射声场的声强。

吸收声功率与散射声功率之和正是由于目标散射物的存在而使声场损失的总功率,称为损失声功率,其表达式为:

$$P_{ext} = P_{abs} + P_{sca} = -\iint_S \langle p_i \boldsymbol{v}_s + p_s \boldsymbol{v}_i \rangle \cdot \boldsymbol{n}\,\mathrm{d}S \tag{7-5}$$

在运算过程中利用了 $\iint_S \langle p_i \boldsymbol{v}_i \rangle \cdot \boldsymbol{n}\,\mathrm{d}S = 0$ 的结论。这是显然的,因为对于理想流体而言,其内部的任一封闭区域内必然不存在能量的净流入或净流出,因而入射声场的声强对封闭曲面的积分应当恒为零。应当指出,对于非理想流体而言,该结论不再成立。

从以上讨论可以看出,当散射体不存在声吸收特性时,损失声功率与散射声功率恰好相等,即入射声场损失的总声功率全部来源于声散射效应,此时整个系统满足机械能守恒。当散射体存在声吸收特性时,损失声功率等于散射声功率与吸收声功率之和,即入射声场损失的总声功率一部分来源于声散射效应,另一部分来源于声吸收效应,此时部分机械能通过声吸收作用转化为了内能。注意,这里的声吸收是针对散射物体而言,而流体仍然被认为是理想的。

鉴于 Bessel 波良好的非衍射特性,将以上理论运用到零阶 Bessel 波作用下的球形粒子上。为了计算简单,假设球形粒子的中心恰好与波束中心重合,零阶 Bessel 波的半锥角为 $\beta$,波矢量沿 $z$ 轴正方向。事实上,此时整个物理模型与图 3-25 完全相同,但这里已经将 Bessel 波的阶数限制为零。根据式(3-145),很容易写出此时入射零阶 Bessel 波速度势函数的级数展开式:

$$\phi_i = \phi_0 \sum_{n=0}^{+\infty} (2n+1) \mathrm{i}^n j_n(kr) P_n(\cos\theta) P_n(\cos\beta) \tag{7-6}$$

其中,$\phi_0$ 是入射声场速度势函数的振幅,$k=\omega/c_0$ 是声波在流体中的波数,$c_0$ 是流体中的纵波声速。当半锥角取零时,式(7-6)将退化为平面波的级数展开式,这是我们早已熟知的。根据式(7-6)不难写出入射零阶 Bessel 波声压和法向质点振速的表达式,分别可以表示为:

$$p_i = -\mathrm{i}\omega\rho_0\phi_0 \sum_{n=0}^{+\infty} (2n+1) \mathrm{i}^n j_n(kr) P_n(\cos\theta) P_n(\cos\beta) \tag{7-7}$$

$$v_{i,r} = \phi_0 \sum_{n=0}^{+\infty} (2n+1) \mathrm{i}^n k j_n'(kr) P_n(\cos\theta) P_n(\cos\beta) \tag{7-8}$$

相应地,散射声场也可以进行类似的级数展开,根据式(3-148)可以直接写出其级数展开式:

$$\phi_s = \phi_0 \sum_{n=M}^{+\infty} (2n+1) \mathrm{i}^n s_n h_n^{(1)}(kr) P_n(\cos\theta) P_n(\cos\beta) \tag{7-9}$$

其中,$s_n$ 是声散射系数,其具体数值取决于粒子表面的边界条件。对于刚性球、流体球和弹性球而言,散射系数表达式分别由式(3-86)、式(3-91)和式(3-104)给出。根据式(7-9),不难写出此时散射声场的声压和法向质点振速,分别可以表示为:

$$p_s = -\mathrm{i}\omega\rho_0\phi_0 \sum_{n=0}^{+\infty} (2n+1) \mathrm{i}^n s_n h_n^{(1)}(kr) P_n(\cos\theta) P_n(\cos\beta) \tag{7-10}$$

$$v_{s,r} = \phi_0 \sum_{n=0}^{+\infty} (2n+1) \mathrm{i}^n k h_n^{(1)\prime}(kr) P_n(\cos\theta) P_n(\cos\beta) \tag{7-11}$$

将式(7-6)~式(7-11)代入式(7-3)~式(7-5)中即可得到此时的各项声功率大小,在计算中,选取图 7-1 中的大封闭球面作为积分曲面。需要注意的是,尽管式(7-3)~式(7-5)中包含速度矢量,但由于球面的法向与径向意义相同,只需要利用法向质点振速的表达式即可,无须考虑其切向分量。经计算可得,此时吸收声功率、散射声功率和损失声功率的大小分别为:

$$P_{\mathrm{abs}} = S_c I_0 Q_{\mathrm{abs}} \tag{7-12}$$

$$P_{\text{sca}} = S_c I_0 Q_{\text{sca}} \tag{7-13}$$

$$P_{\text{ext}} = S_c I_0 Q_{\text{ext}} \tag{7-14}$$

其中，$S_c = \pi a^2$ 是球形粒子的散射截面积；$I_0 = (\rho_0 c_0/2)(k\phi_0)^2$ 是入射声波的声强；$Q_{\text{abs}}$、$Q_{\text{sca}}$ 和 $Q_{\text{ext}}$ 分别是归一化吸收声功率、归一化散射声功率和归一化损失声功率，在物理上表示单位面积单位强度的声波所具有的声功率，其具体表达式分别为：

$$Q_{\text{abs}} = \frac{1}{(ka)^2} \sum_{n=0}^{+\infty} (2n+1)[P_n(\cos\beta)]^2 (1 - |S_n|^2) \tag{7-15}$$

$$Q_{\text{sca}} = \frac{1}{(ka)^2} \sum_{n=0}^{+\infty} (2n+1)[P_n(\cos\beta)]^2 |S_n - 1|^2 \tag{7-16}$$

$$Q_{\text{ext}} = \frac{2}{(ka)^2} \sum_{n=0}^{+\infty} (2n+1)[P_n(\cos\beta)]^2 [\text{Re}(1 - S_n)] \tag{7-17}$$

其中，$S_n = 2s_n + 1$ 称为散射函数。后面将看到，用散射函数代替散射系数会使物理意义更加清晰。

首先来分析散射声功率。从式(7-16)可以看出，粒子的散射声功率恒为正（单从数学上看还有可能取零，但那对应着粒子声参数与流体完全相同，从而不存在散射声场，这当然没有意义），这是不难理解的，因为散射声场的存在总是要使入射声场的声功率减小，从而造成声波的散射声衰减。再来分析吸收声功率。根据前面的讨论，无论如何粒子的吸收声功率都必须满足不能为负的物理约束，否则将违反能量守恒定律。根据式(7-15)，这就要求散射函数必须满足 $|S_n| \leqslant 1$。然而，单从数学上来看，这一约束条件是不一定总能得到满足的。我们以流体球的声散射为例来对此进行详细讨论。

对于零阶 Bessel 波作用下的流体球而言，其散射系数表达式由式(3-91)给出。基于式(3-91)，可以很容易得到流体球散射函数的表达式为：

$$S_n = \frac{h_n^{(1)'*}(ka) + i\varepsilon_n h_n^{(1)*}(ka)}{h_n^{(1)'}(ka) + i\varepsilon_n h_n^{(1)}(ka)} \tag{7-18}$$

其中，$\varepsilon_n = i\rho_0 c_0 j_n'(k_1 a)/[\rho_1 c_1 j_n(k_1 a)]$。若流体球不存在声吸收特性，则 $k_1$ 为实数，$\varepsilon_n$ 为纯虚数，从而有

$$|S_n| = \left| \frac{[h_n^{(1)'}(ka) - \text{Im}(\varepsilon_n) h_n^{(1)}(ka)]^*}{h_n^{(1)'}(ka) - \text{Im}(\varepsilon_n) h_n^{(1)}(ka)} \right| = 1 \tag{7-19}$$

此时吸收声功率恒为零。事实上，这正是前述章节中计算时所作的假定。若流体

球存在声吸收,则需要给 $k_1$ 增加一项表示声衰减的虚部,从而构成所谓复波数 $\tilde{k}_1 = k_1(1 + \mathrm{i}\gamma_1)$,这里 $\gamma_1$ 是归一化声吸收系数。当然,这一处理方法仍然仅限于粒子材料满足线性吸收的假定。在考虑声吸收的情况下,$\varepsilon_n$ 亦不再是纯虚数,因而 $|S_n|$ 不一定等于 1。有必要指出,根据约束条件 $Q_{\mathrm{abs}} \geqslant 0$,此时 $|S_n|$ 必须 $\leqslant 1$,但当 $\gamma_1$ 取值合适时,会出现 $|S_n| > 1$ 的结果,此时出现"负吸收"的现象,这是违反物理约束条件的结果。之所以会得出这种错误的结果,原因在于归一化声吸收系数取值不当,需要在实际计算中加以辨别。这里以流体球为例进行了简单分析,对于弹性球的情况也是类似的,只是此时需要同时考虑纵波和横波声吸收系数,要稍许复杂一些。

我们以水中的聚乙烯球为算例来对违反物理的"负吸收"现象进行简单说明。这里假设聚乙烯的归一化纵波声吸收系数固定为 $\gamma_c = 0.007\,4$,而归一化横波声吸收系数 $\gamma_s$ 则在 0 到 0.08 之间变化,变动步长为 0.01。图 7-2 计算了归一化横波声吸收系数取不同值时零阶 Bessel 波作用下位于其波束中心的聚乙烯球的归一化吸收声功率 $Q_{\mathrm{abs}}$ 随 $ka$ 的变化曲线,其中零阶 Bessel 波的半锥角设为 $\pi/4$。从计算结果可以看出,当 $\gamma_s$ 超过 0.04 时,吸收声功率存在负值区域,这违反了物理约束条件。这一"负吸收"现象说明在具体的计算过程中,应当注意吸声系数的取值范围,避免出现违反物理的结果。至于圆柱形粒子的情形,则已在相应文献[14-15]中详细讨论。

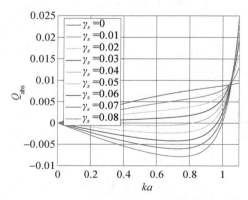

**图 7-2  零阶 Bessel 行波场对黏弹性聚乙烯球的归一化吸收声功率 $Q_{\mathrm{abs}}$**
**随 $ka$ 的变化曲线,其中 $\gamma_c = 0.007\,4, \beta = \pi/4$**

图 7-3(a)、(b)和(c)分别显示了归一化吸收声功率、归一化散射声功率和归

一化损失声功率随 $ka$ 和 $\gamma_s$ 的变化关系,其余条件均与图 7-2 完全相同,但此时归一化横波声吸收系数可以连续变化。计算结果显示,无论 $ka$ 取何值,当 $\gamma_s$ 超过一临界值时,聚乙烯球都将出现"负吸收"现象,这是违反物理约束条件的。随着 $ka$ 的增大,这一临界值逐渐变大。此外还注意到,在计算范围内散射声功率恒为正值,这是不奇怪的。如前所述,散射粒子的存在总是会减小入射声场在原传播方向的声强。至于归一化损失声功率,也存在取负值的区域,但该区域明显小于归一化吸收声功率取负值的区域。同样地,这一"负损失"现象也是违反物理约束条件的结果。

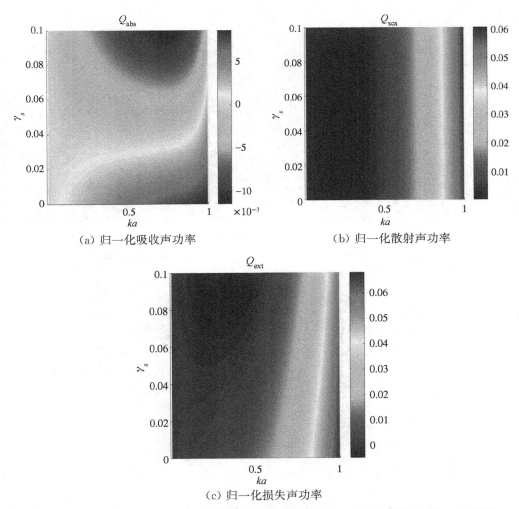

（a）归一化吸收声功率　　（b）归一化散射声功率

（c）归一化损失声功率

图 7-3　零阶 Bessel 行波场作用下黏弹性聚乙烯球的各项归一化声功率随 $ka$ 和 $\gamma_s$ 的变化,其中 $\gamma_c = 0.007\,4, \beta = \pi/4$

当 $n$ 取不同值时,$S_n$ 分别表示不同阶模式所对应的散射函数。前面我们曾指出,出现负吸收现象的根源在于声吸收系数取值不当,使得存在某阶散射函数,其幅值大于 1。图 7-4(a)、(b)和(c)分别显示了单极散射模式、偶极散射模式和四极散射模式的散射函数幅值随 $ka$ 和 $\gamma_s$ 的变化关系,其余条件均与图 7-3 完全相同。为了更清楚地显示幅值小于 1 的范围,在计算中将 $|S_n| \leqslant 1$ 的区域全部赋值为 0。计算结果显示,在计算范围内,对于单极和偶极散射模式而言均存在 $|S_n| > 1$ 的区域,且前者该区域的范围远大于后者,而四极散射模式则不存在这样的区域。该计算表明,单极散射模式对"负吸收"现象的贡献最为显著。

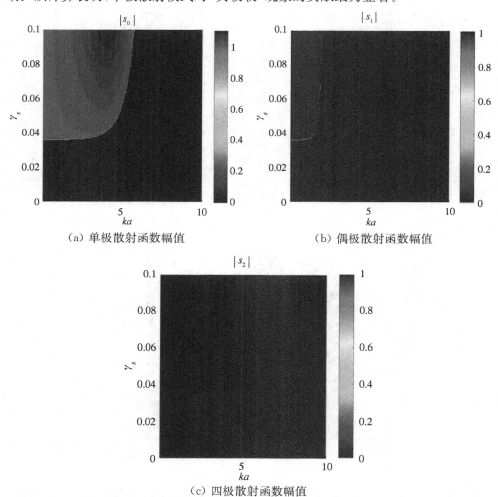

（a）单极散射函数幅值　　　　　　　　（b）偶极散射函数幅值

（c）四极散射函数幅值

**图 7-4　零阶 Bessel 行波场作用下黏弹性聚乙烯球的各阶散射函数幅值随 $ka$ 和 $\gamma_s$ 的变化,**
**其中 $\gamma_c = 0.007\,4,\beta = \pi/4$**

## 7.2.2 基于声能流密度矢量的声辐射力表达式

在第 2 章中,我们从声场的动量守恒定律出发推导得到了基于声辐射应力张量的声辐射力计算公式,即式(2-48)和式(2-49)。考虑到直接利用式(2-48)和式(2-49)计算具体模型中的声辐射力是颇为困难的,我们在第 3 章中利用部分波级数展开法推导得到了基于波形系数的声辐射力以及声辐射力函数计算公式,分别为式(3-21)和式(3-25)~式(3-27)。尽管如此,这些计算公式的物理意义并不十分鲜明,无法对声辐射力现象做出机制性的解释。为此,这里我们尝试推导基于声能流密度矢量的声辐射力表达式。

式(2-48)中的声压和质点振速均应当理解为总声场的相应物理量,即入射声场和散射声场的叠加。基于此,我们曾在第 3 章中推导了利用入射声场和散射声场的声压与质点振速表示的声辐射力表达式,即式(3-7)。在远场近似下,声压和质点振速满足关系 $p_{i,s}=\rho_0 c_0 v_{i,s}$,且质点振速的切向分量趋于零,因而式(3-7)可以改写为:

$$\boldsymbol{F}_{\mathrm{rad}}=-c_0^{-1}\iint_{S_0}\langle p_1\boldsymbol{v}_s+p_s\boldsymbol{v}_i\rangle\mathrm{d}S-c_0^{-1}\iint_{S_0}\langle p_s\boldsymbol{v}_s\rangle\mathrm{d}S \qquad (7-20)$$

容易看出,第一项中的被积函数正是入射声场和散射声场相互干涉形成的能流密度矢量的时间平均,第二项中的被积函数正是散射声场能流密度矢量的时间平均。为了表达式的简洁,将这两项中的被积函数分别记为$\langle \boldsymbol{s}_{\mathrm{mix}}\rangle$和$\langle \boldsymbol{s}_{\mathrm{sca}}\rangle$,于是式(7-20)可以重新表示为:

$$\boldsymbol{F}_{\mathrm{rad}}=-c_0^{-1}\iint_{S_0}\langle \boldsymbol{s}_{\mathrm{mix}}+\boldsymbol{s}_{\mathrm{sca}}\rangle\mathrm{d}S \qquad (7-21)$$

式(7-21)正是基于声能流密度矢量的声辐射力表达式。这里我们用"表达式"而非"计算公式"来称谓它,因为直接利用式(7-21)这样的积分式来计算具体模型中的声辐射力是十分困难的,更何况声能流密度矢量并不容易求得。然而,式(7-21)的物理意义十分清晰,其右边的积分式表示该封闭区域内声能量的变化,这一变化可以是净累积,也可以是净消耗。等式左边则是该封闭区域内的声辐射力,正是由于声辐射力的存在才造成了区域内部声能量的变化,或者说是声辐射力所做的"功"。当然,这里所讲的"功"不是力学意义上的机械功,而是一种广义功。总之,式(7-21)是功能原理的体现,反映了声辐射力做功的特性。

## 7.2.3　负向声辐射力的产生

纵然式(7-21)从功能原理的角度给出了声辐射力清晰的物理含义,但它毕竟是矢量式,不便于作具体分析。如前所述,本章所研究的负向声辐射力是指与入射声场波矢量方向相反的声辐射力,因此我们更关心沿声轴方向的力,即轴向声辐射力。这里我们考虑一般非衍射声场作用下的情形,且粒子可以是任意的,但粒子中心仍与波束中心恰好重合。对于一般的非衍射声场而言,我们仍然可以将其看作若干平面波的叠加,且这些平面波的波矢量同样位于半锥角为 $\beta$ 的圆锥面上,只是这些平面波振幅与相位的分布与 Bessel 波可能有所不同。这样一来,我们不妨将图 3-25 中的入射声波看作一般的非衍射声场,且建立的坐标系也完全相同。根据相关文献[16]的理论,任意非衍射声波可以表示成如下的积分形式:

$$\phi_i = \frac{\phi_0}{2\pi} e^{i\kappa z} \int_0^{2\pi} g(\phi') e^{i\mu(x\cos\phi' + y\sin\phi')} \, d\phi' \qquad (7-22)$$

其中,$\kappa = k\cos\beta$ 和 $\mu = k\sin\beta$ 分别是轴向和径向的声波波数;$g(\phi')$ 是角度调制函数,决定了不同平面波成分的振幅与相位分布。特别地,当 $g(\phi')=1$ 时,式(7-22)将给出零阶 Bessel 波的积分表达式;当 $g(\phi')=\exp(iM\phi')$ 时,式(7-22)将给出 $M$ 阶 Bessel 波的积分表达式。

将声辐射力表达式(7-21)投影到 $z$ 轴上即得到轴向声辐射力,其具体计算过程在文献[5]中已经给出,这里仅列示最终的计算结果:

$$F_z = c_0^{-1} P_{\text{ext}} \cos\beta - c_0^{-1} P_{\text{sca}} \langle \cos\theta \rangle_s \qquad (7-23)$$

其中,$\langle \cos\theta \rangle_s = \iint_S \cos\theta \langle \mathbf{s}_{\text{sca}} \rangle \cdot \mathbf{n} \, dS \Big/ \iint_S \langle \mathbf{s}_{\text{sca}} \rangle \cdot \mathbf{n} \, dS$,可以看出,这正是以不同方向散射声能流加权平均的散射角度的余弦值,它可以大致反映散射声场的能量的主要分布区域。式(7-23)正是一般非衍射声场作用下的轴向声辐射力表达式。进一步观察式(7-23)可以发现,这正是 $z$ 方向动量守恒定律的表达式,即声波在 $z$ 方向损失的总动量减去由于散射失去的动量正是轴向声辐射力的作用效果,而式(7-23)中的 $\cos\beta$ 和 $\langle\cos\theta\rangle_s$ 所起的作用则是分别将损失的总动量和散射的总动量投影到 $z$ 轴上。由此看来,式(7-23)将声辐射力和声功率紧密联系起来,物理意义十分清晰。此外,根据式(7-23)、式(7-13)和式(7-14),不难直接写出此时轴向归一化声辐射力函数的表达式为:

$$Y_{pz} = Q_{\text{ext}} \cos\beta - Q_{\text{sca}} \langle \cos\theta \rangle_s \qquad (7-24)$$

可以看出,式(7-24)将轴向归一化声辐射力函数与各项归一化声功率紧密联系起来,这是在预料之中的。

在式(7-23)的基础上可以着手讨论轴向声辐射力的方向问题了。从式(7-23)可以看出,轴向声辐射力可以表示为两项相减的形式,其最终的符号将取决于被减项和减项的大小,具体需要分为三种情况来讨论:当 $P_{\text{ext}}\cos\beta > P_{\text{sca}}\langle\cos\theta\rangle_s$ 时,轴向声辐射力为正值,即粒子受到声源对它的推力作用;当 $P_{\text{ext}}\cos\beta = P_{\text{sca}}\langle\cos\theta\rangle_s$ 时,轴向声辐射力为零,即粒子在 $z$ 方向不受力的作用;当 $P_{\text{ext}}\cos\beta < P_{\text{sca}}\langle\cos\theta\rangle_s$ 时,轴向声辐射力为负值,即粒子受到声源对它的引力作用。由此看来,负向声辐射力的产生与损失声功率、散射声功率、声波的半锥角和散射声场分布有关,其形成较为复杂。尽管如此,从物理上分析是较为简单的。根据 Newton 第三定律,声场在对粒子施加声辐射力的同时,粒子也会对声场施加一个等大反向的反作用力。若在 $z$ 方向声波由于发生散射失去的动量大于声波损失的总动量,则必须通过粒子对声场的反作用力补偿 $z$ 轴正方向的动量才能满足动量守恒定律,即粒子对声场的作用力沿 $z$ 轴正方向,相应地,声场对粒子的声辐射力必然沿 $z$ 轴负方向。这正是负向声辐射力的物理机制。

下面针对具体不同的声场来探究负向声辐射力产生的条件。首先考虑平面波的情形。对于平面波而言,其半锥角为零。如前所述,损失声功率等于散射声功率与吸收声功率之和,因而存在关系 $P_{\text{ext}} \geqslant P_{\text{sca}}$。根据式(7-23)可知,此时轴向声辐射力必然大于或等于零,即平面波无法对粒子产生负向声辐射力的作用。读者可以回忆,第 3 章中针对平面波入射的情形作了大量计算,均未出现负向声辐射力的现象,据此我们有理由相信,Mitri 等人在相关文献[17]中对平面波作用下自由空间中的小球计算得到的负向声辐射力结果应当存在错误。

对于非平面波的非衍射声场而言,负向声辐射力是确实可能产生的,其产生条件为 $P_{\text{ext}}\cos\beta < P_{\text{sca}}\langle\cos\theta\rangle_s$,或表示成 $\cos\beta < (P_{\text{sca}}/P_{\text{ext}})\langle\cos\theta\rangle_s$。对于不存在声吸收特性的粒子而言,损失声功率与散射声功率相等,负向声辐射力的产生条件可以简化为 $\cos\beta < \langle\cos\theta\rangle_s$。由此可见,对于存在声吸收特性的粒子而言,由于吸收声功率的存在,其轴向声辐射力的产生条件要更为苛刻。从以上分析可以看出,若要产生负向声辐射力,可以从两个方面进行设计。第一,尽量增大入射非衍射声场的半锥角 $\beta$ 似乎可以更容易获得负向声辐射力,因为此时 $\cos\beta$ 较小。一般而言,这一方法是可行的,例如在图 3-26(b)中,当 $\beta = 3\pi/8$ 时油酸球的声辐射力函数曲线就出现了负值。然而有必要指出,因为半锥角改变的同时也会影响散射声场的分

布,实际情况下可能并非越大越好。第二,尽量增大前向散射($\theta=0$)声能量,减小背向散射($\theta=\pi$)声能量,从而尽可能地增大$\langle\cos\theta\rangle_s$,然而在实际情况下这一点是不容易做到的。

有必要指出,以上关于负向声辐射力的讨论适用于任意非衍射声场作用下的任意粒子。但在具体计算中,球形粒子模型的讨论显然是更为简便的,因此接下来我们均以球形粒子为算例进行讨论。

图3-9计算了平面行波场作用下刚性球、油酸球和聚乙烯球的声辐射力函数随$ka$的变化曲线,且均未考虑粒子的声吸收特性。从计算结果可以看出,无论何种材料的球形粒子,其声辐射力函数均恒取正值,即粒子不会受到负向声辐射力的作用,这与前面的讨论是相符合的。图3-26和3-27分别计算了零阶和一阶Bessel波作用下三种球形粒子的声辐射力函数随$ka$的变化曲线,且同样均未考虑粒子的声吸收特性。从计算结果可以看出,无论是零阶还是一阶Bessel波入射,当$\beta=3\pi/8$时,油酸球均有可能受到负向声辐射力的作用。对于零阶Bessel波而言,其负向声辐射力的产生范围大致为$2.5<ka<3.2$;对于一阶Bessel波而言,其负向声辐射力的产生范围大致为$3.7<ka<4.4$和$7.2<ka<7.6$这两个范围。

为了更清晰地显示负向声辐射力对半锥角的依赖关系,图7-5进一步给出了零阶Bessel波对三种球形粒子的声辐射力函数$Y_{pz}$随$ka$的变化关系,且粒子中心仍与波束中心重合,但此时半锥角可以在0到$\pi/2$之间连续变化。计算结果显示,刚性球的声辐射力仍然恒为正值,对于油酸球和聚乙烯球而言,当半锥角较大时声辐射力会在某些$ka$范围内取负值,这些负向声辐射力在仿真图中构成了一系列岛状区域。值得一提的是,在图3-26的计算中由于仅选取了三个半锥角进行仿真,我们并未发现聚乙烯球的负向声辐射力现象。总体而言,随着半锥角的增加,无论粒子是何种材料,其声辐射力均会发生明显的衰减。第3章中我们曾对该现象进行了解释:当半锥角较大时沿声轴方向的波矢量分量较小,从而削弱了轴向声辐射力。

如前所述,负向声辐射力的产生不仅与入射声场的半锥角有关,还与散射声场的能量分布有关,当前向散射声能量强于背向散射声能量时,负向声辐射力更容易产生。这里利用散射声场的远场形成函数进行进一步分析。

考虑粒子位于远场,可以利用球Hankel函数的远场近似公式,即式(4-9)。在此基础上,散射声场的表达式(7-9)可以进一步化简为:

$$\phi_s = \phi_0 \frac{a}{2r} e^{ikr} f(ka,\theta) \tag{7-25}$$

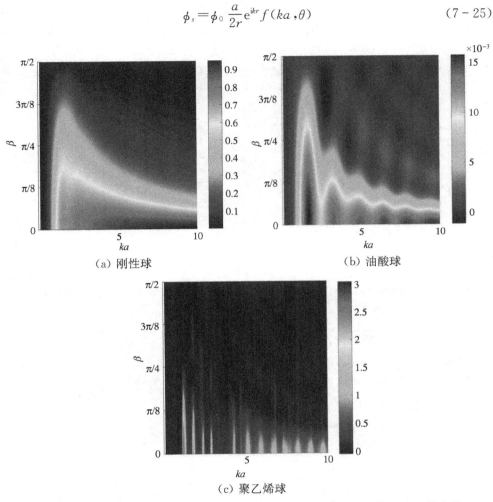

（a）刚性球　　　　　　　　　　　　（b）油酸球

（c）聚乙烯球

**图 7-5**　零阶 **Bessel** 行波场对球形粒子的轴向声辐射力函数 $Y_{pz}$ 随 $ka$ 和 $\beta$ 的变化，
且粒子中心与波束中心重合

其中，$f(ka,\theta)$ 是散射声场的远场形成函数，在第 3 章中我们曾经使用该函数来分析弹性柱的本征共振散射模式与声辐射力峰值的对应关系，不过在那里是利用柱坐标系进行表述的，而这里是球坐标系中的结果，其具体表达式为：

$$f(ka,\theta) = \frac{2}{ika} \sum_{n=0}^{+\infty} (2n+1) s_n P_n(\cos\theta) P_n(\cos\beta) \tag{7-26}$$

式(7-26)给出了零阶 Bessel 波作用下球形粒子的散射声场随角度的分布关系。显然，当 $\theta=0$ 和 $\theta=\pi$ 时分别对应着前向散射和背向散射的情形。

图 7-6 绘制了零阶 Bessel 波作用下油酸球散射声场的远场形成函数模值 $|f(ka,\theta)|$ 随角度 $\theta$ 的分布图,且油酸球位于波束中心。计算中,我们设置无量纲频率参量 $ka=2.7$,Bessel 波的半锥角 $\beta=3\pi/8$。从图 3-26(b) 可以看出,满足该条件时油酸球会受到负向声辐射力的作用。计算结果显示,此时油酸球的散射声场关于 $z$ 轴呈轴对称分布,且前向散射声能量明显强于背向散射声能量。

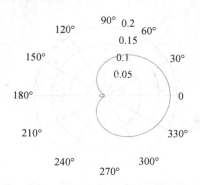

**图 7-6   零阶 Bessel 行波场作用下油酸球的远场形成函数模值 $|f(ka,\theta)|$ 随 $\theta$ 的分布,且粒子中心与波束中心重合,其中 $ka=2.7,\beta=3\pi/8$**

图 7-7 给出了油酸球的远场背向形成函数模值随 $ka$ 的变化曲线,且其余条件均与图 7-6 完全相同。计算结果显示,曲线在 $ka=2.7$ 附近出现了明显的极小值,在该点处油酸球的背向散射几乎被完全抑制,该点恰好也位于负向声辐射力的产生区域,这与前面的理论分析是完全相符合的。

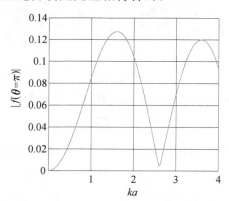

**图 7-7   零阶 Bessel 行波场作用下油酸球的远场背向形成函数模值 $|f(ka,\pi)|$ 随 $ka$ 的变化曲线,且粒子中心与波束中心重合,其中 $\beta=3\pi/8$**

以上算例中均未考虑粒子的声吸收特性对结果的影响,接下来我们计入这一因素。图 7-8 计算了零阶 Bessel 波作用下油酸球的声辐射力函数 $Y_{pz}$ 随 $ka$ 和 $\beta$ 的变化关系,且油酸球中心仍与波束中心重合,图(a)、(b)和(c)中油酸球的归一化声吸收系数分别设为 $\gamma_1 = 0.000\,5$,$\gamma_1 = 0.001$ 和 $\gamma_1 = 0.002$。计算结果显示,由于复波数的虚部与频率成正比,声吸收效应对油酸球声辐射力的影响主要集中在中高频区域。与不考虑声吸收的计算结果图 7-5 相比,声辐射力函数曲线会在中高频范围内出现明显增强。这是不难理解的,因为吸收声功率的存在使得总的损失声功率增大,根据轴向声辐射力的表达式(7-23),此时轴向声辐射力也会增强。另外,我们发现,随着油酸球的归一化声吸收系数不断增大,其负向声辐射力的产生区域出现明显的缩小,这是和前面的理论预测相符合的,即粒子的声吸收效应会使负向声辐射力的产生条件更加苛刻。

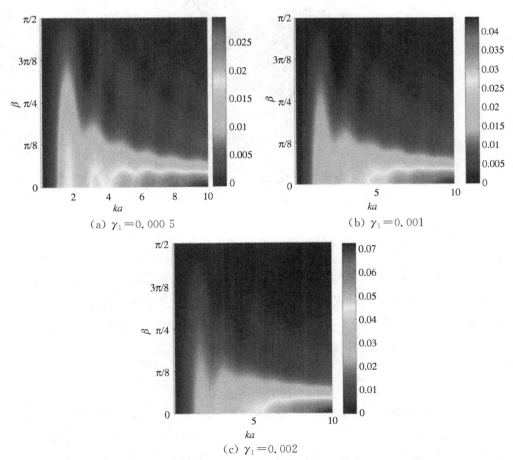

(a) $\gamma_1 = 0.000\,5$　　　　(b) $\gamma_1 = 0.001$

(c) $\gamma_1 = 0.002$

**图 7-8**　零阶 **Bessel** 行波场对油酸球的轴向声辐射力函数 $Y_{pz}$ 随 $ka$ 和 $\beta$ 的变化,
且粒子中心与波束中心重合

如前所述,在计算中归一化声吸收系数的选取必须满足物理约束条件,即吸收声功率必须不能为负,否则将违反能量守恒定律。因此,图 7 - 8 的计算中所设置的归一化声吸收系数是否合理还尚待验证,不过这是很容易的,只需计算 $\gamma_1 =$ 0.002 时的归一化吸收声功率即可。为此,图 7 - 9 给出了此时油酸球的归一化吸收声功率 $Q_{abs}$ 随 $ka$ 和 $\beta$ 的变化关系,其余条件均与图 7 - 8 完全相同。从计算结果可以看出,此时的吸收声功率恒为正值,没有出现"负吸收"现象,这是满足物理约束条件的。

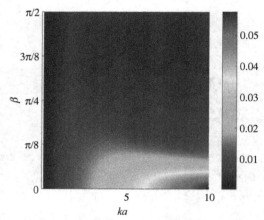

**图 7 - 9  零阶 Bessel 行波场作用下油酸球的归一化吸收声功率 $Q_{abs}$ 随 $ka$ 和 $\beta$ 的变化,且粒子中心与波束中心重合,其中 $\gamma_1 = 0.002$**

## 7.2.4  流体黏性对负向声辐射力的影响

迄今为止,我们的讨论均限于理想流体中的声辐射力。事实上,理想流体是不存在的,实际情况下的流体必然存在一定的黏滞效应,这种黏滞效应必然会对粒子的声辐射力特性产生一定影响。在流体力学的基本理论中,对于角频率为 $\omega$ 的声波而言,我们通常定义某种黏性流体的边界层厚度为[18]:

$$\delta = \sqrt{\frac{2\nu}{\omega}} = \sqrt{\frac{2\eta}{\rho_0\omega}} \qquad (7 - 27)$$

其中,$\eta$ 是流体本身的黏度,$\nu = \eta/\rho_0$ 是流体的动力学黏度,$\rho_0$ 是流体的密度。

有必要指出,对于某种特定的流体而言,其黏滞特性往往是比较复杂的,需要分两种情况讨论。对于单原子分子组成的流体,其只存在切变黏滞特性,即流体质点由于相邻层具有不同速度而存在动量的迁移,用切变黏滞系数来表征。对于多原子分子组成的流体,其不仅存在切变黏滞特性,还存在容变黏滞特性,即由于流体的膨胀与压缩,声能量转化为流体质点的振动和转动能量,用容变黏滞系数来表征。对于大多数流体而言,虽然是由多原子分子组成,但容变黏滞系数远小于切变黏滞系数。式(7 - 27)中的黏度应当专门指切变黏滞系数。

对于黏滞流体而言,其不仅存在一般的声波模式,还存在由黏滞特性而引起的旋波模式[18]。对于声波模式而言,其速度矢量的旋度为零,散度不为零,属于纵波模式;而对于旋波模式而言,其速度矢量的散度为零,旋度不为零,属于横波模式。与声波模式相比,旋波模式属于凋落波,其传播距离非常短,一般只在声源附近或边界附近才会存在,而边界层厚度大致可以描述旋波模式的传播距离。从式(7 - 27)可以看出,旋波模式的传播距离随着频率的升高而减小。为了让读者有一个数量级上的概念,这里以水中的声波为例进行说明。常温下水的黏度大约为 $\eta = 1 \times 10^{-3}$ kg/(m·s),对于 1 MHz 的声波而言,其边界层厚度大约为 $2.4 \times 10^{-6}$ m,传播距离是非常短的。因此,我们通常在低频范围内讨论黏滞效应对声辐射力的影响。当然,这里所指的低频仍然是相对的概念,即粒子尺寸远小于声波波长。

边界层厚度毕竟是一个绝对的物理量,在后续使用中不太方便。为此,定义边界层厚度与球形粒子半径之比为:

$$\Delta = \frac{\delta}{a} = \frac{\sqrt{2\nu/\omega}}{a} = \frac{\sqrt{2\nu/(ca)}}{\sqrt{ka}} \tag{7 - 28}$$

其中,$a$ 是球形粒子的半径,$k$ 是声波在该流体中的波数。考虑位于水中的一半径为 0.1 mm 的球形粒子,声波的频率仍然为 1 MHz,此时显然满足 $\Delta \ll 1$,即边界层厚度远小于球形粒子半径。应当指出,通过简单的计算可知此时无量纲频率参量 $ka \approx 0.4$,是满足低频近似条件 $ka < 1$ 的。

低频近似下的声辐射力研究是可以大大简化的。对于低频近似而言,我们只需考虑单极散射模式和偶极散射模式的贡献即可,其余更高阶的散射项均可忽略不计。根据相关文献[19]的结论,忽略偶极以上的散射项使得最终的散射系数计算误差为 $(ka)^2$ 数量级,而声辐射力是声场的二阶量,其误差自然为 $(ka)^4$ 数量级。因此严格来讲,这里的低频近似条件需要比 $ka < 1$ 更严格一些,最好是 $ka < 0.5$。为了后续表示的简洁,这里我们定义粒子与周围流体的密度之比和声速之比分别为 $\lambda$ 和 $\sigma$,根据相关文献[19]的结论,球形粒子的单极散射函数和偶极散射函数分别可以表示为:

$$S_0 - 1 = -\mathrm{i}\frac{2}{3}(ka)^3 f_0 \tag{7-29}$$

$$S_1 - 1 = \frac{\mathrm{i}}{3}(ka)^3 f_1 \tag{7-30}$$

其中,$f_0$ 和 $f_1$ 分别是单极和偶极散射因子,完全由粒子和流体的声参数所决定。当粒子所在流体不存在黏滞特性时,单极和偶极散射因子的表达式分别为:

$$f_0 = 1 - \frac{1}{\lambda\sigma^2} \tag{7-31}$$

$$f_1 = \frac{2(\lambda - 1)}{1 + 2\lambda} \tag{7-32}$$

注意到式(7-31)、式(7-32)均为实数。综合式(7-29)、式(7-30)、式(7-13)、式(7-14)和式(7-24),理论上可以得到零阶 Bessel 波作用下球形粒子声辐射力函数的低频近似表达式。应当指出,式(7-24)中$\langle\cos\theta\rangle_s$ 的求解是比较困难的,不过相关文献[5]已经给出了相应的求解过程,这里直接列示轴向声辐射力函数的最终计算结果:

$$Y_{pz}^{\mathrm{ide}} = 4\,\frac{(ka)^4}{(1+2\lambda)^2}\Big[G^2 + \frac{2}{9}(1-\lambda)^2 P_2(\cos\beta)\Big]\cos\beta \tag{7-33}$$

其中,参数 $G$ 与粒子和周围流体的声参数有关,其具体表达式为:

$$G = \lambda - \frac{1 + 2\lambda}{3\lambda\sigma^2} \tag{7-34}$$

式(7-33)正是低频近似下理想流体中球形粒子的轴向声辐射力函数表达式,这里用上标"ide"表示。可以看出,此时的轴向声辐射力函数正比于$(ka)^4$,即此时的轴向声辐射力是相当微弱的。当粒子和流体的声参数设置合适时,式(7-33)确实可能取负值,即粒子受到负向声辐射力的作用。对式(7-33)的符号进行一般化的讨论是比较复杂的,这里我们考虑一种特殊的情形,即参数 $G$ 取零。当然,这样的条件对于自然界中的大多数材料而言是难以得到满足的,但对于人工材料却是有可能实现的。考虑粒子和流体的密度之比为 0.6,根据式(7-34)可以计算得出此时 $G=0$ 的条件要求粒子和流体声速之比为 0.86。在这种情况下,只需 Legendre 函数 $P_2(\cos\beta)$ 取负值即可获得负向声辐射力。图 7-10 计算了当 $ka$ 分别取 0.1、0.2、0.3 和 0.4 时,零阶 Bessel 波对球形粒子的声辐射力函数 $Y_{pz}$ 随 $\beta$ 的变化曲线,且粒子中心仍然与波束中心重合。从计算结果可以看出,当 $\beta$ 超过某一临界值时球形粒子将受到负向声辐射力的作用,且这一临界值不随 $ka$ 的改变而改变。根据以上的讨论可知,这一临界值正对应着 $P_2(\cos\beta)$ 的零点 $\beta=63.3°$。总体而言,此时的轴向声辐射力是很微弱的。

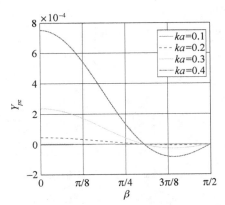

**图 7 - 10　零阶 Bessel 行波场对球形粒子的轴向声辐射力函数 $Y_{pz}$ 随 $\beta$ 的变化曲线,且粒子中心与波束中心重合**

当粒子所在流体存在一定的黏滞特性时,流体中将产生一定的声吸收。如前所述,轴向声辐射力与损失声功率相关,而损失声功率又包括吸收声功率和散射声功率,因此流体的黏滞特性必然会影响声辐射力的大小。根据相关文献[20]的结论,当流体存在黏滞特性时,其单极散射因子仍由式(7-31)表示,而偶极散射因子的表达式需要修正为:

$$f_1=\frac{2[1-\gamma(\Delta)](\lambda-1)}{2\lambda+1-3\gamma(\Delta)} \tag{7-35}$$

其中,

$$\gamma(\Delta)=-\frac{3}{2}[1+i(1+\Delta)]\Delta \tag{7-36}$$

容易看出,与理想流体中的情形有所不同,此时的偶极散射因子一般情况下是复数,分析起来较为复杂。这里我们考虑几种特殊的情况:

① 粒子的密度和声速与周围流体相同,此时偶极散射因子恒为零,偶极散射因子与流体的黏滞效应无关。事实上,此时粒子的声阻抗与流体完全相同,因而已经不存在散射波;

② 流体的边界层厚度远大于粒子的尺寸,即 $\Delta\gg1$,这对应着粒子尺寸较小或流体黏度较大的情形,此时偶极散射因子可以近似表示为一个实数量:

$$f_1 = 2(\lambda - 1)/3 \tag{7-37}$$

但与理想流体中的结果式(7-32)截然不同;

③ 流体的边界层厚度远小于粒子的尺寸,即 $\Delta \ll 1$,这对应着粒子尺寸较大或流体黏度较小的情形,此时偶极散射因子可以近似表示为:

$$f_1 = \frac{2(\lambda - 1)}{2\lambda + 1}\left[1 + \frac{3(\lambda - 1)}{2\lambda + 1}(1 + \mathrm{i})\Delta\right] \tag{7-38}$$

式(7-38)仍然是一个复数量,且与边界层厚度有关。

对于实际声操控中的模型而言,第三种特殊情况是最为常见的,即流体的边界层厚度远小于粒子尺寸。我们同样在低频近似下进行讨论。将式(7-29)和式(7-30)代入式(7-15),仅保留无穷级数中的单极和偶极散射项,可以计算得到此时的归一化吸收声功率,其具体表达式为:

$$Q_{\mathrm{abs}} = 2\mathrm{Im}(f_1)ka\cos^2\beta \tag{7-39}$$

可以看出,当偶极散射因子的虚部为零时,吸收声功率恒为零,这正是理想流体中的结果。应当强调,这里所指的吸收声功率是由于流体的黏滞效应在边界层内产生的声吸收,并非源于粒子材料本身的声吸收特性。

理论上,根据轴向声辐射力的表达式(7-24),我们需要通过重新计算此时的归一化散射声功率、归一化损失声功率以及散射能量的分布来得到最终的轴向声辐射力表达式,但这样的过程未免过于烦琐。事实上,进一步观察式(7-24)可以发现,归一化吸收声功率对声辐射力函数的影响具体体现在两个方面。其一,此时的损失声功率需要增加一项吸收声功率的贡献,因而声辐射力函数需要增加一项由于黏滞效应引起的附加项,称为附加声辐射力函数;其二,此时需要考虑黏滞效应对散射函数的影响,进而修正原来的声辐射力函数式(7-33)。然而,式(7-33)正比于 $(ka)^4$,而式(7-39)对声辐射力函数的贡献正比于 $ka$,后者远大于前者,因此可以认为此时的归一化散射声功率没有变化,只需考虑附加声辐射力函数的修正即可。这是不难做到的,将式(7-39)代入式(7-24)($Q_{\mathrm{abs}} = Q_{\mathrm{ext}} - Q_{\mathrm{sca}}$,$Q_{\mathrm{sca}}$ 被认为不变)可以得到此时的附加声辐射力函数表达式为:

$$Y_{pz}^{\mathrm{vis}} \approx 12ka\left(\frac{\lambda - 1}{1 + 2\lambda}\right)^2 \Delta\cos^3\beta \tag{7-40}$$

这里用上标"vis"表示黏滞效应引起的附加声辐射力函数。可以看出,附加声辐射力函数正比于 $ka$(这是早已预料到的),且恒为正值。这样一来,粒子受到的总声

辐射力函数应当是理想流体中的声辐射力函数式(7-33)和由于黏滞效应引起的附加声辐射力函数式(7-40)之和,即:

$$Y_{pz}^{\text{tot}} = Y_{pz}^{\text{ide}} + Y_{pz}^{\text{vis}} \tag{7-41}$$

这里用上标"tot"来表示粒子的总轴向声辐射力函数。如前所述,理想流体中的声辐射力可以为负值,而流体的黏滞效应则会引起一项恒为正值的附加声辐射力,最终总轴向声辐射式(7-41)的符号将取决于附加声辐射力能否完全抵消原来的负向声辐射力,即此时负向声辐射力的产生条件也会更加苛刻。

　　这里我们给出一个具体的例子来说明流体黏滞特性对负向声辐射力的影响。图7-11给出了零阶 Bessel 波对球形粒子的轴向声辐射力函数 $Y_{pz}$ 随 $\beta$ 和 $\Delta$ 的变化关系,且粒子中心位于波束中心,其中图(a)、(b)、(c)、(d)分别对应着 $ka=0.1$、$0.3$、$0.5$、$0.7$ 的情形。从计算结果可以看出,无论 $ka$ 取何值,当半锥角超过某一临界值时粒子均可能受到负向声辐射力的作用,且该临界角随着 $\Delta$ 的增大而增大。换言之,流体的黏滞效应越明显,负向声辐射力越不容易产生。此外,随着 $ka$ 的增大,正负向声辐射力的分界线明显向 $\beta$ 值更小的方向移动,即此时负向声辐射力更容易产生。该现象可以作如下解释:理想流体中的轴向声辐射力函数式(7-33)正比于 $(ka)^4$,而附加声辐射力函数正比于 $ka$,随着 $ka$ 的增大,前者增大的速率明显快于后者,因而负向声辐射力不容易被后者抵消。应当指出,对于理想流体($\Delta=0$)而言,其临界半锥角的大小与 $ka$ 无关。

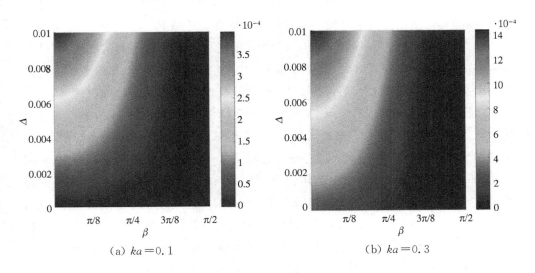

(a) $ka=0.1$　　　　　　　　　(b) $ka=0.3$

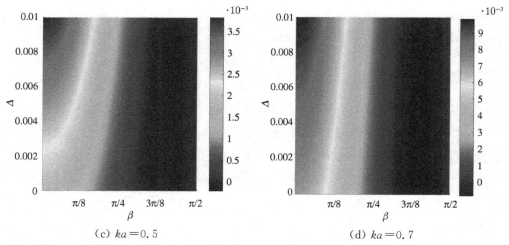

(c) $ka=0.5$                  (d) $ka=0.7$

图 7 - 11　零阶 Bessel 行波场对球形粒子的轴向声辐射力函数 $Y_{pz}$ 随 $\beta$ 和 $\Delta$ 的变化,
且粒子中心与波束中心重合

## 7.2.5　偏心特性对负向声辐射力的影响

迄今为止,我们讨论的均是声参数均匀分布的球形粒子,但在实际的声操控中,声参数非均匀分布的情形亦十分常见,这对应的正是偏心球的情况。本小节将详细讨论粒子的偏心特性对负向声辐射力的影响。应当指出,实际中粒子声参数分布的非均匀性是多种多样的,这里仅仅考虑一种较为简单的情形,即球形粒子内部存在某一小球状区域,该小球状区域内的声参数分布与内外小球之间的声参数分布存在差异,从而使得球形粒子最终的质心偏离其几何中心。

考虑一束角频率为 $\omega$ 的零阶 Bessel 波入射到水中半径为 $a$ 的偏心球上,且粒子中心恰好与波束中心重合。偏心球的几何中心为 $O$,半径为 $a$,其内部还存在另外一个小球,其球心为 $O'$,半径为 $b$,$O'$ 相对于 $O$ 的位置为 $d$,称为偏心位移。当 $d>0$ 时,$O'$ 位于 $O$ 的右侧;当 $d<0$ 时,$O'$ 位于 $O$ 的左侧;当 $d=0$ 时,偏心球将退化为前述讨论的同心球壳。由此可见,同心球壳完全可以看作一种特殊的偏心球。水的密度和声速分别为 $\rho_0$ 和 $c_0$,内外球之间流体介质的密度和声速分别为 $\rho_1$ 和 $c_1$,内部小球中流体介质的密度和声速分别为 $\rho_2$ 和 $c_2$。为了简便,假设粒子的对称轴与零阶 Bessel 波的声轴刚好完全重合。分别以 $O$ 和 $O'$ 为原点建立空间直角坐标系 $(x,y,z)$ 和 $(x',y',z')$,且 $z$ 轴和 $z'$ 轴的正方向均与波矢量方向保持一致。为了后续数学讨论的方便,再分别以 $O$ 和 $O'$ 为原点建立球坐标系 $(r,\theta,\varphi)$ 和 $(r', \theta',\varphi')$,且这两套坐标系间满足换算关系:$x=r\sin\theta\cos\varphi$,$y=r\sin\theta\sin\varphi$,$z=r\cos\theta$,

$x'=r'\sin\theta'\cos\varphi'$，$y'=r'\sin\theta'\sin\varphi'$，$z'=r'\cos\theta'$。整个物理模型如图 7-12 所示。为了表示上的简洁,图 7-12 中并没有标出两个球坐标系。

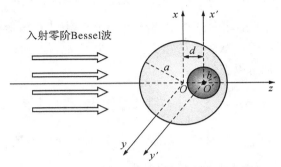

**图 7-12　零阶 Bessel 行波入射到水中的偏心球,波矢量沿 +z 方向,**
**且粒子的几何中心恰好与波束中心重合,粒子的对称轴恰好与声轴重合**

在球坐标系 $(r,\theta,\varphi)$ 中,入射零阶 Bessel 波速度势函数的级数展开式由式(7-6)给出,其对应的声压和法向质点振速分别由式(7-7)和式(7-8)给出;散射声场速度势函数的级数展开式则由式(7-9)给出,其对应的声压和法向质点振速分别由式(7-10)和式(7-11)给出。

与均匀球形粒子有所不同,偏心球内部小球和内外球之间的声场分布是不同的,其内外球之间声场的速度势函数可以级数展开为:

$$\phi_{t1}=\phi_0\sum_{n=0}^{+\infty}\{(2n+1)\mathrm{i}^n P_n(\cos\theta)[b_{1,n}j_n(k_1 r)P_n(\cos\beta)+c_{1,n}h_n^{(1)}(k_1 r')P_n(\cos'\beta)]\}$$

$$(7-42)$$

其中,$k_1$ 是声波在内外球之间流体中的波数;$b_{1,n}$ 是声波在该流体中的透射系数,$c_{1,n}$ 则是声波在内部小球表面发生散射的散射系数,这两类系数的具体数值依赖于内外球表面的边界条件。有必要指出,与均匀球形粒子内部的透射声场相比,式(7-42)增加了一项内部小球散射声场的贡献,在数学上由第二类球 Hankel 函数刻画。相应地,内外球之间的声压和法向质点振速分别可以表示为:

$$p_{t1}=-\mathrm{i}\omega\rho_0\phi_0\sum_{n=0}^{+\infty}\{(2n+1)\mathrm{i}^n P_n(\cos\theta)[b_{1,n}j_n(k_1 r)P_n(\cos\beta)+$$
$$c_{1,n}h_n^{(1)}(k_1 r')P_n(\cos'\beta)]\} \quad (7-43)$$

$$v_{t1,r}=\phi_0\sum_{n=0}^{+\infty}\{(2n+1)\mathrm{i}^n P_n(\cos\theta)[b_{1,n}k_1 j_n'(k_1 r)P_n(\cos\beta)+$$
$$c_{1,n}k_1 h_n^{(1)\prime}(k_1 r')P_n(\cos'\beta)]\} \quad (7-44)$$

至于偏心球内部小球内的声场,其速度势函数可以级数展开为:

$$\phi_{t2}=\phi_0 \sum_{n=0}^{+\infty}(2n+1)\mathrm{i}^n b_{2,n}j_n(k_2 r')P_n(\cos'\beta)P_n(\cos\theta) \tag{7-45}$$

其中,$k_2$ 是声波在内部小球中流体中的波数;$b_{2,n}$ 是声波在该流体中的透射系数,其具体数值依赖于内部小球表面的边界条件。相应地,偏心球内部小球内的声压和法向质点振速分别可以表示为:

$$p_{t2}=-\mathrm{i}\omega\rho_0\phi_0 \sum_{n=0}^{+\infty}(2n+1)\mathrm{i}^n b_{2,n}j_n(k_2 r')P_n(\cos'\beta)P_n(\cos\theta) \tag{7-46}$$

$$v_{t2,r}=\phi_0 \sum_{n=0}^{+\infty}(2n+1)\mathrm{i}^n b_{2,n}k_2 j_n(k_2 r')P_n(\cos'\beta)P_n(\cos\theta) \tag{7-47}$$

至此,我们得到了空间中所有声场的表达式。

该问题的边界条件是很显然的,即声压和法向质点振速在内外小球的分界面处均连续,即:

$$\begin{cases} (p_i+p_s)\Big|_{r=a}=p_{t1}\Big|_{r=a} \\[2mm] (v_{i,r}+v_{s,r})\Big|_{r=a}=v_{t1,r}\Big|_{r=a} \\[2mm] p_{t1}\Big|_{r'=b}=p_{t2}\Big|_{r'=b} \\[2mm] v_{t1,r}\Big|_{r'=b}=v_{t2,r}\Big|_{r'=b} \end{cases} \tag{7-48}$$

式(7-48)共有四个独立的方程,刚好可以求解得到两个散射系数和两个透射系数。尽管如此,式(7-48)涉及两个坐标系中的运算。第一组方程是在偏心球外表面设置的,其对应的坐标系为$(r,\theta,\varphi)$,需要将涉及的所有声场物理量均统一表示在坐标系$(r,\theta,\varphi)$中;第二组方程是在偏心球内部小球表面处设置的,其对应的坐标系为$(r',\theta',\varphi')$,需要将涉及的所有声场物理量均统一表示在坐标系$(r',\theta',\varphi')$中。球函数的加法公式可以帮助实现这一目的。在此基础上,不难得到如下方程组:

$$\begin{cases} (2n+1)\mathrm{i}^n j_n(ka)P_n(\cos\theta)+(2n+1)\mathrm{i}^n s_n h_n^{(1)}(ka)P_n(\cos\theta) \\[2mm] =(2n+1)\mathrm{i}^n b_{1,n}h_n^{(1)}(k_1 a)P_n(\cos\theta)+h_n^{(1)}(k_1 a)\sum_{m=0}^{+\infty}(2m+1)\mathrm{i}^m c_{1,m}Q_{nm}P_m(\cos\theta) \\[4mm] \dfrac{\rho_1 c_1}{\rho_0 c_0}\big[(2n+1)\mathrm{i}^n j_n'(ka)P_n(\cos\theta)+(2n+1)\mathrm{i}^n s_n h_n^{(1)\prime}(ka)P_n(\cos\theta)\big] \\[2mm] =(2n+1)\mathrm{i}^n b_{1,n}h_n^{(1)\prime}(k_1 a)P_n(\cos\theta)+h_n^{(1)\prime}(k_1 a)\sum_{m=0}^{+\infty}(2m+1)\mathrm{i}^m c_{1,m}Q_{nm}P_m(\cos\theta) \end{cases}$$

$$
\begin{cases}
(2n+1)\mathrm{i}^{n}c_{1,n}h_{n}^{(1)}(k_{1}b)P_{n}(\cos\theta)+j_{n}(k_{1}b)\sum_{m=0}^{+\infty}(2m+1)\mathrm{i}^{m}b_{1,m}Q_{mn}P_{m}(\cos\theta) \\
=(2n+1)\mathrm{i}^{n}b_{2,n}j_{n}(k_{2}b)P_{n}(\cos\theta) \\
(2n+1)\mathrm{i}^{n}c_{1,n}h_{n}^{(1)\prime}(k_{1}b)P_{n}(\cos\theta)+j_{n}^{\prime}(k_{1}b)\sum_{m=0}^{+\infty}(2m+1)\mathrm{i}^{m}b_{1,m}Q_{mn}P_{m}(\cos\theta) \\
=\dfrac{\rho_{1}c_{1}}{\rho_{2}c_{2}}(2n+1)\mathrm{i}^{n}b_{2,n}j_{n}^{\prime}(k_{2}b)P_{n}(\cos\theta)
\end{cases}
$$

$$(7-49)$$

至此,通过求解以上线性方程组即可解得所有的散射系数和透射系数。

根据模型的对称性,该偏心球仅仅受到轴向声辐射力的作用,其相应的轴向声辐射力和轴向声辐射力函数表达式仍分别由式(3-152)和式(3-153)表示。

图 7-13 给出了零阶 Bessel 波作用下水中偏心油酸球的轴向声辐射力函数 $Y_{pz}$ 随 $ka$ 和 $\beta$ 的变化关系,偏心油酸球内部小球中的介质为水,内外半径之比设为 $b/a=0.4$,图(a)、(b)、(c)、(d)、(e)中偏心位移分别满足 $d=0$、$0.2a$、$0.4a$、$-0.2a$、$-0.4a$。从物理模型上来看,图 7-13(b)和(c)对应着内部小球朝右侧偏心的情形,图 7-13(d)和(e)对应着内部小球朝左侧偏心的情形,而图 7-13(a)则对应着小球不偏心的特殊情形。计算结果显示,当半锥角较大时,朝右侧偏心的小球在特定范围内会受到负向声辐射力的作用。此外,当半锥角较小时,朝右侧偏心的小球在 $ka>5$ 的高频范围内亦会受到负向声辐射力的作用。对于朝左侧偏心的小球而言,高频范围内的负向声辐射力不再产生。从以上结果可以看出,偏心特性是影响小球负向声辐射力的重要因素。从声散射的角度分析,偏心球的质心会偏离几何中心,从而改变了散射声场的空间分布与声辐射力特性。

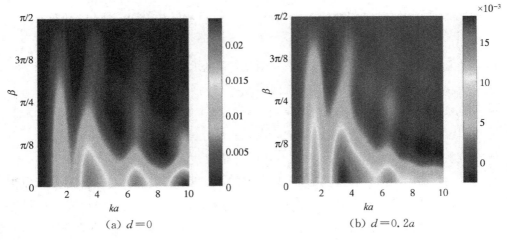

(a) $d=0$　　　　　　　　　　　　(b) $d=0.2a$

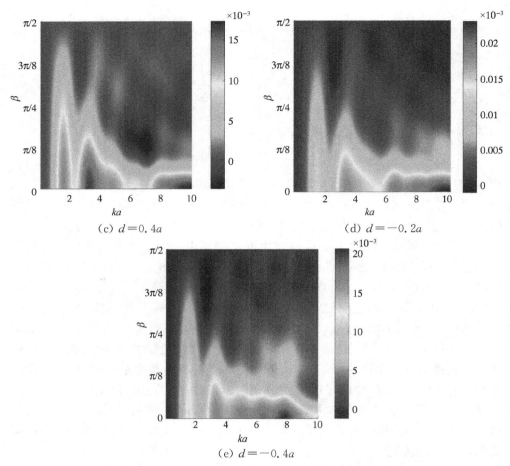

图 7 - 13  零阶 Bessel 行波场对注水偏心油酸球的轴向声辐射力函数 $Y_{pz}$ 随 $ka$ 和 $\beta$ 的变化，且粒子中心与波束中心重合，粒子对称轴与声轴重合

将偏心球内部的介质换为空气，其余条件均保持不变，计算结果如图 7 - 14 所示。从计算结果可以看出，此时的轴向声辐射力函数在 $1 < ka < 2$ 的范围内出现了显著的峰值，且该峰值所对应的声辐射力函数大小比注水偏心球的计算结果大了约两个数量级，该差异源于空气和油酸声阻抗的巨大差异，从而使得声波在内部小球表面发生了强烈的散射。此外进一步的分析发现，仿真结果中仅仅当 $d=0.4a$ 时出现了明显的负向声辐射力区域，且此时的半锥角较小，而在其余情况下偏心球几乎均无法受到负向声辐射力的作用。这一现象与图 7 - 13 的结果形成了鲜明对比。由此看出，偏心球负向声辐射力的产生与其本身的材料特性亦存在很大关联。

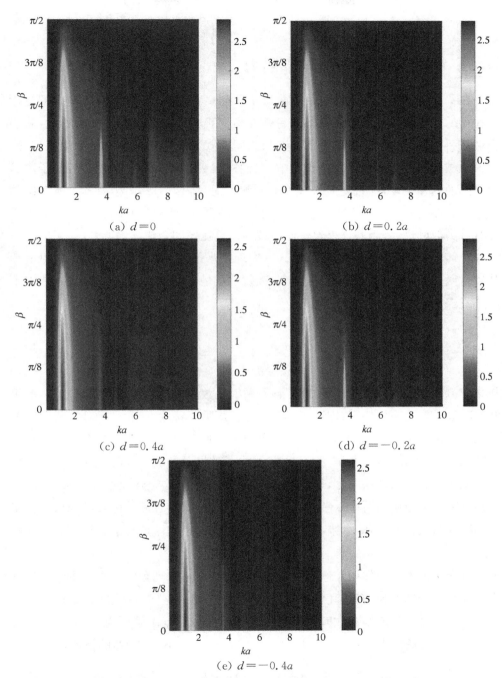

(a) $d=0$

(b) $d=0.2a$

(c) $d=0.4a$

(d) $d=-0.2a$

(e) $d=-0.4a$

图 7 - 14　零阶 Bessel 行波场对注空气偏心油酸球的轴向声辐射力函数 $Y_{pz}$ 随 $ka$ 和 $\beta$ 的变化，且粒子中心与波束中心重合，粒子对称轴与声轴重合

## **7.3** 从部分波到负向声辐射力

在 7.2 节中我们从声功率角度给出了负向声辐射力的理论解释,并详细分析了粒子的声吸收特性和流体的黏滞特性对负向声辐射力的影响。尽管如此,我们仍然需要每次通过大量的理论计算在仿真图上找到负向声辐射力的产生区域,这样不免颇费周折。在实际的声操控中,我们往往更关心负向声辐射力与粒子声参数之间的内在关联,即希望能从理论上预测负向声辐射力的产生。本节所介绍的基于部分波的理论有助于实现这一目的。有必要指出,本节的内容在文献[8]中已经有过类似的论述,因此这里仅仅作一较为简单扼要的介绍。

7.2 节中我们引入了散射函数这一物理量来描述声波的散射过程,这里继续从散射函数开始进行讨论。一般而言,散射函数是一个复数量,总可以表示为如下的形式:

$$S_n = e^{i2\eta_n} \tag{7-50}$$

其中,

$$\eta_n = \delta_n + i\gamma_n \tag{7-51}$$

从式(7-50)可以看出,当 $\gamma_n = 0$ 时,各阶散射函数的模值均为 1,根据式(7-15)可知此时吸收声功率恒为零,即粒子本身不存在声吸收特性。当 $\gamma_n > 0$ 时,各阶散射函数的模值均小于 1,根据式(7-15)可知此时吸收声功率大于零,即粒子存在声吸收特性,由此可以看出,系数 $\gamma_n$ 表征粒子的声吸收。当 $\gamma_n < 0$ 时,根据式(7-15)可知此时吸收声功率小于零,即出现了"负吸收"现象,这是违反物理约束条件的,在接下来的分析中不再予以考虑。至于 $\delta_n$,则反映了各阶散射函数的相位。这里我们特地给式(7-50)的指数项增加了一个因子 2,这纯粹是为了后续数学推导的方便。

首先考虑平面波作用在球形粒子上的情形。考虑一列角频率为 $\omega$ 的平面行波入射到水中的球形粒子上,其物理模型与图 3-8 完全相同,且建立的坐标系也完全相同。此时入射声场和散射声场的速度势函数分别可以展开为式(3-79)和式(3-82),因此流体中的总声场可以表示为式(3-79)和式(3-82)的叠加:

$$\phi_{\text{tot}} = \phi_0 \sum_{n=0}^{+\infty} (2n+1)i^n \left[ j_n(kr) + s_n h_n^{(1)}(kr) \right] P_n(\cos\theta) \tag{7-52}$$

基于散射函数和散射系数之间的换算关系 $S_n = 2s_n + 1$,可以将式(7-52)改写为如下的形式：

$$\phi_{tot} = \phi_0 \sum_{n=0}^{+\infty} \frac{2n+1}{2} i^n [h_n^{(2)}(kr) + S_n h_n^{(1)}(kr)] P_n(\cos\theta) \tag{7-53}$$

其中，$h_n^{(2)}$ 是 $n$ 阶第二类球 Hankel 函数，在计算中利用了球 Bessel 函数和球 Hankel 函数之间存在的关系：

$$j_n(kr) = \frac{h_n^{(1)}(kr) + h_n^{(2)}(kr)}{2} \tag{7-54}$$

在物理上，第一类球 Hankel 函数表示向外发散的波，而第二类球 Hankel 函数表示向内汇聚的波。基于此不难看出，最终的总声场由两部分组成：一部分是向内汇聚的声波，称为汇聚部分波；另一部分是向外发散的声波，称为发散部分波。至于散射函数，则正是汇聚部分波在球形粒子表面的反射系数，即发散部分波与汇聚部分波之比。若粒子不存在声吸收，反射系数模值为 1，则发散部分波与汇聚部分波的能量相等；若粒子存在声吸收，反射系数模值小于 1，则发散部分波的能量小于汇聚部分波的能量。这正从另一个角度说明了散射函数的物理意义。

平面波作用下球形粒子的声辐射力函数早已在式（3－108）中给出，不过式（3－108）是用散射系数来表示的，这里将其改写为利用散射函数表示的形式：

$$Y_p = \frac{4}{(ka)^2} \sum_{n=0}^{+\infty} (n+1)\sin^2(\delta_n - \delta_{n+1}) \tag{7-55}$$

这里我们忽略了粒子声吸收特性的影响，即认为 $\gamma_n = 0$。从式（7－55）可以很容易看出，平面波无论如何也无法对球形粒子施加负向声辐射力的作用，而利用基于散射函数的表达式（3－108）是很难直接得到这一结论的，这正是利用散射函数表示所带来的好处。然而，利用式（3－108）有助于直接对具体模型中的声辐射力进行计算，这是利用式（7－55）所无法做到的。

现在我们考虑零阶 Bessel 波入射的情形。考虑一列角频率为 $\omega$ 的零阶 Bessel 波入射到水中的球形粒子上，且粒子中心与波束中心重合，其物理模型与图 3－25 完全相同，且建立的坐标系也完全相同，但这里将 Bessel 波的阶数限定为零。$M$ 阶 Bessel 波对球形粒子的轴向声辐射力函数早已由式（3－153）给出，据此可以直接写出零阶 Bessel 波对球形粒子的轴向声辐射力函数，其具体表达式为：

$$Y_{pz} = -\frac{4}{(ka)^2} \sum_{n=0}^{+\infty} (n+1)[\alpha_n + \alpha_{n+1} + 2(\alpha_n\alpha_{n+1} + \beta_n\beta_{n+1})] P_n(\cos\beta) P_{n+1}(\cos\beta)$$

$$\tag{7-56}$$

同样地,利用散射函数和散射系数之间的关系可以将式(7-56)改写为:

$$Y_{pz} = \frac{4}{(ka)^2} \sum_{n=0}^{+\infty} (n+1)\sin^2(\delta_n - \delta_{n+1}) P_n(\cos\beta) P_{n+1}(\cos\beta) \quad (7-57)$$

这里我们同样忽略了粒子声吸收特性的影响。

根据 7.2 节的论述,零阶 Bessel 波确实可以在某些情况下产生负向声辐射力的作用,这在式(7-57)中也有所体现。由于平方项 $\sin^2(\delta_n - \delta_{n+1})$ 恒为正值,此时负向声辐射力只能来源于 Legendre 函数的乘积,即 $P_n(\cos\beta)P_{n+1}(\cos\beta)$。图 7-15 给出了 $P_1(\cos\beta)P_2(\cos\beta)$、$P_2(\cos\beta)P_3(\cos\beta)$、$P_3(\cos\beta)P_4(\cos\beta)$ 随零阶 Bessel 波半锥角的变化曲线,这在物理上分别对应着偶极散射项、四极散射项和八极散射项。这里我们略去了对单极散射项 $P_0(\cos\beta)P_1(\cos\beta)$ 的计算,由于 $P_0(\cos\beta)=1$,$P_1(\cos\beta)=\cos\beta$,因而该乘积恒为正值,无须再进行重复计算。从计算曲线可以看出,无论 $n$ 取何值,均存在某一特定范围使得 $P_n(\cos\beta)P_{n+1}(\cos\beta)$ 取负值,且相邻阶散射项所对应的乘积会存在某一零点重合的现象,这是必然的。当然,轴向声辐射力函数式(7-57)是无穷级数的形式,某阶散射项所对应的 Legendre 函数乘积 $P_n(\cos\beta)P_{n+1}(\cos\beta)$ 为零并不能代表最终的声辐射力为零,但在某些特殊情况下是可以推得这一结论的,下面将对此进行简单的讨论。

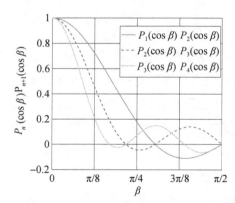

图 7-15　相邻两阶 Legendre 函数的乘积 $P_n(\cos\beta)P_{n+1}(\cos\beta)$ 随 $\beta$ 的变化曲线

对于满足低频近似条件的小球而言,只需考虑低阶散射项的贡献即可,因此讨论是可以大大简化的。首先考虑一种最简单的情形,即单极和偶极散射函数满足 $\delta_0 = \delta_1$,此时单极和偶极散射函数的相位完全相等。事实上,这完全可以通过合理地设计粒子和周围流体的声参数来实现。根据式(7-57),此时单极散射项对轴向声辐射力没有贡献,因而声辐射力主要来源于偶极散射项。这样一来,图 7-15 中

$P_1(\cos\beta)P_2(\cos\beta)$所对应曲线的负值范围正是负向声辐射力的产生区域。类似地,若单极、偶极和四极散射函数满足$\delta_0=\delta_1=\delta_2$,即单极、偶极和四极散射函数的相位完全相等,根据式(7-57),此时单极和偶极散射项对轴向声辐射力均没有贡献,因而声辐射力主要来源于四极散射项。这样一来,图7-15中的$P_2(\cos\beta)P_3(\cos\beta)$所对应曲线的负值范围正对应着负向声辐射力的产生区域。应当指出,实际情况下要想设计这样的声参数是不容易的,且严格来讲,四极散射、八极散射等更高阶的散射项也会对声辐射力有所贡献,但这样的分析可以为实际声操控中负向声辐射力的获取提供初步的理论指导。顺便指出,这种方法着眼于各阶散射函数的相位信息,因而又称为相移法[8]。

事实上,若只计及单极和偶极散射项,轴向声辐射力函数式(7-57)完全可以直接化简成更简单的形式,相关文献[8]中已经给出了理论结果,这里直接列示如下:

$$Y_{pz}=A\left[(\delta_0/\delta_1)^2-2(\delta_0/\delta_1)+3\cos^2\beta\right] \tag{7-58}$$

这里$\delta_0/\delta_1$表示单极和偶极散射函数的相位之比,即相移;$A$是与相移和半锥角均无关的正常数。严格而言,式(7-58)并没有给出轴向声辐射力函数的表达式,而是给出了它与散射函数和半锥角的函数关系,不过这对于我们研究负向声辐射力而言足够了。

若将入射声场的半锥角看成固定值,则式(7-58)实则是关于相移$\delta_0/\delta_1$的二次函数。根据二次方程的求根公式,很容易可以写出$Y_{pz}<0$时自变量的取值范围:

$$1-\sqrt{1-3\cos^2\beta}<\delta_0/\delta_1<1+\sqrt{1-3\cos^2\beta} \tag{7-59}$$

式(7-59)给出了当半锥角固定时相移的取值范围。然而,大多数实际情况下,粒子的声参数往往是固定的,即相移是定值,此时需要根据负向声辐射力的产生条件设计入射声场的半锥角大小。为此,图7-16显示了此时球形粒子的轴向声辐射力函数$Y_{pz}$随半锥角和相移的变化关系,为了计算方便,在计算中将系数$A$设为1。为了更清晰地显示负向声辐射力的产生范围,我们将正向声辐射力的区域全部设置为零。从图7-16可以看出,当相移$0<\delta_0/\delta_1<2$时球形粒子才可能获得负向声辐射力,而在其余范围内均无法产生。当$\delta_0/\delta_1=1$时,负向声辐射力所对应的半锥角范围最大,从式(7-59)可以直接解出此时半锥角的范围为$\beta>54.7°$。当$\delta_0/\delta_1$逐渐偏离1时,半锥角的取值范围逐渐增加,即负向声辐射力的产生条件越来越苛刻,直至 $\delta_0/\delta_1=0$ 或 2 时,负向声辐射力再也无法产生。

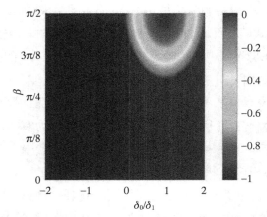

**图 7 - 16** 低频近似下零阶 Bessel 行波场对球形粒子的轴向声辐射力函数 $Y_{pz}$ 随 $\delta_0/\delta_1$ 和 $\beta$ 的变化,且粒子中心与波束中心重合

尽管我们给出了相移的取值范围,但相移毕竟是较为抽象的概念,在实际的声操控中我们更关心能否直接给出粒子和流体声参数与负向力之间的关联,这是不难做到的。式(7-29)和式(7-30)已经给出了单极和偶极散射函数与单极和偶极散射因子之间的关系,考虑到在低频近似下,式(7-29)和式(7-30)均是小量,因此存在近似关系 $e^{i2\delta_n}-1\approx i2\delta_n$。这样一来,单极和偶极散射函数的相位分别可以表示为:

$$\delta_0=-\frac{1}{3}(ka)^3 f_0 \tag{7-60}$$

$$\delta_1=\frac{1}{6}(ka)^3 f_1 \tag{7-61}$$

其中,单极散射因子 $f_0$ 和偶极散射因子 $f_1$ 仍然分别由式(7-31)和式(7-32)表示。根据前面的讨论,相移必须位于 $0<\delta_0/\delta_1<2$ 这一范围内才可能获得负向声辐射力。相应地,单极和偶极散射因子之比必须满足 $-1<f_0/f_1<0$。这样一来,可以直接从声参数的角度判断具体模型中的负向声辐射力是否能够产生。

这里以水中的刚性球、油酸球和聚乙烯球为例计算所对应的单极和偶极散射因子。对于刚性球而言,$f_0=f_1=1$;对于油酸球而言,$f_0=-0.11$,$f_1=-0.04$;对于聚乙烯球而言,$f_0=0.61$,$f_1=-0.03$。由此可见,这三种球形粒子均难以在零阶 Bessel 波场中获得负向声辐射力。事实上,对于自然界中的大多数材料而言,

单极和偶极散射因子之比均不满足这一范围,因而无法受到负向声辐射力的作用。有必要指出,以上讨论均是在满足低频近似的前提下进行的,若不满足这一前提,负向声辐射力是完全有可能产生的,例如,图 7-5 中油酸球和聚乙烯球的计算结果均出现了负向声辐射力。尽管如此,在低频范围内获得负向声辐射力是较为困难的。为此,实际声操控中通常会将球形粒子设计成壳层结构、偏心结构等复杂的模型,从而改变单极和偶极散射因子以获取低频范围内的负向声辐射力。相关文献[21]中对此进行了详细分析,这里便不再赘述。

## 7.4　从声能流密度矢量到负向声辐射力

7.2 节给出了基于声能流密度矢量的声辐射力表达式,即式(7-21),但在分析轴向声辐射力的方向时,所使用的毕竟还是各项归一化声功率而非能流密度矢量。如前所述,声辐射力的产生伴随着动量的传递,也伴随着能量的传递。事实上,我们完全可以绕开声功率直接从声能流的角度给出负向声辐射力的物理解释。后面将看到,这样分析的好处是可以直接从声场本身的特性出发分析负向声辐射力的产生机制,而无须对粒子的形状与声参数作过多考虑。此外,该方法还利于对粒子离轴情况下的负向声辐射力进行分析和预测。同样地,相关文献[9]中已经给出了这方面的论述,因此本节仅仅对此作一简单扼要的介绍。

这里以 Bessel 波为例进行讨论。考虑一列角频率为 $\omega$ 的 $M$ 阶 Bessel 波在水中传播,水的密度和声速分别为 $\rho_0$ 和 $c_0$,其物理模型如图 3-25 所示,但此时不存在球形粒子对声波的散射。此外,为了后续数学处理的方便,这里不再建立球坐标系和直角坐标系,而是以波束中心为原点建立柱坐标系 $(\rho, \theta, z)$,且 Bessel 波的波矢量恰好沿 $z$ 轴正方向。$M$ 阶 Bessel 波速度势函数的表达式已由式(3-144)给出,但那是在球坐标系中描述的,这里将其转入柱坐标系中,其具体表达式为:

$$\phi_i = \phi_0 i^M J_M(k_r \rho) e^{i k_z z} e^{i M\theta} \qquad (7-62)$$

注意,式(7-62)中的 $\rho$ 表示柱坐标系中的径向坐标而非密度。相应地,声压和柱坐标系中速度矢量的三个分量则分别可以表示为:

$$p_i = -i\omega\rho_0 \phi_0 i^M J_M(k_r \rho) e^{i k_z z} e^{i M\theta} \qquad (7-63)$$

$$v_{i,\rho} = \phi_0 i^M k_r J'_M(k_r \rho) e^{i k_z z} e^{i M\theta} \qquad (7-64)$$

$$v_{i,z} = i k_z \phi_0 i^M J_M(k_r \rho) e^{i k_z z} e^{i M\theta} \qquad (7-65)$$

$$v_{i,\varphi}=\frac{1}{\rho}\mathrm{i}M\phi_0\mathrm{i}^M J_M(k_r\rho)\mathrm{e}^{\mathrm{i}k_z z}\mathrm{e}^{\mathrm{i}M\theta} \tag{7-66}$$

有了声压和质点振速,不难根据$\langle\boldsymbol{S}\rangle=\langle p\boldsymbol{v}\rangle$计算此时能流密度矢量的时间平均,即所谓的声强。文献[9]中已经给出了相应的计算结果,这里直接列示如下:

$$\langle S_z\rangle=\frac{c_0}{8\pi}\Big[\frac{kk_z}{2k_r^2}(1+\omega^2\rho_0^2)(J_{M-1}^2(k_r\rho)+J_{M+1}^2(k_r\rho))- \tag{7-67}$$

$$\frac{k_z^2+k^2}{2k_r^2}\omega\rho_0 J_{M-1}^2(k_r\rho)J_{M+1}^2(k_r\rho)\Big]$$

$$\langle S_\theta\rangle=\frac{c_0\rho}{32\pi M}\Big[k(1+\omega^2\rho_0^2)(J_{M-1}^2(k_r\rho)+J_{M+1}^2(k_r\rho))- \tag{7-68}$$

$$2k_z\omega\rho_0(J_{M-1}^2(k_r\rho)-J_{M+1}^2(k_r\rho))\Big]$$

$$\langle S_\rho\rangle=0 \tag{7-69}$$

可以看出,$M$阶 Bessel 波能流密度矢量的径向分量恒为零,而轴向分量和极角方向的分量均不为零(个别点除外),且均与轴向坐标$z$无关。进一步观察还发现,式(7-67)和式(7-68)都是减式的形式,当减数项大于被减数项时,轴向分量和极角方向分量均有可能取负值。当然,本章中所指的负向声辐射力均沿声轴的方向,原则上这里我们只需对轴向分量加以分析即可。但为了叙述的完整性,我们在接下来的算例中对这两个分量均予以计算。

图 7-17 计算了一阶到五阶 Bessel 波作用下声能流密度矢量时间平均的轴向分量与极角方向分量随$k\rho$的变化曲线,其中半锥角满足 $\sin\beta=0.9$,为了计算简便,在计算中设速度势函数的幅值为 1,其中图(a)和(b)分别对应着轴向分量与极角方向分量。从图 7-17(a)可以看出,无论 Bessel 波的阶数如何,均会存在负向声能流的区域。当$k\rho$较小时对应着声轴附近的情形,此时$S_z$为负值,且 Bessel 波的阶数越高,负向声能流的范围越大,但其绝对值迅速减小。特别地,当位于声轴上时,除一阶 Bessel 波外其余波束的轴向声能流密度矢量分量均恒为零。随着$k\rho$的增大,$S_z$也有可能出现负值区域,但其绝对值很小。若$k\rho$继续增加,$S_z$不再取得负值,此时对应着离声轴很远的范围,轴向声能流非常微弱。从物理上分析,负向的能流密度意味着该点处能量向$z$轴负方向传递,当放置粒子时极有可能会对其施加负向声辐射力的作用。应当指出,严格来讲,必须考虑粒子散射声场对声能流的贡献,但当粒子尺寸较小时,以上的分析完全可以作为粗略的近似。基于此可以得到结论,当粒子位于声轴附近时更容易获得负向声辐射力的作用。至于图 7-17

(b)所显示的声能流密度矢量的极角方向分量则与本章所讨论的负向声辐射力无关,但各计算曲线同样出现了正负交替的现象,且均在声轴取零值。事实上,这反映了在高阶 Bessel 波的不同区域,声场可以携带不同方向的角动量,从而对粒子施加正向或负向力矩的作用。无论是何种分量,随着径向距离的增大,其振幅均明显减小,这是因为在远离声轴处声能量密度很小。

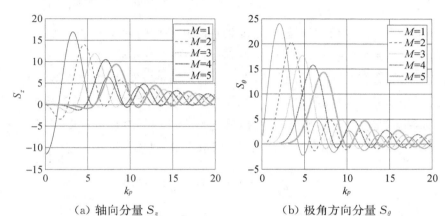

（a）轴向分量 $S_z$　　　　　　（b）极角方向分量 $S_\theta$

**图 7 - 17　$M$ 阶 Bessel 行波场的声能流密度矢量时间平均的轴向分量 $S_z$**

**与极角方向分量 $S_\theta$ 随 $k\rho$ 的变化曲线**

在满足远场近似的条件时,可以直接针对式(7-67)和式(7-68)作进一步近似。考虑柱 Bessel 函数存在远场近似式:

$$J_n(x) = \sqrt{\frac{2}{\pi x}} \cos\left(x - \frac{2n+1}{4}\pi\right) \qquad (7-70)$$

利用式(7-70),式(7-67)和式(7-68)分别可以近似表示为:

$$\langle S_z \rangle = \frac{c_0 k k_z}{8\pi^2 k_r^3 \rho}(1+\omega^2 \rho_0^2)\left[1-(-1)^M \sin(2k_r\rho)\right] \qquad (7-71)$$

$$\langle S_\theta \rangle = -\frac{c_0 k k_z}{8\pi^2 k_r^3 \rho}(-1)^{M+1}\frac{2k_r\omega\rho_0}{k_z}\cos(2k_r\rho) \qquad (7-72)$$

式(7-71)和式(7-72)分别是远场近似下声能流密度矢量时间平均的轴向分量和极角方向分量表达式。从式(7-71)可以看出,在远场近似下,轴向分量恒取正值,即在距离声轴很远处不会出现负向的声能流,因而图 7-17(a)中当 $k\rho$ 很大时声能流恒为正值。从式(7-72)可以看出,极角方向分量随径向坐标呈正负交替的变化。此外还发现,轴向与极角方向的分量均随 $k\rho$ 的变化作振幅减小的振荡,这与图 7-17 中的结论完全一致。

事实上,当 $k\rho$ 很小,即位于声轴附近时,同样也可以对式(7-67)和式(7-68)进行近似处理。当宗量很小时,低阶柱 Bessel 函数要远大于高阶柱 Bessel 函数,因此高阶柱 Bessel 函数完全可以忽略不计。考虑到此时极角方向分量恒为零,因此只需对轴向分量进行分析即可。此时轴向分量可以近似表示为:

$$\langle S_z \rangle = \frac{c_0}{16\pi k_r^2} [kk_z(1+\omega^2\rho_0^2) - (k_z^2+k^2)\omega\rho_0] J_{M-1}^2(k_r\rho) \tag{7-73}$$

式(7-73)正是近场近似下声能流密度矢量时间平均的轴向分量表达式。可以看出,式(7-73)完全可能取负值,这在图 7-17 中亦得到了验证。

读者可能会有疑问,Bessel 波的波矢量沿 $z$ 轴正方向,而轴向声能流密度矢量的时间平均却可以为负值,这是否自相矛盾? 事实上,这是完全不矛盾的,虽然某点处的声能流密度矢量可能取负值,但最终 Bessel 波的声能流密度应当是声能流密度矢量对整个波截面的曲面积分,其必然取正值,具体验证是容易的:

$$\langle P_z \rangle = \frac{c_0 kk_z}{8\pi k_r^2}(1+\omega^2\rho_0^2) \int_0^{+\infty} J_{M-1}^2(k_r\rho)\rho \mathrm{d}\rho \tag{7-74}$$

$$\langle P_\theta \rangle = \frac{c_0}{8\pi} \left[ \frac{Mk}{k_r^2}(1+\omega^2\rho_0^2) \int_0^{+\infty} J_{M-1}^2(k_r\rho)\rho \mathrm{d}\rho - \right. \tag{7-75}$$
$$\left. \frac{2k_z}{k_r}\omega\rho_0 \int_0^{+\infty} J_{M-1}'(k_r\rho)J_{M-1}'(k_r\rho)\rho \mathrm{d}\rho \right]$$

式(7-74)和式(7-75)均恒取正值,即声能流密度矢量时间平均的轴向分量与极角方向分量均恒为正值。

## 7.5　本章小结

在第 3 章的诸多算例中曾多次接触过负向声辐射力现象,该现象能够使目标粒子受到声源的引力,在实际的声操控中具有广泛应用。针对负向声辐射力现象,本章分别从声功率、部分波和声能流密度矢量角度对其产生机制进行了详细分析。7.2 节推导了基于声能流密度矢量的声辐射力表达式,并以一般非衍射声场为例将其投影到轴向,此时粒子的轴向声辐射力方向取决于半锥角、散射能量分布、损失声功率与散射声功率。无论如何,平面波均无法产生负向声辐射力,而 Bessel 波在特定条件下可以产生。当考虑粒子的声吸收特性时,负向声辐射力的产生条件更加苛刻,但应当注意计算中要避免出现"负吸收"这样的非物理现象。在此基础上,进一步考虑了流体黏滞特性对低频近似下负向声辐射力的影响,此时轴向声辐射力的最终方向将取决于黏滞特性引起的附加声辐射力能否完全抵消掉原来的负向声辐射力。此外,粒子的偏心特性也是影响负向声辐射力的重要因素。7.3 节从部分波角度给出了低频时负向声辐射力与声参数和半锥角的密切联系,为实际情况中预测负向声辐射力的产生提供理论基础。7.4 节则以 Bessel 波为例对声能流密度矢量进行了详细分析,揭示了特定区域内的负向声能流现象。

在本章的最后,有必要进行几点说明:

(1)本章的叙述中均是以非衍射声场为例进行分析的,且主要以 Bessel 波作用下的球形粒子为算例。事实上,并非只有非衍射声场才能产生负向声辐射力。例如,在第 3 章中我们曾发现,当油酸柱偏离 Gauss 波的声轴时,会受到负向声辐射力的作用,但该负向声辐射力完全是由于离轴效应而引起的。由于 Gauss 波可以看作幅度加权的平面波,其"半锥角"可以看作零,因此无论如何也无法对在轴粒子施加负向声辐射力的作用,但 Bessel 波这类非衍射声场是可以做到的。

(2)严格而言,声场中空间某点的轴向声辐射力还可能存在零值。此时粒子既不会受到声源的推力作用,也不会受到声源的引力作用。尽管如此,粒子仍然可能受到横向声辐射力的作用,从而不会处于平衡状态,而一旦产生位移,其轴向声辐射力亦不再为零,从而表现出复杂的运动形态。当然,某些情况下横向声辐射力不存在,此时只需考虑粒子的轴向受力情况,如平面驻波场中的球形粒子,当粒子位于声压波节和波腹时轴向声辐射力均为零,但应当鉴别何处为稳定平衡点。

(3)本章仅仅对负向声辐射力现象进行了分析,并未涉及负向声辐射力矩的问题。在本章引言中已经指出,声辐射力矩与声辐射力的符号并不一定相同,因而声辐射力为负值并不意味着声辐射力矩为负值。如前所述,在讨论声辐射力矩时,必须首先明确参考点的位置,而本书的计算中均是以粒子中心作为参考点。与声辐射力有所不同,只有三维模型中才会产生所谓的轴向声辐射力矩。在第 4 章的计算中,我们发现 Bessel 波作用下的在轴黏弹性球形粒子恒受到正向力矩的作用,只有离轴黏弹性球形粒子才可能受到负向力矩的作用,即此时的负向声辐射力矩同样源于粒子的离轴效应。

## 参考文献

[1] MARSTON P L. Axial radiation force of a Bessel beam on a sphere and di-

rection reversal of the force[J]. The Journal of the Acoustical Society of A-merica, 2006, 120(6): 3518 - 3524.

[2] MARSTON P L. Radiation force of a helicoidal Bessel beam on a sphere[J]. The Journal of the Acoustical Society of America, 2009, 125(6): 3539 - 3547.

[3] MITRI F G. Negative axial radiation force on a fluid and elastic spheres illuminated by a high-order Bessel beam of progressive waves[J]. Journal of Physics A: Mathematical and Theoretical, 2009, 42(24): 245202.

[4] ZHANG L K, MARSTON P L. Geometrical interpretation of negative radiation forces of acoustical Bessel beams on spheres[J]. Physical Review E, Statistical, Nonlinear, and Soft Matter Physics, 2011, 84(3Pt2): 035601.

[5] ZHANG L K, MARSTON P L. Axial radiation force exerted by general non-diffracting beams[J]. The Journal of the Acoustical Society of America, 2012, 131(4): EL329 - EL335.

[6] MARSTON P L. Viscous contributions to low-frequency scattering, power absorption, radiation force, and radiation torque for spheres in acoustic beams[C]// Proceedings of Meetings on Acoustics. Montreal, Canada: ASA, 2013, 19: 045005.

[7] AZARPEYVAND M. Prediction of negative radiation forces due to a Bessel beam[J]. The Journal of the Acoustical Society of America, 2014, 136(2): 547 - 555.

[8] FAN X D, ZHANG L K. Phase shift approach for engineering desired radiation force: Acoustic pulling force example[J]. The Journal of the Acoustical Society of America, 2021, 150(1): 102 - 110.

[9] GONG M Y, QIAO Y P, FEI Z H, et al. Non-diffractive acoustic beams produce negative radiation force in certain regions[J]. AIP Advances, 2021, 11(6): 065029.

[10] 臧雨宸, 林伟军, 苏畅, 等. 自由空间中球形粒子的负向声辐射力[J]. 声学学报, 2022, 47(3): 379 - 393.

[11] RAJABI M, MOJAHED A. Acoustic manipulation of active spherical carriers: Generation of negative radiation force[J]. Annals of Physics, 2016, 372: 182 - 200.

[12] RAJABI M, MOJAHED A. Acoustic manipulation of oscillating spherical bodies: Emergence of axial negative acoustic radiation force[J]. Journal of Sound and Vibration, 2016, 383: 265 - 276.

[13] YU H Q, YAO J, WU D J, et al. Negative acoustic radiation force induced on an elastic sphere by laser irradiation[J]. Physical Review E, 2018, 98 (5): 053105.

[14] MARSTON P L, ZHANG L K. Unphysical consequences of negative absorbed power in linear passive scattering: Implications for radiation force and torque[J]. The Journal of the Acoustical Society of America, 2016, 139 (6): 3139 - 3144.

[15] MITRI F G, FELLAH Z E A. Physical constraints on the non-dimensional absorption coefficients of compressional and shear waves for viscoelastic cylinders[J]. Ultrasonics, 2017, 74: 233 - 240.

[16] DURNIN J. Exact-solutions for nondiffracting beams Ⅰ. The scalar theory [J]. Journal of the Optical Society of America A-Optics, Image Science and Vision, 1987, 4(4): 651 - 654.

[17] MITRI F G, FELLAH Z E A. The mechanism of the attracting acoustic radiation force on a polymer-coated gold sphere in plane progressive waves [J]. The European Physical Journal E, 2008, 26(4): 337 - 343.

[18] 程建春. 声学原理[M]. 北京: 科学出版社, 2012: 518.

[19] SILVA G T. Acoustic radiation force and torque on an absorbing compressible particle in an inviscid fluid[J]. The Journal of the Acoustical Society of America, 2014, 136(5): 2405 - 2413.

[20] SETTNES M, BRUUS H. Forces acting on a small particle in an acoustical field in a viscous fluid[J]. Physical Review E, Statistical, Nonlinear, and Soft Matter Physics, 2012, 85(1Pt2): 016327.

[21] LEO-NETO J P, LOPES J, SILVA G. Core-shell particles that are unresponsive to acoustic radiation force[J]. Physical Review Applied, 2016, 6 (2): 024025.

# 第 8 章

## 驻波场中单悬浮粒子的
## 动力学分析与物性参数反演

## 8.1 引言

在前述章节中,第 3 章～第 6 章主要基于部分波级数展开法对各类声场作用下各类粒子的声辐射力和力矩特性进行研究,第 7 章则从多角度对算例中多次出现的负向声辐射力现象进行了物理分析。总体来看,它们虽然在具体研究方法上有所不同,但均属于正演问题的研究思路,即"物理模型—理论计算—结果分析",这在第 6 章的"本章小结"部分已经有过相应的介绍。从本章开始,我们将转入对反演问题的讨论,即根据粒子在声场中的动力学特性来反演特定的物性参数或构建物理模型,其基本思路可以概括为"现象观测—理论计算—物理模型(参数)"。

当然,实际应用中的具体模型和物性参数是多种多样的,我们不可能穷尽对所有情况的分析。第 1 章我们曾对利用声悬浮技术反演物性参数的相关研究进行了简单的介绍[1-10]。本章主要以驻波场中的悬浮小球为例进行讨论,探索根据其在驻波声场中的动力学特性反演密度的思路[11]。首先利用声辐射力势函数计算其在驻波场中的三维声辐射力,并进一步分析其在轴向与横向的本征振动频率,特别是本征振动频率与粒子密度之间的依赖关系。在此基础上,搭建了相应的驻波场声悬浮实验平台,并通过高速摄影设备对小球的振动特性实验进行观测,验证了该反演理论的正确性与可行性。

有必要指出,实际应用中需要反演的物性参数还可能包括黏度、表面张力、热导系数等,粒子所处的声场也并不一定是驻波场,但本章所提出的基本反演思路可以为其他模型中的参数反演提供一定的借鉴意义。此外,本章的研究对象限于悬浮声场中的单个粒子,至于多个粒子的问题将在第 9 章中详细介绍。

还有必要指出,在第 6 章的"本章小结"部分我们就曾强调,无论是正演问题还是反演问题,声辐射力和力矩的理论计算都是不可或缺的步骤,只有通过理论计算才能将观测现象与具体模型联系起来。与前述章节不同,本章中将主要通过势函数法来推导驻波场中悬浮小球的声辐射力表达式,该方法的使用前提与 Born 近似法相同,即粒子位于低频驻波场中,但无须粒子声参数与流体相近。此时声辐射力是保守力,存在对应的声辐射力势函数。值得注意的是,在第 2 章中讨论 A 类声辐射力时也曾通过对驻波场声能量密度求梯度来计算声辐射力,即式(2-55),但那里完全忽略了散射声场对声辐射力的贡献,即最终的声辐射力完全是驻波场本身的性质,与粒子的具体形状和声参数无关。可以看出,该模型是有些过于简单化的。在满足低频近似的条件下,更合理的做法是保留散射声场中的单极和偶极散射项,从而使得最终的声辐射力计算结果能够体现粒子本身特性的影响,并以此为基础建立物性参数反演的基本关系式。事实上,这样的近似方法在第 8 章中将多次使用。有趣的是,即使保留单极和偶极散射项,驻波场中粒子的声辐射力仍然具备保守力的特性,存在对应的势函数,这为具体计算带来了极大便利。当然,该辐射力势函数有别于驻波场本身的声能量密度梯度,且此时的声辐射力也不再是完全属于 C 类声辐射力,也存在声散射引起的 A 类声辐射力。

## 8.2　驻波场中悬浮小球的动力学特性

　　本节重点讨论驻波声场作用下的悬浮小球。首先建立基本的物理模型,其次通过声辐射力势函数法推导悬浮小球的三维声辐射力表达式,进而分析小球在轴向与横向的动力学特性,特别是轴向与横向的小振动频率,并以平面驻波场、Gauss 驻波场和 Bessel 驻波场为算例,最终拓展到了任意驻波场作用下的情形。

### 8.2.1　基本模型

　　第 1 章就曾介绍过,驻波场声悬浮是最常见的声悬浮之一,其基本原理是利用驻波场较强的声能量密度梯度产生声辐射力,从而克服物体本身的重力,使其悬浮在空中。单轴声悬浮是驻波场声悬浮中最简单的一种,也是本章所研究的主要模型。单轴声悬浮系统由超声换能器和反射面组成,抑或由双换能器组成,这里我们仅考虑前者。图 8-1 显示了单轴驻波场声悬浮简化后的基本物理模型。下方的黑色短粗实线代表超声换能器发射面(实际中也可能产生音频信号),该换能器向空间中发射角频率为 $\omega$ 的单频声波。中间的黑色长粗实线代表刚性反射面,显然,当换能器激发的声场在反射面发生反射时,会在空间中叠加形成驻波声场。在该模型中,为了后续数学处理的方便,将换能器发射面和刚性反射面均近似看作平面。事实上,在第 2 章中我们曾指出,实际声悬浮中往往会将换能器发射面做成凹面从而增强声场的悬浮能力。考虑到粒子的悬浮位置不会十分靠近换能器发射面,这样的近似是合理的。整个系统位于理想流体(通常是空气)中,流体的密度和声速分别为 $\rho_0$ 和 $c_0$,一半径为 $a$ 的球形粒子悬浮于该驻波声场中(图中并未画出),该悬浮小球的密度和纵波声速分别为 $\rho_m$ 和 $c_m$。

尽管这里的刚性反射面并非无限大的,但当其尺寸远大于声波波长和粒子运动的横向范围时,可以将其近似看作无限大刚性平面,因此可以利用镜像原理进行等效处理。具体地,需要在关于反射面对称的位置处放置一个镜像发射面,该镜像发射面所发射的声场与真实发射面发射的声场完全相同,但传播方向恰好相反。与前述章节有所不同,这里我们以声轴与反射面的交点为原点 $O$ 建立空间直角坐标系 $(x,y,z)$ 和柱坐标系 $(r,\theta,z)$,且两坐标系之间存在转换关系:$x=r\cos\theta,y=r\sin\theta,z=z$。$z$ 轴与驻波场的声轴恰好重合,$h$ 表示坐标原点与距离其最近的声压波腹的距离。

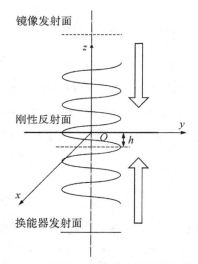

图 8-1　单轴驻波场声悬浮的基本模型

有必要指出,对大多数材料而言,其声阻抗远大于空气的声阻抗,因而在分析声散射和声辐射力时均将其看作刚性的,这也为具体计算带来了方便。需要注意的是,虽然将空气中的悬浮小球看作刚性的,但这并不意味着粒子密度是无穷大的,在分析其运动方程和动力学特性时,必须考虑具体材料密度大小的影响,否则密度反演将无从谈起。此外,这里我们假设悬浮小球的半径远小于声波波长,从而满足低频近似的条件,因此只需考虑单极散射项和偶极散射项对声散射和声辐射力的贡献即可。

还有必要指出,在实际的声悬浮中,声场不仅会对悬浮小球施加声辐射力的作用,还会产生声流等非线性效应,且背景流体也会存在一定的黏滞特性和非均匀性等,特别是在悬浮小球的边界处该现象更加明显。尽管如此,除非对高温熔融物或在高强驻波场中进行声悬浮,这些效应均可以忽略不计,即认为声辐射力仍是声场对悬浮小球的主要作用。

尽管已经给出了基本物理模型,但如何表示该模型中的驻波声场仍是一个棘手的问题。严格而言,我们需要给出换能器表面的质点振速幅度和相位分布,通过 Rayleigh 积分求解空间中各点的声压分布,不过这未免过于烦琐,且大多数情况下得不到解析形式的积分解。但无论如何,我们总可以将该驻波场表示成两列传播方向相反的行波叠加而成:

$$p_i = q(k_r,r)\mathrm{e}^{\mathrm{i}k_z(z+h)} + q(k_r,r)\mathrm{e}^{-\mathrm{i}k_z(z+h)} = 2q(k_r,r)\cos[k_z(z+h)] \quad (8-1)$$

其中,$q(k_r,r)$ 是在水平面内的声压场分布,$k_r$ 和 $k_z$ 分别是波矢量的径向与轴向分量。应当指出,将驻波场表示成式(8-1)是有条件的,即声场分布具有周向对称性,与角度 $\theta$ 无关。一般而言,在换能器参数和悬浮系统设计合理的基础上,这一对称性条件实际中是可以得到较好满足的。根据式(8-1)不难写出其质点振速分布的表达式:

$$v_{i,x} = \frac{2}{\mathrm{i}\omega\rho_0}\frac{\partial q(k_r,r)}{\partial x}\cos[k_z(z+h)] \quad (8-2)$$

$$v_{i,y} = \frac{2}{\mathrm{i}\omega\rho_0}\frac{\partial q(k_r,r)}{\partial y}\cos[k_z(z+h)] \quad (8-3)$$

$$v_{i,z} = -\frac{2k_z}{\mathrm{i}\omega\rho_0}q(k_r,r)\sin[k_z(z+h)] \quad (8-4)$$

有了声压场和速度场的分布表达式,原则上就可以利用声辐射力的积分式(2-48)来求解此时的声辐射力了。然而,这在实际中几乎是不可能完成的任务。幸运的是,苏联科学家 Gor'kov 早已证明,在满足低频近似的条件下,任意球形粒子在驻波场中的声辐射力均可以近似看作保守力[12],即存在对应的声辐射力势函数,其具体表达式为:

$$U_{\mathrm{rad}} = 2\pi a^3\left[\frac{f_1}{3\rho_0 c_0^2}\langle p_i^2\rangle - \frac{f_2\rho_0}{2}\langle v_i^2\rangle\right] \quad (8-5)$$

其中,$f_1$ 和 $f_2$ 正是前述章节所介绍的单极和偶极散射因子,对于均匀球形粒子而言,其具体表达式分别由式(7-31)和式(7-32)给出。应当强调,声压场和速度场的表达式(8-1)~式(8-4)中均略去了时间简谐因子 $\exp(-\mathrm{i}\omega t)$,声辐射力势函数表达式同样是一个时间平均物理量,应当注意该因子对时间平均计算的影响。

式(8-5)的详细推导颇为繁复,相关文献[13]中已有详细介绍,因而这里直接略去。如前所述,对于空气中大多数悬浮粒子而言,其均可认为是刚性材料,因而单极和偶极散射因子近似等于1。这样一来,式(8-5)可以进一步简化为:

$$U_{rad} = 2\pi a^3 \left[ \frac{1}{3\rho_0 c_0^2} \langle p_i^2 \rangle - \frac{\rho_0}{2} \langle v_i^2 \rangle \right] \tag{8-6}$$

基于式(8-6),很容易通过梯度运算求解得到此时的三维声辐射力表达式,其形式上可以表示为:

$$\boldsymbol{F}_{rad} = -\nabla U_{rad} \tag{8-7}$$

应当注意,严格来讲,声辐射力是声辐射力势函数的负梯度而非梯度,这是容易理解的,正如电场强度是电势的负梯度一样。

有必要指出,式(8-5)和式(8-6)中的声压和质点振速均是指入射声场而非总声场的相应物理量,但这并不意味着此时忽略了散射声场对声辐射力的贡献。事实上,式(8-5)正是计及单极和偶极散射项后的计算结果,粒子本身特性对声辐射力的影响最终完全通过单极和偶极散射因子来体现,这也正是利用声辐射力势函数方法求解声辐射力的优势所在。

还有必要指出,式(8-5)仅仅适用于低频驻波场中的球形粒子。对于一般的声场而言,低频近似下的声辐射力由三部分组成:一部分是其中驻波场成分所产生的保守力,称为梯度力;另一部分是其中行波场声散射所产生的辐射力,称为散射力;还有一部分是由于粒子本身声吸收所产生的声辐射力,称为吸收力。这三部分力中,只有梯度力是保守力,可以通过势函数方法予以求解,而散射力和吸收力均非保守力,无法通过势函数方法求解。相关文献[14]对此进行了详细介绍,这里不再赘述。

以上仅仅从形式上进行了初步讨论,悬浮小球的动力学特性还需要依赖于不同驻波场的具体特征,下面将进行这方面的详细讨论。

## 8.2.2　平面驻波场中悬浮小球的动力学特性

理论上讲,平面驻波场是最简单的驻波声场,其计算简单,又可以反映所有驻波场的很多共性,因而这里依然从平面驻波场开始讨论。事实上,实际声悬浮中要想产生严格的平面驻波场是非常困难的,这对换能器的设计提出了很高的要求。本书的叙述重点不在于换能器技术和声场仿真方面的问题,因而不对此作过多分析。尽管如此,对平面驻波场中悬浮粒子的动力学行为进行分析还是具有很大理论意义的。

平面驻波场可以表示为两列传播方向相反的平面行波场叠加，其在直角坐标系中的表达式为：

$$p_i = A e^{ik(z+h)} + A e^{-ik(z+h)} = 2A \cos[k(z+h)] \tag{8-8}$$

其中，$A$ 是单列平面行波场的声压振幅。对比式(8-1)和式(8-8)可以发现，平面驻波场是式(8-1)在满足 $q(k_r, r) = A$ 和 $k_z = k$ 条件下的特殊情形。基于式(8-8)，很容易写出此时平面驻波场的三维质点振速表达式：

$$v_{i,x} = 0 \tag{8-9}$$

$$v_{i,y} = 0 \tag{8-10}$$

$$v_{i,z} = -\frac{2}{i\rho_0 c_0} A \sin[k(z+h)] \tag{8-11}$$

将式(8-8)～式(8-11)代入式(8-6)中可以计算得到此时的声辐射力势函数，其具体表达式为：

$$U_{\text{rad}} = \frac{4A^2 \pi a^3}{\rho_0 c_0^2} \left[ \frac{1}{3} \cos^2[k(z+h)] - \frac{1}{2} \sin^2[k(z+h)] \right] \tag{8-12}$$

基于式(8-12)，不难通过梯度运算得到此时悬浮小球的三维声辐射力表达式：

$$F_x = 0 \tag{8-13}$$

$$F_y = 0 \tag{8-14}$$

$$F_z = \frac{10\pi a^3 k A^2}{3\rho_0 c_0^2} \sin[2k(z+h)] \tag{8-15}$$

式(8-13)～式(8-15)与相关文献[15]中的结果完全一致。

容易发现，对于平面驻波场而言，悬浮小球受到的横向声辐射力恒为零，因此只需分析轴向声辐射力即可。从式(8-15)可以看出，悬浮小球的轴向声辐射力随坐标 $z$ 呈周期性变化，而与坐标 $x$ 和 $y$ 均无关。当小球位置满足 $z+h = n\lambda/4$，$n = 0, -1, -2, \cdots$ 时，粒子的轴向声辐射力为零，这里 $\lambda = 2\pi/k$ 是声波的波长。因此，在不计重力的情况下，悬浮小球将在驻波场的声压波腹和波节处取得平衡。需要注意的是，尽管声辐射力在声压波腹和波节处均消失，只有声压波节处才是悬浮小球的稳定平衡点，其对应的坐标为 $z+h = (2n-1)\lambda/4$，$n = 0, -1, -2, \cdots$，此时声辐射力势函数达到极小值，而声压波腹处是悬浮小球的不稳定平衡点，此时声辐射力势函数达到极大值。第3章中我们曾通过计算得到类似的结论，但这里结合声辐射力势函数可以进一步加深对平面驻波场声辐射力特性的理解。

既然悬浮小球只能在声压波节处达到稳定平衡状态,我们便专注于讨论其在声压波节附近的动力学特性。当悬浮小球在 $z$ 方向稍稍偏离声压波节时,其轴向声辐射力可以近似表示为:

$$F_z = -\frac{20\pi a^3 k^2 A^2}{3\rho_0 c_0^2}(z+h-z_n) \tag{8-16}$$

其中,$z_n$ 表示第 $n$ 个声压波节的位置,这里利用了小宗量情况下的近似关系式 $\sin[2k(z+h)] \approx -2k(z+h-z_n)$。从式(8-16)可以看出,轴向声辐射力大小与悬浮小球偏离声压波节的距离成正比,且其方向与悬浮小球偏离声压波节的方向相反,即指向平衡位置。这样来看,此时的轴向声辐射力竟与真实的弹簧类似,当粒子稍稍偏离声压波节时将会受到线性回复力的作用。必须指出,这一结论是在小偏离前提下得到的,当小球的偏移距离较大时将不再成立。

在不计重力的前提下,根据 Newton 第二定律可以直接写出悬浮小球在轴向稍稍偏离声压波节时的运动方程:

$$\frac{4}{3}\pi a^3 \rho_m \frac{\mathrm{d}^2(z+h-z_n)}{\mathrm{d}t^2} + \frac{20\pi a^3 k^2 A^2}{3\rho_0 c_0^2}(z+h-z_n) = 0 \tag{8-17}$$

显然,式(8-17)是谐振子方程,即悬浮小球稍稍偏离声压波节时将作轴向的简谐振动,其轴向本征振动频率为:

$$f_{\mathrm{osc},z} = \frac{1}{2\pi}\sqrt{\frac{5k^2 A^2}{\rho_0 \rho_m c_0^2}} \tag{8-18}$$

这里用下标"osc"表示悬浮小球的本征振动频率,从而区别于声场本身的频率。可以看出,轴向本征振动频率正比于平面驻波场的频率和声压振幅,反比于悬浮小球密度的平方根。有趣的是,该频率与悬浮小球的半径无关,但这同样是在满足低频近似前提下得到的结论。

为了对轴向本征振动频率有一个数量级上的概念,这里以悬浮于空气中的聚苯乙烯泡沫小球为算例进行讨论。聚苯乙烯泡沫的密度为 $\rho_m = 30 \text{ kg/m}^3$,其重力远小于一般驻波场声辐射力的量级,因此其重力完全可以忽略不计。超声换能器的发射频率则选用中国科学院声学研究所自行研制的超声信号发生器的数据,其中心频率大小为 $f = 20.25 \text{ kHz}$;超声换能器发射面的速度振幅则亦使用中国科学院声学研究所自行研制的平面探头的数据,其表面振速幅度约为 $v_0 = 3 \text{ m/s}$;根据声压振幅与速度振幅之间的换算关系 $A = \rho_0 c_0 v_0$ 可以求得此时驻波场的声压振幅。将以上各参数代入式(8-18)中可以计算得到此时聚苯乙烯泡沫球的轴向本

征振动频率为 $f_{osc,z}=79.31$ Hz。这一较高的振动频率是很难用肉眼直接观察的，需要借助高速摄影设备进行观测。事实上，基于这一轴向本征振动频率，便可以根据式(8-18)对悬浮小球的密度进行参数反演。有必要指出，根据本团队所进行的声场仿真，这一换能器是无法发射平面波场的，其发射面的速度分布也并不完全均匀，但这里仅仅以此作为算例给出数量级的概念。

以上讨论是在忽略悬浮小球重力的前提下进行的。当悬浮小球的重力不可忽略时，必须考虑其重力对动力学特性的影响。由于重力的作用，此时悬浮小球的稳定平衡点不再是声压波节处，而会发生相应的偏移，即通过一定的声辐射力作用来克服其本身的重力达到平衡，其平衡方程为：

$$\frac{10\pi a^3 kA^2}{3\rho_0 c_0^2}\sin[2k(z+h)]-\frac{4}{3}\pi a^3\rho_m g=0 \qquad (8-19)$$

其中，$g$ 是当地的重力加速度。从式(8-19)可以看出，此时悬浮小球的稳定平衡位置将会从声压波节处向下偏移，其坐标为：

$$z_n'=z_n-\frac{1}{2k}\arcsin\left(\frac{2\rho_0\rho_m c_0^2 g}{5kA^2}\right),n=0,1,2,\cdots \qquad (8-20)$$

假设 $2\rho_0\rho_m c_0^2 g/(5kA^2)\ll1$，利用小宗量时的近似关系 $\arcsin x\approx x$，式(8-20)可以近似表示为：

$$z_n'=z_n-\frac{1}{2k}\left(\frac{2\rho_0\rho_m c_0^2 g}{5kA^2}\right),n=0,1,2,\cdots \qquad (8-21)$$

我们依然根据具体的算例来对该偏移有一个粗略的估计。对于前述算例中的聚苯乙烯泡沫小球而言，将各项参数代入，可以算得其稳定平衡位置在声压波节下方 $3.95\times10^{-5}$ m 处，与半波长 $\lambda/2=c_0/(2f)=8.5$ mm 相比，这一偏移距离是完全可以忽略不计的。然而，若将聚苯乙烯泡沫小球换成聚丙烯小球（$\rho_m=900$ kg/m³），其余条件均保持不变，经计算可得其稳定平衡位置位于声压波节下方 1.4 mm，这一偏移距离已经和半波长处于同一数量级，不能再忽略不计。

根据式(8-19)，我们还可以计算出平面驻波场所能悬浮起小球的最大密度，其计算公式为：

$$\rho_{m,\max}=\frac{5kA^2}{2\rho_0 gc_0^2} \qquad (8-22)$$

这里用下标"max"来表示驻波场能悬浮起小球的最大密度，该密度值可以很好地衡量某一特定驻波场声悬浮系统的悬浮能力。可以看出，这一最大密度正比于驻波场的频率和声压振幅的平方,即驻波场的频率越高,换能器表面振速越大,驻波场的悬浮能力越强。因此,实际的声悬浮中通常采用超声驻波场,且需要尽可能增大换能器发射的声功率。应当指出,随着声波频率的升高,低频近似条件亦可能不再得到满足,式(8-22)将不再适用,因而频率绝非越高越好。将以上算例中的超声换能器参数代入式(8-22),并将重力加速度设为 $g = 9.8 \ \text{m/s}^2$,可以计算得到该驻波场所能悬浮起小球的最大密度为 $\rho_{m,\max} = 1\,027 \ \text{kg/m}^3$。这一数值刚刚超过小水滴的密度值,而低于绝大部分固体材料的密度值,但在实验中我们成功悬浮起了包括铝球在内的许多固体小球,这说明将驻波场简化为平面驻波确实是不甚合理的。实际声悬浮中所采用的换能器大多具有聚焦特性,因而悬浮能力要远远强于这一理论值。

在计及重力的前提下,同样可以根据 Newton 第二定律直接写出悬浮小球在轴向稍稍偏离稳定平衡点时的运动方程:

$$\frac{4}{3}\pi a^3 \rho_m \frac{\mathrm{d}^2(z+h-z_n')}{\mathrm{d}t^2} + \frac{20\pi a^3 k^2 A^2}{3\rho_0 c_0^2}(z+h-z_n') = 0 \qquad (8-23)$$

对比式(8-23)和式(8-17)可以看出,此时的轴向运动方程与忽略重力时在形式上完全相同,悬浮小球同样在稳定平衡点附近作简谐振动,且轴向本征振动频率仍由式(8-18)表示,唯一的区别是稳定平衡位置发生了变化。考虑平面驻波场中的聚丙烯小球,其余条件均与前述完全相同,将相关物理量代入式(8-18)可得此时的轴向本征振动频率为 $f_{\text{osc},z} = 14.48 \ \text{Hz}$,这一振动频率远小于聚苯乙烯泡沫球。

为了进一步分析悬浮小球密度对其轴向本征振动频率的影响,图 8-2 显示了平面驻波场中悬浮小球的轴向本征振动频率随密度的变化曲线,其中仿真范围设为 0 到 $1\,027 \ \text{kg/m}^3$,这一上限值正对应着前述平面驻波场所能悬浮起小球的最大密度,而式(8-22)中的相应参数仍与前述完全相同。可以看出,轴向本征振动频率随着小球密度的增大而减小,但减小的速率越来越慢,这是因为 $f_{\text{osc},z}$ 与 $\sqrt{\rho_m}$ 成反比。理论上而言,当小球密度趋于零时,轴向本征振动频率将趋于无穷大,这显然是不可能的。事实上,当小球密度很小时,其受到的空气阻力和浮力不可忽略,这些因素会使得小球的振动频率明显低于理论预测值,甚至不再作简谐振动。

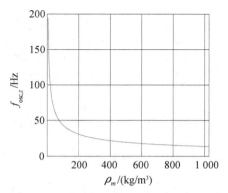

图 8 - 2　平面驻波场作用下悬浮小球的轴向本征振动频率 $f_{osc,z}$ 随 $\rho_m$ 的变化曲线

## 8.2.3　Gauss 驻波场中悬浮小球的动力学特性

如前所述,为了增强系统的悬浮能力,实际中所采用的驻波声场往往具有一定的聚焦特性,而 Gauss 驻波场正属于聚焦声场。鉴于此,接下来转入对 Gauss 驻波场中悬浮小球的动力学特性研究。应当指出,虽然 Gauss 驻波场理论表达式非常简洁,但实际应用中想要激发严格意义上的 Gauss 驻波场是很困难的,这里叙述的目的在于进一步加深对聚焦驻波场悬浮特性的认识。

与平面驻波场类似,Gauss 驻波场可以表示为两列传播方向相反的 Gauss 行波场叠加。为了计算简便,这里我们仍然采用弱聚焦近似,即将 Gauss 驻波场的波阵面近似看作平面,这样一来,其在直角坐标系中的表达式为:

$$p_i = A e^{-\frac{x^2+y^2}{W_0^2}} e^{ik(z+h)} + A e^{-\frac{x^2+y^2}{W_0^2}} e^{-ik(z+h)} = 2A e^{-\frac{x^2+y^2}{W_0^2}} \cos[k(z+h)]$$

$$(8-24)$$

其中,$A$ 是单列 Gauss 行波场在声轴上的声压振幅,$W_0$ 是 Gauss 驻波场的束腰半径。对比式(8-1)和式(8-24)可以发现,Gauss 驻波场是式(8-1)在满足 $q(k_r,r)=A\exp[-(x^2+y^2)/W_0^2]$ 和 $k_z=k$ 条件下的特殊情形。基于式(8-24),很容易写出此时 Gauss 驻波场的三维质点振速表达式:

$$v_{i,x} = \frac{4A}{i\rho_0\omega} e^{-\frac{x^2+y^2}{w^2}} \left(-\frac{x}{W_0^2}\right) \cos[k(z+h)] \qquad (8-25)$$

$$v_{i,y} = \frac{4A}{i\rho_0\omega} e^{-\frac{x^2+y^2}{w^2}} \left(-\frac{y}{W_0^2}\right) \cos[k(z+h)] \qquad (8-26)$$

$$v_{i,z} = -\frac{2A}{\mathrm{i}\rho_0 c_0} \mathrm{e}^{-\frac{x^2+y^2}{w_0^2}} \sin[k(z+h)] \tag{8-27}$$

将式(8-25)~式(8-27)代入式(8-6)中可以计算得到此时的声辐射力势函数，其具体表达式为：

$$U_{\mathrm{rad}} = 2\pi a^3 A^2 \mathrm{e}^{-\frac{2(x^2+y^2)}{w_0^2}} \left\{ \frac{2}{3\rho_0 c_0^2} \cos^2[k(z+h)] - \frac{1}{\rho_0 \omega^2} \Big[ \cos^2[k(z+h)] \Big( \frac{4(x^2+y^2)}{W_0^4} \Big) + k^2 \sin^2[k(z+h)] \Big] \right\}$$

$$\tag{8-28}$$

利用弱聚焦近似条件 $kW_0 \ll 1$，式(8-28)可以进一步近似为：

$$U_{\mathrm{rad}} = 2\pi a^3 A^2 \mathrm{e}^{-\frac{2(x^2+y^2)}{w_0^2}} \left\{ \frac{2}{3\rho_0 c_0^2} \cos^2[k(z+h)] - \frac{1}{\rho_0 \omega^2} k^2 \sin^2[k(z+h)] \right\}$$

$$\tag{8-29}$$

基于式(8-29)，不难通过梯度运算得到悬浮小球所受三维声辐射力的表达式：

$$F_x = 2\pi a^3 A^2 \mathrm{e}^{-\frac{2(x^2+y^2)}{w_0^2}} \left( \frac{4x}{W_0^2} \right) \left\{ \frac{2}{3\rho_0 c_0^2} \cos^2[k(z+h)] - \frac{1}{\rho_0 c_0^2} \sin^2[k(z+h)] \right\}$$

$$\tag{8-30}$$

$$F_y = 2\pi a^3 A^2 \mathrm{e}^{-\frac{2(x^2+y^2)}{w_0^2}} \left( \frac{4y}{W_0^2} \right) \left\{ \frac{2}{3\rho_0 c_0^2} \cos^2[k(z+h)] - \frac{1}{\rho_0 c_0^2} \sin^2[k(z+h)] \right\}$$

$$\tag{8-31}$$

$$F_z = \frac{10\pi a^3 A^2}{3\rho_0 c_0^2} \mathrm{e}^{-\frac{2(x^2+y^2)}{w_0^2}} \sin[2k(z+h)] \tag{8-32}$$

容易发现，一般情况下，Gauss 驻波场中的悬浮小球会同时受到轴向与横向声辐射力作用，这有利于实际中从三个自由度上操控声场中的特定目标。当然，当悬浮小球位于声轴时，仍然只存在轴向声辐射力。第 3 章中我们早已熟知了 Gauss 驻波场的这一特性。首先分析轴向声辐射力的特性。从式(8-32)可以看出，轴向声辐射力依然随 $z$ 坐标呈周期性变化的规律，当悬浮小球位于声压波节和波腹处时，轴向声辐射力消失，其对应的轴向坐标为 $z+h = n\lambda/4, n=0,-1,-2,\cdots$ 这与平面驻波场中的情形完全相同。同样地，在不计重力的前提下，只有声压波节处才是悬浮小球的稳定平衡点，其对应的坐标为 $z+h = (2n-1)\lambda/4, n=0,-1,-2,\cdots$ 此时声辐射力势函数达到极小值。需要注意的是,Gauss 驻波场存在声轴,当悬浮小球位于声轴上时轴向声辐射力最大,且离轴距离越大,轴向声辐射力越小,而平面驻波场的轴向声辐射力和横向坐标无关。有趣的是,若令 $x = y = 0$,则式(8 - 32)与式(8 - 15)完全一致,这意味着悬浮小球在 Gauss 驻波场声轴上的受力特性与平面驻波场完全相同。

既然悬浮小球仍然只能在声压波节处达到稳定平衡状态,我们同样专注于讨论其在声压波节附近的动力学特性。考虑到轴向声辐射力与悬浮小球的横向坐标有关,这里我们仅考虑当悬浮小球位于声轴上时的轴向声辐射力特性。由于 Gauss 驻波场声轴上的轴向声辐射力与平面驻波场中完全相同,当悬浮小球在 $z$ 方向稍稍偏离声压波节时,其轴向声辐射力仍可以近似表示为式(8 - 16)。同样地,当悬浮小球在声轴上稍稍偏离声压波节时将受到线性回复力的作用。在忽略重力的前提下,悬浮小球的轴向运动方程仍可以表示为式(8 - 17),而其轴向本征振动频率仍由式(8 - 18)给出。

若悬浮小球的重力不可忽略,则其稳定平衡点也不再位于声压波节处,而会发生相应的偏移,其平衡方程仍由式(8 - 19)表示,稳定平衡时的轴向坐标仍由式(8 - 20)表示。至于 Gauss 驻波场所能悬浮起小球的最大密度,则仍由式(8 - 22)给出,即 Gauss 驻波场的悬浮能力与平面驻波场相同。需要注意的是,这一结论仅仅适用于悬浮小球位于声轴上的情形,在离轴情形下轴向声辐射力会发生衰减,从而悬浮能力也会减弱。读者可能会有疑问,Gauss 驻波场具有聚焦特性,其悬浮能力为何并没有优于平面驻波场? 事实上,这完全是由于我们利用式(8 - 24)来描述 Gauss 驻波场,对比式(8 - 24)与式(9 - 8)可以发现,Gauss 驻波场只有在声轴上时其声压振幅才与平面驻波场相等,其余位置的声压振幅均弱于平面驻波场,因而悬浮能力自然也不会强于平面驻波场。在实际声悬浮中,聚焦驻波场的声场分布是非常集中的,其声轴附近的声能量密度很强,要远远大于平面驻波场的情形,因此聚焦驻波场在声轴附近往往具有较强的悬浮能力。当悬浮小球在声轴上稍稍偏离平衡点时,其运动方程仍由式(8 - 23)给出,此时悬浮小球同样在稳定平衡点附近作简谐振动,且轴向本征振动频率仍由式(8 - 18)表示,唯一的区别是稳定平衡位置发生了变化。

对于平面驻波场而言,其横向运动对轴向声辐射力丝毫不产生影响,但对于 Gauss 驻波场而言,其轴向声辐射力是横向坐标的函数,会受到悬浮小球横向运动的影响。以上讨论仅仅限于小球刚好位于 Gauss 驻波场声轴上的情形,严格而言在离轴情况下是不适用的。尽管如此,若悬浮小球横向的离轴距离很小并满足条件 $x,y\ll W_0$,则轴向声辐射力表达式(8-32)中的指数因子 $\exp[-2(x^2+y^2)/W_0^2]$ 趋近于1,从而使得轴向声辐射力与悬浮小球位于声轴上时仍然相同。这样一来,以上关于小球平衡点和轴向本征振动频率的讨论依然适用。但若离轴距离较大,则必须考虑该指数因子的影响。

如前所述,Gauss驻波场和平面驻波场最大的不同在于,Gauss驻波场在离轴情况下会产生横向声辐射力的作用。为了后续讨论的方便,本章中均假定悬浮小球在 $x$ 方向偏离声轴,这其实是无损于一般性的。先考虑重力可以忽略的情形。假设小球在 $z$ 方向始终处于稳定平衡状态,将稳定平衡点的轴向坐标 $z+h=(2n-1)\lambda/4,n=0,-1,-2,\cdots$ 代入式(8-30)可以得到此时悬浮小球的横向声辐射力表达式为:

$$F_x=-\frac{2\pi a^3 A^2}{\rho_0 c_0^2}e^{-\frac{2x^2}{W_0^2}}\left(\frac{4x}{W_0^2}\right) \tag{8-33}$$

这里仍然只考虑小偏移的情形,因而指数项 $\exp(-2x^2/W_0^2)$ 仍然趋近于1,式(8-33)可以近似表示为:

$$F_x=-\frac{2\pi a^3 A^2}{\rho_0 c_0^2}\left(\frac{4x}{W_0^2}\right) \tag{8-34}$$

式(8-34)表明,在小偏移情况下,悬浮小球的横向声辐射力同样可以近似看作线性回复力,其大小与离轴距离成正比,方向指向声轴。这样一来,很容易得到此时悬浮小球的横向运动方程:

$$\frac{4}{3}\pi a^3 \rho_m\frac{\mathrm{d}^2 x}{\mathrm{d}t^2}+\frac{2\pi a^3 A^2}{\rho_0 c_0^2}\left(\frac{4x}{W_0^2}\right)=0 \tag{8-35}$$

式(8-35)同样是谐振子方程,即当小球稍稍偏离声轴时将作横向的简谐振动,其横向本征振动频率为:

$$f_{\mathrm{osc},x}=\frac{1}{2\pi}\sqrt{\frac{6A^2}{\rho_0\rho_m c_0^2 W_0^2}} \tag{8-36}$$

可以看出,该横向本征振动频率正比于Gauss驻波场的声压振幅,反比于Gauss驻波场的束腰半径和悬浮小球的密度。与轴向本征振动频率式(8-18)不同,横向本征振动频率与驻波场的频率无关。当束腰半径区域无穷大时,式(8-36)趋近于零,此时对应着平面驻波场的情形,声场的横向回复力消失。

这里同样以聚苯乙烯泡沫小球为算例来对横向本征振动频率进行讨论。设一聚苯乙烯泡沫小球位于 Gauss 驻波场中,Gauss 驻波场的频率仍设为 $f=20.25$ kHz,换能器中心的表面振速幅度为 $v_0=3$ m/s,根据声压振幅与速度振幅之间的换算关系 $A=\rho_0 c_0 v_0$ 可以求得此时驻波场声轴上的声压振幅,Gauss 驻波场的束腰半径设为一倍波长,即 $W_0=\lambda$,此时无量纲参量 $kW_0=2\pi$,满足弱聚焦近似的条件。将以上各参数代入式(8-36)中可以计算得到此时聚苯乙烯泡沫球的横向本征振动频率为 $f_{osc,x}=13.80$ Hz。这一振动频率已经远远低于其轴向本征振动频率,但仍需借助高速摄影设备进行观测。类似地,基于这一横向本征振动频率,便可以根据式(8-36)对悬浮小球的密度进行参数反演。需要注意的是,式(8-36)仅仅适用于悬浮小球重力可以忽略的情形。应当强调,实际中要想产生严格意义的 Gauss 驻波场是很困难的,即使满足 Gauss 驻波场的条件,束腰半径的测量也并不容易,这里依然仅仅将其作为算例,使读者对横向本征振动频率有一个数量级的概念。

接下来考虑悬浮小球重力不可忽略的情形。假设小球在 $z$ 方向始终处于稳定平衡的状态,其轴向平衡方程由式(8-19)给出。考虑悬浮小球的横向偏移距离远小于束腰半径,则由式(8-30)可以得到此时横向声辐射力的近似表达式为:

$$F_x=2\pi a^3 A^2\left(\frac{4x}{W_0^2}\right)\left\{\frac{2}{3\rho_0 c_0^2}\cos^2[k(z+h)]-\frac{1}{\rho_0 c_0^2}\sin^2[k(z+h)]\right\} \quad (8-37)$$

注意到,式(8-37)仍然正比于悬浮小球的横向偏移,但其符号似乎是待定的,具体取决于悬浮小球的轴向坐标。基于式(8-37)很容易写出悬浮小球的横向运动方程:

$$\frac{4}{3}\pi a^3 \rho_m \frac{d^2 x}{dt^2}+2\pi a^3 A^2\left(\frac{4x}{W_0^2}\right)\left\{\frac{1}{\rho_0 c_0^2}\sin^2[k(z+h)]-\frac{2}{3\rho_0 c_0^2}\cos^2[k(z+h)]\right\}=0$$

$$(8-38)$$

联立轴向平衡方程式(8-19)和横向运动方程式(8-38)即可解出最终小球的横向运动。为表述简洁,定义式(8-19)中的正弦函数 $\sin[2k(z+h)]$ 为 $D$,即 $D=2\rho_0\rho_m c_0^2 g/(5kA^2)$,则相应的余弦函数可以表示为 $\cos[2k(z+h)]=-\sqrt{1-D^2}$。需要注意的是,这里的余弦函数必须为负值,这是因为稳定平衡点满足 $z+h=(2n-1)\lambda/4,n=0,-1,-2,\cdots$将 $\sin[2k(z+h)]$ 和 $\cos[2k(z+h)]$ 代入横向运动方程式(8-38),并运用三角函数的二倍角公式,可以得到如下方程:

$$\frac{4}{3}\pi a^3 \rho_m \frac{d^2 x}{dt^2}+2\pi a^3 A^2\left(\frac{4x}{W_0^2}\right)\left\{\frac{1}{\rho_0 c_0^2}\left[\frac{1+\sqrt{1-D^2}}{2}-\frac{1-\sqrt{1-D^2}}{3}\right]\right\}=0$$

$$(8-39)$$

考虑到始终存在关系$(1+\sqrt{1-D^2})/2-(1-\sqrt{1-D^2})/3>0$,式(8-39)中关于$x$的一次项系数恒为正值,这意味着此时的横向声辐射力依然是始终指向声轴的线性回复力,即式(8-39)依然是谐振子方程。这样一来,即使计及重力,悬浮小球在$x$方向仍然作简谐运动,但横向本征振动频率发生了变化,其具体表达式为:

$$f_{osc,x}=\frac{1}{2\pi}\sqrt{\frac{A^2\left[3(1+\sqrt{1-D^2})-2(1-\sqrt{1-D^2})\right]}{\rho_0\rho_m c_0^2 W_0^2}} \tag{8-40}$$

考虑位于Gauss驻波场中的聚丙烯小球,其余条件均与前述完全相同,将相关物理量代入式(8-40)可得此时的横向本征振动频率为$f_{osc,x}=1.90$ Hz,这一振动频率远小于聚苯乙烯泡沫球。该振动频率如此之低,已经完全可以通过肉眼进行观察了。根据式(8-40)亦可以进行悬浮小球的密度反演,且其适用于任何重量的小球。

为了进一步分析悬浮小球密度对其横向本征振动频率的影响,图8-3显示了Gauss驻波场中悬浮小球的横向本征振动频率随密度的变化曲线。与轴向本征振动频率不同,在忽略重力和计及重力的情况下,其横向本征振动频率会有所差异,分别由式(8-36)和式(8-40)表示。基于此,图8-3中同时画出了基于式(8-36)和式(8-40)的计算结果,其中忽略重力时的曲线用虚线标记,计及重力时的曲线用实线标记。与图8-2类似,仿真范围仍设为0到1 027 kg/m³,这一上限值亦对应着前述Gauss驻波场所能悬浮起小球的最大密度,且计算中所用到的参数仍与前述Gauss驻波场完全相同。此外,我们同时考虑了束腰半径为$W_0=\lambda$、$2\lambda$、$3\lambda$时的情况,并以不同颜色呈现。计算结果显示,横向本征振动频率随着小球密度的增大而减小,但减小的速率越来越慢,这同样是因为式(8-36)和式(8-40)均与$\sqrt{\rho_m}$成反比。同样地,当小球密度趋于零时,横向本征振动频率趋于无穷大,但空气阻力和浮力等因素会大大降低该频率。进一步分析可以看出,当$\rho_m<500$ kg/m³时,图8-3中的实线和虚线几乎完全重合,即在悬浮小球密度较小时,完全可以忽略其重力对横向本征振动频率的影响。随着密度的进一步增大,基于式(8-36)的曲线明显高于基于式(8-40)的曲线,即当小球密度较大时,若忽略小球重力将会高估其横向本征振动频率。此外,Gauss驻波场束腰半径的增大也会使横向本征振动频率明显减小,这也是容易从式(8-36)和式(8-40)直接看出的。

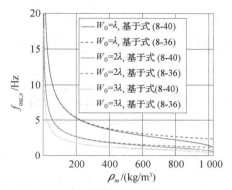

**图 8 - 3　Gauss 驻波场作用下悬浮小球的横向本征振动频率 $f_{osc,x}$ 随 $\rho_m$ 的变化曲线**

## 8.2.4　Bessel 驻波场中悬浮小球的动力学特性

作为一类典型的非衍射声场,Bessel 波在前述章节中也曾多次作为算例进行分析,这里我们同样对 Bessel 驻波场中悬浮小球的动力学特性进行研究。同样地,应当指出,实际应用中要想产生严格意义上的 Bessel 驻波场也是很困难的,这里叙述的目的在于进一步加深对非衍射驻波场悬浮特性的认识。与 Gauss 驻波场不同,不同阶 Bessel 驻波场存在不同的表现形式,这里以零阶 Bessel 驻波场为例进行讨论。

零阶 Bessel 驻波场也可以表示为两列传播方向相反的零阶 Bessel 行波叠加而成,在直角坐标系中,其声压分布可以表示为:

$$p_i = AJ_0(k_r\sqrt{x^2+y^2})\mathrm{e}^{ik_z(z+h)} + AJ_0(k_r\sqrt{x^2+y^2})\mathrm{e}^{-ik_z(z+h)} \tag{8-41}$$
$$= 2AJ_0(k_r\sqrt{x^2+y^2})\cos[k_z(z+h)]$$

其中,$A$ 是单列零阶 Bessel 行波场在声轴上的声压振幅,$k_z=k\cos\beta$ 和 $k_r=k\sin\beta$ 分别是轴向和径向的波矢量分量,$\beta$ 是波束的半锥角。当半锥角为零时,式(8-41)将退化为平面驻波场的表达式(8-8)。对比式(8-1)和式(8-41)可以发现,零阶 Bessel 驻波场是式(8-1)在满足 $q(k_r,r)=AJ_0(k_r\sqrt{x^2+y^2})$ 条件下的特殊情形。基于式(8-41),很容易写出此时零阶 Bessel 驻波场的三维质点振速表达式:

$$v_{i,x} = \frac{2A}{i\rho_0\omega}k_r J_0{}'(k_r\sqrt{x^2+y^2})\frac{x}{\sqrt{x^2+y^2}}\cos[k_z(z+h)] \tag{8-42}$$

$$v_{i,y} = \frac{2A}{i\rho_0\omega}k_r J_0{}'(k_r\sqrt{x^2+y^2})\frac{y}{\sqrt{x^2+y^2}}\cos[k_z(z+h)] \tag{8-43}$$

$$v_{i,z} = -\frac{2A}{i\rho_0\omega} J_0(k_r\sqrt{x^2+y^2})k_z\sin[k_z(z+h)] \tag{8-44}$$

将式(8-41)~式(8-44)代入式(8-6)中可以计算得到此时的声辐射力势函数，其具体表达式为：

$$U_{rad} = 2\pi a^3 A^2 \left\{ \frac{2}{3\rho_0 c_0^2} J_0^2(k_r\sqrt{x^2+y^2})\cos^2[k_z(z+h)] - \right.$$
$$\frac{1}{\rho_0\omega^2} J_1^2(k_r\sqrt{x^2+y^2})k_r^2\cos^2[k_z(z+h)] - \tag{8-45}$$
$$\left. \frac{1}{\rho_0\omega^2} J_0^2(k_r\sqrt{x^2+y^2})k_z^2\sin^2[k_z(z+h)] \right\}$$

这里我们使用了零阶柱 Bessel 函数的求导公式 $J_0{}'(k_r r) = -J_1(k_r r)$。仍然假设悬浮小球的离轴距离很小，考虑到当宗量趋于零时，一阶柱 Bessel 函数亦趋于零，因此式(8-45)可以进一步简化为：

$$U_{rad} = 2\pi a^3 A^2 \left\{ \frac{2}{3\rho_0 c_0^2} J_0^2(k_r\sqrt{x^2+y^2})\cos^2[k_z(z+h)] - \right.$$
$$\left. \frac{1}{\rho_0\omega^2} J_0^2(k_r\sqrt{x^2+y^2})k_z^2\sin^2[k_z(z+h)] \right\} \tag{8-46}$$

基于式(8-46)，不难通过梯度运算得到悬浮小球所受三维声辐射力的表达式：

$$F_x = 2\pi a^3 A^2 \left\{ \frac{4}{3\rho_0 c_0^2} J_0(k_r\sqrt{x^2+y^2})J_1(k_r\sqrt{x^2+y^2}) \times \right.$$
$$k_r \frac{x}{\sqrt{x^2+y^2}}\cos^2[k_z(z+h)] - \tag{8-47}$$
$$\frac{2}{\rho_0\omega^2} J_0(k_r\sqrt{x^2+y^2})J_1(k_r\sqrt{x^2+y^2}) \times$$
$$\left. k_z^2 k_r \frac{x}{\sqrt{x^2+y^2}}\sin^2[k_z(z+h)] \right\}$$

$$F_y = 2\pi a^3 A^2 \left\{ \frac{4}{3\rho_0 c_0^2} J_0(k_r\sqrt{x^2+y^2})J_1(k_r\sqrt{x^2+y^2}) \times \right.$$
$$k_r \frac{y}{\sqrt{x^2+y^2}}\cos^2[k_z(z+h)] -$$
$$\frac{2}{\rho_0\omega^2} J_0(k_r\sqrt{x^2+y^2})J_1(k_r\sqrt{x^2+y^2}) \times$$

$$\left. k_z^2 k_r \frac{y}{\sqrt{x^2+y^2}} \sin^2\left[k_z(z+h)\right]\right\} \qquad (8-48)$$

$$F_z = 2\pi a^3 A^2 \left\{ \frac{2}{3\rho_0 c_0^2} J_0^2(k_r \sqrt{x^2+y^2}) k_z \sin\left[2k_z(z+h)\right] + \right.$$

$$\left. \frac{1}{\rho_0 \omega^2} J_0^2(k_r \sqrt{x^2+y^2}) k_z^3 \sin\left[2k_z(z+h)\right] \right\} \qquad (8-49)$$

容易发现,一般情况下,零阶 Bessel 驻波场中的悬浮小球会同时受到轴向与横向声辐射力作用,当悬浮小球位于声轴时,仍然只存在轴向声辐射力。这与 Gauss 驻波场是类似的。我们依然首先分析轴向声辐射力的特性。从式(8-49)可以看出,轴向声辐射力依然随 $z$ 坐标呈周期性变化的规律,但其变化周期不再是半波长,而是半波长的 $1/\cos\beta$,或者说是 Bessel 驻波场在 $z$ 方向的“半波长”。读者可以回忆,这是第 3 章中在研究 Bessel 驻波场的声辐射力特性时我们早已熟知的,究其原因是 Bessel 波的波矢量与 $z$ 轴成一半锥角。当悬浮小球位于 $z$ 方向的声压波节或波腹处时,其声辐射力恒为零,但只有声压波节处才是小球的稳定平衡点,其对应的轴向坐标为 $z+h=(2n-1)\lambda/(4\cos\beta),n=0,-1,-2,\cdots$ 此时声辐射力势函数达到极小值。与 Gauss 驻波场类似,零阶 Bessel 驻波场存在声轴,当悬浮小球位于声轴上时轴向声辐射力最大。由于零阶 Bessel 函数并非单调递减函数,因此轴向声辐射力会随着离轴距离的增大而出现振荡特性。此外,即使悬浮小球位于声轴上,其轴向声辐射力也与平面驻波场有所不同,这些均是零阶 Bessel 驻波场与 Gauss 驻波场轴向声辐射力特性的差异。

既然悬浮小球仍然只能在声压波节处达到稳定平衡状态,我们同样专注于讨论其在声压波节附近的动力学特性。考虑到轴向声辐射力和悬浮小球的横向坐标有关,这里我们仅考虑当悬浮小球位于声轴上时的轴向声辐射力特性。根据式(8-49),利用零阶柱 Bessel 函数在原点的性质 $J_0(0)=1$,可以得到当悬浮小球在声轴上稍稍偏离声压波节时的轴向声辐射力表达式为:

$$F_z = -4\pi a^3 A^2 \frac{2k^2+3k_z^2}{3\rho_0 \omega^2} k_z^2(z+h-z_n) \qquad (8-50)$$

其中,$z_n$ 表示 $z$ 方向的声压波节位置,这里同样利用了正弦函数在小宗量时的近似关系 $\sin[2k(z+h)] \approx -2k(z+h-z_n)$。可以看到,当悬浮小球在声轴上稍稍偏离声压波节时,其轴向声辐射力表达式与平面驻波场和 Gauss 驻波场有所不同,但仍然具备线性回复力的特性。在忽略重力的前提下,悬浮小球的轴向运动方程可以表示为：

$$\frac{4}{3}\pi a^3 \rho_m \frac{\mathrm{d}^2(z+h-z_n)}{\mathrm{d}t^2} + 4\pi a^3 A^2 \frac{2k^2+3k_z^2}{3\rho_0\omega^2}k_z^2(z+h-z_n)=0 \quad (8-51)$$

式(8-51)仍然是谐振子方程，这意味着悬浮小球在 $z$ 方向的声压波节附近作简谐振动，其轴向本征振动频率为：

$$f_{\mathrm{osc},z}=\frac{1}{2\pi}\sqrt{\frac{(2k^2+3k_z^2)k_z^2A^2}{\rho_0\rho_m\omega^2}} \quad (8-52)$$

该频率亦与平面驻波场和 Gauss 驻波场作用时的结果不同。进一步观察可以发现，式(8-52)依赖于零阶 Bessel 波的半锥角大小。考虑到存在关系 $k_z=k\cos\beta$，因此零阶 Bessel 驻波场中悬浮小球在声压波节附近的轴向本征振动频率要小于平面驻波场和 Gauss 驻波场中的结果，且半锥角越大，该振荡频率越小。

这里同样以聚苯乙烯泡沫小球为算例进行讨论。设一聚苯乙烯泡沫小球位于零阶 Bessel 驻波场中，零阶 Bessel 驻波场的频率仍设为 $f=20.25$ kHz，换能器中心的表面振速幅度为 $v_0=3$ m/s，根据声压振幅与速度振幅之间的换算关系 $A=\rho_0 c_0 v_0$ 可以求得此时驻波场声轴上的声压振幅，零阶 Bessel 驻波场的半锥角设为 $\beta=\pi/4$。将以上各参数代入式(8-52)中可以计算得到此时聚苯乙烯泡沫球的轴向本征振动频率为 $f_{\mathrm{osc},z}=46.92$ Hz，这一振动频率明显低于平面驻波场和 Gauss 驻波场中的结果。根据这一结果，亦可以对悬浮小球的密度进行参数反演。当然，实际中产生严格的 Bessel 驻波场也是很困难的，这里仅仅是作为算例给出直观的认识。

若悬浮小球的重力不可忽略，则其稳定平衡点也不再位于 $z$ 方向的声压波节处，而会发生相应的偏移，其平衡方程为：

$$2\pi a^3 A^2 \frac{2k^2+3k_z^2}{3\rho_0\omega^2}k_z\sin[2k_z(z+h)]-\frac{4}{3}\pi a^3\rho_m g=0 \quad (8-53)$$

从式(8-53)可以看出，此时悬浮小球的稳定平衡位置将会从声压波节处向下偏移，其坐标为：

$$z'_n=z_n-\frac{1}{2k_z}\arcsin\left[\frac{2\rho_0\rho_m\omega_0^2 g}{(2k^2+3k_z^2)k_zA^2}\right], n=0,1,2,\cdots \quad (8-54)$$

假设 $2\rho_0\rho_m\omega_0^2 g/[(2k^2+3k_z^2)k_zA^2]\ll1$，利用小宗量时的近似关系 $\arcsin x\approx x$，式(8-54)可以近似表示为：

$$z'_n=z_n-\frac{\rho_0\rho_m\omega_0^2 g}{(2k^2+3k_z^2)k_z^2A^2}, n=0,1,2,\cdots \quad (8-55)$$

我们依然根据具体的算例来对该偏移有一个粗略的估计。对于前述算例中的聚苯乙烯泡沫小球而言，将各项参数代入，其稳定平衡位置在声压波节下方 $1.13 \times 10^{-4}$ m 处，与 $z$ 方向的"半波长" $\lambda/(2\cos\beta) = c_0/(2f\cos\beta) = 12.0$ mm 相比，这一偏移距离是完全可以忽略不计的。然而，若将聚苯乙烯泡沫小球换成聚丙烯小球（$\rho_m = 900$ kg/m³），其余条件均保持不变，经计算可得其稳定平衡位置位于声压波节下方 $4.0$ mm，这一偏移距离已经和 $z$ 方向的"半波长"处于同一数量级，不再能忽略不计。

根据式（8-53），我们还可以计算出零阶 Bessel 驻波场所能悬浮起小球的最大密度，其计算公式为：

$$\rho_{m,\max} = \frac{(2k^2 + 3k_z^2)k_z A^2}{2\rho_0 g \omega^2} \tag{8-56}$$

该密度值可以很好地衡量某一特定零阶 Bessel 驻波场声悬浮系统的悬浮能力。可以看出，这一最大密度正比于驻波场的频率和声压振幅的平方，这与平面驻波场和 Gauss 驻波场所对应的最大密度类似。进一步观察发现，式（8-56）与零阶 Bessel 波的半锥角有关，且半锥角越大，该最大密度值越小，零阶 Bessel 驻波场的悬浮能力越弱。考虑到 $k_z = k\cos\beta$，零阶 Bessel 驻波场的悬浮能力要始终弱于平面驻波场和 Gauss 驻波场。这是不难理解的，因为 Bessel 波的波矢量与声轴成一角度，其声轴方向的声强受到削弱。需要注意的是，这一结论仅仅适用于悬浮小球位于声轴上的情形，在离轴情况下轴向声辐射力会发生衰减，从而悬浮能力会进一步下降。当然，这同样是因为我们定义零阶 Bessel 驻波场时所使用的式（8-41）仅仅在声轴上与平面驻波场的表达式（8-8）有相同的声压振幅，而偏离声轴时声压振幅更小。将以上算例中的超声换能器参数代入式（8-22），并将重力加速度设为 $g = 9.8$ m/s²，可以计算得到该零阶 Bessel 驻波场所能悬浮起小球的最大密度为 $\rho_{m,\max} = 509$ kg/m³。这一数值远远小于水滴的密度，也远远小于聚丙烯小球的密度。考虑到 Bessel 驻波场的悬浮能力要弱于相同条件下的平面驻波场，实际中往往需要加大发射信号的声功率才能获得所需的悬浮能力。

当悬浮小球在声轴上稍稍偏离稳定平衡点时，其运动方程可以表示为：

$$\frac{4}{3}\pi a^3 \rho_m \frac{\mathrm{d}^2(z+h-z_n')}{\mathrm{d}t^2} + 4\pi a^3 A^2 \frac{2k^2 + 3k_z^2}{3\rho_0\omega^2}k_z^2(z+h-z_n') = 0 \tag{8-57}$$

对比式（8-57）和式（8-51）可以看出，此时的轴向运动方程与忽略重力时在形式上完全相同，悬浮小球仍然在稳定平衡点附近作简谐振动，且轴向本征振动频率仍由式(8-52)表示,唯一的区别是稳定平衡位置发生了变化。

与 Gauss 驻波场类似,对于零阶 Bessel 驻波场而言,其轴向声辐射力是横向坐标的函数,会受到悬浮小球横向运动的影响。以上讨论仅仅限于小球刚好位于零阶 Bessel 驻波场声轴上的情形,严格而言在离轴情况下是不适用的。尽管如此,若悬浮小球横向的离轴距离很小并满足条件 $k_r\sqrt{x^2+y^2}\ll 1$,则轴向声辐射力表达式(8-49)中的柱 Bessel 函数 $J_0(k_r\sqrt{x^2+y^2})$ 趋近于 1,从而使得轴向声辐射力与悬浮小球位于声轴上时仍然相同。这样一来,以上关于小球平衡点和轴向本征振动频率的讨论依然适用。但若离轴距离较大,则必须考虑柱 Bessel 函数这一项的影响。

为了进一步分析悬浮小球密度对其轴向本征振动频率的影响,图 8-4 显示了不同半锥角时零阶 Bessel 驻波场中悬浮小球的轴向本征振动频率随密度的变化曲线,其中半锥角分别设为 $\beta=\pi/8$、$\pi/4$ 和 $3\pi/8$。有必要指出,零阶 Bessel 波所能悬浮小球的最大密度与半锥角密切相关,因此不同曲线所对应的仿真范围应当是不同的,且半锥角越大,悬浮能力越弱,从而仿真范围越小。不难看出,随着悬浮小球密度的增大,其轴向本征振动频率会明显降低,但降低的速率随着密度的增大而减小,这是因为 $f_{osc,z}$ 与 $\sqrt{\rho_m}$ 成反比。另外,半锥角越大,轴向本征振动频率也越低。同样地,当密度趋于零时,仿真结果所出现的无穷大会在实际空气阻力和空气浮力等因素的作用下成为有限值。

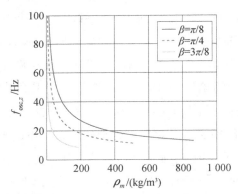

**图 8-4　零阶 Bessel 驻波场作用下悬浮小球的轴向本征振动频率 $f_{osc,z}$ 随 $\rho_m$ 的变化曲线**

如前所述,零阶 Bessel 驻波场在离轴情况下会产生横向声辐射力的作用,这里我们同样假定悬浮小球在 $x$ 方向偏离声轴。先考虑重力可以忽略的情形。假设小

球在 $z$ 方向始终处于稳定平衡状态,将稳定平衡点的轴向坐标 $z+h=(2n-1)\lambda/(4\cos\beta)$,$n=0,-1,-2,\cdots$ 代入式(8-47)可以得到此时悬浮小球的横向声辐射力表达式为:

$$F_x=-\frac{4\pi a^3 A^2}{\rho_0\omega^2}J_0(k_r x)J_1(k_r x)k_z^2 k_r\frac{x}{\sqrt{x^2+y^2}} \tag{8-58}$$

这里仍然只考虑小偏移的情形,考虑到柱 Bessel 函数在小宗量时存在近似关系 $J_0(k_r x)\approx1$ 和 $J_1(k_r x)\approx k_r x/2$,式(8-58)可以近似表示为:

$$F_x=-\frac{2\pi a^3 A^2 k_z^2 k_r^2}{\rho_0\omega^2}x \tag{8-59}$$

式(8-59)表明,在小偏移情况下,悬浮小球的横向声辐射力同样可以近似看作线性回复力,其大小与离轴距离成正比,方向指向声轴。这样一来,很容易得到此时悬浮小球的横向运动方程:

$$\frac{4}{3}\pi a^3\rho_m\frac{\mathrm{d}^2 x}{\mathrm{d}t^2}+\frac{2\pi a^3 A^2 k_z^2 k_r^2}{\rho_0\omega^2}x=0 \tag{8-60}$$

式(8-60)同样是谐振子方程,即当小球稍稍偏离声轴时将作横向的简谐振动,其横向本征振动频率为:

$$f_{\mathrm{osc},x}=\frac{1}{2\pi}\sqrt{\frac{3A^2 k_z^2 k_r^2}{2\rho_0\rho_m\omega^2}} \tag{8-61}$$

可以看出,该横向本征振动频率正比于零阶 Bessel 驻波场的频率和声压振幅,且与半锥角有关。考虑到 $k_z=\cos\beta$ 和 $k_r=\sin\beta$,容易看出当 $\beta=\pi/4$ 时,横向本征振动频率最高,随着半锥角偏离 $\pi/4$,横向本征振动频率逐渐降低。特别地,当半锥角为零时,横向本征振动频率为零,此时对应着平面驻波场的情形,声场的横向回复力消失。

　　这里同样以聚苯乙烯泡沫小球为算例对横向本征振动频率进行讨论。设一聚苯乙烯泡沫小球位于零阶 Bessel 驻波场中,零阶 Bessel 驻波场的频率仍设为 $f=20.25\ \mathrm{kHz}$,换能器中心的表面振速幅度为 $v_0=3\ \mathrm{m/s}$,根据声压振幅与速度振幅之间的换算关系 $A=\rho_0 c_0 v_0$ 可以求得此时驻波场声轴上的声压振幅,零阶 Bessel 驻波场的半锥角设为 $\beta=\pi/4$。将以上各参数代入式(8-61)中可以计算得到此时聚苯乙烯泡沫球的横向本征振动频率为 $f_{\mathrm{osc},x}=21.72\ \mathrm{Hz}$。这一振动频率明显低于相同条件下的轴向本征振动频率,而又高于 Gauss 驻波场中的横向本征振动频率。类似地,基于这一横向本征振动频率,便可以根据式(8-61)对悬浮小球的密度进行参数反演。

若悬浮小球的重力不可忽略,则需要对以上讨论进行修正。假设小球在 $z$ 方向始终处于稳定平衡的状态,其轴向平衡方程由式(8-53)给出。考虑悬浮小球的横向偏移距离很小,利用柱 Bessel 函数的近似关系式 $J_0(k_r x) \approx 1$ 和 $J_1(k_r x) \approx k_r x/2$,由式(8-47)可以得到此时横向声辐射力的近似表达式为:

$$F_x = 2\pi a^3 A^2 \left\{ \frac{1}{\rho_0 \omega^2} k_z^2 k_r^2 x \sin^2[k_z(z+h)] - \frac{2}{3\rho_0 c_0^2} k_r^2 x \cos^2[k_z(z+h)] \right\}$$

$$(8-62)$$

注意到,式(8-62)仍然正比于悬浮小球的横向偏移,但其符号似乎是待定的,具体取决于悬浮小球的轴向坐标。基于式(8-62)很容易写出悬浮小球的横向运动方程:

$$\frac{4}{3}\pi a^3 \rho_m \frac{d^2 x}{dt^2} + 2\pi a^3 A^2 \left\{ \frac{1}{\rho_0 \omega^2} k_z^2 k_r^2 x \sin^2[k_z(z+h)] - \frac{2}{3\rho_0 c_0^2} k_r^2 x \cos^2[k_z(z+h)] \right\} = 0$$

$$(8-63)$$

联立轴向平衡方程式(8-53)和横向运动方程式(8-63)即可解出最终小球的横向运动。为表述简洁,定义式(8-53)中的正弦函数 $\sin[2k_z(z+h)]$ 为 $E$,即 $E = 2\rho_0\rho_m\omega^2 g/[A^2(2k^2+3k_z^2)k_z]$,则相应的余弦函数可以表示为 $\cos[2k_z(z+h)] = -\sqrt{1-E^2}$。需要注意的是,这里的余弦函数同样必须为负值,这是因为稳定平衡点满足 $z+h=(2n-1)\lambda/4$,$n=0,-1,-2,\cdots$ 将 $\sin[2k_z(z+h)]$ 和 $\cos[2k_z(z+h)]$ 代入横向运动方程式(8-63),并运用三角函数的二倍角公式,可以得到如下方程:

$$\frac{4}{3}\pi a^3 \rho_m \frac{d^2 x}{dt^2} + 2\pi a^3 A^2 \left\{ \frac{k_r^2 x}{\rho_0 c_0^2} \left[ \frac{1+\sqrt{1-E^2}}{2} \cos^2\beta - \frac{1-\sqrt{1-E^2}}{3} \right] \right\} = 0$$

$$(8-64)$$

尽管式(8-64)与式(8-39)形式上类似,但两者有着本质的区别。式(8-39)中关于 $x$ 的一次项系数恒为正值,因此 Gauss 驻波场中的悬浮小球在离轴情况下始终作平衡点附近的简谐振动。然而,式(8-64)中关于 $x$ 的一次项系数符号并不确定,可能为正、负或零,情况要比式(8-39)复杂得多。基于此,我们需要根据该系数的符号来对式(8-64)进行分类讨论。

① 式(8-64)中关于 $x$ 的一次项系数为正值,即满足:

$$\frac{1+\sqrt{1-E^2}}{2}\cos^2\beta-\frac{1-\sqrt{1-E^2}}{3}>0 \qquad (8-65)$$

此时横向声辐射力是线性回复力,式(8-64)将描述谐振子方程,即零阶 Bessel 驻波场中的悬浮小球在横向作简谐振动。结合参数 $E$ 的定义式,式(8-65)可以进一步化简为:

$$\rho_m<\frac{\sqrt{6}\,k^3A^2\cos^2\beta}{\rho_0g\omega_0^2} \qquad (8-66)$$

根据以上结果可以看出,只有在悬浮小球的密度小于式(8-66)右侧这一上限值时才会在横向作简谐振动。将这一上限值和零阶 Bessel 驻波场所能悬浮起小球的最大密度式(8-56)作比较可知,这一上限值始终不超过式(8-56),即位于零阶 Bessel 驻波场的悬浮能力以内。基于此,式(8-66)完全可以用来作为悬浮小球在横向产生简谐振动的条件。进一步观察式(8-66)不难发现,零阶 Bessel 驻波场的半锥角越大,这一密度的上限值越小。至于横向本征振动频率,可以直接从式(8-64)得出,其表达式为:

$$f_{\text{osc},x}=\frac{1}{2\pi}\sqrt{\frac{k_r^2A^2\left[3(1+\sqrt{1-E^2})\cos^2\beta-2(1-\sqrt{1-E^2})\right]}{4\rho_0\rho_mc_0^2}} \qquad (8-67)$$

利用式(8-67)同样可以对悬浮小球的密度进行参数反演,且悬浮小球的重量可以是任意的。

为了进一步分析悬浮小球密度对其横向本征振动频率的影响,图 8-5 显示了零阶 Bessel 驻波场中悬浮小球的横向本征振动频率随密度的变化曲线。与轴向本征振动频率不同,在忽略重力和计及重力的情况下,其横向本征振动频率会有所差异,分别由式(8-61)和式(8-67)表示。基于此,图 8-5 中同时画出了基于式(8-61)和式(8-67)的计算结果,其中忽略重力时的曲线用虚线标记,计及重力时的曲线用实线标记。此外,我们同时考虑了半锥角 $\beta=\pi/8$、$\pi/4$ 和 $3\pi/8$ 的情形,并以不同颜色呈现。如前所述,零阶 Bessel 驻波场的悬浮能力与半锥角密切相关,其能悬浮起小球的最大密度由式(8-56)给出,且计算中所用到的参数仍与前述零阶 Bessel 驻波场完全相同。计算结果显示,与 Gauss 驻波场中的结果类似,横向本征振动频率随着小球密度的增大而减小,但减小的速率越来越慢,这是因为式(8-61)和式(8-67)均与 $\sqrt{\rho_m}$ 成反比。同样地,当小球密度趋于零时,横向本征振动频率趋于无穷大,但空气阻力和浮力等因素会大大降低该频率。进一步分析可以看出,当悬浮小球的密度小于悬浮能力的一半左右时,图8-5中的实线与虚线几乎完全重合,即在悬浮小球密度较小时,完全可以忽略其重力对横向本征振动频率的影响。随着密度的进一步增大,基于式(8-61)的曲线明显高于基于式(8-67)的曲线,即当小球密度较大时,若忽略小球重力将会高估其横向本征振动频率,这亦与图8-3中的结果类似。至于横向本征振动频率对半锥角的依赖关系则较为复杂。如前所述,当半锥角为π/4时,横向本征振动频率最高;当半锥角远离π/4时,横向本征振动频率随之减小。此外还注意到,若忽略悬浮小球的重力,则当零阶Bessel驻波场的半锥角分别为$\beta$和$\frac{\pi}{2}-\beta$时,两条计算曲线在共同的计算范围内完全重合,该结论是从式(8-61)直接得出的。

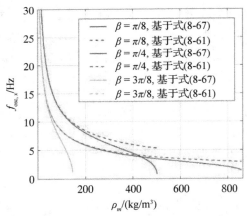

**图8-5** 零阶 Bessel 驻波场作用下悬浮小球的横向本征振动频率 $f_{osc,x}$ 随 $\rho_m$ 的变化曲线

② 式(8-64)中关于 $x$ 的一次项系数恰好为零,即满足:

$$\frac{1+\sqrt{1-E^2}}{2}\cos^2\beta-\frac{1-\sqrt{1-E^2}}{3}=0 \qquad (8-68)$$

此时式(8-64)退化为 $x$ 关于时间的二阶导数为零。从物理上分析,此时悬浮小球的横向声辐射力为零,其加速度自然为零。结合参数 $E$ 的定义式,式(8-68)可以进一步化简为:

$$\rho_m=\frac{\sqrt{6}\,k^3A^2\cos^2\beta}{\rho_0 g\omega_0^2} \qquad (8-69)$$

如前所述,这一密度上限是在零阶 Bessel 驻波场悬浮能力范围内的。此时悬浮小

球将在 $x$ 方向作匀速直线运动,其运动方程为:

$$x = v_0 t + x_0 \qquad (8-70)$$

其中,$v_0$ 和 $x_0$ 分别是悬浮小球的初始速度和初始位移。应当指出,这一匀速直线运动仅仅能在离轴距离较小时保持,当离轴距离较大时不再成立。

③ 式(8-64)中关于 $x$ 的一次项系数为负值,即满足:

$$\frac{1+\sqrt{1-E^2}}{2}\cos^2\beta - \frac{1-\sqrt{1-E^2}}{3} < 0 \qquad (8-71)$$

此时横向声辐射力与横向位移同方向,即当悬浮小球偏离零阶 Bessel 驻波场声轴时将被推离声轴,结合参数 $E$ 的定义式,式(8-71)可以进一步化简为:

$$\rho_m > \frac{\sqrt{6}\,k^3 A^2 \cos^2\beta}{\rho_0 g \omega_0^2} \qquad (8-72)$$

根据以上结果可以看出,当密度超过式(8-72)右侧这一下限值时悬浮小球将获得横向排斥力作用,即该悬浮是不稳定的。进一步观察可以发现,零阶 Bessel 驻波场的半锥角越大,越容易出现不稳定悬浮的情况。当然,此时小球密度必须仍然在该零阶 Bessel 驻波场的悬浮能力之内。根据式(8-64)可以解得悬浮小球的运动方程为:

$$x = M e^{\alpha t} + N e^{-\alpha t} \qquad (8-73)$$

其中,参数 $\alpha$ 的具体表达式为:

$$\alpha = \sqrt{\frac{k_r^2 A^2 \left[2(1-\sqrt{1-E^2}) - 3(1+\sqrt{1-E^2})\cos^2\beta\right]}{4\rho_0 \rho_m c_0^2}} \qquad (8-74)$$

$M$ 和 $N$ 是待定系数,其具体大小取决于悬浮小球的初始位移和初始速度。同样地,该运动方程仅仅适用于悬浮小球离轴距离较小的情形,当离轴距离较大时将不再适用。

## 8.2.5　任意驻波场中悬浮小球的动力学特性

8.2.2 节~8.2.4 节中我们分别以平面驻波场、Gauss 驻波场和 Bessel 驻波场为算例对驻波场中悬浮小球的动力学特性进行了详细分析,特别关注了位于声轴上的悬浮小球在稳定平衡点附近的轴向与横向本征振动频率。然而,实际声悬浮中是很难产生这三种特殊的驻波场的。在大多数情况下,换能器所激发的驻波场都无法用解析形式的解来描述。尽管如此,我们总可以将任意驻波场形式上表示成式(8-1),而平面驻波场、Gauss 驻波场和 Bessel 驻波场都可以看作式(8-1)的特例。当然,我们在 8.2.1 节已经指出,将驻波场表示成式(8-1)是有条件的,即驻波声场必须满足周向对称的条件,不过这在大多数情况下是可以得到较好满足的。基于此,本小节将以任意驻波场为例进行讨论,试图得到更具一般化的理论结果。

为了便于在直角坐标系中进行讨论,首先将式(8-1)在直角坐标系中进行重新表示,其具体表达式为:

$$p_i = 2q(k_r, x, y)\cos[k_z(z+h)] \tag{8-75}$$

应当指出,式(8-75)中的 $q(k_r, x, y)$ 必须是关于 $x$ 和 $y$ 的偶函数,这样才能满足驻波场周向对称的要求。相应地,其三维质点振速分布可以表示为:

$$v_{i,x} = \frac{2}{i\rho_0\omega}\frac{\partial q(k_r, x, y)}{\partial x}\cos[k_z(z+h)] \tag{8-76}$$

$$v_{i,y} = \frac{2}{i\rho_0\omega}\frac{\partial q(k_r, x, y)}{\partial y}\cos[k_z(z+h)] \tag{8-77}$$

$$v_{i,z} = \frac{-2k_z}{i\rho_0\omega}q(k_r, x, y)\sin[k_z(z+h)] \tag{8-78}$$

将式(8-76)~式(8-78)代入式(8-6)中可以计算得到此时的声辐射力势函数,其具体表达式为:

$$U_{\text{rad}} = 2\pi a^3 \times$$

$$\left\{ \frac{2}{3\rho_0 c_0^2}q^2(k_r, x, y)\cos^2[k_z(z+h)] - \frac{1}{\rho_0\omega^2}\left[ \left( \left(\frac{\partial q(k_r, x, y)}{\partial x}\right)^2 + \right.\right.\right.$$

$$\left.\left.\left. \left(\frac{\partial q(k_r, x, y)}{\partial y}\right)^2 \right)\cos^2[k_z(z+h)] + k_z^2 q^2(k_r, x, y)\sin^2[k_z(z+h)] \right] \right\} \tag{8-79}$$

基于式(8-79)可以通过梯度运算得到悬浮小球所受三维声辐射力的表达式:

$$F_x = 2\pi a^3 \left\{ -\frac{4}{3r_0 c_0^2}q(k_r, x, y)\frac{\partial q(k_r, x, y)}{\partial x}\cos^2[k_z(z+h)] + \right.$$

$$\frac{2}{\rho_0\omega^2}\left[ \left( \frac{\partial q(k_r, x, y)}{\partial x}\frac{\partial q^2(k_r, x, y)}{\partial x^2} + \frac{\partial q(k_r, x, y)}{\partial y}\frac{\partial q^2(k_r, x, y)}{\partial xy} \right)\cos^2[k_z(z+h)] + \right.$$

$$\left.\left. k_z^2 q(k_r, x, y)\frac{\partial q(k_r, x, y)}{\partial x}\sin^2[k_z(z+h)] \right] \right\} \tag{8-80}$$

$$F_y = 2\pi a^3 \Bigg\{ -\frac{4}{3\rho_0 c_0^2} q(k_r, x, y) \frac{\partial q(k_r, x, y)}{\partial y} \cos^2[k_z(z+h)] +$$

$$\frac{2}{\rho_0 \omega^2} \Bigg[ \Bigg( \frac{\partial q(k_r, x, y)}{\partial y} \frac{\partial q^2(k_r, x, y)}{\partial y^2} + \frac{\partial q(k_r, x, y)}{\partial x} \frac{\partial q^2(k_r, x, y)}{\partial xy} \Bigg) \cos^2[k_z(z+h)] +$$

$$k_z^2 q(k_r, x, y) \frac{\partial q(k_r, x, y)}{\partial y} \sin^2[k_z(z+h)] \Bigg] \Bigg\} \tag{8-81}$$

$$F_z = 2\pi a^3 \Bigg\{ \frac{2}{3\rho_0 c_0^2} k_z q^2(k_r, x, y) \sin[2k_z(z+h)] - \frac{1}{\rho_0 \omega^2} \Bigg[ k_z \Bigg( \Bigg( \frac{\partial q(k_r, x, y)}{\partial x} \Bigg)^2 +$$

$$\Bigg( \frac{\partial q(k_r, x, y)}{\partial y} \Bigg)^2 \Bigg) \sin[2k_z(z+h)] - k_z^3 q^2(k_r, x, y) \sin[2k_z(z+h)] \Bigg] \Bigg\}$$

$$\tag{8-82}$$

根据以上结果不难发现,一般情况下,任意驻波场中的悬浮小球会同时受到轴向与横向声辐射力的作用。当悬浮小球位于声轴时,横向声辐射力将由于对称性而消失。从数学上看,此时式(8-80)和式(8-81)中 $q(k_r, x, y)$ 关于 $x$ 和 $y$ 的一阶导数均在原点处取零,这是其偶函数特性所导致的必然结果。我们首先分析轴向声辐射力的特性。从式(8-82)可以看出,轴向声辐射力依然随 $z$ 坐标呈周期性变化的规律,其变化周期仍然是驻波场在 $z$ 方向的"半波长",这一"半波长"的具体长度将取决于驻波场的具体种类。当悬浮小球位于 $z$ 方向的声压波节或波腹处时,其声辐射力恒为零,但只有声压波节处才是小球的稳定平衡点,其对应的轴向坐标为 $z+h = (2n-1)\pi/(2k_z)$,$n = 0, -1, -2, \cdots$ 此时声辐射力势函数达到极小值。在分析 Gauss 驻波场和 Bessel 零阶驻波场时,我们均指出悬浮小球的轴向声辐射力在声轴上最大,但对于任意驻波场而言可能并非如此,例如一阶 Bessel 驻波场在声轴上的能量反而很小。

既然悬浮小球仍然只能在声压波节处达到稳定平衡状态,我们同样专注于讨论其在声压波节附近的动力学特性。考虑到轴向声辐射力和悬浮小球的横向坐标有关,这里我们仅考虑当悬浮小球位于声轴上时的轴向声辐射力特性。根据式(8-82),可以得到当悬浮小球在声轴上稍稍偏离声压波节时的轴向声辐射力表达式为:

$$F_z = -4\pi a^3 \frac{k_z^2(2k^2 + 3k_z^2)}{3\rho_0 \omega^2} q^2(k_r, 0, 0)(z+h-z_n) \tag{8-83}$$

其中，$z_n$ 表示 $z$ 方向的声压波节位置，这里同样利用了正弦函数在小宗量时的近似关系 $\sin[2k(z+h)] \approx -2k(z+h-z_n)$。可以看到，当悬浮小球在声轴上稍稍偏离声压波节时，其轴向声辐射力仍然具备线性回复力的特性。在忽略重力的前提下，悬浮小球的轴向运动方程可以表示为：

$$\frac{4}{3}\pi a^3 \rho_m \frac{d^2(z+h-z_n)}{dt^2} + 4\pi a^3 \frac{k_z^2(2k^2+3k_z^2)}{3\rho_0\omega^2}q^2(k_r,0,0)(z+h-z_n) = 0$$

$$(8-84)$$

式(8-84)仍然是谐振子方程，这意味着任意驻波场中悬浮小球在 $z$ 方向的声压波节附近均作简谐振动，其轴向本征振动频率为：

$$f_{osc,z} = \frac{1}{2\pi}\sqrt{\frac{k_z^2(2k^2+3k_z^2)q^2(k_r,0,0)}{\rho_0\rho_m\omega^2}}$$

$$(8-85)$$

可以发现，任意驻波场中悬浮小球的轴向本征振动频率均正比于驻波场的频率，以及 $q(k_r,0,0)$。理论上而言，利用式(8-85)可以对悬浮小球的密度进行参数反演。但事实上，想要知道关于声压分布的确切信息是很困难的。

若悬浮小球的重力不可忽略，则其稳定平衡点也不再位于 $z$ 方向的声压波节处，而会发生相应的偏移，其平衡方程为：

$$2\pi a^3 \frac{2k^2+3k_z^2}{3\rho_0\omega^2}k_z q^2(k_r,0,0)\sin[2k_z(z+h)] - \frac{4}{3}\pi a^3 \rho_m g = 0 \quad (8-86)$$

从式(8-86)可以看出，此时悬浮小球的稳定平衡位置将会从声压波节处向下偏移，其坐标为：

$$z_n' = z_n - \frac{1}{2k_z}\arcsin\left[\frac{2\rho_0\rho_m\omega^2 g}{(2k^2+3k_z^2)k_z q^2(k_r,0,0)}\right], n=0,1,2,\cdots \quad (8-87)$$

假设 $2\rho_0\rho_m\omega^2 g/[(2k^2+3k_z^2)k_z q^2(k_r,0,0)] \ll 1$，利用小宗量时的近似关系 $\arcsin x \approx x$，式(8-87)可以近似表示为：

$$z_n' = z_n - \frac{\rho_0\rho_m\omega^2 g}{(2k^2+3k_z^2)k_z^2 q^2(k_r,0,0)}, n=0,1,2,\cdots \quad (8-88)$$

根据式(8-86)，我们还可以计算出任意驻波场所能悬浮起小球的最大密度，其计算公式为：

$$\rho_{m,max} = \frac{(2k^2+3k_z^2)k_z q^2(k_r,0,0)}{2\rho_0 g\omega^2}$$

$$(8-89)$$

该密度值可以很好地衡量任意驻波场声悬浮系统的悬浮能力。可以看出，这一最大密度正比于驻波场的频率和 $q(k_r,0,0)$ 的平方。

当悬浮小球在声轴上稍稍偏离稳定平衡点时,其运动方程可以表示为:

$$\frac{4}{3}\pi a^3 \rho_m \frac{d^2(z+h-z_n')}{dt^2} + 4\pi a^3 k_z^2 \frac{2k^2+3k_z^2}{3\rho_0\omega^2} q^2(k_r,0,0)(z+h-z_n') = 0$$

$$(8-90)$$

对比式(8-90)和式(8-84)可以看出,此时的轴向运动方程与忽略重力时在形式上完全相同,悬浮小球仍然在稳定平衡点附近作简谐振动,且轴向本征振动频率仍由式(8-85)表示,唯一的区别是稳定平衡位置发生了变化。

对于任意驻波场而言,其轴向声辐射力是横向坐标的函数,会受到悬浮小球横向运动的影响。以上讨论仅仅限于小球刚好位于任意驻波场声轴上的情形,严格而言在离轴情况下是不适用的。尽管如此,若悬浮小球横向的离轴距离很小导致 $q(k_r,x,y)$ 变化不大,则可以认为轴向声辐射力与悬浮小球位于声轴上时仍然相同。这样一来,以上关于小球平衡点和轴向本征振动频率的讨论依然适用。但若离轴距离较大,则必须考虑 $q(k_r,x,y)$ 这一项的影响。

如前所述,任意驻波场在离轴情况下会产生横向声辐射力的作用,这里我们同样假定悬浮小球在 $x$ 方向偏离声轴。首先考虑重力可以忽略的情形。假设小球在 $z$ 方向始终处于稳定平衡状态,将稳定平衡点的轴向坐标 $z+h=(2n-1)\pi/(2k_z),n=0,-1,-2,\cdots$ 代入式(8-80)可以得到此时悬浮小球的横向声辐射力表达式为:

$$F_x = \frac{4\pi a^3 k_z^2 q(k_r,x,0)\dfrac{\partial q(k_r,x,0)}{\partial x}}{\rho_0\omega^2}$$

$$(8-91)$$

式(8-91)涉及 $q(k_r,x,0)$ 和 $\partial q(k_r,x,0)/\partial x$,这两项均是关于 $x$ 的一般函数而非常数,因而横向声辐射力对 $x$ 的依赖关系是比较复杂的。考虑到悬浮小球的离轴距离很小,我们尝试将 $q(k_r,x,0)$ 和 $\partial q(k_r,x,0)/\partial x$ 在原点附近通过 Taylor 级数展开到二阶项,其对应的展开式分别可以表示为:

$$q(k_r,x,0) = q(k_r,0,0) + \frac{1}{2}\frac{\partial^2 q(k_r,0,0)}{\partial^2 x}x^2 + o(x^4)$$

$$(8-92)$$

$$\frac{\partial q(k_r,x,0)}{\partial x} = \frac{\partial^2 q(k_r,0,0)}{\partial x^2}x + o(x^3)$$

$$(8-93)$$

由于 $q(k_r,x,0)$ 是关于 $x$ 的偶函数,其在原点的一阶偏导数为零,因而式(8-92)

的展开式中没有关于 $x$ 的一阶项。有必要指出,将声场作这样的展开是有条件的,从数学上来看,即 Taylor 级数必须在原点附近收敛;从物理上看,即声场分布在声轴附近必须是缓变的。在离轴距离较小的前提下,将式(8-92)和式(8-93)保留至一阶项并代入式(8-91)中,可以得到横向声辐射力的近似表达式为:

$$F_x = \frac{4\pi a^3 k_z^2 q(k_r,0,0)\dfrac{\partial^2 q(k_r,0,0)}{\partial x^2}}{\rho_0 \omega^2} x \tag{8-94}$$

注意,式(8-94)中的 $q(k_r,0,0)$ 和 $\partial^2 q(k_r,0,0)/\partial x^2$ 均是和 $x$ 无关的常数。式(8-94)表明,在小偏移情况下,悬浮小球的横向声辐射力大小与离轴距离成正比,这是必然的,因为我们本来就将声场保留到线性项。至于此时横向声辐射力的方向则是待定的,取决于一次项前面的系数。

基于式(8-94)很容易写出悬浮小球的横向运动方程:

$$\frac{4}{3}\pi a^3 \rho_m \frac{\mathrm{d}^2 x}{\mathrm{d}t^2} - \frac{4\pi a^3 k_z^2 q(k_r,0,0)\dfrac{\partial^2 q(k_r,0,0)}{\partial x^2}}{\rho_0 \omega^2} x = 0 \tag{8-95}$$

式(8-95)中关于 $x$ 的一次项系数符号并不确定,可能为正、负或零。基于此,我们需要根据该系数的符号来对式(8-95)进行分类讨论。应当指出,这一分类完全基于驻波场本身的声场分布特性,与悬浮小球的密度无关。

① 式(8-95)中关于 $x$ 的一次项系数为正值,即满足:

$$-q(k_r,0,0)\frac{\partial^2 q(k_r,0,0)}{\partial x^2} > 0 \tag{8-96}$$

此时横向声辐射力是线性回复力,式(8-95)将描述谐振子方程,即悬浮小球在横向作简谐振动,其横向本征振动频率为:

$$f_{\mathrm{osc},x} = \frac{1}{2\pi}\sqrt{\frac{-3k_z^2 q(k_r,0,0)\dfrac{\partial^2 q(k_r,0,0)}{\partial x^2}}{\rho_0 \rho_m \omega^2}} \tag{8-97}$$

理论上而言,利用式(8-97)可以对悬浮小球的密度进行参数反演,但仅仅适用于小球重力可以忽略的情形。

② 式(8-95)中关于 $x$ 的一次项系数恰好为零,即满足:

$$-q(k_r,0,0)\frac{\partial^2 q(k_r,0,0)}{\partial x^2} = 0 \tag{8-98}$$

此时式(8-95)退化为 $x$ 关于时间的二阶导数为零。从物理上分析,此时悬浮小球的横向声辐射力为零,其加速度自然为零。至于悬浮小球的运动方程,则仍由式(8-70)给出,且仅仅适用于离轴距离较小的情形。

③ 式(8-95)中关于 $x$ 的一次项系数为负值,即满足:

$$-q(k_r,0,0)\frac{\partial^2 q(k_r,0,0)}{\partial x^2}<0 \tag{8-99}$$

此时横向声辐射力与横向位移同方向,即当悬浮小球偏离驻波场声轴时将被推离声轴,其运动方程仍然由式(8-73)表示,但需要修正其中的参数 $\alpha$,其具体表达式为:

$$\alpha=\sqrt{\frac{3k_z^2 q(k_r,0,0)\dfrac{\partial^2 q(k_r,0,0)}{\partial x^2}}{\rho_0\rho_m\omega^2}} \tag{8-100}$$

同样地,该运动方程仅仅适用于悬浮小球离轴距离较小的情形,当离轴距离较大时将不再适用。

若悬浮小球的重力不可忽略,则需要对以上讨论进行修正。假设小球在 $z$ 方向始终处于稳定平衡的状态,其轴向平衡方程由式(8-86)给出。至于其横向声辐射力表达式,则可以根据式(8-80)直接写出:

$$F_x=2\pi a^3\left\{-\frac{4}{3\rho_0 c_0^2}q(k_r,x,0)\frac{\partial q(k_r,x,0)}{\partial x}\cos^2[k_z(z+h)]+\right.$$
$$\frac{2}{\rho_0\omega^2}\left[\frac{\partial q(k_r,x,0)}{\partial x}\frac{\partial^2 q(k_r,x,0)}{\partial x^2}\cos^2[k_z(z+h)]+\right. \tag{8-101}$$
$$\left.\left.k_z^2 q(k_r,x,0)\frac{\partial q(k_r,x,0)}{\partial x}\sin^2[k_z(z+h)]\right]\right\}$$

式(8-101)涉及 $q(k_r,x,0)$、$\partial q(k_r,x,0)/\partial x$ 和 $\partial^2 q(k_r,x,0)/\partial x^2$,这三项均是关于 $x$ 的一般函数而非常数,因而横向声辐射力对 $x$ 的依赖关系是比较复杂的。考虑到悬浮小球的离轴距离很小,我们尝试将 $q(k_r,x,0)$、$\partial q(k_r,x,0)/\partial x$ 和 $\partial^2 q(k_r,x,0)/\partial x^2$ 在原点附近作 Taylor 级数展开,其中 $q(k_r,x,0)$ 和 $\partial q(k_r,x,0)/\partial x$ 的展开式已经在式(8-92)和式(8-93)中给出,而 $\partial^2 q(k_r,x,0)/\partial x^2$ 的展开式可以通过直接对式(8-93)求导得到,其具体表达式为:

$$\frac{\partial^2 q(k_r,x,0)}{\partial x^2}=\frac{\partial^2 q(k_r,0,0)}{\partial x^2}+o(x^2) \tag{8-102}$$

将式(8-92)、式(8-93)和式(8-102)代入式(8-101),可以得到横向声辐射力的近似表达式为：

$$F_x = 2\pi a^3 x \left\{ \left[ \frac{4}{3\rho_0 c_0^2} q(k_r, 0, 0) \frac{\partial^2 q(k_r, 0, 0)}{\partial x^2} - \frac{2}{\rho_0 \omega^2} \left( \frac{\partial^2 q(k_r, 0, 0)}{\partial x^2} \right)^2 \right] \right.$$

$$\left. \cos^2 [k_z(z+h)] - \frac{2k_z^2}{\rho_0 \omega^2} q(k_r, 0, 0) \frac{\partial^2 q(k_r, 0, 0)}{\partial x^2} \sin^2 [k_z(z+h)] \right\}$$

$$(8-103)$$

注意，式(8-103)中的 $q(k_r, 0, 0)$ 和 $\partial^2 q(k_r, 0, 0)/\partial x^2$ 均是和 $x$ 无关的常数。式(8-103)表明，在小偏移情况下，悬浮小球的横向声辐射力大小与离轴距离成正比，因为我们本来就将声场保留到线性项。至于此时横向声辐射力的方向则是待定的，取决于一次项前面的系数。

基于式(8-103)很容易写出悬浮小球的横向运动方程：

$$\frac{4}{3}\pi a^3 \rho_m \frac{\mathrm{d}^2 x}{\mathrm{d}t^2} + 2\pi a^3 \left\{ \left[ \frac{4}{3\rho_0 c_0^2} q(k_r, 0, 0) \frac{\partial^2 q(k_r, 0, 0)}{\partial x^2} - \frac{2}{\rho_0 \omega^2} \left( \frac{\partial^2 q(k_r, 0, 0)}{\partial x^2} \right)^2 \right] \right.$$

$$\left. \cos^2 [k_z(z+h)] - \frac{2k_z^2}{\rho_0 \omega^2} q(k_r, 0, 0) \frac{\partial^2 q(k_r, 0, 0)}{\partial x^2} \sin^2 [k_z(z+h)] \right\} x = 0 \quad (8-104)$$

联立轴向平衡方程式(8-86)和横向运动方程式(8-104)即可解出最终小球的横向运动。为了表述简洁，定义式(8-86)中的正弦函数 $\sin[2k_z(z+h)]$ 为 $F$，即 $F = 2\rho_0\rho_m\omega^2 g / [(2k^2 + 3k_z^2)k_z q^2(k_r, 0, 0)]$，则相应的余弦函数可以表示为 $\cos[2k_z(z+h)] = -\sqrt{1-F^2}$。需要注意的是，这里的余弦函数同样必须为负值，这是因为稳定平衡点满足 $z+h = (2n-1)\pi/(2k_z)$，$n=0,-1,-2,\cdots$ 将 $\sin[2k_z(z+h)]$ 和 $\cos[2k_z(z+h)]$ 代入横向运动方程式(8-104)，并运用三角函数的二倍角公式，可以得到如下方程：

$$\frac{4}{3}\pi a^3 \rho_m \frac{\mathrm{d}^2 x}{\mathrm{d}t^2} + 2\pi a^3 \left\{ \left[ \frac{4}{3\rho_0 c_0^2} q(k_r, 0, 0) \frac{\partial^2 q(k_r, 0, 0)}{\partial x^2} - \frac{2}{\rho_0 \omega^2} \left( \frac{\partial^2 q(k_r, 0, 0)}{\partial x^2} \right)^2 \right] \right.$$

$$\left. \frac{1-\sqrt{1-F^2}}{2} - \frac{2k_z^2}{\rho_0 \omega^2} q(k_r, 0, 0) \frac{\partial^2 q(k_r, 0, 0)}{\partial x^2} \frac{1+\sqrt{1-F^2}}{2} \right\} x = 0 \quad (8-105)$$

式(8-105)中关于 $x$ 的一次项系数符号并不确定，可能为正、负或零。基于此，我们需要根据该系数的符号来对式(8-105)进行分类讨论。尽管如此，式(8-105)与式(8-95)是存在区别的，式(8-95)中的一次项系数仅与声场分布有关，而式(8-105)中的一次项系数不仅与声场分布有关，还取决于悬浮小球本身的密度。

① 式(8-105)中关于 $x$ 的一次项系数为正值,即满足:

$$\left[\frac{4}{3\rho_0 c_0^2}q(k_r,0,0)\frac{\partial^2 q(k_r,0,0)}{\partial x^2}-\frac{2}{\rho_0\omega^2}\left(\frac{\partial^2 q(k_r,0,0)}{\partial x^2}\right)^2\right]\frac{1-\sqrt{1-F^2}}{2}-$$

$$\frac{2k_z^2}{\rho_0\omega^2}q(k_r,0,0)\frac{\partial^2 q(k_r,0,0)}{\partial x^2}\frac{1+\sqrt{1-F^2}}{2}>0$$

$$(8-106)$$

此时横向声辐射力是线性回复力,式(8-105)将描述谐振子方程,即悬浮小球在横向作简谐振动,其横向本征振动频率为:

$$f_{osc,x}=\frac{1}{2\pi}\times$$

$$\sqrt{\left(\frac{2}{\rho_0\rho_m c_0^2}q(k_r,0,0)\frac{\partial^2 q(k_r,0,0)}{\partial x^2}-\frac{3}{\rho_0\rho_m\omega^2}\left(\frac{\partial^2 q(k_r,0,0)}{\partial x^2}\right)^2\right)\frac{1-\sqrt{1-F^2}}{2}-\frac{3k_z^2}{\rho_0\rho_m\omega^2}q(k_r,0,0)\frac{\partial^2 q(k_r,0,0)}{\partial x^2}\frac{1+\sqrt{1-F^2}}{2}}$$

$$(8-107)$$

理论上而言,利用式(8-107)可以对悬浮小球的密度进行参数反演,且适用于任何重量的悬浮小球。

② 式(8-105)中关于 $x$ 的一次项系数恰好为零,即满足:

$$\left[\frac{4}{3\rho_0 c_0^2}q(k_r,0,0)\frac{\partial^2 q(k_r,0,0)}{\partial x^2}-\frac{2}{\rho_0\omega^2}\left(\frac{\partial^2 q(k_r,0,0)}{\partial x^2}\right)^2\right]\frac{1-\sqrt{1-F^2}}{2}-$$

$$\frac{2k_z^2}{\rho_0\omega^2}q(k_r,0,0)\frac{\partial^2 q(k_r,0,0)}{\partial x^2}\frac{1+\sqrt{1-F^2}}{2}=0$$

$$(8-108)$$

此时式(8-105)退化为 $x$ 关于时间的二阶导数为零。从物理上分析,此时悬浮小球的横向声辐射力为零,其加速度自然为零。至于悬浮小球的运动方程,则仍由式(8-70)给出,且仅仅适用于离轴距离较小的情形。

③ 式(8-105)中关于 $x$ 的一次项系数为负值,即满足:

$$\left[\frac{4}{3\rho_0 c_0^2}q(k_r,0,0)\frac{\partial^2 q(k_r,0,0)}{\partial x^2}-\frac{2}{\rho_0\omega^2}\left(\frac{\partial^2 q(k_r,0,0)}{\partial x^2}\right)^2\right]\frac{1-\sqrt{1-F^2}}{2}-$$

$$\frac{2k_z^2}{\rho_0\omega^2}q(k_r,0,0)\frac{\partial^2 q(k_r,0,0)}{\partial x^2}\frac{1+\sqrt{1-F^2}}{2}<0$$

$$(8-109)$$

此时横向声辐射力与横向位移同方向,即当悬浮小球偏离驻波场声轴时将被推离

声轴,其运动方程仍然由式(8-73)表示,但需要修正其中的参数 $\alpha$,其具体表达式为:

$$\alpha = \sqrt{\frac{3k_z^2}{\rho_0\rho_m\omega^2}q(k_r,0,0)\frac{\partial^2 q(k_r,0,0)}{\partial x^2}\frac{1+\sqrt{1-F^2}}{2} - \left[\frac{2}{\rho_0\rho_m c_0^2}q(k_r,0,0)\frac{\partial^2 q(k_r,0,0)}{\partial x^2} - \frac{3}{\rho_0\rho_m\omega^2}\left(\frac{\partial^2 q(k_r,0,0)}{\partial x^2}\right)^2\right]\frac{1-\sqrt{1-F^2}}{2}}$$

$$(8-110)$$

同样地,该运动方程仅仅适用于悬浮小球离轴距离较小的情形,当离轴距离较大时将不再适用。

至此我们完成了对任意驻波场中悬浮小球的动力学特性研究。当然,这里的"任意"也是有附加条件的:其一,驻波场必须具备周向对称性;其二,驻波场在声轴附近可以进行级数展开。这两点在实际声悬浮中一般能够得到较好满足。

## 8.3 基于驻波场悬浮小球动力学特性的密度反演

基于声辐射力势函数方法,我们在 8.2 节中对平面驻波场、Gauss 驻波场和 Bessel 驻波场中悬浮小球的三维声辐射力公式进行了详细推导,并据此分析了悬浮小球在驻波场中的动力学特性,特别关注了其在平衡点附近的轴向与横向本征振动频率,并推广到了任意驻波场中的情形。本节将在 8.2 节理论推导的基础上进行相应的实验探究,验证理论结果的正确性。

### 8.3.1 实验系统

首先搭建驻波场声悬浮实验系统,如图 8-6 所示。整个驻波场声悬浮实验系统由悬浮系统和观测系统两部分组成,其中悬浮系统主要包括信号发生器、阻抗匹配箱、超声换能器、反射面和悬浮支架;观测系统主要包括光源、高速摄像机和计算机。下面就各部分进行详细介绍。

信号发生器由中国科学院声学研究所超声学实验室自行研制,其作用是激发特定频率的信号。单就信号发生器而言,其频率是在一定范围内可调节的,但对于具体的声悬浮系统而言,往往只能在特定频率处达到谐振状态,从而在空间中形成稳定的驻波场。应当指出,该信号发生器内部综合了传统信号发生器与功率放大器的功能,因此无须使用另外的功率放大器。尽管如此,由于信号发生器的阻抗与超声换能器本身的阻抗不匹配,若直接将其与超声换能器相连接容易导致系统不稳定。因此,在实际使用中将信号发生器一端与电源相连接,另一端与阻抗匹配箱相连接,从而得到稳定的输出信号。

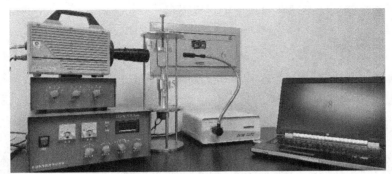

1—信号发生器;2—阻抗匹配箱;3—超声换能器;4—反射面;5—悬浮支架;6—光源;
7—高速摄像机;8—计算机。

**图 8 - 6　驻波场声悬浮实验系统**

超声换能器亦由中国科学院声学研究所超声学实验室自行研制,其作用是将信号发生器馈给的电信号转换为声信号并激发相应的声场。需要注意的是,前述算例中我们均以自行研制的平面换能器进行计算,考虑到平面换能器聚焦特性较弱,悬浮能力有限,在具体实验中将其换为新研制的凹面换能器,该换能器直径为4.0 cm,表面曲率半径为5.7 cm。如前所述,由于实际声悬浮中悬浮小球并不会靠近换能器发射面,从而发射面仍可近似看作平面,完全可以使用8.2节中的计算结果。在具体实验中,需要将该换能器固定在悬浮支架上。

反射面由不锈钢材料制成,其横截面是直径为 7.2 cm 的圆,厚度约为0.7 cm。反射面的作用是使换能器激发的声场发生反射,从而在空间中形成驻波声场。如前所述,实际声悬浮中只要满足悬浮小球的横向移动距离远小于反射面半径就可以认为反射面无限大,因此前述理论结果均适用。在具体实验中,反射面同样需要固定在悬浮支架上。有必要指出,在实际声悬浮中,需要不断调节换能器和反射面之间的距离,从而使驻波场达到稳定谐振状态。

光源采用实验室所配普通照明光源,其作用是使整个声场视野更加明亮,从而便于利用高速摄像机观测悬浮小球的运动特性。由于小球的稳定平衡点位置是需要不断调节的,且不同小球的稳定平衡点存在差异,所使用的光源亦应当可以调节空间位置,从而便于我们观测。

高速摄像机由日本 Photron 公司所生产,具体型号为 Fastcam SA1.1,其作用是对悬浮小球在驻波场中的运动状态进行实时观测并拍照记录。该型号高速摄像机的像素为 1 024×1 024,时间分辨率可达 1/100 s。该高速摄像机一端与电源相连接,另一端与计算机相连接。借助该高速摄像机所配备的软件,可在实验过程中实时观测并存储悬浮小球在声场中的运动图像。

## 8.3.2 实验过程

实验平台搭建完毕就可以着手进行驻波场声悬浮的实验探究了。在该实验中,如何设定信号发生器的输出频率是很重要的问题。该频率的选取必须满足两个要求:第一,该频率必须满足低频近似条件,即该频率所对应的声波波长远大于待悬浮小球的半径;第二,该频率必须能够使待悬浮小球稳定悬浮于驻波场中,以便对其轴向和横向的振动进行观测。在本实验中,我们将针对 6 种材料制成的小球进行悬浮,这 6 种小球的半径均为 1.5 mm,材料分别为铝、氮化硅、氧化锆、铁、黄铜和钨钢。经过前期的预实验,我们发现当信号发生器输出频率定为 19.70 kHz 时,这6 种小球均能稳定悬浮于驻波场中,且该频率所对应的声波波长为 1.75 cm,满足低频近似要求。应当指出,实际情况下总存在一定的扰动因素,例如信号频率的波动、小球周围微弱的气流以及温度场的变化等,使得悬浮小球最终会脱离驻波场而掉落。考虑到我们需要对其轴向和横向振动进行观测,这里的稳定悬浮可以理解为悬浮时间能够持续超过 10 个振动周期即可。当该频率下换能器和反射面间的距离调节为 3.4 cm 时可以达到谐振条件。此外,还应当指出,实际的换能器是很难激发严格的单频时谐声场的,总会存在一定的带宽,该换能器的带宽为 20 Hz,远小于信号发生器馈给的频率 19.70 kHz,完全满足实验需求。

另一个重要的问题是,在该振动频率下所形成的驻波场是否满足 8.2 节所设定的周向对称条件? 严格而言,要想知道空间的声场分布,需要测量空间各点处的声压,这是很难实现的。事实上,我们完全可以退而求其次,通过测量换能器的表面振动分布来判断声场是否对称分布。当然,即使换能器表面振速呈对称分布,系统中的其他非对称因素也会使最终的驻波场具有一定的非对称性,不过这完全可以通过完善实验系统的设计来实现。换能器的表面振速测量需要借助激光测振仪来实现。为此,采用中国科学院声学研究所海洋声学技术中心所购激光测振仪来测量换能器的表面振速分布,该激光测振仪为德国 Polytee 公司所生产,具体型号为 PSV-500。测量发现,表面振速分布并非均匀的,其中间部分的振速较小而边缘的振速较大,但基本满足周向对称的条件。

为了进一步分析该换能器表面振速的分布规律,以换能器中心为起点,以换能器边缘某点为终点,在这条线段上等间距选取 21 个测量点(包括起点和终点),利用激光测振仪记录下这些点处的振动位移和速度,绘制成图 8-7 的散点图。其中,图(a)和(b)的横坐标均为点数,点数越小表示离换能器中心越近;图(a)和(b)的纵坐标分别是换能器的表面位移和表面振速。可以看出,若忽略具体数值的差异,图 8-7(a)和(b)中的曲线变化趋势几乎完全一致。事实上,只有对于单频简谐振动而言,其振动速度才会与振动位移成正比,这一规律正说明了换能器带宽远小于其发射频率。进一步观察发现,从换能器中心到外沿,其对应测量点的振速基本满足单调递增的趋势,这说明换能器的表面振速分布远非均匀,大致呈中间低、四周高的分布规律,其数量级上大约是 3.5 m/s。

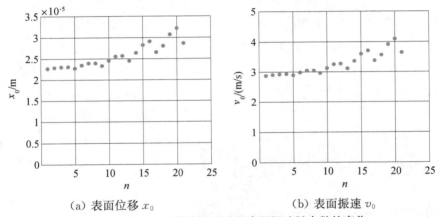

(a) 表面位移 $x_0$　　　　　　　(b) 表面振速 $v_0$

**图 8-7　超声换能器表面位移和表面振速随点数的变化**

从以上测量结果可以看出,该换能器所发射形成的驻波场显然不满足平面波、Gauss 波或 Bessel 波的要求。若要严格求解空间中形成的驻波场,即需要根据其表面振速分布,利用 Rayleigh 积分进行求解,或利用有限元仿真软件进行声场仿真,但均无法得到解析形式的声压分布,即式(8-1)中的 $q(k_r, r)$。尽管如此,根据式(8-85)和式(8-107),我们总可以将悬浮小球的轴向与横向本征振动频率分别表示成如下的形式:

$$f_{osc,z} = \frac{K_1}{\sqrt{\rho_m}} \tag{8-111}$$

$$f_{osc,x} = \frac{K_2}{\sqrt{\rho_m}} \tag{8-112}$$

其中，$K_1$ 和 $K_2$ 是由驻波场特性决定的物理量，与悬浮小球的性质无关。换言之，当改变驻波场的声压分布时，只会影响式(8－111)和式(8－112)的分子，而不会改变本征振动频率对小球密度的依赖关系。因此，实际情况下完全可以根据某一已知密度材料制成的小球在该驻波场中的悬浮频率推算出系数 $K_1$ 和 $K_2$，进而对任意密度材料制成的小球进行密度反演。需要注意的是，根据 8.2 节中的若干算例，悬浮小球的轴向本征振动频率远大于横向本征振动频率，即轴向本征振动周期远小于横向本征振动周期。为减小观测误差，这里我们利用横向本征振动频率进行密度反演。

在具体实验中，首先将信号发生器接通电源并激发单频时谐信号，待空间中形成稳定驻波场后，利用细金属环使小球在声轴上缓慢移动，寻找其稳定平衡点。

在此基础上，将小球轻轻推离声轴。为满足前述计算中所采用的小振动假设，小球距离声轴的距离小于两倍小球半径，即小于 3 mm。撤去细铁丝环，并将小球无初速度释放，小球将在平衡点附近作横向振动，该振动可以通过高速摄像机进行实时观测并记录。图 8－8(a)显示了一半径为 1.5 mm 的聚丙烯小球悬浮于驻波场中的情形，为了显示清晰，采用台灯而非所配光源进行照明；图 8－8(b)显示了高速摄像机视野中某一帧的小球运动图像，该图像可在计算机屏幕上清晰显示。

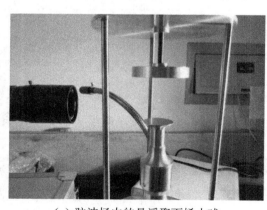
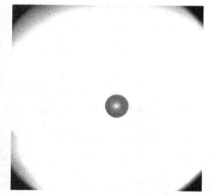

（a）驻波场中的悬浮聚丙烯小球　　　　（b）高速摄像机视野中的悬浮聚丙烯小球

**图 8－8　利用高速摄像机观测驻波场中悬浮聚丙烯小球的振动**

将前述六种小球依次放入驻波场中，重复以上操作，记录下其横向振动位移随时间的变化曲线，本实验中的观测时间设为 4 s。图 8－9 显示了铁球的横向振动位移随时间的变化曲线，可以看出，在观测时间内，铁球横向振动经历了十几个周期，这已足够进行相应的数据处理了。进一步观察还可以发现，铁球的横向振动曲线并非严格的简谐振动,其幅度会随时间的推移出现明显的衰减,这显然是空气阻力、空气浮力等因素的影响。尽管如此,铁球的振动周期几乎不随时间的流逝而改变。

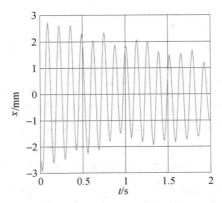

图 8 - 9  驻波场中悬浮铁球的横向振动位移 $x$ 随时间 $t$ 的变化曲线

尽管从图 8 - 9 已经大致可以获取悬浮小球横向振动的周期和频率,但严格的计算还需借助离散 Fourier 变换来实现。有必要指出,受到采样定理的限制,该实验对系统帧频是有要求的,若帧频过低则可能造成频谱的混叠失真,但过高的帧频又会使得存储量和计算量大大增加。本实验中,系统帧频选为 50 Hz,这意味着在整个 4 s 的观测时间内高速摄像机共拍摄了 200 张小球运动照片。根据图 8 - 9,可以大致估算铁球的横向振动频率明显小于 10 Hz,因此这样的系统帧频是足够满足采样定理的要求的。在该观测时间下,利用离散 Fourier 变换进行计算时的频域分辨率为 0.25 Hz,该分辨率正是系统误差的来源。

### 8.3.3  实验结果

如前所述,悬浮小球的横向本征振动频率均与其自身密度成反比,但这样的反比关系在图像上体现为一条曲线,是不容易验证的。为此,我们采用“化曲为直”的基本思路,转而研究横向本征振动频率与密度平方根的倒数即 $1/\sqrt{\rho_m}$ 之间的关系。显然,这两者在理论上是成正比的,即在图像上体现为一条过原点的倾斜直线,这是容易验证的。表 8 - 1 显示了六种小球的密度、密度平方根的倒数和横向本征振动频率的测量值,这六种小球的半径均为 3 mm,满足低频近似条件。应当指出,这里的密度和横向本征振动频率均为实验测量值。

表 8 - 1　六种悬浮小球的密度、密度平方根的倒数和横向本征振动频率

| 材料 | 密度 $\rho_m$/ $(10^3 \text{ kg/m}^3)$ | 密度平方根的倒数 $1/\sqrt{\rho_m}/(1/\sqrt{10^3 \text{ kg/m}^3})$ | 横向本征振动频率 $f_{\text{osc},x}$/ Hz |
|---|---|---|---|
| 铝 | 2.69 | 0.61 | 6.25 |
| 氮化硅 | 3.21 | 0.56 | 5.50 |
| 氧化锆 | 6.08 | 0.41 | 4.25 |
| 铁 | 7.79 | 0.36 | 3.75 |
| 黄铜 | 8.45 | 0.34 | 3.50 |
| 钨钢 | 14.94 | 0.26 | 2.75 |

　　基于以上实验结果,图 8 - 10 绘制了横向本征振动频率 $f_{\text{osc},x}$ 随悬浮小球密度平方根倒数变化的散点图。经计算可得两者之间的相关系数为 0.92,即横向本征振动频率与密度平方根的倒数基本满足线性关系。在此基础上,利用最小二乘法得到了这两者之间的拟合直线,该直线方程为 $f_{\text{osc},x}=9.70/\sqrt{\rho_m}+0.24$,与式(8 - 112)对比可得式(8 - 112)中的系数 $K_2$ 等于 9.70。值得一提的是,拟合直线并非过原点的正比例函数,其存在不为零的常数项,这完全是由观测误差所导致的。此外,图 8 - 10 中还标注出了每个测量点的误差棒,该误差棒主要来源于系统误差,其大小等于观测时长为 4 s 时所对应的频域分辨率,即 0.25 Hz。

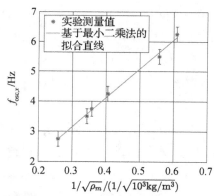

图 8 - 10　驻波场中悬浮小球的横向本征振动频率 $f_{\text{osc},x}$ 随 $1/\sqrt{\rho_m}$ 的变化

　　至此,我们通过驻波场中悬浮小球横向本征振动频率的观测在一定程度上验证了 8.2 节理论推导的正确性,以及利用该振动频率对悬浮小球密度进行参数反演的可行性。有必要指出,这里我们所采用的六种小球密度均为已知量,测量其本

征振动频率实则是为了验证该频率与小球密度之间的数学关系。在实际的参数反演问题中,小球密度是真正的未知量,此时需要先将一已知密度的小球置于驻波场中,通过测量其本征振动频率求得公式中的待定系数,最后代入待测小球的振动频率并求解其密度。还有必要指出,根据 8.2 节中的理论,小球的本征振动频率不仅取决于其密度,还与驻波场的频率有关,原则上同样可以通过实验来进行验证,不过当驻波场频率改变时,还需要调节换能器发射面和反射面之间的距离以重新达到谐振状态。

## 8.4　本章小结

　　粒子在声场中的动力学特性既包含了声场信息,也包含了粒子本身的物性参数信息,因此根据这些动力学特性可以反演特定的物性参数或构建物理模型。本章 8.2 和 8.3 节主要以驻波场中的悬浮小球为例进行分析,在低频近似的前提下,利用声辐射力势函数法求解得到了悬浮小球的三维声辐射力表达式,并推导得到了其位于声轴上时的轴向与横向本征振动频率。在此基础上,我们搭建了驻波场声悬浮实验平台,利用高速摄影设备对悬浮小球的动力学特性进行观测,验证了横向本征振动频率与悬浮小球密度之间的函数关系,以及利用该方法进行密度反演的可行性。

　　在本章的最后,有必要进行几点说明:

　　(1) 本章中基于声辐射力势函数法推导得到了驻波场中悬浮小球的声辐射力表达式,该方法必须满足低频近似和驻波场两个条件,否则小球所受的声辐射力不再满足保守力特性,结果会出现偏差。

　　(2) 根据理论推导,本章中所讨论的悬浮小球均在声压波节处取得稳定平衡。当然,若计及重力,则稳定平衡点会向下移动。应当指出,这并非在所有情况下均适用的结论。一方面,第 3 章中的诸多计算结果已经表明,驻波场中粒子的声辐射力函数可正可负,当声辐射力函数为负值时,粒子将在声压波腹处取得稳定平衡;另一方面,即使对于低频情况,若粒子相对于周围流体并不满足刚性边界条件,则其单极和偶极散射因子不再等于 1,其稳定平衡点亦也可能发生改变,第 9 章中将详细讨论这一问题。

　　(3) 本章的讨论对象限于常见材料制成的固体小球。事实上,利用传统测量方法完全可以得到同样甚至更精确的结果,似乎完全没有必要借助声悬浮方法来实现。然而,在工业技术的实际应用中,需要进行非接触物性参数反演的往往是高温熔融物(如熔融态金属),其表面温度可能达到数千摄氏度,从而与周围空气形成了较强的温度梯度。在该温度梯度作用下,必须考虑热传导效应对声场的影响。此外,高温熔融物在悬浮过程中极有可能发生形变,从而使得其声辐射力和声辐射力矩的作用时刻发生变化。因此,实际情况下基于驻波场声悬浮的参数反演是颇为复杂的,本章仅仅以常见粒子为例给出简化模型下的基本反演思路,至于更复杂的情况需要具体问题具体分析。

## 参考文献

[1] TRINH E H, HSU C J. Equilibrium shapes of acoustically levitated drops[J]. The Journal of the Acoustical Society of America, 1986, 79(5): 1335 – 1338.

[2] TIAN Y R, HOLT R G, APFEL R E. Investigations of liquid surface rheology of surfactant solutions by droplet shape oscillations: Theory[J]. Physics of Fluids, 1995, 7(12): 2938 – 2949.

[3] TIAN Y R, HOLT R G, APFEL R E. A new method for measuring liquid surface tension with acoustic levitation[J]. Review of Scientific Instruments, 1995, 66(5): 3349 – 3354.

[4] BAYAZITOGLU Y, MITCHELL G F. Experiments in acoustic levitation: Surface tension measurements of deformed droplets[J]. Journal of Thermophysics and Heat Transfer, 1995, 9(4): 694 – 701.

[5] SHEN C L, XIE W J, WEI B. Parametrically excited sectorial oscillation of liquid drops floating in ultrasound[J]. Physical Review E, Statistical, Nonlinear, and Soft Matter Physics, 2010, 81(4Pt2): 046305.

[6] SANYAL A, BASU S, KUMAR R. Experimental analysis of shape deformation of evaporating droplet using Legendre polynomials[J]. Physics Letters A, 2014, 378(5/6): 539 – 548.

[7] KREMER J, KILZER A, PETERMANN M. Simultaneous measurement of surface tension and viscosity using freely decaying oscillations of acoustically levitated droplets [J]. Review of Scientific Instruments, 2018, 89

（1）：015109．

[8] ARCENEGUI-TROYA J，BELMAN-MARTINEZ A，CASTREJON-PITA A A，et al. A simple levitated-drop tensiometer[J]. The Review of Scientific Instruments，2019，90(9)：095109．

[9] ANDRADE M A B，MARZO A. Numerical and experimental investigation of the stability of a drop in a single-axis acoustic levitator[J]. Physics of Fluids，2019，31(11)：117101．

[10] HASEGAWA K，KONO K. Oscillation characteristics of levitated sample in resonant acoustic field[J]. AIP Advances，2019，9(3)：035313．

[11] ZANG Y C，CHANG Q，WANG X Z，et al. Natural oscillation frequencies of a Rayleigh sphere levitated in standing acoustic waves[J]. The Journal of the Acoustical Society of America，2022，152(5)：2916 – 2928．

[12] GOR'KOV L P. On the forces acting on a small particle in an acoustical field in an ideal fluid[J]. Soviet Physics Doklady，1962，6(9)：773 – 775．

[13] SETTNES M，BRUUS H. Forces acting on a small particle in an acoustical field in a viscous fluid[J]. Physical Review E，Statistical，Nonlinear，and Soft Matter Physics，2012，85(1Pt2)：016327．

[14] SILVA G T. Acoustic radiation force and torque on an absorbing compressible particle in an inviscid fluid[J]. The Journal of the Acoustical Society of America，2014，136(5)：2405 – 2413．

[15] ANDRADE M A B，PEREZ N，ADAMOWSKI J C. Review of progress in acoustic levitation[J]. Brazilian Journal of Physics，2018，48(2)：190 – 213．

# 第 9 章

## 驻波场中双悬浮粒子的动力学分析

# 9.1 引言

第 8 章中利用声辐射力势函数法计算得到了驻波场中悬浮小球的声辐射力表达式,并详细分析了其在驻波场中的动力学特性,特别是在平衡点附近的轴向与横向本征振动频率。在此基础上,通过驻波场声悬浮实验验证了利用本征振动频率进行密度反演的可行性。然而,以上讨论仅仅限于单悬浮粒子位于驻波场中的情形,而在实际声操控应用中声场往往会存在多个粒子。对于某个特定粒子而言,不仅会受到入射声场本身施加的声辐射力作用,还会受到其余粒子散射声场所施加的声辐射力作用。为了区分这两种声辐射力,通常将入射声场给予的声辐射力称为初级声辐射力,而其余粒子散射声场给予的声辐射力称为次级声辐射力。从宏观表现上来看,次级声辐射力反映了粒子之间的相互作用。从研究历史来看,Bjerknes 首先对这种次级声辐射力进行分析,计算了理想流体中一对气泡之间的相互作用力,这种力后来被称为 Bjerknes 力[1]。此后,诸多学者陆续研究了刚性球之间[2-4]、气泡之间[5-8]、刚性球与气泡之间[9]、气泡与液滴之间[10]的次级声辐射力作用。Doinikov 则将该理论拓展至可压缩流体中 $N$ 个粒子之间的相互作用力[11]。2014 年,Silva 等人研究了低频近似下多个球形粒子之间的次级声辐射力作用,且其结果对粒子间的距离没有限制[12]。该研究结果表明,低频近似下次级声辐射力也是一种保守力,存在对应的势函数。Sepehrirahnama 等人使用多级展开法和加权留数法对微粒之间的相互作用力进行了数值分析[13]。随后,该作者利用多级展开法分析了黏性流体中的次级声辐射力,发现流体的黏滞特性会使次级声辐射力明显增强[14]。2016 年,Lopes 等人计算了任意时谐声场中粒子的次级声辐射力和力矩[15]。Baasch 等人则提出一种"半解析"的方法,通过精确到偶极散射项成功预测了多粒子碰撞的运动轨迹[16-17]。除了理论研究之外,还有不少关于次级声辐射力的实验研究[18-22],这里不再详细介绍。

迄今为止,对于次级声辐射力的研究还主要集中在平面波场的情形,本章则将次级声辐射力的研究拓展至 Gauss 驻波场[23]。为了计算简便,这里主要讨论两个悬浮小球位于 Gauss 驻波场中的情形,且小球的重力可以忽略不计。然而,即使对于 Gauss 驻波场中任意位置处的两个球形粒子,其次级声辐射力的讨论也是相当复杂的,这是因为在初级和次级声辐射力的叠加作用下,球形粒子的稳定平衡位置会发生变化,一般情况下不再位于声压波节处。基于此,本章主要讨论一种较为特殊的情形,即两个悬浮小球恰好位于声压波节平面上。由于轴向初级声辐射力恒为零,此时粒子在轴向将始终处于平衡状态,从而只能在水平面内运动。应当指出,虽然轴向初级声辐射力为零,但横向初级声辐射力依然可能存在,不过这已比小球位于任意位置时的分析要容易许多。有必要指出,对于空气中的悬浮固体小球而言,完全可以将其看作刚性的,其稳定平衡位置位于声压波节处。然而,对于某些情况下的悬浮小球(如水中的气泡)而言,其稳定平衡位置将在声压波腹处,本章将对此进行详细介绍。

## 9.2　理论计算

本节首先提出 Gauss 驻波场中双悬浮小球的基本物理模型,接着利用势函数法分别分析双悬浮小球的初级声辐射力和双悬浮小球间的次级声辐射力作用。应当指出,关于双悬浮小球的初级声辐射力已经在第 8 章中进行了详细分析,但本章所考虑的是更一般的情形,即悬浮小球不一定呈刚性。

### 9.2.1　基本模型

考虑空间中存在一束角频率为 $\omega$ 的 Gauss 驻波场,其束腰半径为 $W_0$。两悬浮小球位于该 Gauss 驻波场中的任意位置,分别编号为小球 1 和小球 2。小球 1 的半径、密度、纵波声速和球心所在位置分别为 $a_1$、$\rho_1$、$c_1$、$r_1$,小球 2 的半径、密度、纵波声速和球心所在位置分别为 $a_2$、$\rho_2$、$c_2$、$r_2$,周围流体的密度与声速分别为 $\rho_0$ 和 $c_0$。整个物理模型如图 9 - 1 所示。为了后续数学处理的方便,以 Gauss 驻波场中心为原点建立空间直角坐标系 $(x,y,z)$,且 $z$ 轴与驻波场的声轴恰好重合。引言中曾指出,本章将重点分析 Gauss 驻波场声压波节平面和波腹平面上悬浮小球的次级声辐射力和动力学特性。尽管如此,在构建基本模型时仍从最普遍的情况开始讨论,即悬浮小球可以位于 Gauss 驻波场中的任意位置。

为了计算简便,这里仍然假设 Gauss 驻波场满足弱聚焦近似条件,即波阵面可以近似看作平面。这样一来,Gauss 驻波场的声压分布可以表示为:

$$p_i(\boldsymbol{r}) = A\mathrm{e}^{-\frac{x^2+y^2}{w_0^2}}\sin[k(z-h)] \tag{9-1}$$

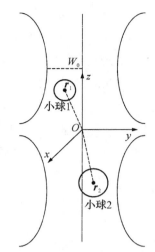

**图 9 - 1　双悬浮小球位于 Gauss 驻波场中的基本模型**

其中，$A$ 是 Gauss 驻波场的声压振幅，$k$ 是 Gauss 驻波场在该流体中的波数，$h$ 是 Gauss 驻波场中心到距离其最近的声压波节处的距离。注意，这里 $h$ 的定义与第 8 章中是有所不同的。根据式(9 - 1)不难写出三维质点振速的表达式：

$$v_{i,x}(\boldsymbol{r}) = \frac{A}{\mathrm{i}\rho_0\omega}\mathrm{e}^{-\frac{x^2+y^2}{W_0^2}}\left(-\frac{2x}{W_0^2}\right)\sin[k(z-h)] \tag{9-2}$$

$$v_{i,y}(\boldsymbol{r}) = \frac{A}{\mathrm{i}\rho_0\omega}\mathrm{e}^{-\frac{x^2+y^2}{W_0^2}}\left(-\frac{2y}{W_0^2}\right)\sin[k(z-h)] \tag{9-3}$$

$$v_{i,z}(\boldsymbol{r}) = \frac{A}{\mathrm{i}\rho_0\omega}\mathrm{e}^{-\frac{x^2+y^2}{W_0^2}}k\cos[k(z-h)] \tag{9-4}$$

至此我们顺利求解了该 Gauss 驻波场中的声压和质点振速，接下来将以这些物理量为基础分析悬浮小球的初级和次级声辐射力。

### 9.2.2　Gauss 驻波场中悬浮小球的初级声辐射力

对于初级声辐射力而言，在低频近似下满足保守力的特性，因而可以通过声辐射力势函数进行求解。这里以小球 1 为例进行分析，至于小球 2 的初级声辐射力只需修改相应物理量的下标即可。第 8 章已经给出了一般情况下的声辐射力势函数表达式，即式(8 - 5)。基于式(8 - 5)，可以直接写出小球 1 的声辐射力势函数，其具体表达式为：

$$U_{\mathrm{rad}}(\boldsymbol{r}_1)=\pi a_1^3\left[\frac{f_{0,1}}{3\rho_0 c_0^2}\,|\,p_i(\boldsymbol{r}_1)\,|^2-\frac{f_{1,1}\rho_0}{2}\,|\,v_i(\boldsymbol{r}_1)\,|^2\right]\tag{9-5}$$

其中,$f_{0,1}$ 和 $f_{1,1}$ 分别是小球 1 的单极和偶极散射因子,这里第一个下标表示散射项的阶数,第二个下标表示悬浮小球的编号。根据式(7-31)和式(7-32)可以直接写出小球 1 的单极和偶极散射因子分别为:

$$f_{0,1}=1-\frac{\rho_0 c_0^2}{\rho_1 c_1^2}\tag{9-6}$$

$$f_{1,1}=\frac{2(\rho_1-\rho_0)}{2\rho_1+\rho_0}\tag{9-7}$$

第 8 章中仅仅考虑了悬浮小球可近似看作刚性的特殊情形,对于空气中的悬浮小球或悬浮液滴而言,这样的近似是完全合理的。但对于液体中的悬浮物而言,很多情况下不再满足刚性近似这一条件。这里考虑两种特殊的情形:一是空气中的刚性小球,二是水中的气泡。当然,对于水中的气泡而言,严格来讲已经不再属于驻波场声悬浮的研究范围,而更多出现在生物医学超声的应用背景中,但这里将其作为一种理论模型予以讨论是完全合理的。对于第一种模型而言,显然有 $f_{0,1},f_{1,1}\approx1$,这是第 8 章中早已熟知的。对于第二种模型而言,将空气和水的相应声参数代入式(9-6)和式(9-7)可得,$f_{0,1}\approx-10^5$,$f_{1,1}\approx-2$。有必要指出,这里关于单极散射因子仅仅给出了一个数量级上的约数而非确数,不过这对于后续计算和分析已经足够了。可以看到,对于水中的气泡而言,其单极和偶极散射因子均为负值,且单极散射因子的绝对值很大。后面将看到,这一性质会使气泡和刚性球的声辐射力特性产生明显的差异。

将 Gauss 驻波场的声压式(9-1)和质点振速式(9-2)~式(9-3)代入式(9-5)中,可以得到此时的声辐射力势函数表达式为:

$$\begin{aligned}U_{\mathrm{rad}}(\boldsymbol{r}_1)=\pi a_1^3 A^2 \mathrm{e}^{-\frac{2(x_1^2+y_1^2)}{w_0^2}}\times\bigg\{&\frac{f_{0,1}}{3\rho_0 c_0^2}\sin^2[k(z_1-h)]-\\&\frac{f_{1,1}}{2\rho_0 c_0^2}\bigg[\bigg(\frac{4(x_1^2+y_1^2)}{W_0^2}\bigg)\frac{1}{(kW_0)^2}\sin^2[k(z_1-h)]+\cos^2[k(z_1-h)]\bigg]\bigg\}\end{aligned}\tag{9-8}$$

同样地,利用弱聚焦近似条件可以将式(9-8)简化为:

$$U_{\text{rad}}(r_1) = \pi a_1^3 A^2 e^{-\frac{2(x_1^2 + y_1^2)}{w_0^2}} \left\{ \frac{f_{0,1}}{3\rho_0 c_0^2} \sin^2[k(z_1 - h)] - \frac{f_{1,1}}{2\rho_0 c_0^2} \cos^2[k(z_1 - h)] \right\}$$

$$(9-9)$$

基于式(9-9)不难通过梯度运算求得 Gauss 驻波场中任意小球所受的三维声辐射力,其表达式分别为:

$$F_x(r_1) = \pi a_1^3 A^2 e^{-\frac{2(x_1^2 + y_1^2)}{w_0^2}} \left( \frac{4x_1}{W_0^2} \right) \left\{ \frac{f_{0,1}}{3\rho_0 c_0^2} \sin^2[k(z_1 - h)] - \frac{f_{1,1}}{2\rho_0 c_0^2} \cos^2[k(z_1 - h)] \right\}$$

$$(9-10)$$

$$F_y(r_1) = \pi a_1^3 A^2 e^{-\frac{2(x_1^2 + y_1^2)}{w_0^2}} \left( \frac{4y_1}{W_0^2} \right) \left\{ \frac{f_{0,1}}{3\rho_0 c_0^2} \sin^2[k(z_1 - h)] - \frac{f_{1,1}}{2\rho_0 c_0^2} \cos^2[k(z_1 - h)] \right\}$$

$$(9-11)$$

$$F_z(r_1) = -\pi a_1^3 A^2 e^{-\frac{2(x_1^2 + y_1^2)}{w_0^2}} \frac{2f_{0,1} + 3f_{1,1}}{6\rho_0 c_0^2} k \sin[2k(z_1 - h)] \quad (9-12)$$

由式(9-10)~式(9-12)可以看出,一般情况下小球 1 会受到三个方向的声辐射力作用,但当小球 1 位于声轴上时,其横向声辐射力会由于对称性而消失。对于轴向声辐射力而言,其在声压波节处($z_1 - h = n\lambda/4, n = 0, \pm 2, \cdots$)和声压波腹处($z_1 - h = n\lambda/4, n = \pm 1, \pm 3, \cdots$)仍然恒为零,但关于究竟何处为稳定平衡点则需分情况进行讨论。当 $2f_{0,1} + 3f_{1,1} > 0$ 时,小球 1 将在声压波节处取得稳定平衡,空气中的刚性球正属于此类情形;当 $2f_{0,1} + 3f_{1,1} < 0$ 时,小球 1 将在声压波腹处取得平衡,水中的气泡正属于此类情形。

假设小球 1 位于声压波节处,且在 $x$ 方向偏离声轴(不一定很小),其横向声辐射力表达式为:

$$F_x(\boldsymbol{r}_1) = -\pi a_1^3 \frac{A^2}{\rho_0 c_0^2} f_{1,1} e^{-\frac{2x_1^2}{w_0^2}} \left( \frac{2x_1}{W_0^2} \right) \quad (9-13)$$

应当指出,这里并没有假设离轴距离很小,因此不能去掉式(9-13)中的指数项。需要注意的是,式(9-13)的前面虽然带负号,但不一定表示回复力,因为 $f_{1,1}$ 的符号是未定的。当 $f_{1,1} > 0$ 时,横向声辐射力是回复力,小球 1 将被拉向声轴;当 $f_{1,1} < 0$ 时,横向声辐射力是排斥力,小球 1 将被推离声轴。

假设小球 1 位于声压波腹处,且在 $x$ 方向偏离声轴(不一定很小),其横向声辐射力表达式为：

$$F_x(\boldsymbol{r}_1) = \pi a_1^3 \frac{A^2}{3\rho_0 c_0^2} f_{0,1} \mathrm{e}^{-\frac{2x_1^2}{w_0^2}} \left( \frac{4x_1}{W_0^2} \right) \tag{9-14}$$

同样地，这里并没有假设离轴距离很小，因此不能去掉式（9-14）中的指数项。式（9-13）的前面虽然不带负号，但不一定表示排斥力，因为 $f_{0,1}$ 的符号是未定的。当 $f_{0,1} < 0$ 时，横向声辐射力是回复力，小球 1 将被拉向声轴；当 $f_{0,1} > 0$ 时，横向声辐射力是排斥力，小球 1 将被推离声轴。

以上是对小球 1 的初级声辐射力所作的分析，只需要修改相应物理量的下标即可对小球 2 的初级声辐射力作类似的分析，小球 2 的单极和偶极散射因子分别可以表示为：

$$f_{0,2} = 1 - \frac{\rho_0 c_0^2}{\rho_2 c_2^2} \tag{9-15}$$

$$f_{1,2} = \frac{2(\rho_2 - \rho_0)}{2\rho_2 + \rho_0} \tag{9-16}$$

### 9.2.3　Gauss 驻波场中悬浮小球的次级声辐射力

对于双小球系统而言，小球 1 不仅会受到 Gauss 驻波场施加的初级声辐射力作用，还会受到小球 2 所施加的次级声辐射力作用，即相互作用力。可以预料，该次级声辐射力将同时取决于小球 1 和小球 2 的空间位置，因而利用图 9-1 中的直角坐标系来作分析是很不方便的。为此，我们再以小球 2 的中心为原点建立球坐标系 $(r', \theta', \varphi')$（为显示清晰，未在图 9-1 中标出），即小球 2 在该球坐标系下的径矢恒为零，而小球 1 在该坐标系下的径矢为 $\boldsymbol{r}_1 = r' \boldsymbol{e}_{r'}$，这里 $r'$ 即小球 1 和小球 2 之间的距离，$\boldsymbol{e}_{r'}$ 则是从小球 2 中心指向小球 1 中心的单位矢量。注意，两小球间的距离应当满足 $r' \geqslant a_1 + a_2$ 的约束条件。

首先从任意声场的情形开始讨论。将小球 2 看作散射声源，其散射声场在 $\boldsymbol{r}_1$ 处的大小为：

$$p_s(\boldsymbol{r}_1 | 0) = -\frac{k^2 a_2^3}{r'} \mathrm{e}^{\mathrm{i}kr'} \left[ \frac{f_{0,2}}{3} + \frac{\mathrm{i} f_{1,2}}{2} \left( 1 + \frac{\mathrm{i}}{kr'} \right) \frac{\partial}{\partial(kr')} \right] p_i(0) \tag{9-17}$$

其中，$p_i(0)$ 是入射声场在小球 2 中心的声压。需要注意的是，由于表示的是小球 2 的散射声场，因此式（9-17）中使用的应当是小球 2 的单极和偶极散射因子。根据声压和质点振速之间的关系，不难通过式（9-17）求解得到散射声场在 $\boldsymbol{r}_1$ 处的

质点振速$v_s(r_1|0)$。根据相关文献[12]的结论,在低频近似下,次级声辐射力也是保守力,存在对应的势函数,称为相互作用势函数,其具体表达式为:

$$U_{\text{int}}(\boldsymbol{r}_1|0) = \pi a_1^3 \text{Re}\left[\frac{2f_{0,1}}{3\rho_0 c_0^2}p_i^*(\boldsymbol{r}_1)p_s(\boldsymbol{r}_1|0) - f_{1,1}\rho_0 v_i^*(\boldsymbol{r}_1)\cdot v_s(\boldsymbol{r}_1|0)\right]$$

$$(9-18)$$

必须指出,严格来讲,小球 2 的散射波还会被小球 1 散射回去,进而在小球 2 表面再次发生散射,并依次不断循环,即产生所谓多次散射现象。考虑到在低频近似下多次散射波的声能量远小于一次散射波,因而这里仅仅计及了一次散射波的影响。

原则上,将式(9-1)～式(9-4)代入式(9-17)和式(9-18)可以得到相互作用势函数的表达式,然而其中涉及 Gauss 波的权重因子 $\exp[-(x_1^2+y_1^2)/W_0^2]$ 和 $\exp[-(x_2^2+y_2^2)/W_0^2]$ 对 $r'$ 的导数,这涉及两个坐标系间的转换,是不容易计算的。尽管如此,进一步观察可以发现,若考虑到弱聚焦近似条件 $kW_0 \gg 1$,则这两项导数均可以忽略不计。换言之,完全可以在计算中将权重因子看作常数,这将极大地简化计算。基于这一近似可得相互作用势函数的表达式为:

$$\begin{aligned}
U_{\text{int}}(r',\theta') = &\pi\frac{A^2}{2\rho_0 c_0^2}k^3 a_1^3 a_2^3 \mathrm{e}^{-\frac{x_1^2+y_1^2+x_2^2+y_2^2}{w_0^2}} \times \Bigg(\cos[k(r'\cos\theta'-h)]\frac{f_{1,1}}{2}\times \\
&\left\{ f_{1,2}\cos(kh)(1+3\cos2\theta')\frac{\cos kr'}{(kr')^3} + \left[\frac{4}{3}f_{0,2}\sin(kh)\cos\theta'\cos(kr') + \right.\right. \\
&\left. f_{1,2}\cos(kh)(1+3\cos2\theta')\sin(kr')\right]\frac{1}{(kr')^2} - \\
&\left[f_{1,2}\cos(kh)(1+\cos2\theta')\sin(kr')\right]\frac{1}{(kr')^2} - \\
&\left[f_{1,2}\cos(kh)(1+\cos2\theta')\cos(kr') - \frac{1}{3}f_{0,2}\sin(kh)\cos\theta'\sin(kr')\right]\frac{1}{kr'} \Bigg\} + \\
&\sin[k(r'\cos\theta'-h)]\times\frac{2}{3}f_{0,1}\left\{f_{1,2}\cos(kh)\cos\theta'\frac{\cos(kr')}{(kr')^2} + \right. \\
&\left.\left[\frac{2}{3}f_{0,2}\sin(kh)\cos(kr') + f_{1,2}\cos(kh)\cos\theta'\sin(kr')\right]\frac{1}{kr'}\right\}\Bigg) \quad (9-19)
\end{aligned}$$

可以看出,一般情况下两悬浮小球间的相互作用势函数表达式是颇为复杂的,考虑到若求解两悬浮小球间的次级声辐射力还需要对式(9-19)进行求梯度运算,这无疑更加烦琐。这里我们仅仅考虑一种特殊的情形,即两悬浮小球均位于水平面内,此时球坐标系的极角满足 $\theta' = \pi/2$,将其代入式(9-19)中不难得到此时的相互作用势函数为:

$$U_{int}(r') = \frac{2\pi}{9}\frac{A^2}{\rho_0 c_0^2}k^3 a_1^3 a_2^3 f_{0,1}f_{0,2}\sin^2(kh)n_0(kr')e^{-\frac{x_1^2+y_1^2+x_2^2+y_2^2}{w_0^2}} +$$

$$\frac{\pi}{2}\frac{A^2}{\rho_0 c_0^2}k^3 a_1^3 a_2^3 f_{1,1}f_{1,2}\cos^2(kh)\frac{n_1(kr')}{kr'}e^{-\frac{x_1^2+y_1^2+x_2^2+y_2^2}{w_0^2}} \tag{9-20}$$

其中,$n_0(x) = -\cos x/x$ 和 $n_1(x) = -\sin x/x - \cos x/x^2$ 分别是零阶和一阶球 Neumann 函数。与式(9-19)相比,式(9-20)纯粹是关于两悬浮小球间距离的函数,处理起来要简洁得多。对式(9-20)求梯度(事实上是关于 $r'$ 的偏导数),可得两悬浮小球间的次级声辐射力为:

$$F_{int}(r') = \left\{\frac{2\pi}{9}\frac{A^2}{\rho_0 c_0^2}k^3 a_1^3 a_2^3 f_{0,1}f_{0,2}\sin^2(kh)\times\frac{-kr'\sin(kr')-\cos(kr')}{kr'^2}\right\}e^{-\frac{x_1^2+y_1^2+x_2^2+y_2^2}{w_0^2}} +$$

$$\left\{\frac{\pi}{2}\frac{A^2}{\rho_0 c_0^2}k^3 a_1^3 a_2^3 f_{1,1}f_{1,2}\cos^2(kh)\times\right.$$

$$\left.\frac{(k^2 r'^2-3)\cos(kr')-3kr'\sin(kr')}{k^3 r'^4}\right\}e^{-\frac{x_1^2+y_1^2+x_2^2+y_2^2}{w_0^2}} \tag{9-21}$$

次级声辐射力的形式还是比较复杂的,其随 $kr'$ 的变化可以取正值或负值。对于稳定平衡点位于声压波节处的悬浮小球(如空气中的刚性球)而言,存在关系 $\sin^2(kh)=0$ 和 $\cos^2(kh)=1$,此时式(9-21)可以简化为:

$$F_{int}(r') = \left\{\frac{\pi}{2}\frac{A^2}{\rho_0 c_0^2}k^3 a_1^3 a_2^3 f_{1,1}f_{1,2}\times\frac{(k^2 r'^2-3)\cos(kr')-3kr'\sin(kr')}{k^3 r'^4}\right\}e^{-\frac{x_1^2+y_1^2+x_2^2+y_2^2}{w_0^2}}$$

$$\tag{9-22}$$

对于稳定平衡点位于声压波腹处的悬浮小球(如水中的气泡)而言,存在关系 $\sin^2(kh)=1$ 和 $\cos^2(kh)=0$,此时式(9-21)可以简化为:

$$F_{int}(r') = \left\{\frac{2\pi}{9}\frac{A^2}{\rho_0 c_0^2}k^3 a_1^3 a_2^3 f_{0,1}f_{0,2}\times\frac{-kr'\sin(kr')-\cos(kr')}{kr'^2}\right\}e^{-\frac{x_1^2+y_1^2+x_2^2+y_2^2}{w_0^2}}$$

$$\tag{9-23}$$

## 9.3　算例分析

根据 9.2 节的理论推导结果，可以对 Gauss 驻波场中双悬浮小球的动力学特性进行详细分析。为了计算简便，假设小球 1 和小球 2 在轴向均取得稳定平衡，即位于声压波节平面或波腹平面内，且两小球的运动均仅限于 $x$ 方向。这样一来，只需对其在 $x$ 轴上的运动特性作一维运动分析即可。这里我们考虑两种特殊但十分常见的情形：一是空气中的双悬浮刚性球，二是水中的双悬浮气泡。此外，为了运算的简洁，假设小球 1 和小球 2 的半径恰好相等，即存在关系 $a_1 = a_2 = a$。

### 9.3.1　双悬浮刚性球在 Gauss 驻波场中的动力学特性

首先假设小球 1 和小球 2 均为悬浮于空气中的刚性球，此时满足关系 $f_{0,1} = f_{1,1} = f_{0,2} = f_{1,2} = 1$ 和 $\rho_0 = 1.21 \ \mathrm{kg/m^3}$，$c_0 = 344 \ \mathrm{m/s}$。根据 9.2 节的讨论，此时两小球在声压波节平面内取得稳定平衡。必须指出，这里所谓的刚性是指悬浮小球的声阻抗远大于空气，虽然两小球的单极和偶极散射因子均可以近似为 1，但两小球的密度是可以存在差异的，即完全可以是两种不同材料制成的小球。

根据 Newton 第二定律，小球 1 和小球 2 在 $x$ 方向的运动方程可以表示为：

$$\begin{cases} F_x(\boldsymbol{r}_1) + F_{\mathrm{int}}(r') = m_1 \dfrac{\mathrm{d}^2 x_1}{\mathrm{d}t^2} \\[2mm] F_x(\boldsymbol{r}_2) - F_{\mathrm{int}}(r') = m_2 \dfrac{\mathrm{d}^2 x_2}{\mathrm{d}t^2} \end{cases} \tag{9-24}$$

其中，$m_1 = 4\pi a^3 \rho_1 / 3$ 和 $m_2 = 4\pi a^3 \rho_2 / 3$ 分别是小球 1 和小球 2 的质量。注意，根据 Newton 第三定律，式（9-24）中两小球的次级声辐射力应当大小相等，方向相反。根据式（9-13）和式（9-22），小球 1 和小球 2 的初级声辐射力和相互作用力分别可以表示为：

$$F_x(\boldsymbol{r}_1) = -\pi a^3 \frac{A^2}{\rho_0 c_0^2} \left( \frac{2x_1}{W_0^2} \right) \mathrm{e}^{-\frac{2x_1^2}{W_0^2}} \tag{9-25}$$

$$F_x(\boldsymbol{r}_2) = -\pi a^3 \frac{A^2}{\rho_0 c_0^2} \left( \frac{2x_2}{W_0^2} \right) \mathrm{e}^{-\frac{2x_2^2}{W_0^2}} \tag{9-26}$$

$$F_{\text{int}}(r') = \pi a^3 \frac{A^2}{\rho_0 c_0^2} k^3 a^3 \frac{(k^2 r'^2 - 3)\cos(kr') - 3kr'\sin(kr')}{2k^3 r'^4} e^{-\frac{x_1^2 + x_2^2}{w_0^2}}$$

$$(9-27)$$

其中,小球 1 和小球 2 间的距离满足关系 $r' = |x_1 - x_2|$。将式(9 - 25)～式(9 - 27)代入方程组(9 - 24)可得:

$$
\begin{cases}
\pi a^3 \dfrac{A^2}{\rho_0 c_0^2} k^3 a^3 \dfrac{(k^2 r'^2 - 3)\cos(kr') - 3kr'\sin(kr')}{2k^3 r'^4} e^{-\frac{x_1^2 + x_2^2}{w_0^2}} - \\[2mm]
\pi a^3 \dfrac{A^2}{\rho_0 c_0^2}\left(\dfrac{2x_1}{W_0^2}\right) e^{-\frac{2x_1^2}{w_0^2}} = \dfrac{4\pi a^3}{3}\rho_1 \dfrac{\mathrm{d}^2 x_1}{\mathrm{d}t^2} \\[3mm]
-\pi a^3 \dfrac{A^2}{\rho_0 c_0^2} k^3 a^3 \dfrac{(k^2 r'^2 - 3)\cos(kr') - 3kr'\sin(kr')}{2k^3 r'^4} e^{-\frac{x_1^2 + x_2^2}{w_0^2}} - \\[2mm]
\pi a^3 \dfrac{A^2}{\rho_0 c_0^2}\left(\dfrac{2x_2}{W_0^2}\right) e^{-\frac{2x_2^2}{w_0^2}} = \dfrac{4\pi a^3}{3}\rho_2 \dfrac{\mathrm{d}^2 x_2}{\mathrm{d}t^2}
\end{cases}
$$

$$(9-28)$$

式(9 - 28)正是双悬浮刚性球在 Gauss 驻波场声压波节平面 $x$ 方向上的运动方程组。诚然,直接求解该方程组是很困难的,但在给定小球 1 和小球 2 的初始位移和初始速度的前提下,这完全可以通过微分方程的数值解法做到。

这里让我们先考虑一种更为特殊的情形,即小球 2 的密度远远大于小球 1。由于这两个小球尺寸相同,这意味着小球 2 的质量亦远远大于小球 1,这样一来,次级声辐射力对小球 1 产生的加速度可以忽略不计。为了计算简便,在初始时刻将小球 2 静止放置在原点 $O$ 处,此时小球 2 的初级声辐射力亦消失,从而可以认为其始终静止在声轴上。基于此,我们只需考虑小球 1 的运动即可,其运动方程为:

$$-\pi a^3 \frac{A^2}{\rho_0 c_0^2}\left(\frac{2x_1}{W_0^2}\right) e^{-\frac{2x_1^2}{w_0^2}} + \pi a^3 \frac{A^2}{\rho_0 c_0^2} k^3 a^3 \times$$

$$(9-29)$$

$$\frac{(k^2 x_1^2 - 3)\cos(kx_1) - 3kx_1\sin(kx_1)}{2k^3 x_1^4} e^{-\frac{x_1^2}{w_0^2}} = \frac{4\pi a^3}{3}\rho_1 \frac{\mathrm{d}^2 x_1}{\mathrm{d}t^2}$$

式(9 - 29)完全可以通过数值方法求解,不过这里首先讨论两种特殊的情形。

当小球 1 和小球 2 非常接近并满足近场近似($kx_1 \ll 1$)时,小球 1 所受的初级声辐射力式(9 - 25)和次级声辐射力式(9 - 27)分别可以近似表示为:

$$F_x(\boldsymbol{r}_1) = -\pi a^3 \frac{A^2}{\rho_0 c_0^2}\left(\frac{2x_1}{W_0^2}\right) \tag{9-30}$$

$$F_{\text{int}}(r') = -\pi a^3 \frac{A^2}{\rho_0 c_0^2}\frac{3a^3}{2x_1^4} \tag{9-31}$$

可以看出,此时小球 1 的初级声辐射力正比于离轴距离,次级声辐射力反比于离轴距离的四次方,且两者均为指向声轴的回复力。将式(9-30)和式(9-31)的绝对值大小作比较:

$$\frac{F_{\text{int}}(r')}{F_x(\boldsymbol{r}_1)} = \frac{\left|\pi a^3 \dfrac{A^2}{\rho_0 c_0^2}\dfrac{3a^3}{2x_1^4}\right|}{\left|\pi a^3 \dfrac{A^2}{\rho_0 c_0^2}\left(\dfrac{2x_1}{W_0^2}\right)\right|} = \frac{3(kW_0)^2(ka)^3}{4(kx_1)^5} \gg 1 \tag{9-32}$$

这里用到了弱聚焦近似条件 $kW_0 \gg 1$,并假设 $ka$ 和 $kx_1$ 处于同一数量级。基于式(9-32)可以得出结论,当小球 1 和小球 2 间的距离很小并满足近场近似时,次级声辐射力占据主导地位,而初级声辐射力可以忽略不计,因此式(9-29)可以进一步简化为:

$$-\pi a^3 \frac{A^2}{\rho_0 c_0^2}\frac{3a^3}{2x_1^4} = \frac{4\pi a^3}{3}\rho_1 \frac{d^2 x_1}{dt^2} \tag{9-33}$$

式(9-33)仍需要通过数值方法求解。

我们依然通过具体的算例来对此时小球 1 的动力学特性有个大致的认识。假设小球 1 是悬浮于空气中的聚苯乙烯泡沫球,Gauss 驻波场的频率为 $f=20\text{ kHz}$,束腰半径满足 $kW_0=10$,换能器中心的质点振速为 $v_0=3\text{ m/s}$,从而得出声轴上的声压振幅 $A=2\rho_0 c_0 v_0 = 2\,497\text{ Pa}$。小球 1 的半径为 $a=0.2\text{ mm}$,此时无量纲频率参量为 $ka=0.073$。在初始时刻,将小球 1 无初速度地放置在 $x_1=1.72\text{ mm}$ 处,此时小球 1 与声轴的距离刚好为 1/10 个波长。将以上各参数代入方程(9-33)并利用四阶 Runge-Kutta 法进行求解,小球 1 的位移和速度随时间变化的曲线分别如图 9-2(a)和(b)所示。从计算结果可以看出,小球 1 将朝向小球 2 作加速直线运动,且其加速度不断增大。需要注意的是,当 $t=0.031\text{ s}$ 时,两小球间的距离 $x_1=2a=0.4\text{ mm}$,这说明此时小球 1 和小球 2 刚好相遇,鉴于此,我们在此时刻终止计算。此外还注意到,小球 1 从开始运动到与小球 2 相遇所经历的时间是十分短暂的。

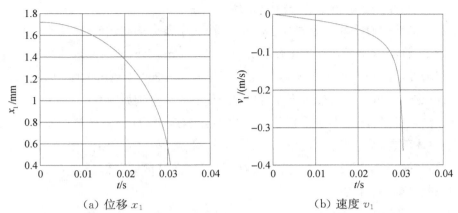

（a）位移 $x_1$　　　　　　　　　　（b）速度 $v_1$

图 9 - 2　近场近似下小球 1（聚苯乙烯泡沫球）的位移 $x_1$ 和速度 $v_1$ 随时间 $t$ 的变化曲线

若两小球之间的距离很大从而满足远场近似条件 $kx_1 \gg 1$，根据式（9 - 27）可将此时小球 1 所受的次级声辐射力简化为：

$$F_{\text{int}}(r') = \pi a^3 \frac{A^2}{\rho_0 c_0^2} \frac{k^2 a^3 \cos kx_1}{2x_1^2} \mathrm{e}^{-\frac{x_1^2}{w_0^2}} \tag{9 - 34}$$

可以看出，随着小球 1 的位置由近及远，式（9 - 34）出现了明显的振荡特性，且其幅度会不断衰减。进一步观察可以发现，次级声辐射力存在若干零点，且相邻零点间的距离刚好为半波长。至于小球 1 的初级声辐射力则仍由式（9 - 25）表示。同样地，将初级声辐射力和次级声辐射力的大小进行比较：

$$\frac{F_{\text{int}}(r')}{F_x(\boldsymbol{r}_1)} = \frac{\left| \pi a^3 \dfrac{A^2}{\rho_0 c_0^2} \dfrac{k^2 a^3 \cos kx_1}{2x_1^2} \mathrm{e}^{-\frac{x_1^2}{w_0^2}} \right|}{\left| \pi a^3 \dfrac{A^2}{\rho_0 c_0^2} \left( \dfrac{2x_1}{W_0^2} \right) \mathrm{e}^{-\frac{2x_1^2}{w_0^2}} \right|} = \left| \frac{(kW_0)^2 (ka)^3 \cos kx_1}{4(kx_1)^3} \mathrm{e}^{\frac{x_1^2}{w_0^2}} \right| \ll 1$$

$$\tag{9 - 35}$$

这里我们假定 $kW_0$ 和 $kx_1$ 处于同一数量级。根据式（9 - 35），在远场近似下，小球 1 的初级声辐射力要明显强于次级声辐射力，即此时小球 1 的次级声辐射力完全可以忽略不计。从物理上分析，远场近似下散射声场的声能量很微弱，次级声辐射力自然是很小的。这样一来，式（9 - 29）可以进一步简化为：

$$-\pi a^3 \frac{A^2}{\rho_0 c_0^2} \left( \frac{2x_1}{W_0^2} \right) \mathrm{e}^{-\frac{2x_1^2}{w_0^2}} = \frac{4\pi a^3}{3} \rho_1 \frac{\mathrm{d}^2 x_1}{\mathrm{d}t^2} \tag{9 - 36}$$

式(9-36)同样无法解析求解,需要借助数值方法。

我们依然假设小球1为聚苯乙烯泡沫球,其余条件均与图9-2完全相同。在初始时刻,将小球1无初速度地放置在 $x_1 = 51.6$ mm 处,此时小球1与声轴的距离刚好为3倍波长。将以上各参数代入方程式(9-36)并利用四阶 Runge-Kutta 法进行求解,小球1的位移和速度随时间变化的曲线分别如图9-3(a)和(b)所示。从计算结果可以看出,小球1仍然向小球2作加速直线运动,且其加速度不断增大,但整体而言,其速度要小于图9-2中的结果。需要注意的是,当 $t = 0.38$ s 时,两小球间的距离已减至大约2倍波长,此时不再满足远场近似条件 $kx_1 \gg 1$ ,因此我们在此时刻终止计算。

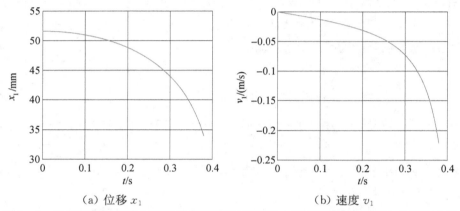

(a) 位移 $x_1$        (b) 速度 $v_1$

**图9-3 远场近似下小球1(聚苯乙烯泡沫球)的位移 $x_1$ 和速度 $v_1$ 随时间 $t$ 的变化曲线**

更一般的情况是小球1既不满足近场近似条件,也不满足远场近似条件,此时只能依据式(9-29)进行求解。仍然假设小球1为聚苯乙烯泡沫球,且其余条件均与图9-2和图9-3中完全相同。在初始时刻,将小球1放置于 $x_1 = 17.2$ mm 处,此时小球1刚好与小球2相距一倍波长,这当然既不满足近场近似条件也不满足远场近似条件。将以上各参数代入方程式(9-29)并利用四阶 Runge-Kutta 法进行求解,小球1的位移和速度随时间变化的曲线分别如图9-4(a)和(b)所示。计算结果显示,小球1仍然不断向小球2靠近,且在 $t = 0$ 到 $t = 0.03$ s 这个时间段内几乎一直作匀加速直线运动。随着小球1继续向小球2靠近,其加速度大小会出现明显的减小,但速度大小仍然不断增大,且运动方向并不改变。同样地,我们在两小球恰好相遇时终止运算。

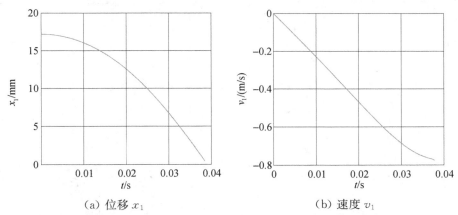

（a）位移 $x_1$　　　　　　　　　　　（b）速度 $v_1$

图 9-4　小球 1（聚苯乙烯泡沫球）的位移 $x_1$ 和速度 $v_1$ 随时间 $t$ 的变化曲线

以上主要讨论了小球 2 质量远大于小球 1 的情况，若小球 1 和小球 2 的质量可以比拟，则必须考虑小球 2 在 $x$ 方向的运动，此时必须利用方程组（9-28）进行数值求解。假设两个小球均为聚丙烯球，其余条件均与前述完全相同。在初始时刻，将小球 1 和小球 2 分别放置于 $x_1 = 17.2$ mm 和 $x_2 = -17.2$ mm 处，此时小球 1 与小球 2 均与原点 $O$ 相距一倍波长。将以上各参数代入方程组（9-28）并进行求解，小球 1 与小球 2 的位移和速度随时间变化的曲线分别由图 9-5（a）和（b）给出。从计算结果可以看出，小球 1 和小球 2 均始终向原点运动，且两者的位移和速度曲线均大小相等，方向相反。事实上，由于小球 1 和小球 2 的初级声辐射力大小相等，方向相反，若将两小球看作整体，则其在 $x$ 方向不受合外力作用，从而保持该方向的动量守恒，而其质心则始终位于原点 $O$。此外我们还发现，两小球从初始时刻起几乎一直作匀加速直线运动，直至两者非常接近。最终，小球 1 和小球 2 将在原点处相遇，这是完全符合预期的。

将小球 2 换为铝球，其余条件均保持不变，相应的计算结果如图 9-6 所示。从计算结果可以看出，此时两小球仍然作相向运动，但由于小球 1 的质量小于小球 2，小球 1 拥有更大的速度，从而最终两小球在 $x$ 轴负半轴上某处相遇。值得一提的是，此时小球 1 和小球 2 的初级声辐射力不能相互抵消，因此整个系统在 $x$ 方向的动量不再守恒，质心也不再始终位于原点 $O$。小球 1 在 $t = 0.2$ s 之前几乎始终作匀加速直线运动，而在 $t = 0.2$ s 后速度会明显减小，但运动方向保持不变，小球 2 则始终作近似的匀加速直线运动。

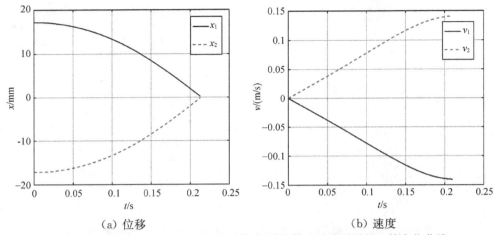

（a）位移  （b）速度

图 9-5  小球 1 和小球 2(均为聚丙烯球)的位移和速度随时间 $t$ 的变化曲线

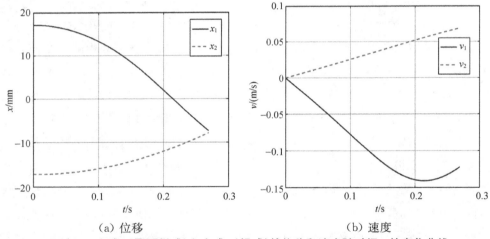

（a）位移  （b）速度

图 9-6  小球 1(聚丙烯球)和小球 2(铝球)的位移和速度随时间 $t$ 的变化曲线

## 9.3.2  双悬浮气泡在 Gauss 驻波场中的动力学特性

假设小球 1 和小球 2 均为悬浮于水中的气泡,此时单极和偶极散射因子满足 $f_{0,1}=f_{0,2}\approx-10^5$,$f_{1,1}=f_{1,2}\approx-2$ 和 $\rho_0=1\ 000\ \mathrm{kg/m^3}$,$c_0=1\ 480\ \mathrm{m/s}$。根据 9.2 节的论述,此时两气泡在声压波腹处取得稳定平衡。

根据 Newton 第二定律,此时气泡 1 和气泡 2 的运动方程形式上仍可以表示为式(9-24),只需将相应的物理量改为气泡的参数即可。根据式(9-14)和式(9-22),气泡 1 和气泡 2 的初级声辐射力和相互作用力分别可以表示为:

$$F_x(\boldsymbol{r}_1) = -10^5 \pi a^3 \frac{A^2}{3\rho_0 c_0^2}\left(\frac{4x_1}{W_0^2}\right) e^{-\frac{2x_1^2}{w_0^2}} \qquad (9-37)$$

$$F_x(\boldsymbol{r}_2) = -10^5 \pi a^3 \frac{A^2}{3\rho_0 c_0^2}\left(\frac{4x_2}{W_0^2}\right) e^{-\frac{2x_2^2}{w_0^2}} \qquad (9-38)$$

$$F_{\text{int}}(r') = -\frac{2\pi}{9}10^{10}\frac{A^2}{\rho_0 c_0^2}k^3 a^6 \frac{kr'\sin(kr')+\cos(kr')}{kr'^2}e^{-\frac{x_1^2+x_2^2}{w_0^2}} \qquad (9-39)$$

其中,小球 1 和小球 2 间的距离仍满足关系 $r'=|x_1-x_2|$。将式(9-37)~式(9-39)代入方程组(9-24)可得:

$$
\begin{cases}
-10^5 \pi a^3 \dfrac{A^2}{3\rho_0 c_0^2}\left(\dfrac{4x_1}{W_0^2}\right) e^{-\frac{2x_1^2}{w_0^2}} - \\[2mm]
\dfrac{2\pi}{9}10^{10}\dfrac{A^2}{\rho_0 c_0^2}k^3 a^6 \dfrac{kr'\sin(kr')+\cos(kr')}{kr'^2}e^{-\frac{x_1^2+x_2^2}{w_0^2}} = \dfrac{4\pi a^3}{3}\rho_1 \dfrac{\mathrm{d}^2 x_1}{\mathrm{d}t^2} \\[4mm]
-10^5 \pi a^3 \dfrac{A^2}{3\rho_0 c_0^2}\left(\dfrac{4x_2}{W_0^2}\right) e^{-\frac{2x_2^2}{w_0^2}} + \\[2mm]
\dfrac{2\pi}{9}10^{10}\dfrac{A^2}{\rho_0 c_0^2}k^3 a^6 \dfrac{kr'\sin(kr')+\cos(kr')}{kr'^2}e^{-\frac{x_1^2+x_2^2}{w_0^2}} = \dfrac{4\pi a^3}{3}\rho_2 \dfrac{\mathrm{d}^2 x_2}{\mathrm{d}t^2}
\end{cases}
\qquad (9-40)
$$

式(9-40)正是双悬浮气泡在 Gauss 驻波场声压波节平面 $x$ 方向上的运动方程组。直接求解该方程组是很困难的,但在给定气泡 1 和气泡 2 的初始位移和初始速度的前提下,这完全可以通过微分方程的数值解法做到。

这里仍然考虑一种较为特殊的情形,即气泡 1 和气泡 2 在初始时刻分别无初速度地放置在关于原点 $O$ 对称的位置,即存在关系 $x_1=-x_2$。此外,假设两气泡内部均充满空气,即存在关系 $\rho_1=\rho_2=\rho=1.21$ kg/m³。当气泡 1 和气泡 2 非常接近并满足近场近似条件 $|kx_{1,2}|\ll1$ 时,式(9-37)~式(9-39)分别可以简化为:

$$F_x(\boldsymbol{r}_1) = -10^5 \pi a^3 \frac{A^2}{3\rho_0 c_0^2}\left(\frac{4x_1}{W_0^2}\right) \qquad (9-41)$$

$$F_x(\boldsymbol{r}_2) = -10^5 \pi a^3 \frac{A^2}{3\rho_0 c_0^2}\left(\frac{4x_2}{W_0^2}\right) \qquad (9-42)$$

$$F_{\text{int}}(r') = -\frac{2\pi}{9}10^{10}a^3 \frac{A^2}{\rho_0 c_0^2}\frac{k^2 a^3}{r'^2} \qquad (9-43)$$

可以看出,两气泡之间的次级声辐射力使得彼此相互吸引,且其大小反比于两气泡距离的平方。同样地,这里对气泡的初级声辐射力和次级声辐射力作一比较:

$$\frac{F_{\text{int}}(r')}{F_x(\boldsymbol{r}_1)} = \frac{\left| \frac{2\pi}{9} 10^{10} a^3 \frac{A^2}{\rho_0 c_0^2} \frac{k^2 a^3}{r'^2} \right|}{\left| 10^5 \pi a^3 \frac{A^2}{3\rho_0 c_0^2} \left( \frac{4x_1}{W_0^2} \right) \right|} = \frac{10^5 (kW_0)^2 (ka)^3}{6(kx_1)(kr')^2} \gg 1 \quad (9-44)$$

这里同样使用了弱聚焦近似条件 $kW_0 \gg 1$,且假定 $ka$、$kx_1$ 和 $kr'$ 处于同一数量级。根据式(9-44)可以看出,当两气泡距离很近并满足近场近似条件时,气泡间的次级声辐射力占据主导地位,这一结论是与刚性球一致的。这样一来,运动方程(9-40)可以简化为:

$$\begin{cases} -\dfrac{2\pi}{9} 10^{10} a^3 \dfrac{A^2}{\rho_0 c_0^2} \dfrac{k^2 a^3}{r'^2} = \dfrac{4\pi a^3}{3} \rho \dfrac{\mathrm{d}^2 x_1}{\mathrm{d}t^2} \\[3mm] +\dfrac{2\pi}{9} 10^{10} a^3 \dfrac{A^2}{\rho_0 c_0^2} \dfrac{k^2 a^3}{r'^2} = \dfrac{4\pi a^3}{3} \rho \dfrac{\mathrm{d}^2 x_2}{\mathrm{d}t^2} \end{cases} \quad (9-45)$$

这里仍然通过具体的算例来对气泡的运动特性有一个大概的认识。假设水中的两气泡半径均为 $a = 1$ mm,Gauss 驻波场的频率为 $f = 20$ kHz,此时无量纲频率参量 $ka = 0.084$,Gauss 驻波场的束腰半径满足 $kW_0 = 10$。换能器中心的质点振速为 $v_0 = 0.1$ m/s,从而声轴上的声压振幅为 $A = 20c_0v_0 = 296\,000$ Pa,初始时刻将两气泡无初速度地分别放置在 $x_1 = 7.4$ mm 和 $x_2 = -7.4$ mm 处,此时两气泡与原点 $O$ 的距离均恰好为 1/10 个波长,满足近场近似条件。将以上各参数代入方程式(9-45)并利用四阶 Runge-Kutta 法进行求解,气泡 1 和气泡 2 的位移和速度随时间变化的曲线分别如图 9-7(a)和(b)所示。从计算曲线可以看出,两气泡在任意时刻的位移和速度均大小相等,方向相反,这是由系统的对称性所决定的。此外,两气泡彼此间的吸引力将驱使它们迅速向原点运动,且加速度越来越大。从数量级上来看,两气泡的运动速度会达到数百米每秒的量级,并当 $t = 6 \times 10^{-5}$ s 时在原点处相遇,这一时间极为短暂,导致凭肉眼无法察觉。

若气泡 1 和气泡 2 相距较远并满足远场近似条件 $|kx_{1,2}| \gg 1$,两气泡间的次级声辐射力式(9-39)可以简化为:

$$F_{\text{int}}(r') = -\frac{2\pi}{9} 10^{10} a^3 \frac{A^2}{\rho_0 c_0^2} \frac{(ka)^3 \sin(kr')}{r'} \mathrm{e}^{-\frac{x_1^2 + x_2^2}{w_0^2}} \quad (9-46)$$

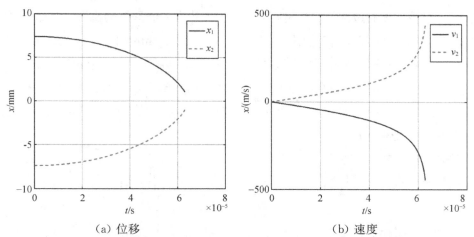

（a）位移　　　　　　　　　　　　　（b）速度

图 9-7　近场近似下气泡 1 和气泡 2 的位移和速度随时间 $t$ 的变化曲线

可以看出，两气泡间的相互作用力具有幅度衰减的振荡特性，且振荡周期恰好为一个波长。至于初级声辐射力的表达式则仍由式（9-37）和式（9-38）给出，将初级和次级声辐射力的大小作比较：

$$
\frac{F_{\mathrm{int}}(r')}{F_x(\boldsymbol{r}_1)} = \frac{\left| \dfrac{2\pi}{9}10^{10}a^3\,\dfrac{A^2}{\rho_0 c_0^2}\,\dfrac{(ka)^3\sin(kr')}{r'}\mathrm{e}^{-\frac{x_1^2+x_2^2}{w_0^2}} \right|}{\left| 10^5\pi a^3\,\dfrac{A^2}{3\rho_0 c_0^2}\left(\dfrac{4x_1}{W_0^2}\right)\mathrm{e}^{-\frac{2x_1^2}{w_0^2}} \right|} = \left| \frac{10^5(kW_0)^2(ka)^3\sin(kr')}{6(kx_1)(kr')} \right|
$$

$$(9-47)$$

这里我们仍然假设 $kW_0$、$kx_1$ 和 $kr'$ 位于同一数量级。即使如此，由于分子上正弦函数项的存在，式（9-47）的比值大小仍然是不定的，需要进行分类讨论：当两气泡间的距离不在半波长整数倍附近时，式（9-47）远大于 1，因而次级声辐射力占据主导地位；当两气泡间的距离恰好在半波长整数倍附近时，初级声辐射力占据主导地位。这一现象说明即使在远场范围内，两气泡间的次级声辐射力依然不可忽略，这与刚性球的情形存在显著差异。鉴于此，此时两气泡的运动方程应当表示为：

$$
\begin{cases}
-10^5\pi a^3\,\dfrac{A^2}{3\rho_0 c_0^2}\left(\dfrac{4x_1}{W_0^2}\right)\mathrm{e}^{-\frac{2x_1^2}{w_0^2}} - \dfrac{2\pi}{9}10^{10}a^3\,\dfrac{A^2}{\rho_0 c_0^2}\,\dfrac{(ka)^3\sin(kr')}{r'}\mathrm{e}^{-\frac{x_1^2+x_2^2}{w_0^2}} = \dfrac{4\pi a^3}{3}\rho\dfrac{\mathrm{d}^2 x_1}{\mathrm{d}t^2} \\[4mm]
-10^5\pi a^3\,\dfrac{A^2}{3\rho_0 c_0^2}\left(\dfrac{4x_2}{W_0^2}\right)\mathrm{e}^{-\frac{2x_2^2}{w_0^2}} + \dfrac{2\pi}{9}10^{10}a^3\,\dfrac{A^2}{\rho_0 c_0^2}\,\dfrac{(ka)^3\sin(kr')}{r'}\mathrm{e}^{-\frac{x_1^2+x_2^2}{w_0^2}} = \dfrac{4\pi a^3}{3}\rho\dfrac{\mathrm{d}^2 x_2}{\mathrm{d}t^2}
\end{cases}
$$

$$(9-48)$$

式(9-48)是必须通过数值方法进行求解的,这里给一个具体的例子。假设气泡1和气泡2在初始时刻分别无初速度地放置于 $x_1=222$ mm 和 $x_2=-222$ mm 处,此时它们与原点恰好均相距3倍波长,其余条件均与图9-7完全相同,两气泡的位移和速度随时间变化的曲线分别如图9-8(a)和(b)所示。可以看出,气泡1和气泡2均在各自的初始位置处作往复的小振动,且两者的振动周期与幅度完全相同,但振动相位恰好相反。

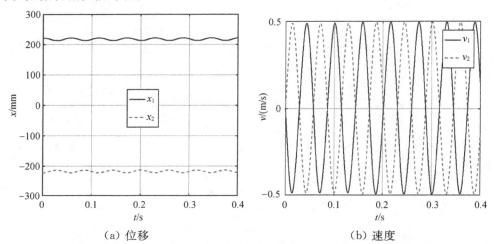

（a）位移　　　　　　　　　　　　（b）速度

**图9-8　远场近似下气泡1和气泡2的位移和速度随时间 $t$ 的变化曲线**

这里根据运动方程(9-48)对以上现象作进一步分析。根据式(9-46),初始时刻两气泡所在位置的次级声辐射力刚好为零,而初级声辐射力则会驱使两气泡离开该位置并向原点 $O$ 移动。然而,一旦有了一个小的位移 $\Delta x_{1,2}$,次级声辐射力便会迅速增大并远远超过初级声辐射力,从而占据主导地位。此时式(9-48)可以简化为:

$$
\begin{cases}
-\dfrac{2\pi}{9}10^{10}a^3\,\dfrac{A^2}{\rho_0 c_0^2}\,\dfrac{(ka)^3 2k\Delta x_1}{6\lambda}\,\mathrm{e}^{-\frac{18\lambda^2}{w_0^2}}=\dfrac{4\pi a^3}{3}\rho\,\dfrac{\mathrm{d}^2\Delta x_1}{\mathrm{d}t^2}\\[4mm]
-\dfrac{2\pi}{9}10^{10}a^3\,\dfrac{A^2}{\rho_0 c_0^2}\,\dfrac{(ka)^3 2k\Delta x_2}{6\lambda}\,\mathrm{e}^{-\frac{18\lambda^2}{w_0^2}}=\dfrac{4\pi a^3}{3}\rho\,\dfrac{\mathrm{d}^2\Delta x_2}{\mathrm{d}t^2}
\end{cases}
\tag{9-49}
$$

这里用到了对称关系 $r'=2x_1$ 和 $\Delta x_1=-\Delta x_2$,以及正弦函数在小宗量时的近似 $\sin(k\Delta x_{1,2})\approx k\Delta x_{1,2}$。容易发现,式(9-49)中的两个方程均为谐振子方程,即两气泡均在平衡点附近作简谐振动,其振动周期均为:

$$T=2\pi\sqrt{\cfrac{\dfrac{4\pi a^{3}}{3}\rho}{\dfrac{2\pi}{9}10^{10}a^{3}\dfrac{A^{2}}{\rho_{0}c_{0}^{2}}\dfrac{(ka)^{3}2k}{6\lambda}\mathrm{e}^{-\frac{18\lambda^{2}}{w_{0}^{2}}}}}=0.056\ \mathrm{s} \qquad (9-50)$$

该理论计算结果和图 9-8 很符合。应当指出,这里的简谐振动是有一些特殊性的,完全是由气泡的初速度为零所致,若气泡存在一定的初速度,则其运动可能并非简谐,甚至不再始终位于远场,情况要复杂得多。

最后,我们考虑更一般的情形,即两气泡的距离既不满足近场近似条件也不满足远场近似条件。这样一来,气泡的初级声辐射力式(9-37)和式(9-38)以及次级声辐射力式(9-39)均无法再进行简化,直接对这两种力进行比较:

$$\frac{F_{\mathrm{int}}(r')}{F_{x}(\boldsymbol{r}_{1})}=\frac{\left|\dfrac{2\pi}{9}10^{10}\dfrac{A^{2}}{\rho_{0}c_{0}^{2}}k^{3}a^{6}\dfrac{kr'\sin(kr')+\cos(kr')}{kr'^{2}}\mathrm{e}^{-\frac{x_{1}^{2}+x_{2}^{2}}{w_{0}^{2}}}\right|}{\left|10^{5}\pi a^{3}\dfrac{A^{2}}{3\rho_{0}c_{0}^{2}}\left(\dfrac{4x_{1}}{W_{0}^{2}}\right)\mathrm{e}^{-\frac{2x_{1}^{2}}{w_{0}^{2}}}\right|} \qquad (9-51)$$

$$=\left|\frac{10^{5}(kW_{0})^{2}(ka)^{3}[kr'\sin(kr')+\cos(kr')]}{6(kx_{1})(kr')^{2}}\right|$$

考虑到 $kW_{0}$ 远大于 $kx_{1}$ 和 $kr'$,可以发现两气泡之间的次级声辐射力始终占据主导地位,除非两气泡间的距离位于 $kr'\sin(kr')+\cos(kr')$ 的零点附近。至于此时两气泡的运动方程,则由式(9-40)给出。

作为本章的最后一个仿真算例,假设其余条件均保持不变,气泡 1 和气泡 2 初始时刻分别位于 $x_{1}=74\ \mathrm{mm}$ 和 $x_{2}=-74\ \mathrm{mm}$ 处且初速度为零,此时两气泡与原点的距离均为一倍波长。将以上参数代入式(9-40)中进行求解,两气泡的位移和速度随时间的变化曲线分别如图 9-9(a)和(b)所示。从计算结果可以看出,两气泡仍然均作同周期的小振动,且相位恰好相反。

与远场近似时不同,尽管两气泡初始时刻相距半波长的整数倍,但次级声辐射力并不为零且占据主导地位。因此,次级声辐射力本身即可驱动气泡的运动,而初级声辐射力的效果完全可以忽略不计。基于此,式(9-40)可以简化为:

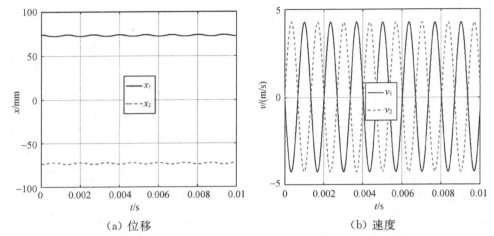

（a）位移　　　　　　　　　　　　　　（b）速度

**图 9-9　气泡 1 和气泡 2 的位移和速度随时间 $t$ 的变化曲线**

$$\begin{cases} -\dfrac{2\pi}{9}10^{10}\dfrac{A^2}{\rho_0 c_0^2}k^3 a^6 \dfrac{2k\lambda \cdot 2k\Delta x_1+1}{4k\lambda^2}e^{-\frac{2\lambda^2}{w_0^2}}=\dfrac{4\pi a^3}{3}\rho\dfrac{\mathrm{d}^2\Delta x_1}{\mathrm{d}t^2} \\[3mm] -\dfrac{2\pi}{9}10^{10}\dfrac{A^2}{\rho_0 c_0^2}k^3 a^6 \dfrac{2k\lambda \cdot 2k\Delta x_2-1}{4k\lambda^2}e^{-\frac{2\lambda^2}{w_0^2}}=\dfrac{4\pi a^3}{3}\rho\dfrac{\mathrm{d}^2\Delta x_2}{\mathrm{d}t^2} \end{cases} \tag{9-52}$$

这里我们同样用到了对称关系 $r'=2x_1$ 和 $\Delta x_1=-\Delta x_2$，以及正弦函数在小宗量时的近似 $\sin(k\Delta x_{1,2})\approx k\Delta x_{1,2}$。与式（9-49）相比，式（9-52）中的两个方程仍均为谐振子方程，但初级声辐射力的作用会使气泡的平衡点发生偏移，偏移大小为：

$$\Delta x_1=-\frac{\lambda}{16\pi^2}=-0.47\text{ mm},\Delta x_2=\frac{\lambda}{16\pi^2}=0.47\text{ mm} \tag{9-53}$$

简谐振动的周期大小为：

$$T=2\pi\sqrt{\dfrac{\dfrac{4\pi a^3}{3}\rho}{\dfrac{2\pi}{9}10^{10}\dfrac{A^2}{\rho_0 c_0^2}k^3 a^6 \dfrac{2k\lambda \cdot 2k}{4k\lambda^2}e^{-\frac{2\lambda^2}{w_0^2}}}}=0.001\ 4\text{ s} \tag{9-54}$$

这些计算结果均与图 9-9 很符合。

## 9.4　本章小结

对于多粒子声操控模型而言，不仅需要考虑外界入射声场对各个粒子的初级声辐射力作用,还需要考虑粒子之间由散射声场而导致的次级声辐射力作用,即粒子间的相互作用力。为探究该次级声辐射力作用对粒子动力学特性的影响,本章针对 Gauss 驻波场中的双悬浮小球进行详细分析。基于声辐射力势函数法,首先推导了 Gauss 驻波场中任意位置处悬浮小球的初级声辐射力表达式。与初级声辐射力类似,低频近似下的次级声辐射力也是保守力,存在对应的相互作用势函数。基于相互作用势函数,进一步推导了 Gauss 驻波场中波节或波腹平面内双悬浮小球间的次级声辐射力作用。在此基础上,我们分别对空气中的双悬浮刚性球和水中的双悬浮气泡进行了算例分析。对于声压波节平面内的刚性球而言,当两刚性球相距很近时,次级声辐射力起主导作用,该次级声辐射力是四次方反比引力;当刚性球相距较远时,初级声辐射力起主导作用。对于声压波腹平面内的气泡而言,除非恰好位于次级声辐射力的零点附近,否则次级声辐射力始终起主导作用,即使在两气泡相距很远时亦是如此。当两气泡相距较近时,次级声辐射力是平方反比引力;而当两气泡相距较远时,次级声辐射力出现正负交替的现象,从而使得气泡会在平衡点附近来回作简谐振动。

在本章的最后,有必要进行几点说明:

(1) 本章中主要以空气中的刚性球和水中的气泡为算例进行分析,无论对于何种模型,均假定粒子的尺寸是恒定不变的。对于刚性球而言,这是容易理解的,因为刚性界面的质点振速本就为零,即刚性球无法发生膨胀与压缩。对于气泡而言,这是存在一些问题的,因为气泡在声场作用下可能会出现较强的非线性效应,从而产生明显的膨胀与压缩,甚至崩溃与破裂,且这一效应在声场声功率较强或频率接近气泡本身的共振散射频率时尤为明显。这样一来,我们便无法再将气泡看作半径不变的球形粒子。事实上,气泡动力学的问题相当复杂,本书对此不予深入讨论。尽管如此,若非线性效应较小,气泡本身的膨胀与压缩幅度远小于其本身的半径,则本章的假定仍是具有一定合理性的。

(2) 本章重点讨论了双悬浮小球在驻波场中的动力学特性。事实上,该理论完全可以推广到多个悬浮小球的情形。对于存在 $N$ 个悬浮小球的驻波场而言,其中的每个小球不仅受到外界声场施加的初级声辐射力作用,还会受到其余 $N-1$ 个小球的散射声场所施加的 $N-1$ 个次级声辐射力作用,即总共受到 $N$ 个声辐射力作用,情况要比两个小球的情形复杂得多。尽管如此,每个次级声辐射力仍然是满足保守力特性的,可以利用相应的相互作用势函数求解,这和双悬浮小球的分析是完全类似的,只是系统自由度的增加会使运动方程组的求解难度大大增加,不过这完全可以借助计算机来实现。

（3）本章将论述重点放在了驻波场中双悬浮小球的动力学特性分析上。事实上，这些动力学特性的分析结果中亦包含了小球本身的物性参数信息。例如，两对称位置处的刚性球在初级声辐射力和次级声辐射力的作用下会发生相向运动，最终在声场中某处相遇，该相遇位置取决于两刚性球密度的相对大小。再如，悬浮气泡在平衡点附近的小振动周期表达式(9-50)和式(9-54)同样与气泡的密度密切相关。利用这些性质，完全可以仿照第 8 章中的思路进行物性参数的反演研究，本章不再对此进行详细讨论。

## 参考文献

[1] BJERKNES V F K. Die Kraftfelder [M]. Braunschweig： Vieweg und Sohn，1909.

[2] EMBLENTON T F W. Mutual Interaction between two spheres in a plane sound field[J]. The Journal of the Acoustical Society of America，1962，34 (11)：1714-1720.

[3] NYBORG W L. Theoretical criterion for acoustic aggregation[J]. Ultrasound in Medicine & Biology，1989，15(2)：93-99.

[4] ZHUK A P. Hydrodynamic interaction of two spherical particles due to sound waves propagating perpendicularly to the center line[J]. Soviet Applied Mechanics，1985，21(3)：307-312.

[5] DOINIKOV A A，ZAVTRAK S T. On the mutual interaction of two gas bubbles in a sound field[J]. Physics of Fluids，1995，7(8)：1923-1930.

[6] CRUM L A. Bjerknes forces on bubbles in a stationary sound field[J]. The Journal of the Acoustical Society of America，1975，57(6)：1363-1370.

[7] DOINIKOV A A. Bjerknes forces between two bubbles in a viscous fluid[J]. The Journal of the Acoustical Society of America，1999，106(6)：3305-3312.

[8] DOINIKOV A A. Viscous effects on the interaction force between two small gas bubbles in a weak acoustic field[J]. The Journal of the Acoustical Society of America，2002，111(4)：1602-1609.

[9] DOINIKOV A A，ZAVTRAK S T. Interaction force between a bubble and a

solid particle in a sound field[J]. Ultrasonics, 1996, 34(8): 807 – 815.

[10] DOINIKOV A A. Mutual interaction between a bubble and a drop in a sound field[J]. The Journal of the Acoustical Society of America, 1996, 99 (6): 3373 –3379.

[11] DOINIKOV A A. Acoustic radiation interparticle forces in a compressible fluid[J]. Journal of Fluid Mechanics, 2001, 444: 1 – 21.

[12] SILVA G T, BRUUS H. Acoustic interaction forces between small particles in an ideal fluid[J]. Physical Review E, Statistical, Nonlinear, and Soft Matter Physics, 2014, 90(6): 063007.

[13] SEPEHRIRAHNAMA S, CHAU F S, LIM K M. Numerical calculation of acoustic radiation forces acting on a sphere in a viscous fluid[J]. Physical Review E, Statistical, Nonlinear, and Soft Matter Physics, 2015, 92 (6): 063309.

[14] SEPEHRIRAHNAMA S, CHAU F S, LIM K M. Effects of viscosity and acoustic streaming on the interparticle radiation force between rigid spheres in a standing wave[J]. Physical Review E, 2016, 93(2): 023307.

[15] LOPES J H, AZARPEYVAND M, SILVA G T. Acoustic interaction forces and torques acting on suspended spheres in an ideal fluid[J]. IEEE Transactions on Ultrasonics, Ferroelectrics, and Frequency Control, 2016, 63(1): 186 – 197.

[16] BAASCH T, LEIBACHER I, DUAL J. Multibody dynamics in acoustophoresis[J]. The Journal of the Acoustical Society of America, 2017, 141 (3): 1664 – 1674.

[17] BAASCH T, DUAL J. Acoustofluidic particle dynamics: Beyond the Rayleigh limit[J]. The Journal of the Acoustical Society of America, 2018, 143 (1): 509 – 519.

[18] YOSHIDA K, FUJIKAWA T, WATANABE Y. Experimental investigation on reversal of secondary Bjerknes force between two bubbles in ultrasonic standing wave[J]. The Journal of the Acoustical Society of America, 2011, 130(1): 135 – 144.

[19] GARCIA-SABATE A, CASTRO A, HOYOS M, et al. Experimental stud-

y on inter-particle acoustic forces[J]. The Journal of the Acoustical Society of America，2014，135(3)：1056 − 1063.

[20] MOHAPATRA A R, SEPEHRIRAHNAMA S, LIM K M. Experimental measurement of interparticle acoustic radiation force in the Rayleigh limit [J]. Physical Review E，2018，97(5)：053105.

[21] SAEIDI D, SAGHAFIAN M, JAVANMARD S H，et al. Acoustic dipole and monopole effects in solid particle interaction dynamics during acousto-phoresis[J]. The Journal of the Acoustical Society of America，2019，145 (6)：3311 − 3319.

[22] HOQUE S Z, SEN A K. Interparticle acoustic radiation force between a pair of spherical particles in a liquid exposed to a standing bulk acoustic wave[J]. Physics of Fluids，2020，32(7)：072004.

[23] ZANG Y C, SU C, WU P F，et al. Interaction force and dynamics for a pair of Rayleigh spherical particles located in nodal or anti-nodal planes for Gauss standing wave ［J］. Journal of Sound and Vibration，2023，557：117755.

# 第 10 章

## 声辐射力与电磁辐射力的类比

## 10.1　引言

第 2 章～第 9 章是本书的主要内容。其中，第 2 章从理想流体的声波方程出发介绍了声辐射力和力矩的基本理论，第 3 章～第 6 章利用部分波级数展开法对自由空间中和阻抗边界附近各类粒子在各类声场作用下的声辐射力和力矩进行了系统的分析，第 7 章专门针对负向声辐射力现象从不同角度予以机制性阐释，第 8 章～第 9 章则利用势函数法对驻波场中悬浮粒子的动力学特性进行了详细分析，并提出了基于声辐射力的物性参数反演思路。

在第 2 章的"引言"部分我们就曾指出，声辐射力源于声波的物质性，反映了声场和物体之间的动量传递。然而，物质性是所有物理场的本质属性，并非为声场所特有。因此，我们自然想到，对于其他物理场而言是否也会存在类似声辐射力一样的辐射力效应？答案当然是肯定的。事实上，在本书伊始我们就曾用光压引出声辐射力的概念，这正说明电磁波也存在对物体的辐射力作用，称为电磁辐射力。从历史的角度来看，电磁辐射力的发现甚至要早于声辐射力，其最早为经典电磁学的集大成者 Maxwell[1] 所预言，而后为俄国物理学家 Lebedev[2] 所证实。苏东坡曾有诗云："横看成岭侧成峰，远近高低各不同。不识庐山真面目，只缘身在此山中。"本章将跳出声学的框架，通过类比研究从物理场的普遍特性出发对辐射力效应进行讨论，试图从更高层面审视波动的辐射力效应。本章将首先对声场和电磁场这两种最常见的物理场进行类比研究，特别是两种物理场的物质性类比，并在此基础上介绍电磁辐射力和力矩的基本理论，推导得到基于电磁场应力张量的电磁辐射力和力矩计算公式。此外，本章还以无限大平面附近无限长电介质柱所受的电磁辐射力和力矩为算例对电磁辐射力和力矩特性进行详细的讨论，从而加强读者对于电磁辐射力和力矩的认识。

有必要指出，本章所采用的是类比研究的基本思路。既然是类比，就应当重点关注声场与电磁场、声辐射力与电磁辐射力的类似之处，包括基本方程、基本物理量和基本物理效应等，而非局限于物理场本身，因此并不打算在电磁场具体性质的分析上花费过多精力。

还有必要指出，声场与电磁场虽然存在很多的类似之处，但毕竟是两种截然不同的物理场，描述完全不同的物理现象。因此，在进行类比研究的同时必须始终牢记声场和电磁场各自的特殊性,切不可盲目类比,否则极有可能出现荒唐的结论。本章后续还会对此加以论述。

## 10.2 电磁场与声场的物质性类比

让我们暂且抛开关于声辐射力和电磁辐射力的讨论,首先对声场和电磁场这两种物理场进行类比研究。

历史上,人们对电磁场本质的认识经历了一个漫长而曲折的过程。电磁场的概念刚诞生之际,受到 Newton 力学的巨大影响,"超距作用论"占据上风。这种观点认为电磁场本身不具有物质性,而仅仅是力的表现场所,这种力在电荷和电流的激发下产生,并且其传递不需要媒介或时间。19 世纪中叶,以 Faraday 为代表的许多科学家对"超距作用论"极力反对,他们认为电荷或电流之间的作用力也是需要物质来传递的,这种特殊的物质叫作"以太",而电磁波就是"以太"中的一种弹性波。然而,1887 年 Michelson-Morley 却没有观测到光沿不同方向传播的速度差异,彻底否定了"以太论"。近代物理学的发展已经证明,"超距作用"和"以太"都是不存在的,电荷或电流周围可以激发出电磁场,而电场与磁场本身也可以通过相互激发而向前传播,即电磁场可以独立于电荷或电流外而存在。电磁场本身就是物质的一种形态,即电磁场不仅具有波动性,还具有物质性。

声场作为一种机械波,反映的是弹性介质受到机械扰动后发生的膨胀与压缩现象,与电磁场有着本质的物理区别,但这并不妨碍它们在许多方面表现出一定的相似性。例如,波动方程是描述电磁场与声场规律的基本方程,波动性是它们的共同属性,因而都会产生干涉、衍射等现象。这样的相似性也为我们对两种现象进行类比提供了可能。事实上,经典声学的许多理论都是从经典电磁学借鉴而来,如 Snell 定律、介质的折射率、声阻抗等本身就诞生于声场与电磁场的类比研究。然而,这些研究大多限于波动理论。从电磁场的物质性角度考虑,声场应当也同样具有物质性,但关于这一方面的类比研究还比较少见。本节从描述电磁场和声场规律的基本方程出发,对电磁场和声场的物质性进行类比,从而深化对这两种物理场的认识。

### 10.2.1 电磁场与声场的基本方程

描述电磁场的基本方程是 Maxwell 方程组。介质中的 Maxwell 方程组可以表示为如下形式：

$$
\begin{cases}
\nabla \times \boldsymbol{E} = -\dfrac{\partial \boldsymbol{B}}{\partial t} \\[2mm]
\nabla \times \boldsymbol{H} = \boldsymbol{J} + \dfrac{\partial \boldsymbol{D}}{\partial t} \\[2mm]
\nabla \cdot \boldsymbol{D} = \rho \\[2mm]
\nabla \cdot \boldsymbol{B} = 0
\end{cases}
\tag{10-1}
$$

其中，$\boldsymbol{E}$、$\boldsymbol{B}$、$\boldsymbol{H}$、$\boldsymbol{D}$ 分别是电场强度、磁感应强度、磁场强度和电感应强度，$\boldsymbol{J}$ 和 $\rho$ 分别是电流密度矢量和电荷密度。式(10-1)正是真空中电磁场所满足的基本方程，其具体推导过程可在大多数电磁学或电动力学相关书籍中找到，因而这里不再赘述，而仅仅对各方程的物理含义作一简单介绍。

式(10-1)中的第一个方程正是 Faraday 电磁感应定律，它描述磁场对电场作用的基本规律，即一般情况下的感应电场是有旋场，其旋度大小正是磁感应强度时间变化率的相反数。式(10-1)中的第二个方程称为 Ampere-Maxwell 定律，它描述电场对磁场的作用规律，即一般情况下的磁场也是有旋场，其旋度大小等于位移电流与真实电流的密度矢量之和。式(10-1)中的第三个方程是电场的 Gauss 定理，它描述电荷对电场作用的局域性质，即电感应强度的散度等于体系内自由电荷的密度。式(10-1)中的第四个方程是磁场的 Gauss 定理，它指出磁场的散度恒为零，即不存在磁单极子。

在解决具体问题时仅凭这些基本方程是不够的，还必须引入一些关于介质电磁特性的实验关系。对于线性介质而言，这些关系可以总结为：

$$
\begin{cases}
\boldsymbol{D} = \varepsilon_r \varepsilon_0 \boldsymbol{E} \\[2mm]
\boldsymbol{B} = \mu_r \mu_0 \boldsymbol{H} \\[2mm]
\boldsymbol{J} = \sigma \boldsymbol{E}
\end{cases}
\tag{10-2}
$$

其中，$\varepsilon_r$ 和 $\mu_r$ 分别是介质的相对介电常数和相对磁导率，$\varepsilon_0$ 和 $\mu_0$ 分别是真空中的介电常数和磁导率，$\sigma$ 是介质的电导率。式(10-2)中的前两式分别描述电介质和磁介质的本构关系，而第三式则是 Ohm 定律的微分式，是导体所特有的本构方程。需要强调的是，式(10-2)仅仅适用于线性介质，这些介质的电感应强度和电场强度、磁感应强度和磁场强度之间均沿相同方向，对于许多各向异性的介质（如晶体）而言，本构关系要复杂许多，这里不再展开讨论。

根据 Maxwell 方程组(10-1)可以推导得到关于电场强度和磁感应强度所满

足的波动方程,但这里并不打算沿这样的思路进行下去。根据式(10-1)中的第一式可知,磁感应强度是无源场,故可引入相应的矢量势函数 $\boldsymbol{A}$,使得:

$$\boldsymbol{B} = \nabla \times \boldsymbol{A} \tag{10-3}$$

其中,$\boldsymbol{A}$ 称为磁矢势。将式(10-3)代入式(10-1)中的第一式可得:

$$\nabla \times \left( \boldsymbol{E} + \frac{\partial \boldsymbol{A}}{\partial t} \right) = 0 \tag{10-4}$$

这说明一般情况下的电场并非无旋场,但矢量场 $\boldsymbol{E} + \partial \boldsymbol{A}/\partial t$ 却是无旋场,可以用某一标量势函数的负梯度来表示,即:

$$\boldsymbol{E} + \frac{\partial \boldsymbol{A}}{\partial t} = -\nabla \phi \tag{10-5}$$

应当指出,此时的电场不再是保守力场,这里的标量势函数也不能理解为电势,需要将电场和磁场当作整体来看待。根据式(10-5),可以将电场强度表示为:

$$\boldsymbol{E} = -\nabla \phi - \frac{\partial \boldsymbol{A}}{\partial t} \tag{10-6}$$

将式(10-2)和式(10-6)代入式(10-1)的第二式和第三式可得:

$$\nabla \times (\nabla \times \boldsymbol{A}) = \mu_r \mu_0 \boldsymbol{J} - \mu_r \mu_0 \varepsilon_r \varepsilon_0 \frac{\partial}{\partial t} \nabla \phi - \mu_r \mu_0 \varepsilon_r \varepsilon_0 \frac{\partial^2 \boldsymbol{A}}{\partial t^2} - \nabla^2 \phi - \frac{\partial}{\partial t} \nabla \cdot \boldsymbol{A} = \frac{\rho}{\varepsilon_r \varepsilon_0}$$
$$\tag{10-7}$$

为了后续讨论的方便,这里定义 $c_e = 1/\sqrt{\mu_r \mu_0 \varepsilon_r \varepsilon_0}$。后面将看到,$c_e$ 正是电磁波的传播速度。为了与声场相区分,今后用下标“$e$”来表示电磁场的物理量,而用“$a$”来表示声场的物理量。根据这一定义,并整理式(10-7)可得:

$$\begin{cases} \nabla^2 \boldsymbol{A} - \dfrac{1}{c_e^2} \dfrac{\partial^2 \boldsymbol{A}}{\partial t^2} - \nabla \left( \nabla \cdot \boldsymbol{A} + \dfrac{1}{c_e^2} \dfrac{\partial \phi}{\partial t} \right) = -\mu_r \mu_0 \boldsymbol{J} \\ \nabla^2 \phi + \dfrac{\partial}{\partial t} \nabla \cdot \boldsymbol{A} = -\dfrac{\rho}{\varepsilon_r \varepsilon_0} \end{cases} \tag{10-8}$$

用矢量势和标量势来描述电磁场并不是唯一的,即对于给定的电场和磁场,并不对应唯一的矢量势和标量势函数。为了具体计算的方便,在不同问题中常常引入不同的约束条件,这里采用 Lorentz 规范条件:

$$\nabla \cdot \boldsymbol{A} + \frac{1}{c_e^2} \frac{\partial \phi}{\partial t} = 0 \tag{10-9}$$

将式(10-9)代入式(10-8)可得:

$$
\begin{cases}
\nabla^2 \boldsymbol{A} - \dfrac{1}{c_e^2}\dfrac{\partial^2 \boldsymbol{A}}{\partial t^2} = -\mu_r\mu_0 \boldsymbol{J} \\[3mm]
\nabla^2 \phi - \dfrac{1}{c_e^2}\dfrac{\partial^2 \phi}{\partial t^2} = -\dfrac{\rho}{\varepsilon_r\varepsilon_0}
\end{cases}
\tag{10-10}
$$

由此可以看出,矢量势 $\boldsymbol{A}$ 和标量势 $\phi$ 均满足非齐次波动方程,非齐次项分别与电流密度和电荷密度有关,并且 $c_e$ 正是该波动的传播速度。因而,电流产生矢量势波动,电荷产生标量势波动,离开电荷和电流的分布区域后,矢量势和标量势均将以波动的形式在空间中传播。式(10-10)可以看作介质中的电磁波波动方程。若不考虑非齐次项(实际上是电荷和电流)对电磁场的贡献,则式(10-10)将退化为齐次波动方程:

$$
\begin{cases}
\nabla^2 \boldsymbol{A} - \dfrac{1}{c_e^2}\dfrac{\partial^2 \boldsymbol{A}}{\partial t^2} = 0 \\[3mm]
\nabla^2 \phi - \dfrac{1}{c_e^2}\dfrac{\partial^2 \phi}{\partial t^2} = 0
\end{cases}
\tag{10-11}
$$

读者可能会有疑问,在以上推导过程中我们使用了 Lorentz 规范这一前提条件,若使用其他规范条件(如 Coulomb 规范条件),则无法得到波动方程(10-10)。诚然,这样的说法没有问题,但其实这并不影响电磁场的波动属性。事实上,真正描述电磁场的物理量是电场强度和磁感应强度,而非势函数。我们完全可以直接从 Maxwell 方程组(10-1)出发直接推导得到关于 $\boldsymbol{E}$ 和 $\boldsymbol{B}$ 的波动方程,而无须借助势函数和规范条件。尽管如此,考虑到用式(10-10)来描述电磁场更容易与声场的波动方程作类比,因此这里我们不去专门讨论关于 $\boldsymbol{E}$ 和 $\boldsymbol{B}$ 的波动方程,而直接将式(10-10)作为电磁场的波动方程。

理想流体中描述声场的基本方程是连续性方程、Euler 方程和状态方程,分别由式(2-2)~式(2-4)给出。将声压、质点振速和密度分别作展开,其具体表达式为式(2-5)~式(2-7),在小振幅近似下,式(2-2)~式(2-4)分别可以线性化近似为式(2-8)~式(2-10)的形式。为了便于作后续的类比研究,这里将其重新列示如下:

$$
\begin{cases}
\rho_0\,\nabla\cdot\boldsymbol{v} + \dfrac{\partial\rho}{\partial t} = \rho_0 q \\[3mm]
\rho_0\,\dfrac{\partial\boldsymbol{v}}{\partial t} + \nabla p = \rho_0 \boldsymbol{f} \\[3mm]
p = c_a^2\rho
\end{cases}
\tag{10-12}
$$

这里我们略去了式(2-8)～式(2-10)中表示一阶物理量的下标"1",且将介质的声速用 $c_a$ 来表示。为了与电磁波速度作类比,这里将声速的表达式形式上表示为 $c_a=1/\sqrt{\rho_0\beta}$,其中 $\beta=1/\rho_0 c_a^2$ 是该弹性介质的体压缩系数。

对式(10-12)中的第一式取空间散度,第二式取时间导数,并利用第三式消去密度,可以导出理想流体中的声压满足的波动方程,即式(2-11)。尽管如此,这里我们同样不去专门讨论声场本身的波动方程,而是转入对势函数的讨论。若外力是保守力,则速度场无旋,可以定义相应的速度势函数 $\Phi=\int p/\rho_0 \mathrm{d}t$。注意,为了与前面所讨论的电磁场标量势函数加以区分,这里用字母 $\Phi$ 表示声波的速度势函数。根据式(10-12)可以导出速度势所满足的方程为:

$$\nabla^2\Phi-\frac{1}{c_a^2}\frac{\partial^2\Phi}{\partial t^2}=\nabla\cdot\boldsymbol{I}-q \tag{10-13}$$

其中,$\boldsymbol{I}=\int f\mathrm{d}t$ 是外力所对应的冲量。不难看出,与电磁场一样,声场的速度势函数同样满足非齐次波动方程,源项与外力和质量源有关,波动的传播速度是 $c_a$。同样地,声压与质点速度也满足波动方程。与电磁场不同的是,理想流体中的声场中只有标量势而无矢量势,因而式(10-13)只有一个方程,而非像式(10-10)那样的方程组。若不考虑非齐次项(实际上是外力和体积速度)对声场的贡献,则式(10-13)将退化为齐次波动方程:

$$\nabla^2\Phi-\frac{1}{c_a^2}\frac{\partial^2\Phi}{\partial t^2}=0 \tag{10-14}$$

至此已经顺利得到了电磁场和声场的波动方程。我们发现,在有源的情况下,电磁波和声波均满足非齐次波动方程;若不考虑源项的贡献,则两者均满足齐次波动方程。尽管电磁场和声场描述的是两种完全不同的物理现象,但两者均以波动的形式在空间中传播,具有极强的相似性。根据偏微分方程的有关理论,波动方程可以通过分离变量法、格林函数法、镜像法等求解,本书叙述的目的不在此,因而不再详细讨论。

有必要指出,在推导电磁场波动方程的过程中用到了 Maxwell 方程组和线性介质的本构方程,并没有引入任何线性近似。事实上,Maxwell 方程组(10-1)和线性介质的本构方程(10-2)本身均是严格的线性方程,自然可以直接导出线性的波动方程(10-10)。换言之,电磁场本身就是线性波动场,至少对于线性介质是如此。然而,第 2 章中我们就曾指出,推导理想流体中声波方程时所使用的三个基本方程：连续性方程、Euler 方程和状态方程均是复杂的非线性方程，只有分别对其进行线性化近似后才能得到最终的线性声波方程(10-13)。换言之，声场本身就是非线性的，所谓的线性声波方程完全是线性化近似后的结果。从这点来看，声场要比电磁场复杂得多。

还有必要指出，电磁波和声波对传播介质的要求有所不同。电磁波无须借助介质即可传播，将式(10-10)中的相对介电常数和相对磁导率分别设为 1 后即可得到真空中的电磁波方程，至于 $c_{e0}=1/\sqrt{\mu_0\varepsilon_0}$ 则是真空中的光速。不过为了方便后续的讨论，本章中将真空也看作一种特殊的介质。声波则必须借助弹性介质才能传播，即式(10-13)中的声速必须是某种弹性介质的声速。需要强调的是，本章中所讨论的声波限于理想流体中的声波，固体中的声波较为复杂，这里不展开详细讨论。

还有必要指出，电磁波和声波的波动特性存在显著差异。无论在何种介质中，电磁波都以横波的形式传播，即波矢量垂直于电场和磁场所在的平面。然而，声波在理想流体中将始终以纵波的形式传播，即波矢量平行于质点振速的方向。因此，电磁波存在偏振效应，而声波不存在。当然，对于固体中的声波而言，横波也是完全可能存在的。此外，即使对于流体中的声波而言，若考虑黏滞效应和热导效应等因素，在边界层内也会存在横波成分。本章则不考虑这些情况。

## 10.2.2　电磁场与声场的能量与能流

场具有物质性。与其他物质的运动相比，场的运动具有特殊性的一面，更具有普遍性的一面。场的运动和其他物质的运动可以相互转化，而各种不同的运动形式有着共同的运动量度——能量与动量。本小节首先从场的能量开始讨论。

考虑空间某区域 $V$，其界面为 $S$，其内有电荷分布 $\rho$ 和电流分布 $\boldsymbol{J}$。任一电荷在电磁场中会受到力的作用，该作用力正是 Lorentz 力，其力密度可以表示为：

$$\boldsymbol{f}=\rho\boldsymbol{E}+\rho v\times\boldsymbol{B} \tag{10-15}$$

根据式(10-15)可以得到 Lorentz 力所作的单位体积的功为：

$$\boldsymbol{f}\cdot v=(\rho\boldsymbol{E}+\rho v\times\boldsymbol{B})\cdot v=\rho v\cdot\boldsymbol{E}=\boldsymbol{J}\cdot\boldsymbol{E} \tag{10-16}$$

根据式(10-1)中的第二式可得：

$$\boldsymbol{J}\cdot\boldsymbol{E}=\boldsymbol{E}\cdot(\nabla\times\boldsymbol{H})-\boldsymbol{E}\cdot\frac{\partial\boldsymbol{D}}{\partial t} \tag{10-17}$$

根据式(10-1)中的第一式以及矢量分析公式可得：

$$\boldsymbol{E} -\nabla \cdot (\boldsymbol{E} \times \boldsymbol{H}) = -\nabla \cdot (\boldsymbol{E} \times \boldsymbol{H}) + \boldsymbol{H} \cdot (\nabla \times \boldsymbol{E}) = -\nabla \cdot (\boldsymbol{E} \times \boldsymbol{H}) - \boldsymbol{E} \cdot \frac{\partial \boldsymbol{B}}{\partial t} \tag{10-18}$$

将式(10-18)代入式(10-17)可得：

$$\boldsymbol{J} \cdot \boldsymbol{E} = -\nabla \cdot (\boldsymbol{E} \times \boldsymbol{H}) - \boldsymbol{E} \cdot \frac{\partial \boldsymbol{D}}{\partial t} - \boldsymbol{E} \cdot \frac{\partial \boldsymbol{B}}{\partial t} \tag{10-19}$$

将式(10-19)改写为如下简洁的形式：

$$\nabla \cdot \boldsymbol{S}_e + \frac{\partial w_e}{\partial t} = -\boldsymbol{f} \cdot \boldsymbol{v} \tag{10-20}$$

其中，

$$\boldsymbol{S}_e = \boldsymbol{E} \times \boldsymbol{H} \tag{10-21}$$

$$w_e = \frac{1}{2} \varepsilon_r \varepsilon_0 E^2 + \frac{1}{2} \mu_r \mu_0 H^2 \tag{10-22}$$

这里用到了线性介质的本构关系式(10-2)。式(10-20)正是电磁场的能量守恒定律的基本形式，若将其改写为积分形式则物理意义更为清晰：

$$-\oiint_S \boldsymbol{S}_e \cdot \mathrm{d}S = \iiint_V \boldsymbol{f} \cdot \boldsymbol{v} \mathrm{d}V + \frac{\partial}{\partial t} \iiint_V w_e \mathrm{d}V \tag{10-23}$$

式(10-23)表示单位时间通过界面 $S$ 流入 $V$ 内的电磁场能量等于电磁场对 $V$ 内电荷做功的功率与 $V$ 内电磁场能量的时间变化率之和，而式(10-21)和式(10-22)则分别是电磁场的能流密度矢量和能量密度的表达式。能流密度矢量又称为 Poynting 矢量，在数值上等于某种波动在单位时间垂直流过单位横截面积的能量，其方向即代表该波动的能量传输方向。根据式(10-21)可以看出，电磁场的能流密度矢量恰好等于电场强度和磁场强度的矢量积，其方向垂直于电场和磁场所在的平面，这正是电磁波波矢量的方向。根据式(10-22)则可以看出，电磁场与实物一样具有一定的能量，包括电场能与磁场能，并且这种能量随着场的运动在空间传播。在实际运用中，使用更多的是能流密度矢量和能量密度的时间平均。对于单频时谐电磁波而言，利用复数运算的性质，式(10-21)和式(10-22)的时间平均分别可以表示为：

$$\overline{\boldsymbol{S}}_e = \frac{1}{2} \mathrm{Re}(\boldsymbol{E}^* \times \boldsymbol{H}) \tag{10-24}$$

$$\overline{w}_e = \frac{1}{4} \varepsilon_r \varepsilon_0 |\boldsymbol{E}|^2 + \frac{1}{4} \mu_r \mu_0 |\boldsymbol{H}|^2 \tag{10-25}$$

对于声场而言,讨论是完全类似的。考虑空间某区域 $V$,其界面为 $S$,其内有力密度 $\boldsymbol{f}$ 和体积速度 $q$。将式(10-12)中的第一式两边同时与速度作点积,可以得到:

$$\rho_0 \boldsymbol{v} \cdot \frac{\partial \boldsymbol{v}}{\partial t} + \boldsymbol{v} \cdot \nabla p = \rho_0 \boldsymbol{v} \cdot \frac{\partial \boldsymbol{v}}{\partial t} + \nabla \cdot (p\boldsymbol{v}) - p \nabla \cdot \boldsymbol{v} = \rho_0 \boldsymbol{v} \cdot \boldsymbol{f} \quad (10-26)$$

结合式(10-12)的第二式和第三式,容易得到:

$$\nabla \cdot \boldsymbol{S}_a + \frac{\partial w_a}{\partial t} = \rho_0 \boldsymbol{v} \cdot \boldsymbol{f} + pq \quad (10-27)$$

其中,$\boldsymbol{S}_a$ 和 $w_a$ 分别是声场的能流密度矢量和能量密度,其表达式分别为:

$$\boldsymbol{S}_a = p\boldsymbol{v} \quad (10-28)$$

$$w_a = \frac{1}{2}\rho_0 v^2 + \frac{1}{2}\beta p^2 \quad (10-29)$$

式(10-27)正是声场能量守恒定律的微分形式。无须写出对应的积分形式,我们也可以看出,其物理意义表示单位时间通过界面 $S$ 流入 $V$ 内的能量等于声场对 $V$ 内流体做功的功率与 $V$ 内声场能量的时间变化率之和。根据式(10-28)可以看出,声场的能流密度矢量恰好等于声压和质点振速的乘积,其方向正是质点振速的方向,这正是声波波矢量的方向。根据式(10-29)则可以看出,声场与实物一样具有一定的能量,包括运动动能与运动势能,并且这种能量随着场的运动在空间传播。同样地,在实际中使用更多的是能流密度矢量和能量密度的时间平均。对于单频时谐声波而言,利用复数运算的性质,式(10-28)和式(10-29)的时间平均分别可以表示为:

$$\bar{\boldsymbol{S}}_a = \frac{1}{2}\mathrm{Re}(p^* \boldsymbol{v}) \quad (10-30)$$

$$\bar{w}_a = \frac{1}{4}\rho_0 |\boldsymbol{v}|^2 + \frac{1}{4}\beta |p|^2 \quad (10-31)$$

至此,我们顺利推导了电磁场和声场能量守恒定律的基本方程,并给出了各自的能流密度矢量和能量密度的表达式。我们发现,尽管电磁场和声场描述两种完全不同的物理现象,但两者的能量守恒定律方程具有类似的形式,能流密度矢量和能量密度也有着类似的形式。从根本上讲,这些相似性源于两种物理场都具有物质性。

### 10.2.3 电磁场与声场的动量与动量流

物质运动的另一量度正是动量。电磁场对电荷的作用力通过 Lorentz 力来表

示,力密度由式(10-15)给出。根据 Maxwell 方程组(10-1)中的第二式可得:

$$\frac{1}{\mu_r\mu_0}\nabla\times\boldsymbol{B}=\boldsymbol{J}+\varepsilon_r\varepsilon_0\frac{\partial\boldsymbol{E}}{\partial t} \tag{10-32}$$

这里同样使用了线性介质的本构方程(10-2)。类似地,根据式(10-1)中的第三式可得:

$$\nabla\cdot\boldsymbol{E}=\frac{\rho}{\varepsilon_r\varepsilon_0} \tag{10-33}$$

基于式(10-32)和式(10-33)可将式(10-15)整理为:

$$\boldsymbol{f}=\varepsilon_r\varepsilon_0(\nabla\cdot\boldsymbol{E})\boldsymbol{E}+\frac{1}{\mu_r\mu_0}(\nabla\times\boldsymbol{B})\times\boldsymbol{B}-\varepsilon_r\varepsilon_0\frac{\partial\boldsymbol{E}}{\partial t}\times\boldsymbol{B} \tag{10-34}$$

利用式(10-1)中的第一式和第四式将式(10-34)表示成更为对称的形式:

$$\boldsymbol{f}=\left[\varepsilon_r\varepsilon_0(\nabla\cdot\boldsymbol{E})\boldsymbol{E}+\frac{1}{\mu_0}(\nabla\cdot\boldsymbol{B})\boldsymbol{B}+\frac{1}{\mu_r\mu_0}(\nabla\times\boldsymbol{B})\times\boldsymbol{B}+\varepsilon_r\varepsilon_0(\nabla\times\boldsymbol{E})\times\boldsymbol{E}\right]-$$

$$\varepsilon_r\varepsilon_0\frac{\partial}{\partial t}(\boldsymbol{E}\times\boldsymbol{B}) \tag{10-35}$$

根据矢量分析的基本公式可得:

$$(\nabla\cdot\boldsymbol{E})\boldsymbol{E}+(\nabla\times\boldsymbol{E})\times\boldsymbol{E}=(\nabla\cdot\boldsymbol{E})\boldsymbol{E}+(\boldsymbol{E}\cdot\nabla)\boldsymbol{E}-\frac{1}{2}\nabla^2\boldsymbol{E}$$

$$=\nabla\cdot(\boldsymbol{E}\boldsymbol{E})-\frac{1}{2}\nabla\cdot(E^2\boldsymbol{I})=\nabla\cdot\left(\boldsymbol{E}\boldsymbol{E}-\frac{1}{2}E^2\boldsymbol{I}\right) \tag{10-36}$$

同理,有:

$$(\nabla\cdot\boldsymbol{B})\boldsymbol{B}+(\nabla\times\boldsymbol{B})\times\boldsymbol{B}=\nabla\cdot\left(\boldsymbol{B}\boldsymbol{B}-\frac{1}{2}B^2\boldsymbol{I}\right) \tag{10-37}$$

为了后续讨论的方便,定义如下两个物理量:

$$\boldsymbol{T}_e=-\varepsilon_r\varepsilon_0\boldsymbol{E}\boldsymbol{E}-\frac{1}{\mu_r\mu_0}\boldsymbol{B}\boldsymbol{B}+\frac{1}{2}\left(\varepsilon_r\varepsilon_0E^2+\frac{1}{\mu_r\mu_0}B^2\right)\boldsymbol{I} \tag{10-38}$$

$$\boldsymbol{g}_e=\varepsilon_r\varepsilon_0\boldsymbol{E}\times\boldsymbol{B}=\frac{\boldsymbol{E}\times\boldsymbol{H}}{c_e^2} \tag{10-39}$$

综合式(10-35)~式(10-39)可得:

$$\frac{\partial\boldsymbol{g}_e}{\partial t}-\nabla\cdot\boldsymbol{T}_e=\boldsymbol{f} \tag{10-40}$$

式(10 - 40)正是电磁场动量守恒定律的微分形式,若将其改写为积分形式会使物理意义更加清晰:

$$\frac{\partial}{\partial t} \iiint_V \boldsymbol{g}_e \, \mathrm{d}V = \iint_S \boldsymbol{T}_e \cdot \mathrm{d}S + \iiint_V \boldsymbol{f} \, \mathrm{d}V \tag{10 - 41}$$

式(10 - 41)的左边是体积 $V$ 内电磁场总动量的时间变化率,右边区域面积分表示由体积 $V$ 外通过界面 $S$ 流进 $V$ 内的动量流,Lorentz 力密度的体积分表示电荷系统动量的时间变化率。$\boldsymbol{T}_e$ 正是电磁场的动量流密度张量,也称为电磁场应力张量,其分量 $T_{eij}$ 的物理意义是通过垂直于 $i$ 轴的单位面积流过的动量 $j$ 分量。$\boldsymbol{g}_e$ 正是电磁场的动量密度矢量,其方向与电磁波的能流密度矢量完全相同,大小则等于电磁场能流密度矢量除以电磁波速度的平方。可以看出,电磁场与实物一样具有一定的动量。同样地,在实际运用中,使用更多的是动量流密度张量和动量密度矢量的时间平均。对于单频时谐电磁波而言,利用复数运算的性质,式(10 - 38)和式(10 - 39)的时间平均分别可以表示为:

$$\overline{T}_e = -\frac{1}{2}\varepsilon_r\varepsilon_0 \mathrm{Re}(\boldsymbol{E}^* \boldsymbol{E}) - \frac{1}{2}\frac{1}{\mu_r\mu_0}\mathrm{Re}(\boldsymbol{B}^* \boldsymbol{B}) + \frac{1}{4}\left(\varepsilon_r\varepsilon_0|\boldsymbol{E}|^2 + \frac{1}{\mu_r\mu_0}|\boldsymbol{B}|^2\right)\boldsymbol{I}$$

$$\tag{10 - 42}$$

$$\overline{g}_e = \frac{1}{2c_e^2}\mathrm{Re}(\boldsymbol{E}^* \times \boldsymbol{H}) \tag{10 - 43}$$

接下来我们对声场作类似的讨论。事实上,式(2 - 19)早已给出了声场动量守恒定律的具体表达式,为了方便类比,这里将其重新列示如下:

$$\frac{\partial \boldsymbol{g}_a}{\partial t} - \nabla \cdot \boldsymbol{T}_a = \rho \boldsymbol{f} + \rho_0 \boldsymbol{v}q \tag{10 - 44}$$

其中,$\boldsymbol{T}_a$ 和 $\boldsymbol{g}_a$ 分别是声场的动量流密度张量和动量密度矢量,其具体表达式分别为:

$$\boldsymbol{T}_a = -p_2\boldsymbol{I} - \rho_0\boldsymbol{v}\boldsymbol{v} \tag{10 - 45}$$

$$\boldsymbol{g}_a = \rho\boldsymbol{v} = \frac{p\boldsymbol{v}}{c_a^2} \tag{10 - 46}$$

式(10 - 44)正是声场动量守恒定律的微分形式。注意,与式(2 - 19)相比,这里仅仅保留了方程中的二阶项。无须写出对应的积分形式,我们也可以看出,其物理意义表示体积 $V$ 内的总动量变化率应该等于流出的动量与合力(包括外力与表面 $S$ 上的压力)之和。$\boldsymbol{T}_a$ 正是第 2 章中所介绍的声辐射应力张量。有必要指出,在研究声辐射力问题时为了便于讨论,通常默认声场的动量流密度张量已携带时间平均算符,即形如式(2-38)。严格来讲,式(10-45)才是动量流密度张量的准确定义,其分量 $T_{aij}$ 的物理意义是通过垂直于 $i$ 轴的单位面积流过的动量 $j$ 分量。此外,式(10-45)中的压强 $p$ 应当理解为式(2-38)中所表示的逾量压强,即声压。对比式(10-38)和式(10-45)可以发现,两者存在相似之处,但又有些许差异。为此,利用式(2-46)替换掉式(10-45)中的声压,从而得到声场动量流密度张量的另一表达式为:

$$\boldsymbol{T}_a = \left(\frac{1}{2}\rho_0 v^2 - \frac{1}{2}\beta p^2\right)\boldsymbol{I} - \rho_0 \boldsymbol{vv} \tag{10-47}$$

这样一来,式(10-47)与式(10-38)存在更好的类比关系。$\boldsymbol{g}_a$ 正是声场的动量密度矢量,其方向与声波的能流密度矢量完全相同,大小则等于声场能流密度矢量除以声波速度的平方。可以看出,声场与实物一样具有一定的动量。同样地,在实际运用中,使用更多的是动量流密度张量和动量密度矢量的时间平均。对于单频时谐声波而言,利用复数运算的性质,式(10-47)和式(10-46)的时间平均分别可以表示为:

$$\overline{\boldsymbol{T}}_a = \left(\frac{1}{4}\rho_0 |\boldsymbol{v}|^2 - \frac{1}{4}\beta |p|^2\right)\boldsymbol{I} - \frac{1}{2}\rho_0 \mathrm{Re}(\boldsymbol{v}^* \boldsymbol{v}) \tag{10-48}$$

$$\overline{\boldsymbol{g}}_a = \frac{1}{2c_a^2}\mathrm{Re}(p^* \boldsymbol{v}) \tag{10-49}$$

　　至此,我们顺利推导了电磁场和声场动量守恒定律的基本方程,并给出了各自的动量流密度张量和动量密度矢量的表达式。我们发现,尽管电磁场和声场描述两种完全不同的物理现象,但两者的动量守恒定律方程也具有类似的形式,动量流密度张量和动量密度矢量也有着类似的形式。这些相似性也是两种物理场物质性的体现。

　　读者可以回忆,在第 2 章中我们正是通过声场的动量守恒定律推导得到了基于声辐射应力张量的声辐射力和力矩的一般表达式,即式(2-48)、式(2-49)和式(2-52)、式(2-53)。反过来,我们是否可以通过电磁场的动量守恒定律推导得到电磁辐射力和力矩的一般表达式呢? 答案是肯定的,10.3 节中将详细讨论电磁辐射力和力矩的有关问题。

## 10.2.4　电磁场与声场的"波函数"与角动量

　　迄今为止,我们已经从经典电磁学和经典声学的基本方程出发,成功推导得到了电磁场和声场的能量守恒定律和动量守恒定律。事实上，后面将看到，这样的分析方法固然直观，但存在一定局限性。根据量子力学的基本假定，微观体系的状态可以用"波函数"来表示[3]。基于此，这里尝试用"波函数"方法来讨论电磁场和声场的诸多性质。有必要指出，这里所谓的"波函数"只是借用量子力学的分析方法而已，并不意味着我们准备利用 Schrodinger 方程对电磁场和声场进行严格求解。事实上，声场是源于机械振动的经典物理场，根本不存在任何量子效应，而电磁场则源于电磁振荡，根据量子场论的基本理论，电磁场的本质是量子化的，但这里的讨论并不涉及其自身的量子效应。

电磁场的基本方程由 Maxwell 方程组（10-1）描述。假设不存在电荷与电流，则式（10-1）可以简化为：

$$
\begin{cases}
\nabla \times \boldsymbol{E} = -\mu_r \mu_0 \dfrac{\partial \boldsymbol{H}}{\partial t} \\[2mm]
\nabla \times \boldsymbol{H} = \varepsilon_r \varepsilon_0 \dfrac{\partial \boldsymbol{E}}{\partial t} \\[2mm]
\nabla \cdot \boldsymbol{E} = 0 \\[2mm]
\nabla \cdot \boldsymbol{H} = 0
\end{cases}
\tag{10-50}
$$

这里已经用线性介质的本构方程（10-2）消去了其中的电感应强度和磁感应强度。从式（10-50）可以看出，电磁场完全可以通过电场强度和磁场强度这两个矢量场来描述。应当强调，这一结论是在线性介质的前提下得到的。基于此，可以定义电磁场的"波函数"为：

$$
\psi_e = (\boldsymbol{E}, \boldsymbol{H})^{\mathrm{T}}
\tag{10-51}
$$

其中，符号"T"表示矩阵或矢量的转置。从式（10-51）可以看出，该"波函数"共有六个分量，分别对应着电场的三个自由度和磁场的三个自由度，而式（10-50）可以看作该"波函数"必须满足的约束条件。值得一提的是，电场强度和磁场强度的散度均恒为零，这说明此时的电磁场是无源场，且电磁波具有横波特性。

线性声场的基本方程由式（10-12）描述，在不考虑外力源和体积速度源的前提下，式（10-12）可以简化为：

$$
\begin{cases}
\rho_0 \dfrac{\partial \boldsymbol{v}}{\partial t} = -\nabla p \\[2mm]
\beta \dfrac{\partial p}{\partial t} = -\nabla \cdot \boldsymbol{v}
\end{cases}
\tag{10-52}
$$

这里已经通过体压缩系数 $\beta$ 将状态方程融入式（10-52）的第二个方程中，因而只需两个方程即可。从式(10-52)可以看出，声场完全可以通过标量场声压和矢量场质点振速来描述。基于此，可以定义声场的"波函数"为：

$$\psi_a = (p, \boldsymbol{v})^{\mathrm{T}} \qquad (10-53)$$

从式(10-53)可以看出，该"波函数"共有四个分量，分别对应着声压的一个自由度和质点振速的三个自由度，而式(10-52)则可以看作该"波函数"必须满足的约束条件。值得一提的是，若质点振速场的初始旋度为零，则其旋度恒为零，即质点振速可以看作无旋场，这正反映了声波的纵波特性。至于声压则仍是标量场，且无须满足任何约束条件。此外，尽管声压是标量场，但声波仍然是矢量波，因为质点振速是矢量场。

定义电磁场和声场的"波函数"自然是为了更好地分析这两种物理场的力学特性。根据量子力学的另一基本假定，宏观的力学量则可用线性空间中的 Hermite 算符来表示，它们的本征函数组成完备系[3]。只有当微观体系处于该算符的本征态时，该力学量才有确定的观测值，该观测值正是该本征态所对应的算符的本征值。从数学的角度来看，力学量 $\hat{\boldsymbol{F}}$ 在 $\psi$ 态中的平均值为：

$$\overline{\boldsymbol{F}} = \frac{\iiint_V \psi^* \hat{\boldsymbol{F}} \psi \, \mathrm{d}V}{\iiint_V \psi^* \psi \, \mathrm{d}V} \qquad (10-54)$$

应当指出，式(10-54)的分母正是"波函数"的归一化因子，因此式(10-54)中的"波函数"无须满足归一化特性。为了表述的方便，式(10-54)通常用 Dirac 符号简写为：

$$\overline{\boldsymbol{F}} = \frac{\langle \psi | \hat{\boldsymbol{F}} | \psi \rangle}{\langle \psi | \psi \rangle} \qquad (10-55)$$

接下来将基于式(10-55)来分析电磁场和声场的诸力学特性。

首先分析电磁场和声场的能量特性，这在 10.2.2 节中已经有过详细讨论，不过这里将从"波函数"的角度重新进行分析。量子力学中的能量算符与时间导数有关，对于单频时谐波而言，能量算符就是角频率，即 $\hat{w} = \omega$[3]。因此，电磁场的平均能量密度为：

$$\overline{w}_e = \frac{\langle \psi_e | \omega | \psi_e \rangle}{\langle \psi_e | \psi_e \rangle} = \frac{1}{4} \varepsilon_r \varepsilon_0 |\boldsymbol{E}|^2 + \frac{1}{4} \mu_r \mu_0 |\boldsymbol{H}|^2 \qquad (10-56)$$

其中，分母所表示的内积 $\langle \psi_e | \psi_e \rangle$ 对于电场强度和磁场强度而言分别定义为 $\varepsilon_r \varepsilon_0 / (4\omega)$ 和 $\mu_r \mu_0 / (4\omega)$。对比式(10-56)和式(10-25)可以看出，利用"波函数"方法

求解得到的电磁场平均能量密度表达式与利用经典方法计算得到的结果完全相同,这也从侧面验证了"波函数"定义的合理性。

类似地,对于声场而言也可以用相同的方法计算得到其平均能量密度为:

$$\overline{w}_a = \frac{\langle \psi_a \mid \omega \mid \psi_a \rangle}{\langle \psi_a \mid \psi_a \rangle} = \frac{1}{4}\beta \mid p \mid^2 + \frac{1}{4}\rho_0 \mid \boldsymbol{v} \mid^2 \qquad (10-57)$$

其中,分母所表示的内积 $\langle \psi_a \mid \psi_a \rangle$ 对于声压和质点振速而言分别定义为 $\beta/(4\omega)$ 和 $\rho_0/(4\omega)$。对比式(10-57)和式(10-31)可以看出,利用"波函数"方法求解得到的声场平均能量密度表达式与利用经典方法计算得到的结果完全相同,即"波函数"方法对于声场同样适用。

其次分析电磁场和声场的动量特性,这同样在 10.2.3 节中有过详细讨论,不过这里将从"波函数"的角度重新进行分析。量子力学中的动量算符与空间梯度有关,即 $\hat{\boldsymbol{p}} = -\mathrm{i}\nabla^{[3]}$。因此,电磁场的平均动量密度可以表示为:

$$\overline{\boldsymbol{p}}_e = \frac{\langle \psi \mid -\mathrm{i}\nabla \mid \psi \rangle}{\langle \psi \mid \psi \rangle} = \frac{1}{4\omega}\mathrm{Im}[\varepsilon_r\varepsilon_0 \boldsymbol{E}^* \cdot \nabla \boldsymbol{E} + \mu_r\mu_0 \boldsymbol{H}^* \cdot \nabla \boldsymbol{H}] \qquad (10-58)$$

根据电场强度和磁场强度之间存在的关系 $\boldsymbol{H} = (\mathrm{i}/\omega\mu_r\mu_0)\nabla\times\boldsymbol{E}$,可以得到式(10-58)和式(10-43)所表示的动量密度矢量之间满足如下关系:

$$\overline{\boldsymbol{g}}_e = \overline{\boldsymbol{p}}_e + \frac{1}{2}\nabla\times\boldsymbol{S}_e \qquad (10-59)$$

其中,

$$\boldsymbol{S}_e = \frac{1}{4\omega}[\varepsilon_r\varepsilon_0 \mathrm{Im}(\boldsymbol{E}^* \times \boldsymbol{E}) + \mu_r\mu_0 \mathrm{Im}(\boldsymbol{H}^* \times \boldsymbol{H})] \qquad (10-60)$$

从式(10-59)可以看出,利用"波函数"方法计算得到的电磁场平均动量密度矢量与利用经典方法计算得到的结果并不相等,两者之间相差一项 $\frac{1}{2}\nabla\times\boldsymbol{S}_e$。事实上,这是因为严格来讲算符 $\hat{\boldsymbol{p}} = -\mathrm{i}\nabla$ 仅仅包含了轨道动量密度,利用该算符求解电磁场动量密度时忽略了电磁场的自旋角动量对动量的贡献。式(10-60)正是电磁场自旋角动量密度矢量的表达式,而 $\frac{1}{2}\nabla\times\boldsymbol{S}_e$ 则称为电磁场的自旋动量密度矢量。

从式(10-60)还可以看出,电场强度和磁场强度均为矢量场,对电磁场的自旋均有贡献。根据量子场论可知,电磁场是由光子组成的,光子的自旋来源于电磁波的圆偏振或椭圆偏振现象,且光子的自旋等于1,属于玻色子[4]。有必要指出,自旋是粒子所具有的内禀属性,是电磁场的物质性在量子领域的反映,其运算规则类似于经典力学中的角动量,但并不能作经典的对应而将其看作物体绕质心的旋转。基于此,我们将式(10-58)称为电磁场的经典平均动量密度矢量,而将式(10-43)称为电磁场的动力学平均动量密度矢量。

类似地,将动量算符运用到声场中,可以求解得到声场的平均动量密度矢量为:

$$\overline{p}_a = \frac{\langle \psi | -\mathrm{i}\,\nabla | \psi \rangle}{\langle \psi | \psi \rangle} = \frac{1}{4\omega}\mathrm{Im}\left[\beta p^* \nabla p + \rho_0 v^* \cdot \nabla v\right] \qquad (10-61)$$

根据质点振速和声压之间存在的关系 $v = (1/\mathrm{i}\omega\rho_0)\nabla p$,可以得到式(10-61)和式(10-49)之间满足如下关系:

$$\overline{g}_a = \overline{p}_a + \frac{1}{4}\nabla \times S_a \qquad (10-62)$$

其中,

$$S_a = \frac{1}{2\omega}\rho_0 \mathrm{Im}(v^* \times v) \qquad (10-63)$$

从式(10-62)可以看出,与电磁场的情形类似,利用"波函数"方法计算得到的声场平均动量密度矢量与利用经典方法计算得到的结果并不相等,两者之间相差一项 $\frac{1}{4}\nabla \times S_a$。同样地,这是因为严格来讲算符 $\hat{p} = -\mathrm{i}\,\nabla$ 仅仅包含了轨道动量密度,利用该算符求解声场动量密度时忽略了声场的自旋角动量对动量的贡献。式(10-63)正是声场自旋角动量密度矢量的表达式,而 $\frac{1}{4}\nabla \times S_a$ 则称为声场的自旋动量密度矢量。从式(10-63)还可以看出,声压是标量场,质点振速是矢量场,因此只有质点振速对声场的自旋有贡献。值得一提的是,一直以来人们认为由于理想流体中的声波是纵波,不存在像电磁波那样的偏振特性,因此声场没有自旋。然而,近年来的部分研究表明,声波作为纵波确实存在不为零的自旋,或将其看作声子的自旋[5]。应当强调,所谓声子只是用来刻画声场的数学模型,并非像光子那样的客观实在,也绝非意味着作为经典物理场的声场是可以量子化的。有学者提出,利用声子的自旋可以实现对粒子旋转的操控[6],类似于前述章节所讨论的声辐射力矩,但本书不对此展开论述。与电磁场类似,我们将式(10-61)称为声场的经典平均动量密度矢量,而将式(10-49)称为声场的动力学平均动量密度矢量。细心的读者也许已经发现,电磁场的自旋密度矢量前面的系数是 1/2,而声场的自旋动量密度前面的系数是1/4,这一差异完全是由于声压是标量场,对自旋没有任何贡献。

在以上讨论的基础上，我们最后来研究电磁场和声场的角动量特性，这是两种物理场物质性的另一表现。对于电磁场而言，其轨道角动量密度矢量可以通过径矢与电磁场的经典平均动量密度矢量式（10-58）作矢量积得到，即：

$$L_e = r \times \bar{p}_e \qquad (10-64)$$

而电磁场的自旋角动量密度矢量由式（10-60）给出。至于电磁场的总角动量密度矢量，则等于轨道角动量密度矢量和自旋角动量密度矢量之和，即：

$$J_e = L_e + S_e \qquad (10-65)$$

应当指出，除了通过将轨道角动量密度矢量与自旋角动量密度矢量相加外，还可以通过将径矢与电磁场的动力学平均动量密度矢量作矢量积得到最终的总角动量密度矢量，即：

$$J_e = r \times \bar{g}_e \qquad (10-66)$$

显然，式（10-65）与式（10-66）应当是完全相等的。实际中我们观测到的只能是总角动量而非总角动量密度，这在数学上反映为总角动量密度矢量对某个特定区域的体积分。定义体积分算符为[ ]（注意与时间平均算符相区分），则电磁场的总角动量可以表示为：

$$[J_e] = [L_e] + [S_e] \qquad (10-67)$$

对于声场而言，分析是完全类似的。声场的轨道角动量密度矢量可以通过径矢与声场的经典平均动量密度矢量式（10-61）作矢量积得到，即：

$$L_a = r \times \bar{p}_a \qquad (10-68)$$

而声场的自旋角动量密度矢量则由式（10-63）给出。至于声场的总角动量密度矢量，则等于轨道角动量密度矢量和自旋角动量密度矢量之和，即：

$$J_a = L_a + S_a \qquad (10-69)$$

同样地，除了通过将轨道角动量密度矢量与自旋角动量密度矢量相加外，还可以通过将径矢与声场的动力学平均动量密度矢量作矢量积得到最终的总角动量密度矢量，即：

$$J_a = r \times \bar{g}_a \qquad (10-70)$$

实际中我们观测到的只能是声场的总角动量而非总角动量密度，通过体积分运算可以得到声场的总角动量为：

$$[J_a] = [L_a] + [S_a] \qquad (10-71)$$

考察声场的自旋角动量密度矢量的表达式（10-63），利用声压与质点振速之间的关系 $v = (1/i\rho_0\omega)\nabla p$ 可以将式（10-63）改写为：

$$S_a = \frac{1}{2\rho_0\omega^3}\text{Im}(\nabla p^* \times \nabla p) = \frac{1}{2\rho_0\omega^3}\nabla \times \text{Im}(p^* \nabla p) \tag{10-72}$$

从式(10-72)可以看出,声场的自旋角动量密度矢量是散度为零的矢量场,根据 Gauss 定理,其对任意封闭区域的体积分必然为零,即:

$$[S_a] = 0 \tag{10-73}$$

这样一来,声场的总角动量就等于轨道角动量,即:

$$[J_a] = [L_a] \tag{10-74}$$

以上分析表明,尽管声场的总角动量密度矢量等于轨道角动量密度矢量与自旋角动量密度矢量之和,但其中只有轨道角动量对声场最终的总角动量有贡献,而自旋角动量则没有贡献。有必要指出,这一结论仅仅在均匀理想流体中成立,对于非均匀流体介质和固体介质而言,声场的自旋角动量完全可以是非零值。

至此,我们利用"波函数"方法重新分析了电磁场和声场的能量与能流、动量与动量流,揭示了电磁场和声场的自旋对各自角动量和动量的贡献。从形式上看,电磁场和声场的"波函数"与自旋均可以得到很好的类比。与此同时,也必须牢记两者的明显差异:电磁场的电场强度和磁场强度均为矢量场,对自旋均存在贡献,且电磁场的自旋角动量不为零;而声场的声压是标量场,对自旋没有贡献,且声场的自旋角动量恒为零,但自旋角动量密度不为零。

## 10.2.5　电磁场与声场的类比总结

10.2.1 节~10.2.4 节中,我们对电磁场和声场的基本方程、能量与能流、动量与动量流进行了详细类比,并借鉴量子力学中的"波函数"方法揭示了电磁场和声场的自旋对各自角动量和动量的贡献。为便于总结,现将以上诸类比结果列示于表 10-1 中,以供读者参考。

表 10-1　电磁场与声场的主要类比

| | 电磁场 | 声场 |
|---|---|---|
| 有源基本方程 | $\begin{cases} \nabla \times \boldsymbol{E} = -\dfrac{\partial \boldsymbol{B}}{\partial t} \\ \nabla \times \boldsymbol{H} = \boldsymbol{J} + \dfrac{\partial \boldsymbol{D}}{\partial t} \\ \nabla \cdot \boldsymbol{D} = \rho \\ \nabla \cdot \boldsymbol{B} = 0 \end{cases} \begin{cases} \boldsymbol{D} = \varepsilon_r\varepsilon_0\boldsymbol{E} \\ \boldsymbol{B} = \mu_r\mu_0\boldsymbol{H} \\ \boldsymbol{J} = \sigma\boldsymbol{E} \end{cases}$ | $\begin{cases} \rho_0\,\nabla\cdot\boldsymbol{v} + \dfrac{\partial\rho}{\partial t} = \rho_0 q \\ \rho_0\,\dfrac{\partial\boldsymbol{v}}{\partial t} + \nabla p = \rho_0\boldsymbol{f} \\ p = c_a^2\rho \end{cases}$ |

| | 电磁场 | 声场 |
|---|---|---|
| 势函数有源波动方程 | $\begin{cases} \nabla^2 \boldsymbol{A} - \dfrac{1}{c_e^2}\dfrac{\partial^2 \boldsymbol{A}}{\partial t^2} = -\mu_r\mu_0 \boldsymbol{J} \\ \nabla^2 \phi - \dfrac{1}{c_e^2}\dfrac{\partial^2 \phi}{\partial t^2} = -\dfrac{\rho}{\varepsilon_r\varepsilon_0} \end{cases}$ | $\nabla^2 \Phi - \dfrac{1}{c_a^2}\dfrac{\partial^2 \Phi}{\partial t^2} = \nabla \cdot \boldsymbol{I} - q$ |
| 势函数无源波动方程 | $\begin{cases} \nabla^2 \boldsymbol{A} - \dfrac{1}{c_e^2}\dfrac{\partial^2 \boldsymbol{A}}{\partial t^2} = 0 \\ \nabla^2 \phi - \dfrac{1}{c_e^2}\dfrac{\partial^2 \phi}{\partial t^2} = 0 \end{cases}$ | $\nabla^2 \Phi - \dfrac{1}{c_a^2}\dfrac{\partial^2 \Phi}{\partial t^2} = 0$ |
| 波速 | $c_e = 1/\sqrt{\mu_r\mu_0\varepsilon_r\varepsilon_0}$ | $c_a = 1/\sqrt{\rho_0\beta}$ |
| 能量守恒定律 | $\nabla \cdot \boldsymbol{S}_e + \dfrac{\partial w_e}{\partial t} = -\boldsymbol{f} \cdot \boldsymbol{v}$ | $\nabla \cdot \boldsymbol{S}_a + \dfrac{\partial w_a}{\partial t} = \rho_0 \boldsymbol{v} \cdot \boldsymbol{f} + pq$ |
| 能量密度 | $w_e = \dfrac{1}{2}\varepsilon_r\varepsilon_0 E^2 + \dfrac{1}{2}\mu_r\mu_0 H^2$ | $w_a = \dfrac{1}{2}\rho_0 v^2 + \dfrac{1}{2}\beta p^2$ |
| 能流密度矢量 | $\boldsymbol{S}_e = \boldsymbol{E} \times \boldsymbol{H}$ | $\boldsymbol{S}_a = p\boldsymbol{v}$ |
| 动量守恒定律 | $\dfrac{\partial \boldsymbol{g}_e}{\partial t} - \nabla \cdot \boldsymbol{T}_e = \boldsymbol{f}$ | $\dfrac{\partial \boldsymbol{g}_a}{\partial t} - \nabla \cdot \boldsymbol{T}_a = \rho\boldsymbol{f} + \rho_0\boldsymbol{v}q$ |
| 动量密度矢量 | $\boldsymbol{g}_e = \dfrac{\boldsymbol{E} \times \boldsymbol{H}}{c_e^2}$ | $\boldsymbol{g}_a = \dfrac{p\boldsymbol{v}}{c_a^2}$ |
| 动量流密度张量 | $\boldsymbol{T}_e = -\varepsilon_r\varepsilon_0 \boldsymbol{EE} - \dfrac{1}{\mu_r\mu_0}\boldsymbol{BB} + \dfrac{1}{2}\left(\varepsilon_r\varepsilon_0 E^2 + \dfrac{1}{\mu_r\mu_0}B^2\right)\boldsymbol{I}$ | $\boldsymbol{T}_a = \left(\dfrac{1}{2}\rho_0 v^2 - \dfrac{1}{2}\beta p^2\right)\boldsymbol{I} - \rho_0 \boldsymbol{vv}$ |
| 无源基本方程 | $\begin{cases} \nabla \times \boldsymbol{E} = -\mu_r\mu_0 \dfrac{\partial \boldsymbol{H}}{\partial t} \\ \nabla \times \boldsymbol{H} = \varepsilon_r\varepsilon_0 \dfrac{\partial \boldsymbol{E}}{\partial t} \\ \nabla \cdot \boldsymbol{E} = 0 \\ \nabla \cdot \boldsymbol{H} = 0 \end{cases}$ | $\begin{cases} \rho_0 \dfrac{\partial \boldsymbol{v}}{\partial t} = -\nabla p \\ \beta \dfrac{\partial p}{\partial t} = -\nabla \cdot \boldsymbol{v} \end{cases}$ |
| "波函数" | $\psi_e = (\boldsymbol{E}, \boldsymbol{H})^{\mathrm{T}}$ | $\psi_a = (p, \boldsymbol{v})^{\mathrm{T}}$ |
| 约束条件 | $\nabla \cdot \boldsymbol{E} = 0, \nabla \cdot \boldsymbol{H} = 0$ | $\nabla \times \boldsymbol{v} = 0$ |
| 平均能量密度 | $\overline{w}_e = \dfrac{1}{4}\varepsilon_r\varepsilon_0 |\boldsymbol{E}|^2 + \dfrac{1}{4}\mu_r\mu_0 |\boldsymbol{H}|^2$ | $\overline{w}_a = \dfrac{1}{4}\beta |p|^2 + \dfrac{1}{4}\rho_0 |\boldsymbol{v}|^2$ |

| | 电磁场 | 声场 |
|---|---|---|
| 经典平均动量密度矢量 | $\bar{\boldsymbol{p}}_e = \dfrac{1}{4\omega}\text{Im}[\varepsilon_r\varepsilon_0 \boldsymbol{E}^* \cdot \nabla \boldsymbol{E} + \mu_r\mu_0 \boldsymbol{H}^* \cdot \nabla \boldsymbol{H}]$ | $\bar{\boldsymbol{p}}_a = \dfrac{1}{4\omega}\text{Im}[\beta p^* \nabla p + \rho_0 \boldsymbol{v}^* \cdot \nabla \boldsymbol{v}]$ |
| 自旋角动量密度矢量 | $\boldsymbol{S}_e = \dfrac{1}{4\omega}[\varepsilon_r\varepsilon_0 \text{Im}(\boldsymbol{E}^* \times \boldsymbol{E}) + \mu_r\mu_0 \text{Im}(\boldsymbol{H}^* \times \boldsymbol{H})]$ | $\boldsymbol{S}_a = \dfrac{1}{2\omega}\rho_0 \text{Im}(\boldsymbol{v}^* \times \boldsymbol{v})$ |
| 动力学平均动量密度矢量 | $\bar{\boldsymbol{g}}_e = \bar{\boldsymbol{p}}_e + \dfrac{1}{2}\nabla \times \boldsymbol{S}_e$ $= \dfrac{1}{2c_e^2}\text{Re}(\boldsymbol{E}^* \times \boldsymbol{H})$ | $\bar{\boldsymbol{g}}_a = \bar{\boldsymbol{p}}_a + \dfrac{1}{4}\nabla \times \boldsymbol{S}_a$ $= \dfrac{1}{2c_a^2}\text{Re}(p^* \boldsymbol{v})$ |
| 轨道角动量密度矢量 | $\boldsymbol{L}_e = \boldsymbol{r} \times \bar{\boldsymbol{p}}_e$ | $\boldsymbol{L}_a = \boldsymbol{r} \times \bar{\boldsymbol{p}}_a$ |
| 总角动量密度矢量 | $\boldsymbol{J}_e = \boldsymbol{L}_e + \boldsymbol{S}_e$ | $\boldsymbol{J}_a = \boldsymbol{L}_a + \boldsymbol{S}_a$ |
| 总角动量矢量 | $[\boldsymbol{J}_e] = [\boldsymbol{L}_e] + [\boldsymbol{S}_e]$ | $[\boldsymbol{J}_a] = [\boldsymbol{L}_a] + [\boldsymbol{S}_a], [\boldsymbol{S}_a] = 0$ |

## 10.3　电磁辐射力和力矩的基本理论

第 2 章中通过声场的动量守恒定律推导得到了基于声辐射应力张量的声辐射力和力矩计算公式,即式(2-48)、式(2-49)和式(2-52)、式(2-53)。10.2.3 节中曾指出,根据电磁场的动量守恒定律同样可以推导得到基于电磁场应力张量的电磁辐射力和力矩计算公式。

### 10.3.1　基于电磁场应力张量的电磁辐射力计算公式

在无源的情况下,电磁场的动量守恒定律方程(10-40)可以改写为:

$$\frac{\partial \boldsymbol{g}_e}{\partial t} = \nabla \cdot \boldsymbol{T}_e \tag{10-75}$$

其中,$\boldsymbol{g}_e$ 和 $\boldsymbol{T}_e$ 分别是电磁场的动量密度矢量和动量流密度张量,其具体表达式分别由式(10-39)和式(10-38)给出。选取一个将物体包含在内的封闭曲面作为积分面 $S_0$,对式(10-75)作体积分可得:

$$\frac{\partial}{\partial t}\iiint_V \boldsymbol{g}_e \mathrm{d}V = \iint_{S_0} \boldsymbol{T}_e \cdot \boldsymbol{n}\, \mathrm{d}S \tag{10-76}$$

容易看出,式(10-76)左边表示该封闭曲面内总动量的时间变化率,根据 Newton

第二定律,等式右边当然是引起该动量变化的作用力,该种作用力的时间平均正是电磁辐射力,被积函数正是电磁场动量流密度张量,亦称为电磁场应力张量。

基于电磁场应力张量,很容易通过面积分运算得到电磁辐射力的表达式为:

$$\boldsymbol{F}_{e,\mathrm{rad}} = \iint_{S_0} \boldsymbol{T}_e \cdot \boldsymbol{n}\,\mathrm{dS}$$

$$= \iint_{S_0} \Big\langle -\varepsilon_r\varepsilon_0\boldsymbol{E}\boldsymbol{E} - \frac{1}{\mu_r\mu_0}\boldsymbol{B}\boldsymbol{B} + \frac{1}{2}\Big(\varepsilon_r\varepsilon_0 E^2 + \frac{1}{\mu_r\mu_0}B^2\Big)\boldsymbol{I}\Big\rangle \cdot \boldsymbol{n}\,\mathrm{dS}$$

$$(10-77)$$

容易发现,式(10-77)中单位张量前面的系数正是电磁场能量密度的表达式,因此式(10-77)可以进一步简化为:

$$\boldsymbol{F}_{e,\mathrm{rad}} = \iint_{S_0} \Big\langle w_e\boldsymbol{I} - \varepsilon_r\varepsilon_0\boldsymbol{E}\boldsymbol{E} - \frac{1}{\mu_r\mu_0}\boldsymbol{B}\boldsymbol{B}\Big\rangle \cdot \boldsymbol{n}\,\mathrm{dS} \qquad (10-78)$$

利用矢量分析公式,式(10-78)可以改写为:

$$\boldsymbol{F}_{e,\mathrm{rad}} = \iint_{S_0} \langle w_e\rangle\boldsymbol{n}\,\mathrm{dS} - \iint_{S_0} \Big[\varepsilon_r\varepsilon_0\langle(\boldsymbol{n}\cdot\boldsymbol{E})\boldsymbol{E}\rangle + \frac{1}{\mu_r\mu_0}\langle(\boldsymbol{n}\cdot\boldsymbol{B})\boldsymbol{B}\rangle\Big]\mathrm{dS}$$

$$(10-79)$$

式(10-78)和式(10-79)正是基于电磁场应力张量的电磁辐射力计算公式。

读者可以回忆,式(2-48)和式(2-49)给出了基于声辐射应力张量的声辐射力计算公式,为便于类比,这里将其重新列示如下:

$$\boldsymbol{F}_{a,\mathrm{rad}} = \iint_{S_0} \boldsymbol{T}_a \cdot \boldsymbol{n}\,\mathrm{dS} = \iint_{S_0} \langle L\boldsymbol{I} - \rho_0\boldsymbol{v}\boldsymbol{v}\rangle \cdot \boldsymbol{n}\,\mathrm{dS} \qquad (10-80)$$

$$\boldsymbol{F}_{a,\mathrm{rad}} = \iint_{S_0} \langle L\rangle\boldsymbol{n}\,\mathrm{dS} - \iint_{S_0} \rho_0\langle(\boldsymbol{n}\cdot\boldsymbol{v})\boldsymbol{v}\rangle\mathrm{dS} \qquad (10-81)$$

为了简便,这里我们略去了其中表示一阶物理量的质点振速的下标"1"。

对比式(10-78)、式(10-79)和式(10-80)、式(10-81)可以发现,电磁辐射力的基本公式和声辐射力的基本公式十分相似。从计算原理上看,声辐射力的计算公式可以通过声场的动量守恒定律导出,而电磁辐射力的计算公式可以通过电磁场的动量守恒定律导出。从计算方法上看,声辐射力是声辐射应力张量的时间平均对封闭曲面的积分,而电磁辐射力是电磁场应力张量的时间平均对封闭曲面的积分。从被积函数来看,声辐射应力张量等于声场的Lagrange密度函数减去动量流,而电磁场应力张量等于电磁场的能量密度函数减去电场强度流和磁感应强度流,形式上几乎完全类似。当然,Lagrange密度函数与能量密度函数毕竟还是不同的,究其原因是我们在描述理想流体中的声学问题时选用的是 Euler 描述方法,而在描述电磁场问题时采用的则是 Lagrange 描述方法。若同样用 Lagrange 描述方法来处理声场问题,则两者的形式将完全一致,这里不再展开讨论。

　　关于积分曲面的问题亦是值得思考的。在第 2 章中我们曾指出,对理想流体而言,由于流体中不存在动量的损耗与吸收,声场的动量损失完全是由于散射物体的存在,基于此,式(10 - 80)式(10 - 81)的积分曲面只需选取一个将物体包含在内的大封闭曲面即可(图 2 - 2)。为了便于计算,通常取球面,且球心为物体的几何中心。此外,式(10 - 80)和式(10 - 81)也可以适用于发生形变的弹性体,或在声场中发生位移的物体,只要物体外表面未超出积分曲面即可。类似地,在用式(10 - 78)和式(10 - 79)计算电磁辐射力时,若介质中不存在对于动量的损耗与吸收,即电磁场的动量损失完全是由于散射物体的存在,则式(10 - 78)和式(10 - 79)的积分曲面只需选取一个将物体包含在内的大封闭曲面即可。为了便于计算,通常取球面,且球心为物体的几何中心。此外,式(10 - 78)和式(10 - 79)也可以适用于发生形变的弹性体,或在电磁场中发生位移的物体,只要物体外表面未超出积分曲面即可。当然,若介质本身存在动量的损耗与吸收,则式(10 - 78)和式(10 - 79)的积分曲面必须选择散射物体的表面。这些都是与计算声辐射力时相类似的。

　　读者可能会有疑问,电磁辐射力是电磁波的非线性效应,正如声辐射力是声波的非线性效应一样。然而,如前所述,对于线性介质而言,电磁波是严格的线性波动场,这是否存在矛盾?事实上,这是因为非线性效应和波动本身的非线性是两个截然不同的概念,非线性效应是从叠加原理的角度描述的,而波动本身的非线性则是从基本方程的角度描述的,即使对于线性波动场而言,也会存在非线性效应。本书的计算正是采用线性声场的假设,完全没有考虑声波本身的非线性。因此,线性电磁波亦会存在不为零的电磁辐射力。当然,对于均匀介质中无耗散的电磁波而言,任何封闭区域内的动量都是守恒的,电磁辐射力自然恒为零,这与声辐射力是完全类似的。

## 10.3.2　基于电磁场应力张量的电磁辐射力矩计算公式

　　有了计算电磁辐射力的积分式(10 - 78),很容易便可写出计算电磁辐射力矩的积分式。具体地,将位置矢量与电磁场应力张量作矢量积,再进行曲面积分即可得到电磁辐射力矩的计算公式:

$$T_{e,\mathrm{rad}}=\iint_{S_0}r\times T_e\cdot n\mathrm{d}S=\iint_{S_0}r\times\Big\langle w_e I-\varepsilon_r\varepsilon_0 EE-\frac{1}{\mu_r\mu_0}BB\Big\rangle\cdot n\mathrm{d}S$$

$$(10-82)$$

事实上,完全可以绕开电磁辐射力而直接根据电磁场的角动量守恒定律来推导上述公式,而式(10-82)中的被积函数亦可看作电磁场的角动量应力张量或角动量流密度张量。如前所述,为了便于计算,我们通常选取球心在散射物体中心的大封闭球面作为积分曲面。这样的选取方式还有另一个优势,根据矢量积的性质可得 $r\times n=0$,这样一来,式(10-82)可以简化为:

$$T_{e,\mathrm{rad}}=-\iint_{S_0}r\times\Big\langle \varepsilon_r\varepsilon_0 EE+\frac{1}{\mu_r\mu_0}BB\Big\rangle\cdot n\mathrm{d}S \qquad (10-83)$$

式(10-83)还可以利用矢量运算关系改写为:

$$T_{e,\mathrm{rad}}=-\iint_{S_0}\Big\langle \varepsilon_r\varepsilon_0(r\times E)E+\frac{1}{\mu_r\mu_0}(r\times B)B\Big\rangle\cdot n\mathrm{d}S \qquad (10-84)$$

式(10-83)和式(10-84)正是基于电磁场应力张量的电磁辐射力矩计算公式。

读者可以回忆,式(2-52)和式(2-53)给出了基于声辐射应力张量的声辐射力矩计算公式,为便于类比,这里将其重新列示如下:

$$T_{a,\mathrm{rad}}=-\iint_{S_0}r\times\langle\rho_0 vv\rangle\cdot n\mathrm{d}S \qquad (10-85)$$

$$T_{a,\mathrm{rad}}=-\iint_{S_0}\rho_0\langle(r\times v)v\rangle\cdot n\mathrm{d}S \qquad (10-86)$$

为了简便,这里我们同样略去了表示一阶物理量的质点振速的下标"1"。

对比式(10-83)、式(10-84)和式(10-85)、式(10-86)可以发现,电磁辐射力矩的基本公式和声辐射力矩的基本公式十分相似。从计算原理上看,声辐射力矩的计算公式可以通过声场的角动量守恒定律导出,而电磁辐射力矩的计算公式可以通过电磁场的角动量守恒定律导出。从计算方法上看,声辐射力矩是径矢与声辐射应力张量时间平均的矢量积对封闭曲面的积分,而电磁辐射力矩是径矢与电磁场应力张量时间平均的矢量积对封闭曲面的积分。从被积函数来看,声场的角动量流密度张量等于径矢与声辐射应力张量时间平均的矢量积,电磁场的角动量流密度张量等于径矢与电磁场应力张量时间平均的矢量积。

有必要指出,使用式(10-85)和式(10-86)计算声辐射力矩时,积分面必须选择球心在物体中心的大封闭球面,否则应当使用式(2-51)。类似地,使用式(10-83)和式(10-84)计算电磁辐射力矩时,积分面必须选择球心在物体中心的大封闭球面,否则应当使用式(10 - 82)。此外,对于理想流体而言,流体中不存在角动量的损耗与吸收,因此在计算声辐射力矩时可以选择将散射物体包围在内的任一大封闭曲面作为积分面,对于非理想流体则必须将积分面选为物体表面。类似地,若介质不存在对于角动量的损耗与吸收,因此在计算电磁辐射力矩时可以选择将散射物体包围在内的任一大封闭曲面作为积分面,若介质存在对于角动量的损耗与吸收,则必须选择物体表面作为积分面。

还有必要指出,电磁辐射力矩的产生条件要比电磁辐射力严格,正如声辐射力矩的产生体积要比声辐射力严格一样。对于位于电磁波波轴上的球对称粒子(如球和无限长圆柱)而言,电磁辐射力矩的产生必须同时满足两个条件:电磁场携带一定的角动量,粒子本身能够产生一定的电磁波吸收。然而,如果物体本身具有非球对称性(如椭球形粒子),或者物体偏离电磁波波轴,则无须满足以上条件即可产生电磁辐射力矩。这些性质均与声辐射力矩类似,因此不再赘述。

## 10.4　无限大平面附近无限长电介质柱的电磁辐射力和力矩

电磁辐射力和力矩是光镊子的物理基础,正如声辐射力和力矩是声镊子的物理基础一样。与声镊子相比,由于电磁波的波长更短,利用电磁辐射力和力矩可以操控原子层面等更为微小的粒子。如前所述,为了实现对微小粒子的精准操控,必须对各类模型中的声辐射力和力矩特性进行详细的计算和分析,从而设计和制备符合具体要求的声镊子。类似地,若要利用光镊子实现对微小粒子的精准操控,则必须对各类模型中的电磁辐射力和力矩特性进行详细的计算和分析。事实上,考虑到大多数光镊子都采用激光作为光源,且所操控的粒子尺寸很小,因此与声操控相比,光操控对精度的要求更高。

迄今为止,已有不少文献对各种电磁波作用下各种粒子的电磁辐射力和力矩特性进行了系统研究,研究方法与声辐射力和力矩的研究方法类似,主要包括部分波级数展开法[7-10]、边界元方法[11]和 Lorenz-Mie 散射方法[12]等。本书主要采用部分波级数展开法对声辐射力和力矩进行研究,因此也主要利用该方法分析电磁辐射力和力矩的相关问题。近年来,以 Mitri 为代表的部分学者利用部分波级数展开法对各种电磁波作用下各类粒子的电磁辐射力和力矩特性进行了系统研究,其中所研究的粒子包括电介质圆柱、电介质球、理想电磁导体圆柱、理想电磁导体球等模型,所研究的入射电磁波则包括平面波、Gauss 波、Airy 波等,研究结果为实际的光操控和光镊子的制备提供了重要的理论依据。由于本书后续主要讨论无限长电介质圆柱的电磁辐射力和力矩,因此在参考文献部分仅列示关于二维柱形粒子的部分研究成果[13-20]。综合来看,这些研究大多集中于自由空间中粒子电磁辐射力和力矩的分析。与声操控一样,实际的光操控往往在一定的边界附近进行,而边界的存在必然会对粒子的电磁辐射力和力矩产生影响。基于此,本小节将以无限大平面附近无限长电介质柱的电磁辐射力和力矩为算例,通过部分波级数展开法求解此时的电磁辐射力和力矩,并详细讨论边界效应对电磁辐射力和力矩的重要影响。

有必要指出,本章的重点在于对电磁辐射力与声辐射力进行类比研究,而在第 5 章和 6 章中已经对阻抗边界附近粒子的声辐射力和力矩特性进行了系统分析,因此叙述的过程中应当重点关注两者的异同,而非仅仅局限于电磁辐射力和力矩现象本身。

还有必要指出,声辐射力和力矩问题中的边界可以分为三种,即刚性边界、阻抗边界和自由边界,其中刚性边界的声阻抗远大于周围流体,自由边界的声阻抗远小于粒子周围流体,而阻抗边界的声阻抗介于两者之间。换言之,刚性边界和自由边界可以看作阻抗边界的两个特例。这些都是在第 5 章和第 6 章中我们已熟知的。然而,电磁波的反射问题是十分复杂的。如前所述,电磁波是具有偏振特性的横波,因此对于每个波矢量而言都有两个独立的偏振波。通常我们用电场强度矢量来刻画电磁波的传播,称为电矢量,电磁波的两个偏振波分别对应着 $E$ 垂直于入射面和 $E$ 平行于入射面的两种入射波,前者称为横电波(TE 波),后者称为横磁波(TM 波)[21]。根据电磁场的边界条件,这两种偏振波的界面附近的反射和折射行为有很大的不同,其反射系数和折射系数的具体表达式由 Fresnel 公式给出,且均与入射角和折射角密切相关,这里不对此展开详细讨论[21]。为了简便,这里我们仅仅考虑电磁波垂直于无限大平面入射的情形。即使如此,两种偏振波的反射和折射特性也不尽相同。为此,我们仍然引入电磁波反射系数来刻画界面的反射特性,但这里的电磁波反射系数应当理解为电磁波的总有效反射系数而非某种偏振波的反射系数。

在讨论阻抗边界附近粒子的声辐射力和力矩时,我们限定声压反射系数在 0 到 1 之间变化,而声压反射系数为 1 正对应着刚性边界的情形。类似地,在讨论无限大平面附近的电磁辐射力和力矩时,同样也限定电磁波反射系数在 0 到 1 之间变化。这里考虑一种特殊的情形,即所谓理想导体边界。在导体表面,电磁波与导体中的自由电荷相互作用,引起导体表层出现电流,该电流的存在使得电磁波向空间反射,一部分电磁能量透入导体内部,形成导体表面薄层内的电磁波,最后通过传导电流将这部分能量耗散为内能。该表面薄层的厚度与导体电导率的平方根成反比,若电磁波的频率足够高,则该薄层厚度很薄,该效应称为导体的趋肤效应[21]。对于理想导体而言,电导率趋向于无穷大,因此该薄层厚度为零,即所有的电磁波能量均被完全反射回去。这样一来,可以认为此时的电磁波反射系数为 1。由此可知,理想导体边界与声学中的刚性边界完全类似。

## 10.4.1　理论计算

假设一无限长电介质柱(不一定是圆柱)位于某均匀的各向同性介质中,一无限大平面边界与电介质柱轴线的距离为 $d$,其电磁波反射系数为 $R_s$。当该边界为理想导体边界时,电磁波反射系数为 1。一束角频率为 $\omega$ 的二维非偏振单色电磁波(光片)入射到该电介质柱上,且该电磁波的波矢量垂直于电介质柱的轴线,亦垂直于无限大平面边界。以电介质柱轴线上某点为原点 $O$ 建立柱坐标系 $(r,\theta,z)$ 和空间直角坐标系 $(x,y,z)$,两坐标系间满足换算关系:$x=r\cos\theta$,$y=r\sin\theta$,$z=z$。波矢量沿 $x$ 轴正方向,且 $z$ 轴与电介质柱的轴线重合。同样地,这里采取镜像原理来等效无限大边界。具体地,在关于边界对称的位置处放置一个与真实圆柱形粒子完全相同的镜像电介质柱,以镜像电介质柱轴线上某点为原点建立镜像坐标系 $(r',\theta',z')$。电磁波在该介质中的传播速度为 $c_0$。其物理模型如图 10-1 所示。

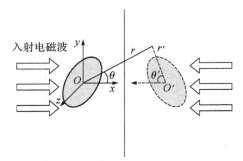

**图 10-1　二维非偏振单色电磁波正入射到无限大平面边界附近的电介质柱上,波矢量沿 $+x$ 方向**

考虑介质中不存在任何电荷与电流,则电场强度和磁场强度的散度均恒为零,且均满足矢量 Helmholtz 方程,其具体形式为:

$$\nabla^2 \boldsymbol{E} + k^2 \boldsymbol{E} = 0 \qquad (10-87)$$

$$\nabla^2 \boldsymbol{H} + k^2 \boldsymbol{H} = 0 \qquad (10-88)$$

其中,$k$ 是电磁波在该介质中的波数。注意,由于电场强度和磁场强度均为矢量场,这里的算符应当理解为矢量 Laplacian 算符。为了讨论的方便,假设该介质并非铁磁介质,因此相对磁导率接近于 1。对于任意形状波前的入射二维电磁波,其电场强度和磁场强度均可以进行无穷级数展开,其具体展开式分别为:

$$\boldsymbol{E}^{\mathrm{inc}}(r,\theta,z) = E_0 \sum_{n=-\infty}^{+\infty} [A_n \boldsymbol{N}_n^{\mathrm{inc}}(k,r) + B_n \boldsymbol{M}_n^{\mathrm{inc}}(k,r)] \mathrm{e}^{in\theta} \qquad (10-89)$$

$$\boldsymbol{H}^{\mathrm{inc}}(r,\theta,z) = -\mathrm{i}\sqrt{\varepsilon_{\mathrm{ext}}} E_0 \sum_{n=-\infty}^{+\infty} [A_n \boldsymbol{M}_n^{\mathrm{inc}}(k,r) + B_n \boldsymbol{N}_n^{\mathrm{inc}}(k,r)] \mathrm{e}^{in\theta} \qquad (10-90)$$

其中,$E_0$ 是电场强度的振幅;$\varepsilon_{\mathrm{ext}}$ 是传播介质的介电常数;$\boldsymbol{M}_n^{\mathrm{inc}}$ 和 $\boldsymbol{N}_n^{\mathrm{inc}}$ 是矢量 Helmholtz 方程的两个线性独立的无源解,其具体表达式分别为:

$$\boldsymbol{M}_n^{\mathrm{inc}}(k,r) = \frac{in}{kr} J_n(kr)\boldsymbol{e}_r - J_n'(kr)\boldsymbol{e}_\theta \qquad (10-91)$$

$$\boldsymbol{N}_n^{\mathrm{inc}}(k,r) = J_n(kr)\boldsymbol{e}_z \qquad (10-92)$$

其中,$(\boldsymbol{e}_r, \boldsymbol{e}_\theta, \boldsymbol{e}_z)$ 是柱坐标系三个坐标轴方向的单位矢量;$A_n$ 和 $B_n$ 分别是入射二维电磁波的波形系数,其具体表达式可以通过 Fourier 逆变换得到:

$$\begin{Bmatrix} A_n \\ B_n \end{Bmatrix} = \frac{1}{2\pi J_n(kr)} \int_0^{2\pi} \begin{Bmatrix} E_z^{\mathrm{inc}}/E_0 \\ H_z^{\mathrm{inc}}/H_0 \end{Bmatrix} \mathrm{e}^{-in\theta}\, \mathrm{d}\theta \qquad (10-93)$$

其中,$H_0 = -\mathrm{i}E_0\sqrt{\varepsilon_{\mathrm{ext}}}$ 是磁场强度的振幅,其与电场强度振幅的具体关系完全可以通过 Maxwell 方程组得到,这里略去详细的证明。事实上,从物理上看,$\boldsymbol{M}_n^{\mathrm{inc}}$ 和 $\boldsymbol{N}_n^{\mathrm{inc}}$ 分别对应着电磁波的两种偏振态,即 TE 波和 TM 波,而总的入射电磁波则是这两种偏振态的合成。对于理想流体中的声波而言,只存在纵波成分,因此无须考虑偏振特性的影响,这也是声波和电磁波传播问题的重要差异。根据镜像原理,入射电场强度和磁场强度的镜像波分别可以展开为:

$$\boldsymbol{E}^{\mathrm{inc,ref}}(r,\theta,z) = E_0 \sum_{n=-\infty}^{+\infty} R_s \mathrm{e}^{\mathrm{i}2kd} (-1)^n [A_n \boldsymbol{N}_n^{\mathrm{inc}}(k,r) + B_n \boldsymbol{M}_n^{\mathrm{inc}}(k,r)] \mathrm{e}^{in\theta}$$

$$(10-94)$$

$$\boldsymbol{H}^{\mathrm{inc,ref}}(r,\theta,z) = -\mathrm{i}\sqrt{\varepsilon_{\mathrm{ext}}} E_0 \sum_{n=-\infty}^{+\infty} \{R_s \mathrm{e}^{\mathrm{i}2kd} (-1)^n \mathrm{e}^{in\theta} \times [A_n \boldsymbol{M}_n^{\mathrm{inc}}(k,r) + B_n \boldsymbol{N}_n^{\mathrm{inc}}(k,r)]\}$$

$$(10-95)$$

电介质柱散射波所对应的电场强度和磁场强度亦可以级数展开,其展开式分别为:

$$\boldsymbol{E}^{\text{sca}}(r,\theta,z)=E_0\sum_{n=-\infty}^{+\infty}\left[a_nA_n\boldsymbol{N}_n^{\text{sca}}(k,r)+b_nB_n\boldsymbol{M}_n^{\text{sca}}(k,r)\right]\text{e}^{\text{i}n\theta}\quad(10-96)$$

$$\boldsymbol{H}^{\text{sca}}(r,\theta,z)=-\text{i}\sqrt{\varepsilon_{\text{ext}}}E_0\sum_{n=-\infty}^{+\infty}\left[a_nA_n\boldsymbol{M}_n^{\text{sca}}(k,r)+b_nB_n\boldsymbol{N}_n^{\text{sca}}(k,r)\right]\text{e}^{\text{i}n\theta}$$

$$(10-97)$$

其中,$a_n$ 和 $b_n$ 均是电磁波散射系数,其具体数值取决于电介质柱表面的边界条件,$\boldsymbol{M}_n^{\text{sca}}$ 和 $\boldsymbol{N}_n^{\text{sca}}$ 同样是矢量 Helmholtz 方程的两个线性独立的无源解,其具体表达式分别为:

$$\boldsymbol{M}_n^{\text{sca}}(k,r)=\frac{\text{i}n}{kr}H_n^{(1)}(kr)\boldsymbol{e}_r-H_n^{(1)\prime}(kr)\boldsymbol{e}_\theta\quad(10-98)$$

$$\boldsymbol{N}_n^{\text{sca}}(k,r)=H_n^{(1)}(kr)\boldsymbol{e}_z\quad(10-99)$$

有必要指出,散射电磁波的解式(10-98)和式(10-99)仅包含第一类柱 Hankel 函数,这是因为第二类柱 Hankel 函数刻画的是汇聚波,不符合散射波的条件,这一性质与声散射问题完全类似。类似地,散射电场强度和散射磁场强度的镜像波分别可以在镜像坐标系中展开为:

$$\boldsymbol{E}^{\text{sca,ref}}(r',\theta',z')=E_0\sum_{n=-\infty}^{+\infty}\left\{R_s(-1)^n\text{e}^{\text{i}n\theta'}\times\left[a_nA_n\boldsymbol{N}_n^{\text{sca}}(k,r')+b_nB_n\boldsymbol{M}_n^{\text{sca}}(k,r')\right]\right\}$$

$$(10-100)$$

$$\boldsymbol{H}^{\text{sca,ref}}(r',\theta',z')=-\text{i}\sqrt{\varepsilon_{\text{ext}}}E_0\times\sum_{n=-\infty}^{+\infty}\left\{R_s(-1)^n\text{e}^{\text{i}n\theta'}\times\left[a_nA_n\boldsymbol{M}_n^{\text{sca}}(k,r')+\right.\right.$$

$$\left.\left.b_nB_n\boldsymbol{N}_n^{\text{sca}}(k,r')\right]\right\}$$

$$(10-101)$$

电介质与导体不同,其内部是可以存在电磁波的,该透射电磁波的电场强度和磁场强度分别可以展开为:

$$\boldsymbol{E}^{\text{int}}(r,\theta,z)=E_0\sum_{n=-\infty}^{+\infty}\left[c_n\boldsymbol{N}_n^{\text{int}}(k_1,r)+d_n\boldsymbol{M}_n^{\text{int}}(k_1,r)\right]\text{e}^{\text{i}n\theta}\quad(10-102)$$

$$\boldsymbol{H}^{\text{int}}(r,\theta,z)=-\text{i}M\sqrt{\varepsilon_{\text{ext}}}E_0\sum_{n=-\infty}^{+\infty}\left[c_nA_n\boldsymbol{M}_n^{\text{int}}(k_1,r)+d_nB_n\boldsymbol{N}_n^{\text{int}}(k_1,r)\right]\text{e}^{\text{i}n\theta}$$

$$(10-103)$$

其中,$M$ 和 $k_1$ 分别是电介质柱的电磁波折射率和波数,$c_n$ 和 $d_n$ 是由电介质柱表面的边界条件决定的透射系数。若电介质柱不具有电磁波吸收特性,则折射率为实数;若电介质柱存在一定的电磁波吸收特性,则折射率中含有表示电磁波吸收的虚部,从而构成复折射率。事实上,这与粒子存在声吸收特性时所定义的复波数是类似的。$\boldsymbol{M}_n^{\text{int}}$ 和 $\boldsymbol{N}_n^{\text{int}}$ 同样是矢量 Helmholtz 方程的两个线性独立的无源解,其具体表达式分别为:

$$\boldsymbol{M}_n^{\text{int}}(k_1,r)=\frac{\mathrm{i}n}{k_1r}J_n(k_1r)\boldsymbol{e}_r-J_n'(k_1r)\boldsymbol{e}_\theta \tag{10-104}$$

$$\boldsymbol{N}_n^{\text{int}}(k_1,r)=J_n(k_1r)\boldsymbol{e}_z \tag{10-105}$$

与声散射问题类似,由于柱 Neumann 函数在原点发散,在这里必须舍弃。

至此,我们已在形式上表示出空间存在的所有电磁波,但其中的散射系数和透射系数还未求得,这需要利用电磁波在电介质柱表面的边界条件。根据电磁场理论,在电介质内外表面处电场强度和磁场强度的切向分量均应当连续。事实上,完全可以根据 Maxwell 方程组(10-1)导出这一结论,但此处略去详细的讨论。这里考虑一种较为特殊的情形,即电介质柱的界面恰好是半径为 $a$ 的圆,对于电介质圆柱而言,其表面的径向等同于法向,而表面的切向正是 $z$ 方向和 $\theta$ 方向,因而边界条件可以表示为:

$$\begin{cases} E_z^{\text{inc}}+E_z^{\text{inc,ref}}+E_z^{\text{sca}}+E_z^{\text{sca,ref}}=E_z^{\text{int}} \\ E_\theta^{\text{inc}}+E_\theta^{\text{inc,ref}}+E_\theta^{\text{sca}}+E_\theta^{\text{sca,ref}}=E_\theta^{\text{int}} \\ H_z^{\text{inc}}+H_z^{\text{inc,ref}}+H_z^{\text{sca}}+H_z^{\text{sca,ref}}=H_z^{\text{int}} \\ H_\theta^{\text{inc}}+H_\theta^{\text{inc,ref}}+H_\theta^{\text{sca}}+H_\theta^{\text{sca,ref}}=H_\theta^{\text{int}} \end{cases} \tag{10-106}$$

式(10-106)共有四个方程,将式(10-89)、式(10-90)、式(10-94)~式(10-97)、式(10-100)~式(10-103)代入式(10-106)中,原则上即可解出四个待定系数 $a_n$、$b_n$、$c_n$ 和 $d_n$。然而,散射电磁波的镜像波式(10-100)和式(10-101)是在镜像柱坐标系中表示的,为便于求解,需要先将其统一到真实柱坐标系中。与计算阻抗边界附近的声辐射力和力矩时类似,这里依然可以借助柱函数的加法公式来解决这一问题,此时式(10-100)和式(10-101)的 $z$ 方向和 $\theta$ 方向分量分别可以表示为:

$$E_z^{\text{sca,ref}}=E_0\sum_{n=-\infty}^{+\infty}\sum_{m=-\infty}^{+\infty}R_s(-1)^m a_m A_m H_{m-n}^{(1)}(2kd)J_n(kr)\mathrm{e}^{\mathrm{i}n\theta} \tag{10-107}$$

$$E_\theta^{\text{sca,ref}}=-E_0\sum_{n=-\infty}^{+\infty}\sum_{m=-\infty}^{+\infty}R_s(-1)^m b_m B_m H_{m-n}^{(1)}(2kd)J_n'(kr)\mathrm{e}^{\mathrm{i}n\theta} \tag{10-108}$$

$$H_z^{\text{sca,ref}}=-\mathrm{i}\sqrt{\varepsilon_{\text{ext}}}E_0\sum_{n=-\infty}^{+\infty}\sum_{m=-\infty}^{+\infty}R_s(-1)^m b_m B_m H_{m-n}^{(1)}(2kd)J_n(kr)\mathrm{e}^{\mathrm{i}n\theta} \tag{10-109}$$

$$H_\theta^{\mathrm{sca,ref}} = \mathrm{i}\sqrt{\varepsilon_{\mathrm{ext}}}\,E_0 \sum_{n=-\infty}^{+\infty} \sum_{m=-\infty}^{+\infty} R_s(-1)^m a_m A_m H_{m-n}^{(1)}(2kd) J'_n(kr) \mathrm{e}^{\mathrm{i}n\theta} \qquad (10-110)$$

这样一来，边界条件式(10-106)中的所有电磁波均已统一在真实柱坐标系中表示，利用迭代的方法即可求解得到散射系数和透射系数。当然，对于电磁辐射力和力矩的求解而言，散射系数是更加重要的，这与声辐射力和力矩的求解完全类似。应当强调，只有电介质圆柱才能使用边界条件式(10-106)，若电介质的横截面并非正圆，则无法通过上述方法求解散射系数。不过，尽管如此，我们依然可以通过数值方法进行求解，这里不再展开讨论。

有必要指出，这里我们假设所讨论的电介质柱并不具有旋转偏振特性，即两种偏振态的电磁波是解耦的，此时只需考虑各自偏振态的散射系数即可。然而，若电介质存在旋转偏振特性，则当电磁波发生反射时两种偏振态的成分会发生相互转换，即 TE 波和 TM 波会分别激发出 TM 波和 TE 波，此时除了要考虑各自偏振态的散射系数外，还必须考虑交叉偏振散射系数，情况要复杂许多，这里同样不再展开讨论。

下面我们首先来着手进行电磁辐射力的计算。本章中我们并未像第 5 章一样推导基于波形系数的无限大边界附近二维粒子的电磁辐射力和力矩函数表达式，因此只能借助原始的积分公式(10-78)进行计算。事实上，这与我们在第 5 章中求解阻抗边界附近圆柱形粒子的声辐射力时所采取的思路是完全一致的。必须指出，尽管入射电磁波波矢量沿 $x$ 轴正方向，但不一定是平面波，电介质柱可能偏离波轴，因而会同时受到轴向与横向的电磁辐射力作用。取单位长度的电介质圆柱表面为积分面，将式(10-78)分别投影到 $x$ 轴和 $y$ 轴上，经过与第 5 章类似的运算，可得单位长度的电介质圆柱在 $x$ 方向和 $y$ 方向受到的电磁辐射力为：

$$F_x = Y_{px} S_c w_0 \qquad (10-111)$$

$$F_y = Y_{py} S_c w_0 \qquad (10-112)$$

其中，$w_0 = \varepsilon_{\mathrm{ext}} E_0^2 / 2$ 是入射电磁波的能量密度；$S_c = 2a$ 是单位长度电介质圆柱的散射截面积；$Y_{px}$ 和 $Y_{py}$ 是对应的电磁辐射力函数，在数值上等于单位面积、单位电磁波能量密度所产生的电磁辐射力大小，可以用来表征电磁辐射力的强弱，正如声辐射力函数可以用来表征声辐射力的强弱一样，其具体表达式分别为：

$$Y_{px} = \frac{1}{ka} \mathrm{Im} \sum_{n=-\infty}^{+\infty} \big[ A_n(A_{n+1}^* a_{n+1}^* - A_{n-1}^* a_{n-1}^*)(a_n + P_n) +$$

$$B_n(B_{n+1}^* b_{n+1}^* - B_{n-1}^* b_{n-1}^*)(b_n + Q_n) \big] \qquad (10-113)$$

$$Y_{py} = -\frac{1}{ka} \mathrm{Re} \sum_{n=-\infty}^{+\infty} \left[ A_n (A_{n+1}^* a_{n+1}^* + A_{n-1}^* a_{n-1}^*)(a_n + P_n) + \right.$$
$$\left. B_n (B_{n+1}^* b_{n+1}^* + B_{n-1}^* b_{n-1}^*)(b_n + Q_n) \right] \tag{10-114}$$

其中，$P_n$ 和 $Q_n$ 是辅助函数，其具体表达式分别为：

$$P_n = 1 + R_s(-1)^n \mathrm{e}^{\mathrm{i}2kd} + \frac{R_s}{A_n} \sum_{m=-\infty}^{+\infty} (-1)^m A_m a_m H_{m-n}^{(1)}(2kd) \tag{10-115}$$

$$Q_n = 1 + R_s(-1)^n \mathrm{e}^{\mathrm{i}2kd} + \frac{R_s}{B_n} \sum_{m=-\infty}^{+\infty} (-1)^m B_m b_m H_{m-n}^{(1)}(2kd) \tag{10-116}$$

至此，我们顺利求解得到了无限大平面边界附近电介质圆柱的电磁辐射力计算公式。有必要指出，当电介质柱的横截面并非正圆时，其轴向与横向声辐射力仍然可以形式上表示为式（10-111）和式（10-112），但此时的散射截面积和电磁辐射力函数需要随之改变。考虑一种特殊的情形，即无限大平面边界不存在，此时辅助函数将退化为 $P_n = Q_n = 1$，而式（10-113）和式（10-114）将退化为自由空间中电介质柱的电磁辐射力函数表达式，该表达式已在文献[13-14]中给出。这是符合预期的结果。

从以上结果可以看出，无限大平面边界附近的电介质圆柱的电磁辐射力基本表达式与阻抗边界圆柱形粒子的声辐射力基本表达式结构完全一致。具体而言，电磁辐射力正比于归一化电磁辐射力函数、电介质圆柱的散射截面积和电磁波的能量密度，正如声辐射力正比于归一化声辐射力函数、圆柱形粒子的散射截面积和声波的能量密度。此外，电磁辐射力和声辐射力均需借助辅助函数来表示，且当反射系数为零时结果均退化为自由空间中的情形。尽管如此，由于入射电磁波存在两个偏振态，电磁辐射力函数中存在两个无穷级数，且辅助函数亦有两个，这与声辐射力有所不同。

接下来进行电磁辐射力矩的计算。这里我们同样用电磁辐射力矩的积分表达式（10-83）来直接对电磁辐射力矩进行计算，这与第 6 章中计算阻抗边界附近粒子声辐射力矩时所采取的思路是一致的。对于该二维模型而言，只需考虑 $z$ 方向的电磁辐射力矩即可。将式（10-83）投影到 $z$ 轴上，经过与第 4 章中类似的运算，可得单位长度电介质圆柱在 $z$ 方向受到的电磁辐射力矩为：

$$T_z = \tau_{pz} V_c w_0 \tag{10-117}$$

其中，$w_0 = \varepsilon_{\mathrm{ext}} E_0^2 / 2$ 是入射电磁波的能量密度；$V_c = \pi a^2$ 是单位长度电介质圆柱的体积；$\tau_{pz}$ 是 $z$ 方向的电磁辐射力矩函数，在数值上等于单位面积、单位电磁波能量密度所产生的电磁辐射力矩大小,可以用来表征电磁辐射力矩的强弱,正如声辐射力矩函数可以用来表征声辐射力矩的强弱一样,其具体表达式分别为:

$$\tau_{pz} = -\frac{4}{\pi(ka)^2} \mathrm{Re} \left\{ \sum_{n=-\infty}^{+\infty} n \left[ \mid A_n \mid^2 (a_n^*(a_n + P_n)) + \mid B_n \mid^2 (b_n^*(b_n + Q_n)) \right] \right\}$$

$$(10-118)$$

至此,我们顺利求解得到了无限大平面边界附近电介质圆柱的电磁辐射力矩计算公式。有必要指出,当电介质柱的横截面并非正圆时,其电磁辐射力矩仍然可以形式上表示为式(10-117),但此时的散射截面积和电磁辐射力矩函数需要随之改变。考虑一种特殊的情形,即无限大平面边界不存在,此时辅助函数将退化为 $P_n = Q_n = 1$,而式(10-118)将退化为自由空间中电介质柱的电磁辐射力矩函数表达式,该表达式已在文献[13-14]中给出。这是符合预期的结果。

从以上结果可以看出,无限大平面边界附近的电介质圆柱的电磁辐射力矩基本表达式与阻抗边界圆柱形粒子的声辐射力矩基本表达式结构完全一致,具体而言,电磁辐射力矩正比于归一化电磁辐射力矩函数、单位长度电介质圆柱的体积和电磁波的能量密度,正如声辐射力矩正比于归一化声辐射力矩函数、单位长度圆柱形粒子的体积和声波的能量密度。此外,电磁辐射力矩和声辐射力矩均需借助辅助函数来表示,且当反射系数为零时结果均退化为自由空间中的情形。尽管如此,由于入射电磁波存在两个偏振态,电磁辐射力矩函数中存在两个无穷级数,且辅助函数亦有两个,这与声辐射力矩有所不同。

有必要指出,单极散射项($n=0$)对电介质圆柱最终的电磁辐射力矩没有贡献。在单极散射模式下,电磁场完全具有周向对称性,因而无法对物体产生力矩的作用。读者可以回忆,这与声辐射力矩的特性是完全一致的。

还有必要指出,电磁辐射力矩与由散射系数表示的多项式 $a_n^*(a_n + P_n)$ 和 $b_n^*(b_n + Q_n)$ 密切相关。对于电介质圆柱而言,若其不存在电磁波吸收特性,则其折射率是实数,从而使这两项多项式恒为零,此时电介质圆柱所受的电磁辐射力矩亦恒为零。当电介质圆柱存在一定的电磁波吸收特性时,其折射率含有虚部,这两项多项式不再恒为零,此时电磁辐射力矩亦不为零。换言之,电磁波吸收特性是无限大平面边界附近电介质圆柱受到电磁辐射力矩的必要条件。然而,若电介质柱的横截面并非正圆(如电介质椭圆柱),即其自身存在一定的非对称性,则无需其具备电磁波吸收特性亦可能获得不为零的电磁辐射力矩。这些性质与第 6 章中所讨论的声辐射力矩均完全一致。

## 10.4.2 算例分析

10.4.1 节中利用部分波级数展开法和镜像原理成功推导了无限大平面边界附近电介质柱的电磁辐射力和力矩计算公式。应当强调,在推导过程中为了不失一般性,我们并没有对入射二维电磁波的类型进行任何限制。本节将以平面波和 Gauss 波作用下无限大平面边界附近半径为 $a$ 的电介质圆柱为具体算例进行详细分析。如前所述,只有当电介质圆柱具有电磁波吸收特性时才能产生不为零的电磁辐射力矩,因此在计算中我们设定电介质圆柱的折射率为 $M=1.028+\mathrm{i}\gamma$,这里的虚部 $\gamma$ 正是归一化电磁波吸收系数。

在研究声辐射力和力矩的问题中,我们均是从平面波入射的最简单情形开始讨论,在讨论电磁辐射力和力矩的问题时也同样准备如此。然而,即使对于最简单的平面波而言,也存在两种偏振态。首先考虑电矢量 $\boldsymbol{E}$ 沿 $z$ 方向的情形,即 TE 波所对应的偏振态,简称为 TE 平面波。对于 TE 平面波而言,其电场强度和磁场强度在柱坐标系中的分布可以表示为:

$$E_z^{\mathrm{inc}}=E_0\,\mathrm{e}^{\mathrm{i}kr\cos\theta},E_r^{\mathrm{inc}}=E_\theta^{\mathrm{inc}}=H_z^{\mathrm{inc}}=0 \tag{10-119}$$

将式(10-119)代入式(10-93),可以计算得到 TE 平面波的波形系数为:

$$\begin{Bmatrix} A_n \\ B_n \end{Bmatrix}=\begin{Bmatrix} \mathrm{i}^n \\ 0 \end{Bmatrix} \tag{10-120}$$

将式(10-120)代入式(10-113)和式(10-114),很容易得到 TE 平面波作用下电介质圆柱的轴向和横向电磁辐射力函数分别为:

$$Y_{px}=\frac{1}{ka}\mathrm{Im}\sum_{n=-\infty}^{+\infty}\left[\mathrm{i}^n\left[(\mathrm{i}^{n+1})^*\,a_{n+1}^*-(\mathrm{i}^{n-1})^*\,a_{n-1}^*\right](a_n+P_n)\right] \tag{10-121}$$

$$Y_{py}=0 \tag{10-122}$$

可以看出,此时电介质圆柱所受的横向电磁辐射力恒为零,这是不难从整个模型的对称性中得到的。此外,电介质圆柱的轴向电磁辐射力函数仅与散射系数 $a_n$ 有关,而与散射系数 $b_n$ 无关,这也是容易理解的,因为此时入射波没有 TM 偏振态的成分,其对应的散射系数自然对最终的结果没有影响。

将式(10-120)代入式(10-118),很容易得到 TE 平面波作用下电介质圆柱的电磁辐射力矩函数表达式为:

$$\tau_{pz}=0 \tag{10-123}$$

可以看出,此时电介质圆柱所受的电磁辐射力矩亦恒为零,这也是不难从整个模型的对称性中得到的。事实上，平面波对空间中任意一点皆不携带任何角动量，自然无法对电介质圆柱产生电磁辐射力矩。

图 10-2 显示了 TE 平面波作用下无限大平面边界附近电介质圆柱的轴向电磁辐射力函数 $Y_{px}$ 随 $ka$ 和 $d/a$ 的变化关系，其中无量纲频率参量 $ka$ 的变化范围为 $0 < ka \leqslant 20$，电介质圆柱与边界距离的变化范围为 $2 \leqslant d/a \leqslant 10$，电介质圆柱的折射率为 $M = 1.028 + 10^{-4}\mathrm{i}$，图(a)、(b)、(c)、(d)和(e)中边界电磁波反射系数 $R_s$ 分别设为 0、0.1、0.4、0.7 和 1。考虑到实际的光操控中光源频率要远远高于声波频率，因此这里所设定的无量纲频率参量的仿真范围要比计算声辐射力时大一些。计算结果显示，所有仿真结果中轴向电磁辐射力函数均随 $ka$ 的变化而出现振荡特性，且其相邻峰值之间的距离刚好为 $\pi/2$，该现象源于电介质圆柱边缘的镜面反射波和其内在反射波的相互干涉效应，文献[13-14]中已对此现象进行了详细阐释。随着边界电磁波反射系数的增加，电磁辐射力函数的峰值也逐渐增加，但峰值的位置反映了电介质圆柱的共振散射模式，因此并不随之改变。此外，图 10-2(a)中的结果与 $d/a$ 无关，这是自然的，因为此时反射系数为零，相当于没有无限大平面边界存在。随着无限大平面边界的引入，轴向电磁辐射力函数会随 $d/a$ 出现周期性变化。当边界电磁波反射系数为 1 时，电磁辐射力在波节和波腹处取得极小值，波节和波腹的位置分别满足 $ka = \pi/2, 3\pi/2, 5\pi/2, \cdots$ 和 $kd = 0, \pi, 2\pi, \cdots$，而在相邻波节和波腹的中间位置取零。这样一来，当电介质圆柱沿 $x$ 方向来回移动时，电磁辐射力将出现周期性变化。若边界电磁波反射系数小于 1，则反射波振幅小于入射波振幅，空间中将形成准驻波场，曲线在波节和波腹处取得非零的极小值，但其变化周期仍然与前述完全一致。随着 $ka$ 的不断增加，电介质圆柱的半径和波长之比也不断增加，这导致轴向电磁辐射力函数在 $d/a$ 轴上的变化周期不断减小。换言之，随着入射电磁波频率的升高，电磁辐射力对电介质圆柱和边界距离的变化更加敏感。有必要指出，以上讨论是过于理想化了的，事实上，由于散射电磁波的存在，准驻波场或驻波场中的电磁辐射力规律并不完全适用，但这样粗略的讨论对我们大致了解电磁辐射力随距离的变化特性还是有一定帮助的。读者可以回忆，以上所有性质均与第 5 章中阻抗边界附近粒子的声辐射力特性完全类似。值得一提的是，除自由空间中的结果图 10-2(a)外，其余仿真图中均出现了负向电磁辐射力的区域，此时电介质圆柱将被拉向波源，这与前述讨论的负向声辐射力特性亦完全类似。

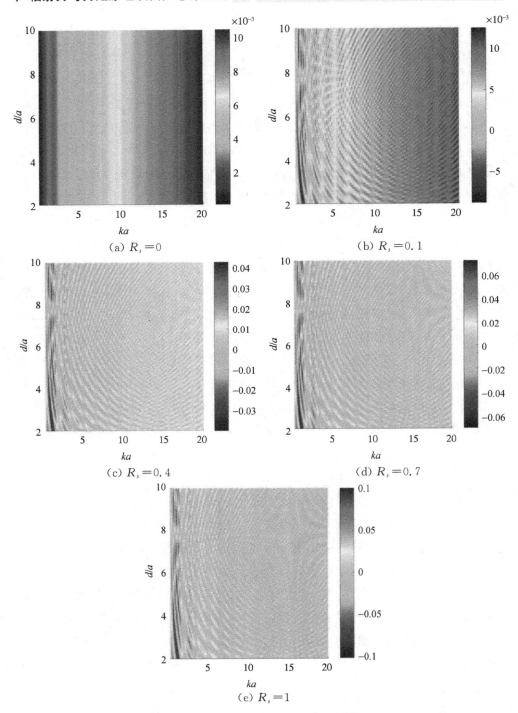

图 10-2  TE 平面波对无限大平面边界附近电介质圆柱的轴向电磁辐射力函数 $Y_{px}$

随 $ka$ 和 $d/a$ 的变化,其中 $M=1.028+10^{-4}\mathrm{i}$

图 10-3 给出了 TE 平面波作用下无限大平面边界附近电介质圆柱的轴向电磁辐射力函数 $Y_{px}$ 随 $ka$ 和 $\gamma$ 的变化关系,其中归一化电磁波吸收系数的变化范围为 $0 \leqslant \gamma \leqslant 10^{-4}$,电介质圆柱与边界距离设为 $d = 2a$,其余条件则与图 10-2 均完全相同。计算结果显示,当 $ka$ 较小时,归一化电磁波吸收系数的改变对轴向电磁辐射力函数几乎没有影响,随着 $ka$ 的增加,轴向电磁辐射力函数亦随着 $\gamma$ 的增大而增大,且这一现象在 $R_s$ 较小时表现得更加明显,即电介质圆柱的电磁波吸收特性有利于增强中高频的电磁辐射力。

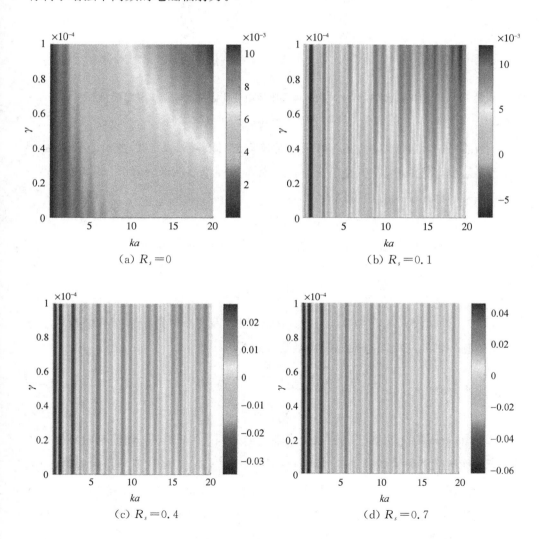

（a）$R_s = 0$

（b）$R_s = 0.1$

（c）$R_s = 0.4$

（d）$R_s = 0.7$

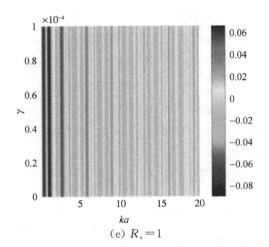

(e) $R_s=1$

**图 10 - 3　TE 平面波对无限大平面边界附近电介质圆柱的轴向电磁辐射力函数 $Y_{px}$**
**随 $ka$ 和 $\gamma$ 的变化，其中 $d=2a$**

如前所述，入射电磁波还存在另一种偏振态，即 TM 平面波，此时电矢量 $E$ 平行于入射面，而磁场强度矢量沿 $z$ 方向。对于 TM 平面波而言，其电场强度和磁场强度在柱坐标系中的分布可以表示为：

$$H_z^{\text{inc}}=H_0\,\text{e}^{ikr\cos\theta},\ H_r^{\text{inc}}=H_\theta^{\text{inc}}=E_z^{\text{inc}}=0 \qquad (10-124)$$

将式(10 - 124)代入式(10 - 93)，可以计算得到 TM 平面波的波形系数为：

$$\begin{Bmatrix}A_n\\B_n\end{Bmatrix}=\begin{Bmatrix}0\\\text{i}^n\end{Bmatrix} \qquad (10-125)$$

将式(10 - 125)代入式(10 - 113)和式(10 - 114)，很容易得到 TM 平面波作用下电介质圆柱的轴向与横向电磁辐射力函数分别为：

$$Y_{px}=\frac{1}{ka}\text{Im}\sum_{n=-\infty}^{+\infty}\left[\text{i}^n\left[(\text{i}^{n+1})^*\,b_{n+1}^*-(\text{i}^{n-1})^*\,b_{n-1}^*\right](b_n+Q_n)\right] \qquad (10-126)$$

$$Y_{py}=0 \qquad (10-127)$$

可以看出，此时电介质圆柱仍然仅受到轴向电磁辐射力的作用，而横向电磁辐射力由于对称性而消失。此外，电介质圆柱的轴向电磁辐射力函数仅与散射系数 $b_n$ 有关，而与散射系数 $a_n$ 无关，这也是容易理解的，因为此时入射波没有 TE 偏振态的成分，其对应的散射系数自然对最终的结果没有影响。事实上，完全可以通过将式(10 - 121)中的 $a_n$、$P_n$ 分别替换为 $b_n$、$Q_n$ 来得到式(10 - 126)。

将式(10-125)代入式(10-118),很容易得到 TM 平面波作用下电介质圆柱的电磁辐射力矩函数表达式为:

$$\tau_{pz}=0 \tag{10-128}$$

可以看出,此时电介质圆柱所受的电磁辐射力矩同样恒为零,这是显然的,因为无论入射平面波的偏振态如何,其均不可能携带任何角动量。

基于式(10-126)~式(10-128)可以对 TM 平面波入射时电介质圆柱的电磁辐射力进行计算,这里不再给出详细的算例分析。

与声操控类似,在实际的光操控中往往会使用具有某种聚焦特性的光源来对粒子进行操控,尤其是在粒子筛选、细胞分析等应用场景中,聚焦光源强大的能量梯度会使得电磁辐射力大大增强,从而提升操控效果。与讨论声辐射力时类似,这里我们同样以二维 Gauss 波入射时为算例对聚焦光源的电磁辐射力特性进行分析。有必要指出,对 Gauss 波入射而言,电介质圆柱的轴线可能偏离波轴,其情况要比平面波入射复杂一些。假设 Gauss 波波束中心与平面波类似,根据电矢量 $E$ 振动方向的不同,Gauss 波也存在两种独立的偏振态,这里首先依然考虑 TE 偏振态的情形,此时电矢量 $E$ 沿 $z$ 方向,其具体表达式已有相关学者通过角谱方法在相关文献[22-23]中给出,这里直接列示如下:

$$E_z^{\text{inc}}=E_0\frac{kW_0}{2\sqrt{\pi}}\int_{-\infty}^{+\infty}\text{e}^{ik(x\sqrt{1-q^2}+yq)}\text{e}^{-\frac{(kW_0q)^4}{4}}\text{d}q \tag{10-129}$$

其中,参数 $q=\sin\chi$,$\chi$ 是不同平面波成分的入射角度;$W_0$ 是 TEGauss 波的束腰半径。当束腰半径趋向于无穷大时,入射 TEGauss 波将退化为 TE 平面波。注意到此时只能写出形如式(10-129)这样的积分式来表示电磁场分布。将式(10-129)代入式(10-93),可以得到 TEGauss 波的波形系数为:

$$\begin{Bmatrix}A_n\\B_n\end{Bmatrix}=\begin{Bmatrix}\text{i}^n\frac{kW_0}{2\sqrt{\pi}}\int_{-\infty}^{+\infty}\text{e}^{-\frac{(kW_0q)^2}{4}}\text{e}^{ik(x_0\sqrt{1-q^2}-y_0q)}\text{e}^{-in\arcsin q}\text{d}q\\0\end{Bmatrix} \tag{10-130}$$

注意到此时的波形系数同样是积分式的形式,需要借助数值积分方法才能求解。在后续具体计算中,我们均选取 Simpson 方法。将式(10-130)代入式(10-113)和式(10-114)即可得到 TEGauss 波对电介质圆柱的轴向与横向电磁辐射力函数,将式(10-130)代入式(10-118)即可得到 TEGauss 波对电介质圆柱的电磁辐射力矩函数。

有必要指出,当电介质圆柱偏离波轴时将受到不为零的横向电磁辐射力作用,且若电介质圆柱存在电磁波吸收特性,则其所受的电磁辐射力矩亦不为零。读者可以回忆,这与 Gauss 波作用下圆柱形粒子声辐射力和力矩的特性是完全一致的。

图 10-4 显示了 TEGauss 波作用下无限大平面边界附近电介质圆柱的轴向电磁辐射力函数 $Y_{px}$ 随 $ka$ 和 $d/a$ 的变化关系,其中 TEGauss 波的束腰半径满足 $kW_0=3$,且其余条件均与图 10-2 中完全相同。为了简便,假设电介质圆柱的中心刚好位于 TEGauss 波的波轴上,即 $kx_0=ky_0=0$,此时模型的对称性将使电介质圆柱的横向电磁辐射力和电磁辐射力矩恒为零。计算结果显示,与 TE 平面波入射时的计算结果相比,此时 TEGauss 波的聚焦特性使得低频范围内的轴向电磁辐射力显著增强,这也正是 Gauss 波等聚焦波束在光操控中应用广泛的原因。随着 $ka$ 的增大,轴向电磁辐射力函数迅速减小。从物理上分析,在高频范围内,电介质圆柱的尺寸远大于束腰半径,散射截面积明显减小,进而电磁辐射力明显减小。与 TE 平面波入射时的结果类似,边界电磁波反射系数的增加使得电磁辐射力明显增强,且当电介质圆柱沿 $x$ 轴来回移动时,电磁辐射力出现周期性变化。当参数取值合适时,电介质圆柱亦会受到负向电磁辐射力的作用。

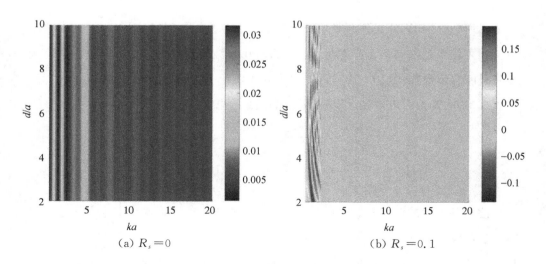

(a) $R_s=0$ 　　　　　　　　(b) $R_s=0.1$

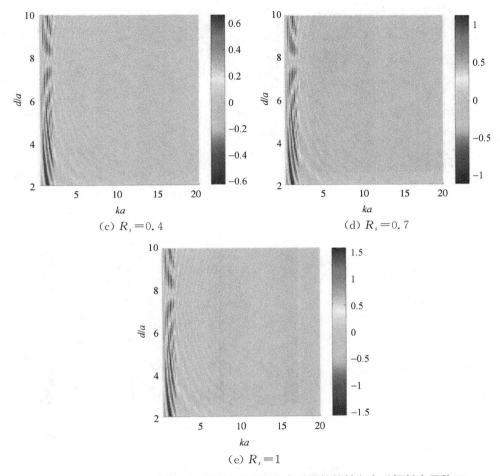

(c) $R_s = 0.4$       (d) $R_s = 0.7$

(e) $R_s = 1$

**图 10 - 4　TEGauss 波对无限大平面边界附近电介质圆柱的轴向电磁辐射力函数 $Y_{px}$**

**随 $ka$ 和 $d/a$ 的变化，且电介质柱中心与波束中心重合，其中 $M = 1.028 + 10^{-4} i$**

图 10 - 5 计算了 TEGauss 波作用下无限大平面边界附近电介质圆柱的轴向电磁辐射力函数 $Y_{px}$ 随 $ka$ 和 $\gamma$ 的变化关系，其中归一化电磁波吸收系数的变化范围为 $0 \leqslant \gamma \leqslant 10^{-4}$，电介质圆柱与边界距离设为 $d = 2a$，其余条件则与图 10 - 3 均完全相同。容易看出，电磁波吸收特性对电介质圆柱声辐射力的影响主要体现在中高频范围内，随着归一化电磁波吸收系数的增大，电介质圆柱的轴向声辐射力也逐渐增大，且这一效应在 $R_s$ 较小时更加明显。这些现象均与 TE 平面波入射时完全类似。

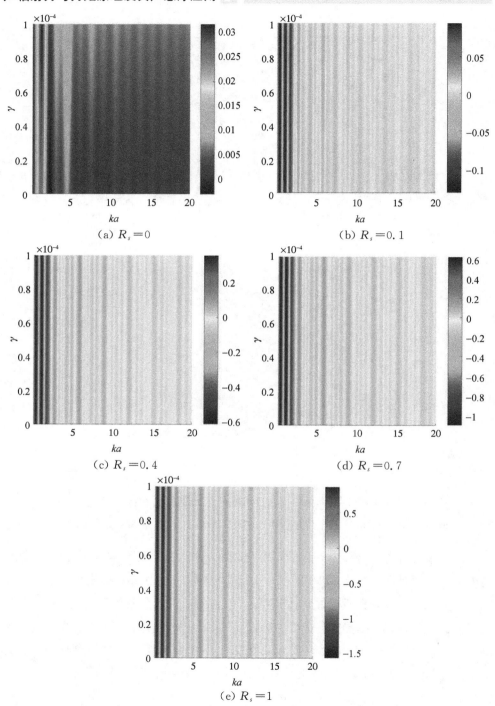

（a）$R_s = 0$

（b）$R_s = 0.1$

（c）$R_s = 0.4$

（d）$R_s = 0.7$

（e）$R_s = 1$

**图 10 - 5  TEGauss 波对无限大平面边界附近电介质圆柱的轴向电磁辐射力函数 $Y_{px}$**

**随 $ka$ 和 $\gamma$ 的变化，且电介质柱中心与波束中心重合，其中 $d = 2a$，$kW_0 = 3$**

与平面波入射的情况相比，Gauss 波入射时最大的不同在于可以对电介质圆柱施加横向电磁辐射力和电磁辐射力矩的作用，这大大扩充了实际中光操控的自由度。图 10-6 计算了 TEGauss 波作用下电介质圆柱的电磁辐射力和力矩函数随 $kx_0$ 和 $ky_0$ 的变化关系，其中仿真范围设为 $-20 \leqslant kx_0 \leqslant 20$ 和 $-20 \leqslant ky_0 \leqslant 20$，电介质圆柱的折射率设为 $M = 1.028 + 10^{-4}\mathrm{i}$，无量纲频率参量固定为 $ka = 0.1$，无限大平面边界的电磁波反射系数设为 $R_s = 0.5$。计算结果显示，轴向电磁辐射力函数关于 $ky_0 = 0$ 呈偶对称特性，这是模型对称性所要求的必然结果。然而，轴向电磁辐射力函数关于 $kx_0 = 0$ 却没有任何的对称特性，这与文献[13-14]中所述自由空间中的情形有所不同。事实上，这完全是由于无限大平面边界的引入使得整个模型在 $x$ 方向失去了对称性。进一步观察发现，轴向电磁辐射力函数的极大值出现在 $ky_0 = 0$ 且 $kx_0 < 0$ 的某个位置，此时入射 TEGauss 波的波束中心并不位于电介质圆柱中心，而是在其左侧。在某些位置处，电介质圆柱会受到负向电磁辐射力的作用。从图 10-6(b) 可以看出，横向电磁辐射力函数关于 $ky_0 = 0$ 呈奇对称特性，即当电介质圆柱位于波轴上下方对称的位置时横向电磁辐射力等大反向，这也是可以直接从模型的对称性所预知的。当电介质圆柱在 $y$ 方向稍稍偏离波轴时，其轴向电磁辐射力符号与 $ky_0$ 符号相同，这意味着此时电介质圆柱将受到拉向波轴的回复力作用。随着离轴距离的增加，电介质圆柱仍然可能受到横向回复力作用，但其负值会出现明显的衰减。图 10-6(c) 显示，电介质圆柱的电磁辐射力矩函数关于 $ky_0 = 0$ 呈奇对称特性。当电介质圆柱位于波轴上方时（$ky_0 < 0$），其电磁辐射力矩函数主要取正值，此时电介质圆柱将会在该力矩的作用下绕自身轴线作逆时针转动，当电介质圆柱位于波轴下方时（$ky_0 > 0$）情况则恰好相反。值得一提的是，即使当 $ky_0 < 0$ 时，也会存在负向电磁辐射力矩的产生区域，而当 $ky_0 > 0$ 时，亦会出现正向电磁辐射力矩的产生区域，这一现象是文献[13-14]里自由空间中的力矩计算结果所不具备的。

将无量纲频率参量换为 $ka = 10$，其余条件均与图 10-6 完全相同，其计算结果如图 10-7 所示。从计算结果可以看出，由于与图 10-6 相比此时 $ka$ 显著增大，随着电介质圆柱逐渐远离入射 TEGauss 波的波束中心，无论是电磁辐射力函数还是电磁辐射力矩函数，其振幅衰减均明显减缓，但其对称特性均未发生改变，具体而言，轴向电磁辐射力函数仍然关于 $ky_0 = 0$ 偶对称，而横向电磁辐射力函数和电磁辐射力矩函数仍然关于 $ky_0 = 0$ 奇对称。

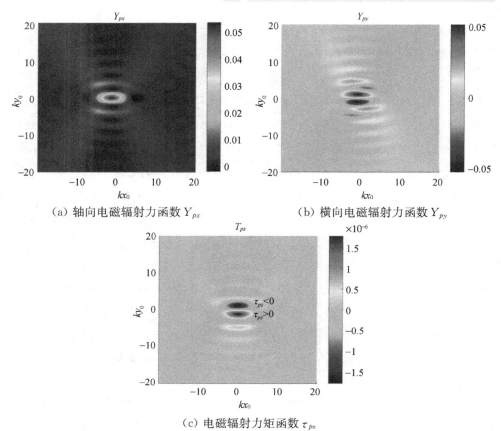

（a）轴向电磁辐射力函数 $Y_{px}$　　　　（b）横向电磁辐射力函数 $Y_{py}$

（c）电磁辐射力矩函数 $\tau_{pz}$

图 10 - 6　TEGauss 波对无限大平面边界附近电介质圆柱的电磁辐射力函数和电磁辐射力矩函数

随 $kx_0$ 和 $ky_0$ 的变化，其中 $d=2a$ , $kW_0=3$ , $R_s=0.5$ , $ka=0.1$

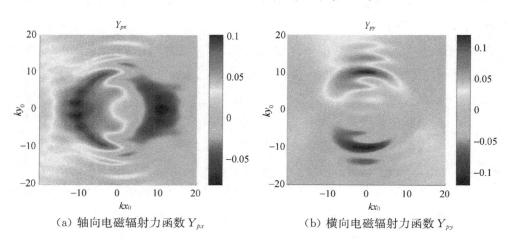

（a）轴向电磁辐射力函数 $Y_{px}$　　　　（b）横向电磁辐射力函数 $Y_{py}$

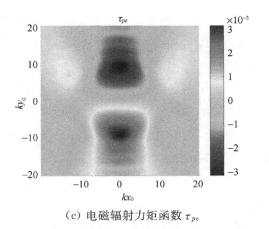

（c）电磁辐射力矩函数 $\tau_{pz}$

**图 10 - 7**　**TEGauss 波对无限大平面边界附近电介质圆柱的电磁辐射力函数和电磁辐射力矩函数随 $kx_0$ 和 $ky_0$ 的变化，其中 $d=2a$，$kW_0=3$，$R_s=0.5$，$ka=10$**

与平面波类似，入射 Gauss 波也存在另一种偏振态，即 TMGauss 波，此时电矢量 $\boldsymbol{E}$ 平行于入射面，而磁场强度矢量沿 $z$ 方向。对于 TMGauss 波而言，仿照式（10 - 129）可以写出其磁场强度的分布为：

$$H_z^{\text{inc}} = E_0 \frac{kW_0}{2\sqrt{\pi}} \int_{-\infty}^{+\infty} e^{ik(x\sqrt{1-q^2}+yq)} e^{-\frac{(kW_0 q)^4}{4}} dq \qquad (10-131)$$

类似地，当束腰半径趋向于无穷大时，入射 TMGauss 波将退化为 TM 平面波。将式（10 - 131）代入式（10 - 93），可以计算得到 TMGauss 波的波形系数为：

$$\begin{Bmatrix} A_n \\ B_n \end{Bmatrix} = \begin{Bmatrix} 0 \\ i^n \dfrac{kW_0}{2\sqrt{\pi}} \displaystyle\int_{-\infty}^{+\infty} e^{-\frac{(kW_0 q)^2}{4}} e^{ik(x_0\sqrt{1-q^2}-y_0 q)} e^{-in\arcsin q} dq \end{Bmatrix} \qquad (10-132)$$

注意到此时的波形系数同样是积分式的形式，需要借助数值积分方法才能求解。将式（10 - 132）代入式（10 - 113）和式（10 - 114）即可得到 TMGauss 波对电介质圆柱的轴向与横向电磁辐射力函数，将式（10 - 132）代入式（10 - 118）即可得到 TM-Gauss 波对电介质圆柱的电磁辐射力矩函数。这里不再给出详细的算例分析。

## 10.5　本章小结

声辐射力反映声波与物体之间的动量传递，其本质源于声场的物质性。考虑到物质性是物理场的普遍特性,因而电磁波也会存在对于物体的辐射力效应。本章首先从电磁场和声场的基本方程出发,对这两种物理场进行详细的物质性类比研究,包括能量与能流、动量与动量流、"波函数"与自旋等。在此基础上根据电磁场动量守恒定律推导了基于电磁场应力张量的电磁辐射力和力矩计算公式,并与基于声辐射应力张量的声辐射力和力矩计算公式进行类比。此外,本章还以无限大平面附近无限长电介质柱所受的电磁辐射力和力矩为算例,利用部分波级数展开法推导得到了此时的电磁辐射力和力矩计算公式,并对平面波和 Gauss 波入射时的计算结果进行了详细分析。

在本章的最后,有必要进行几点说明:

(1)本章主要采用类比的研究方法进行讨论,然而声场和电磁场毕竟是两种截然不同的物理场,在类比的过程中必须时刻牢记两种物理场各自的特殊性,切不可盲目类比。在本章的叙述过程中已多次指出声场和电磁场的诸多差异,这里再进行简单的总结:声波是弹性介质中的机械波,其传播离不开介质,而电磁波则可以在真空中传播,其传播并不依赖于介质;声场的基本方程均是复杂的非线性方程,只有对其进行线性化处理后才能得到线性化的声波方程,而电磁场的 Maxwell方程则是严格的线性方程,无须进行线性化处理即可得到电磁波方程;声波在理想流体中只存在纵波,因而声波不存在偏振效应,而电磁波是横波,存在偏振效应;声场是源于机械振动的经典物理场,不存在任何量子效应,电磁场则是源于电磁振荡的量子物理场,存在量子效应;声场的"波函数"由声压场和质点振速场构成,前者是标量场,对自旋没有贡献,后者是矢量场,对自旋有贡献,而电磁场的"波函数"由电场和磁场构成,两者均为矢量场,均对自旋有贡献;声场的自旋角动量密度可以不为零,但自旋角动量恒为零,电磁场的自旋角动量密度和自旋角动量均可以不为零;声场通常用 Euler 描述方法,因而在声辐射力和力矩计算式中会出现 Lagrange密度,电磁场则采用 Lagrange 描述方法,因而在电磁辐射力和力矩计算式中会出现能量密度。

(2)本章对声辐射力和电磁辐射力进行了详细的类比研究,推导得到了基于电磁场应力张量的电磁辐射力计算公式。从公式的形式上看,两者颇为类似,但实际上两者的数量级存在较大差异。第 1 章中曾经指出,对于 130 dB 的声波而言,其声强刚刚达到 $10 \ \text{W/m}^2$,产生的辐射压强接近 0.1 Pa,这样的作用力已足以托起日常生活中的轻小物体,如第 8 章和第 9 章中所讨论的声悬浮实验。对于地表的太阳辐射而言,其光强已达到 $1.35 \times 10^3 \ \text{W/m}^2$,但其辐射压强仅为 $10^{-6}$ Pa,这一压强在日常生活中实在是微不足道的[21]。正因为如此,在实际的光操控中大多运用激光作为光源,从而可以在小面积上产生巨大的辐射压力。有必要指出,电磁辐射力虽然远比声辐射力微弱,但在天文领域却意义重大,恒星内部的光压可以和万有引力相抗衡,从而对恒星的构造和发展起着重要作用。

## 参考文献

[1] MAXWELL J C. XXV. On physical lines of force[J]. The London, Edinburgh, and Dublin Philosophical Magazine and Journal of Science, 1861, 21 (139): 161 – 175.

[2] LEBEDEV P. Untersuchungen über die Druckkräfte des Lichtes[J]. Annalen Der Physik (Leipzig), 1901, 311(11): 433 – 458.

[3] 曾谨言. 量子力学:卷 I [M]. 3 版. 北京:科学出版社,2000.

[4] 周邦融. 量子场论[M]. 北京:高等教育出版社,2007.

[5] LONG Y, REN J, CHEN H. Intrinsic spin of elastic waves[J]. Proceedings of the National Academy of Sciences of the United States of America, 2018, 115(40): 9951 – 9955.

[6] BLIOKH K Y, NORI F. Transverse spin and surface waves in acoustic metamaterials[J]. Physical Review B, 2019, 99(2): 020301.

[7] GRZEGORCZYK T M, KONG J A. Analytical prediction of stable optical trapping in optical vortices created by three TE or TM plane waves[J]. Optics Express, 2007, 15(13): 8010 – 8020.

[8] GRZEGORCZYK T M, KONG J A. Analytical expression of the force due to multiple TM plane-wave incidences on an infinite lossless dielectric circular cylinder of arbitrary size[J]. Journal of the Optical Society of America B, 2007, 24(3): 644 – 652.

[9] KOTLYAR V V, NALIMOV A G. Calculating the pressure force of the non-paraxial cylindrical Gaussian beam exerted upon a homogeneous circular-shaped cylinder[J]. Journal of Modern Optics, 2006, 53(13): 1829 – 1844.

[10] LU W L, CHEN J, LIN Z F, et al. Driving a dielectric cylindrical particle with a one dimensional airy beam: A rigorous full wave solution[J]. Pro-

gress in Electromagnetics Research Letters, 2011, 115: 409 – 422.

[11] XIAO J J, CHAN C T. Calculation of the optical force on an infinite cylinder with arbitrary cross section by the boundary element method[J]. Journal of the Optical Society of America B, 2008, 25(9): 1553 – 1561.

[12] MIE G. Articles on the optical characteristics of turbid tubes, especially colloidal metal solutions[J]. Annalen der Physik, 1908, 25(3): 377 – 445.

[13] MITRI F G. Radiation force and torque of light-sheets[J]. Journal of Optics, 2017, 19(6): 065403.

[14] MITRI F G. Errtum to "Radiation force and torque of light-sheets" [Journal of Optics 19 (2017) 065403] [J]. Journal of Optics, 2022, 22(10): 109401.

[15] MITRI F G. Radiation force and torque of light-sheets illuminating a cylindrical particle of arbitrary geometrical cross-section exhibiting circular dichroism[J]. Journal of Quantitative Spectroscopy and Radiative Transfer, 2020, 255: 107242.

[16] MITRI F G. Optical radiation force (per-length) on an electrically conducting elliptical cylinder having a smooth or ribbed surface[J]. OSA Continuum, 2019, 2(2): 298 – 313.

[17] MITRI F G. Optical radiation force expression for a cylinder exhibiting rotary polarization in plane quasi-standing, standing, or progressive waves [J]. Journal of the Optical Society of America A, Optics, Image Science, and Vision, 2019, 36(5): 768 – 774.

[18] MITRI F G. Electromagnetic radiation force on a perfect electromagnetic conductor (PEMC) circular cylinder[J]. Journal of Quantitative Spectroscopy and Radiative Transfer, 2019, 233: 21 – 28.

[19] MITRI F G. Optical TM reversible arrow TE mode conversion contribution to the radiation force on a cylinder exhibiting rotary polarization in circularly polarized light [J]. Journal of Quantitative Spectroscopy and Radiative Transfer, 2020, 253: 107115.

[20] MITRI F G. Optical Magnus radiation force and torque on a dielectric layered cylinder with a spinning absorptive dielectric core[J]. Journal of the Optical Society of America A, Optics, Image Science, and Vision, 2022, 39

（3）：332 - 341.

［21］郭硕鸿. 电动力学［M］. 3 版. 北京：高等教育出版社，2008：133.

［22］WU Z, GUO L. Electromagnetic scattering from a multilayered cylinder arbitrarily located in a Gaussian beam, a new recursive algorithms-abstract［J］. Journal of Electromagnetic Waves and Applications，1998，12(6)：725 - 726.

［23］MITRI F G. Cylindrical particle manipulation and negative spinning using a nonparaxial Hermite-Gaussian light-sheet beam［J］. Journal of Optics，2016，18(10)：105402.

# 附录一　球谐函数的正交关系以及递推关系式

球谐函数包含 $\sin\theta$ 项的正交关系为：

$$\int_0^{2\pi} \mathrm{d}\varphi \int_0^{\pi} \sin\theta\,\mathrm{d}\theta\, Y_{nm}(\theta,\varphi) Y_{n'm'}^*(\theta,\varphi) = \delta_{nn'}\delta_{mm'} \qquad (\mathrm{I}-1)$$

球谐函数包含 $\cos\theta\sin\theta$ 项的正交关系为：

$$\int_\Omega Y_{nm}(\theta,\varphi) Y_{n'm'}^*(\theta,\varphi)\cos\theta\,\mathrm{d}\Omega$$

$$= \int_0^{2\pi}\int_0^{\pi} Y_{nm}(\theta,\varphi) Y_{n'm'}^*(\theta,\varphi)\cos\theta\sin\theta\,\mathrm{d}\theta\,\mathrm{d}\varphi$$

$$= \sqrt{\frac{(n-m+1)(n+m+1)}{(2n+1)(2n+3)}}\,\delta_{mm'}\delta_{n+1,n'} + \sqrt{\frac{(n-m)(n+m)}{(2n-1)(2n+1)}}\,\delta_{mm'}\delta_{n-1,n'}$$

$$(\mathrm{I}-2)$$

球谐函数包含 $\sin\theta$ 和 $\exp(\pm i\varphi)$ 乘积项的递推关系式为：

$$\mathrm{e}^{\pm i\varphi}\sin\theta Y_{nm}(\theta,\varphi) = \mp\sqrt{\frac{(n\pm m+1)(n\pm m+2)}{(2n+1)(2n+3)}}\,Y_{n+1,m\pm1}(\theta,\varphi) \qquad (\mathrm{I}-3)$$

$$\pm\sqrt{\frac{(n\mp m)(n\mp m-1)}{(2n-1)(2n+1)}}\,Y_{n-1,m\pm1}(\theta,\varphi)$$

利用 Euler 公式，可将式(I-3)改写为包含 $\cos\varphi\sin\theta Y_{nm}(\theta,\varphi)$ 和 $\sin\varphi\sin\theta Y_{nm}(\theta,\varphi)$ 项的球谐函数递推关系式，这里不再赘述。

# 附录二　柱 Bessel 函数与球函数的加法公式

在本书的计算和推导过程中多次使用到了柱 Bessel 函数和球函数的加法公式，这里给出它们的详细表达式。

柱 Bessel 函数的加法公式为：

$$J_m(a+b) = \sum_{k=-\infty}^{+\infty} J_k(a) J_{m-k}(b) \qquad (\text{II}-1)$$

球函数的加法公式为：

$$P_l(\cos\Theta) = \sum_{m=-l}^{+l} \frac{(l-m)!}{(l+m)!} P_l^m(\cos\theta_0) P_l^m(\cos\theta) e^{im(\varphi-\varphi_0)} \qquad (\text{II}-2)$$

$$\cos\Theta = \cos\theta_0 \cos\theta + \sin\theta_0 \sin\theta \cos(\varphi-\varphi_0) \qquad (\text{II}-3)$$

利用柱 Bessel 函数和球函数的加法公式可以实现函数在不同坐标系中的转换，从而很方便地处理粒子离轴问题和镜像坐标系问题。

# 附录三 式(3-169)和式(3-170)中 有关参数的详细表达式

式(3-169)和式(3-170)给出了无限长弹性圆柱壳的声散射系数表达式,其中有关参数的详细表达式如下:

$x_1 = ka, x_c = k_c a, x_s = k_s a, y_c = k_c b, y_s = k_s b, y_2 = k_2 b,$

$\alpha_{12} = 2\rho_1 [(x_s^2/2 - x_c^2) J_n(x_c) - x_c^2 J_n''(x_c)],$

$\alpha_{13} = 2\rho_1 [(x_s^2/2 - x_c^2) N_n(x_c) - x_c^2 N_n''(x_c)],$

$\alpha_{14} = 2\rho_1 n [-J_n(x_s) + x_s J_n'(x_s)], \alpha_{15} = 2\rho_1 n [-N_n(x_s) + x_s N_n'(x_s)],$

$\alpha_{22} = -x_c J_n'(x_c), \alpha_{23} = -x_c N_n'(x_c), \alpha_{24} = n J_n(x_s), \alpha_{25} = n N_n(x_s),$

$\alpha_{32} = 2n [J_n(x_c) - x_c J_n'(x_c)], \alpha_{33} = 2n [N_n(x_c) - x_c N_n'(x_c)],$

$\alpha_{34} = n^2 J_n(x_s) - x_s J_n'(x_s) + x_s^2 J_n''(x_s),$

$\alpha_{35} = n^2 N_n(x_s) - x_s N_n'(x_s) + x_s^2 N_n''(x_s),$

$\alpha_{42} = 2\rho_1 [(y_s^2/2 - y_c^2) J_n(y_c) - y_c^2 J_n''(y_c)],$

$\alpha_{43} = 2\rho_1 [(y_s^2/2 - y_c^2) N_n(y_c) - y_c^2 N_n''(y_c)],$

$\alpha_{44} = 2\rho_1 n [-J_n(x_s) + y_s J_n'(y_s)], \alpha_{45} = 2\rho_1 n [-N_n(x_s) + y_s N_n'(y_s)],$

$\alpha_{46} = -y_s^2 \rho_2 J_n(y_2), \alpha_{52} = -y_c J_n'(y_c), \alpha_{53} = -y_c N_n'(y_c),$

$\alpha_{54} = n J_n(y_s), \alpha_{55} = n N_n(y_s), \alpha_{56} = y_2 J_n'(y_2),$

$\alpha_{62} = 2n [J_n(y_c) - y_c J_n'(y_c)], \alpha_{63} = 2n [N_n(y_c) - y_c N_n'(y_c)],$

$\alpha_{64} = n^2 J_n(y_s) - y_s J_n'(y_s) + y_s^2 J_n''(y_s),$

$\alpha_{65} = n^2 N_n(y_s) - y_s N_n'(y_s) + y_s^2 N_n''(y_s).$ $\hspace{2cm}$ (Ⅲ-1)

# 附录四 式(3-177)和式(3-178)中有关参数的详细表达式

式(3-177)和式(3-178)给出了弹性球壳的声散射系数表达式,其中有关参数的详细表达式如下:

$x_1 = ka, x_c = k_c a, x_s = k_s a, y_c = k_c b, y_s = k_s b, y_2 = k_2 b,$

$\alpha_{12} = 2\rho_1/x_s^2 [(x_c^2/2 - x_s^2/2)j_n(x_c) + x_c^2 j_n''(x_c)],$

$\alpha_{13} = 2\rho_1/x_s^2 [(x_c^2/2 - x_s^2/2)n_n(x_c) + x_c^2 n_n''(x_c)],$

$\alpha_{14} = 2\rho_1/x_s^2 n(n+1)[-j_n(x_s) + x_s j_n'(x_s)],$

$\alpha_{15} = 2\rho_1/x_s^2 n(n+1)[-n_n(x_s) + x_s n_n'(x_s)],$

$\alpha_{22} = -x_c j_n'(x_c), \alpha_{23} = -x_c n_n'(x_c),$

$\alpha_{24} = n(n+1)j_n(x_s), \alpha_{25} = n(n+1)n_n(x_s),$

$\alpha_{32} = 2[-j_n(x_c) + x_c j_n'(x_c)], \alpha_{33} = 2[-n_n(x_c) + x_c n_n'(x_c)],$

$\alpha_{34} = (n^2 + n - 2)j_n(x_s) + x_s^2 j_n''(x_s),$

$\alpha_{35} = (n^2 + n - 2)n_n(x_s) + x_s^2 n_n''(x_s),$

$\alpha_{42} = 2\rho_1/y_s^2 [(y_c^2 - y_s^2/2)j_n(y_c) + y_c^2 j_n''(y_c)],$

$\alpha_{43} = 2\rho_1/y_s^2 [(y_c^2 - y_s^2/2)n_n(y_c) + y_c^2 n_n''(y_c)],$

$\alpha_{44} = 2\rho_1/y_s^2 n(n+1)[-j_n(x_s) + y_s j_n'(y_s)],$

$\alpha_{45} = 2\rho_1/y_s^2 n(n+1)[-n_n(x_s) + y_s n_n'(y_s)],$

$\alpha_{46} = \rho_2 j_n(y_2), \alpha_{52} = y_c j_n'(y_c), \alpha_{53} = y_c n_n'(y_c),$

$\alpha_{54} = n(n+1)j_n(y_s), \alpha_{55} = n(n+1)n_n(y_s), \alpha_{56} = -y_2 j_n'(y_2),$

$\alpha_{62} = 2[-j_n(y_c) + y_c j_n'(y_c)], \alpha_{63} = 2[-n_n(y_c) + y_c n_n'(y_c)],$

$\alpha_{64} = (n^2 + n - 2)j_n(y_s) + y_s^2 j_n''(y_s),$

$\alpha_{65} = (n^2 + n - 2)n_n(y_s) + y_s^2 n_n''(y_s).$

$$\text{(IV-1)}$$

# 附录五 式(5-4)中 $Q_{jn}$ 的详细表达式

式(5-7)中的辅助函数 $A_n$ 涉及函数 $Q_{jn}$，其详细表达式为：

$$Q_{jn} = \sqrt{(2n+1)(2j+1)}\, i^{j-n} \sum_{\sigma=|j-n|}^{j+n} (-1)^{\sigma} i^{\sigma} b_{\sigma}^{jn} h_{\sigma}^{(1)}(kd) \qquad （V-1）$$

其中，$b_{\sigma}^{jn} = (jn00|\sigma0)^2$，这里的 $(jn00|\sigma0)$ 称为 Clebsch-Gordan 系数，最早在原子物理领域提出，令 $q = (\sigma+j+n)/2$，其具体表达式为：

$$(jn00|\sigma0) = \begin{cases} \dfrac{\dfrac{(-1)^{q+\sigma} q!}{(q-n)!\,(q-j)!\,(q-\sigma)!} \times}{\sqrt{\dfrac{2\sigma+1}{(2q+1)!}(2q-2n)!\,(2q-2j)!\,(2q-2\sigma)!}}, & q \text{ 是偶数} \\ 0, & q \text{ 是奇数} \end{cases}$$

$$（V-2）$$